太阳能建筑一体化技术与应用

（第二版）

Application of Solar Energy Technologies in Buildings

（Second Edition）

杨洪兴　吕　琳　彭晋卿　周　伟　编著

中国建筑工业出版社

图书在版编目（CIP）数据

太阳能建筑一体化技术与应用/杨洪兴等编著. —2
版. —北京：中国建筑工业出版社，2015.9
ISBN 978-7-112-18286-2

Ⅰ. ①太… Ⅱ. ①杨… Ⅲ. ①太阳能住宅-建筑
设计 Ⅳ. ①TU241.91

中国版本图书馆 CIP 数据核字（2015）第 161905 号

责任编辑：张文胜　姚荣华
责任校对：陈晶晶　赵　颖

太阳能建筑一体化技术与应用
(第二版)

杨洪兴　吕　琳　彭晋卿　周　伟　编著

＊

中国建筑工业出版社出版、发行（北京西郊百万庄）
各地新华书店、建筑书店经销
霸州市顺浩图文科技发展有限公司制版
北京建筑工业印刷厂印刷

＊

开本：787×1092毫米　1/16　印张：30　字数：764千字
2015 年 10 月第二版　　2015 年 10 月第八次印刷
定价：79.00 元
ISBN 978-7-112-18286-2
(27481)

本书是香港理工大学杨洪兴教授及其研究团队在总结多年来太阳能建筑研究和工程应用实践成果的基础上编写的。书中深入阐明了太阳能光伏技术、太阳能空调技术、太阳能热利用技术以及太阳能光纤照明技术和建筑物相结合的应用原理、设计方法和工程实例。全书着重介绍了典型系统和主要设备的原理、工程安装、系统操作和维护保养等高科技理论和实践经验，并力争反映作者在该领域内的最新研究成果。

全书分 3 大部分共 11 章。第 1 部分为建筑物光伏一体化技术。重点讲述了光伏建筑的设计、施工及维护并给出了应用实例；对光伏建筑的经济、环境和市场前景进行了分析。第 2 部分为建筑物太阳能空调技术。对太阳能吸收式制冷、太阳能吸附式制冷等系统的工作原理、设计方法进行了阐述；详细介绍了太阳能除湿技术理论，并对其性能进行了模拟分析；分析了常用的太阳能蓄热方式；给出了太阳能空调技术与建筑物结合的设计方法及工程实例。第 3 部分为其他太阳能技术在建筑中的应用，主要包括太阳能热利用技术及太阳能光导管照明及光纤照明技术。对太阳能集热器的原理、性能及选择计算进行了分析；阐明了太阳能干燥技术的要点；介绍了太阳房及太阳能热水系统与建筑物相结合的设计原理，并给出了工程实例；详细介绍了太阳能光导管技术和光线照明技术在高层建筑、隧道工程等不同场合中的应用。

本书第二版的特点：

（1）增加了一些新型建筑一体化光伏系统，主要包括半透明通风型光伏窗和遮阳型光伏系统。

（2）专门增加了一个章节从工作原理、系统设计和性能测试等方面来介绍利用光纤传导的太阳能照明技术。

（3）更新了有关太阳能光伏/光热一体化系统（PV/T）和太阳能辅助溶液除湿空调领域的最新研究成果，给出了作者及其研究团队的最新实验数据和数值模拟结果。

（4）新增了太阳能光伏组件和系统的性能模拟、国内外光伏建筑发展现状、新型光伏建筑应用实例以及太阳能辅助除湿技术等内容。

（5）对太阳能电池技术的研究进展、光伏建筑的发展趋势和前景等内容进行了更新、补充。如对新型钙钛矿电池和双面电池、薄膜组件效率、光伏组件价格、全球光伏装机容量等方面的最新进展进行了综合阐述。

本书可供太阳能建筑设计、施工及运行维护人员、建筑投资开发商、从事太阳能研究工作人员参考，也可作为高等学校本科生、大专学生、业余大学和函授大学的教学、培训用书。

第二版前言

自工业革命以来，人类燃烧了大量的化石能源以推动社会的持续发展与进步，然而大量燃烧化石能源的直接后果是导致人类赖以生存的能源资源日渐枯竭，并且还间接导致了日益严重的环境污染以及极端天气。目前，我国正面临化石能源短缺和环境污染双重压力的挑战，如何实现经济、能源与环境的可持续发展已经成为影响国计民生的重大问题。建筑物是现代社会主要的能源消耗场所，发达国家建筑能耗占全社会总能耗的比例超过40%，目前我国一线城市的建筑能耗比例已经接近发达国家水平，并且这一比例还将随着人们生活水平的进一步提高以及城镇化进程的加速而继续上升，因此实现建筑物的节能减排有着十分重要的意义。降低建筑物能耗通常可以通过"开源"和"节流"两种途径来实现。"开源"是指以建筑物本身为可再生能源技术的集成平台从而源源不断地产生能源；"节流"是指通过研发先进、高效的节能技术来减少建筑能耗。在所有可再生能源中，太阳能以其清洁、安全、受地域限制小以及可预测性强的优点成为最适合建筑一体化应用的新能源。

太阳能在建筑上的应用形式多种多样，从能源利用的方式区分主要包括太阳光能利用和太阳热能利用。最常见、最有效的太阳光能利用方式就是建筑一体化光伏系统（Building Integrated Photovoltaic，BIPV），即光伏建筑。光伏建筑通过利用光伏组件或太阳能电池来取代建筑物外围护结构，不仅可以产生电力、减少建筑物材料使用，还可以降低建筑物空调能耗和高峰用电负荷，因此具有很好的建筑节能效果。自2008年本书第一版发行以来，全球光伏市场获得了空前的发展，全球累计光伏装机容量已经由当时的15GWp上升到2014年的177GWp；并且随着太阳能电池效率和生产技术水平的不断提高，光伏系统的价格也由当时的50元/Wp急剧下降到现在的8元/Wp，曾经严重限制光伏建筑发展的成本问题现在已经迎刃而解，光伏建筑已经成为一种不仅可以负担得起，并且可以带来固定经济收益的建筑一体化可再生能源利用形式，具有广阔的发展空间和前景。近年来，笔者所在研究团队致力于研究开发一些新型建筑一体化光伏系统，主要包括半透明通风型光伏窗和遮阳型光伏系统，为了与读者及时分享相关研究成果，已经将有关内容写入本书第二版新增章节。太阳光能利用的另一种主要形式是建筑物采光照明，包括自然采光照明技术和利用光纤传导的太阳能远程照明技术。这两种太阳能照明方式都可以大大减少建筑物人工照明能耗，是实现建筑节能的有效途径，为此本书第二版专门增加了一个章节，从工作原理、系统设计和性能测试等方面来介绍利用光纤传导的太阳能照明技术。

太阳热能利用是目前应用最广泛、最成熟的建筑一体化太阳能技术，主要包括太阳能热水器、太阳能制冷、太阳能辅助除湿空调以及被动式太阳房等。合理利用各种先进的太阳能热利用系统可以有效地减少建筑物供暖、制冷以及生产生活热水的能耗，对于建筑节能意义非凡。近年来，笔者所在的研究团队在太阳能光伏/光热一体化系统（PV/T）和太阳能辅助溶液除湿空调领域开展了大量研究工作，获得了宝贵的实验数据和数值模拟结果，相关研究内容已经写入本书第二版新增章节中供读者参考。

　　为了使读者对太阳能建筑一体化相关技术有一个更加全面完整的了解和认识，本书第二版还新增了太阳能光伏组件和系统的性能模拟、国内外光伏建筑发展现状、新型光伏建筑应用实例以及太阳能辅助除湿技术等内容。此外，自本书第一版发行以来，太阳能应用技术，特别是太阳能光伏产业和技术取得了许多突破性成就，如新型钙钛矿电池和双面电池的出现、薄膜组件效率的不断提升、光伏组件价格的急剧下降、全球光伏装机容量的高速增长等，因此为了方便读者及时了解太阳能光伏产业和光伏技术的研究进展和发展趋势，本书第二版还对太阳能电池技术的研究进展、光伏建筑的发展趋势和前景等内容进行了更新、补充。

　　本书第二版由香港理工大学杨洪兴教授、吕琳副教授和湖南大学彭晋卿副教授合作编著，参与本书第二版编写工作的还有卢浩博士、罗伊默博士、马涛博士、綦戎辉博士、汪远昊博士、叶长文博士、张文科博士以及董金枝、宋鹙天、张伟龙和任夫磊等博士研究生。本书在资料收集和技术交流上得到了国内外专家学者和同行的大力帮助，在编写过程中他们也提供了宝贵的意见和建议，使得本书能够进一步完善，在此一并致谢！

　　由于编写时间仓促，加之作者水平有限，书中如有不妥之处敬请读者批评指正。

第一版前言

随着国际石油价格持续上涨和国内煤炭价格上调压力的增大，我国能源供应正面临着前所未有的严峻形势。地球上的环境由于大量燃烧矿物能源已产生很明显的变化，人们世代赖以生存的环境正在逐渐恶化，减少传统常规能源的消耗量、节能减排、保护环境的迫切性已引起我国各级政府的高度重视。建筑能耗是各行业中的耗能大户，在我国已经接近占总能耗的 30%，如何有效地降低建筑能耗是目前人们关注的焦点之一。"开源节流"是解决能源安全问题的唯一选择，在大力节能的基础上如何使用可再生能源，降低建筑物传统能源消耗量是近几年人们的努力方向。太阳能以其清洁、用之不竭的特性，近几年再次引起人们的高度关注，比如太阳能光伏建筑发电产品的生产和销售平均每年都以超过 30% 的速度增长，太阳能光伏建筑发电和太阳能热利用将成为最普及的建筑物可再生能源利用形式。

太阳能在建筑上的应用最为有效的方法之一是采用建筑光伏一体化（BIPV），即光伏建筑，在建筑物上镶嵌太阳能光伏板发电为建筑物提供全部或部分电力。建筑物（包括住宅，商用和公用建筑物）能耗通常占一个国家和地区全部能源消耗的 30%～50%（在香港地区高达 50% 多），利用光伏建筑发电对于减少常规电力消耗量，降低供电高峰负荷和保护地球环境具有重要意义。如果在房屋屋顶和外墙上安装太阳能光伏板，不仅可以利用太阳能发电，而且可以替代传统的玻璃幕墙、屋顶和墙面材料，降低房屋和太阳能项目的整体造价。还可以降低建筑物的冷负荷，达到建筑物能源的有效利用，降低建筑物能耗，为建筑物创造宜人的生活环境。本书详细介绍了光伏建筑的基本知识、设计原理和运行管理经验。

太阳能热利用最近几年也有很好的发展，利用先进的太阳能系统，将太阳能资源应用到建筑物的制冷、空调、热水供应等系统中，可以有效地降低传统能源的消耗量。本书系统地论述了太阳能制冷、空调和热水利用的基本知识，介绍了国内外太阳能热利用的发展趋势，以及我国在太阳能热利用方面的进展和优势。探讨了太阳能热系统与建筑物结构有机结合的方式方法，从建筑类型、结构设计、安装施工、运行管理和国内外典型实例等方面对其进行了介绍和分析，也简要说明了太阳能热利用系统性能的模拟仿真及其在建筑物设计中的几个较深入的问题。

本书也介绍了建筑物太阳能光纤照明技术的设计、施工和运行管理等较感兴趣的题目，力争使读者能够了解太阳能应用在建筑物上技术的新进展。

本书的写作本着易懂和实用的原则，内容包括太阳能应用的基本知识、太阳能建筑技术系统和部件的设计、经济性，工程的招标、系统的测试、验收和运行维护等。本书可供新能源开发研究和利用者、建筑设备工程师、建筑师、建筑开发商和城市规划者使用，也可供高校的学生及专业人员培训使用。

本书由杨洪兴和周伟合作编著。郑广富、安大伟、娄承芝、吕琳、崔萍、满意、李红、韩俊、李雨桐、孙亮亮、王安兰和汪远昊参与了本书的编写工作。我们希望此书的出版能为我国的太阳能技术在建筑上的应用起到促进的作用，使我国的建筑常规能耗大大降低，为建设可持续发展的节能型社会做出贡献。

作者
2008 年 8 月

目　　录

第1部分　建筑物光伏一体化技术

第2部分　建筑物太阳能空调技术

第3部分　其他太阳能技术在建筑中的应用

第1部分 建筑物光伏一体化技术

目前在建筑中注入绿色元素（诸如太阳能），已成为建筑发展的趋势，且绿色建筑也将是 21 世纪世界建筑的主流。绿色建筑有其丰富的内涵，各国评价标准不一，但洁净能源，尤其是太阳能的合理、高效利用是绿色建筑的重要内容。此部分主要从光伏建筑一体化方面对太阳能在建筑物中的应用进行了介绍。光伏建筑一体化（BIPV）提出了"建筑物产生能源"的新概念，即通过建筑物，主要是屋顶和墙面与光伏发电集成起来，使建筑物自身利用绿色、环保的太阳能资源生产电力，光伏建筑一体化必将成为绿色建筑和建筑节能技术的发展趋势。

此部分主要介绍了太阳能光伏发电与建筑物相结合的技术，并把环境保护和经济性结合起来，系统地介绍了这项快速发展的新能源技术。首先给出有关太阳能和光伏技术的基本知识，同时还介绍了光伏发电系统的各主要部件（如光伏电池、控制器、逆变器以及蓄电池）的类型、特点和性能，可供读者设计时参考。然后根据光伏建筑的相关法令和应用实例着重介绍了太阳能光伏发电和建筑物相结合的设计以及性能评价技术，介绍了太阳能建筑光伏系统设备工程的安装、系统操作等新世纪高科技理论和实践经验，推动新世纪环保建筑的发展。由于受到高成本的影响，太阳能光伏建筑和其他光伏发电技术的应用发展在中国大陆和中国香港地区受到很大限制，其应用规模与国外先进国家相比差得很多。造成这种现象的主要原因是我们的可再生能源政策问题，没有政府补贴和没有优惠上网电价是主要问题所在。所以此部分还给出了国内、外关于光伏发电系统设计、安装以及检测等方面的标准和规定，同时在简要介绍香港地区的几个建筑物光伏发电系统实例的基础上，将香港地区对光伏系统并网发电所需要办理的手续进行了简要叙述，希望能为制定新能源政策提供参考。

第1章 光伏建筑发电系统简介

太阳能光伏建筑发电是新世纪的一种最重要的可再生能源，同时又是高科技在建筑中的创新应用。人人都应该了解它、熟悉它和利用它。从整体来看，我们要研究光伏太阳能，是因为太阳能是地球上对环境起保护作用的最重要能源，是"取之不尽，用之不竭"的可再生能源，同时又是唯一满足宇宙空间中卫星和航空器所需要的能源。随着能源需求量的不断增加，原有的传统能源（如煤、石油和天然气等矿物化石燃料）不但对环境已产生极其严重的污染，而且在不远的将来就会耗尽。因此，我们必须研究和发展可再生能源，特别是太阳能。

要将太阳能直接转换为电能，提供给人们使用，必须通过产生光伏效应的装置——太阳能电池来实现太阳能的光电转换。本章主要介绍太阳能光伏发电技术及其在建筑物应用方面的一些基本知识。

1.1 光伏发电的基本知识

1.1.1 光伏发电原理

太阳能是太阳内部原子核聚变爆发出的能量。在太阳的中心，产生着由氢转变成氦的原子核反应，并于每秒钟释放出 4 百万吨的质能。根据爱因斯坦的质能相当性关系公式：

$$E = mc^2 \tag{1-1}$$

式中　E——能量；

　　　m——质量；

　　　c——光速，$c = 3 \times 10^8$，m/s。

原子核反应过程中，4 个氢转变成 1 个氦，同时产生所含质量的 1/141 的能量。这相当于 $1.39\text{kJ}/(\text{m}^2 \cdot \text{s})$。太阳的内部温度达到 3000 万摄氏度以上，通过外表面太阳辐射出了巨大的能量。

太阳中心的强烈辐射被接近太阳表面的氢气原子层吸收，其能量通过光的阻挡层作对流热传输，然后太阳从它的外表面把它的能量以电磁波的形式发射出去，这种电磁波的波长范围由紫外线波长（$0.2\mu\text{m}$）经过可见光至近红外线波长（$5\mu\text{m}$）。太阳辐射出的紫外线—可见光—红外线的电磁波，包括太阳的热辐射，携带着太阳释放出的所有能量，统称为太阳能。从太阳发射出来的太阳能，要经过外空间和大气层的能量传输，才能到达地球表面上的光伏应用装置。要把太阳能转换成被人类利用的电能，首先应该明白太阳能光电转化的发电原理。

1.1.1.1 什么是光伏

光伏就是光转变成电的光生伏特的意思。在光照条件下，光伏材料吸收光能后，在材料两端产生电动势，这种现象叫做光伏效应。表 1-1 列出了光伏效应的发现和最初期的发展过程。从表中可见，人们很早就已经发现了光伏效应这种物理现象，但光伏的实际应用经历了漫长的探索过程，为使光伏获得广泛的应用，各国研究者们仍在继续研究。

光伏效应的发现和最初期的发展过程　　　　　　表 1-1

年代	人　物	发现和发展	说　明
1839	Edmond Becquerel（法）	光伏（PV）效应——液体	第一次发现 PV 效应
1876	W. G. Adams & R. E. Day	Se 中 PV 效应——固体	适合现在应用
1883	C. E. Fritts	光电池	Se 薄膜光电池
1927	Grondahl-Geiger	Cu_2O 光电池	
1930	Bergman	Cu_2O, Tl_2S, Se	硅也被发现具有 PV 效应

1.1.1.2　光吸收和电的产生

1. 光吸收

光投射到光伏材料上存在反射、吸收和透射三种可能。对于光伏元件来说，光的反射和透射都是损失，关键是要有效地吸收投射光，以产生电能供人们使用。在忽视反射的情况下，材料对光的吸收量取决于材料的吸收系数和材料厚度。太阳光在光伏材料中由于被吸收而使光强沿材料厚度方向不断下降。根据式（1-2）可以求出太阳能光伏材料中任何一点的光强 I：

$$I = I_0 e^{-\alpha x} \tag{1-2}$$

式中　I_0——材料表面的光强；

　　　α——材料的光吸收系数，cm^{-1}；

　　　x——计算光强的某一点与材料表面的距离，即材料的厚度。

材料的光吸收系数 α 由材料特性和投射光的波长共同决定。因为半导体材料有能带隙 E_g，如果光子没有足够的能量激发出电子，并使产生的电子跨过这个能带隙 E_g，光子就不被吸收而透过，所以半导体材料光吸收系数的光谱分布有一个峰值。对于某一特定的材料，随着不同的光子能量 E_p（即不同的光波长）而形成光吸收系数的光谱分布。光吸收系数 α 并非常数，当一些光子的能量非常接近导带底时，也会容易被吸收而产生电子-空穴对。而能带隙 E_g 本身的大小也会随温度、材料的杂质和其他因素的变化而产生变化。

2. 电的产生

式（1-2）可用来计算太阳能电池产生电子-空穴对的数量。假定吸收光子使光强的减少量完全用于产生电子-空穴对，那么在薄片材料中电子-空穴对的产生量 G 可以通过薄片的光强变化来计算。因此，对式（1-2）进行微分得到式（1-3），就能求得太阳能电池材料中任何一点产生电子-空穴对的数量 G：

$$G = \alpha \varphi e^{-\alpha x} \tag{1-3}$$

式中　φ——光通量，cm^2/s。

目前使用的光伏材料多为半导体，能量为 $E_P = hV$ 的光子落在半导体材料上时可分为以下三种情况：

（1）$E_P < E_g$，即光子能量 E_P 小于能带隙 E_g 时，光子没有足够的能量产生电子跨过这个能带隙，光子不被吸收而透射过这个材料；

（2）$E_P = E_g$，即光子能量 E_P 等于能带隙 E_g 时，光子刚好有足够能量产生电子跨过这个能带隙，光子有效地被吸收，而且无热量产生所造成的能量损失；

（3）$E_P > E_g$，即光子能量 E_P 大于能带隙 E_g 时，光子强烈地被吸收，而且有热量产生而造成能量损失。

1.1.1.3　电能——电功率的产生

1. 电流的产生——光生载流子的收集

太阳光入射到太阳能电池会产生电子-空穴对，由于光生少数载流子必须在被复合之前就要跨过 p-n 结才能对外电路做贡献，少数载流子一旦跨过 p-n 结就会被收集。这时，如果外电路与太阳能电池连接就有电流产生并通过外电路收集到太阳能电池产生的光生电流。理想太阳能电池的光生电流就是没有外加偏压时的外电路电流。

在 p-n 结内部自建电场作用下，把 p-n 结 p 型区一侧的电子（少数载流子）扫过耗尽区到达 n 型区一侧，n 型区一侧的空穴（少数载流子）扫过耗尽区到达 p 型区一侧。总之，使光生少数载流子跑到另一侧变成多数载流子，为外电路做贡献。

外电路短路时，p-n 结两侧的少数载流子增大，与少数载流子数目相关联的飘移电流增大。太阳能电池在太阳光照射下，外电路短路时的电流就叫做短路电流 I_{sc}，是太阳能电池可以输出的最大电流，此时太阳能电池输出电压为 0。

2. 电压的产生——电功率输出

光生载流子本身不能升格为电功率（电能能源），例如检测用的光电二极管可收集到很高的光生电流 I，但不能产生任何电功率。为了产生电功率 P，必须同时产生电压 V 和电流 I，这就是电功率 $P = IV$。

零偏压时，光生少数载流子跨过 p-n 结内部，自建电场就失去从光子能量所得到的额外能量。如果光生载流子仍然留在太阳能电池内部而不被外电路抽取（例如没有外电路连接的情况），太阳能电池不能输出光生载流子，而太阳能电池的光生载流子（电子-空穴）产生电荷分离。p 型区的电子被扫过耗尽区到达 n 型区，n 型区的空穴被扫过耗尽区到达 p 型区。由于没有外电路连接，光生载流子的分离降低了 p-n 结的电场。因为电场是阻挡扩散电流的势垒，电场降低就增大了扩散电流，这是太阳能电池的 p-n 结处于正向偏置下的情况。

外电路开路（断开）的情况下，总电流必然为零，太阳能电池没有光生电流输出。光生载流子使 p-n 结处于正向偏置，扩散电流等于跨过 p-n 结的光生电流（即飘移电流）。外电路开路时，使这两种电流（即扩散电流和飘移电流）达到平衡所需要的电压，就叫做开路电压 V_{oc}，是太阳能电池输出的最大电压。因为飘移电流与扩散电流是反方向的，外电路开路时内部这两种电流达到平衡，太阳能电池输出电流为 0。

太阳能电池吸收了入射的太阳光子后产生了荷电的载流子，在外电路有电流和电压，通过外电路的负载去做功。

1.1.1.4　光伏元件

太阳能电池本质上就是一个二极管，这种二极管具有光伏效应，能把光能直接变换成电能，因此，太阳能电池又称为光伏元件。

光照射在太阳能电池上就会产生电子-空穴对。器件内部能把这些电子和空穴分开，产生电压和带电的粒子。当用电负载（如电灯泡等）与太阳能电池两端接头分别连接时就有电压在负载两端出现，有电流通过负载，这就是太阳能电池发电。电流和电压的乘积就是功率，功率和使用时间的乘积就是功（能）。

　　表 1-2 和表 1-3 列出了大块晶片太阳能电池和薄膜太阳能电池的研究和发展情况。可以看出，太阳能电池的研究已经经历过相当长的时间。早期的研究主要针对于晶体硅太阳能电池，相继研发了单晶硅电池和多晶硅电池；随后的发展则集中于努力探索低成本和高效率的薄膜太阳能电池，它是在玻璃、塑料、不锈钢等基板上沉积形成很薄的感光材料从而实现光电转换，主要包括非/微晶硅薄膜电池、碲化镉（CdTe）薄膜电池、砷化镓（GaAs）薄膜电池和铜铟硒/铜铟镓硒（CIS/CIGS）薄膜电池、染料敏化（Dye-sensitized）薄膜电池、有机化合物电池等。近年来，既利用薄膜电池制造工艺的优势同时又发挥晶体硅和非晶硅的材料性能特点，具有高效、低成本等特点的异质结（HIT）太阳能电池、高性能硅基柔性薄膜电池等新型太阳能电池发展异常迅猛。自 2009 年开始出现的钙钛矿太阳能电池更是掀起太阳能电池的一场巨大革命。总体来看，太阳能电池的发展方向主要是实现低成本、高效率、高稳定性，其中，生产工艺的不断成熟与改进以实现成本的降低将是太阳能电池未来发展的关键。高效的光电转换效率是太阳能电池追求的重要目标，目前各类太阳能电池的实验室最高转换效率可总结为表 1-4。

大块晶片太阳能电池的研究和发展　　　　　　　　　　　　　　　　表 1-2

年代	代表人物或单位	研究和发展	说明
1941	Ohl	p-n 结硅太阳能电池	约 1% 效率
1954	Pearson,Fuller&Chapin	4.5% 效率，Li 扩散 p-n 结	Bell(贝尔)实验室
1956	Pearson,Fuller&Chapin	10% 效率，B 扩散 p-n 结	半导体技术技突破
1958	Vanguard-I，1958 年 3 月 17 日发射	第一颗人造卫星	第一次使用太阳能电池
1960 年代		14% 效率	IC 时代开始
1970 年代		17% 效率，BSF，"紫外"	"黑"电池，串迭电池
1980 年代	Leland Stanford Junior University	26.5% 效率，单晶硅聚光太阳能电池	聚光比为 140
1990 年代	The University of New South Wales	24.5% 效率，单晶硅非聚光太阳能电池	
21 世纪	Amonix	27.6% 效率，单晶硅聚光太阳能电池	聚光比为 92

薄膜太阳能电池的研究和发展　　　　　　　　　　　　　　　　　　表 1-3

年代	代表人物或单位	研究和发展	说明
1883	Fritts	第一个薄膜太阳能电池	$30cm^2$
1927	Grondahl	Cu-Cu$_2$O 光电池	也用作整流器
1931	Bergmann	Se，Cu-Cu$_2$O 光电池	
1939		Tl$_2$S 光电池	
1950 年代		CdS,CdTe,GaAs	
1970 年代		非晶硅，多晶硅，CuInSe$_2$	
1980 年代		非晶硅	
1990 年代	The University of New South Wales	17.8% 效率硅薄膜太阳能电池	
21 世纪	First Solar NREL	21.5% 效率 CdTe 太阳能电池 23.3% 效率 CIGS 聚光太阳能电池	聚光电池聚光比为 14.7

目前各类太阳能电池实验室最高转换效率 表 1-4

电池种类	效率(%)	研发单位	研发时间	备注
四结(多结)聚光电池	46.0	Fraunhofer ISE/Soitec	2014 年	
三结聚光电池	44.4	Sharp	2013 年	IMM 结构,302×
四结(多结)非聚光电池	38.8	Boing-Spectrolab	2013 年	5-J
三结非聚光电池	37.9	Sharp	2013 年	IMM 结构
双结聚光电池	34.1	NREL	2013 年	467×
双结非聚光电池	31.1	NREL	2013 年	
单结 GaAs 聚光电池	29.1	FhG-ISE	2010 年	117×
薄膜 GaAs 电池	28.8	Tlta Devices	2011 年	
单晶硅聚光电池	27.6	Amonix	2005 年	92×
单晶硅电池	26.4	FhG-ISE	2010 年	
硅 HIT 电池	25.6	Panasonic	2014 年	
单晶硅非聚光电池	25.0	SunPower	2013 年	
CIGS 聚光电池	23.3	NREL	2013 年	14.7×
CIGS 电池	21.7	ZSW	2014 年	
CdTe 电池	21.5	First Solar	2015 年	
薄膜硅电池	21.2	Solexel	2013 年	
多晶硅电池	20.4	FhG-ISE	2004 年	
钙钛矿电池(非稳定)	20.1	KRICT	2014 年	
非晶 Si:H 电池(稳定)	13.4	LG Electronics	2012 年	
染料敏化电池	11.9	Sharp	2012 年	
无机化合物电池	11.1	IBM	2011 年	
有机化合物电池	11.1	Mitsubishi Chem.	2011 年	
串联有机化合物电池	10.6	UCLA-Sumitomo Chem.	2011 年	
量子点电池	9.9	U. Toronto	2015 年	

1.1.1.5 光伏板

一个太阳能电池就是一个小型发电机。为了增大功率输出,要把许多个太阳能电池连接起来,装配成一大块的太阳能电池板,简称光伏板。

1.1.2 光伏材料

1.1.2.1 半导体

世界上所有的材料物质都可分为固体、液体和气体,其中固体又可分为导体和绝缘体。有一种材料,在低温下是绝缘体,但当这种材料加入杂质、得到能量或加热时就变成导体,这种材料叫做半导体。现在实际使用的太阳能电池都由半导体材料制成。显示带正电性质(有较高的空穴浓度)的半导体材料叫 p 型半导体,显示带负电性质(有较高的电子浓度)的半导体材料叫 n 型半导体。

1.1.2.2 半导体分类

用于太阳能电池的半导体材料有单晶体、多晶体和非晶体三种形式。

1. 单晶体

整块晶片只有一个晶粒，晶粒内的原子有次序地排列着，不存在晶粒边界，单晶体要求严格的精制技术。

2. 多晶体

多晶体的制备不要求那么严格的精制技术。一块晶片含有许多晶粒，晶粒之间存在边界。由于边界存在很大电阻，晶粒边界会阻止电流流动，或电流流经 p-n 结时有旁路分流，并在禁带内有多余能级把光产生的一些带电粒子复合掉。

3. 非晶体

原子结构没有长序，材料含有未饱和的或悬浮的键。非晶体材料不能用扩散（加入杂质）的方法改变材料导电类型。但加入氢原子会使非晶体中一部分悬浮键饱和，改善了材料的质量。

1.1.2.3　半导体 p-n 结

太阳能电池实质上就是半导体 p-n 结二极管。p-n 结不仅是太阳能电池，也是发光二极管、半导体激光器、光电探测器等的核心和本质。p-n 结把太阳能电池内部产生的电子-空穴对分离开来向外供电，又把这些带电粒子的产生、复合、扩散和飘移等物理过程结合在一起形成单一器件功能。

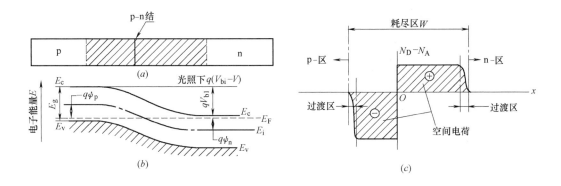

图 1-1　半导体 p-n 结的能带结构

（a）p-n 结；（b）热平衡状态下无光照射的半导体 p-n 结能带结构，此时的自建电势垒是 qV_{bi}；
有光照时的电势垒是 $q(V_{bi}-V)$；（c）耗尽区 W

图 1-1 给出了半导体 p-n 结的能带结构。p-n 结是把 p 型和 n 型半导体材料结合在一起制成的。通常用扩散或注入的方法加入不同性能的杂质而得到。p 型区有较高的空穴浓度，n 型区有较高的电子浓度，在 p 型和 n 型区的交接处，空穴从浓度高的 p 型区扩散到 n 型区而留下带负电的离子中心；同样，电子从浓度高的 n 型区扩散到 p 型区而留下带正电的离子中心。这些带电的不动的离子中心在交接处形成了从 n 型区（正电离子）指向 p 型区（负电离子）的电场，即为自建电场 E_{bi}。自建电场形成了自建电势垒 V_{bi}，阻挡带电粒子的扩散。这个交接处叫做 p-n 结的耗尽区或耗尽层，也叫阻挡层。

1.1.2.4　p-n 结的工作原理

p-n 结的自建电场 E_{bi} 的正方向由 n 型区指向 p 型区。外加电压会产生另一个电场与它相互作用。

（1）无外加电场：外接断路（或不接外路）时的状态。p-n 结无外加电场，只有自建电场 E_{bi}，p-n 结处于平衡状态，带电粒子的飘移电流等于带电粒子的扩散电流，外电路没有电流。

（2）外加正向电压：p 型区一侧外接正极的状态。外加电场与自建电场的方向相反，p-n 结的电场减少。由于耗尽区内的电阻率大大地高于耗尽区外，外加电压几乎全部落在耗尽区。理想情况下，耗尽区的自建电场总是大于外加电场。正向偏压下，电子从 n 型区注入 p-n 结耗尽区，流经 p 型区，通过外接电路再流入 n 型区与空穴复合；空穴从 p 型区注入 p-n 结耗尽区，流经 n 型区跟电子复合。外电路有电流，电流大小随着外加正向电压的大小而变化。

（3）外加反向电压：p 型区一侧外接负极的状态。这样，外加电场与自建电场的方向相同，p-n 结的电场增大。p 型区产生的电子会加速飘移过 p-n 结耗尽区到 n 型区；n 型区产生的空穴会加速飘移过 p-n 结耗尽区到 p 型区。外电路没有电流，但电压很高。

1.1.2.5　半导体 p-i-n 结

常见的晶体硅太阳能电池由 p-n 结组成。然而由 p-n 结构成的太阳能电池存在转化效率和载流子迁移率低的缺点。为了解决以上问题，可以在 p 型和 n 型半导体材料之间加入薄层低掺杂的本征半导体层（完全纯净或结构完整的半导体），从而组成 p-i-n 结构的太阳能电池。p-i-n 结构太阳能电池采用 i 型半导体做光生载流子层，而 p 型半导体材料和 n 型半导体材料则分别作为空穴传输层和电子传输层，这样可将光子的吸收过程和电荷载流子的传输过程有效分开，大大提高太阳能电池的转化效率，并且弥补载流子迁移率低的不足。p-i-n 结结构如图 1-2 所示。

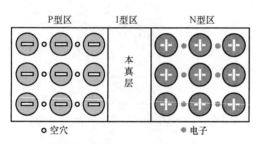

图 1-2　p-i-n 结结构示意图

1.1.2.6　p-i-n 结工作原理

p-i-n 结的空间电荷区分别在 i 型半导体层两边的界面处，整个 i 型层不存在空间电荷，而存在由两边的空间电荷所产生的自建电场 E_{bi}，所以 p-i-n 结的势垒区为整个 i 型半导体层。

当 p-i-n 结处于正偏时，势垒高度将降低，大量电子和空穴将从两侧注入到 i 型层中，从而很难区分多数载流子和少数载流子，此时可以认为 i 型层中的电子浓度等于空穴浓度（即 n＝p），而且其分布均匀。同时，在 i 型层中，由于电子和空穴的注入，使得电子和空穴发生复合，形成较大的通过 p-i-n 结的电流。由此可见，p-i-n 结的正向电流是非平衡载流子在 i 型层中的复合电流，载流子复合越快，则电流越大。

当 p-i-n 结反偏时，势垒中的电场将增强，势垒高度将增大，i 型层中的载流子将进一步减少。此时 i 型层中将产生额外的电子和空穴（非平衡载流子）；产生的非平衡载流子被电场扫向两边的 p 区和 n 区，形成通过 p-i-n 结的反向电流。可见，p-i-n 结的反向电流是在 i 型层中形成的电流——产生电流；i 型层中产生载流子的作用越强，反向电流就越大。

1.1.3　常见太阳能电池及生产工艺流程

太阳能电池又称为"光伏电池"，是将太阳辐射能量直接转换成电能的一种元器件。从 1883 年 Charles Fritts 制备出第一块太阳能电池至今，人们已经研究出上百种不同材料、不同用途、不同结构的太阳能电池，并且更多、更新的太阳能电池正在蓬勃发展。

1.1.3.1　太阳能电池的分类

太阳能电池种类繁多，其分类方法大致如下：

从材料化学组成来分，有无机太阳能电池和有机太阳能电池。

从材料来分，有硅基太阳能电池、砷化镓太阳能电池、铟镓磷太阳能电池、铜铟镓硒太阳能电池和碲化镉太阳能电池等。

从内部材料体型来分，有大块晶片太阳能电池和薄膜太阳能电池。

从材料晶体结构来分，有单晶硅太阳能电池、多晶硅太阳能电池和非晶硅太阳能电池。

从内部和外部结构来分，有普通太阳能电池、聚光型太阳能电池和级联太阳能电池等。

从内部结构的 p-n 结多少来分，有单结、双结、三结或多结太阳能电池。

从生产技术方法来分，有网板印刷电极太阳能电池和激光刻槽电极太阳能电池。

从 p-n 结结构来分，有同质结太阳能电池和异质结太阳能电池。

从光吸收层材料体系的不同来分，有硅基薄膜太阳能电池、化合物薄膜太阳能电池、有机太阳能电池和染料敏化太阳能电池等。

本节主要介绍目前常见的几类太阳能电池及其生产工艺流程。

1.1.3.2　理想的太阳能电池

利用太阳能光伏原理制造的太阳能电池，必须知道其各种特性，才能懂得太阳能电池的利用价值，并如何去发挥其潜力。

没有光照射时，太阳能电池就是一个普通的 p-n 结二极管。热平衡态下，由于没有光照，太阳能电池两端没有电压，外接电路也没有电流。在内部的带电粒子：电子和空穴以飘移方式和扩散方式跨过 p-n 结，在内部达到平衡。

有光照射时，太阳能电池 p-n 结两侧产生大量电子-空穴对。为了使太阳能电池产生电力，必须把光生电子-空穴对的少数载流子提取。为了使太阳能电池光-电转换效率高，必须具有以下条件：

1）高电流：光生载流子的收集率要高；

2）高电压：光生电流的收集应在尽可能高的电压下出现；

3）低寄生电阻：尽可能使低的寄生串联电阻而高的寄生并联电阻出现。

考虑一个理想 p-n 结太阳能电池跟一个负载 R_L 连接，如图 1-3（a）所示。注意，图中的 I 和 V 表示的是惯用的正电流和正电压的方向。如果负载短路了，电路只有光生电流 I_p，如图 1-3（b）所示，光强越强，电子-空穴对的产生率越高，光生电流 I_p 越大。如果用 I 表示光强，则短路电流 I_{sc} 为：

$$I_{sc} = -I_p = -KI \tag{1-4}$$

式中 K 是一个常数，大小由特定的器件决定。光生电流 I_p 并不由跨过 p-n 结的电压来决定，因为总有一些内电场使光生电子-空穴作漂移运动。我们不考虑电压调节耗尽区宽度的二次效应。因而，即使没有电压跨过器件时也有光生电流 I_p。

如果负载 R_L 不短路了，那么，有个正电压 V（光伏电压）出现在 p-n 结，导致电流通过负载 R_L，如图 1-3（c）所示。这个电压会降低 p-n 结的自建电势 V_{bi}，因而使少数载流子注入和扩散，正如普通的二极管一样。这样，除了光生电流外，电路中还有正向二极管电流 I_d，如图 1-3（c）所示。因为 I_d 是由于正常 p-n 结特性所产生的，由二极管特

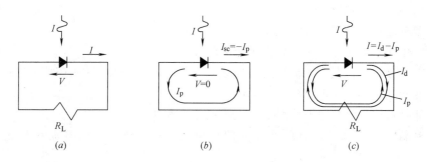

图 1-3　太阳能电池与负载的连接方式

（a）跟外电路负载 R_L 连接的理想太阳能电池，常规的正向电压和正向电流；（b）短路时的太阳能电池，此时的电流就是光电流和短路电流；（c）太阳能电池驱动外电路负载 R_L，电路中显示出电压和电流的方向

性，有：

$$I_d = I_o \left[\exp\left(\frac{qV}{nkT} \right) - 1 \right] \tag{1-5}$$

式中　I_o——反向饱和电流；

　　　n——理想因子，它由半导体材料和制造技术决定，$n = 1 \sim 2$；

　　　k——玻尔兹曼常数；

　　　T——绝对温度。

开路时，净电流为 0，这意味着产生的光生电流 I_p 正好等于光电压 V_{oc} 产生的二极管电流 I_d，即 $I_p = I_d$。

1.1.3.3　太阳能电池的特性

（1）光伏 I-V 特性

太阳能电池的光伏 I-V 特性（简称 I-V 特性）可表示为：

$$I = I_p - I_o \left[\exp\left(\frac{qV}{nkT} \right) - 1 \right] \tag{1-6}$$

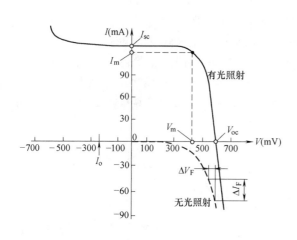

图 1-4　太阳能电池工程实用的 I-V 特性

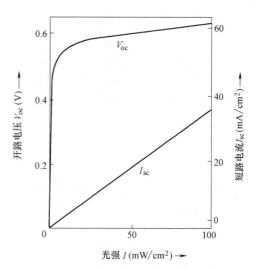

图 1-5　硅（Si）太阳能电池的短路电流 I_{sc}，开路电压 V_{oc} 与光强 I 的关系

图 1-4 所示的就是典型的硅（Si）太阳能电池 I-V 特性。开路电压 V_{oc} 由 I-V 曲线与 V 轴的交点（$I=0$）给出。很明显，虽然 V_{oc} 也由光强决定，但它的值在硅（Si）太阳能电池中通常位于 $0.4\sim0.7\mathrm{V}$ 的范围。短路时的电流就是光电流 I_p 和短路电流 I_{sc}。

（2）短路电流 I_{sc}

对于给定的光强（光照度）、工作温度和受光面积，太阳能电池的输出特性受短路电流 I_{sc} 和开路电压 V_{oc} 这两个主要参数的限制。

短路电流 I_{sc} 就是电压为 0 时的最大电流。理想情况下，$V=0$，$I_{sc}=I_p$。实际上如图 1-5 所示，短路电流 I_{sc} 与得到的光强成正比。

（3）开路电压 V_{oc}

开路电压 V_{oc} 就是电流为 0 时的最大电压。V_{oc} 与得到的光强成对数地增大，如图 1-4 所示。这个特性使太阳能电池非常适用于普通使用的电池的充电。在 I-V 特性曲线中，当电流 $I=0$ 时，从式（1-6）可得出 V_{oc} 为：

$$V_{oc}=\frac{nkT}{q}\ln\left[\frac{I_p}{I_o}+1\right] \tag{1-7}$$

从式（1-7）来看，开路电压 V_{oc} 随着温度 T 的升高而增大。但实际上随着温度 T 的升高反而使开路电压 V_{oc} 下降，因为温度 T 的升高使 I_o 大大增加，最后导致 V_{oc} 降低。

（4）最大输出功率 P_m 和峰值功率 W_p

I-V 曲线上每一点的 I 和 V 的乘积表示在该工作条件下的功率输出。太阳能电池的特性可由最大输出功率点 P_m 来表示，如图 1-6 所示，$P_{MPP}=I_{MPP}\times V_{MPP}$ 或简单写成 $P_m=I_m\times V_m$ 就是太阳能电池板的最大输出功率。太阳能电池的最大输出功率可在 I-V 曲线下作出最大矩形求得，即由 $\frac{\mathrm{d}(IV)}{\mathrm{d}V}=0$ 得出：

$$V_m=V_{oc}-\frac{nkT}{q}\ln\left[\frac{V_m}{nkT/q}+1\right] \tag{1-8}$$

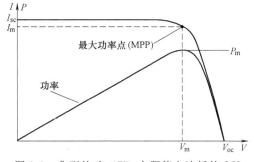

图 1-6　典型的硅（Si）太阳能电池板的 I-V
特性曲线和输出电功率特性曲线

I—电流；I_{sc}—短路电流；I_m—最大工作电流；V—电压；
V_{oc}—开路电压；V_m—最大工作电压；P_m—最大功率

（5）填充因子 FF

填充因子 FF 是太阳能电池品质（串联电阻和并联电阻）的量度。填充因子 FF 定义为最大输出功率除以（$I_{sc}\times V_{oc}$），即：

$$FF=\frac{I_m V_m}{I_{sc} V_{oc}} \tag{1-9}$$

因而：

$$P_m=V_{oc} I_{sc} FF \tag{1-10}$$

理想情况下，FF 只是开路电压 V_{oc} 的函数，可用下面的近似经验公式计算：

$$FF=\frac{\upsilon_{oc}-\ln(\upsilon_{oc}+0.72)}{\upsilon_{oc}+1} \tag{1-11}$$

式中，υ_{oc} 定义为归一化开路电压：

$$\upsilon_{oc}=\frac{q}{nkT}V_{oc} \tag{1-12}$$

式（1-12）只适用于理想情况下，即没有寄生电阻损失的情况，其数值可精确到四位数字。

由式（1-9）可见，FF 是太阳能电池 I-V 特性曲线所含面积与矩形面积（理想形状）比较的量度。很清楚，FF 应尽可能接近于 1（即 100%），但指数函数的 p-n 结特性会阻止它达到 1。FF 越大，太阳能电池的质量越高。FF 由太阳能电池的材料和器件结构决定，其典型值通常处于 60%～85%。

（6）光-电转换效率 η

太阳能电池最重要的和综合性的特性参数是光-电能量转换效率，经常简称为效率，用符号 η 表示，它的值是太阳能电池最大输出电功率与入射光功率之比，即：

$$\eta = \frac{P_m}{P_{in}} = \frac{I_m V_m}{P_{in}} = \frac{I_{sc} V_{oc} FF}{P_{in}} \tag{1-13}$$

式中　P_{in}——在整个太阳能电池正面光入射面积的总入射光功率；

　　　P_m——太阳能电池最大输出电功率，$P_m = I_m \times V_m$；

I_m，V_m——对应于 P_m 时的电流和电压；

　　　I_{sc}——短路电流；

　　　V_{oc}——开路电压；

　　　FF——填充因子。

对于地面上应用，标准测试条件是光谱为 AM1.5，入射光功率为 1000W/m²，温度 25℃。

从式（1-13）可知，I_{sc}、V_{oc} 和 FF 决定着电池的效率 η。为了使太阳能电池获得高效率，这三个参数应尽可能高。这就意味着要获得较高的短路电流 I_{sc}，太阳能电池有源材料和太阳能电池结构应在紫外光、可见光和近红外光的光谱范围上，有较高、较宽和较平坦的光谱响应，内量子效率应接近于 1；要获得较高的开路电压 V_{oc}，太阳能电池内部必须正向暗电流 I_0 较低而并联电阻 R_{sh} 较高；要获得较高的填充因子 FF，太阳能电池必须正向暗电流 I_0 较低，理想因子"n"接近于 1，串联电阻 R_s 必须较低（1cm² 的太阳能电池面积应该使 $R_s < 1\Omega$），而并联电阻 R_{sh} 必须较高（$> 10^4 \Omega \cdot cm^2$）。

1.1.3.4　光强和光照方式的影响

太阳光有可能以各种方式对太阳能电池起作用，为了使太阳能电池有最大电功率输出，必须获得最大的有效光吸收。光照在太阳能电池上有下列几种反应：

1）在正面电极接触的表面上，光被电极反射或被吸收；

2）在正面的表面上，光被反射；

3）在材料内部，光被吸收；

4）在背面，光被反射；

5）在背面被反射后，光被吸收；

6）在背面电极接触面上，光被吸收。

一般来说，光照下电子-空穴对产生的位置越靠近 p-n 结，就越有机会被 p-n 结收集。如果电子-空穴对的产生位置位于距 p-n 结的少数载流子扩散长度范围内，则它们被有效收集的机会特别大。

我们已经知道光强对短路电流 I_{sc} 和开路电压 V_{oc} 的影响，I_{sc} 与光强成正比，而 V_{oc} 与光强成对数关系增大。太阳光强大小及光谱分布随气候、环境、地域和光照入射方式的不同而变化，并对太阳能电池的输出特性产生很大影响，需要根据具体情况做输出特性的分析研究。

1.1.3.5　太阳能电池的光谱响应

太阳能电池的光谱响应由每瓦入射光功率产生出多少安培电流来定义，即：

$$A/W = \frac{q \times \Phi_e}{E_p \times \Phi_p} = \frac{q \times \Phi_e}{(hc/\lambda) \times \Phi_p} = \frac{q\lambda}{hc} \times QE \tag{1-14}$$

式中　q——电子电荷；

　　　E_p——光子能量；

　　　Φ_e——电子通量；

　　　Φ_p——光子通量；

　　　QE——量子效率 η；

　　　h——普朗克常数，6.625×10^{-34} J · s；

　　　c——光速，3×10^8 m/s；

　　　λ——光波长。

式（1-14）表明，当 λ 趋于 0 时，A/W 趋于 0，因为光波长靠近 0 时，每瓦入射光的光子数目很少，所以光电流趋于 0，光谱响应为 0。

理想状态下，光谱响应随着光波长 λ 的增大而增大。但是对于短波长光，太阳能电池不能利用其光子的全部能量；而对于长波长光，材料对光的弱吸收意味着大部分光子要走很长的路程，距离 p-n 结很远才能产生载流子，这些载流子只有有限的扩散长度，不一定能被 p-n 结收集而作出电流贡献。这就限制了太阳能电池的光谱响应。

1.1.3.6　温度的影响

（1）温度对 I-V 特性的影响

太阳能电池的工作温度由周围的气温、封装的太阳能电池组件的特性、落在太阳能电池组件上的光强以及风速、季节气候等决定。温度上升会使 I-V 特性变差。

（2）短路电流 I_{sc} 随温度的升高而增大

因为能材料带隙 E_g 随着温度升高而缩小，这意味着会有更多光子可以有足够能量产生电子-空穴对跨过带隙而贡献给光生电流。对硅（Si）太阳能电池可表示为：

$$\frac{1}{I_{sc}} \frac{dI_{sc}}{dT} \approx 0.0006 \tag{1-15}$$

但这种影响相对来说还是很少的。

（3）开路电压 V_{oc} 随温度的升高而减小

温度升高的主要影响是使开路电压 V_{oc} 减小，填充因子 FF 和输出功率也都减小。对硅（Si）太阳能电池可表示为：

$$\frac{1}{V_{oc}} \frac{dV_{oc}}{dT} \approx -0.003 \tag{1-16}$$

$$\frac{dV_{oc}}{dT} = -\frac{V_{go} - V_{oc} + \gamma(kT/q)}{T} \approx -2 \text{ (mV/℃)} \tag{1-17}$$

式中，负号表示降低的意思，即温度每升高 1℃，开路电压 V_{oc} 会降低约 2mV。硅（Si）太阳能电池的 $V_{go} = 1.2$V 和 $\gamma = 3$。注意，V_{oc} 越高，温度对 V_{oc} 的影响越小。由于太阳能电池的输出电压和效率随着温度的降低而增大，因此太阳能电池最好是工作在比较低的温度下。

（4）填充因子 FF 随温度的升高而减小

填充因子 FF 随着温度升高而减小。对硅（Si）太阳能电池可表示为：

$$\frac{1}{FF}\frac{\mathrm{d}FF}{\mathrm{d}T}\approx\left[\frac{1}{V_{oc}}\frac{\mathrm{d}V_{oc}}{\mathrm{d}T}-\frac{1}{T}\right]\Big/6\approx-0.0015 \tag{1-18}$$

温度每升高 1℃，填充因子 FF 的值会降低 $0.0015FF$。

（5）最大输出功率 P_m 随温度的升高而减小

最大输出功率 P_m 随着温度升高而减小，可表示为：

$$P_{mvar}=\frac{1}{P_m}\frac{\mathrm{d}P_m}{\mathrm{d}T}=\frac{1}{V_{oc}}\frac{\mathrm{d}V_{oc}}{\mathrm{d}T}+\frac{1}{FF}\frac{\mathrm{d}FF}{\mathrm{d}T}+\frac{1}{I_{sc}}\frac{\mathrm{d}I_{sc}}{\mathrm{d}T} \tag{1-19}$$

对硅（Si）太阳能电池可表示为：

$$\frac{1}{P_m}\frac{\mathrm{d}P_m}{\mathrm{d}T}\approx-(0.004\sim0.005) \tag{1-20}$$

温度每升高 1℃，最大输出功率 P_m 的值会降低 $0.004\sim0.005P_m$。

1.1.3.7 寄生电阻的影响

太阳能电池总是有寄生串联电阻 R_s 和寄生并联电阻 R_{sh} 的，图 1-7 给出了太阳能电池 $I\text{-}V$ 特性随着寄生串联电阻 R_s 变化的曲线。这两种电阻都会把填充因子 FF 和输出功率降低，也就是降低太阳能电池的效率。

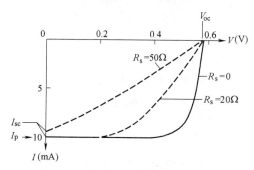

图 1-7 随着串联电阻而变化的 $I\text{-}V$ 特性曲线

（1）寄生串联电阻

串联电阻 R_s，主要包括半导体内部的体电阻、电极用的金属与半导体表面层之间的接触电阻、电极用的金属本身的电阻和器件内部及外部线路互相连接的引线接触电阻。

因为填充因子 FF 决定着太阳能电池的输出功率水平，而最大输出功率 P_m 与串联电阻 R_s 相关，可近似表示为：

$$P_m\approx(V'_m-I'_mR_s)\approx\left(1-\frac{I'_m}{V'_m}R_s\right)\approx\left(1-\frac{I_{sc}}{V_{oc}}R_s\right) \tag{1-21}$$

如果太阳能电池的特征电阻 R_{CH} 定义为：

$$R_{CH}=\frac{V_{oc}}{I_{sc}} \tag{1-22}$$

那么，归一化串联电阻 r_s 定义为：

$$r_s=\frac{R_s}{R_{CH}} \tag{1-23}$$

因而，有：

$$FF=FF_o(1-r_s) \tag{1-24}$$

有寄生电阻情况下引入 FF_o 的符号。FF_o 是理想情况下的 FF。经验上而又更精确地表示为：

$$FF_s=FF_o(1-1.1r_s)+\frac{r_s^2}{5.4} \tag{1-25}$$

注意，式（1-25）只有当 $r_s<0.4$ 和 $v_{oc}>10$ 时才成立。

（2）寄生并联电阻

并联电阻 R_{sh} 主要包括来自非理想的 p-n 结和 p-n 结附近的杂质，会引起 p-n 结部分短路，特别是太阳能电池的边缘部分漏电现象，会使 R_{sh} 值减少。与前面考虑串联电阻方法相同，归一化并联电阻 r_{sh} 可定义为：

$$r_{sh} = \frac{R_{sh}}{R_{CH}} \tag{1-26}$$

因而，有：

$$FF = FF_o \left(1 - \frac{1}{r_{sh}}\right) \tag{1-27}$$

或更精确地表示为：

$$FF_{sh} = FF_o \left[1 - \frac{(v_{oc} + 0.7)}{v_{oc}} \frac{FF_o}{r_{sh}}\right] \tag{1-28}$$

注意，式（1-28）只有当 $r_{sh} > 0.4$ 时才成立。

（3）寄生电阻影响下的 I-V 曲线

由于太阳能电池出现寄生串联电阻 R_s 和并联电阻 R_{sh}，太阳能电池的 I-V 曲线要由下式给出：

$$I = I_p - I_o \left\{ \exp\left[\frac{q(V + IR_s)}{nkT}\right] \right\} - \frac{V + IR_s}{R_{sh}} \tag{1-29}$$

把串联电阻 R_s 和并联电阻 R_{sh} 的影响结合起来，式（1-28）可以使用，但要用式（1-25）中的 FF_s 代替 FF_o。

（4）等效电路

实际的太阳能电池与理想 p-n 结太阳能电池的 I-V 特性有很大差别，其中的理由很多。考虑一个被光照射的 p-n 结太阳能电池驱动一个负载电阻 R_L，且光生电子-空穴发生在耗尽区，如图 1-8 所示。

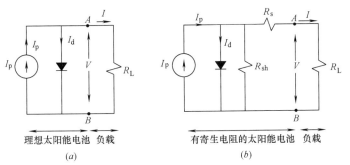

图 1-8　太阳能电池的等效电路

（a）理想 p-n 结太阳能电池等效电路；（b）有串联和并联电阻的 p-n 结太阳能电池

图 1-8（a）表示理想 p-n 结太阳能电池的等效电路，图 1-8（b）表示更实际的太阳能电池的等效电路。这个电路的串联电阻 R_s 会产生一个电压降，因此，阻止了 A、B 点之间的输出点全部光电压 V 的产生。另外，光生载流子中有一小部分流过材料边界（通过器件边缘）或通过多晶体的晶粒界面而不流过外电路负载 R_L。光生载流子流经外电路的这些效应可用有效内部漏电或并联电阻 R_{sh} 表示，使光电流离开负载 R_L。

一般情况下，单晶太阳能电池在器件的总特性中，R_{sh} 没有 R_s 那么重要，但在多晶太阳能电池中，R_{sh} 很重要，流经晶粒界面的电流不可忽视。

串联电阻 $R_s = 0$ 的太阳能电池是理想的太阳能电池。随着串联电阻 R_s 的减少，可得到的最大输出功率增加，因此，串联电阻 R_s 的增大会降低太阳能电池的效率。同时，当 R_s 足够大时，还会限制短路电流；与此类似，由于材料缺陷引起的低并联电阻 R_{sh} 也会降低太阳能电池的效率。R_s 和 R_{sh} 对性能影响的差别在于 R_s 不会影响开路电压 V_{oc}，而 R_{sh} 的减少会使 V_{oc} 变小。

1.1.3.8　晶体硅太阳能电池

硅基太阳能电池是以硅为基材的太阳能电池。晶体硅太阳能电池分单晶硅太阳能电池和多晶硅太阳能电池两类，通常用 p 型（或 n 型）硅作衬底，并通过磷（或硼）扩散形成 p-n 结制作而成。该类太阳能电池生产技术成熟，是目前太阳能光伏市场的主导产品。

最早问世的太阳能电池是单晶硅太阳能电池。采用单晶硅片制造的单晶硅太阳能电池是发展最早、技术最为成熟的一类电池。图 1-9 给出了单晶硅太阳能电池的生产工艺流程。

单晶硅太阳能电池以高纯单晶硅棒为原料，将其切成约 $180\mu m$ 的硅片，硅片经过成形、抛磨、清洗等工序后，制成待加工的原料硅片。加工太阳能电池片时，首先要在硅片上掺杂和扩散，一般掺杂物为微量的硼、磷、锑等，扩散是在石英管制成的高温扩散炉中进行，这样就可以在硅片上形成 p-n 结；然后采用丝网印刷法，将配好的银浆印在硅片上做成金属栅线，经过烧结，同时制成背电极，并在受光面涂覆减反射膜，以防大量的光子被光滑的硅片表面反射；最后，在封装前后均需经过测试，在保证电池质量的条件下，进行成品包装，从而制成单体太阳能电池片。目前，主要采用表面织构化和发射区钝化对单晶硅表面进行微结构处理和分区掺杂工艺来提高电池转化效率。规模化生产的商业电池中，n 型单晶太阳能电池的转化效率在 $21\%\sim24\%$ 之间，p 型单晶电池的转化效率在 $18.7\%\sim20\%$ 之间。单晶硅太阳能电池由于转换效率高，在目前太阳能光伏市场中占据重要地位。

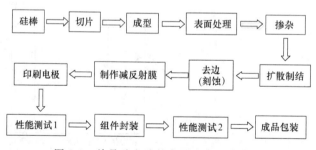

图 1-9　单晶硅电池的主要生产工艺流程

单晶硅太阳能电池的生产需要消耗大量高纯硅材料，而这些材料制造工艺复杂，耗能很大，其生产成本更是占整个太阳能电池生产总成本的 1/2 以上。此外，由于提拉的单晶硅棒呈圆柱状，切片制作的太阳能电池是圆片，导致在组成太阳能组件时材料平面利用率低。因此，从 20 世纪 80 年代开始，一些欧美国家开始了多晶硅太阳能电池的研制工作。目前太阳能电池使用的多晶硅材料，大多是含有大量单晶颗粒的集合体，或用废次单晶硅料和冶金级硅材料熔化浇铸而成。其生产工艺过程如下：首先，选择电阻率为 $100\sim300$ $\Omega\cdot cm$ 的多晶硅料或单晶硅头尾料，经破碎工艺后，用 1:5 的氢氟酸和硝酸混合液进行适当腐蚀，再用去离子水冲洗至呈中性后烘干；然后用石英坩埚装好多晶硅料，加入适量硼硅，放入浇铸炉，在真空状态下加热熔化；在保温约 20min 后注入石墨铸模中，待其慢慢冷却凝固后，即得到多晶硅锭。这种硅锭可铸成立方体，以便切片加工成方形太阳能电池片，从而提高材质利用率并方便电池片组装。多晶硅太阳能电池的制作工艺与单晶硅太阳能电池差不多，电池的光电转换效率约为 18%，稍低于单晶硅太阳能电池，但是材料制造简便，节约能耗，生产成本较低，因此近年来发展很快，目前已成为太阳能光伏市场占有率最高的太阳能电池。随着技术的提高，目前多晶硅电池的实验室转换效率可达 20.4%（FhG-ISE，2004）。

1.1.3.9　非晶硅太阳能电池

非晶硅太阳能电池是于 1976 年问世的新型薄膜太阳能电池。它与单晶硅和多晶硅太阳能电池的制作方法完全不同，硅材料消耗少，能耗更低。制造非晶硅太阳能电池的方法有多种，目前最常见的是辉光放电法，此外还有反应溅射法、化学气相沉积法、电子束蒸发法和热分解硅烷法等。

辉光放电法是将石英容器抽成真空并充入通过氩气或氢气稀释的硅烷，再用射频电源加热使硅烷电离并形成等离子体，最后使非晶硅膜沉积在被加热的衬底上。若在硅烷中掺入适量的氢化硼或氢化磷，可得到 n 型或 p 型非晶硅薄膜。这种制备非晶硅薄膜的工艺方法，需要严格控制气压、流速和射频功率。由于分解沉积温度低，辉光放电法可在玻璃、不锈钢板、陶瓷板、柔性塑料片等表面沉积约 $1\mu m$ 厚的非晶硅薄膜，适合于大面积非晶硅太阳能组件（0.6m×1.2m）的工业化生产。

非晶硅太阳能电池具有多种内部结构，目前最受关注的是 p-i-n 结。生产 p-i-n 结非晶硅电池时，首先在衬底上沉积一层掺磷的 n 型非晶硅，接着沉积一层未掺杂的 i 层，然后沉积一层掺硼的 p 型非晶硅，最后在真空下镀一层减反射膜并蒸镀银电极。这种制作工艺，可以在一连串沉积室中逐步完成，因此可以实现流水线生产。同时，非晶硅太阳能电池很薄，可以制成叠层式结构，或采用集成电路的方法制造。目前普通晶体硅单个电池片的电压约为 0.5V，而采用集成电路生产工艺得到的非晶硅串联太阳能电池的电压，最高可达 2.4V。

非晶硅太阳能电池存在的主要问题是光电转换效率偏低，目前非晶硅电池实验室最高转换效率仅为 13.4%（LG Electronics，2012）。此外，非晶硅太阳能电池组件转换效率不稳定，和晶体硅组件相比，其效率衰减现象比较严重。但是，由于其成本低、重量轻、应用方便，并且可以制成半透明组件与建筑物外围护结构相结合构成建筑一体化光伏系统，因此具有较大的发展空间。目前非晶硅太阳能电池领域的研究方向主要为改善薄膜特性、精确设计光伏电池结构、控制各层厚度以及改善各层之间界面状态，以实现组件的高效率和高稳定性。

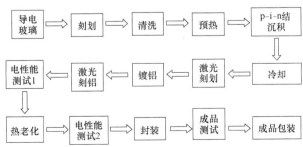

图 1-10　双结非晶硅电池的主要生产工艺流程

以双结非晶硅电池为例,非晶硅太阳能电池的主要生产流程如图 1-10 所示。双结非晶硅电池一般是以 SnO_2 透明导电玻璃作为衬底。在生产双结非晶硅电池的过程中,首先用激光对导电玻璃进行刻划分块,成为若干个单体电池的电极,并进行清洗以确保导电膜的洁净;随后进行 p-i-n 结的沉积,在进行 p-i-n 结沉积前要先进行预热,沉积一般在PECVD 沉积炉中完成,沉积完毕后进行慢速冷却;之后进行激光刻划使得背电极与前电极相连而实现整板内部由若干单体电池串联而成;背电极是通过镀铝操作形成,镀铝完成后要进行激光刻划从而形成若干个单体电池的背电极。以上操作可获得非晶硅电池芯板,再通过电性能测试获得电池的各项参数,通过热老化提高电池的工作性能;通过两次电性能测试比较可检测电池的稳定情况,最后进行封装、测试,完成双结非晶硅电池的生产。

1.1.3.10　铜铟镓硒太阳能电池

铜铟镓硒 (CIGS) 薄膜太阳能电池以具有高吸收系数的 $Cu(In_{1-x}Ga_x)Se_2$ 作为 p 型吸收区和宽禁带的 n 型窗口层为基本结构形成 p-n 结,并具有多层膜结构,包括金属栅状电极、减反射膜、窗口层 (ZnO)、过渡层 (CdS)、光吸收层 (CIGS)、金属背电极 (Mo) 等,其中,吸收层 CIGS (化学式 $CuInGaSe_2$) 是由 4 种元素组成的具有黄铜矿结构的化合物半导体,是薄膜电池的关键材料。目前在工业上已成功开发出反应共蒸法和硒化法 (溅射、蒸发、电沉积等) 两大类制备吸收层 CIGS 的方法,其余外层通常采用真空蒸发或溅射成膜的工艺。该类电池一般沉积于玻璃或其他廉价的衬底上,厚度约为 $2\sim3\mu m$。由于具有效率高、性能稳定、抗辐射、寿命长、成本低等特点,铜铟镓硒太阳能电池自问世以来就备受业界关注。目前铜铟镓硒太阳能电池的实验室最高转换效率可达 23.3% (NREL, 2013)。并且随着研究工作的持续深入开展,其转换效率还有很大的上升空间。

目前已经可以批量生产大面积 CIGS 薄膜太阳能电池组件,具体组件的面积由各公司生产设备决定,目前主要组件规格为 600mm×900mm 和 600mm×1200mm。图 1-11 所示给出了 CIGS 薄膜太阳能电池生产工艺流程。工业上的 CIGS 薄膜太阳能电池一般是以玻璃作为衬底,在对衬底进行清洁操作后,通过溅射方法在衬底上形成金属背电极 (Mo) 薄膜,并进行激光划线;然后在 Mo 电极膜层上沉积 CIGS 吸收层,并通过化学水浴工艺形成 CdS 缓冲层;随后进行 I 型区本征层的沉积,ZnO 本征层沉积完成后立即进行 TCO 导电膜的沉积,此时就完成了 p-i-n 结组件的制备;最后通过机械刻划、测试分选等后期工艺操作,就可得到成品 CIGS 薄膜太阳能电池。

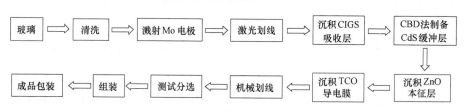

图 1-11　铜铟镓硒薄膜太阳能电池的主要生产工艺流程

1.1.3.11　碲化镉太阳能电池

碲化镉 (CdTe) 是 Ⅱ-Ⅵ 族化合物半导体,带隙 1.5eV,与太阳光谱匹配很好,非常适合于光电能量转换,是一种良好的光伏材料。另外,CdTe 容易沉积成大面积薄膜,沉积速率高,并且物理化学性能稳定,所以一直被光伏界寄予厚望。

近年来，国内外光伏研究小组对于提高 CdTe 薄膜太阳能电池的转换效率和降低生产成本做了大量研究工作，通过对电池组件以及生产模式的研究、设计和优化，目前 CdTe 薄膜太阳能电池的实验室最高转换效率可达 21.5%（First Solar，2015）。大面积组件研发工作也取得了可喜进展，许多公司正在进行 CdTe 薄膜太阳能电池的中试生产或正式投产建设。未来对于 CdTe 薄膜太阳能电池的研发重点将是对电池结构及各层材料工艺进行优化，适当减薄窗口层 CdS 的厚度，并减少入射光的损失，从而增加电池短波响应以提高短路电流密度。

CdTe 薄膜太阳能电池可采用同质结或异质结等多种结构，目前国际上通用的为 N-CdS/P-CdTe 异质结结构。对于 N-CdS/P-CdTe 异质结的薄膜，常用的制备工艺有真空磁控溅射（RF）、近空间升华（CSS）、金属有机气相沉积（MOCVD）、气相输运沉积（VTD）、电沉积等。图 1-12 给出了制备 N-CdS/P-CdTe 异质结薄膜及其太阳能电池的主要工艺流程。产业化的 CdTe 薄膜太阳能电池通常制备于玻璃衬底上。在对玻璃衬底完成清洗后，通过 MOCVD 工艺沉积 SnO_2 或 RF 工艺溅射 ZnO 从而制备得到透明导电氧化物薄膜组件（TCO），并通过激光刻痕标记；对制得的 TCO 进行进一步薄膜沉积工艺（CBD、CSS 或溅射 HVE）处理而制得 CdS 缓冲层；将 CdS 缓冲层进行真空热处理操作就可以得到 N-CdS/P-CdTe 异质结 CdTe 薄膜；将 CdTe 薄膜进行表面处理，再通过溴甲醇或氮磷酸溶液进行 CdTe 蚀刻处理；最后将 CdTe 薄膜进行激光处理，制备背电极，通过检测之后，可进行封装、成品包装，制得 CdTe 薄膜太阳能电池。

碲化镉薄膜太阳能电池的制造成本相对较低，在应用前景和实现工业化生产方面具有极大优势，但作为大规模生产与应用的光伏器件，其环境污染问题备受关注。一方面是含有的 Cd 尘埃可通过呼吸道对人类和其他动物造成危害；另一方面是生产过程中所产生的废水、废物排放对环境造成的巨大污染。目前各国均在着力研究解决 CdTe 薄膜太阳能电池的环境影响，重点研发环保型生产工艺和 CdTe 去除回收技术，以实现对生产中排放的废水、废物进行无害化处理和对损坏及废弃的电池组件进行妥善处置。

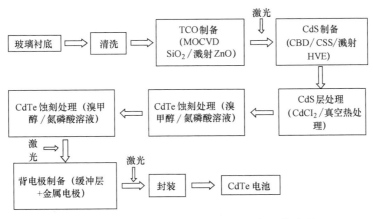

图 1-12　碲化镉太阳能电池的主要生产工艺流程

1.1.4　光伏建筑一体化

光伏与建筑相结合的系统（BIPV）将是最先进、最有潜力的高科技绿色节能建筑。BIPV 系统也是目前世界上大规模利用光伏技术发电的重要市场，一些发达国家都将 BI-PV 作为重点项目积极推进。近年来，国外推行在用电密集的城镇建筑物上安装光伏系统，并采用与公共电网并网的形式，极大地推动了光伏并网系统的发展，光伏与建筑一体化已经占据了整个世界太阳能发电量的最大比例。

白天在太阳照射下，光伏电池阵列产生电能来满足用户用电需要，多余的电卖入公共电网；晚上光伏系统不发电时，从电网买电使用。光伏与建筑的结合有两种方式：一种是建筑与光伏系统相结合，把封装好的光伏组件安装在建筑物的屋顶，然后通过逆变器与控制装置与电网相连；另外一种是建筑与光伏元件相结合，将光伏元件与建筑材料集成化，用光伏元件直接代替建筑材料，如将太阳光伏电池制作成光伏玻璃幕墙、太阳能电池瓦等。这样不仅可开发和应用新能源，还可与装饰美化合为一体，达到节能环保效果。

从建筑学、光伏技术和经济效益方面的观点来看，光伏发电技术和建筑学相结合的光伏建筑一体化有如下优点：

（1）可以有效利用建筑物屋顶、幕墙或阳台等处，无需占用宝贵的土地资源，这对于土地昂贵的城市尤为重要，也可以在人口稠密的闹市区安装使用。

（2）建筑物光伏发电不需要安装任何额外的基础设施。

（3）能有效减少建筑能耗，实现建筑节能。并网光伏发电系统在白天阳光照射时，同时也是用电高峰期时发电，从而缓解高峰电力需求，多余的电力并入电网。

（4）原地发电、原地用电，在一定距离范围内可以节省电站送电网的投资。对于联网系统，光伏阵列所发电力既可供给本建筑物负载使用，也可送入电网。

（5）光伏组件阵列一般安装在屋顶及墙的南立面上直接吸收太阳能，因此建筑集成光伏发电系统不仅提供了电力，而且还降低了墙面及屋顶的温升。

（6）建筑物光伏板既可以发电，又可以用作普通的建筑材料，起到双重作用，因而可减小光伏系统成本的回收期。

（7）建筑物光伏发电可以提供创新方式改善建筑物的外观审美。

（8）建筑物光伏发电可以把电力维护、控制、其他安装和系统的操作都结合在建筑物内。

（9）并网光伏发电系统没有噪声、没有污染物排放、不消耗任何燃料，绿色环保，可以增加楼盘的综合品质。

（10）最后，也是最重要一点，建筑物光伏发电对人类生态环境保护具有极其重大的影响。

1.2 太阳能电池输出性能模拟

1.2.1 太阳能电池数学模型概述

太阳能光伏电池是太阳能发电的核心部件，由于器件本身的复杂特性，其能量输出具有非线性特征，这种非线性既受到外部环境（包括日照强度、温度、太阳光谱、负载等）又受自身技术特性（如输出阻抗）的影响。这些影响使得太阳能电池的功率输出模拟变得异常复杂。目前，对光伏电池输出特性的研究成为了本行业的一个重要研究方向。随着太阳能光伏发电技术的高速发展和广泛应用，性能模拟和仿真分析成为太阳能光伏系统设计与分析的有效手段，建立准确且实用的光伏电池数学模型显得尤为重要。

在太阳能电池的研究、生产和应用中，需要对太阳能电池的性能进行大量的光学、电学测试。由于太阳能电池本身是一个半导体 p-n 结，所以其能量输出特性与半导体二极管相似。将光伏电池在不同负载下输出的电压电流值连接起来就形成了伏安特性曲线（I-V），这条曲线表征了太阳能电池最重要的特性。由于太阳能电池的能量输出特性受太阳光照强度、光伏电池温度、太阳光谱分布以及电池自身 p-n 结参数的影响，所以其伏安特性曲线时刻呈非线性变化。图 1-13 展示了典型光伏组件的 I-V 曲线，其中包含三个重要的特征点，即短路电流点（0，I_{sc}）、开路电压点（V_{oc}，0）和最大功率点（V_{mp}，I_{mp}）。

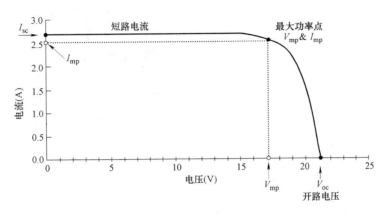

图 1-13　光伏组件 I-V 曲线

  I-V 特性曲线包含了与太阳能电池性能相关的诸多信息，是太阳能电池性能测试与分析的重要对象，已经被广泛应用于太阳能电池材料、结构、制造工艺以及应用系统的设计与分析中。

  为了模拟太阳能电池 I-V 曲线以及相关性能，人们提出了许多计算机仿真模型。目前常用的太阳能电池数学模型包括理想二极管模型、四参数模型、五参数模型和七参数模型等。本节将介绍这几种常用的太阳能电池理论模型和一些模拟软件，并针对具体的光伏组件模拟结果进行对比分析。

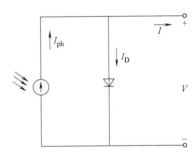

图 1-14　理想二极管模型等效电路图

1.2.2　理想二极管模型

  第一种模型是理想二极管模型。如图 1-14 所示，理想二极管模型是光伏电池的最简单电路模型，即不考虑任何内部串联或者并联电阻。基于 Shockley 和 Queisser 二极管模型（SQ 模型），光伏电池的理想二极管数学模型可以表达如下：

$$I = I_{ph} - I_D = I_{ph} - I_0(e^{V/V_t} - 1) \qquad (1-30)$$

式中　I——电池输出电流，A；

   V——电池的输出电压，V；

  I_{ph}——光生电流，A；

   I_0——二极管饱和电流，A；

   V_t——二极管热电压 $V_t = nkT/q$；

   n——二极管理想因子；

   k——波尔兹曼常数，$k = 1.381 \times 10^{-23}$ J/K；

q——电子电荷，$q = -1.602 \times 10^{-19}$ C；

T——开氏温度，K。

该模型常用于简单的数值计算，在光伏发电工程应用中使用较多。但是，研究表明，太阳能电池理想二极管模型由于忽略了内部电阻的影响，很难准确地模拟光伏电池电流与电压之间的关系，因此无法得到准确的 I-V 特性曲线。

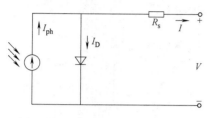

图 1-15　四参数模型等效电路图

1.2.3　四参数模型

图 1-15 所示为四参数模型的等效电路图。由于此模型一共包含 4 个未知参数，即光生电流、反向饱和电流、二极管理想因子和等效串联电阻，因此称为四参数模型。该模型在理想二极管模型的基础上考虑了串联电阻的影响，并且认为并联电阻无穷大因此其影响可以忽略不计。其数学模型可以表示为：

$$I = I_{ph} - I_D = I_{ph} - I_0 (e^{\frac{V + IR_s}{V_t}} - 1) \tag{1-31}$$

式中　R_s——串联电阻，Ω。

研究表明，使用此模型虽然能达到一定的计算精度，但是此模型由于忽略了并联电阻的影响，因此不能准确地反映温度对电流的影响，其准确性大大低于五参数模型，目前的数值模拟已很少使用该模型。

1.2.4　五参数模型

为了提高前两种模型的准确度，有学者提出了第三种电池模型。该模型一共包含 5 个未知参数，即光生电流、反向饱和电流、二极管理想因子、等效串联电阻和并联电阻，因此也称为五参数模型，其等效电路图如图 1-16 所示。该模型由于既考虑了并联电阻即分流电阻，又考虑了串联电阻，因此可以获得较精确的模拟结果。该模型也是目前晶体硅太阳能电池领域使用最普遍的模型，其数学表达式为：

$$I = I_{ph} - I_D - I_p = I_{ph} - I_0 (e^{\frac{V + IR_s}{V_t}} - 1) - \frac{V + IR_s}{R_p} \tag{1-32}$$

式中　R_p——并联电阻，Ω。

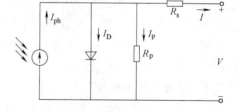

图 1-16　五参数模型等效电路图

此模型中，并联电阻考虑了对电流输出的影响作用，而串联电阻则考虑了对电压输出的影响作用，两种电阻的引入更加真实地反映了太阳能电池在不同环境下的功率输出特性变化，因此大大提高了该模型的仿真精度。研究表明，五参数模型可以快速并且准确地模拟晶体硅光伏电池的 I-V 曲线。近年来，有许多学者对五参数模型进行了研究，包括参数的求解方法、模型的简化和假设、模型验证等。随着研究的进一步深入，模型的准确性还将进一步提高。

1.2.5　双二极管模型

在对太阳能电池 I-V 曲线拟合的过程中，人们发现仅使用单二极管模型可能无法获得满意的结果。因为在不同电压范围内，暗电流 I_D 的决定因素不同。高电压时，I_D 主要由电中性区的注入电流决定；低电压时，I_D 主要由空间电荷区的复合电流决定。为了提高拟合精度，可以综合考虑这两种情况，将暗电流 I_D 表示成双指数（即双二极管）形式，即使用两个二极管叠加的办法来拟合电流的暗特性，从而将基区、发射区和空间电荷区的载流子复合电流区分开来。用 I_{D1} 表示体区或表面通过陷阱能级复合的饱和电流，所对应的二极管理想因子为 n_1；用 I_{D2} 表示 p-n 结或晶界耗尽区复合的饱和电流，所对应的二极管理想因子为 n_2。通过使用这样的方法，五参数太阳能电池模型就升级为七参数模型，其等效电路如图 1-17 所示，模型表达式如下所示：

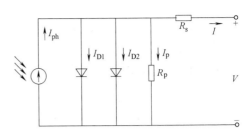

图 1-17　双二极管七参数模型等效电路图

$$I = I_{ph} - I_{D_1} - I_{D_2} - I_p$$
$$= I_{ph} - I_{01}(e^{\frac{V+IR_s}{V_{t1}}} - 1) - I_{02}(e^{\frac{V+IR_s}{V_{t2}}} - 1) - \frac{V+IR_s}{R_p} \tag{1-33}$$

该模型不仅考虑了 R_s 和 R_p 对太阳能电池性能的影响、用指数的形式概括地表示了不同机制产生的暗电流，而且还考虑了不同电压范围内的暗电流决定因素，因此具有更高的拟合精度。

但是由于双二极管七参数模型过于复杂，仅根据光伏组件生产厂家提供的产品参数还无法求解该方程组，因此，七参数模型虽然具有高准确度，但是并没有得到广泛应用。在精度要求不太高的情况下，直接采用理论分析结果并假定 $n_1 = 1$，$n_2 = 2$，则可以比较容易地得到比单二极管模型精度更高的结果。

1.2.6　其他模型

除了上述模型之外，也有学者提出了适合太阳能电池的三指数（即三个二极管）模型，但是由于其计算过程极其复杂，没有得到广泛应用。还有学者研究了基于太阳辐射热的光伏电池模型，但是这些模型需要提供大量的数据和信息，因此并不适合于实际应用。同时，也有研究者提出了基于经验公式的数值模型，但是这些模型的计算精度取决于输入数据的准确性，因此很难得到大范围应用。

1.2.7　太阳能电池模型的求解方法

本节以最常用的五参数模型为例，介绍太阳能电池模型的求解方法。根据式（1-32），在五参数模型中，一共有 5 个未知参数：光生电流 I_{ph}，二极管饱和电流 I_0，二极管热电压 V_t，串联电阻 R_s 以及并联电阻 R_p。需要解出这 5 个参数，至少需要 5 个方程组成的方程组。下面将介绍在标准条件下的太阳能电池模型：

（1）根据太阳能电池典型的 I-V 曲线，在开路电压点下，电流为零，电压等于开路电压，带入式（1-32）可得：

$$0 = N_p I_{ph} - N_p I_0(e^{\frac{V_{oc}}{N_s V_t}} - 1) - \frac{N_p}{N_s}\frac{V_{oc}}{R_p} \tag{1-34}$$

（2）在短路电流点下，电压为零，电流等于短路电流，带入式（1-32）可得：

$$I_{sc} = N_p I_{ph} - N_p I_0(e^{\frac{I_{sc} R_s}{N_p V_t}} - 1) - \frac{I_{sc} R_s}{R_p} \tag{1-35}$$

（3）在最大功率点下，有：

$$I_m = N_p I_{ph} - N_p I_0 \left(e^{\frac{\frac{V_m}{N_s} + \frac{I_m}{N_p} R_s}{V_t}} - 1 \right) - N_p \frac{\frac{V_m}{N_s} + \frac{I_m}{N_p} R_s}{R_p} \tag{1-36}$$

（4）同时，在最大功率点下，功率对电压的导数为零，因此可得如下方程：

$$\frac{dP}{dV}\Big|_{P=P_m} = \frac{dP}{dV}\Big|_{\substack{V=V_m \\ I=I_m}} = \frac{d(IV)}{dV}\Big|_{\substack{V=V_m \\ I=I_m}} = I + V\frac{dI}{dV} = 0 \tag{1-37}$$

即：

$$\frac{I_m}{V_m} = -\frac{dI}{dV}\Big|_{\substack{V=V_m \\ I=I_m}} \tag{1-38}$$

综合式（1-32），最后可得：

$$\frac{I_m}{V_m} = -\frac{dI}{dV}\Big|_{\substack{V=V_m \\ I=I_m}} = -\frac{\frac{\partial f(I,V)}{\partial V}}{1 - \frac{\partial f(I,V)}{\partial I}}\Big|_{\substack{V=V_m \\ I=I_m}} = \frac{\frac{N_p}{N_s V_t} I_0 e^{\frac{V_m + I_m \frac{N_s}{N_p} R_s}{N_s V_t}} + \frac{1}{\frac{N_s}{N_p} R_p}}{1 + \frac{R_s}{V_t} I_0 e^{\frac{V_m + I_m \frac{N_s}{N_p} R_s}{N_s V_t}} + \frac{R_s}{R_p}} \tag{1-39}$$

另外，笔者提出了基于光伏组件在不同温度下的第五个方程。基于开路电压的温度系数，得到开路电压在不同温度下的表达式为：$V_{oc}[1+\beta_{V_{oc}}(T-T_0)]$，因此有下式：

$$0 = N_p I_{ph}(G,T) - N_p I_0(G,T)\left(e^{\frac{V_{oc}[1+\beta_{V_{oc}}(T-T_0)]}{N_s V_t(G,T)}} - 1\right) - \frac{N_p}{N_s}\frac{V_{oc}[1+\beta_{V_{oc}}(T-T_0)]}{R_p(G,T)} \tag{1-40}$$

式中　$\beta_{V_{oc}}$——开路电压的温度系数。

将上述方程组导入 Matlab 软件，利用 fsolve 函数求解，可以得到所需要的 5 个参数，从而带入式（1-6）得到太阳能电池的数学模型和 I-V 曲线。

1.2.8　光伏组件和光伏阵列数学模型

太阳能电池（solar PV cell）是将太阳光直接转换为电能的最基本元件。一个晶体硅太阳能电池片的工作电压约为 0.5V，工作电流约为 $20\sim25\text{mA/cm}^2$。根据使用要求，可以将若干单体电池进行适当的串并联连接后再进行封装，从而组成一个可以单独对外供电的最小单元即组件（太阳能电池板或者光伏组件，solar PV module），其功率一般为几瓦至几百瓦。当应用领域需要较高的电压或电流，而单个组件不能满足要求时，还可以把多个组件通过串并联方式进行连接，以满足所需要的电压和电流。根据负载需要，将若干组件按一定方式组装形成直流发电的组件集合，即得到太阳能电池阵列，也称为光伏阵列（solar PV array）。从太阳能电池片到组件再到阵列的组成形式如图 1-18 所示。对于实际运行的光伏系统，如何得到光伏组件和光伏阵列的功率输出数学模型也非常重要。

当若干个光伏电池串联在一起时，通过的电流相同，可将它们的电压进行累加。这样可以继续应用五参数模型建立组件的数学模型，表达如下：

$$I = I_{ph} - I_0\left(e^{\frac{1}{V_t}\left(\frac{V_M}{N_s} + I_M R_s\right)} - 1\right) - \frac{1}{R_p}\left(\frac{V_M}{N_s} + I_M R_s\right) \tag{1-41}$$

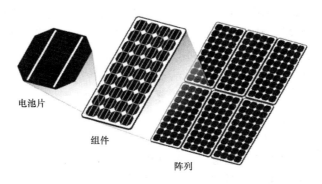

电池片

组件

阵列

图 1-18　从太阳能电池片到组件再到阵列的构成方式

式中　N_s——组件中串联的光伏电池数量；

I_M 和 V_M——光伏组件的输出电流和电压。

同样地，基于光伏组件的数学模型，光伏阵列的五参数模型可以表示为：

$$I = N_p I_{ph} - N_p I_0 \left(e^{\frac{1}{V_t} \left(\frac{V_A}{N_s} + \frac{I_A}{N_p} R_s \right)} - 1 \right) - \frac{N_p}{R_p} \left(\frac{V_A}{N_s} + \frac{I_A}{N_p} R_s \right) \tag{1-42}$$

式中　N_s——整个光伏阵列中串联的光伏电池数量；

　　　N_p——光伏电池串进行并联的数量；

I_A 和 V_A——分别是光伏阵列的输出电流和电压。

以上组件和阵列的理论模型已经在并网型太阳能光伏系统和离网型光伏系统中得到实验验证，获得了比较满意的模拟结果。

1.2.9　常用太阳能光伏发电模拟软件

为了计算方便，国内外出现了许多可以模拟光伏发电系统性能的软件。通过将上述模型以模块化形式植入到软件中，可以模拟光伏电池或者组件的 I-V 曲线及其他性能。目前常用的光伏系统模拟和设计软件包括以下几种：

1. PVsyst

PVsyst 是目前光伏系统设计领域常用的软件之一，它能够较完整地对光伏发电系统进行设计、模拟和数据分析。根据实际项目所处的阶段，PVsyst 可以分别提供三种功能，即初步设计、项目设计以及详细数据分析。此外，软件的工具栏中还包含了数据库管理功能，如气象数据库、光伏组件数据库以及一些用于处理太阳能资源的特定工具，这些工具可由用户自行扩展和开发。PVsyst 软件功能全面，模型数据库的可扩展性强，因此适合于光伏发电系统的设计应用。

2. INSEL

INSEL 是综合模拟环境语言（Integrated Simulation Environment Language）的缩写，它能为建立应用模型提供综合环境和图形程序语言。其基本方式用块图形来表示某种仿真任务，然后将各种块状图连接起来进行仿真模拟。最早用于可持续能源系统，首个版本由德国奥丁伯格大学物理系全体教职人员完成。该软件系统比较复杂，功能多，适用于光伏系统的仿真研究。

3. PV * SOL

PV * SOL 是一个光伏系统设计和计算程序，它专为规划部门、设计技术人员、能源顾问和科研机构开发。PV * SOL 分别从技术和经济角度来评估光伏发电系统的性能，另外，每个系统的生态效益都可以通过计算污染物排放得到。这些计算基于逐时能量平衡，最终结果可以以图形和项目详细报告等形式显示。该软件的最大优点是提供了大量的用户可扩充接口，主要包括：光伏组件数据库、逆变器数据库、蓄电池数据库、负载数据库、由电网供电产生的费用、向电网供电产生的费用、混合污染、最大功率点跟踪等。这些特点使得PV * SOL软件比较适合于光伏发电系统的模拟和设计。

4. TRNSYS

TRNSYS是瞬时系统模拟程序（Transient System Simulation Program）的简称。该软件由美国威斯康星大学建筑技术与太阳能利用研究所的研究人员开发，并在欧洲一些研究所的共同努力下逐步完善。该软件的最大特色在于其模块化的分析方式。所谓模块分析，即认为所有系统均由若干个细小的系统（即模块）组成，一个模块实现一种特定的功能，如单温度场分析模块、太阳辐射分析模块、输出模块等。因此，只要给定边界输入条件，并调用这些可以实现特定功能的模块，该软件就可以对特定系统进行模拟，最后汇总就可对整个系统进行瞬时模拟分析，由此可以看出该分析系统的优越之处。该软件系统功能比较强大，适用于系统仿真研究。

5. HOMER

HOMER的全称是可再生能源互补发电优化建模（Hybrid Optimization Model for Electric Renewable）。最初由美国国家可再生能源实验室（NREL）开发，主要针对小功率可再生能源发电系统进行仿真、优化以及灵敏度分析。HOMER可以模拟电力系统运行过程并预测其生命周期成本。设计人员可以根据已有的技术和资源条件，通过该软件比较不同设计方案的优缺点从而选择最优的设计方案。该软件不仅可以模拟离网光伏系统的运行过程，还可以对并网光伏系统进行仿真，并且可以实现多种能源系统的混合，如太阳能、风能、水能、生物质能、柴油和电池、燃料电池等。

6. RETScreen

RETScreen清洁能源项目分析软件目前使用比较广泛，常用于计算光伏发电系统的最佳倾角和发电量等。该软件由加拿大政府资助开发，完全免费，可以在全球范围内使用。RETScreen软件的功能比较强大，具有中文操作界面，容易上手。该软件可对太阳能光伏、风能、小水电、热电联产、太阳能供暖、地源热泵等各类技术进行经济性、温室气体、财务及风险分析，但不太适合于专业的光伏发电系统设计。

7. 几种模型之间的比较

上述几种软件均具有模拟光伏电池、组件和阵列I-V曲线的功能。本节针对一种特定的光伏组件（型号：Shell Solar SQ175-PC），分别使用INSEL软件、PVsyst软件、DeSoto模型和笔者所在研究团队开发的模型对其功率输出性能进行了对比和分析。厂家提供的组件基本参数如表1-5所示。

光伏组件基本参数（Shell Solar SQ175-PC） 表1-5

参数	数值（单位）
开路电压（V_{oc}）	44.6V
最大功率点电压（V_{mp}）	35.4V
短路电流（I_{sc}）	5.43A

续表

参数	数值（单位）
最大功率点电流（I_{mp}）	4.95A
标准测试条件下的最大功率值（P_{max}）	175Wp
组件中串联的电池片数量	72
短路电流/温度系数（alpha）	0.8mA/℃
开路电压/温度系数（beta）	−145mV/℃
最大功率点/温度系数（gamma）	−0.43%/℃

表 1-6 分别给出了四种模型计算得到的组件参数。由于 INSEL 软件使用的是七参数模型，所以有两个 I_o 和 n，但是这两个参数无法从该软件直接获得。其他软件和模型都使用五参数模型。可以看出四种模型/软件中 R_s 和 R_p 的值比较接近，微小的误差对 I-V 曲线的影响可以忽略不计。除了 INSEL 软件中电流温度系数偏大外，其他三个模型/软件的温度系数均与厂家提供的参数相近。此外，DeSoto 模型得到的二极管理想因子小于 1，而其合理的取值范围应该是 1~2，所以 DeSoto 模型在某些场合下可能并不适合。

四种模型导出的参数结果对比　　　　　　　　　　表 1-6

模型	光生电流（A）	二极管饱和电流（A）	串联电阻（Ω）	分流电阻（Ω）	二极管热电压（V）	理想因子	短路电流温度系统（mA/℃）	开路电压温度系数（mV/℃）	最大功率/温度系数（%/℃）
香港理工大学模型	5.45	1.20×10^{-9}	0.7	196.2	0.028	1.09	0.797	−145.3	−0.431
DeSoto 模型	5.46	4.67×10^{-11}	0.81	163.3	0.024	0.95	0.796	−145.2	−0.43
PVsyst 软件	5.43	2.00×10^{-9}	0.65	180	0.029	1.11	0.8	−144.7	−0.43
INSEL 软件	5.43	—	0.71	171.1	—	—	1.412	−144.9	—

图 1-19 展示了采用以上四种模型/软件模拟得到的光伏组件在不同太阳辐射强度下

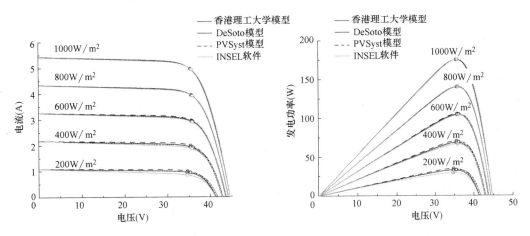

图 1-19　不同太阳辐射条件下使用四种模型模拟的
I-V 曲线和 P-V 曲线（组件温度恒定为 25℃）

（200～1000W/m²）的 *I-V* 曲线和 *P-V* 曲线。笔者所在研究团队开发的模型与 DeSoto 模型吻合很好，而 PVsyst 软件和 INSEL 软件在低太阳辐射强度下具有一定的误差。

　　图 1-20 展示了使用四种模型/软件模拟得到的光伏组件在不同温度下（10～70℃）的 *I-V* 曲线和 *P-V* 曲线。可以看出，除了 INSEL 软件在短路电流方面有少许误差外，在其他方面四种模型/软件均吻合很好，特别是 *I-V* 曲线的三个特征点（开路电压、短路电流和最大功率点）。

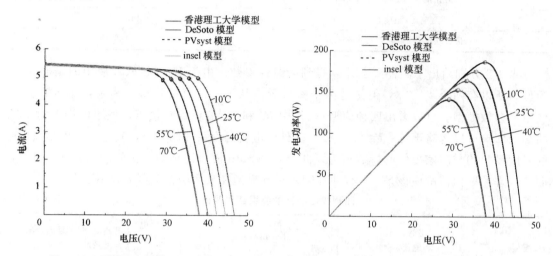

图 1-20　不同温度下使用四种模型的 *I-V* 曲线和 *P-V* 曲线（太阳辐射恒定为 1000W/m²）

　　对比发现，上述四个模型（或者软件）得出的参数和 *I-V* 曲线之间的差别都很小。笔者利用的五参数模型和新颖的求解方法，优点是求解速度快和精度高，适合理论研究。DeSoto 模型是广泛应用的理论模型，操作相对简单，但是模拟得到的理想因子不在正常范围内，所以在某些场合下并不适合。PVsyst 和 INSEL 软件比较适合于工程应用，但是只包含一些特定组件的数据库，并不能导出所有光伏组件的信息。

1.3　太阳能光伏发电系统

　　光伏系统应用非常广泛，其基本形式主要可以分为独立光伏发电系统，并网光伏发电系统，风力、光伏和柴油机混合发电系统以及太阳能热、电混合系统四大类。独立光伏系统应用领域主要是太空航天器、通信系统、微波中继站、电视转播台、光伏水泵以及为边远偏僻农村、牧区、海岛、高原、沙漠的农牧渔民提供照明、看电视、听广播等基本的生活用电。随着光伏技术的发展和世界经济可持续发展的需要，发达国家已经开始有计划地推广城市光伏并网发电，主要是建设户用屋顶光伏发电系统和 MW 级集中型大型并网发电系统等，同时在交通工具和城市照明等方面大力推广太阳能光伏系统的应用。

　　独立发电系统是不与常规电力系统相连而独立运行的发电系统。其基本工作原理就是在太阳光照射下，将光伏电池板产生的电能通过控制器直接给负载供电（对于含有交流负载的光伏系统而言，还需要增加逆变器，将直流电转换成交流电），或者在满足负载需求的情况下将多余的电力给蓄电池充电进行能量储存。当日照不足或者在夜间时，则由蓄电池直接给直流负载供电或者通过逆变器给交流负载供电。

并网光伏发电系统是与电力系统连接在一起的光伏发电系统，它是太阳能光伏发电进入大规模商业化发电阶段、成为电力工业组成部分之一的主要方向，是当今世界太阳能光伏发电技术发展的主流趋势。特别是其中的光伏阵列与建筑物相结合的并网光伏屋顶系统，是众多发达国家竞相发展的热点。光伏并网发电系统分集中式和分散式两种，集中式并网站容量一般较大，通常在几百千瓦到兆瓦级，而分散式并网系统一般容量较小，在几千瓦到几十千瓦，目前并网光伏系统大多为分散式的并网系统。并网光伏系统由光伏阵列、逆变器和控制器组成，光伏电池所发的直流电经逆变器逆变成与电网相同频率和电压的交流电能，以电压源或电流源的方式送入电力系统。并网系统不需要蓄电池，减少了蓄电池的投资与损耗，也间接地减少了处理废旧蓄电池产生的污染，降低了系统运行成本，提高了系统运行和供电的稳定性。并网是光伏发电发展的最合理方向。

风力、光伏和柴油机混合发电系统除了利用太阳能之外，还利用了风能、柴油机作为备用发电能源。使用混合供电系统的目的是为了综合利用各种发电技术的优点。风能和太阳能是无污染和取之不尽、用之不竭的可再生能源，但风力发电和光伏发电一样都受气象环境影响较大。风光互补发电虽然能构成一定的互补关系，但仍受气象条件影响较大。综合使用太阳能、风能和柴油机的混合发电系统则可以显著改善系统的可靠性和经济性。

太阳能光伏建筑一体化是应用太阳能发电的一种新概念：在建筑围护结构外表面上铺设光伏板提供电力。如果直接将光伏板铺设在建筑物表面，将会使光伏板在发电的同时也导致光伏板温度的迅速上升，造成部分热能的浪费，同时也会影响光伏板的发电效率（光伏板效率随着工作温度的升高而下降）。因此，为了有效降低光伏板的工作温度，可以在光伏板背面敷设流体通道，通过换热带走光伏板的热量。如果用水作流体，这些热量还可以被用来制备热水，这就是太阳能光伏、光热混合系统。这种混合系统可以产生电能和热量两种收益，由于水流吸收了使光伏板工作效率降低的余热，成为可以利用的热水，系统的整体效率比单一的光伏或热水系统要高。

1.3.1　独立光伏发电系统

独立光伏发电系统是相对于光伏并网发电系统而言的，其基本工作原理是在太阳光照射下，将光伏电池板产生的电能通过控制器直接给负载供电，或者在满足负载需求的情况下将多余的电力给蓄电池充电进行能量储存。当日照不足或者在夜间时，则由蓄电池直接给直流负载供电或者通过逆变器给交流负载供电。

独立光伏发电系统结构示意图如图 1-21 所示，主要由光伏阵列、蓄电池、负载、控制器和逆变器组成。其中控制器是非常重要的部件，它管理着负载开断和蓄电池充放电的状态，由于蓄电池的循环充放电次数及放电深度是决定蓄电池使用寿命的重要因素，因此控制器可以通过防止蓄电池的过充和过放从而保证蓄电池以及整个系统的使用寿命。

光伏系统使用的蓄电池一般为铅酸免维护蓄电池，尽量不要使用会造成蓄电池极板记忆效应的蓄电池。因为蓄电池每昼夜构成一次充放电循环，充电和放电都是不完全的，视天气和用电情况而定。因为整个光伏系统通常完全工作在自然环境下，环境温度变化较大，而铅酸蓄电池的电压特性具有明显的负温度系数，2V 的蓄电池约为 $-4.0\mathrm{mV/℃}$。也就是说如果不考虑蓄电池的温度补偿，一个在 25℃ 能够正常工作的充电器，在 0℃ 时不一定能给蓄电池提供和保持足够的电量；而在 50℃ 时，该充电器会导致蓄电池严重的过

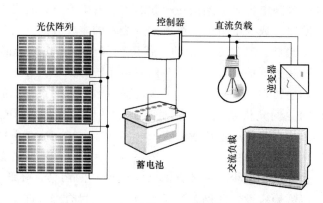

图 1-21　独立光伏发电系统结构示意图

充。合理地考虑温度变化范围，充电器应该根据蓄电池的温度系数给予某种形式的补偿。同样，放电的截止电压也要考虑温度特性的影响，这样才可以使蓄电池的寿命得到最大限度的延长。

同时由于光伏电池最大功率点受光照、温度等影响，其最大功率点电压是变化的。光伏照明系统一般采用两种光伏工作点控制策略：最大功率点跟踪控制（MPPT）或恒电压（CVT）工作点控制。MPPT 控制相对较为复杂，需要使用单片机或者 DSP 芯片实时跟踪和控制光伏电池输出功率点；CVT 相对简单，只需用模拟电路控制光伏电池输出电压工作点，使得光伏电池输出电压固定不变。但 CVT 控制策略将会损失一部分光伏功率，实践统计表明：使用 CVT 控制工作点的发电系统将比 MPPT 控制工作点的发电系统多损失 5%～10% 的功率。

光伏照明系统各部分容量的选取配合，需要综合考虑成本、效率和可靠性。随着光伏产业的迅速发展，光伏电池的价格正在迅速下降，然而它仍是整个系统中最昂贵的部分。它的容量选取直接影响整个系统的成本，其容量选择时要考虑每天负载的变化。相比较而言，蓄电池的价格较为低廉，因此可以选取容量相对较大的蓄电池，尽可能充分利用光伏电池所产生的能量。另外，在与负载功率配合时，应该考虑到连续阴天的情况，对系统容量留出一定的富裕度。对于蓄电池来说，其容量选择要保证每日用电的放电深度不大于 40%～50%。光伏电池板的发电容量、蓄电池容量和每日负载用电量之间应有合理的匹配关系。

如果根据独立发电系统的应用形式、应用规模和负载的类型对独立光伏系统进行细致的划分，可以将光伏独立发电系统分为三大类：简单直流光伏系统、户用光伏系统和独立光伏电站。

1.3.1.1　简单直流光伏系统

简单直流光伏系统的特点是系统的负载为直流负载，而且对使用时间没有特别的要求，负载主要是在白天使用，所以不需要使用蓄电池和控制器。系统结构简单，直接使用光伏板给负载供电，省去了能量在蓄电池中的储存和释放过程造成的损失，以及控制器的能量损失，从而提高了系统的能源利用效率。便携式家电就是这种光伏发电类型的典型代表。

太阳能无处不在，这一特点十分有利于光伏发电技术在便携式家电中的应用。太阳能电池应用于计算器、手表已经有很多年的历史，手提式太阳能电池组件的出现又扩充了光伏技术在便携式电器中的使用，如手机充电器（见图 1-22）、收音机、CD 播放器、便携式电脑、照相机、太阳能玩具等。随着社会和时代的进步，便携式电器成为人们出差旅行不可或缺的物品，对便携式电器的市场需求也越来越大，因此光伏发电技术在便携式家电中的应用前景是十分广阔的。

1.3.1.2　户用光伏系统

　　户用光伏系统主要指在办公室、住宅等配合建筑安装的，为住户自身供电的小型光伏发电系统，一般由光伏阵列、蓄电池、负载、控制器和逆变器构成。白天，发电系统对蓄电池进行充电；夜间，发电系统对蓄电池所存储的电能进行逆变放电，实现对住户负载的供电。户用光伏系统的选用容量一般在几十到几百瓦，主要用于庭院和

图 1-22　太阳能光伏充电器

道路照明、小型家电、灌溉、小型农用机械等。如对供电能力和稳定性要求较高，同时对供电功率要求较大的独立户用系统，一般都需要在直流母线上挂有蓄电池来稳定供电电压，同时兼作夜间和阴雨天气期间的供电。从经济和技术角度考虑，还可以采用与风力发电、柴油机发电互补的方式。一般来说，户用光伏系统容量相对较小，其应用技术也相对简单。

　　1. 太阳能照明

　　太阳能照明是最安全简单的室外照明方式。太阳能灯的光伏电池板将太阳辐射能转换为电能，电能存储在高效的蓄电池组中用于夜间照明。每个太阳能灯可以独立工作，无需变压器和布线。太阳能路灯（见图 1-23）由光伏板、蓄电池、控制器、照明电路、灯杆等组成。灯杆是整个系统的支撑部分，有别于常规的路灯，它既要支撑灯头，又要支撑光伏板和蓄电池。因此光伏板面积和重量如果太大的话，不但会影响整体的美观，还会

图 1-23　太阳能光伏路灯

对灯杆的结构强度和稳定性造成不利的影响。因此太阳能路灯的光伏板最好采用高效率的晶体硅太阳板，同时也最好选择低功耗、高亮度的照明灯。

　　太阳能路灯的控制器除了要具有一般光伏系统的防过充、防过放、防短路等功能外，还要具有自动开关照明灯的功能。天气良好的白天光伏系统发电，所发电力向蓄电池充电，晚间蓄电池向用电负荷放电。有些照明负荷是直流的，有些负荷是交流的。如果负荷是直流的，就无需增加逆变环节，否则需要加装逆变环节，增加逆变环节会带来额外的功率损耗。照明系统可设有能量管理系统，统计每日的充放电电量和控制照明的时间等参数。

　　小型光伏照明系统，一般使用节数较少的蓄电池，其总电压较低。而照明负荷用电电压通常是 220V 的交流，因此必须使用升压逆变器，将低压的直流变为 220V 的交流或者等效直流。对于白炽灯来说，在 220V 交流和 220V 直流电源条件下，其照明工作原理和照明效果是基本相同的。但对于内部含有电子镇流器的节能灯来说，因电子镇流器工作原理是先将 220V 交流电整流成约 280V 左右的直流电，再供电给电子镇流器中的逆变环节。所以，此类供电负载可直接使用直流电源供电，而不必先将电源逆变成交流。只是使用直

流电源供电时，应采用 280V 直流。故光伏照明系统输出供给照明环节的额定电压不能一概而论，即并非为固定的 220V 交流，而是要根据各种照明负载的特性综合决定。

2. 交通信号灯

太阳能在交通信号领域内的应用也是非常普遍的，如太阳能航标灯、十字路口交通警示灯、太阳能路障、太阳能道路边缘指示器灯、护栏警示灯等。其中太阳能航标灯的应用是非常成功的。太阳能供电可以无人值守，它能自动给蓄电池充电，按光线强弱自动开关，使航标工人减轻了劳动强度。用太阳作为信号灯电源，可以避免停电事故，一般不需要架设外接电缆，可以独立运行，因此有的地方设置太阳能信号灯还可以作为防灾紧急信号，遇到地震等自然灾害时，只要它自身不遭到破坏，可以不受输电线路的影响而独立工作。

3. 光伏水泵系统

光伏水泵系统由光伏发电系统和水泵组成。为了便于水泵的功率控制，在水泵与光伏发电系统之间加一变频器，以协调水泵用电与光伏发电之间的功率平衡。当光伏发电功率较高时，调节变频器控制水泵运行在高转速工况下；当光伏发电功率较低时，调节变频器控制水泵运行在低转速工况。一般来说，水泵主要工作在白天，单纯的水泵系统，可以根据实时光伏发电功率确定相应的抽水功率。理论上可以不用配置蓄电池，即发多少电，抽多少水。但这种抽水效率较低，只有在中午前后，光伏发电功率才能够扬水，而在早晨和傍晚前后，由于光伏发电系统输出功率较低，达不到水泵抽水运行的最小功率值，光伏功率将会白白浪费掉。另外由于光伏发电系统的负载特性较软，加之受天气影响较大，光伏水泵运行是不平稳的，最好的解决办法是在发电系统中也接入蓄电池，平时对蓄电池进行浮充电，一旦光伏发电系统输出有波动，由蓄电池补充光伏发电系统的输出不足，使光伏水泵系统工作平稳。同时可将早晚低值时段的光伏发电功率，作为蓄电池充电能量加以利用，这样可以显著提高水泵系统的效率。

蓄电池和光伏电池容量选择可以有两种方案，其一是蓄电池和光伏电池容量略大，除了早晨和傍晚进行充电外，中午时段也安排一部分能量进行充电，系统抽水时间比普通光伏水泵系统抽水时间要长；另一方案是蓄电池和光伏电池容量略小，中午时段光伏发电系统没有太多富裕能量充电，蓄电池只作为电源稳定器和太阳能低谷能量的储存器使用，以减少光伏发电系统电压波动对水泵运行的影响和提高光伏扬水系统的综合效率。因此水泵抽水一定安排在白天中午时段，由于蓄电池容量较小，故不能安排在夜间或太阳能低谷时段抽水。

4. 水泵与照明综合系统

水泵和照明是工作在不同时段的最典型的独立光伏系统，由此两种负载综合构成的系统代表了大多数负载系统的供电模式。水泵和照明综合系统由光伏发电系统、蓄电池、控制器、照明灯、变频器和水泵构成。白天光伏发电系统向蓄电池充电，同时向变频器和水泵供电进行抽水，夜间蓄电池向照明负荷放电，供给照明用电。水泵安排在中午时段工作，早晚时段光伏功率较小，只能充电。水泵与照明综合系统一般功率比较大，既需要有光伏 MPPT 控制，以获取最大光伏功率，又需要有蓄电池充放电控制器，控制向蓄电池充电和蓄电池向照明或变频器放电。还需要有能量管理进行合理的蓄电池充电和扬水功率分配，协调放电控制和进行蓄电池保护，以免蓄电池因过放电而损坏。

5. 太阳能交通工具

21 世纪以来，世界各汽车工业先进国家都在研发节能、环保型的电动车。太阳能电动车由于技术不断进步，尤其是电池和控制技术的提高，在一些发达国家得到了飞速发展。

　　所谓太阳能车（见图 1-24）就是利用太阳能电池板将太阳能转换为电能，并利用该电能作为驱动能源行驶的汽车。其基本工作原理是：车身上的太阳能电池板在阳光照射下产生电流，通过最大功率点跟踪装置（MPPT）以及蓄电池的控制器输送至蓄电池存储以备用或者直接输入到电机。当太阳能车在行驶过程中，如果日照条件比较好的话，电能将直接输送至电机驱动太阳能车；大多数情况下，电机不需要使用全部输入的能量，剩余的能量将通过电机控制器和蓄电池控制器送入蓄电池存储

图 1-24　太阳能光伏车

备用。如日照条件不佳，太阳能车将使用蓄电池中存储的电能和同时由太阳能电池产生的电能来驱动太阳能车。当然，在太阳能车停止的时候，太阳能电池板产生的电能将全部输送到蓄电池。

　　虽然在太阳能交通工具的设计过程中需要考虑很多技术性问题，但是以下几个问题是至关重要的：

　　（1）高转换效率的光伏板；

　　（2）有最大功率点跟踪装置；

　　（3）质量轻、性能高的蓄电池；

　　（4）蓄电池高效率的充放电过程；

　　（5）流线型设计；

　　（6）高可靠性设计。

1.3.1.3　独立光伏电站

　　光伏电站是太阳能光伏应用的主要形式之一。在负载需求量相对较大的无电村镇、海岛，在几公里范围内用户相对集中的无电区域适宜建立独立光伏电站。目前独立光伏电站容量规模在几千瓦到几百千瓦，可以根据实际的用电量需求和安装地点的实际情况确定。光伏电站安装灵活、运行可靠，加之成熟的遥控技术，使得人们在很远的地方就可以对电站的运行进行监测和控制，免去了很多麻烦。虽然光伏电站的初投资相对较高，但其运行和维护费用很低，其价格和环保优势在使用的过程中会逐渐得以体现。

　　电站由光伏阵列、蓄电池、负载、控制器、逆变器、配电和输电系统组成。发电系统白天完成对蓄电池的充电，同时也给光伏水泵、加工机械等供电，进行抽水、蓄水和加工作业；晚间完成对蓄电池的逆变放电控制，实现对负载的供电。设计独立光伏电站时，考虑蓄电池的合理使用是很重要的一个环节，尤其对于夜间用电或白天存在用电高的负载（如电机等）。

　　由于独立电站需要同时给多个负载供电，各负载用电和蓄电池充电之间的能量分配需要合理规划与管理。因此需要使用系统控制器，最大化、合理且充分地利用太阳能。为了匹配光伏电池的最大功率点，负载类型中应有一定比例的可调负载。其中蓄电池充电负荷就是一种可调负载、变频器带动的蓄水用的光伏水泵也是可调负载。独立电站的缺点是系统整体能

量利用率偏低，系统的供电可靠性和稳定性差，需要蓄电池加以蓄能以稳定供电电网的电压和平衡发电与负载。同时也存在蓄电池更新支出和其回收存在的二次污染的问题。

独立光伏电站最成熟的体现是在通信领域，如太阳能发电应用于无人值守微波中继站、光缆维护站、电力/广播/通信/寻呼电源系统、农村载波电话光伏系统、小型通信机、士兵 GPS 供电等。作为通信基站电源，在规模方面被视为最有希望的是微波通信，特别是许多微波/光缆通信网的中继站，大部分设置在沙漠、山间僻地或者海岛上，由于很多是无人站，其应用范围也十分广泛。一般每个微波中继站需要几百瓦甚至几千瓦的容量。图 1-25 为中国移动在广东沿海一个小岛上修建的通信基

图 1-25　广东沿海某小岛上的通信基站

站，平均负载功率为 1030W，其电源由风力、光伏互补发电系统提供，通过合理的设计，系统的供电率可以高达 99.9%。整个系统的运行状态可以通过短信的形式进行远程控制。

　　在遥测仪系统应用方面，河坝管理的遥测仪系统的无人无线中继站电源使用太阳能的也比较多。另外，由于电视信号的覆盖率有限，许多边远城镇、山区、海岛不易接收电视节目，在没有卫星转播的情况下，采用电视差转台的办法是简单可行的。但是一般差转台都是设置在高山上，电源又是一个问题。采用太阳光伏板供电，比较简单实用。自 20 世纪 70 年代以来，我国已经建立了一批由太阳能光伏供电的电视差转台，收到了较好的社会效益。

1.3.2　光伏并网发电系统

　　光伏并网发电系统就是太阳能光伏发电系统与常规电网相连，共同承担供电任务。当有阳光时，逆变器将光伏系统所发的直流电逆变成正弦交流电，产生的交流电可以直接供给交流负载，然后将剩余的电能输入电网，或者直接将产生的全部电能并入电网。在没有太阳的时候，负载用电全部由电网供给，其系统结构示意图如图 1-26 所示。

　　因为直接将电能输入电网，光伏独立系统中的蓄电池完全被光伏并网系统中的电网所取代。免除配置蓄电池，省掉了蓄电池蓄

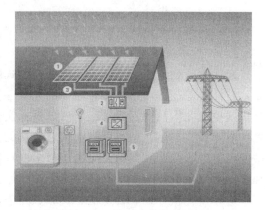

图 1-26　光伏并网系统结构示意图

能和释放的过程，可以充分利用光伏阵列所发的电力，从而减小了能量的损耗，降低了系统成本。但是系统中需要专用的并网逆变器，以保证输出的电力满足电网对电压、频率等性能指标的要求。逆变器同时还控制光伏电池最大功率点跟踪、并网电流的波形和功率，使向电网转送的功率和光伏阵列所发的最大功率电能相平衡。这种系统通常能够并行使用市电和太阳能光伏系统作为本地交流负载的电源，降低了整个系统的负载断电率。而且并网光伏系统还可以对公用电网起到调峰作用。

太阳能光伏发电进入大规模商业化应用的必由之路，就是将太阳能光伏系统接入常规电网，实现联网发电。与独立运行的太阳能光伏发电站相比，并入电网可以给光伏发电带来诸多好处，可以概括为如下几点：

（1）省略了蓄电池作为蓄能环节，降低了蓄电池充放电过程中的能量损失，免除了由蓄电池带来的运行与维护费用，同时也消除了处理废旧蓄电池带来的间接污染；

（2）随着逆变器制造技术的不断进步，逆变器以及光伏系统并网的技术问题受到了厂家的重视并得以解决，其稳定性有所提高，且体积有所减小；

（3）光伏电池可以始终运行在最大功率点处，由电网来接纳太阳能所发的全部电能，提高了太阳能发电的效率；

（4）电网获得了收益，分散布置的光伏系统能够为当地的用户提供电能，缓解了电网的传输和分配负担；

（5）利用清洁干净、可再生的自然能源太阳能发电，不耗用不可再生的、资源有限的含碳化石能源，使用中无温室气体和污染物排放，与生态环境和谐，符合经济社会可持续发展战略；

（6）光伏电池组件与建筑物完美组合，既可发电又能作为建筑材料和装饰材料，使物质资源充分利用，发挥多种功能，不但有利于降低建筑费用，并且还使建筑物科技含量提高，增加"卖点"。

光伏并网系统能够为电网提供电能，其主要组成有：

（1）光伏阵列，它可以将太阳能转换成直流电能；

（2）逆变器，它是一个电能转换装置，可以将直流电转换为交流电；

（3）漏电保护、计量等仪器、仪表，这些也是并网发电的必需设备；

（4）交流负载。

光伏并网发电系统可以分为集中式大型并网光伏系统和分散式小型住宅光伏并网系统两大类。前者功率容量通常在兆瓦级以上，后者则在千瓦级至百千瓦级之间。建设大型联网光伏系统投资巨大、建设期长、需要复杂的控制和配电设备，并要占用大片土地，同时其发电成本目前要比市电贵数倍，因而发展不快。而住宅光伏并网系统，特别是与建筑结合的住宅屋顶光伏并网系统，它可以将发的电直接分配到住宅的用电负荷上，多余或不足的电力通过连接电网来调节，由于其具有上述的优越性，建设容易，投资不大，许多国家又相继出台了一系列激励政策，因而在各发达国家备受青睐，发展迅速，成为主流。

住宅并网光伏系统通常是白天光伏系统发电量大而负载耗电量小，晚上光伏系统不发电而负载耗电量大。将光伏系统和电网相连，就可以将光伏系统白天所发的多余电力"存储"到电网中，待用电时随时取用，省掉了储能蓄电池。其工作原理是：太阳能电池方阵在太阳光照射下发出直流电，经逆变器转化为交流电，供用电器使用；系统同时又与电网相连，白天将太阳能电池方阵发出的多余电能经并网逆变器逆变为符合电网质量要求的交流电送入电网，在晚上或阴雨天发电量不足时，由电网向住宅用户供电。

1.3.2.1　电力品质

很多规范从电压、电压闪变、频率和失真等方面对光伏发电系统的电力品质进行了阐述和规定。如果偏离这些标准的规定值，就需要逆变器停止向电网供电。对于中型和大型光伏系统，当电网电压或者频率发生漂移时，保持光伏系统和电网的连接有助于消除电网中的电压和频率波动。

1. 名义电压工作范围

光伏并网系统将电能以电流的形式输入电网，但是不对电网电压作出任何调整。因此，光伏逆变器的电压工作范围只是在电网异常情况下的一种自我保护手段。

一般来说，以大电流往电网输送电能时，可能会影响到电网的电压。只要注入电网的光伏电流小于同一电网线路上的负载，电网的电压调整装置就会继续正常工作。但是如果输入电网的光伏电流大于同一电网线路上的负载，就需要采取一定的校正措施。

对于小型光伏系统（<10kW）而言，在电网正常工作的电压波动范围内，小型光伏系统应能继续工作。系统电压工作范围的选取应尽量减少无谓的跳闸，这无论是对电网还是对光伏系统都是有利的。小型光伏系统的电压范围通常为 212～264V，也就是电网正常电压的 88%～100%，这就使系统的跳闸电压为 211V 和 265V。

对于中型和大型光伏系统而言，电力公司可能已经规定了光伏系统的工作电压范围，并且可能要求能够对大型光伏系统的电压范围进行调整和设定。如果没有类似的要求或规定，系统的工作电压范围一般都应遵循 88%～100%的原则。

2. 电压闪变

连接到电网的逆变器在公共节点产生的任何电压闪变都不能超越在 IEEE 标准 519-1992 中规定的最大值。遵守这个规定可以最大限度地减少并网逆变器对电网中其他用户的影响。

3. 频率

电网的工作频率是由电力公司控制的，光伏发电系统应该和电网具有同步性。不同国家的光伏系统应该满足各自国家对电网频率的要求。对于通常安装在小岛或者偏远地区的小型独立电网，由于其电网频率的稳定性差，可能允许小型光伏系统频率有较大的波动范围。对于中型和大型光伏系统而言，电力公司可能要求能够对其频率范围进行调整和设定。

4. 波形失真

光伏发电系统输出应该具有较低的交流电流失真，从而确保不对电网中其他用户产生负面影响。光伏系统在公共节点的电力输出应该遵循 IEEE 标准 519-1992 中的第 10 条规定，这条规定的主要要求可以概括为：在逆变器额定输出功率时，总的谐波电流失真应小于基频电流的 5%。每个谐波失真都应小于表 1-7 中的规定值。表中的规定值是光伏系统在额定功率输出的情况下相对于基频电流的百分数。偶次谐波应小于表中奇次谐波极值的 25%。

IEEE 标准 519-1992 推荐的六脉波转换器失真极限　　　　　　　表 1-7

奇次波	失真极限	奇次波	失真极限
3～9 个	<4.0%	23～33 个	<0.6%
11～15 个	<2.0%	33 个以上	<0.3%
17～21 个	<1.5%		

1.3.2.2　孤岛效应

并网光伏系统作为一种分散式发电系统，对传统的集中供电系统的电网会产生一些不良的影响，如孤岛效应。因此，在户用光伏并网发电系统中，除了应具有基本的保护功能以外，还应该具有预防孤岛效应的特殊功能。

根据美国 Sandia 国家实验室（Sandia National Laboratories）提供的报告可知，所谓孤岛效应就是当电力公司的供电系统因故障事故或停电维修等原因而停止工作时，安装在各个用户端的光伏并网发电系统未能及时检测出停电状态，没有迅速将自身切离市电网络，因而形成了一个由光伏并网发电系统向周围负载供电的一个电力公司无法掌握的自给供电孤岛现象。孤岛效应是并网发电系统特有的现象，具有相当大的危害性，不仅会危害到整个配电系统及用户端的设备，更严重的是会造成输电线路维修人员的生命安全。因此，对光伏并网发电系统来说，具有反孤岛效应的功能是至关重要的。如果当时检修人员正在进行电力检修，会造成人员触电伤亡事故；而当电网恢复供电时，电网和并网这两个交流电压的相位会存在较大差异，因此会产生瞬间的强大冲击电流，它同样可以严重影响连接到电网的设备和负载。

一般的并网逆变器都具备了过压和欠压、过频和欠频等保护功能。当市电脱网时，在并网逆变器输出恒定交流电流的作用下，公共节点（PCC）处的电压、频率幅值会高于或低于正常值，逆变器检测到这一异常变化就会马上进行保护，从而使并网逆变器在大多数情况下具备了较好的反孤岛效应功能。我国也对公共节点处的过/欠压和过/欠频保护作了具体规定：

（1）当光伏系统电网接口处电压为额定电压的 110%～120% 时，过压保护应在 0.5～2s 内动作，将光伏系统与电网断开；

（2）当光伏系统电网接口处电压为额定电压的 80%～90% 时，欠压保护应在 0.5～2s 内动作，将光伏系统与电网断开；

（3）当光伏系统电网接口处频率为 50.5～51.5Hz 时，过频率保护应在 0.5～2s 内动作，将光伏系统与电网断开；

（4）当光伏系统电网接口处频率为 48.5～49.5Hz 时，欠频率保护应在 0.5～2s 内动作，将光伏系统与电网断开。

然而，当负载和并网逆变器容量近似匹配时，情况就会不同。此时，即使市电脱网，并网逆变器输出的电流作用于负载上时，公共节点处的电压幅值和频率基本保持不变，这样逆变器的过压和欠压保护功能、过频和欠频保护功能就会失去作用，也就是说，并网逆变器通过电压幅值异常或者频率异常的保护功能来实现系统的反孤岛效应就会变得不可靠。

因此电网断电的检测是反孤岛效应的关键，且检测时间越短，效果越好。通常情况下，检测电网断电有两种方式：被动式和主动式。被动式检测方式主要有过压和欠压检测法、过频和欠频检测法、谐波电压检测法、电压相位检测法和频率变化率检测法等；主动式检测方式主要有脉冲电流注入法、输出功率变化法（有功功率变化和无功功率变化）、阻抗变动法、滑模频率转移法和频率偏移法等。

在我国，2004 年 3 月份，由科技部能源研究所制定的光伏并网发电系统的技术要求中，对反孤岛效应也有了详细的规定，要求光伏系统除设置过/欠压保护、过/欠频保护作为防孤岛效应后备保护外，还应该设置至少各一种主动和被动式防孤岛效应保护措施。并且防孤岛效应保护应该在电网断电后 0.5～1s 内动作，将光伏系统与电网断开。

现在各国对防止光伏并网系统的孤岛效应都做了大量的研究，大多数商业逆变器都采用了不同的控制方法，取得了令人满意的防止孤岛效应的效果。

1.3.2.3 并网逆变器

并网逆变器是光伏并网系统的核心部件和技术关键。并网逆变器与独立系统逆变器不同之处是它不仅可以将光伏板发出的直流电转换为交流电，并且还可以对转换的交流电的频率、电压、电流、相位、有功和无功、电能品质（电压波动、高次谐波）等进行控制。另外它还具有如下功能：

（1）自动开关。根据从日出到日落的日照条件，尽量发挥光伏阵列输出功率的潜力，在此范围内实现自动开机和关机。

（2）最大功率点跟踪（MPPT）控制。当光伏板表面温度和太阳辐射照度发生变化时，光伏板产生的电压和电流发生相应变化，并网逆变器能够对这些变化进行跟踪控制，使列阵经常保持在最大输出的工作状态，以获得最大的功率输出。

（3）防止孤岛效应。

（4）自动调整电压。在剩余电力逆流入电网时，因电力逆向输送而导致送电点电压上升，有可能超过电网的运行范围。为保持电网的正常运转，并网逆变器要能够自动防止电压的上升。

根据逆变器在光伏系统中的布置形式，可以将逆变方式分为集中式逆变和分散式逆变。长时间以来，人们通常采用集中式逆变形式进行逆变，但是现在越来越多地采用多个小型逆变器进行分散式逆变。

1. 集中式逆变

（1）低压逆变

在低压范围内（$V_{DC} < 120V$），几块（3～5块）光伏板串联起来组成一个回路。这种低压逆变形式（见图 1-27）的一个优点是：由于串联回路的电流是由系统中受遮挡物遮挡最严重的那块光伏板的电流决定的，另外低压逆变串联回路中的光伏板数目较少，因此遮挡物的遮挡对低压逆变系统性能的影响要比高压逆变系统小。低压逆变的主要缺点是回路中的高电流，因此需要使用截面积相对较大的电缆来降低回路的电阻。

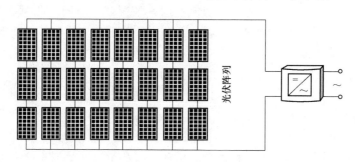

图 1-27 集中式低压逆变

（2）高压逆变

在高压范围内（$V_{DC} > 120V$），比较多的光伏板串联起来组成一个回路。这种逆变形式（见图 1-28）的优点是由于系统中的低电流，从而可以采用较小截面积的电缆。它的缺点是具有比较大的遮挡损失。

（3）主-从式逆变

比较大的光伏系统通常采用建立在主-从逆变概念的基础上的集中式逆变（见图 1-29）。这种逆变形式通常需要采用几个逆变器（一般为 2 或 3 个），每个逆变器的额定功率可以通过将光伏系统额定功率除以逆变器个数来计算。其中一个逆变器是主逆变器，当太阳辐射值比较低时，主逆变器工作。随着太阳辐射值的增加，系统发电量超过主逆变器容量，这时就需要启动从逆变器进行补充。为了能使各个逆变器均衡地工作，主从逆变器按照特定的循环顺序交换地进行工作。

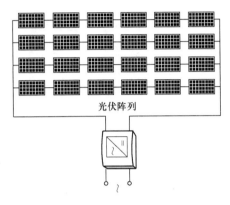

图 1-28　集中式高压逆变

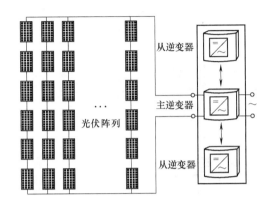

图 1-29　集中式主-从逆变

这种逆变方式的优点是：当太阳辐射值比较低时，只有一个主逆变器进行工作，因此系统的逆变效率比只有一个逆变器的系统要高。但是这种逆变方式的初投资要比单个逆变器的逆变方式要高。

2. 分散式逆变

分散式逆变特别适应于光伏系统中的各分系统有不同朝向或者倾角，或者光伏系统有部分被遮挡的情况。分散式逆变可以分为光伏阵列逆变、光伏板串逆变和光伏板逆变。当系统中不同列阵的朝向不同或者有遮挡的话，分散式逆变能更有效地在各种辐射强度下进行工作。每个光伏阵列、光伏板串或者光伏板都安装一个逆变器。

（1）光伏阵列和光伏板串逆变

使用光伏列阵和光伏板串逆变（见图 1-30）可以大大简化光伏系统的安装，并且降

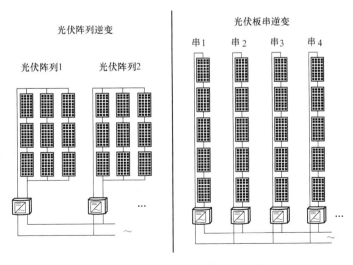

图 1-30　光伏阵列和光伏板串逆变

低系统的安装费用。逆变器一般在光伏板附近，通常的功率范围是 0.5～3.0kW。

在安装时应注意每个光伏串中的光伏板都应有相似的环境参数（朝向和遮阳）。另外光伏串中的光伏板个数越多，遮挡对系统性能造成的影响就越大。当选用室外安装地点时，应充分考虑室外气候（频繁的温度和湿度变化等）对逆变器寿命和故障率的影响，应该避免直接将逆变器暴露于太阳光的照射和雨水中。

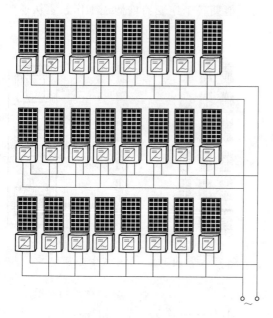

图 1-31 光伏板逆变

由于逆变器是直接连接到光伏板串上的，这就使此种逆变方式与集中式逆变方式相比减少了光伏板串之间的连接线；节省了光伏板串的接线盒；节省了光伏系统中的直流主线。

（2）光伏板逆变

光伏系统高效率的一个先决条件是逆变器可以根据光伏板的工作状态的变化而做出合理的调整，最理想的状况是每个光伏板都能工作在它的最大功率点。在光伏板逆变中（见图 1-31），光伏板和逆变器作为一个单元工作时能更好地实现最大功率点的跟踪。光伏板和逆变器组成的这个单元中的逆变器称为光伏板逆变器。有些光伏板逆变器体积很小，甚至可以安装到光伏板的接线盒中。这种逆变方式的另外一个优点是可以很容易地任意对光伏系统进行扩展。

光伏板逆变器现在还是相对比较昂贵，只有大范围的普遍应用之后才会体现出其节约成本的优点。当安装光伏板逆变单元时，应注意逆变器日后维护或更换的方便。另外，一个同等重要的问题就是每个逆变器的通信以及监测的问题，厂家应该提供合适的、可以方便地用电脑进行监测的系统。光伏板逆变单元特别适用于光伏建筑系统，特别是当部分光伏板受到周围建筑物遮挡的情况。

3. 逆变器安装位置

对于集中式逆变器来说，应尽量安装在电表的附近。如果环境状况允许的话，安装在光伏系统接线柜附近也是可行的，这将降低通过直流总线的电量损失和安装费用。大型中央逆变器通常和其他一些设备（如电表、断路器等）安装在一个逆变器箱体内。

分散式逆变器越来越多地被安装在屋顶，但是实验发现，应对逆变器做好保护措施，尽量避免太阳直射和雨水淋湿。当选择安装地点时，满足逆变器厂家建议的温度、湿度等要求是非常重要的。同时还要考虑到逆变器的噪声（取决于逆变器功率和制造工艺）对周围环境的影响。

4. 逆变器的选择

逆变器的产品说明书能为逆变器的选择和安装提供非常重要的信息，由此我们可以确定逆变器的数量、电压等。

（1）功率的选择

小型（最大可达 5 kW）光伏逆变系统通常采用单相逆变。而大型光伏系统，使各相达到平衡状态是非常重要的，通常在每相电上都连接几个单相逆变器，从而实现三相逆变。

通过粗略估计光伏系统总发电量可以确定逆变器的数目。一般来说，逆变器的额定功率应近似等于光伏系统的发电功率，但也有一些偏差，下式可以作为逆变器设计容量的范围：

$$0.7 \times P_{PV} < P_{invDC} < 1.2 \times P_{PV}$$

对于分散式逆变器，由于通常安装在外墙或者屋顶，逆变器容易产生比较大的热负荷，因此逆变器功率应该比光伏系统功率略大。对于非晶硅光伏板，在设计过程中还应考虑光伏板性能的退化。非晶硅光伏板在开始使用的第一个月的产电量会比额定产电量高大约 15%，然后会回落到较固定的额定功率水平。在逆变器的电压和电流设计中应充分考虑到这一点。在此期间，逆变器的工作电压可能会比额定电压高 11% 左右，而工作电流可能会高 4% 左右。

总体来说，在中国北方地区，光照强度大于 900 W/m² 的情况是很少发生的，光伏系统产电功率通常为其额定功率的 60% 左右，基本上从来达不到其额定功率。当光伏系统发电功率小于逆变器功率的 10% 时，逆变器的逆变效率是非常低的。因此，为了能更好地利用低辐射值的太阳能，选用比光伏系统功率小的逆变器（$P_{invDC} < P_{PV}$）是经济合理的。相反在高辐射值的区域，例如中国南方地区，选用比光伏系统功率小的逆变器通常不能提高产电量，是不合理的。

当逆变器设计功率小于光伏系统功率时，应特别注意逆变器的超负荷运行情况，决不允许逆变器输入电压超压。

（2）电压的选择

逆变器电压等于光伏板串中串联光伏板电压的总和。因为光伏板电压和整个光伏系统的电压与温度有关，所以在设计中通常将冬季和夏季作为两个极端情况来考虑。

在设计过程中，逆变器的工作电压区域应该和光伏系统的特性曲线相吻合。逆变器在不同温度下最大功率点的区域应该和光伏系统的最大功率点区域相一致（见图 1-32）。

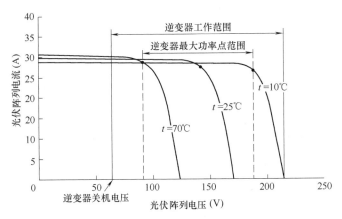

图 1-32　光伏阵列特性曲线和逆变器工作范围

5. 光伏板数目的选择

（1）光伏板串的最大光伏板数目

在温度较低时，光伏板电压会有所升高，因此光伏系统能得到的最大电压是在低温下的开路电压。如果在冬季晴天（假设空气温度为－10℃）将光伏系统关闭（比如电网出现故障时），再闭合时会产生一个很高的开路电压，这个开路电压必须比逆变器的最大直流输入电压要低，否则逆变器可能会被损坏。所以根据逆变器所允许的最大直流输入电压和光伏板在－10℃下的开路电压，可以根据式（1-43）计算出最大允许串联的光伏板个数。

$$n_{\max} = \frac{V_{\max(\text{INV})}}{V_{\text{OC(Module}-10℃)}} \tag{1-43}$$

式中　$V_{\text{OC(Module}-10℃)}$——光伏板在－10℃时的开路电压。

厂家的产品说明书通常不提供光伏板在－10℃时的开路电压，而是提供光伏板的温度参数 ΔV（％/℃或者 mV/℃）。从而可以根据光伏板在标准工况下的参数 $V_{\text{OC(STC)}}$ 由式（1-45）及式（1-46）来计算其在－10℃时的开路电压：

如果 ΔV 用％/℃来表示，则有：

$$V_{\text{OC(Moudle}-10℃)} = (1 - 35℃ \times \Delta V/100) \times V_{\text{OC(STC)}} \tag{1-44}$$

如果 ΔV 用 mV/℃来表示，则有：

$$V_{\text{OC(Moudle}-10℃)} = V_{\text{OC(STC)}} - 35℃ \times \Delta V/1000 \tag{1-45}$$

由于光伏板的开路电压是随温度的降低而升高的，光伏板的温度参数 ΔV 应该是负数。如果厂家产品说明书中没有提供任何数据，通常可以近似地认为单晶硅、多晶硅光伏板在－10℃时的开路电压大约是其在标准工况下开路电压的 1.14 倍，如式（1-46）所示。

$$V_{\text{OC(Moudle}-10℃)} = 1.14 \times V_{\text{OC(STC)}} \tag{1-46}$$

（2）光伏板串的最小光伏板数目

在夏天，屋顶的光伏板温度可以很容易达到 70℃。这个温度可以作为确定光伏板串中最小光伏板数目的基准温度。对于通风性能良好的光伏系统，可以假定系统的最高温度为 60℃。在夏天晴朗的日子里，由于较高的光伏板温度，其系统电压输出要小于标准工况下的电压输出（光伏板说明书中的额定电压输出）。如果光伏系统输出直流电压降到低于逆变器最大功率点跟踪电压，这就不能正确追踪系统的最大功率点，更严重的情况下会切断光伏系统的逆变。因此，光伏板串中最小光伏板的数目应该根据逆变器在最大功率点的最小输入电压和光伏板在 70℃时的最大功率点电压按下式来计算。

$$n_{\min} = \frac{V_{\text{MPP(INVmin)}}}{V_{\text{MPP(Module}-70℃)}} \tag{1-47}$$

式中　$V_{\text{MPP(Module}-70℃)}$——光伏板在 70℃时的最大功率点电压。

如果厂家说明书没有提供 $V_{\text{MPP(Module}-70℃)}$，那么可以利用光伏板在标准工况下的最大功率点电压 $V_{\text{MPP(STC)}}$ 由式（1-48）及式（1-49）来计算。

如果 ΔV 用％/℃来表示，则有：

$$V_{\text{MPP(Moudle}-70℃)} = (1 + 45℃ \times \Delta V/100) \times V_{\text{MPP(STC)}} \tag{1-48}$$

如果 ΔV 用 mV/℃来表示，则有：

$$V_{\text{MPP(Moudle}-70℃)} = V_{\text{MPP(STC)}} + 45℃ \times \Delta V \tag{1-49}$$

通常可以近似的认为单晶硅、多晶硅光伏板在 70℃时的最大功率点电压大约比其在标准工况下的最大功率点电压小 18％，如式（1-50）所示。

$$V_{\text{MPP(Moudle}-70℃)} = 0.82 \times V_{\text{MPP(STC)}} \tag{1-50}$$

光伏系统所能达到的最高温度取决于光伏板的安装位置，在计算光伏板电压变化的时候应考虑到这一点。对于安装在屋顶或者建筑外墙的没有通风装置的光伏系统，其最高温度可达100℃。这时，最小光伏板数目的计算应采用光伏板在100℃时的最大功率点电压。另外在计算中还应考虑到光伏板的遮挡对系统电压的影响。

（3）光伏板串数目的确定

最后，还应该确保光伏系统产生的直流电流不能超过逆变器的最大输入电流。通常允许的光伏串数目是由逆变器最大输入电流和光伏串最大电流来确定的，如式（1-51）所示。

$$N_{max} \leqslant \frac{I_{max(INV)}}{I_{maxString}} \tag{1-51}$$

如果逆变器设计容量偏小，应该检查逆变器电流超载的频率，从而确定逆变器是轻微还是严重的超载。

1.3.3　风力、光伏和柴油机一体化发电系统

混合发电系统除了使用太阳能之外还有多种能量来源，常见的能源方式有风能、潮汐能、地热能、柴油发电机等。风力、光伏和柴油机一体化混合光伏系统在使用光伏发电的基础上还综合利用了风能和柴油发电机给负载供电。

风能和太阳能是无污染和取之不尽、用之不竭的可再生能源，但风力发电和光伏发电一样都受气象环境影响较大。所谓"风力、光伏互补发电"是指在白天、晚间交替使用太阳能和风力能发电。一般来说白天晴天，风可能比较小，以太阳能发电为主，以风力发电为辅；而夜间只能靠风力发电，往往风力也比白天大。从而形成全天的互补发电形式。风光互补发电虽然能构成一定的互补关系，但仍受气象条件影响较大，如果加装蓄电池则能显著改善其稳定性。使用蓄电池蓄能虽然可在一定程度上弥补二者供电的不稳定性，但储存的能量毕竟有限，不能长时间持续提供供电，如果遇到连续阴雨天气和连续无风天气，整个供电系统的供电能力将会大大下降。

对于比较重要的或供电稳定性要求较高的负载，还需要考虑采用备用的柴油发电机组，形成风机、光伏和柴油发电机一体化的混合供电系统，供电的可靠性和稳定性将大为提高。柴油发电机平时可设计成备用状态或小功率运行待机状态，当风、光发电不足和蓄电池蓄能不足时，由柴油发电机补充发电，缓解发电系统发电功率的不足。作为备用的补充发电的柴油发电机，其设计容量可以相对较小。当蓄电池组放电过度或其他原因导致电压过低时，启动备用柴油发电机组向负载供电，同时由充电器给蓄电池组充电，防止蓄电池组过放，并存储电能。另外在逆变器无法正常工作的情况下，柴油发电机组作为应急电源可以直接通过输电线路给负载供电。

1.3.3.1　混合系统的特点

使用混合供电系统的目的就是为了综合利用几种发电技术的优点，避免各自的缺点。综合风力、光伏和柴油发电机的一体化混合发电系统与单一能源的独立系统相比，对天气的依赖性要小，其优点如下：

1）使用混合发电系统可以达到可再生能源的更好利用。因为可再生能源是变化的、不稳定的，所以系统必须按照最不利工况进行设计。因此，如果仅用光伏系统，在其他时间，系统的容量过大。在太阳辐射最高峰时期产生的多余电量因无法使用而白白浪费掉，整个系统的经济性能因此而降低。

2）具有较高的系统实用性。因为可再生能源的变化在独立系统中具有不稳定性，一

且出现较长时间的连续阴雨天，就会导致系统供电不能满足负载需求的情况，从而导致停电或者蓄电池过放电现象，影响整个供电系统的实用性。而使用混合系统则会大大降低负载断电率。

3）利用太阳能、风能的互补特性，再加上柴油机作为备用发电设备，使系统获得较高的稳定性和可靠性，在保证同样供电的情况下，可以大大减少储能蓄电池的容量，大幅度降低了系统的成本。

4）与单用柴油发电机的系统相比，具有较低的维护和运行费用。同时在混合系统中可以进行综合控制，使柴油机在额定功率附近工作，从而具有较高的燃油效率。

5）对系统进行合理的设计和匹配，基本上可以由风、光发电系统供电，很少启用备用电源（柴油发电机），可以获得较好的社会经济效益。

6）负载匹配更佳。使用混合系统之后，因为柴油发电机可以即时提供较大的功率，所以混合系统可适用于范围更加广泛的负载系统，例如可以使用较大的交流负载、冲击负载等。还可以更好地匹配负载和系统的发电，只要在负载的高峰期开启备用电源就可以办到。有时候，负载的大小决定了需要使用混合系统，大的负载需要很大的电流和很高的电压，如果只是使用太阳能或者风能，成本就会很高。

但是混合系统也有其自身的缺点：

1）控制比较复杂。因为使用了多种能源，所以系统需要监控每种能源的工作情况，处理各个子能源系统之间的相互影响，协调整个系统的运作，这样就导致其控制系统比独立系统复杂得多。

2）系统初投资比较大。混合系统的设计、安装和施工都比独立光伏或风力系统要大。

3）比独立系统需要更多的维护。柴油机的使用需要很多的维护工作，比如更换机油滤清器、燃油滤清器、火花塞等，还需要给油箱添加燃油等。

4）产生污染。光伏系统和风力系统是无排放的清洁能源，但是因为混合系统中使用了柴油机，这样就不可避免地产生了污染。

很多在偏远无电地区的通信电源和民航导航设备电源，因为对电源的要求很高，都采用了混合系统供电，以求达到最好的性价比。

1.3.3.2　混合系统设计的考虑因素

风力、光伏和柴油机一体化混合发电系统具有更大的弹性，能适应不同的系统要求。在对系统进行设计时，必须在初始设计阶段作出正确的选择。在整个设计过程中必须时刻牢记整个系统的运行过程。混合系统不同部分之间的交互作用很多，设计者必须保证满足所有的重叠要求。不管按照什么方法进行设计，首先应该使混合系统的功能恰好满足负载的要求，然后综合考虑各种因素，平衡好各方面因素对系统的影响。

1. 负载工作情况

与独立光伏系统设计一样，混合系统中总负载的确定也同样重要。对于交流负载，还需要知道频率、相数和功率因子。需要了解的不仅仅是负载的功率大小，负载每小时的工作情况也是很重要的。系统必须满足任何可能出现的峰值情况，采用确定的控制策略满足负载工作的需求。

2. 系统的总线结构

选择交流还是直流的总线取决于负载和整个系统工作的需要。如果所有的负载都是直流负载，那么就采用直流总线。如果负载大部分都是交流负载，那么最好使用交流总线结构。如果发电机要供给一部分的交流负载需求，那么选择交流总线结构就比较有利。总的来说，采用交流总线需要更加复杂的控制，系统的操作也较为复杂，但是效率更高，因为发电机产生的交流电直接供给负载，不像在直流总线结构下，发电机输出的电流需要经过整流器将交流转化为直流，然后又经过逆变器将直流转换为交流，满足交流负载的需要而产生很大的能量损失。因此，进行设计的时候必须仔细进行比较，确定最佳的系统总线结构。

3. 蓄电池总线电压

在混合系统中，蓄电池的总线电压会对系统的成本和效率产生很大的影响。通常，蓄电池的总线电压应该在设备允许的电压和当地安全法规规定的电压这两者中尽量取较高值。因为较高的电压会降低工作电流，从而降低损失，提高系统效率（功率的损失与电流的平方成正比）。而且因为电缆、保险、断路器和其他的设备的成本都和电流的大小有关，所以较高的电压能够降低这些设备的成本。对于直流总线系统，通常负载的直流工作电压决定了总线的电压。如果有多种负载，最大的负载电压应为总线电压。对于有交流负载的系统，蓄电池电压由逆变器的输入电压决定。通常，除了小系统以外，其他的应该使用最小为 48V 的电压，较大的系统应该使用 120V 或者 240V。

4. 蓄电池容量

蓄电池容量对保证连续供电是非常重要的。在一年内，各月份光伏系统发电量有很大差别。当光伏发电量不能满足负载需求时，需要靠蓄电池的电能给以补充；而当光伏系统发电量超过用户需求时，可以用蓄电池储存多余的电量。

在独立光伏系统设计时，一般是按照最长连续阴雨天数来设计蓄电池容量的，因此蓄电池通常可以提供 5～7 天或者更多的自给天数。由于蓄电池容量比较大，遇到几个连续阴雨天周期间隔较短时，放电后蓄电池往往还未充满就开始放电，这样蓄电池欠充从而导致电池容量下降较快、电池寿命缩短。

对于混合系统，因为有备用能源（柴油发电机），受连续阴雨天的天数影响不大，蓄电池通常会比较小，自给天数一般为 2～3 天。当蓄电池的电压下降时，系统可以启动柴油发电机给蓄电池充电。在独立系统中，蓄电池是作为能量的储备，该能量的储备必须充分，以随时满足天气情况不好时的能量需求。在混合系统中，蓄电池的作用稍稍有所不同，它的作用是使得系统可以协调控制每种能源的利用。通过蓄电池的储能，系统在充分利用太阳能和风能的同时，还可以控制发电机在最适宜的情况下工作。好的混合系统设计必须在经济性和可靠性方面把握好平衡。

5. 柴油机发电与风、光发电的能量贡献比例

在混合系统中，柴油机发电与风、光发电的分配比例是非常关键的，它决定了光伏板、风机容量的大小和柴油机发电的年度能量贡献，直接影响到系统成本和系统的工作情况。发电机提供的能量越大则需要的光伏板和风机容量越小，这样就可以降低系统的初投资，但柴油发电机的工作时间会增加，从而导致系统的维护成本和燃油消耗的提高，它是整个系统各项容量设计的基础。决定该分配需要综合考虑系统所在地的气象因素、系统成本、系统维护等各项因素。可以根据经验进行简单的估计，如果需要得到精确的估计，就需要使用计算机进行模拟计算。

6. 发电机功率和蓄电池充电的考虑

发电机的功率和蓄电池的充电控制应该进行匹配设计，因为在混合系统中这两个部分

紧密相连。首先，发电机的功率必须能够满足蓄电池充电的需要。较小的蓄电池会降低系统的初投资，但会导致柴油机的频繁启停，从而增加燃油消耗和柴油机维护成本。在计算柴油机功率大小时还要考虑直接连接到发电机上的交流负载。使用较大功率的发电机，会减少发电机的工作时间，从而降低系统的维护成本，并且提高系统的燃油经济性。所以使用较大功率的柴油发电机会有很多优点。但与此同时，蓄电池的容量还决定了蓄电池充电器的大小，充电器不能用过大的电流给蓄电池充电，通常最大充电率为电池额定容量的 1/5。

在选定柴油发电机的同时，还应该注意发电机的额定功率是在特定温度、海拔和湿度条件下测定的。如果发电机在不同的条件下，那么发电机的输出就会降低。相关资料可以从柴油机制造商处获取。一般情况下，发电机的输出功率随着温度、湿度和海拔的升高而降低。

7. 柴油发电机的基本控制

柴油发电机必须具有合理的自动启动和自动关机功能。

柴油发电机自动启动的主要条件是当监测到蓄电池端电压低于蓄电池深放电保护电压时，柴油机开始工作；柴油发电机自动关机的主要条件是当监测到蓄电池充电电流小于一定值，或者蓄电池端电压高于蓄电池过充保护电压时，柴油机停止工作。

8. 光伏板倾角的确定

对于独立光伏系统，为了降低蓄电池用量和系统成本，需要在冬季获得最大的太阳能辐射。这样就需要将光伏板的倾角设置成比当地纬度大 5°～10°。但是在混合系统中，因为备用柴油机可以为蓄电池充电，所以可以不再考虑季节因素的影响，只需要考虑使光伏板发电量在全年输出最大即可。因此可以将光伏板的倾角设置为当地的纬度，以得到最大的太阳辐射。但是在设计中也应该注意，由于混合系统的蓄电池容量较小，在太阳辐射较强的夏季，蓄电池可能无法完全储存光伏系统的发电量，从而造成一定的能源浪费，影响了系统的经济性。

9. 风力发电方面的考虑

风力发电对风速的变化十分敏感，远远大于光伏系统对太阳辐射的敏感程度。从理论上讲，风力发电机的发电量和风速的 3 次方成正比。这样就给风力发电机的设计提出了更高的要求，如果估计的风速大于实际的风速，那么系统的输出就会远远小于负载的实际需求。

风力发电机对风机的安装位置很敏感。即使同一地区，有着相同的气象条件，风力发电机坐落的位置不同，也会造成风力发电量的巨大差异，例如周围的山丘、树林以及其他障碍物都会对风力发电机的发电性能造成很大影响。

考虑上述因素，建议在安装风力发电机的地点进行一段时间的实地测量，以获得较为准确的数据，从而便于系统的设计。

1.4　太阳能光伏建筑发电系统的主要部件

太阳能光伏发电是将太阳光能直接转化成电能的发电方式，包括光伏发电、光化学发电、光感应发电等。太阳能光伏发电系统是利用光伏电池板直接将太阳辐射能转化为电能的系统，主要由太阳能电池板、电能储存元件、控制器、电力电子变换器以及负载等部件构成，如图 1-33 所示。本节主要介绍太阳能光伏建筑发电系统的主要部件的特性及其选择计算，其中包括太阳能电池板的特性及选择计算、电能储存元件、逆变器以及系统的控

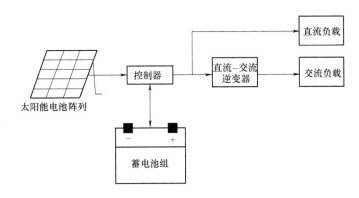

图 1-33　太阳能光伏发电系统的构成

制元件等特性。

1.4.1　太阳能电池板

1.4.1.1　太阳能电池板的基本概念

单体光伏电池又称为光伏电池片，是用于光电转换的基本单元。受硅片材料尺寸的限制，单体电池的尺寸一般为 $4\sim100\text{cm}^2$。单体电池的输出电压只有 $0.45\sim0.50\text{V}$，电流约为 $20\sim25\text{mA/cm}^2$，峰值功率仅为 1W 左右，一般不能单独使用。此外，单体电池一般由单晶硅、多晶硅或非晶硅等材料制成，薄而脆，不能经受较大的撞击力，使用时若不加保护则极易破碎。单体电池的电极虽然能够耐湿、耐腐蚀，但若长期裸露于空气中，亦会受到大气中水分和腐蚀性气体的锈蚀，逐渐使电极脱落。因此将几片、几十片或几百片圆形或方形单体太阳能电池根据负载需要，经过串、并联连接起来构成组合体，再将组合体通过一定工艺流程封装在透明的薄板盒子内，引出正负极引线，方可独立发电使用。其功率一般为几瓦至几十瓦，甚至百余瓦。封装前的组合体称之为光伏电池模块组件；而封装后的薄板盒子称之为光伏电池组合板（简称光伏电池板或太阳能电池板）。

工程上使用的光伏电池板是光伏电池的基本单元，其输出电压一般在十几至几十伏左右。此外还可将若干个光伏电池板根据负载需求，再串、并联组成较大功率的实际供电装置，称之为光伏阵列。图 1-34 所示为太阳能电池单体、组件和阵列。光伏阵列的实际输出功率取决于当地的太阳总辐射量、太阳能电池组件的光电转换效率以及用电设备耗电等因素。

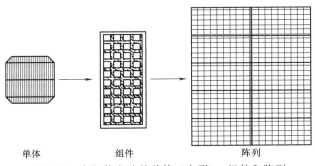

图 1-34　太阳能电池的单体（方形）、组件和阵列

1.4.1.2　太阳能电池板的封装特性与类型

　　1. 太阳能电池板的封装特性

　　在太阳能电池板长期的户外使用过程中，如果水蒸气、气体污染物等进入电池内部，可能会引起电池的腐蚀。由于目前还未发现硅太阳能电池的衰降现象与太阳光的吸收、转换有关，因此所有的太阳能电池必须安装成与大气隔绝的嵌板状，再外加一个透明的面罩，这个罩子可以用玻璃，也可以用聚丙烯或硅环氧树脂等材料。玻璃盖板通常是经过强化处理过的，能够抵御冰雹或风的侵袭。塑料盖板电池的寿命或衰降，主要取决于罩子材料长期暴露于阳光下和大气中所引起的裂解和变色程度。图 1-35 为一个典型的太阳能电池板的横断剖面图。最外层是透明的玻璃盖板，保护其内部构造不受外界环境影响。而电池本身通常覆盖一层抗反射的涂抹物质，电池制造商们也会利用蚀刻或纹饰电池表面的方法，进一步降低反射强度。

　　光线通过玻璃盖板、透明胶粘物与抗反射的涂抹物质之后，入射到产生电能的半导体材料上。电流从电池表面经过金属导电线路（称为前端接触）流出电池板。为减少阻抗损失，同时避免导线对光线的遮挡作用，导电线路可以贴覆在电池的表面。电池底层是金属薄层，称为背部接触，与前端接触相连，形成外部电路的桥梁。电池的背面覆盖着一层薄膜或者玻璃。通常，利用铝质或合成材料的框架来加固电池，提高稳定性，以便使用不同的方法来架设太阳能电池阵列。

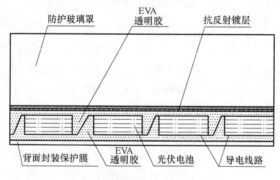

图 1-35　太阳能电池板的横断剖面图

　　太阳能电池板的可靠性在很大程度上取决于封装材料和封装工艺，及其防腐、防风、防雹、防雨等方面的性能。太阳能电池板潜在的质量薄弱环节是边沿的密封效果以及组件背面接线盒的质量。对太阳能电池板的基本要求可以归纳为以下几点：

　　（1）有一定的标称工作电压和标称输出功率；

　　（2）工作寿命长，要求组件能正常工作 20～30 年以上。因此，要求组件所使用的材料、零件及结构，在使用寿命上互相一致，避免因一处损坏而使整个组件失效；

　　（3）有足够的机械强度，能经受在运输、安装和使用中发生的冲击、振动及其他外力；

　　（4）组合引起的电性能损失小；

　　（5）组合成本低。

　　2. 太阳能电池板的封装类型

　　太阳能电池板的封装方式多种多样，常见的太阳能电池组件由单体太阳能电池、透光的盖板、胶粘剂、衬底、底板、框架、互连条和电极引线等组成。上盖板主要覆盖在太阳能电池组件的正面，构成组件的最外层，它既要透光率高，又要坚固，起到长期保护电池的作用；用作上盖板的材料有钢化玻璃、聚丙烯酸类树脂、氟化乙烯丙烯、透明聚酯、聚碳酯等，其中低铁钢化玻璃为目前最普遍使用的上盖板材料；胶粘剂主要有室温固化硅橡胶、氟化乙烯丙烯、聚乙烯醇缩丁醛、透明双氧树脂、聚醋酸乙烯等，对胶粘剂的要求一般是其在可见光范围内具有高透光性、弹性、良好的电绝缘性能和适用自动化的组件封装；用作底板的材料一般为钢化玻璃、铝合金、有机玻璃、TPF 等。

太阳能电池板的封装类型一般有玻璃壳体式及平板式，不同类型太阳能电池板的使用寿命相差甚大。有的寿命超过 20 年，多数在 10 年左右，有的使用几年后就失效了。寿命短的原因很多，主要有以下几个方面：

（1）单体太阳能电池都是很薄的。以单晶硅太阳能电池来说，它的厚度只有 0.35～0.5mm，受不了较大力量的撞击。因此构成组件时，如果没有采取必要的保护措施，极易破碎。

（2）太阳电池的电极，特别是上电极，容易受腐蚀。如果长期裸露使用，大气中的水蒸气、氧气和其他腐蚀性气体，会把电极慢慢地腐蚀生锈以至于使电极从电池片上脱落下来，使电池作废。

（3）某些太阳能电池是由手工组装的，组装质量参差不一，这种电池再组成太阳能电池阵列，质量就不易得到保证。

（4）封装材料不当。有的封装经过长期光照后变质，失去黏性。有的透明盖板经不起热胀冷缩，变形严重。脱落、漏气、漏水、生锈、变色等各种不良现象不断出现，降低组件的效能，缩短组件的寿命。

可见，单体电池在构成电池组件过程中，应当注意材料的选取，采用先进的封装工艺，加强测试筛选，经严格处理，才能保证组件质量，延长使用寿命。

标准的太阳能电池板已被广泛地应用于建筑物，特别是修缮既有的建筑物。但是，其框架可能会妨碍电池板与屋顶或墙面之间的整合，增加施工的难度，破坏建筑物的美观。

近几年开发研制的薄膜电池板可以避免由常规太阳能电池板边框造成的施工及建筑美观等问题，使之能够采用传统玻璃施工技术来安装薄膜电池。其中有一种与建筑物屋顶结合安装施工的方法，被称为光伏电池屋面瓦。光伏电池屋面瓦技术结合了光伏电池板安装的新旧技术，保留了普通屋顶的基本外貌。利用这种设计施工方案，可大大降低施工难度，即使是非专业施工人员也能很快完成安装。

1.4.2　电能储存

目前，太阳能电池阵列是光伏电站惟一的能量来源，由于太阳辐射的阴晴变化无常，光伏电站发电系统的输出功率和能量随时在波动，使得负载无法获得持续而稳定的电能供应，电力负载与电力生产量之间无法匹配。这是在太阳能光伏发电系统中固有的根本问题。解决上述问题的途径，除了发展大面积高能效的光伏电池板外，还必须利用某种类型的能量储存装置将光伏电池板发出的电能暂时储存起来，并使其输出与负载平衡。

1.4.2.1　电能的储存方式

电能的储存有许多种方式，主要包括电容储存、电感储存以及化学能储存等。

（1）电容储存

从理论上说，电容器可以长期储存大量的电能。但是由于电场强度受电介质击穿强度所限制，电介质中所能储存的电能是有限度的。目前，可以得到的最好的介质材料（云母），储存 1kWh 的能量需要 3.4m³ 的电容器组。如果将这个能量储存在油浸纸中，则体积将是 100m³。

实际上，由于电介质的电导率决不会等于零，因而总是会有泄漏损失。目前，电容储存对于时间不长于12h 的电能储存来说是经济的。为了延长这个时间，仍需要进一步的研究。除非找到更好和更便宜的电介质材料来储存电能，否则大规模的电容储存仍然是不经济的。

（2）电感储存

电容器是以高电压低电流的方式储存电能，而电感线圈则是以低电压大电流的方式储能。虽然电感线圈中的能量密度可能比电容器中的能量密度大 100 倍，大型的电感储能仍然是不现实的，通常只是小规模的和作为特殊应用的储能。一个主要原因是具有高磁导率的材料也有很大的电阻率，而能量是以很大的电流形式来储存的。因此，焦耳损耗变得过高。随着超导材料的进展，这个问题可能被消除。这样，就能够长时间储存大量的能量了。

（3）化学能储存

电能也可以通过化学形式储存在蓄电池中，这是最简单的储能设备。它没有运动部件，效率高，而且直接以电的形式输出。它由两个电极（阳极和阴极）和电解液组成，电解液是一种离子导体。但是，对于一定的体积，这些电池所储存的能量是很小的，储能的成本很高。目前的研究重点是开发高能重比（能量对重量之比）、紧凑性高和不需维护的电池组。

1.4.2.2 蓄电池在光伏发电系统中的作用

目前，太阳能光伏发电系统最普遍使用的能量储存装置就是蓄电池组。白天将太阳能电池阵列从太阳辐射能转换来的直流电转换为化学能储存起来，并随时向负载供电。同时蓄电池组还能在因阳光强弱相差过大或设备耗电突然发生变化时，起一定的调节作用，使电压趋于平稳。在太阳能发电系统中配备蓄电池之后，通过蓄电池组对电能进行储存和调节，将极大地改善系统的供电质量。蓄电池的主要作用有以下几方面：

（1）蓄电池将日照充足时系统发出的多余电能储存起来，以便在夜间或阴天使用，解决了发电与用电不同步的问题。

（2）各种用电设备的工作时段和功率大小都有着各自的规律，欲使太阳能发电与用电负载自然配合是不可能的。蓄电池的储能空间和充放电性能为光伏电站发电系统功率和能量的调节提供了条件。

（3）在光伏发电系统中会有生产性负载，如水泵、割草机和制冷机等，这些负载不仅容量大，而且在启动和运行过程中会产生浪涌电流和冲击电流。蓄电池的低内阻及良好的动态特性可以适应上述电感负载对电源的要求，向负载提供瞬时大电流。

在光伏电站运行中，蓄电池频繁处于充电-放电的反复循环中，过充电和深放电的不利情况时有发生，由于蓄电池故障而影响系统正常工作的情况时有出现。因此，在对光伏电站进行设计时，选择合适的蓄电池类型，对于光伏电站的正常运行是非常重要的。太阳能电池发电供电系统对所用蓄电池组的基本要求是：

（1）自放电率低；

（2）具有深循环放电性能；

（3）充放电循环寿命长；

（4）对过充电、过放电耐受能力强；

（5）充电效率高；

（6）当电池不能及时补充充电时，能有效抑制小颗粒硫酸铅的生长；

（7）富液式电池在静态环境中使用时，电解液不易层化；

（8）低温下具有良好的充电、放电特性；充放电特性对高温不敏感；

（9）蓄电池各项性能一致性好，无需均衡充电；

（10）具有较高的能量效率；

（11）具有较高的性价比；

（12）具有免维护或少维护的性能。

要求蓄电池的性能全部满足上面各项指标，在目前是不切实际的，但是每项指标的改进和提高对今后光伏电站的推广和使用都具有非常重要的意义。

1.4.2.3　蓄电池的选择

光伏发电系统与建筑物结合的应用中，选择能量储存系统应考虑的因素主要是成本、循环寿命、可购得程度、操作与维护的难易程度等。

1. 目前的选择

目前在我国与太阳能电池发电系统配套使用的蓄电池主要是铅酸蓄电池和镉镍蓄电池。这两种类型的电池在某些方面有一定的缺陷，例如能量密度、循环寿命、操作温度与伴随这些系统的有毒物质（铅与镉均是有毒的）等。总体来说，镉镍电池性能较好，但价格较高。铅酸蓄电池的价格较低，200Ah 以上的铅酸蓄电池，一般选用固定式或工业密封免维护型铅酸蓄电池组；200Ah 以下的铅酸蓄电池，一般选用小型密封免维护型铅酸蓄电池。

2. 中期选择

经过不断的研究，替代性能量储存装置正在逐渐发展中。钠硫蓄电池有非常高的比能量密度，但该装置适于高温下操作；锌溴电池同样也有较高的能量密度，而且能在周围环境温度下操作，但需要电路环流的基本设施。这些电池的研发正是为了替代早期的铅酸电池。改良型铅酸与镍镉电池也是中期的选择。其他还有镍基电池，诸如镍氢、镍/金属氢化物、镍铁与镍锌电池等。钠硫电池与锌溴电池比其他中期电池的选择要更接近商品化。因为具有良好的循环特性，镍与镍/金属氢化物电池已经被认为是光伏系统的备选储能装置，它将会替代镍镉电池，以便消除有毒物质镉。

3. 长期的选择

铁铬氧化还原电池与可再充电的锌二氧化锰电池，是光伏系统的长期选择。电解液、气体储存与燃料电池的组合成为光伏系统的理想能量储存方式。在夏季的白天，超额的光伏能量被用来供给电解装置，使其能从水中产生氢气与氧气。氢气被储存在压力容器内；在夜间或冬季，当可以获得的光伏能量不足时，来自气体储存器的氢气与大气中的氧气被注入燃料电池箱内，在其中发生气体变为水的转换，同时也产生了电流。此类以氢技术为基础的能量储存系统将会在不久的将来趋于商品化。

1.4.2.4　铅酸蓄电池

1. 概述

由于其性能优良、质量稳定、寿命可靠、容量大、价格低，铅酸蓄电池的使用已经超过 150 多年，也是我国光伏电站目前主要选用的储能装置。它有许多不同的形状、尺寸和类型，并可以依据用途而设计。

目前，大多数的铅酸蓄电池都属于满液式设计，将电极与隔离器完全浸置于酸液中。为了克服定期补充蒸馏水的难题，目前正在开发研制气体混合电池。这是密封的铅酸电池，又称为阀控式电池。在充电过程中产生的气体会在电池内重新组合成水。因此，下面将重点地对密封式铅酸蓄电池的结构、原理与运行维护等作一介绍。

2. 铅酸蓄电池的结构

所有的铅酸电池都有类似的一般性的构造，主要由正极板组、负极板组、接线端子、隔板、塞子、电解液、容器、接头密封材料及附件等部分组成。极板组是由单片极板组合而成的，单片极板由基极（又叫做极栅）和活性物质构成。铅酸蓄电池的正、负极板通常用铅锑合金制成，正极的活性物质是二氧化铅，负极的活性物质是海绵状纯铅。

极板按其构造和活性物质形成方法的不同，可分为涂膏式极板和化成式极板。同容量情况下，涂膏式极板比化成式极板体积小、重量轻、制造简便、价格低廉，因而使用普遍；缺点是在充、放电时活性物质容易脱落，因而寿命较短。化成式极板的优点是结构坚实，在放电过程中活性物质脱落较少，因此寿命较长；缺点是笨重、制造时间长、成本高。

隔板位于两极板之间，它的主要作用是防止因正、负极板接触而造成短路。隔板的制作材料有木质、塑料、硬橡胶、玻璃丝等，目前大多采用微孔聚氯乙烯塑料。电解液一般用蒸馏水稀释纯的浓硫酸制成。其密度根据电池的使用方式和极板种类而定，一般在 25℃时充电后的电解液密度取值为 $1.200 \sim 1.300 \mathrm{g/cm^3}$ 之间。塞子主要是用来让挥发出的酸雾减少至最低程度，但也会降低逸散气体的容积数量，这些气体是在放电阶段气化反应所产生的。容器通常为玻璃容器、衬铅木槽、硬橡胶槽或塑料等。

3. 铅酸蓄电池的工作原理

蓄电池是通过充电将电能转换为化学能储存起来，使用时再将化学能转换为电能释放出来的化学电源装置。它是用两个分离的电极浸在电解质中制成，由还原态物质构成的电极为负极；氧化态物质构成的电极为正极。当外电路接通两极时，电极上的活性物质分别被氧化还原，从而释放出电能，这一过程称为放电过程；放电之后，若有反方向电流流入电池，就可以使两极活性物质恢复到原来的化学状态。这种可重复使用的电池，称为二次电池或蓄电池。如果电池反应的可逆变性差，放电之后不能再用充电方法使其恢复到初始状态，这种电池称为原电池。

电池中的电解质，通常是电离度大的物质，一般是酸和碱的水溶液，但有时也用氨盐、熔融盐或离子导电性好的固体物质作为有效的电池电解质。以酸性溶液（常用硫酸溶液）作为电解质的蓄电池，称为酸性蓄电池。铅酸蓄电池按其工作环境，可分为固定式和移动式两大类。固定式铅酸蓄电池又可按电池结构分为半密封式和密封式两类，半密封式又有防酸式及消氢式两种。

铅酸蓄电池的正极板是二氧化铅，负极板是金属铅，电解液是 27％～37％浓度的硫酸水溶液。充电时，蓄电池的两组极板浸在稀硫酸溶液里，通入合适的直流电，正极板上的硫酸铅变成棕褐色多孔性的二氧化铅（PbO_2，也叫过氧化铅），在负极板上的硫酸铅就变成灰色的海绵状铅（Pb）。正负极板上的二氧化铅和海绵状铅都是活性物质。放电时，正负极板上活性物质都吸收硫酸，逐渐变成硫酸铅（$PbSO_4$），当大部分活性物质变成了硫酸铅后，蓄电池的电压下降就不能再放电了。此时的蓄电池需要进行充电，使之恢复成原来状态，正极为二氧化铅，负极为海绵状铅，经过充电后，蓄电池又可以继续使用。蓄电池的化学反应如下：

正电极：$PbO_2 + 4H^+ + SO_4^- + 2e \Longrightarrow PbSO_4 + 2H_2O$

负电极：$Pb + SO_4^- \Longrightarrow PbSO_4 + 2e$

化学反应向右表示供给用电设备，即蓄电池的放电过程；反之，化学反应向左表示接受外来电能，即蓄电池的充电过程。性能好的蓄电池可以反复充放电上千次，直至活性物质脱落到不能再用。随着放电的继续进行，蓄电池中的硫酸逐渐减少，水分增多，电解液的相对密度降低；反之，充电时蓄电池中水分减少，硫酸浓度增大，电解液相对密度上升。所以在实际工作中，可以根据电解液相对密度的高低判断蓄电池充放电的尺度。这里必须注意，在正常情况下，蓄电池不要放电过度，不然将会使活性物质（正极的二氧化铅，负极的海绵状铅）与混在一起的细小硫酸铅结晶成较大的结晶体，增大了极板电阻。按规定铅酸电池放电深度（即每一充放电循环中的放电容量与电池额定电容量之比）不能超过额定容量的 75%，以免在充电时，很难复原，缩短蓄电池的寿命。

酸液层化现象的形成起因于电池的连续放电与充电，而在充放电循环之间又未能搅动电解液。外形较高的电池（>60cm）特别容易出现层化问题，此时酸液的密度范围从底部的大于 $1.4kg/dm^3$ 至顶部的小于 $1.2kg/dm^3$ 或更少。这会引起电极板的不均匀放电，减少容量与缩短电池使用寿命。

铅酸蓄电池的使用温度范围为 $-40 \sim +40℃$，安时效率为 85%~90%，瓦时效率为70%，两者均随放电率和温度而改变。

铅酸电池的电极通常包括铅与多种金属，浓度范围由电极重量的 0.1% 至 5%~8%。电池的电极可以由纯铅制成，但由于铅的柔软特性，必须应用特殊的制作工艺。锑可应用于正电极，电极含量比率是 0.5%~8%，可用来增强电极并改善其循环特性。但锑也会增加气体的释放与自放电。少量的钙（电极含量的 0.1%~0.7%）也能用于改善电池的循环特性。然而与锑电池相比，含钙的电池优点是比较低的自放电与较少的气体释放。其他的金属像锡、砷与银，也能被加入，用来改善电池的特性。

凡需要较大功率并有充电设备可以使蓄电池长期循环使用的地方，均可采用蓄电池。铅酸蓄电池价格低廉、原材料易得，但维护手续多，而且能量低。碱性蓄电池维护容易、寿命较长、结构坚固、不易损坏，但价格昂贵、制造工艺复杂。从技术和经济方面综合考虑，目前光伏电站应主要以采用铅酸蓄电池作为储能装置为宜。

4. 铅酸蓄电池的电压、容量和型号

铅酸蓄电池每单格的公称电压为 2V，实际电压随充、放电的情况而变化。充电结束时，电压为 2.5~2.7V，以后慢慢地降至 2.05V 左右的稳定状态。如用蓄电池作电源，开始放电时电压很快降至 2V 左右，以后缓慢下降，保持在 1.9~2.0V 之间。当放电接近结束时，电压很快降到 1.7V；当电压低于 1.7V 时，便不应再放电，否则要损坏蓄电池极扳。停止使用后，蓄电池的电压能自行回升到 1.98V。

铅酸蓄电池的容量是指电池的蓄电能力。通常以充足电后蓄电池放电至截止电压（达到规定放电终了的电压）时，蓄电池所放出的总电量来表示。在放电电流为定值时，电池的容量用放电电流和时间的乘积来表示，单位是"安培·小时"，简称安时，符号为 Ah。

蓄电池的"标称容量"是指蓄电池出厂时规定的该蓄电池在一定的放电电流及一定电解液温度下单格电池的电压降到规定值时所能提供的电量。蓄电池的额定容量常用放电时间的长短（即放电速度）来表示，称为"放电率"，如，30h、20h、10h放电率等。其中以20h放电率为正常放电率。所谓20h放电率，即为用一定的电流放电，20h可以放出的额定容量，通常用字母"C"表示，如C_{20}表示20h放电率，C_{30}表示30h放电率。

铅酸蓄电池产品型号由三个部分组成：第一部分表示串联的单体蓄电池个数；第二部分用汉语拼音字母表示蓄电池的类型和特征；第三部分表示放电率，即蓄电池的额定容量。常用字母的含义为：G—固定式或管式；Q—启动型；A—干荷电式；M—摩托或密封式；D—电瓶车；N—内燃机车；T—铁路客车；F—防酸隔爆或阀控；X—消氢式；B—航标。例如，"6—A—60"型蓄电池，表示6个单格（即12V）的干荷电式铅酸蓄电池，标称容量为60Ah。

5. 铅酸电池的分类

铅酸电池有多种分类方法，根据密封特性可以分为密封电池与非密封电池；根据用途可以分为汽车用、备用电力用、牵引机用；依据正极板的类型可以分为平面的或管状的。而对于光伏应用上，一般可以分为锑（深度充放电循环）和非锑（浅短充放电循环）铅酸蓄电池。

由于锑电池会在充电末期释放出气体，因此其密封形式不能非常严密。但锑极板电池可以与其他形式的电池结合使用，例如，管状电极电池锑的浓度高达8%，但这种电池价格昂贵，一般用户不易购得。然而在PV系统中，蓄电池通常属于浅短充放电循环，因此，含锑1%～3%的电极已经足够了。对于大多数的光伏应用，电极锑含量较高会过度增加气体的释放与维护的需求。

非锑电池通常是由钙合金制成，此类电池的主要优点是少维护与低的自放电，能使电池有比较长的储存有效期。满量充电类型的电池必须永远留有一小开口，以便于气体的逸散。对于密封型电池，充电过程中形成的气体会在电池内重新结合成水。为了使气体快速结合，电极之间必须预留有细微的气体通路，这种情况可以使用玻璃纤维的隔离器来完成。此类电池的缺点是在充电末期，必须限制电池的充电电压低于2.35～2.4V。如果电压较高，电池内气体释放的速度会大于结合反应的速度，由于气体的大量逸散，电池会变得干涸，但这种电压限制将增加电池的充电时间。

6. 影响铅酸蓄电池寿命的因素

当蓄电池无法再继续工作时，可以说电池的有效寿命已经结束。通常是指电池的容量衰减并低于标称容量的某一百分比（例如80%）。最常见的电池失效模式是逐渐损失的容量，起因于活性物质因循环放电与腐蚀而恶化的结果。但是，其他的失效模式也可能会发生，例如，电池的短路、破裂的外壳或损坏的电极板等都会导致突然的容量损失。光伏系统蓄电池的寿命是由其循环寿命（深度循环放电）或是正极板的腐蚀（浅短循环放电）来决定。最常见的影响电池寿命的因素如下：

（1）每日放电深度均大于50%，会导致正极板的脱落（正极板的碎屑构成物）；

（2）高温会加速腐蚀；

（3）长时间过量充电，增加腐蚀速率；

（4）长时间充电不足，导致电解液酸化（白色污垢）与层化现象，降低电池容量；

（5）1%～3%的锑含量标准，能增加循环寿命；

（6）其他因素，例如低的电解液液面高度也会严重地缩短电池寿命。

电池酸化发生在电池已经深度放电之后，在光伏应用中的酸化现象可能发生在长时间的阴雨天期间。在电池放电开始增加时，硫酸铅结晶不断形成，而且缓慢地转换成一种难以复原的状态。如此就会发生容量的永远损失。此外，在电池已经连续地深度放电之后，就会发生酸液的层化现象。利用对电池的过量充电可以避免这种情况，因为充电过程中形成的气体可以搅动酸液。在比较大的系统中，利用空气推动液体的辅助措施也能确保酸液浓度的均匀。

1.4.2.5　镉镍蓄电池

1. 工作原理与特性

镍镉蓄电池的组成与铅酸蓄电池类似，它的正极由氧化镍粉、石墨粉组成。石墨主要是用以增强导电性，不参加化学反应。负极由氧化镉粉和氧化铁粉组成。掺入氧化铁粉的目的是促使氧化镉粉能够较好地扩散，防止结块，并增加极板的容量。正负极上的这些活性物质分别包在穿孔钢带中，加压成型后作为正、负极板，然后分别焊接成正、负极板组并且使正、负极板交错排列，之后装入镀镍的铁质电槽或聚乙烯电槽里。在正、负极之间，用硬橡胶固定它的相对位置和距离。外壳与极板之间用聚乙烯薄片绝缘。电解液为氢氧化钾或氢氧化钠的水溶液，并加入适量的氢氧化锂，增大电池容量，提高效率和延长寿命。

镍镉蓄电池充放电时的化学反应如下（向右是放电，向左是充电）：

$$Cd + 2KOH + 2Ni(OH)_3 = Cd(OH)_2 + 2KOH + 2Ni(OH)_2$$

单只蓄电池电压为 1.25V，自放电很小。充电后在温度为 $20 \pm 5℃$ 下保存 30 天，放出的容量约为额定容量的 90% 以上。为使镉镍蓄电池具有较长的寿命，可取放电深度（即每一充放电循环中的放电容量与电池额定电容量之比）为 10%～40%。

镍镉蓄电池的充电率与铅酸蓄电池的充电率概念有些不同，镍镉蓄电池的充电小时数和充电电流的乘积不等于额定容量。它正常充电时间为 7h，充电电流为额定容量的 1/4。例如 100 安时（Ah）容量的蓄电池，充电时间 7h，充电电流是 25A（它的容量不是 175Ah，而是 100Ah）。放电是以 8h 率为正常放电制，即 100Ah 的容量 8h 放完，放电电流是 12.5A，它的使用寿命可达 750 次以上的充放电循环。

镍镉电池构造坚固并有长效的循环寿命，有低至 −20℃ 的较佳的低温特征。镍镉电池没有铅酸电池所发生的电解液层化或硫化现象。每安时的标称成本高于铅酸电池的 3～5 倍。高的循环寿命与在低温操作的能力，部分地补偿了其较高的投资成本。在充电最终阶段快速升高的电压表明：如果电池是完全充电，其能效将会降低。实际上，由于镍镉电池并不像铅酸电池那样需要搅动电解液，镍镉电池不需满量的充电。每一个电池最终放电电压是 1.0V。

2. 镍镉电池的类型

通常可以购得的镍镉电池是属于被密封的或风冷却的类型。风冷型是一种被制成烧结的极板或袋状极板构造。烧结极板的制作是将活性物质注入含有镍的极板。比起袋状极板构造，烧结式设计在不同的温度操作时，有较低的内阻和敏感度。袋状极板构造的活性物质被置于有孔的袋囊内，其极板的构造比烧结类型的极板更坚固。带状极板设计的电池有很长的周期寿命，可以忍耐长期部分充电状态而不会损坏。烧结极板电池倾向于有"记忆效应"现象的困扰。这种效应起因于重复的不完全放电，最后造成容量减少。因为"被记忆的"容量显然是小于实际的容量，如果让电池接受偶然的单独深度放电/充电循环，这种暂时的效应有时是能被消除的。

被密封的镍镉电池是在1950年首次由风冷却型烧结极板的镍镉电池中被开发出来的。原始的密封电池使用相同的活性物质以及类似的电池组件，如同使用于风冷型电池一样。

3. 影响镍镉电池寿命的因素

对烧结的镍镉电池实施深度放电作业实际上是有利的，这样可以避免浅放电的"记忆效应"。对于镍镉电池电解液的搅动是不重要的，但是碱性电解液的碳酸化（由空气中的CO_2引起）会造成电池寿命的缩短。

使用维护镍镉蓄电池的基本要求如下：

（1）经常保持蓄电池外表的清洁干燥，一定要防止正、负极相碰短路；

（2）防止铝、铜、钙、镁、硫酸根离子、碳酸根离子等有害物质，以及氯气、二氧化碳、硝酸蒸气等有害气体的侵蚀；

（3）充好的蓄电池，应在不高于30℃的情况下保存备用；

（4）在任何湿度范围内使用，都应保持电解液的相对密度符合规定，液面必须高出极板；

（5）充放电或浮充使用的，应定期（例如三个月或半年）放电、全充电一次。防止过放电、过热以致反极甚至引起爆炸；

（6）蓄电池存放环境应干燥、通风、清洁，不能与酸性物质放在一起。

1.4.2.6 关于电池制造商提供的数据表

电池制造商提供的一般性的资料，例如电池的循环寿命、浮充寿命、电池容量、电池电压与操作温度范围以及成本等典型参数一般都是在被控制的实验室条件下测量的。然而在光伏发电系统中，工作条件随时会发生变化，没有标准的循环模式，同时高温与充电不足能降低循环寿命的10%～50%。电池的容量（Ah）决定于放电速率、温度与截止电压。因此，这些参数都无法直接用于光伏发电系统的设计选型。

其中，一个重要的电池参数就是标称容量（Ah）。电池的可使用容量比其标称容量更为重要，由电池被充电与放电的状况来决定。放电速率的增加或温度的降低会降低可使用容量。通常，如果要求比较多的储存容量，应使用比较大的电池；如果要求比较高的电压，应采用串联连接，但电池很少以并联形式连接。

电池的放电速率以安培或放电时间来表示。例如，如果电池正在以某一速率放电，需要50h才能完全放电至截止电压，那么此电池被认为是放电至I_{50}电流或"50h"速率（C_{50}）。对于典型的光伏系统的应用，C_{100}速率是令人满意的。

制造商提供的数据只能作为一般性的参考，只能反映在特殊操作条件下的一些特性。因此，在选择电池的时候，在预测或模拟的光伏发电系统条件下的测试工作就尤为重要了。

1.4.2.7 我国目前的蓄电池市场

目前，我国光伏发电系统储能用蓄电池的需求量，在蓄电池的市场销售中所占份额很少，开发在生产性能上更适合光伏系统的蓄电池尚未引起足够的重视。现仅对我国市场上适用于光伏电站蓄电池要求的几类产品介绍如下。

1. 光伏发电储能专用铅酸蓄电池

为适应光伏电站对蓄电池的要求，我国进行了光电能专用铅酸蓄电池的研制，并取得了一定进展。国内尚无光伏发电储能专用铅酸蓄电池技术标准和检测标准，一些厂家虽在开发、试制专用储能铅酸蓄电池方面进行了努力，但技术不够成熟且品种较少。因此，目前选用完全适合于光伏发电的储能铅酸蓄电池，仍受到一定限制。

2. 固定型铅酸蓄电池

固定型铅酸蓄电池的优点是：容量大、单位容量价格便宜、使用寿命长和轻度硫酸化可恢复。与启动用蓄电池相比，固定型蓄电池的性能更贴近光伏系统的要求。目前在功率较大的光伏电站多数采用固定型（开口式）铅酸蓄电池。开口式铅酸蓄电池的主要缺点是：需要维护，在干燥气候地区需要经常添加蒸馏水、检查和调整电解液的相对密度。此外，开口式蓄电池带液运输时，电解液有溢出的危险。

3. 密封型铅酸蓄电池

近年来我国开发了蓄电池的密封和免维护技术，引进了密封型铅酸蓄电池生产线。因此，在光伏发电系统中也开始选用密封型铅酸蓄电池。密封型铅酸蓄电池与开口式铅酸蓄电池相比，主要优点是不需要专门的维护，即使倾倒电解液也不会溢出，不向空气中排放氢气和酸雾，安全性能好；缺点是对过充电敏感，因此对过充电保护器件性能要求高，当长时间反复过充电后，电极板易变形，且价格较普通开口铅酸蓄电池高。近年来，国内小功率光伏电池已选用密封型铅酸蓄电池。10kW 级以上的光伏电站也开始采用密封型铅酸蓄电池，随着工艺技术的不断提高和生产成本的降低，密封型铅酸蓄电池在光伏发电领域的应用将不断扩大。

4. 碱性蓄电池

目前常见的碱性蓄电池有镉镍电池和铁镍电池。碱性蓄电池（指镉镍电池）与铅酸蓄电池相比，主要优点是对过充电、过放电的耐受能力强，反复深放电对蓄电池寿命无大的影响，在高负荷和高温条件下，仍具较高的效率，维护简便，循环寿命长；缺点是内阻大，电动势小，输出电压较低，价格高（约为铅酸蓄电池的 2～3 倍）。

1.4.3　逆变器

1.4.3.1　概述

逆变器的工作原理与整流器恰好相反，其功能是将直流电转换为交流电，为"逆向"的整流过程，因此称为"逆变"，输入为直流电，输出为交流电。由于交流电压中除含有较大的基波成分外，还可能含有一定频率和幅值的谐波，逆变器除了能将直流电变换为交流电外，还具有自动稳压的功能，控制基波的频率和幅值。因此，当光伏系统应用于交流负载或并网输电时，逆变器还可以改善光伏发电系统的供电质量。

逆变器应用广泛，种类很多，依据输出交流电的性质，可以分为恒频恒压正弦波逆变器和方形波逆变器、变频变压逆变器、高频脉冲电压（电流）逆变器。输出的波形是逆变器的品质与成本的指标。一般情况下，多数光伏系统都装设正弦波逆变器，使用时常附有脉宽调制的控制单元（PWM）。

1. 正弦波逆变器

正弦波逆变器的优点是，输出波形基本为正弦波，在负载中只有很少的谐波损耗，对通信设备干扰小，整机效率高；缺点是设备复杂、价格高。随着脉宽调制技术的普及，大容量 PWM 型正弦波逆变器逐渐成为逆变器的主流产品。

2. 方形波逆变器

在某些场合，也会用到方形波逆变器。这种装置是以一种 50/60Hz 接通的完全电桥为基础电路，输出的电压波形为方形波。该装置电路简单、实现较为容易、价格较低、切换效率良好；缺点是方形波电压中含有大量的高次谐波成分，在负载中会产生附加的损

耗，并对通信等设备产生较大的干扰，需要额外加滤波器。此类逆变器多见于早期，设计

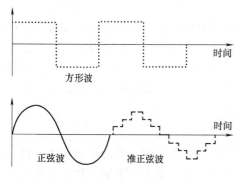

图 1-36　逆变器输出波形

功率不超过几百瓦。当连接至方形波逆变器时，某些电器可能会发生过热和损坏，一般用于几百瓦以下和对谐波要求不高的系统。

3. 阶梯波逆变器

图 1-36 所示的第三种波形是阶梯波或准正弦波。这种波形是多阶的，接近正弦波，比方形波有明显的改善，高次谐波含量减少。当阶梯波的阶梯达到 16 个以上时，输出的波形为准正弦波，整机效率较高（85％～95％之间），非常接近正弦波，适用于各种负载。阶梯波逆变器成本较高，待机模式下会消耗微量电力（约为工作时的 10％），工作时往往需要多组直流电源供电，需要的功率开关管也较多，给光伏阵列分组和蓄电池分组带来不便。

逆变器的输出可以做成任意多相，但在实际应用中大多只采用单相或三相。逆变器保护功能应包括输出短路保护、输出过电流保护、输出过电压保护、输出欠电压保护、输出缺相保护、功率电路超温保护等。例如，当传感器检测到输出有短路时，控制电路立即关闭功率管的驱动从而切断功率管的输出，实现对逆变器的保护。

1.4.3.2　光伏系统用逆变器

一个光伏阵列，无论其规模与复杂程度如何，都只能产生直流电，也只能供应给直流负载和蓄电池。逆变器是将直流电力供应至交流负载，或者馈入公共电网系统所必需的电子装备。

光伏发电系统对逆变器的基本技术要求如下：

（1）能输出一个电压稳定的交流电。无论是输入电压出现波动，还是负载发生变化，它都要达到一定的电压稳定精度，静态时一般为±2％。

（2）能输出一个频率稳定的交流电。要求该交流电能达到一定的频率稳定精度，静态时一般为±0.5％。

（3）输出的电压及其频率，在一定范围内可以调节。一般输出电压可调范围为±5％，输出频率可调范围为±2Hz。

（4）具有一定的过载能力，一般应能过载 125％～150％。当过载 150％时，应能持续 30s；当过载 125％时，应能持续 1min 及以上。

（5）输出电压波形含谐波成分应尽量小。一般输出波形的失真率应控制在 7％以内，以利于缩小滤波器的体积。

（6）具有短路、过载、过热、过电压、欠电压等保护功能和报警功能。

（7）启动平稳，启动电流小，运行稳定可靠。

（8）换流损失小，逆变效率高，一般应在 85％以上。

（9）具有快速的动态响应。

通常，光伏发电系统中选用的逆变器按运行方式可分为独立光伏系统逆变器和并网光伏系统逆变器。独立光伏系统的逆变器可以不依赖公共电力网络而独立发挥作用，利用内部的频率发生器可以输出同步的 50/60Hz 的交流电；并网光伏系统的逆变器能够产生并

向电网输送与公共电网上输配的电压与频率特性相一致的交流电。对于这两类逆变器，转换效率是非常重要的（当 $P/P_n > 0.1$ 时，转换效率应超过 90%）。

1. 独立光伏系统逆变器

在许多独立光伏发电系统中，需要使用交流电来操作常规的 220V（110V）、50Hz（60Hz）家用电器。由于这些负载冲击电流很大，太阳能电池提供的电能又不稳定，面对这样的情况，可靠性就成了逆变器的首要问题，要求逆变器有相当高的过载能力和对电压变化的耐受程度。应能清楚判别过载、启动冲击、短路等不同情况，并给予适当的保护。使用于附带有蓄电池的独立光伏系统时，逆变器输入的直流电压一般为 12V、24V 和 48V，必须有较高的转换效率。

在独立光伏发电系统中，逆变器的型号选择很重要。单体容量必须足够大，能够应对发动机启动的冲击电流与合成的短时最大负载。但是，必须注意单体型号又不能过大，因为这样逆变器在非光伏系统额定功率运行时将无法达到峰值效率。

对于独立光伏发电系统，理想的逆变器应具有下列特性：

(1) 过载能力（P_n 的 2~4 倍）；

(2) 低空载与无负载损失；

(3) 输出电压调制；

(4) 低电池电压的断路；

(5) 低量的谐波；

(6) 高效率；

(7) 低的声频与射频噪声。

2. 并网光伏系统逆变器

并网型光伏电力设备作为公共电力系统的一部分，逆变器是与电网连接的必要设备，其功能是作为太阳能电池阵列与公共电力网络之间的界面。并网型逆变器与独立使用逆变器的不同之处是它不仅可将太阳能电池阵列发出的直流电转换为交流电，并且还可对转换的交流电的频率、电压、电流、相位、有功与无功、同步、电能品质（电压波动、高次谐波）等进行控制。同时，逆变器还要有一套控制整个光伏电力系统的方法。包括感应有效的阵列功率，当有阳光照射时，自动闭合交流侧的开关，接通电路系统开始工作。在夜间逆变器应能够自动切断开关。逆变器的逻辑控制中应包括一个保护系统，以便系统可以检测到不正常的操作。它具有如下功能：

(1) 自动开关。根据从日出到日落的日照条件，尽量发挥太阳能电池阵列输出功率的潜力，在此范围内实现自动开始和停止。

(2) 最大功率点跟踪（MPPT）控制。对跟随太阳能电池阵列表面温度变化和太阳辐照度变化而产生的输出电压与电流的变化进行跟踪控制，使阵列经常保持在最大输出的工作状态，以获得最大的功率输出。逆变器通常会配置最大功率点追踪器（MPPT），不断改变逆变器的输入电压，直到阵列 I-V 曲线上的最大功率点被找到为止，应保证至少每 1~3min 寻找一次新的最大功率点。

(3) 防止单独运行。系统所在地发生停电，当负荷与逆变器输出相同时，逆变器的输出电压不会发生变化，难以察觉停电，因而有通过系统向所在地供电的可能，这种情况叫做单独运转。在这种情况下，本应断电的配电线中又有电流通过，这对于检查人员是危险的，因此要设置防止单独运行功能。

（4）自动电压调整。在剩余电能逆流入电网时，因电能逆向输送而导致送电点电压上升，有可能超过商用电网的运行范围，为保持系统的电压正常，运转过程中要能够自动防止电压上升。

（5）断路保护。逆变器具有自动断路保护的功能。

（6）异常情况排解与停止运行。当系统所在地电网或逆变器发生故障（如线路电压、频率、单相损失）时，及时查出异常，安全加以排解，并控制逆变器停止运转。

并网型光伏发电系统是与公共电网一起工作的，由于二者之间包含双向的电能流动，对系统的功率调节硬件提出了特殊的要求，光伏系统必须确保公共电网服务的安全与品质特性。为了电力公司线路架设与维护人员的安全，以及电力品质的保证，必须注意以下几个问题：

（1）光伏系统构成公共电网系统的一部分；

（2）逆变器必须满足公共电网电力品质要求；

（3）线路架设及维护人员的安全；

（4）光伏系统决不能让一条"被锁定"或停电的线路被通电；

（5）安装室外断路开关（便于电力公司人员的接近）；

（6）保证供电的功率因数；

（7）在 PV 系统与市电网络之间的电气绝缘。

欧洲国家的电力公司在光伏发电系统与公共电路并网的界面采用不同的安全措施。例如，当公共电力网络发生故障时，逆变器应保证在 5s 内断开电网的连接。当光伏系统接至公共电网时，许多情况下会再安装一个三相电压继电器。如果光伏系统的输出电压超过或低于预定的极限，逆变器必须利用继电器将光伏系统与电网分离。这里推荐的电压容许范围是标称电压的 80%～110%（德国、西班牙、意大利、奥地利）。所有的三相都必须被检测以便能监测到网络电压的损失。即使是一单相逆变器也能在单一的相中保持电压的稳定，电压继电器将检测其余两相的电压损失。在奥地利，规定必须使用外部的三相继电器。在德国，逆变器的内部控制单元必须进行所有三相的检测。在瑞士，逆变器是连接至单相，而不需要安装继电器。在德国与奥地利，当使用三相逆变器时，需要一个室外断路开关，而且此断路开关必须能够容许电力公司人员操作。在系统运行期间，当逆变器的输出超过任何一个预先设定的条件时（过或不足的电压、过或不足的频率），光伏发电装置必须从公共电网中自动断开。若要再次连接公共电网，只能在某一时间延迟之后才能尝试，这样能够让公共电网的控制系统及时修正错误。这些方法的整体目的是让逆变器不会遭受来自公共电网的有害影响，以及防备公共电网的配电系统（包括负载）受逆变器失效的影响。

1.4.4　系统控制元件

在太阳能发电系统装置中，调节控制测试装置也是很重要的部分。一年四季气候变化不定，晴雨无常，电池阵列接收的太阳辐射能量相差甚大。例如在北纬 40°地区，冬天与夏天的辐射量相差达三倍。因而电池阵列转换的电能，有时太多，有时不足，造成蓄电池过充电或过放电。当这种情况出现时，必须有控制元件能够报警或自动切断电路，以保护蓄电池组。而当蓄电池组发生故障，或进行检修时，同样需要控制元件自动切断电路，接通备用蓄电池组，满足负载持续供电的要求，以保证系统负载正常工作。此外，当负载端发生短路时，要能报警或将电路自行切断，督促维护管理人员检修。为了能够进行经常性的简便测试工作，以取得基本数据，还需要有测试装置。

1.4.4.1　光伏发电系统控制元件的作用

控制元件是对太阳能光伏发电系统进行控制与管理的设备。由于控制元件可以采用多种方式实行控制，实际应用对控制元件的要求也不尽一致，因而控制元件所完成的功能也不一样。对大中型光伏系统来说，控制元件应具有如下一些功能：

（1）信号检测。检测光伏系统各种装置和各个单元的状态和参数，为对系统进行判断、控制、保护等提供依据。需要检测的物理量有输入电压、充电电流、输出电压、输出电流、蓄电池温升等。

（2）蓄电池最优充电控制。控制元件应能根据当前太阳能资源状况和蓄电池荷电状态，确定最佳充电方式，以实现高效、快速地充电，并充分考虑充电方式对蓄电池寿命的影响。

（3）蓄电池放电管理。对蓄电池组放电过程进行管理，如负载控制自动开关机、实现软启动、防止负载接入时蓄电池组端电压突降而导致的错误保护等。

（4）设备保护。光伏系统所连接的用电设备在有些情况下需要由控制器来提供保护，如系统中逆变电路故障而出现的过压和负载短路而出现的过流等，如不及时加以控制，就有可能导致光伏系统或用电设备损坏。

（5）故障诊断定位。当光伏系统发生故障时，可自动检测故障类型，指示故障位置，为对系统进行维护提供方便。

（6）运行状态指示。通过指示灯、显示器等方式指示光伏系统的运行状态和故障信息。

1.4.4.2　光伏发电系统主要的控制方式

光伏系统在控制元件的管理下运行。控制元件可以采用多种技术方式实现其控制功能。比较常见的有逻辑控制和计算机控制两种方式。逻辑控制方式是一种以模拟和数字电路为主构成的控制器，通过测量系统有关的电气参数，由电路进行运算、判断，实现特定的控制功能；计算机控制方式能综合收集光伏系统的模拟量、开关量状态，有效地利用计算机的快速运算、判断能力，实现最优控制和智能化管理。它由硬件线路和软件系统两大部分组成。

智能控制器多采用计算机控制方式。硬件线路和软件系统相互配合、协调工作，实现对光伏系统的控制和管理。硬件线路以 CPU 为核心，由电流和电压检测电路、状态检测电路，获取系统的有关电流、电压、温度及各单元工作状态和运行指令等信息，通过模拟输入通道和开关输入通道将信息送入计算机；另一方面，计算机经过运算，判断所发出的调节信号，控制指令通过模拟输出通道和开关输出通道送往执行机构，执行机构根据收到的命令进行相应的调节和控制。

软件系统是针对特定的光伏系统而设计的应用程序。它由调度程序和若干实现专门功能的软件模块或函数组成。调度程序根据系统的当前状态，按照设定的方式完成检测、运算、判断、控制、管理、报警、保护等一系列功能，根据设计的充电方式进行充电控制和放电管理。由于计算机特别是单片机价格低廉、设计灵活、性能价格比高，因此目前设计生产的大中型光伏系统用的控制器大多采用单片机技术来实现控制功能。

1.4.4.3　光伏发电系统主要的控制器

光伏电池板是太阳能光伏系统的心脏，产生直流电流与直流电压。这种直流电可以用于以下情况：

（1）不经过能量储存装置，直接使用于直流用电器；

（2）储存在蓄电池内，为独立光伏发电系统的用电设备（例如小家电、灯具或偏远的住宅）提供电能；

（3）通过直流变交流的逆变装置，注入公共电力网络（并网光伏发电系统）。

在以上的所有情况下，为了使太阳能光伏电池板达到最佳工作状态，并且使被连接的电气设备有理想、安全的工作状态，功率调节单元是必需的，这主要包括直流变交流的逆变器、直流/直流的换流器以及充电控制器等。

光伏发电建筑的应用中，逆变器是重要的组件之一。与公共电力网络连接系统或与独立使用系统的逆变器在上面已经做了详细的描述。同时，逆变器通常都安装有最大功率点追踪装置，因此下面主要针对充电控制器进行介绍。

1. 充电控制器简介

在独立的光伏发电系统中充电控制器的主要工作是将蓄电池的充电和放电过程限制在一定范围之内，避免电池的充电过度或深度放电发生；再者，充电控制器能够执行蓄电池自动的与规律性的"维护功能"，例如等值充电或防止充电过量引起的酸液层化现象。高级的充电控制器可以显示充电状态、深度放电循环次数、安时（容量）数的比较等。在比较大型的光伏系统中，充电控制器扮演能量管理的角色，只要电池的充电状态降低至预定限度下，就能自动启动备用发电机。

2. 过度充电的预防

为了防止蓄电池大量的与长期的过度充电，可以利用减少充电电流的方法。三种经常使用的控制装置是：

（1）串联控制器

为了停止充电程序，开关（继电器开关或半导体开关）以串联形式与光伏电池板连接，如图1-37所示。当电池电压达到充电终端电压，开关就会被控制器断开（断路）。

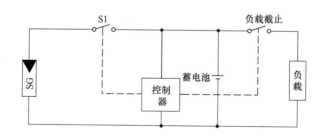

图1-37　串联充电控制器

串联控制器的优点之一是除了光伏发电板之外，其他的能量来源（像风力发电），也能被连接至输入端。缺点（依设计线路而定）是若电池已经完全耗尽（0V），充电程序是无法被启用的。

（2）并联或分路控制器

分路控制器如图1-38所示，光伏发电板在短路模式中操作，任何时间也不会有损坏。

在充电的时候，电流流过闭锁二极管D进入蓄电池。当达到充电终端电压时，光伏发电板被开关S1造成短路，闭锁二极管此时可以防止反向电流由蓄电池流向开关。此外，

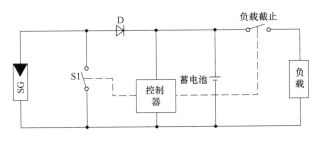

图 1-38　分路控制器

闭锁二极管在夜间能抑制电流进入光伏发电板。

　　与串联控制器不同的是，并联充电控制器能够在蓄电池完全放电后重新启动其充电程序，这是因为蓄电池完全放电后，开关 S1 被断开，光伏发电板继续向蓄电池充电。多数能在市场上购得的充电控制器都是依据分路原理制作的。

　　蓄电池充电过程中，当首次到达电池充电终端电压值时，实际上蓄电池尚未被完全充满，还差 5%～10% 的电量。缓慢减小充电电流，维持在充电终端电压的水准并保持充电状态一段时间后，剩余的电量才可以被加至蓄电池。分路控制器依靠脉宽调制技术来实现上述的充电规律。

　　利用断开串联开关或闭合并联开关的方法，当蓄电池电压到达充电终端电压后，充电电流就会下降至零。当蓄电池电压下降至预定限度以下时（低于充电终端电压大约 50mV/cell），光伏发电板再次向蓄电池充电。这种顺序定时控制程序不断地重复进行着。

　　（3）最大功率点（MPPT）充电控制器

　　光伏系统工作过程中，由于外界条件（例如温度或太阳辐射）的不断变化，蓄电池电压与光伏发电板电压都会改变，原则上，就会导致两个电压间的不匹配，造成能量损失。如果选择合适的光伏发电板的额定输出电压，并采用串联或分路直接控制器（与使用 DC/DC 转换器与 MPPT 的理想匹配相比）时，能量的损失可以控制在数个百分比范围内。经验表明，若光伏发电系统的能量输出达到了最大值，以 DC/DC 转换器为基础的充电控制器的作用也不是非常显著。无论使用哪种充电控制器都有以下两个优点：

　　1）在选择模组与蓄电池时灵活性较强；

　　2）倘若光伏发电板至蓄电池之间的连接导线较长，可以选择比蓄电池电压值还要高一些的光伏板输出电压，这样可以减少电流与接线的损失。

　　3. 充电的策略

　　简单的充电控制器只能提供一个充电终端电压值。对于温度为 20℃ 的铅酸电池，这个电压应调整至 2.3V/cell。如果电池温度与参考温度的差异超过 5K，充电终端电压必须依据制造商的推荐值有 −4～−6mV/K 的修正量。具有定时功能的充电控制器，能提供多个充电域值电压，因此也容许蓄电池规律性地过充，以释放出气体，防止电解液的层化现象。蓄电池过充的时间间隔需要根据经验来确定。例如：在每四周深度放电之后释放一次气体，每次释放气体的时间限制在每个月 10h。充电期间，充电终端电压应控制在 2.5V/cell，而之后的浮充电压应该在 2.253V/cell。但一定注意：绝对不能让密封型（免维护）的蓄电池过度充电。

　　4. 深度放电的预防

　　对于铅酸蓄电池，为了获得最大的使用寿命，应该避免深度放电循环与长期部分充电的状况。当接近深度放电的极限电压值时，负载应被自动切断。负载的截止电压是由蓄电池的类型与放电电流来决定的。在光伏发电系统应用中，负载的截止电压要相对高一些，

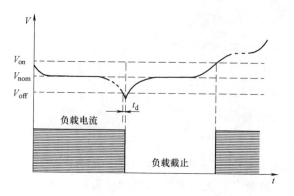

图 1-39   深度放电保护控制装置的电压阈值

例如 1.80～1.85V/cell。为了容许高而短的充电电流，例如为了启动制冷机情况下，要考虑适当的延时（增加 t_d 的大小），图 1-39 所示的是深度放电保护控制装置的电压阈值。

需要说明的是，蓄电池深度放电之后，应保证有适量的电能注入蓄电池之后，即蓄电池电压在 2.2V/cell 之上，负载才能接入电路。

5. 未来的趋势

经验表明，蓄电池是光伏发电系统的薄弱环节。研究和发展中的充电控制器和神经网络的"模糊理论"都会使光伏系统的控制元件更加完善和高效。而延长蓄电池寿命的另一途径是利用充电均衡器。传统的充电控制器是假设蓄电池组串列中的所有电池元件都具有相同的充电状态，因此只是简单地监控整体输出电压。实际上，每一电池元件都有其自身的特性，例如容量、自放电等，而并非理想电池元件。这样就可能导致电池元件在充电状态时的大规模不均衡，进而引起深度放电，甚至出现对个别电池的反向充电或者是其他电池的过充现象。新型的充电均衡装置可以通过个别电池元件之间的充电量转移来防止这种不均衡问题的出现，如图 1-40 所示。

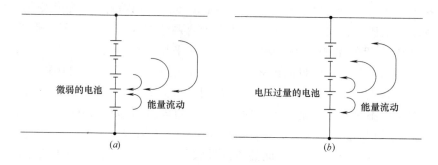

图 1-40   充电均衡器的控制原理

（*a*）能量较强的电池对能量弱电池的支援；（*b*）能量转移由完全充电的电池至其他电池

1.4.5   安全运行元件

为了保证供电的连续与稳定，系统各部分协调有效地工作，光伏发电系统除了要有足够的太阳能电池阵列、蓄电池组、调节控制测试装置、逆变装置外，阻塞二极管以及其他的安全部件必须匹配成套。同时，作为公共电力系统的一部分，光伏并网系统也需要接入保护装置，一方面保护光伏发电系统，防止孤岛效应的发生；另一方面需要安装继电保护装置，防止线路事故或功率失稳。

1.4.5.1   光伏组件与阵列中的二极管和稳压管

1. 二极管和稳压管的作用

太阳能电池阵列对于遮挡十分敏感。在串联回路中，单个组件或部分电池被遮光，就可能造成该组件或电池上产生反向电压，严重时可能对组件造成永久性的损坏。因此，在

安排光伏电池板串并联时，一般是先根据所需电压，将若干光伏电池组件串联，构成若干串列，再根据所需电流容量进行并联。光伏电池并联时，如果一串联支路中部分电池的光照被遮挡，将被当作负载消耗其他有光照的太阳能电池串列所产生的能量。被遮挡的太阳能电池组件此时将会发热，这就是热斑效应。为了减少热斑效应的影响，在串联回路中的每个光伏电池组件上安装旁路二极管，被遮挡电池板将通过旁路二极管导通整个阵列的电流，使被遮挡的光伏电池不构成负载。在光伏电池组件和阵列中，二极管有如下作用：

（1）防反充。在储能的蓄电池或逆变器与光伏阵列之间串联一个屏蔽二极管，又称防反充二极管、阻塞二极管或闭锁二极管，其作用是避免由于太阳能电池方阵在阴雨天和夜晚不发电或出现短路故障时，光伏电池所发电压低于其供电的直流母线电压，蓄电池或逆变器向光伏阵列反向放电，导致光伏电池板反充发热造成损坏，缩短蓄电池的使用寿命。屏蔽二极管串联在太阳能电池阵列电路中，起单向导通的作用。它必须能够承受足够大的电流，而且正向电压降要小，反向饱和电流都要很小，避免电能无谓地消耗在二极管中。如果阵列的功率很大，可以用几个二极管并联或分别把每个二极管接在阵列的一个串联组件上，然后并联接出，一般可选用合适的整流二极管作为防反充二极管。

（2）当若干光伏电池组件串联成光伏阵列时，需要在光伏电池组件两端并联二极管，当某组件被阴影遮挡或出现故障而停止发电时，在该二极管两端形成正向偏压，不至于阻碍其他正常组件发电。同时也保护光伏电池免受较高的正向偏压或发热而损坏。在每个光伏组件上并联一个正向二极管实现电流的旁路，该二极管称为旁路二极管。其具体的连接方法是在每个光伏电池板输出端子处正向并联旁路二极管，人为降低光伏电池板正向的等效击穿电压。旁路二极管平时不工作，耐受反向偏压，正常运行期间不存在功率消耗。

（3）当光伏阵列由若干串列并联时，在每串中都要串联二极管，随后再并联，如图 1-41 所示，以防某串列出现遮挡或故障时消耗能量和影响其他正常阵列的能量输出。该二极管称为隔离二极管，隔离二极管从一定意义上说也是屏蔽二极管。

（4）防反接：施工现场中系统总要安装蓄电池，有时由于不注意，或未弄懂其工作原理，可能会将正负极接错。现在一般采用二极管对电路进行保护或用继电器防止反接，使蓄电池接错时不闭合，系统中无电流，但继电器要消耗 2～3W 的电能，而且全天耗能。在阴天时这种能耗则相当可观，而只安装二极管只能保护电路中的器件免受损失却无法保护蓄电池组。

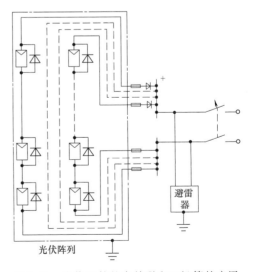

图 1-41　光伏组件的串并联和二极管的应用

系统中的二极管通常使用整流型二极管，其容量选型要留有余量，其电流容量应能够达到预期最大运行电流的两倍，耐压容量应能够达到反向最大工作电压的两倍。串联在电路中的屏蔽二极管由于存在导通管压降，运行期间要消耗一定的功率，一般小容量整流型硅二极管压降在 0.6V 左右，其消耗的功率为其所通过的电流值乘以管压降电压值。不要忽视这部分损耗，如光伏阵列输出的额定电压是 100V，在二极管上的功率和电阻损耗将达到

0.6%，大容量整流型二极管模块由于其管压降高达 1～2V 左右，其损耗将更大。若将此屏蔽二极管由硅整流型二极管换为肖特基二极管，其管压降将降为 0.2～0.3V，对节省功率损耗有一定的效果，但肖特基二极管容量和耐压值一般来说相对较小。

稳压管一般并联于光伏阵列的输出终端，安装在与逆变器或充电器相连的输入端子处，其作用是限制光伏电池板其后电子产品的过电压，保护对电压敏感的电子元器件免受过压损伤。现在更多的是使用金属氧化物变阻器，其过压导通速度极快，可以防止雷击等过电压。

2. 整体二极管

太阳能光伏板外接旁路二极管，生产费用增多，重量增加。因此可使用整体二极管太阳能电池代替旁路二极管，可以收到同样效果。

整体二极管电池是太阳能电池与二极管的组合体，同制作在一块硅片上。二极管可制作在电池的正面，也可制作在电池的背面。如果利用制作电池时形成的 p-n 结在电池的正面制得一个台面型二极管，就称为台面型二极硅太阳能电池。

1.4.5.2　光伏并网系统的保护和孤岛问题

1. 保护措施

光伏并网系统作为电力系统的一部分需要接入保护装置，一方面对光伏发电系统保护，防止孤岛效应等发生；另一方面需要安装继电保护装置，防止线路事故或功率失稳。并网保护装置中一个重要的设备是功率调节器。功率调节器中除了设置有并网保护装置外，在光伏系统输出和并网点之间须增设另一套并网保护装置作后备保护，以保证在光伏逆变系统发生异常的时候，光伏系统不对电网产生较大的不良影响，还可以保证在电网发生故障的时候，电网不对光伏系统产生损坏。常用的并网保护功能有低电压保护、过电压保护、低频率保护、过频率保护、过电流保护和孤岛保护等。

功率调节器由控制单元、显示单元、充放电单元、逆变器单元和并网保护装置等组成。功率调节器为采用模块化设计的逆变器单元和功能单元，可以灵活组合。单元之间按照主/从控制运行方式，设有自立运行功能，可根据需要设置为低压并网、高压并网、自立运行、防灾应急等方式。功率调节器自带的显示单元既可显示光伏阵列电压、电流、倾斜面辐射照度、蓄电池电压、电流和剩余容量，又可显示逆变器输出电压、电流、功率、累计发电量、运行状态和异常报警等各项电气参数。是否需要通信接口实现远程监视需视具体情况决定，一般光伏发电并网系统应尽可能地简化，过于复杂会增加系统造价和维护的复杂性，也会降低系统的可靠性。

2. 孤岛问题

保护设备的另一个重要作用是进行孤岛检测。当分散的电源，如光伏发电系统从原有的电网中断开后，虽然输电线路已经切断，但逆变电源却仍在运行。逆变器失去了并网赖以参考的电网系统电压，这种情况称之为孤岛效应。孤岛效应的产生可能会使电网的重新连接变得复杂，且会对电网中的元件产生危害。为了解决这个问题，学术界已经提出了许多种方案，然而当孤岛效应不是很明显时，现有的方法有可能无法判断出发电站与负载之间功率的失配，因此孤岛问题仍是一个未彻底解决的问题。

利用功率调节器可以实现孤岛检测和对电压自动调整功能。当出现剩余功率逆潮流的时候，由于系统阻抗高，并网点的电压会升高，甚至超过电网的规定值。为避免这种情况，功率调节器设有两种电压自动调整功能：

（1）超前相位无功功率控制，电网提供超前相位电流给功率调节器，抑制电压升高。这种控制方式会使功率调节器的视在功率在调节时增加，变换效率略微降低。

（2）输出功率控制，当超前相位无功功率控制对电压升高的抑制达到临界值时，系统电压转由输出功率控制，限制功率调节器的输出功率，防止电压升高。光伏阵列的发电功率即使在额定值，也要限制输出功率。这时，光伏阵列的发电功率利用率有所降低。

光伏并网系统另一个值得关心的问题是逆变器的某些控制策略使其只能向交流系统输送有功功率，而无法注入无功功率。这种设计有可能恶化交流系统的功率因数，导致电能需求过剩。为了解决这个问题，光伏并网的有功和无功综合控制方法经常被提出。然而，大多数的控制策略主要是依照瞬时无功补偿理论提出的，这种理论需要复杂的计算，因此也使得电路和系统的结构变得复杂。另一种方法是利用在脉宽调制 PWM 电路中植入一个扰动发生电路，使它产生与逆变器输出值有一定大小的偏移，通过检测由于频率变化产生的符号变化量和代数运算，就可以更好地检测出孤岛效应。这种方法的特性如下：

（1）由于逆变器可以同时提供有功和无功功率，因此可以避免交流侧功率因数的恶化。

（2）当孤岛效应不明显时，发电站与负载的功率不匹配也可以更有效地检测出来。

（3）计算过程和电路设计相对容易实现，计算和运行费用相对减少。

为了能够主动检测孤岛效应，可以在逆变控制器中加入能够产生微小不平衡的正弦波形的电路。这种设计的理论是：如果控制器的参考正弦波产生一个微小的不对称，则会在逆变器的电流输出中有同样大小的畸变。在正常运行情况下，这种畸变的程度是可忽略的；然而一旦孤岛效应发生，这种程度的畸变可以通过检测很容易辨识出来。换句话说，一种合适的畸变程度，可以作为有效的辨识孤岛效应的指示器。

3. 电缆

电缆是连接光伏阵列与电力电子变换器、电力电子变换器与负载的媒介，是传输电能功率的载体，应具有能最佳地传输电流即导电的能力；能把电流限制在特定的电路之中即绝缘的能力；以及良好的物理与化学特性。

导电能力的选择应考虑电阻率、截面积、跃度和温度系数；绝缘性能的选择应考虑不漏电和良好的屏蔽性能。光伏阵列到光伏发电控制器的输电线路压降通常不允许超过5%，输出支路压降不超过 2%。另外要根据其应用场合，如弯曲、移动等特性考虑使用多芯软绞线而不是单股硬线。多芯线机械特性柔软，比实心线具有更高的挠曲寿命，但耐腐蚀能力不如硬线。

电缆有绝缘电缆和裸电缆之分。裸电缆通常用于架空导线，如村落集中式光伏发电站向村庄输电线路，其特点是成本低、散热特性好，但绝缘能力较差。户内则必须使用绝缘电缆。选择电缆要根据导线的电流密度来确定其截面积，适当的截面积可以在降低线损和降低电缆成本方面求得平衡。导线绝缘材料一般带有颜色，使用时应加以规范，如火线、零线和地线颜色要加以区分。

太阳能电池作为一种电源，使用越来越广泛。就通信部门来说，从单路载波通信到多路载波通信以及微波中继站都可以装用。现在人们已经考虑在光纤通信中也使用太阳能电池来作为电源。因此，不仅要求太阳能电池降低成本、减少投资，而且对电源系统装置的质量要求也越来越严格。太阳能电池组件和阵列的设计要科学、效率要高、使用要可靠、寿命要长，既要符合技术指标，又要有较好的经济效果。

1.5 光伏建筑一体化技术发展现状

太阳能光伏发电能发展如此迅速，除了与其生产成本急剧下降有关外，还因为与其他可再生能源相比光伏发电具有很多优点，其中一个显著的优点就是光伏系统可以与建筑物相结合从而形成建筑一体化系统。太阳能光伏建筑一体化光伏系统（Building-Integrated Photovoltaics，BIPV）是指将太阳能光伏电池或组件与建筑物外围护结构（如屋顶、幕墙、天窗等）相结合从而构成建筑结构的一部分并取代原有建筑材料。除了 BIPV 系统之外，另一种与建筑物相关的光伏系统称为建筑应用光伏系统（Building-Applied Photovoltaics，BAPV）。BIPV 与 BAPV 的主要区别在于，BIPV 除了发电之外还要作为建筑结构的一部分发挥建筑功能，因此 BIPV 系统一般适用于新建建筑并且可以取代原有建筑材料，而 BAPV 系统一般适用于旧建筑物，不能取代原有建筑结构和建筑材料。

1.5.1 光伏建筑的优点

建筑一体化光伏系统（BIPV）除了发电外，还具有很多附加的建筑功能，如防风挡雨、美化建筑物外观、隔离噪声、屏蔽电磁辐射、减少室内冷热负荷、自然采光、遮阳等。此外，与普通光伏系统相比，BIPV 自身也具有如下一些优点：

（1）不占用土地资源，特别适合于在建筑物密集、土地资源紧缺的城市中应用。

（2）建筑一体化光伏系统可以减少支撑结构以及组件框架的使用并且还可以取代原有建筑材料，因此可以大大减少系统成本。

（3）除了发电，系统还可以作为建筑物的一部分发挥其建筑功能。

（4）BIPV 生产的电力可以就近使用，减少了电力传输及配电过程的能量损失。

（5）日照强时恰好是用电高峰，BIPV 可以降低建筑物的用电峰值负荷，有效缓解电网负担。

（6）综合考虑传热、自然采光等因素的 BIPV 优化设计可以减少建筑物冷热负荷，减少照明用电，降低建筑物能耗。

（7）与地面光伏电站相比，分布式安装的 BIPV 系统装机容量比较小，对电网冲击小、电网消纳能力强。

1.5.2 光伏建筑的分类与应用

根据其发挥的功能、使用的材料及机械特性，可以把 BIPV 系统分为如下几类：标准屋顶系统、半透明双玻璃组件系统、覆层系统、太阳砖和太阳瓦系统、柔性组件系统。不同的 BIPV 系统在建筑物上的应用场合也各不相同，目前 BIPV 常见的应用场合主要有：斜屋顶、平屋顶、半透明幕墙、外墙、遮阳设施、天窗和中庭等。表 1-8 对常见的几种BIPV 产品的优缺点和应用场合进行了比较。表 1-9 比较了薄膜电池和晶体硅电池在不同BIPV 系统中的应用及优缺点。由表 1-8 和表 1-9 不难发现，对于审美要求不高的屋顶，安装晶体硅标准屋顶光伏系统是最合适的选择。晶体硅电池效率高，屋顶可以获得最多的太阳辐射，因此此类系统的年发电量最高、性价比高。对于美观度要求很高的玻璃幕墙或者建筑立面而言，使用半透明双玻璃薄膜组件可以获得理想效果。一方面，这类组件可以和建筑物很好地融合成一体；另一方面，由于薄膜电池可以做成不同颜色并且整块电池色泽均匀美观，因此可以满足不同的视觉需求。此外，薄膜电池弱光性能好、温度系数低的特点也有利于它应用在没有通风并且容易被遮挡的建筑幕墙上。对于住宅或者古老建筑的屋顶，可以使用太阳砖或者太阳瓦组件，但是，其组件面积小所以安装费时费力，其优点是和建筑斜屋顶结合好，外表非常美观。另外，对于大型公共建筑或工业建筑的曲面屋顶，使用柔性组件是最佳选择，不仅外表美观而且安装过程不会破坏原有建筑屋顶结构（如屋顶防水层）。图 1-42 给出了一些典型的 BIPV 应用实例。

常见 BIPV 系统优缺点及应用场合比较　　　　　　　　　　　　　　表 1-8

BIPV 系统	优点	缺点	应用场合
标准屋顶系统	新、旧建筑都适合；安装方便；组件效率高，可以获得的太阳辐射也多；无论成本还是效率都具有很好的竞争力	不够美观；只能在特定的屋顶上安装使用；BIPV 的其他建筑功能体现不出来	住宅和商业建筑的斜屋顶
半透明系统（双玻璃组件）	与建筑物融合程度高；是建筑外立面和天窗的理想产品；支持自然采光；使用薄膜电池的半透明组件外观色泽均匀非常美观；适合嵌入式安装可以与建筑物紧密结合	组件重量重；由于组件需要定制，所以比普通组件贵；组件和系统电线无法隐藏；对于硅电池，其形状和尺寸影响美观度；安装在外立面发电效率不高	商业和公共建筑的半透明外立面、天窗、遮阳设施
覆层系统	可以使用不同颜色的组件以达到不同的视觉效果；可以与建筑物幕墙紧密结合；具有较好的绝热保温效果；设计优良的系统还可以实现建筑物被动采暖；有自然采光效果	由于受建筑设计限制，其系统性能不好；建筑物底部立面容易被遮挡因此可能无法使用这类系统；安装费用高	商业和公共建筑外墙和玻璃幕墙
太阳砖和太阳瓦	与住宅建筑斜屋顶结合达到非常美观的效果；效率高；重量轻、体积小因此易于安装	由于组件面积小，安装比较费时费力；产品性价比还有待提高；组件损坏的风险比较大	住宅建筑或老建筑的斜屋顶
柔性组件系统	重量非常轻，因此适用于轻质屋顶使用；易于安装；不需要其他支撑结构，所以 BOS 成本小；安装过程不会破坏屋顶防水层；特别适合于曲面屋顶使用	不能取代原有建筑材料也不能发挥建筑功能；组件效率低，因此需要的安装面积非常大	商业和工业建筑的平屋顶和曲面屋顶

薄膜电池和晶体硅电池在不同 BIPV 系统应用中的优缺点比较　　　　表 1-9

BIPV 系统　　工艺	薄膜	晶体硅
标准屋顶系统	组件效率太低，需要很大的安装面积；目前市场份额非常低	高效率、高产出（单位装机容量所需安装面积小）；有非常多的产品可供选择；是 BIPV 最常见的应用方式之一
半透明系统（双玻璃组件）	薄膜电池有均匀的外观，并且可做成不同颜色组件以满足建筑物审美需求；其无框组件更适合于嵌入式安装，建筑耦合程度高；高成本、低效率	电池边缘可以摄取自然光，是天窗的理想产品；电池形状和尺寸有限以及电池之间的连接栅线都影响美观
覆层系统	对于非通风立面覆层系统，薄膜电池性能更佳（因为温度系数小）；可做成不同颜色组件以满足建筑物审美需求；弱光、散射条件下薄膜电池性能更优（与光谱响应有关）	对于非通风立面覆层系统，晶体硅性能差（温度系数大）；适合于通风良好的系统；弱光、散射辐射条件下性能差（与光谱响应有关）
太阳砖和太阳瓦	实验室可将 CIGS 等薄膜电池做成太阳砖或太阳瓦组件，但是目前市场上还没有类似产品出现	高效率、高产出（单位装机容量所需安装面积小）；市场上有很多产品可供选择
柔性组件系统	重量非常轻，容易安装并且适合轻质屋顶；安装过程不破坏已有屋顶结构；可在曲面屋顶安装；效率比较低（安装面积大）	目前市场还没有类似产品

1.5.3　国外光伏建筑发展现状

近年来，虽然太阳能光伏系统在全球各地都得到了迅猛发展，但是 BIPV 的发展形势却不容乐观。截至 2009 年底，BIPV 全球累计装机容量约为 500MWp，不足同期光伏系统总装机容量的 1%。德国超过 80% 的光伏系统都是屋顶 BAPV 系统，只有 1% 为真正意义上的 BIPV 系统。而法国和意大利的 BIPV 装机比例比较高，分别为 59% 和 30%。

图 1-42　典型 BIPV 应用实例

(*a*) 斜屋顶；(*b*) 平屋顶；(*c*) 半透明幕墙；(*d*) 外墙/外立面；

(*e*) 遮阳系统；(*f*) 天窗；(*g*) 太阳瓦屋顶；(*h*) 柔性曲面屋顶

BIPV 系统的众多优点与其目前的发展形势形成了巨大的反差，造成其发展缓慢的一个主要原因是：人们认为 BIPV 系统的成本要比普通光伏系统成本高得多。然而美国可再生能源实验室 2011 年底的研究结果表明，由于取代了原有建筑材料，无论使用晶体硅还是薄膜电池的 BIPV 系统其成本都要比普通晶体硅光伏系统低。2011 年底，在美国安装晶体硅和非晶硅薄膜 BIPV 系统的总成本分别为 5.02 美元/Wp 和 5.68 美元/Wp，而普通晶体硅光伏系统的成本为 5.71 美元/Wp。此外，有关 BIPV 和普通光伏系统的标准发电成本（即光伏电价）的研究表明：对于晶体硅 BIPV 系统，其标准发电成本要比普通系统低 6%～7%，约为 0.19 美元/kWh；对于薄膜 BIPV 系统，其标准发电成本只比普通晶硅系统高 1%～5%，约为 0.20 美元/kWh。由此可见，成本因素已经不再是发展 BIPV 系统的主要障碍。

为了促进 BIPV 系统的进一步发展，许多国家和地区都出台了相应措施。其中，上网电价无疑是目前促进 BIPV 系统发展普遍采用并行之有效的政策。相比于装机成本补贴的措施，上网电价政策更能够激发用户更好地设计、使用和维护系统，以实现系统效率最大化。表 1-10 给出了欧盟地区主要国家针对 BIPV 系统采取的上网电价政策。以目前光伏系统的成本价格计算，表中所列的所有上网电价都可以让用户获得很好的投资回报。

欧盟主要国家的 BIPV 上网电价　　　　　　　　　　　表 1-10

国家	装机容量 （kW）	上网电价（2008） 欧元/kWh	期限	装机/发电目标		
德国	<30 <100 <1000 >1000	46.75 44.48 43.99 43.99	20 年	无		
法国	全部	32 42（国外）	20 年	1500kWh/kWp 1800kWh/kWp（国外）		
意大利	<3 <20 >20	44 42 40	20 年	2012 年目标：1200MW 2016 年目标：3000MW		
西班牙	<20 最大 2MW >20 最大 2MW	34 32	25 年	2009 年 27MW 240MW	2010 年 33MW 300MW	2011 年 40MW 360MW
瑞士	<10 <30 <100 >100	55.7 46.4 41.2 38.4	25 年	无		

为了大力发展可再生能源，美国于 2006 年提出了太阳能百万屋顶计划（Million Solar Roofs）。随后在 2007～2011 年间又实施了太阳能城市计划（Solar America Cities），美国能源部选择了 25 个主要城市开展太阳能城市计划，该计划是能源部太阳能社区计划的一部分，旨在通过该计划促进以上城市加快利用太阳能。2011 年 12 月 15 日，美国太阳能千万屋顶计划法案获得参议院能源与自然资源委员会通过，该计划打算在 2020 年之前在美国建立至少 1 千万个太阳能屋顶光伏系统以增加可再生能源比例，减少温室气体排放。此外，参照 20 世纪的阿波罗登月计划，美国能源部于 2012 年启动了太阳能行动计划（SunShot Initiative）。该计划的主要目标就是在 2020 年之前将当前光伏系统成本降低

75%，将光伏系统总成本降低到 1 美元/Wp（其中组件成本为 0.5 美元/Wp，BOS 设备成本 0.4 美元/Wp，电子设备成本 0.1 美元/Wp），换算成光伏电价约为 0.06 美元/kWh，实现在没有任何财政补贴的情况下与传统电力进行竞争，从而促进光伏系统广泛应用。为了实现这一目标，美国能源部特别提出了四个关键的研究主题，分别为：提高电池和组件效率；开发更好的电子设备以优化 PV 系统效率；提高光伏系统关键部件的生产效率；简化、标准化光伏系统安装、设计、并网程序。如果以上目标得以实现，到 2030 年光伏系统预计将可以为美国贡献 15%～18% 的发电量。该行动也是美国总统奥巴马提出 2035 年之前实现美国 80% 的电力来自清洁能源的目标的关键部分。

德国是世界上可再生能源利用最为成功的国家。2012 年 1～6 月，德国国内总发电量中可再生能源所占的比例超过 25.1%。其中，太阳能发电为 144 亿 kW/h，增长幅度为 46.9%，占总发电量 5.3%。德国于 1999 年开始实施"10 万太阳能屋顶计划"，政府原计划安装 10 万太阳能屋顶系统，每个系统约 3kWp，但最终安装了 14 万太阳能屋顶，总计约 400MWp。2000 年，德国政府颁布首部《可再生能源法》，这部法律保证购买和使用光伏发电能源的居民和企业将得到优惠的上网电价。与此同时，德国联邦经济技术部也为"十万太阳能屋顶计划"提供了总共约 4.6 亿欧元的财政预算，从此德国光伏产业迅速发展。

1.5.4 光伏建筑面临的挑战与应对措施

据 NanoMarkets 预测，2016 年全球 BIPV 市场将超过 110 亿美元规模，并且 BIPV 装机容量也将增加 10 倍左右，即从 2011 年的 343MWp 增长到 2016 年的 3.6GWp，同时，BIPV 的成本可能达到 2.50 美元/Wp。另外，Pike research 预测，到 2017 年全球 BIPV 装机容量将达到 4.6GWp。虽然人们对 BIPV 的发展前景非常乐观，但是目前要大力发展 BIPV 系统还需要面对如下三个层面的挑战，即技术层面、设计层面和经济层面。BIPV 系统作为建筑结构的一部分与建筑物高度耦合，因此在技术层面 BIPV 系统需要满足建筑物相关标准和法规，并达到建筑物相关安全要求（电气安全、防火、机械强度）；要保证组件与相关部件的耐用性和长期寿命；此外还要有效解决阴影遮挡和组件运行温度过高的问题。在设计层面，BIPV 的设计以及与建筑的融合方式要满足建筑物在美观、色彩、使用材料等方面的要求，并且要充分发挥其建筑功能（如屋顶、幕墙、天窗、遮阳、防水等功能）。经济层面，要通过取代原有建筑材料和减少材料使用来进一步降低系统成本，另外还要提高系统效率以降低光伏成本电价，从而增强光伏电力与传统电力的竞争力。针对以上挑战，可采取如下方面措施来促进 BIPV 系统进一步发展：

（1）进一步降低系统成本（组件成本，逆变器等 BOS 成本，以及行政费用等），提高光伏电力与传统电力的竞争力。进一步优化组件结构，减少支撑结构材料以及框架材料使用，合理设计线路布局减少电缆使用，减少行政审批手续及费用。

（2）提高 BIPV 组件和系统效率。开发、引入效率更高的电池组件和 BIPV 产品，优化系统结构设计，比如合理设计通风流道以降低组件运行温度从而提高组件效率；对于不规则建筑立面可以使用微型逆变器减少阴影遮挡、组件性能不匹配以及 MPPT 跟踪不准确造成的能量损失；尽量将光伏组件以获得太阳辐射最多的朝向和倾斜角安装在建筑物表面。

（3）增强 BIPV 安全性。对 BIPV 组件和系统进行防火性能测试、电气安全测试以及机械强度测试，以彻底消除用户的安全疑虑。

（4）加快 BIPV 相关设计标准、规范、法令的制定，使 BIPV 系统从设计到施工到运行阶段更加规范化、标准化。

（5）加强与建筑物的融合度并取代原有建筑材料，充分发挥 BIPV 的建筑功能，使 BIPV 系统不仅可以发电还可以表现出其他附加功能。

（6）简化不必要的行政审批手续，降低并网许可门槛，提供并网便利。

（7）提供财政补贴和低息贷款、实施可再生能源优惠上网电价政策。

（8）开发出更多更好的产品和设计形式，提高系统美观度。

近年来，在欧洲国家纷纷下调光伏补贴，欧盟、美国、印度和韩国等国家相继向中国光伏产业发起"双反"调查的背景下，我国政府提出推动分布式建筑一体化光伏系统发展的政策，对于推动光伏产业升级，促进产业良性、有序发展，将起到关键作用。相信随着相关政策措施的落实到位，我国必将迎来一个 BIPV 发展的黄金时期，从而实现从光伏生产大国到光伏应用强国的转变。

本章参考文献

[1]　A. A. M. 赛义夫编. 徐任学，刘鉴民等译. 太阳能工程. 北京：科学出版社，1984.

[2]　罗运俊，何辛年，王长贵编著. 太阳能利用技术. 北京：化学工业出版社，2005.

[3]　Shockley W，Queisser HJ. Detailed Balance Limit of Efficiency of p－n Junction Solar Cells. Journal of Applied Physics. 1961；32：510-9

[4]　Tan YT，Kirschen DS，Jenkins N. A model of PV generation suitable for stability analysis. IEEE Transactions on Energy Conversion. 2004；19：748-55

[5]　Bai J，Liu S，Hao Y，Zhang Z，Jiang M，Zhang Y. Development of a new compound method to extract the five parameters of PV modules. Energy Conversion and Management. 2014；79：294-303

[6]　Gow JA，Manning CD. Development of a photovoltaic array model for use in power－electronics simulation studies. Electric Power Applications，IEE Proceedings －. 1999；146：193-200

[7]　Tao Ma，Hongxing Yang，Lin Lu，Solar photovoltaic system modeling and performance prediction，Renewable and Sustainable Energy Reviews 36，304-315

[8]　Tao Ma，Hongxing Yang，Lin Lu，Development of a model to simulate the performance characteristics of crystalline silicon photovoltaic modules/strings/arrays，Solar Energy，Volume 100，February 2014，Pages 31-41

[9]　周治，吕康，范小苗. 光伏系统设计软件简介［J］. 西北水电，2009，（6）.

[10]　PVsyst：http：//www. pvsyst. com/en/

[11]　INSEL：http：//www. insel. eu/

[12]　PV ＊ SOL：http：//www. valentin-software. com/

[13]　TRNSYS：www. trnsys. com/

[14]　HOMER：www. homerenergy. com/

[15]　RETScreen：http：//www. retscreen. net/zh/home. php

[16]　De Soto，W.，Klein，S. A.，Beckman，W. A.（2006）Improvement and validation of a model for photovoltaic array performance. Solar Energy 80，78-88

第 2 章　光伏建筑系统的设计、施工及维护

太阳能光伏发电系统可以安装在各种不同的地点和场合，而不同的光伏发电系统由于其安装地点、当地气象参数以及负载情况都有所不同，在设计之前，应该首先收集当地的气象参数，在此基础上估算太阳能光伏电池的发电量，然后进行具体的系统设计、模拟仿真、安装可能性判断和施工上的问题检查等。本章主要讲述太阳能光伏发电系统的设计、模拟仿真、施工以及维护操作等方面的注意事项。

2.1　光伏建筑系统的设计计算

光伏组件一般用于室外，因此它可以适应日晒、雨、雪等各种气象条件。但并非所有的光伏组件都适合于建筑应用。在以往只是将光伏组件作为可发电的电器元件来设计和制造，没有考虑建筑中应用的需要。如今，随着光伏建筑一体化理念的深入，光伏组件开始被当作一种可以产生电力的建筑材料来看待，其设计和生产中也更多地融入建筑应用的需求。现在，光伏组件几乎可以整合在各种建筑材料中，完全满足建筑应用的需要。

常用的光伏电池主要分为三类：单晶硅、多晶硅和非晶硅。不同类型的光伏电池在外观上有明显的区别，单晶硅电池的色彩均匀统一，呈黑色或深灰色；相反，多晶硅色彩在灰色和深蓝色之间变化，呈晶体结晶状态。这两种光伏组件内光伏电池的金属导线都清晰可见，呈银白色或黑色。多种建筑材料都可以与这两种光伏电池相结合，构成不同类型的光伏组件，半透明的光伏组件可以根据用户的要求调整光伏电池的分布密度，达到不同的透光效果；非透明的光伏组件可以选择不同色彩和质地的背板。非晶硅光伏电池是通过光伏材料在金属、玻璃或塑料膜沉积形成的，这意味着我们可以得到多种质地的光伏组件。非晶硅光伏电池一般呈深棕色。半透明的非晶硅光伏电池本身就可以容许光线透过，并且由于非晶硅光伏电池只吸收太阳光谱中的一部分，透过的阳光会发生色彩的变化。

太阳能光伏发电系统设计的总原则是在满足负载供电需要的前提下，使用最少的太阳能光伏板功率和蓄电池容量，以尽量减少系统的初投资。由于不恰当的选择，可能使系统的投资成倍地增加，并且不见得能够满足负载的需求。

由于涉及到各种复杂因素，如当地的气象参数、光伏板性能以及安装倾角等，太阳能光伏发电系统的设计一般由计算机来完成；在要求不太严格的情况下，可以采用简单估算的方法。

总体来说，太阳能光伏发电系统的设计一般可以分为以下几个步骤：收集当地气象参数、计算负载分布情况、根据光伏板表面的太阳辐射量确定光伏板的总功率、根据系统稳定性等因素确定蓄电池容量、选择控制器和逆变器、考虑混合发电的问题等。

2.1.1　当地气象参数的收集

由于在建筑围护结构设计中对不同问题的关注程度不同，地点、气候、纬度、平均日照、平均温度、降水量、湿度、浮尘量、风荷载和地质条件都会影响光伏建筑一体化的经

济性。

在设计计算前，需要收集当地的气象数据资料，包括当地的太阳能辐射量以及温度变化等。一般来说，气象资料无法做出长期观测，只能根据以往 10～20 年的平均值作为设计依据。但是，很少有独立光伏发电系统建设在太阳辐射资料齐全的城市，而偏远地区的太阳辐射数据可能与邻近城市的数据资料并不类似。因此在设计过程中要考虑这一类的偏差因素。另外，从当地气象部门得到的气象数据资料，一般只有水平面的太阳辐射量，需要根据理论计算换算出光伏板表面的实际辐射量。

2.1.2 负载情况分析

负载的计算是独立太阳能光伏发电系统设计的重要内容之一。通常的办法是列出负载的名称、功率要求、额定工作电压和每天的用电小时数，交流负载和直流负载均应分别列出，功率因数在交流功率的计算中可以不予考虑。然后，将负载和工作电压进行分组，计算每组的总功率要求。再选系统的工作电压，计算整个系统在这一工作电压下所要求的平均安时数（Ah），即计算出所有负载每天平均耗电量之和。关于系统工作电压的选择，通常是选用最大功率负载所需的电压。在交流负载为主的系统中，直流系统电压应当与选用的逆变器输入电压相适应。一般独立太阳能光伏发电系统，交流负载工作电压为 220V，直流负载电压为 12V 或其倍数（24V、48V 等）。从理论上讲，负载的确定非常简单，而实际上负载的要求往往是不确定的。例如，家用电器所要求的功率可以从制造厂商的样本上得知，单对它们的工作时间并不确定，每天、每周和每月的使用时间都有可能估算过高，这样其累计的结果会造成系统设计容量和成本的大幅提高。在严格的设计中，必须掌握独立光伏发电系统的负载特性，即每天 24h 内不同时间的负载功率，特别是对于集中的供电系统，了解用电规律有助于系统的最优化设计。

2.1.3 光伏板最佳倾斜角的确定

在光伏系统的设计中，光伏板的安装形式和安装角度对于光伏板所能接收到的太阳辐射量以及光伏供电系统的发电能力具有很大的影响。光伏板的安装形式有固定安装和自动跟踪两种。对于固定式光伏系统，一旦安装完成，光伏板的方位角和倾斜角就无法改变。而安装了跟踪装置的太阳能光伏供电系统可以自动跟踪太阳的方位，使光伏板一直朝向太阳光，接收最大的太阳辐射值。由于自动跟踪装置比较复杂，而且初投资和维护成本比较高，安装自动跟踪装置获得的额外太阳能辐射量产生的经济效益一般无法抵消安装该系统所需的成本。所以目前光伏供电系统大多采用固定式安装。

对于固定安装的光伏系统，为了充分有效地利用太阳能，必须合理地选取光伏板的方位角与倾斜角。光伏板的方位角是指光伏板所在方阵的垂直面与正南方向的夹角（向东偏设定为负角度，向西偏设定为正角度）。在北半球，光伏板朝向正南（即光伏板所在方阵的垂直面与正南的夹角为 0°）时，光伏板的发电量最大。倾斜角是指光伏板平面与水平地面的夹角。对于不同的倾斜角，光伏板每月接收到的太阳辐射量相差较大。因此，确定光伏板的最佳倾斜角是光伏发电系统中必不可少的重要环节。最佳倾斜角的确定在不同的应用系统中是不一样的。例如在离网型光伏发电系统中，由于受蓄电池荷电状态等因素的限制，确定最佳倾斜角时要综合考虑光伏板平面上太阳辐射量的连续性、均匀性和最大性。而对于并网型光伏供电系统，通常是根据在全年获得最大的太阳辐射量这一要求来确定最佳倾斜角。

2.1.3.1 关于最佳倾斜角的研究和不足之处

光伏建筑一体化系统的效率在很大程度上取决于光伏板的方位角和倾斜角。光伏板只有具备最佳的方位角和倾斜角，才能最大程度地降低遮挡物对其的影响并获得最大的太阳辐射量。以前关于光伏板最佳倾斜角的研究大多是对于特定区域进行定性和定量的分析。对于太阳能的应用情况来说，在北半球的最佳方位是面向南方，而最佳倾斜角则取决于当地的纬度，$\beta_{opt} = f(\phi)$。例如，Duffie 和 Beckman 给出的最佳倾斜角的表达式为 $\beta_{opt} = (\phi + 15°) \pm 15°$，而 Lewis 认为 $\beta_{opt} = \phi \pm 8°$（式中 ϕ 为当地的纬度）。Asl-Soleimani 指出，为了在德黑兰获得全年最大太阳辐射量，并网光伏系统的最佳倾斜角是 30°，比当地的纬度（35.7°）要小。Christensen 和 Barker 发现方位角和倾斜角在一定范围内变化时，对太阳辐射的入射量影响并不显著。

以前的研究分析有许多的不足之处：1）未能考虑逐时晴空指数的影响；2）缺少全面具体的气象数据；3）在计算中使用简化的天空模型。Lu 通过引用各向异性的天空模型提高了计算结果的精确性。此外，对于相同纬度的区域，晴空指数的全年变化情况会有很大不同，因此得出的最佳角度也会有所不同。

本书提出了一种新的计算方法，此方法包含了逐时晴空指数的影响，可以用来得出不同应用情况下（全年、季节和月）的最佳方位角和倾斜角。本节的主要内容包括：1）一种分析光伏板的倾斜角对太阳辐射量影响的计算方法，此方法中考虑了晴空指数的影响；2）分析光伏板在不同应用情况下（全年、季节性和特定月）的最佳倾斜角；3）分析最佳倾斜角和一些相关参数，如当地纬度、地面反射率和当地气象情况（晴空指数或大气透射率）的关系。

2.1.3.2 最佳倾斜角度的数学模型

任意倾斜表面获得的总太阳辐射能量可以由倾斜表面所获得的直射辐射、散射辐射和地面反射辐射能量相加得到，倾斜表面的逐时总太阳辐射能量可以表示为：

$$G_{tt}(i) = G_{bt}(i) + G_{dt}(i) + G_r(i) \tag{2-1}$$

式中　$G_{tt}(i)$——在 i 时刻倾斜表面上获得的总太阳辐射能量，W/(m² · h)；

$G_{bt}(i)$——在 i 时刻倾斜表面上获得的直射太阳辐射能量，W/(m² · h)；

$G_{dt}(i)$——在 i 时刻倾斜表面上获得的散射太阳辐射能量，W/(m² · h)；

$G_r(i)$——在 i 时刻倾斜表面上获得的地面反射太阳辐射能量，W/(m² · h)。

当表面方位角确定之后，光伏组件的最佳倾斜角可以通过求解下面的方程得到：

$$\frac{d}{d\beta} \left[\sum_{i=1}^{m} G_{tt}(i) \right]_{\beta_{opt}} = 0 \tag{2-2}$$

式中　m——计算区间总小时数，如计算全年最佳倾斜角 m 取 8760，计算某一季度最佳倾斜角 m 取 2160，计算某个月份最佳倾斜角 m 取 720。

将任意时刻倾斜表面上获得的直射太阳辐射与水平面上获得的直射太阳辐射的比值定义为几何因子，R_b：

$$R_b = \frac{G_{bt}}{G_{bh}} = \frac{G_{bn} \cos\theta}{G_{bn} \cos\theta_z} = \frac{\cos\theta}{\cos\theta_z} \tag{2-3}$$

式中　R_b——几何因子；

G_{bt}——任意倾斜面获得的直射太阳辐射；

G_{bh}——水平面获得的直射太阳辐射；

θ——入射角，入射到某表面的直射辐射与此表面法线方向的夹角；

θ_z——太阳天顶角，也就是水平面的入射角。

因此，倾斜表面的直射太阳辐射 G_{bt} 可以表示为：

$$G_{bt} = G_{bh} \cdot \frac{\cos\theta}{\cos\theta_2} = G_{bh} \cdot R_b \tag{2-4}$$

太阳入射角和天顶角可由 Duffie 和 Beckman 给出的如下计算公式计算得到：

$$\cos\theta = \sin\delta\sin\phi\cos\beta - \sin\delta\cos\phi\sin\beta\cos\gamma + \cos\delta\cos\phi\cos\beta\cos\omega$$
$$+ \cos\delta\sin\phi\sin\beta\cos\gamma\cos\omega + \cos\delta\sin\beta\sin\gamma\sin\omega \tag{2-5}$$

$$\cos\theta_z = \cos\delta\cos\phi\cos\omega + \sin\delta\sin\phi \tag{2-6}$$

式中 δ——太阳赤纬角，$-23.45° \leqslant \delta \leqslant 23.45°$；

ϕ——当地纬度；

γ——光伏板表面方位角，南向为 0，东向为负，西向为正，$-180° \leqslant \gamma \leqslant 180°$；

ω——时角，上午为负值，下午为正值。

太阳赤纬角 δ 可以表示为：

$$\delta = 23.45\sin\left(360 \times \frac{284+n}{365}\right) \tag{2-7}$$

式中 n——全年的第 n 天，取值 1～365。

倾斜表面获得的地面反射辐射可由下式近似计算：

$$G_r = \frac{\rho_0}{2} \cdot G_{th} \cdot (1 - \cos\beta) \tag{2-8}$$

式中 G_{th}——水平面总太阳辐射，W/m^2；

ρ_0——地面反射系数。对于雪地表面，其反射系数可以定为 0.6，普通地面的反射系数可以定为 0.2。

倾斜表面的散射太阳辐射可以用 Reindl 模型来计算：

$$G_{dt} = G_{dh} \cdot \cos^2\left(\frac{\beta}{2}\right) \cdot (1 - A_I)\left[1 + f \cdot \sin^3\left(\frac{\beta}{2}\right)\right] + G_{dh} \cdot A_I \cdot R_b \tag{2-9}$$

式中 G_{dh}——水平面的散射太阳辐射，W/m^2；

$$A_I = \frac{G_{bn}}{G_{0n}} = \frac{G_{bh}/\cos\theta_z}{G_0/\cos\theta_z} = \frac{G_{bh}}{G_0} \tag{2-10}$$

$$f = \sqrt{\frac{G_{bh}}{G_{th}}} \tag{2-11}$$

G_0——大气层外水平面可以获得的太阳辐射，又称天文辐射，可以由下式计算得到：

$$G_0 = G_{sc}\left[1 + 0.033\cos\left(\frac{360n}{365}\right)\right](\cos\delta\cos\phi\cos\omega + \sin\delta\sin\phi) \tag{2-12}$$

其中，G_{sc} 为太阳常数，约为 $1353W/m^2$。

然而，大多数气象站只提供水平面逐时总太阳辐射 G_{th}。因此，需要寻找一个合适的计算方法将总太阳辐射分为直射和散射太阳辐射。

大气层外的太阳辐射是由地球的天文位置决定的，故又称天文辐射。天文辐射的分布和变化不受大气影响，主要取决于日地距离、太阳高度角和白昼长度。太阳辐射进入大气层后受到云、大气分子、O_3、CO_2、水汽、气溶胶等各种成分的吸收、反射等作用而减弱，在不同大气条件下太阳辐射受大气影响的程度是不同的。晴空指数 k_T，也称晴空因子，就是描述大气对太阳辐射影响的一个综合参数，是指入射到水平面的总太阳辐射与大气层外水平面太阳辐射的比值，取值介于 0～1 之间。

$$k_T = \frac{G_{th}}{G_0} \qquad\qquad (2\text{-}13)$$

Orgill 和 Hollands 根据测量的数据提出了太阳辐射逐时散射率随晴空指数变化的分段线性方程：

$$\frac{G_{dh}}{G_{th}} = \begin{cases} 1.0 - 0.249k_T & (k_T < 0.35) \\ 1.557 - 1.84k_T & (0.35 < k_T < 0.75) \\ 0.177 & (k_T > 0.75) \end{cases} \qquad (2\text{-}14)$$

Erbs 等人根据在美国和澳大利亚测量得到的数据也提出了类似的分段线性方程：

$$\frac{G_{dh}}{G_{th}} = \begin{cases} 1.0 - 0.09k_T & (k_T < 0.22) \\ 0.9511 - 0.1604k_T + 4.388k_T^2 - 16.638k_T^3 + 12.336k_T^4 & (0.22 < k_T < 0.80) \\ 0.165 & (k_T > 0.80) \end{cases}$$

$$(2\text{-}15)$$

此外，Yik 等人给出了适用于我国香港的逐时散射率和晴空指数的关系：

$$\frac{G_{dh}}{G_{th}} = \begin{cases} 1 - 0.435k_T & (k_T < 0.325) \\ 1.41 - 1.695k_T & (0.325 < k_T < 0.679) \\ 0.259 & (k_T > 0.679) \end{cases} \qquad (2\text{-}16)$$

因此，根据水平面逐时总太阳辐射和大气层外太阳辐射值，可以求出水平面获得的直射和散射太阳辐射，进而求出倾斜表面的逐时总太阳辐射，并由式（2-2）得到光伏组件的最佳倾斜角。

2.1.3.3   全年最佳倾斜角

通过研究发现，不同的方位角对应着不同的最佳倾斜角。在北半球常用的典型方位有东面（$\gamma = -90°$）；东南（$\gamma = -60°$，$\gamma = -45°$，$\gamma = -30°$）；南面（$\gamma = 0°$）；西南（$\gamma = 30°$，$\gamma = 45°$，$\gamma = 60°$）和西面（$\gamma = 90°$）。图 2-1 给出了不同方位角对应的香港全年最佳倾斜角和可以获得的太阳辐射值。

由图 2-1 可以看出，对于面向南面的方位角，全年最大太阳辐射值对应的倾斜角为 $20°$（$\phi - 2.5°$）。与水平放置的光伏板相比，具有最佳倾斜角的光伏板可以多产生约 4.11%的电能。对于其他的方位角，使光伏板获得全年最大太阳辐射量的最佳倾斜角则较小。对于光伏建筑一体化系统，光伏板的倾斜角一般根据建筑壁面的形状和建筑师的设计来确定。因此，分析其在不同方位角和倾斜角下的全年运行情况尤为重要，其关系如图 2-2 所示。

由图 2-2 可以分析，除去面向东面的布置情况，当倾斜角超过 $40°$时可以获得的全年太阳辐射显著降低。如果光伏板为了与建筑壁面的设计一致而不得不垂直放置时，可以获得的全年总太阳辐射为 598.19kWh/m^2（$\gamma = -90°$），与可以获得的最大太阳辐射 1316.07kWh/m^2 相比，降低了 54.55%。

2.1.3.4   季节性以及每月的最佳倾斜角

对于离网型光伏系统，系统的可靠性是一个非常重要的因素。对于大多数地区来说，相对于夏季，冬季的太阳辐射值一般比较低。因此，冬季应该作为设计的基准点。通过计算可以得出冬季（12 月、1 月和 2 月）的最佳倾斜角。在我国香港地区，可以获得最大太阳辐射量对应的方位是面向南面，对应的倾斜角为 $41°$（$\phi + 18.5°$）。在该情况下计算得出的太阳辐射量与全年可以获得的最大太阳辐射量相比，降低了 4.32%。

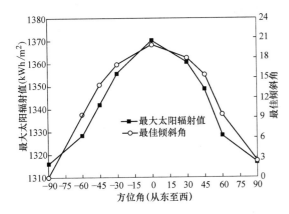

图 2-1　全年最大太阳辐射值和最佳倾斜角

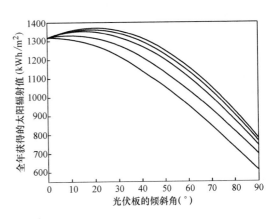

图 2-2　倾斜角对全年太阳辐射的影响
（曲线从上至下的方位角依次为 $\gamma=0°$，
$-30°$，$-45°$，$-60°$，$-90°$）

如果光伏板的倾斜角度可以每月进行调整或者光伏板只在特定的月份使用，则不同的月份所对应的最佳倾斜角是不相同的。对香港地区来说，最大的倾斜角出现在 12 月份，可以达到 46°；而在 5 月、6 月和 7 月倾斜角则较小。

2.1.3.5　不同晴空指数下的最佳倾斜角

尽管每天的晴空指数是随机变化的，而每月太阳辐射值的分布密度则是平滑的。大气外层所在水平面上可以获得的太阳辐射量 G_0 和晴空指数 k_{T} 共同决定了光伏板可以获得的太阳辐射量的大小。在香港地区，春季的晴空指数很小，导致月均太阳辐射值很低。例如在 1989 年，香港地区 4 月份的平均晴空指数只有 0.2423，而 10 月份则可以高达 0.4758。全年平均晴空指数约为 0.3924。

如果假定香港地区全年的晴空指数是定值，则面向南面布置的光伏板的最佳倾斜角随着晴空指数的增加而变大，其具体情况如图 2-3 所示。当全年的晴空系数为 0.4 时，全年最佳倾斜角为 14°（$\phi-8.5°$）；当全年的晴空系数为 0.6 时，全年最佳倾斜角为 22°（$\phi-0.5°$）；当全年的晴空系数为 1.0 时，全年最佳倾斜角为 26°（$\phi+3.5°$）。

2.1.4　光伏系统总功率的概算

2.1.4.1　太阳能电池板的电气特性

1. 太阳能电池板的基本电气特性

太阳能电池板的光电性能存在着两种情况：一是通用组件，它的工作电压一般是常用电压或容易组成常用电压值，如 2V、6V、12V 等等，这样与蓄电池能很好地配合；功率在 $1\sim10\mathrm{W}$ 及以上不等。对于 $20\mathrm{mm}\times20\mathrm{mm}$ 见方的小片，多组成 1W 的组件；对于直径为 $100\mathrm{mm}$ 的大圆片电池，可组成 $30\sim40\mathrm{W}$ 组件。二是专用组件，专门为某些用电设备设计的。其工作电压和输出功率是按用电设备要求，

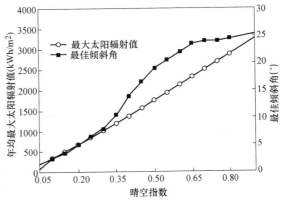

图 2-3　不同晴空指数下南面方向的
光伏板对应的全年最佳倾斜角

便于组成所需要的数值而设计的。目前多数太阳电池板的生产商都是按通用组件定型设计进行生产的，这样在组成阵列时就会比较方便。

太阳能电池组件在组装成阵列之前，要进行必要的测试工作。在规定的条件下，测试它的开路电压、短路电流、伏安特性曲线和最大输出功率等，其方法与测试单体电池相同。此外，还应测试绝缘性能（可用 500V 或 1000V 兆欧表测量组件与底板框架间的绝缘电阻），其数值应大于 1000 兆欧。除电性能测试外，还要做环境试验，对温度、湿度、烟雾、振动等项依规定试验，以保证组成的阵列在实际运行中能达到较长的使用寿命。

2. 太阳能电池板的串、并联电气特性

在构成光伏阵列时，为了得到适合的输出功率，必须把单个电池串联或并联起来。根据负载用电量、电压、功率、光照等情况，确定光伏电池的总容量和光伏电池板的串、并联数量。串联时的输出电压等于单个电池电压之和，流过所有电池的电流相同；而并联时电流为单个电池电流之和，总的输出电压为单个电池工作电压的平均值。既要求大电流又要求高电压时，就必须是串联和并联联合组成的电池阵列。串联时应注意选择工作电流相等或近似相等的电池组件，以免造成电流浪费。

在确定光伏电池板串联数，即光伏阵列总的输出电压时，主要考虑负载电压的要求，同时考虑蓄电池的浮充电压、温度以及控制电路等的影响。如果总的输出电压过低，不能满足蓄电池正常的充电要求，就可能出现光伏电池只有电压而无电流输出的现象。而且光伏电池的输出电压随温度的升高还会呈现负特性，所以在计算电池组件串联级数时，要留有一定的余量，但也不能把串联级数定得过高，造成较大的浪费。最优方案是选择的光伏阵列工作点位于阵列总的伏安特性曲线的最大功率点。光伏阵列串联后的伏安特性曲线参见图 2-4。

确定光伏电池板并联数，即光伏阵列总的输出电流时，主要考虑负载每天的总耗电量、当地平均峰值日照时数，同时考虑蓄电池组的充电效率、电池表面不清洁和老化等带来的不良影响。一般光伏电池组件的并联数乘以每一待并支路的最佳工作电流即为蓄电池的充电电流。光伏阵列并联后的伏安特性曲线参见图 2-5。

只有合理地、按照不同的要求将封装好的光伏电池板通过串、并联组合成光伏阵列，才能充分发挥光伏发电的优势，既可以给小型用电系统单独供电，又可以给大容量的用电装置集中供电；不但能做到就地发电，减少配电线路的投资和电压及功率损耗，降低供电系统的投资，还可做到不因光伏阵列的大小变化而造成其效率的降低。表 2-1 所示的是光伏阵列的主要性能指标。

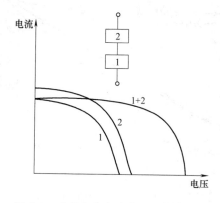

图 2-4 硅基光伏电池串联的输出特性

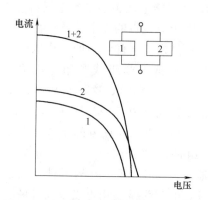

图 2-5 硅基光伏电池并联的输出特性

光伏阵列的主要性能指标 表 2-1

名 称		单 位	定 义
输出功率 P		W	光伏阵列一天内为负载提供的有效平均功率或峰值功率
输出能量 E		kWh	光伏阵列在一天内所产生的能量,即为功率对时间的积分
输出安培小时 E		Ah	能量的另一种表示方式,主要用于对蓄电池供电的光伏阵列
效率	功率效率 η_p	%	光伏阵列功率输出与太阳能输入之比
	能量效率 η_e	%	光伏阵列能量输出与太阳能输入之比
功率密度		W/m²	表示该光伏阵列单位面积(或单位重量、单位成本)的功率
重量(质量)m		kg	表示该光伏阵列所含材料的多少
成本		元	表示该光伏阵列的经济效应
能量密度		Wh/m²	表示该光伏阵列单位面积(或单位重量、单位成本)的能量
质量密度		kg/m²	表示该光伏阵列单位面积(或单位功率、单位能量)的质量
单位成本		元/W	表示该光伏阵列单位功率(或单位能量、单位质量、单位面积)的成本

3. 影响太阳能电池板能量输出的参数

在本书第 1 章中已经介绍随着光伏组件工作温度升高,其能量转换效率逐渐降低,如图 2-6 所示。

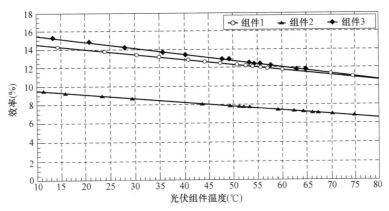

图 2-6 光伏组件能量转换效率与温度的关系

光伏组件的工作温度是由组件的能量平衡方程确定的,光伏组件吸收的太阳能,一部分通过光伏效应转化为电能,另一部分则转化为热能释放到周围环境中。通常来讲,随着太阳能电池温度升高,其效率会逐渐降低。因此,在设计建筑一体化光伏系统时,应充分考虑到组件的通风、散热需求,从而尽可能地提高系统能量转换效率。

单位面积光伏组件被周围空气冷却的能量平衡方程可以表示为:

$$\tau\alpha G_T = \eta_C G_T + U_L(T_C - T_a) \tag{2-17}$$

式中　τ——电池表面玻璃的透射率;

　　　α——光伏组件的吸收率;

　　　G_T——光伏组件接收的太阳辐射;

　　　η_C——光伏组件的能量转换效率;

　　　U_L——光伏组件与环境之间的散热系数;

　　　T_C——光伏组件温度;

T_a——环境温度。

通常将光伏组件在太阳辐射强度为 $800W/m^2$，风速为 $1m/s$，环境温度为 $20℃$ 的条件下，并且处于开路状态（即 $\eta_C=0$）时的电池温度定义为组件名义工作温度（NOCT），此时式（2-17）可以写为：

$$\tau\alpha G_{T,NOCT} = +U_L(T_{C,NOCT} - T_{a,NOCT}) \tag{2-18}$$

因此

$$\frac{\tau\alpha}{U_L} = \frac{T_{C,NOCT} - T_{a,NOCT}}{G_{T,NOCT}} \tag{2-19}$$

将式（2-19）代入式（2-17）中，即可得到温度计算公式：

$$T_c = T_a + \frac{(\tau\alpha - \eta_C)G_T}{U_L} = T_a + \left(\frac{T_{C,NOCT} - T_{a,NOCT}}{G_{T,NOCT}}\right)\left(1 - \frac{\eta_C}{\tau\alpha}\right)G_T \tag{2-20}$$

此外，Lasnier 和 Ang 提出了计算晶体硅太阳能光伏组件工作温度的经验公式，该公式中组件工作温度是关于环境温度和入射太阳辐射的函数：

$$T_C = 30 + 0.0175(G_T - 300) + 1.14(T_a - 25) \tag{2-21}$$

当已知光伏组件的温度系数时，根据光伏组件的工作温度可以估算出光伏组件的能量转换效率：

$$\eta_C = \eta_R[1 - \beta(T_C - T_{C,NOCT})] \tag{2-22}$$

式中　β——温度系数，K^{-1}；

η_R——组件标准测试条件下效率。

除温度以外，阴影遮挡也会显著降低光伏组件的功率输出。光伏组件运行过程中可能会受到周围建筑物、树木以及障碍物遮挡，从而产生局部阴影，被遮挡的这部分光伏电池将变成负载并消耗功率，甚至可能形成热斑而损坏光伏电池。为了避免这种过热点的影响，可以采用旁路二极管来控制被遮挡部分电池内部电流的导向。

光伏系统的连接方式包括串联和并联两种。以图 2-7 为例，串联电路由 4 行，36 片电池串联在一起；并联电路包含 2 个分支Ⅰ和Ⅱ，每个分支包含 2 行，每行 16 片电池。每个电路中的电池具有在标准条件下达到最大输出功率的相同模型参数。

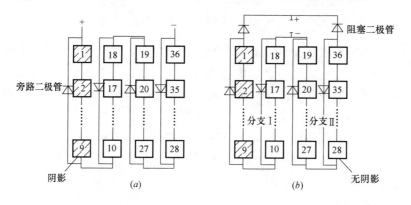

图 2-7　受阴影遮挡的光伏组件电路图
（a）串联电路；（b）并联电路

在串联电路中，当无阴影行的光电流 I_{phA} 大于阴影行的光电流 I_{phB} 时，旁通二极管导电，只有无阴影行发电，在这种情况下，系统的输出电压记为 V_α，输出电流记为 I_α。当

无阴影行的光电流 I_{phA} 小于阴影行的光电流 I_{phB} 时，旁通二极管被阻断，所有行发电，在这种情况下，系统的输出电压记为 V_{β}，输出电流记为 I_{β}。可以用分段函数（2-23）来描述串联电路在部分阴影下的电压。其中 V_{onbypass} 是旁通二极管的正向压降，下标 A 表示未被遮挡行的电池参数，下表 B 表示被遮挡行的电池参数。

$$V = \begin{cases} V_{\alpha} = \sum_{A} V_i - \sum_{B} V_{\text{onbypass}} & (I_{\text{phB}} < I_{\alpha} < I_{\text{phA}}) \\ V_{\beta} = \sum_{\text{ALL}} V_i & (0 < I_{\beta} < I_{\text{phB}}) \end{cases} \tag{2-23}$$

以单晶硅光伏组件为例，如图 2-8 所示，串联电路中，被遮挡光伏板的 $I\text{-}V$ 曲线由单膝曲线变成了双膝曲线，随着阴影区域的增加，第一个峰值几乎保持不变，而第二个峰值迅速下降。

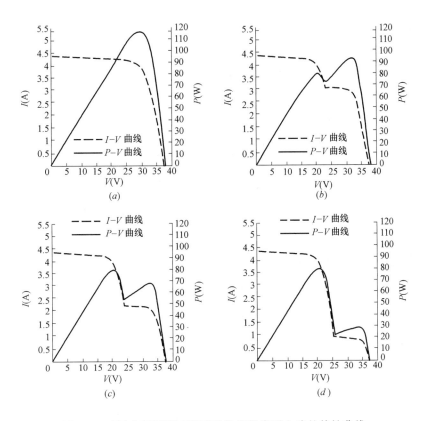

图 2-8　不同比例阴影面积下光伏组件串联电路的特性曲线
(a) 0%；(b) 7.5%；(c) 12.5%；(d) 20%

在并联电路中，当分支 I 被部分遮挡时，旁通二极管和阻塞二极管的效果都应该被考虑。当光伏组件的工作电压 V 大于分支 I 的开路电压 V_{ocl} 时，阻塞二极管发挥阻断作用，只有分支 II 发电。如果光伏组件的工作电压 V 小于分支 I 的开路电压时，分支 I 的阻塞二极管导电，分支 I 和分支 II 都开始发电。同样，可以用分段函数来（2-24）描述并联电路在部分阴影遮挡下的电流。当分支 I 的电流等于被遮挡行的光电流 I_{phB} 时对应的电压记为 V_{phB}。不同比例阴影面积下光伏组件并联电路的特性曲线如图 2-9 所示，系统中的拐点是由于阻塞二极管的阻断所致。

$$I=\begin{cases} I_{\text{II}} & (V_{\text{ocI}}<V<V_{\text{ocII}}) \\ I_{\text{II}}+I_{\text{I}\beta} & (V_{\text{phB}}<V<V_{\text{ocI}}) \\ I_{\text{II}}+I_{\text{I}\alpha} & (0<V<V_{\text{phB}}) \end{cases} \qquad (2\text{-}24)$$

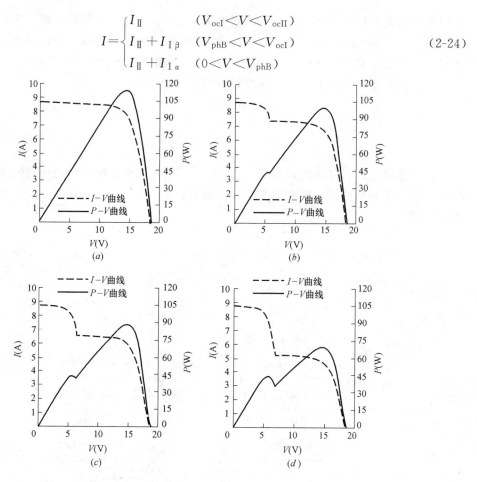

图 2-9　不同比例阴影面积下光伏组件并联电路的特性曲线

(*a*) 0%；(*b*) 7.5%；(*c*) 12.5%；(*d*) 20%

由此可见，虽然阴影面积相对光伏板组件总体面积很小，但对系统效率影响显著。并联方式下阴影产生的影响要低于串联方式，但是并联电路中的阻塞二极管会引起额外的电能损失。在光伏系统设计和施工过程中要尽可能避免阴影遮挡，在实际应用中应加装适量的旁通二极管和阻塞二极管，以提高电能利用率。

当不同 *I-V* 曲线特性的电池组件串联连接时（即电池性能不匹配），也会产生类似于部分遮挡的现象。"最弱的"电池组件决定流经所有被串联连接的电池组件的电流。因此，串连连接的电池组件应该配合恰当，以便尽可能地降低不匹配损失。

污垢，即累积的尘埃与污物，也会减少电池组件的有效输出。其影响程度主要取决于尘埃的来源和组件的倾斜角度。定期清洁光伏组件是非常必要的，然而在"温带气候区"的典型住宅区域，由于光伏板的自我"清洁作用"，基本可以忽略污垢的问题。

在降雪量大的地区，应考虑积雪对光伏发电的影响。如果期望有连续的电能输出，光伏组件应安装在比较陡峭的表面，倾斜角至少为 45°，让雪能快速的脱落。

2.1.4.2　太阳阵列尺寸的粗略估算

太阳能电池方阵的设计，是建立在对太阳电池物理和电气特性的分析基础上，按照用户的要求和负载的用电量及技术条件，计算太阳能电池组件的串联、并联数。串联数由太阳能电池方阵的工作电压决定，应考虑蓄电池的浮充电压、线路损耗以及温度变化等因素对太阳能电池的影响。在太阳能电池组件串联数确定之后，即可按照气象部门提供的太阳能年总辐射量或年日照时数的平均值计算，确定太阳能电池组件的并联数。

1. 确定单块光伏板的性能

影响光伏电池板能量输出的一个最重要参数是太阳辐射，其本质是由地理位置、光伏板的倾斜角与方位角来决定。其他需要考虑的影响参数还包括光伏板温度、导线与电缆的阻抗、周围环境对光伏板潜在的遮挡等。在某些场所，也应考虑季节及气候对光伏电池板的影响，例如：污垢、积雪、阻碍物或发生差别性的每日或季节性气象条件等。

通常来说，可以按照厂家提供的性能参数来确定光伏板在不同温度以及不同太阳光照强度下的发电性能。

温度对电池板效率的影响通常是约为 $-0.4\%/\mathrm{K}$。例如温度增加 10K 时，15% 的效率会降至约 14%。如果可行，电池板应该有充分的通风。在大多数情况下，10cm 的空气间隙已经足够。

2. 光伏阵列尺寸的计算

光伏阵列尺寸计算的基本思路就是用负载平均每天所需要的能量除以一块光伏板在一天中可以产生的能量。当然在设计计算过程中，还应该注意季节变化对光伏系统输出的影响以及负载供电可靠性的要求等。

对于全年负载不变的情况，太阳能光伏阵列的设计计算是基于辐射最低的月份。如果负载的工作情况是变化的，即每个月份的负载对电力的需求是不一样的，那么在设计时最好的办法是按照不同的季节或者每个月份甚至每天分别来进行计算，计算出的最大光伏板数目就是所求的值。

另外，负载供电可靠性的要求对光伏系统的设计也有一定的影响，对于负载供电可靠性要求高的系统，建议考虑更大的系统容量富裕量。

3. 串联数的确定

串联电池板的数量是将系统的设计电压值（通常由蓄电池组合或逆变器决定）除以（在较低温度时）每块电池板的标称电压值（通常是 12V 的倍数）。阵列中各个串列在不同操作温度下的最大功率点必须被控制在系统设计电压范围内。由于电池板的电压会随温度的升高而减小（硅电池的状况是 $2.2\mathrm{mV/K}$），在光伏阵列与建筑物整合的过程中必须谨慎，防止阵列因得不到充分的通风而过热，进而影响其效率。

串联电池板的数量 n_s，计算如下：

$$n_\mathrm{s}=\frac{U_\mathrm{system,max}}{U_\mathrm{module,corr}} \tag{2-25}$$

式中　$U_\mathrm{system,max}$——最大的系统电压（最大充电电流时）；

$U_\mathrm{module,corr}$——电池板的电压（根据操作情况调整后的）。

4. 并联数的确定

阵列的并联数量的确定是将设计的光伏板总数量除以光伏板的串联数量：

$$n_\mathrm{p}=\frac{n_\mathrm{array}}{n_\mathrm{s}} \tag{2-26}$$

式中　n_array——总光伏板数量。

在选购太阳能电池组件时，如是用来按一定方式串联、并联构成方阵，设计者或使用者应向厂方提出，所有组件的 I-V 特性曲线须有良好的一致性，以免方阵的组合效率过低。一般应要求光伏组件的组合效率大于95%。

5. 太阳能光伏板倾斜的影响

由于地球绕地轴进行自转的同时又绕太阳进行公转，在一天中以及在一年中的不同月份、不同季节中，太阳相对于地面上的某一点来说，其方向是在时时刻刻变化着的。所以，太阳能设备对太阳辐射的收集，就要决定于它对太阳的朝向。对于太阳能光伏板的电能输出、光伏系统的仿真模拟和光伏系统的经济评价也同样取决于太阳能光伏板所接收到的太阳辐射量的多少、光伏板的温度和工作特性。太阳能光伏板通常是按照不同的方位角和倾斜角进行安装的。其中，方位角（是指太阳电池方阵的方位角）是方阵的垂直面与正南方向的夹角（向东偏设定为负角度，向西偏设定为正角度）；倾斜角是太阳电池方阵平面与水平地面的夹角，并希望此夹角是方阵一年中发电量为最大时的最佳倾斜角度。

北半球地区，一般情况下光伏阵列朝向正南（即方阵垂直面与正南的夹角为0°）时，太阳电池发电量是最大的。在偏离正南（北半球）30°时，方阵的发电量将减少约10%～15%；在偏离正南（北半球）60°时，方阵的发电量将减少约20%～30%。但是，在晴朗的夏天，太阳辐射能量的最大时刻会出现在中午稍后，因此应适当调整方阵的方位以便可获得最大发电功率。方阵设置场所受到许多条件的制约，例如，在地面上设置时土地的方位角、在屋顶上设置时屋顶的方位角，或者是为了躲避太阳阴影时的方位角，以及布置规划、发电效率、设计规划、建设目的等许多因素都有关系。

一年中的最佳倾斜角与当地的纬度有关，当纬度较高时，相应的倾斜角也大。但与方位角一样，在设计中也要考虑到屋顶的倾斜角及积雪滑落的倾斜角（斜率大于50%～60%）等方面的限制条件。对于正南（方位角为0°），倾斜角从水平（倾斜角为0°）开始逐渐向最佳的倾斜角过渡时，其日射量不断增加直到最大值，再增加倾斜角，日射量将不断减少。特别是在倾斜角大于50°～60°以后，日射量急剧下降，直至到最后的垂直放置时，发电量下降到最小。以上所述为方位角、倾斜角与发电量之间的关系，对于具体设计某一个方阵的方位角和倾斜角还应综合地进一步同实际情况结合起来考虑。

对于水平放置的光伏板，长期接收到的太阳辐射量可以从当地的天文台或气象局获得；然而对于有一定方位角和倾斜角度的太阳能光伏板所获得的太阳辐射量却无法直接测得。目前普遍认为，所取方阵倾角应使全年辐射量最弱的月份能得到最大的太阳辐射量为好。早期的研究推荐，方阵倾角等于当地纬度为最佳，这样做的结果，夏天方阵发电量往往过盈而造成浪费，冬天发电量又往往不足而使蓄电池欠充。所以这不一定是最好的选择。后来也有学者建议在当地纬度的基础上再增加15°～20°。国外有的设计手册也提出，设计月份应以辐射量最小的12月（在北半球）或6月（在南半球）作为依据。其实，这些观点可能照顾了某些月份，而削弱了另一些月份，使全年得到的太阳辐射与光伏系统的运行不能很好地匹配。

2.2 光伏建筑复合结构的传热和发电模拟仿真

太阳能光伏建筑一体化在建筑围护结构（墙体、屋顶）上铺设光伏板产生电力，是应用太阳能发电的一种新概念。这种系统有诸多优点，如有效利用建筑外表面、无需额外用地或者加建其他设施、节约外饰材料（玻璃幕墙等）、外观更有魅力、缓解电力需求、降低夏季空调负荷、改善室内热环境等。

太阳能光伏建筑一体化有两种形式：光伏屋顶结构和光伏墙结构。整个系统由光伏板、光伏板与墙面（屋顶）间的气流流道、固定支架、空气入口、空气出口以及墙体和屋面组成。当然，完整的系统还应包括负载部分，有时还带有蓄电池、逆变器及有利于系统控制和调节的复杂装置。这里需要指出的是，气流流道是整个系统不可缺少的，良好的空气冷却是保证光伏发电高效率的有效途径。这是因为如果直接将光伏板铺设在建筑物表面，将会使光伏板在吸收太阳能的同时，温度也迅速上升，从而导致光伏板的发电效率随其表面温度的上升而下降。而如果在光伏板背面设计良好的通风气流流道，将有效地降低光伏板的工作温度，提高光伏板的发电效率，同时还能有效地降低建筑物的得热量和冷负荷。

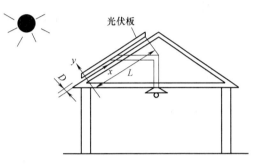

图 2-10　光伏屋顶结构示意图

2.2.1　光伏屋顶的传热和发电模拟仿真

2.2.1.1　光伏屋顶的数学模型

光伏屋顶的结构示意图如图 2-10 所示，建立如图坐标系，x 轴方向为气流流动方向，y 轴垂直于屋顶表面，坐标原点位于气流入口。光伏板的高度和宽度分别为 L 和 W。光伏板背面和建筑物屋顶表面之间的气流流道的深度为 D，整个系统的太阳辐射强度为 $G(t)$。

假设流体和建筑物墙体均为常物性，那么气流流道内自然对流的雷诺数为：

$$Ra_D = \left[g\beta_t (T_w - T_\infty) D^3 / \nu^2 \right] Pr \tag{2-27}$$

式中　g——重力加速度，m/s^2；

　　　β_t——热扩散率，m^2/s；

　　　ν——流体的运动黏度，m^2/s；

T_w、T_∞——气流流道的两表面温度，K。

1. 光伏板控制方程

假设气流流道内的流动速度均匀分布，并且在 y 轴方向上的速度分量为零，那么根据光伏屋顶系统的能量守恒方程可以推导出光伏板的控制方程如下：

$$\frac{A_{co} - A_{ci}}{R_c} + \left[\overline{h}_{ro}(\overline{T}_{co}, \overline{T}_\infty) + \overline{h}_{co}(\overline{T}_{co}, \overline{T}_\infty) \right](A_{co} - T_\infty x) = (\alpha\tau)_{av} G(t) \int_0^x (1-n) \mathrm{d}x \tag{2-28}$$

$$\eta = \eta(\delta T^*, \delta G^*) \tag{2-29}$$

式中　$\overline{T}_{co}$——在（0，x）范围内的平均电池温度，$\overline{T}_{co} = A_{co}/x$，K；

　A_{co}、A_{ci}——光伏板两侧表面温度的积分变量；

　　　R_c——光伏板的传热热阻，$\text{m}^2 \cdot \text{K/W}$；

　　δT^*——给定温度 T_o 下温度的相对偏差；

　　δG^*——给定太阳辐射 G_o 下太阳辐射的相对偏差。

δT^*、δG^* 的计算公式如式（2-30）及式（2-31）所示：

$$\delta T^* = \left(\frac{T_{co} + T_{ci}}{2} - T_o \right) / T_o \tag{2-30}$$

$$\delta G^* = (G - G_o)/G_o \tag{2-31}$$

　　为检验透射率和吸收率的乘积 $(\alpha\tau)_{av}$，采用 Duffie 和 Becikman 推荐的 HDKR 模型来计算散射太阳辐射。

　　2. 气体流动的控制方程

$$\frac{\partial A}{\partial T} + v \left[\frac{\partial A}{\partial x} - \frac{\partial A}{\partial x} \bigg|_{x=0} \right] = \frac{h_{ci}(A_{ci} - A_a)}{\rho C_p D} + \frac{h_{wo}(A_{wo} - A_a)}{\rho C_p D} \tag{2-32}$$

　　3. 通风换热量

$$Q_{vent} = \rho C_p [A(L) - A(0)] \times V \times W \times D \tag{2-33}$$

式中　V——气流流道内的平均气流速度，m/s；

　　　　A——温度的积分变量，其定义式如下：

$$A = \int_0^L T \mathrm{d}x \tag{2-34}$$

　　4. 墙体的热传导方程

$$Q_{co} = W \int_0^x q_{co} \mathrm{d}x = \int_0^x \overline{h}_{rci} \overline{h}_{cwo} (\overline{T}_{sol} - \overline{T}_{so}) \mathrm{d}x = (\overline{h}_{rci} + \overline{h}_{cwo})(A_{sol} - A_{wo}) W$$

$$= \frac{(A_{wo} - A_{wi}) W}{R_w} \tag{2-35}$$

$$T_{sol} = \frac{\overline{h}_{rci} \overline{T}_{rci} + \overline{h}_{cwo} \overline{T}_a}{\overline{h}_{rci} + \overline{h}_{cwo}} \tag{2-36}$$

式中　R_w——建筑物的屋顶热阻，$m^2 \cdot K/W$；

　　　　A_{wo}——建筑物屋顶外表面温度的积分变量。

　　5. 各方程的已知条件和参数求解

　　气体流动控制方程和墙体热传导方程的初始条件为：

$$A(x,0) = T_\infty x \quad 0 \leqslant x \leqslant L \tag{2-37}$$

　　气体流动控制方程的边界条件为：

$$A(0,t) = 0 \quad 0 \leqslant x \leqslant L \tag{2-38}$$

　　气流流道内的平均气流速度为：

$$V = C_v \sqrt{2g \int_0^L \left(1 - \frac{T_\infty}{T_a(x)} \sin\beta \mathrm{d}x \right)} \tag{2-39}$$

式中　C_v——速度系数，大小取决于气流流道的几何形状、流道表面的粗糙度以及流道的倾斜角 β。

　　根据墙体的平均温度（介于 T_1 和 T_2 之间）和两表面发射率（ε_1 和 ε_2），可以用式（2-40）计算辐射传热系数 h_r：

$$\overline{h}_r (T_1 - T_2) = \sigma(T_1^2 + T_2^2)(T_1 + T_2) \frac{\Phi_{12}}{1 + \Phi_{12}\left(\frac{1}{\varepsilon_1} - 1\right) + \Phi_{21}\left(\frac{1}{\varepsilon_2} - 1\right)} \tag{2-40}$$

式中　σ——斯蒂芬-玻耳兹曼常数，$(5.67 \times 10^{-8} \ W/m^2 \cdot K^4)$，深颜色屋顶的表面发射率通常为 0.9，浅颜色屋顶的表面发射率通常为 0.45；

Φ_{12}——和两表面相关的角系数。

根据 Azevedo 和 Sparrow（1985 年）推荐的经验关联式可以计算气流流道内的自然对流换热系数。当自然对流发生在末端开口、倾斜角为 β 的斜槽内时，努谢尔特数满足关系式（2-41）：

$$Nu_D = 0.644[(D/L)Ra_D\sin\beta]^{0.25} \tag{2-41}$$

当温度为 T_0 并且太阳辐射为 G_0 时，光伏系统的发电效率为 η_0，由此，根据经验表达式可以得出光伏系统的实际转换效率 η：

$$\eta = \eta_0(1+\delta_1)(1+\delta_v) \tag{2-42}$$

式中 $\delta_1 = a_1\delta G^* + a_2\delta G^{*2}$

$$\delta_v = b_1\delta G^* + b_2\delta G^{*2} + c_1\delta T^* + c_2\delta T^{*2} \tag{2-43}$$

模型中所用的回归系数如表 2-2 所示。

δ_1 和 δ_v 的回归系数表

表 2-2

a_1	a_2	b_1	b_2	c_1	c_2
0.984	4.67×10^{-2}	5.69×10^{-2}	0	-1.13	0.524

6. 光伏屋顶模型的数值求解

均匀划分网格。在空间方面采用一阶迎风差分格式，在时间方面采用一阶向前差分格式，那么气体流动的控制方程可以离散化为式（2-44）：

$$\left[\frac{\Delta x_j}{\Delta t} + V^{n+1(l)} + \left(\frac{h_{ci}+h_{wo}}{\rho C_p D}\right)\Delta x_j\right]A_j^{n+1(l+1)} = V^{n+1(l)}A_{j-1}^{n+1(l+1)}$$

$$+ V^{n+1(l)}T_\infty\Delta x_j + \frac{(h_{ci}A_{ci}+h_{wo}A_{wo})\Delta x_j}{\rho C_p D} \tag{2-44}$$

模拟仿真的步骤如下：

（1）假设温度场的叠代初值，并计算相应的积分变量场；

（2）估计由太阳辐射产生的空气流通速度；

（3）通过等式来计算光伏板内、外表面的温度值；

（4）计算气流流道内的温度场；

（5）计算热流量；

（6）重复步骤（2）、（3）、（4）、（5）直至满足收敛误差的要求；

（7）继续下一时刻的计算，直至模拟结束。

2.2.1.2 光伏屋顶的传热和发电量计算

1. 光伏屋顶模型的数值求解

利用前述光伏屋顶的数学模型和求解方法，对光伏屋顶的传热和发电量进行模拟计算。假设采用 ASHRAE Fundamentals（1989 年）给出的 No.10 屋顶结构。此屋顶结构包括一层 150mm 厚的低密度混凝土、4mm 厚的保温材料、10mm 厚的表层和 12mm 厚的矿渣，并且其室外和室内的表面热阻分别为 0.059 和 0.012m² • K/W。另外还有 19mm 厚的消声瓦以及一空间热阻为 0.176m² • K/W 的天花板。透过光伏墙的得热量和冷负荷可以运用下述公式进行计算：

（1）光伏屋顶得热量的计算

得热量的计算表达式为：

$$q_{e,\theta}/A_r = \left[\sum_{n=0} b_n(t_{\varepsilon,\theta-n\delta}) - \sum_{n=1} d_n(q_{\varepsilon,\theta-n\delta})A_r - T_{room}\sum_{n=0} C_n \right] \quad (2\text{-}45)$$

式中 A_r——面积，m^2；

θ——时间；

δ——时间间隔；

$t_{\varepsilon,\theta-n\delta}$——$\theta-n\delta$ 时刻的空气温度，℃。

表达式中的其余参数如表 2-3 所示。

得热量计算表达式系数 　　　　　　　　　　表 2-3

参数	$n=1$	$n=2$	$n=3$	$n=4$	$n=5$	$n=6$	$n=7$
B_n	0.00000	0.01420	0.01368	0.01723	0.00420	0.00020	0.00000
d_n	1.00000	1.55700	0.73120	−0.11774	0.00600	0.00080	0.00000
$\sum c_n$				0.036731			

（2）光伏屋顶冷负荷的计算

相应的，冷负荷计算表达式如式（2-46）所示：

$$K(z) = \frac{v_0 + v_1 z^{-1} + v_2 z^{-2} + \cdots}{1 + w_1 z^{-1} + w_2 z^{-2} + \cdots} \quad (2\text{-}46)$$

式中的系数 $K(z)$ 如表 2-4 所示。

输入参数 　　　　　　　　　　表 2-4

纬度	$\phi=22.33$
空气密度	$\rho=1.2kg/m^3$
空气比热	$C_p=1000J/kg \cdot K$
流道长度	$L=3.5m$
流道宽度	$W=5.3m$
流道深度	$D=0.10m$
室内温度	$T_{room}=24℃$
室外气流速度	$V_w=4.9m/s$
光伏板热阻	$R_c=0.0075m^2 \cdot K/W$
屋顶结构热阻	$R_w=2.8m^2 \cdot K/W$
大气透明度	$K_t=0.75$
天数	$n=181$
系数 $K(z)$	$v_o=0.681, v_1=-0.581, v_2=0, k=2,3\cdots$
	$w_1=-0.90, w_k=0, k=2,3\cdots$

2. 光伏屋顶模拟结果分析

模拟中用到的一些输入参数（包括气流流道的结构参数以及空气的热物性参数等）也列在了表 2-4 中。除非有特殊说明，否则大部分的模拟结果都是在倾斜角 $\beta=15°$ 的前提下获得的。光伏屋顶系统吸收的太阳辐射随时间的变化曲线如图 2-11 所示。对于夏季的典型天，南向光伏屋顶系统每小时吸收的太阳辐射关于中午呈对称分布。

图 2-12 显示了气流流道内的温度以及积分变量沿 x 轴的变化规律。从图中可以看出，积分变量随 x 轴几乎呈线性增加。在上午 8：00 至下午 2：00 这段时间里，由于太阳辐射得热的原因，气流流道内的空气温度逐步升高。三种

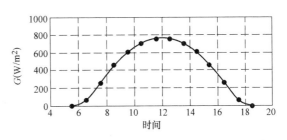

图 2-11　光伏屋顶吸收的入射太阳辐射（$\beta=15°$）

不同几何尺寸比例的流道内的气流速度如图 2-13 所示。只要太阳辐射强度比较高，几何尺寸比例比较小的流道能产生较高的气流速度。

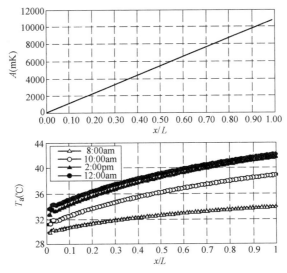

图 2-12　不同时刻时流道内的温度及积分变量随 x 轴的变化图

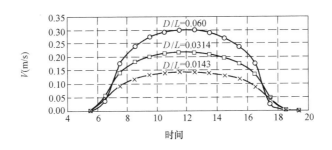

图 2-13　不同几何尺寸比时流道内的流速分布（$\beta=15°$）

图 2-14 对光伏屋顶和传统屋顶的冷负荷和得热量进行了比较。由于光伏屋顶的遮阳以及流道内自然对流作用的影响，光伏屋顶结构得热量的振幅得到了明显的降低。同样，冷负荷的模拟也得到了类似的结果。模拟结果显示，光伏屋顶的冷负荷比传统屋顶的冷负荷降低了 65%。另外，由于光伏板的作用，得热量和冷负荷的峰值也产生了延迟。实际上，建筑物一天的冷负荷和得热量取决于流道的几何尺寸比，例如在图 2-15 中，y 轴参数 α_c 指的是光伏屋顶一天的冷负荷与传统屋顶一天冷负荷的比值。几何尺寸比越大，一天的冷负荷越低。参数 α_c 的变化范围取决于屋顶的结构。

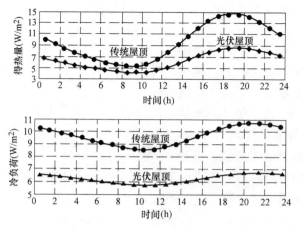

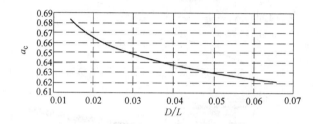

图 2-14 光伏屋顶和传统屋顶得热量和冷负荷的比较（$\beta=15°$）

图 2-15 日冷负荷比随流道几何尺寸比的变化图（$\beta=15°$）

图 2-16 显示了光伏屋顶太阳能发电效率随着流道几何尺寸比以及光伏板倾角的变化规律。从图中可以看出，发电效率随着几何尺寸比的变化略有增加，而随着倾斜角的增加有明显的下降。但几何尺寸比的增加却对热量传递有较大影响，如图 2-17 所示。

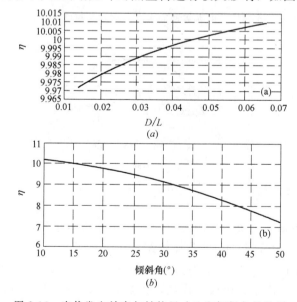

图 2-16 光伏发电效率与结构尺寸比和倾斜角的关系

　　（a）光伏发电效率与结构尺寸比的关系（$\beta=15°$）；

　　（b）光伏发电效率与倾斜角的关系（$D/L=0.0286$）

利用香港理工大学一现存光伏工程的实际测量数据，对仿真模型进行了部分验证。图 2-18 显示了气流流道内平均空气温度的测量值和模拟值的比较。在 4 天的时间里，两个结果还是非常接近的。

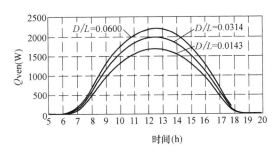

图 2-17　不同结构尺寸比时空气流动带走的热量变化图

3. 结论

模拟过程显示，引入积分变量可以有效地描述光伏屋顶的性能。南向光伏板的倾斜角对太阳能发电效率有显著的影响，而气流流道的几何尺寸比则影响不大。但是，流道的几何尺寸比能够明显地影响流道内的气流速度以及透过屋顶的传热量。通过比较得出，由于光伏板的遮阳作用，光伏屋顶的冷负荷比传统屋顶的冷负荷降低了大约 65%。

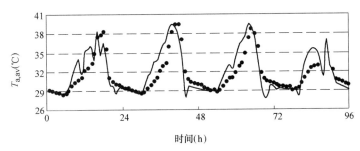

图 2-18　流道内平均温度模拟值（线）和测量值（点）的比较图

2.2.2　光伏墙的传热和发电模拟仿真

近年来建筑师常用幕墙结构作为建筑的外壁面。虽然幕墙看起来比较美观，但是幕墙结构会增大建筑的冷负荷，进而增加建筑物的能耗。利用光伏板作为建筑的外壁面不仅可以将尽可能多的太阳能转化为电能，还可有效地阻止部分太阳辐射进入建筑内部，进而减少建筑物的冷负荷，降低建筑物的能耗。

根据光伏板的安装角度不同，光伏幕墙系统可以分为垂直光伏幕墙系统和倾斜光伏幕墙系统。垂直光伏幕墙就是用光伏板来代替传统的幕墙结构，直接将光伏板垂直地安装在建筑的外壁面。这种系统的安装费用比较少，因为它不需要太多额外的安装设施。但是由于在这种系统中光伏板的安装角与光伏板所需要的最佳倾斜角不一致，因此系统的发电效率不高。而倾斜光伏幕墙则是替代了传统的遮阳结构，将光伏板以一定的倾斜角安装在建筑的外壁面。这种系统的安装角比较接近光伏板的最佳倾斜角，所以系统的发电效率比较高。但是由于需要额外的安装设施，故而系统的安装费用也比较高。下面着重分析和比较了这两种光伏幕墙的发电效率和传热性能。

2.2.2.1　垂直安装的光伏墙

1. 光伏墙的数学模型

光伏墙可以视为一个多用途系统，它在输出电力的同时还可以部分替代传统的建筑材料。光伏墙由光伏板、光伏板与外墙面间的气流流道、固定支架、空气入口、空气出口以及墙体组成，如图 2-19 所示。

由于光伏板和外墙面之间气流流道的存在，有效地降低了光伏板的工作温度，提高了光伏板的发电效率。同时，光伏板还可以避免建筑物外墙直接暴露于太阳照射中，有效地降低了光伏墙的得热量。计算该光伏墙的得热量，关键在于计算当室外气温、太阳辐射等参数发生变化时，通过该光伏墙向室内的传热量。由于气流流道内的温度随高度方向也有一定的变化，所以光伏墙的得热量计算就显得比较复杂。

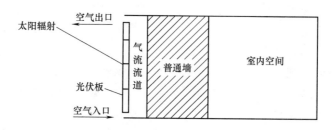

图 2-19　光伏墙结构示意图

（1）光伏板的能量平衡

光伏板吸收的太阳能一部分转化为电能，其余均散热至空气中，忽略光伏板的热容，其能量平衡关系为：

$$G = E + (h_{cgo} + h_{rgo})(T_{go} - T_e) + h_{cgi}(T_{gi} - T_a) + h_{rgi}(T_{gi} - T_{wo}) \tag{2-47}$$

式中　　G——光伏板吸收的净太阳辐射，W/m^2；

E——光伏板的发电量，W/m^2；

h_{cgo}、h_{rgo}——光伏板前表面的对流传热系数和辐射传热系数，$W/m^2 \cdot K$；

h_{cgi}、h_{rgi}——光伏板后表面的对流传热系数和辐射传热系数，$W/m^2 \cdot K$；

T_{go}、T_{gi}——光伏板前、后表面的温度，K；

T_e、T_a——环境空气温度和流道内的空气温度，K；

T_{wo}——墙体外表面的温度，K。

（2）光伏板的发电量

光伏板的发电量可以通过经验公式计算得到：

$$E = \left[a + \frac{b}{2}(T_{go} + T_{gi}) \right] G \tag{2-48}$$

式中　a 和 b——由测量确定的经验系数。

G——净吸收的太阳辐射，等于总入射太阳辐射 G_t 乘以透射率和吸收率的乘积（$\tau\alpha$），表示为：

$$G = G_t(\tau\alpha) \tag{2-49}$$

光伏板可能有一定的倾斜角度，倾斜面上的入射太阳辐射取决于三个部分：太阳直射、天空散射和周围物体的反射。根据 Duffie 和 Beckman，G_t 的计算公式如式（2-50）所示：

$$G_t = \frac{I_T}{3600} \tag{2-50}$$

式中　I_T——倾斜面上的总太阳辐射，其定义式为：

$$I_T = I_b R_b + I_d \left(\frac{1 + \cos\beta}{2} \right) + (I_b + I_d)\rho_g \left(\frac{1 + \cos\beta}{2} \right) \tag{2-51}$$

式中　I_b 和 I_d——水平面上太阳直射和散射辐射量。

光伏板吸收的入射太阳辐射密度可由式（2-52）计算得到：

$$I = (\tau\alpha)I_{\mathrm{T}}$$
$$= (I_{\mathrm{b}} + I_{\mathrm{d}}A_{\mathrm{i}})R_{\mathrm{b}}(\tau\alpha)_{\mathrm{b}} \tag{2-52}$$
$$+ I_{\mathrm{d}}(1-A_{\mathrm{i}})(\tau\alpha)_{\mathrm{d}}\left(\frac{1+\cos\beta}{2}\right)(1+f\sin^3\frac{\beta}{2}) + (I_{\mathrm{b}}+I_{\mathrm{d}})(\tau\alpha)_{\mathrm{g}}\left(\frac{1-\cos\beta}{2}\right)$$

对于给定时角 ω，当倾斜角 $\beta = \pi/2$（即竖直表面）时，北半球直射辐射占总太阳辐射的比率如式（2-53）所示：

$$R_{\mathrm{b}} = \frac{\cos\theta}{\cos\theta_z} \tag{2-53}$$

式中　$\cos\theta = -\sin\delta\cos\Phi\cos\gamma + \cos\delta\sin\Phi\cos\gamma\cos\omega + \cos\delta\sin\gamma\sin\omega$
$$\cos\theta_z = \cos\Phi\cos\delta\cos\omega + \sin\Phi\sin\delta$$

　　θ——太阳辐射入射角；

　　θ_z——太阳的天顶角；

Φ、γ、δ 和 ω——纬度、表面方位角、倾斜角和时角。

（3）气流流道内的传热过程

在气流流道内取一控制体，显然其中空气温度随高度的增加而增加。如果考虑非稳态变化，则有：

$$DC_{\mathrm{p}}\rho\frac{\partial T_{\mathrm{a}}}{\partial\tau} = h_{\mathrm{cgi}}(T_{\mathrm{gi}} - T_{\mathrm{a}}) - h_{\mathrm{cwo}}(T_{\mathrm{a}} - T_{\mathrm{w}}) - \rho V_{\mathrm{a}}DC_{\mathrm{p}}\frac{\partial T_{\mathrm{a}}}{\partial x} \tag{2-54}$$

式中　ρ——控制体内的空气密度，kg/m^3；

　　C_{p}——空气比热容，$J/(kg \cdot K)$；

　　h_{cwo}——墙体外表面对流换热系数，$W/(m^2 \cdot K)$；

　　D——气流流道的深度，m；

　　T_{w}——墙体外表面的温度，K；

　　V_{a}——气流流道内的平均气流流速，m/s。

（4）气流流道内的平均流速 V_{a}

气流流道内的流速分布也随高度发生变化，由于烟囱效应的影响，越向上速度越快。应该说，流道内的流动过程是很复杂的，为了计算方便，我们只关心流道内的平均气流流速，如式（2-55）所示：

$$V_{\mathrm{a}} = C\sqrt{g\int_0^L\left(1 - \frac{T_{\mathrm{e}}}{T_{\mathrm{a}}(x)}\right)\mathrm{d}x} \tag{2-55}$$

式中　C——取决于流道内流动阻力的系数；

　　L——光伏板的高度（m）；

　　g——重力加速度（m/s^2）。

（5）对流换热系数的确定

光伏板外表面对流换热系数 h_{o} 有关系式：

$$h_{\mathrm{o}} = 5.7 + 3.8 \cdot V \tag{2-56}$$

式中　V——光伏板表面的平均风速，m/s。

光伏板内表面对流换热系数的计算公式甚多，有不同的准则方程，其结果差异颇大，对于本书所研究的光伏墙，在某种程度上与 TROMBE 墙更为接近，故采用下列方程：

$$Nu_{\mathrm{x}} = 0.387(Gr_{\mathrm{x}}Pr)^{1/4}\quad \text{层流}$$
$$Nu_{\mathrm{x}} = 0.12(Gr_{\mathrm{x}}Pr)^{1/3}\quad \text{紊流}$$

式中 Gr_x——当地的格拉晓夫数；

Pr——普朗特数；

Nu_x——当地的努塞尔数。

对流换热系数可根据式（2-57）计算得到：

$$h_{cgi} = \frac{Nu_x \lambda_a}{x} \tag{2-57}$$

式中 λ_a——空气的导热系数，$W/(m \cdot K)$。

（6）长波辐射传热系数

墙体外表面和太阳板背面之间的辐射换热系数可以用式（2-58）进行计算：

$$h_{cgi} = \varepsilon \sigma (T_{wo}^2 + T_{gi}^2)(T_{wo} + T_{gi}) \tag{2-58}$$

式中 σ——斯蒂芬－玻耳兹曼常数，5.6×10^{-8}（$W/m^2 \cdot K^4$）；

ε——发射率，可根据式（2-59）计算：

$$\frac{1}{\varepsilon} = \frac{1}{\varepsilon_w} + \frac{1}{\varepsilon_g} - 1 \tag{2-59}$$

式中 ε_w，ε_g——墙外表面和光伏板背面的发射率。

（7）墙体传热过程

假设墙体为一维传热，墙体材料的物性不变，则其一维非稳态导热方程为：

$$\frac{\partial T}{\partial \tau} = \frac{\lambda_w}{\rho_w C_w} \frac{\partial^2 T}{\partial Y^2} \tag{2-60}$$

方程的初始条件为：

$$T_{\tau=0} = T_0(y) \tag{2-61}$$

方程的边界条件为：

$$-\lambda_w \left(\frac{\partial T}{\partial y} \right)_{y=0} = h_{cwo}(T_{wo} - T_a) + h_{rgi}(T_{wo} - T_{gi}) \tag{2-62}$$

$$-\lambda_w \left(\frac{\partial T}{\partial y} \right)_{y=D_w} = h_{cwi}(T_{wi} - T_r) + \sigma \sum_{j=1}^{5} [F_{w-j}(T_{wi}^4 - T_j^4)] = \alpha_n(T_{wi} - T_r)$$

$$\tag{2-63}$$

式中 h_{cwi}——墙内表面对流换热系数，$W/(m \cdot K)$；

T_{wi}——墙内表面温度，K；

T_r——房间温度，K；

F_{w-j}——墙体对房间内其他墙面的角系数；

T_j——房间内 j 墙的表面温度，K；

D_w——墙体的厚度；

α_n——综合对流和辐射的总传热系数，$W/(m \cdot K)$。

然而，当墙体直接暴露于阳光辐射中时，太阳能直接被墙体吸收并经过导热传递至室内。其边界条件如下：

$$-\lambda_w \left(\frac{\partial T}{\partial y} \right)_{y=0} = \alpha_w G_t + h_o(T_{wo} - T_e) \tag{2-64}$$

$$-\lambda_w \left(\frac{\partial T}{\partial y} \right)_{y=D_w} = \alpha_n(T_{wi} - T_r) \tag{2-65}$$

（8）墙体的得热量和冷负荷

为预测通过光伏墙结构的冷负荷，应首先采用室内综合传热系数 α_n 来计算通过光伏墙体的得热量，如式（2-66）所示：

$$q_r = \alpha_n (T_{wi} - T_r) \qquad (2\text{-}66)$$

为估计和得热相关的冷负荷，采用房间传递函数法（RTF）进行计算。对于中等尺寸的建筑，如果其房间传递函数的系数用 ν_0、ν_1、ν_2 和 ω_1 来表示，那么冷负荷就可以表示为：

$$L_\tau = \nu_0 q_\tau + \nu_1 q_{\tau-1} + \nu_2 q_{\tau-2} - \omega_1 L_{\tau-1} \qquad (2\text{-}67)$$

式中　L_τ，$L_{\tau-1}$——τ 和 $\tau-1$ 时刻的冷负荷；

q_τ、$q_{\tau-1}$ 和 $q_{\tau-2}$——τ、$\tau-1$ 和 $\tau-2$ 时刻通过光伏板的得热量。

2. 光伏墙传热模型的数值求解

（1）光伏墙的传热计算

1）参数输入

利用前述模型，分别对位于不同地区（香港、上海和北京）的 3 个实例进行模拟估计每小时通过光伏墙的冷负荷。这三个地区的纬度分别为 22.33°、31.17°和 39.93°，模拟计算所需要的输入数据如表 2-5 所示。

三个地区模拟研究的输入数据　　　　　　　　　　　表 2-5

经验常数 E	$a = 0.141\text{W/m}^2$ $b = -5.186 \times 10^{-5}\text{W/(m}^2 \cdot \text{K)}$	光伏墙厚度	$W = 1.06\text{m}$
光伏板背面发射率	$\varepsilon_g = 0.45$	光伏墙高度	$L = 3.564\text{m}$
墙体外表面发射率	$\varepsilon_w = 0.9$	空气入口和出口的宽度	$D_{in} = D_{out} = 0.20\text{m}$
墙体吸收率	$\alpha_w = 0.9$	气流流道的深度	$D = 0.12\text{m}$
红砖墙厚度	$\delta = 0.24\text{m}$	红砖导热系数	$\lambda_w = 1.25\text{W/(m} \cdot \text{K)}$
内表面散热系数	$\alpha_n = 8.3\text{W/(m}^2 \cdot \text{K)}$	太阳辐射的地面反射率	$\rho_g = 0.2$
室内空气温度	$T_r = 24℃$	墙体密度	$\rho_w = 1470\text{kg/m}^3$
房间传递函数的系数	$\nu_o = 0.681$ $\nu_1 = 0.581$ $\nu_2 = 0$	墙体材料的比热	$C_{pw} = 790\text{W/(kg} \cdot \text{K)}$

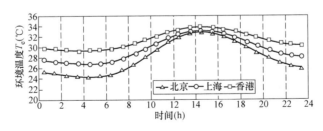

图 2-20　北京、上海和香港的环境温度

2）结果分析

模拟时采用典型天的气象数据，所谓典型天就是在空调系统设计时用来计算建筑物设计冷负荷的那一天。图 2-20 是典型天的室外空气温度。不同方向的太阳辐射如图 2-20 所示，采用三面墙的方位角（光伏墙的东、南、西面分别为 $-90°$、$0°$ 和 $90°$）来表示方向。给定太阳辐射的透过率为 0.75。

从图 2-21 中可以看出，处于高纬度的南向竖直墙能够吸收更多的太阳辐射。另外，东墙和西墙的太阳辐射以中午为对称轴呈对称分布。

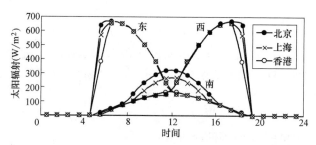

图 2-21　北京、上海和香港三地不同竖直表面的太阳辐射

在三个示例中，建筑物光伏板的遮热效果都降低了建筑物的冷负荷，但是降低的比率与方向有关，从表 2-6 和图 2-22 中可以清楚地看出这一点。在香港示例研究中，使用相同的材料和厚度，光伏墙和普通墙体的单位面积冷负荷之间的比较如图 2-22 所示。建筑物的纬度对建筑物的冷负荷有很大影响。图 2-23 显示了光伏墙和普通墙在三个地区不同方向的得热量随时间的变化曲线。西墙有得热量的最高值，而南墙有得热量的最低值。

三个地点的冷负荷降低率　　　　　　　　　　　　　　　　　表 2-6

香港($\phi=22.33°$)			上海($\phi=31.77°$)			北京($\phi=39.93°$)		
S_{pv} (W/m²)	S_w (W/m²)	ζ (%)	S_{pv} (W/m²)	S_w (W/m²)	ζ (%)	S_{pv} (W/m²)	S_w (W/m²)	ζ (%)
523.5	920.9	43.1	463.4	$\gamma=-90°$ 899.6（东）	48.5	399.6	846.3	52.8
426.3	632.6	32.6	350.2	$\gamma=0°$ 595.2（南）	41.1	300.9	600.8	50.1
527.8	912.6	42.7	459.5	$\gamma=90°$ 900.2（西）	49.0	404.9	846.9	52.2

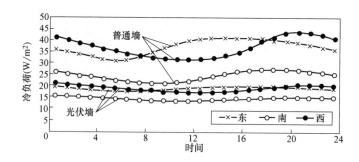

图 2-22　香港不同竖直表面光伏墙和普通墙冷负荷的比较

图 2-24 描述了 3 个示例中气流流道内空气的平均温度和墙体的内表面温度。墙体的内表面温度是得热量模拟的主要因素，它的变化趋势和得热量的变化趋势是一致的，这是因为室内综合换热系数被假定为常数，即 $\alpha_n=8.3W/(m^2 \cdot K)$。而平均空气温度（$T_{av}$）定义为入口空气和出口空气温度的平均值，它与入射太阳辐射紧密相连。从图中可以看

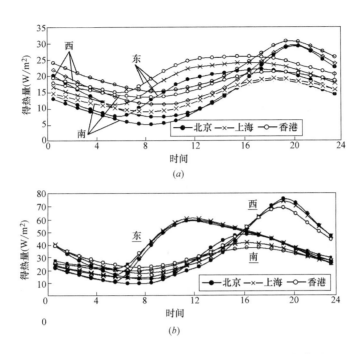

图 2-23　光伏墙和普通墙在三个地区不同方向的得热量

（*a*）光伏墙在三个不同方向的得热量；（*b*）普通墙在三个不同方向的得热量

出，在三个示例中，西光伏墙（高度为 3.6m）的最高平均空气温度都大约为 34℃。

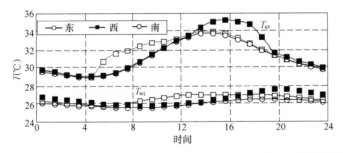

图 2-24　香港示例中平均空气温度 T_{av} 和墙内表面温度 T_{wi} 的模拟结果

　　为了定量地确定增设光伏板对建筑物冷负荷的影响，现定义冷负荷降低率为：

$$\xi=\frac{S_w-S_{pv}}{S_w}\times100\%\qquad(2\text{-}68)$$

式中　S_{pv}——光伏墙总冷负荷，W/m²；

　　　　S_w——普通墙总冷负荷，W/m²。

　　总冷负荷以及其降低率如表 2-6 所示。冷负荷降低率随纬度的增加而增加，这是由以下两个原因造成的。第一，周围空气温度比较低，这导致建筑物冷负荷比较小。第二，随着纬度的增加，照到竖直墙上的太阳辐射强度增加。因此，北京冷负荷的降低率比香港和上海的要大。

　　3）结论

　　模拟结果显示，有自然对流散热的光伏墙能够有效降低建筑物的冷负荷。随着建筑物所处纬度以及建筑物朝向的不同，其冷负荷降低率在 33%～52% 之间变化。因此，空调系统总设备投资以及运行费用都得到了相应的降低，在对光伏墙进行经济性分析时应考虑到这一点。

（2）光伏墙传热的简化计算方法

对于设计工程师来说，上述确定光伏墙冷负荷的计算方法显得过于复杂。有必要寻找一种计算光伏墙冷负荷的简化方法。由此，定义一个等价的室外平均温度（T_{av}）为气流流道内的平均空气温度，如式（2-69）所示：

$$T_{av} = \frac{T_{in} + T_{out}}{2} \tag{2-69}$$

式中　T_{in}——入口空气温度，也就是环境温度，K；

　　　T_{out}——出口温度，K。

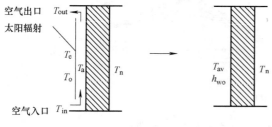

图 2-25　简化计算示意图

通过使用等价的平均室外温度 T_{av}，光伏墙冷负荷的计算就可以简化为普通墙体冷负荷的计算，如图 2-25 所示。这时就不需要再考虑太阳辐射对冷负荷计算的影响，因为太阳辐射已经被光伏板遮挡住了。由于气流流道的存在，墙外表面的对流换热系数 h_{wo} 也与没有光伏板时有所不同，可以采用 Tsugi 和 Nagano 等式来确定 h_{wo}。为简化对流换热系数的计算，假设 h_{wo} 为定值，其取值范围为 3～7W/(m^2·K)，这比没有光伏板时的对流换热系数（23W/(m^2·K)）要低得多。

已知等价的平均室外温度 T_{av} 和推荐的对流换热系数 h_{wo}，采用现有的冷负荷计算方法就可以很简便地计算出通过光伏墙的冷负荷量。

（3）光伏墙的发电量计算

为得到实际应用中光伏墙在电力输出方面的性能，可以对不同地区建筑物的东、南、西向光伏墙的全年电力输出进行数值模拟仿真。现采用香港地区 1989 年全年的气象数据（此气象数据为香港地区公认的典型气象数据）对香港地区建筑物的东、南、西向墙体的全年电力输出进行了数值模拟。所用光伏墙体的具体参数与进行光伏墙传热计算的具体参数相同，如表 2-5 所示。

通过模拟计算可以得出光伏墙全年发电量的曲线如图 2-26 所示。从图 2-26 可以看出，随着月份的不同，三个方向墙面上的太阳辐射是不同的，因而各向光伏墙体的发电量

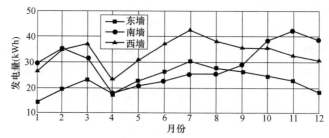

图 2-26　香港地区光伏墙体全年各向发电量曲线图

是有差别的。南向墙体在 10 月～次年 3 月份的太阳辐射较强,此时光伏墙的发电量也较大。而东、西两向墙体的太阳辐射和发电量在全年相对比较平稳,但总体看来,西向墙体全年太阳辐射和发电量都比东向墙体高。

将光伏墙全年的发电量按月份列表如表 2-7 所示(光伏墙体的面积为 1.06×3.564 m^2),表中所列数据对香港地区光伏墙设计的估算有一定的参考价值。从表 2-7 中可以看出,东墙全年总发电量为 $71.81kWh/m^2$,效率为 12.49%;南墙全年总发电量为 $94.34kWh/m^2$,效率为 12.23%;而西墙全年总发电量为 $107.8kWh/m^2$,效率为 12.40%。由此可见,香港地区建筑物西墙的全年发电量最大,而东墙的发电效率是最高的。

香港地区全年各向光伏墙的发电量和发电效率 表 2-7

月 份		1	2	3	4	5	6	7	8
光伏墙发电量(kWh/m²)	东	3.779	5.106	6.117	4.601	5.950	6.914	8.025	7.250
	南	7.822	9.386	8.343	4.637	5.437	5.993	6.567	6.668
	西	7.123	9.320	9.910	6.120	8.142	9.902	11.33	10.21

月 份		9	10	11	12	总辐射量	总发电量	发电效率	
光伏墙发电量(kWh/m²)	东	6.885	6.416	5.982	4.783	574.88	71.81	12.49 %	
	南	7.676	10.21	11.29	10.30	760.91	94.34	12.40 %	
	西	9.492	9.487	8.618	8.192	882.12	107.8	12.23 %	

2.2.2.2 倾斜安装的光伏墙

1. 光伏墙倾斜角的选择

倾斜安装的光伏墙除了作为遮阳装置可以遮阳外,另一个重要的功能就是可以将太阳能转换为电能。因此,有必要分析该光伏墙全年发电的情况。通过模拟程序和气象数据可以计算出不同倾斜角下光伏板的逐时发电量,进而可以得出全年发电量。图 2-27 为我国香港地区具有不同倾斜角的光伏板的全年发电量。由图可以看出,当倾斜角度超过 40°时,全年发电量显著降低。光伏板可以产生的最大的全年发电量为 $72.47kWh/m^2$,对应的倾斜角度为 16.9°。当倾斜角增大到 90°时,光伏板可以产生的全年发电量最少,只有 $58.5kWh/m^2$。

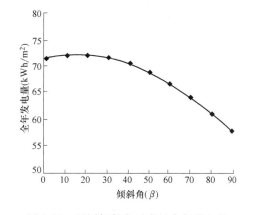

图 2-27 不同倾斜角对应的全年发电量

通过上述分析可以得出,在香港地区,可以使光伏板产生最大全年发电量的最佳倾斜角为 16.9°,而不是当地的纬度 22.3°。如果全年均是晴天,太阳能集热器为了获得最多的太阳辐射量,需要使其倾斜角与当地纬度相同。两者的最佳倾斜角并不是同一角度,这两种最佳倾斜角的偏差是由气象数据引起的。

在香港地区,夏季太阳的高度角比冬季大得多。夏季的高度角一般在 70°～93°,而冬季的高度角仅为 45°～70°。所以,光伏板为了获得更多的太阳辐射量,在夏季的倾斜角应该小于在冬季的倾斜角。另一方面,香港地区在夏季的日照时间比较长而太阳辐射值也比较高。因此,为了产生最大的全年发电量,光伏板设置的倾斜角应该更接近夏季需要的倾斜角。

2. 建筑冷负荷减少量的计算

（1）遮阳装置的安装方式

光伏遮阳装置可以通过阻止部分太阳辐射进入建筑内部从而降低建筑的冷负荷。下面将分析光伏板的倾斜角和冷负荷的减少量之间的关系。全年冷负荷可以利用软件 HTB2 计算得出。在以下的分析中，只考虑将光伏板安装在建筑南立面的情况。因为相对于其他建筑立面，南立面可以得到最多的太阳辐射，所以光伏板安装在南立面所带来的遮阳效果也最为显著。在模拟计算中针对下述两种不同的安装结构进行分析：

1）结构 1 如图 2-28 所示，固定上下两层窗户之间墙的高度，光伏板的面积随着倾斜角度的变化而变化；

2）结构 2 如图 2-29 所示，固定光伏板的长度，即光伏板的面积。

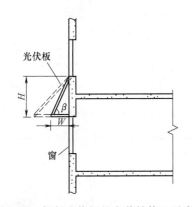

图 2-28　倾斜光伏板的安装结构 1 示意图

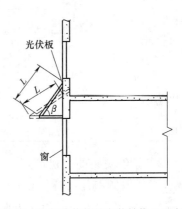

图 2-29　倾斜光伏板的安装结构 2 示意图

（2）冷负荷计算软件

全年冷负荷由软件 HTB2 计算得出。HTB2 是一个可以计算建筑全年冷负荷的模拟软件，该计算软件是由 FORTRAN77 编写，功能强大且计算精度高。在计算建筑的冷负荷时，考虑了以下因素：建筑的朝向、尺寸、使用的建筑材料、照明负荷、人员负荷、小型电器所带来的负荷、通风负荷、建筑的日常运行情况和气象情况。为了考虑不同的遮挡情况对建筑冷负荷的影响，还需要引入一个被称为"Shading Mask"的计算软件。该软件可以确定被遮挡区域的方位和尺寸，这些数据被引入到 HTB2 中作为初始数据。

（3）选定的模拟房间

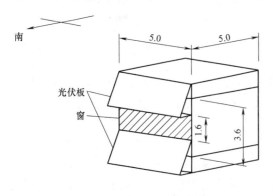

图 2-30　光伏板安装示意图

由于本节重点是分析建筑物南立面的遮阳情况对冷负荷的影响，因此无需考虑整个建筑的结构，现只分析一个具有南外窗的房间即可。从香港地区的一个高层商业建筑中选择一个模拟房间，尺寸是 5m×5m×3.6m，该房间只有一个南向的外墙，其他均为内墙。在南外墙的中间有个尺寸为 5m×1.6m 的南外窗。光伏板的宽度与窗的宽度相同，安装在窗户上方的墙上，安装示意图见图 2-30。

（4）模拟结果

1）对于结构 1 来说，两层窗户之间墙的高度（H）是固定的。但是由于不同建筑的 H 值是不同的，所以为了使模拟结果更具有普遍性，在模拟计算中引用无因次量 W/H（W 是光伏板下边缘与窗之间的水平距离）。所选模拟房间的全年冷负荷减少量随 W/H 的变化情况如图 2-31 所示。

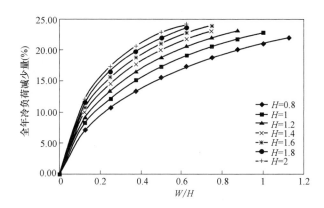

图 2-31　全年冷负荷减少量随关 W/H 的变化情况（结构 1）

如图 2-31 所示，H 的取值范围为 $0.8 \sim 2\mathrm{m}$。对于每一个 H 的取值，可以通过变化光伏板的倾斜角度来获得不同的 W 值。W/H 的值一般是根据实际的遮挡情况来确定的。当 W/H 值过大时，被遮挡的区域过大，这种情况与实际情况不符。在模拟计算中选用的 W/H 的最大值是 1.125。当 H 为定值时，冷负荷减少量随着 W/H 取值的增大而增加。也就是说，随着光伏板面积的增加，冷负荷减少量变大。当把比值 W/H 转变为倾斜角度（β）时，可以看出倾斜角度与冷负荷减少量之间的关系，如图 2-32 所示。当倾斜角度小于 $40°$ 时不予考虑，因为这些倾斜角度对应的遮挡情况是不符合实际情况的。当倾斜角度增大时，冷负荷的减少量变小。当倾斜角为 $90°$ 时相当于没有遮挡的情况。

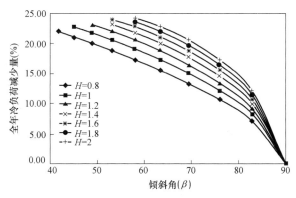

图 2-32　全年冷负荷减少量随倾斜角（β）的变化情况（结构 1）

为了使计算结果更具有普遍性，光伏板面积的影响也应当加以考虑。所以，需要计算单位面积的光伏板所引起的全年冷负荷的减少量。图 2-33 和图 2-34 分别显示了单位面积光伏板引起的全年冷负荷的减少量随比值 W/H 和倾斜角（β）变化情况。可以看出，此时的冷负荷减少量并不随比值 W/H 和倾斜角（β）成比例关系变化。这是因为，当 H 取定值时，随着比值 W/H 的变化，光伏板的面积也发生变化。当 H 取不同的值时，通过改变光伏板的倾斜角度可以获得最大的冷负荷减少量。表 2-8 针对不同 H 值给出了光伏板的最佳位置和对应的冷负荷最大减少量。

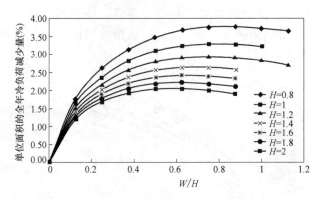

图 2-33 单位面积的全年冷负荷减少量随 W/H 的变化情况（结构 1）

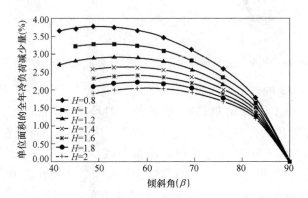

图 2-34 单位面积的全年冷负荷减少量随倾斜角（β）的变化情况（结构 1）

不同 H 取值时的光伏板最佳位置和对应的全年冷负荷最大减少量（结构 1） 表 2-8

H（m）	0.8	1	1.2	1.4	1.6	1.8	2
W/H	0.8	0.75	0.71	0.72	0.64	0.6	0.57
β（°）	51.37	53.11	54.73	54.42	57.37	59.09	60.47
全年冷负荷减少量（%）	37.6	32.8	29.4	26.4	24.1	22.2	20.5

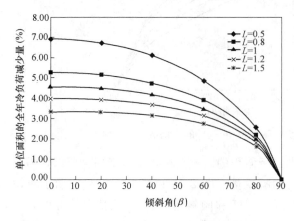

图 2-35 单位面积的全年冷负荷减少量随倾斜角（β）的变化情况（结构 2）

2）对于结构 2 来说，光伏板的长度是固定的。用来模拟计算的光伏板的长度分别为 0.5m、0.8m、1.0m、1.2m 和 1.5m。对于每个光伏板的固定长度，又选取了 6 个不同的倾斜角度，并计算了对应的全年冷负荷减少量。当倾斜角增大时，被遮挡的面积减少，进而单位面积光伏板引起的全年冷负荷的减少量变小。当只考虑冷负荷的减少量时，光伏板应该水平放置。尽管随着光伏板长度的增加，总的全年冷负荷

减少量变大，但是单位面积的全年冷负
荷减少量降低。因此，较短的光伏板具
有较好的遮阳效果。图 2-35 显示了不同
长度的光伏板引起的单位面积全年冷负
荷的减少量随倾斜角（β）的变化情况。

3. 总的能耗节约量

如上所述，光伏遮阳装置在发电的
同时还可降低房间的冷负荷，所以应综
合考虑光伏遮阳装置的布置对房间总能
耗的影响。

（1）对于结构 1 的情况，在前面的
分析中 H 选取了 7 个不同的取值，针对
每个取值，计算了光伏板在不同倾斜角
度下所引起的单位面积的能耗节约量，
如图 2-36 所示。一般来说，当光伏板的

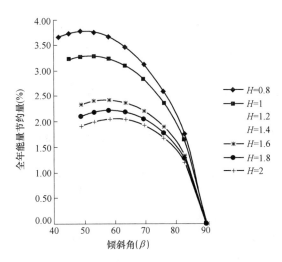

图 2-36　单位面积的全年能量节约量随倾
斜角（β）的变化情况（结构 1）

倾斜角度在 45°～60°之间时，模拟房间的全年能耗减少量较大。当倾斜角度超过 60°时，
全年能耗减少量急剧变小。这是因为，当倾斜角度减小时，光伏板的面积增大，发电量和
冷负荷减少量都变大。表 2-9 是针对不同 H 取值时可以获得最大全年能耗节约量的光伏
板的最佳位置。

针对不同 H 取值时光伏板的最佳位置　　　表 2-9

H(m)	0.8	1	1.2	1.4	1.6	1.8	2
最佳 W/H	0.9	0.93	0.77	0.8	0.75	0.7	0.66
最佳倾斜角(β)	48.11°	47.21°	52.24°	51.21°	53.00°	55.17°	56.51°

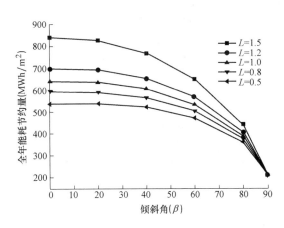

图 2-37　单位面积的全年能耗节约量随
倾斜角（β）的变化情况（结构 2）

（2）对于结构 2 来说，光伏板的长
度是固定的。在模拟计算光伏板的长度
中选取了 5 个不同的取值。在倾斜角从
0°增大到 90°的过程中，模拟房间的全年
能耗节约量逐渐降低，如图 2-37 所示。

2.2.3　光伏幕墙和双层光伏窗的传热模拟研究

2.2.3.1　光伏玻璃幕墙和双层光伏窗简介

现代建筑中，尤其是商业建筑中广
泛使用大面积的玻璃幕墙，这种幕墙外
观优美而具备良好的采光效果，但同时
也增加了建筑能耗。双层玻璃幕墙既能
保证建筑的自然采光要求，又能充分利
用太阳能、自然通风换气，可以有效降低空调系统的能耗，因此受到建筑设计师的推崇。
双层玻璃幕墙是现代建筑中常见的设计，这种设计以双层玻璃作为建筑的围护结构，能够
提供较好的自然通风和采光，增加室内空间适度感，同时也能克服单层玻璃幕墙耗能高的

缺点。双层玻璃之间留有一定宽度的空气间层，由于空气的导热系数小，因此空气层起到了绝热作用和隔声的效果。室外空气从双层壁外壁底端开口进入，在浮升力作用下流经空气间层，然后从顶端开口排出。围护结构所吸收的热量通过自然对流换热传递给空气，然后一起排到室外，从而达到降温隔热的作用。

通风双层幕墙的参数与单层幕墙并没有区别。但是，因为新增加的外层，形成了热缓冲区，所以能够在夏季减少得热，在冬季实现被动式太阳能得热。在供暖季，经过预热的空气可以送入室内，提供自然通风来获得良好的室内环境。

近年来，建筑幕墙的设计越来越重视绿色环保元素的加入，如与可再生能源技术的结合。光伏幕墙则是这项技术的典型代表。所谓光伏幕墙，是指将太阳能电池硅片密封在（如夹层玻璃）双层钢化玻璃中，安全地实现将太阳能转换为电能的一种新型生态建材。这种设计能够充分利用建筑空间，如玻璃幕墙，向建筑提供电力，如图 2-38 所示。由于采用透明电池，光伏双层窗不会影响室内的自然采光。另外由于具备了普通双层窗绝热的功能，它能有效降低空调房间冷负荷，对于降低空调系统耗电量有着积极的作用。

图 2-38　光伏玻璃窗和光伏玻璃幕墙

光伏玻璃幕墙制品可广泛用于建筑物的遮阳系统、建筑物幕墙、光伏屋顶、光伏门窗等提供光伏发电。据预测，到 2010 年，世界光伏工程中的光伏玻璃幕墙组件需求将会上升到 1600 万 m^2，如果以每平方米 2000 元人民币市场价格来计算，仅光伏板可达 50 亿美元的生意，这将大大拉动以低铁浮法玻璃、LOW—E（低辐射）玻璃以及普通浮法平板玻璃为主的市场经济发展，前景十分广阔。

光伏玻璃幕墙制品采用双层钢化玻璃合片制作而成，以保持良好的透光性。另外，配置在玻璃中间的多晶硅电池片也尤为重要，它排列粘压在双层玻璃中间，玻璃的采光度由硅电池片的排列间隙来控制，还可以将硅片表面制成蓝、绿、黑、黄等多种色彩，这种色彩硅片更有利于用在建筑幕墙上，以满足对色彩设计的不同要求。光伏玻璃幕墙，除了发电功能之外，还同样具有隔声、隔热功能、安全功能（双层钢化、夹层工艺）、装饰功能（彩色硅片）等。

现代建筑中玻璃幕墙的大面积使用为光伏电池提供了理想的铺设和安装环境。相比于单独架设光伏阵列的光伏系统，直接将光伏电池镶嵌于玻璃中形成光伏玻璃幕墙系统，将会为建筑带来极大的成本优势。电池镶嵌于玻璃中形成幕墙的局部结构示意图如图 2-39 所示。光伏电池大约能将 10%～15% 的太阳能转换成电能，其余吸收的太阳能将会增加光伏电池自身的温度。普通中空玻璃中的气体会因受热膨胀导致密封边条的失效，加拿大的 VISIONWALL 多腔玻璃系统运用其专利技术-压差平衡技术避免了上述问题的发生。

该种玻璃系统为四层系统幕墙，6mm 透明低辐射玻璃，综合保温系数 $k=0.82\mathrm{W}/(\mathrm{m}\cdot\mathrm{K})$，遮阳系数 Shading Coefficient（SC）$=0.35$，隔声级别 Sound Transmission Class（STC）$=40$。该建筑面积为 $7000\mathrm{m}^2$ 的四层办公大楼采用了 VISON-WALL 幕墙系统，如图 2-40 所示。设计旨在达到建筑可持续性和节能环保的要求。建筑的南立面为 $810\mathrm{m}^2$ 的节能光伏玻璃幕墙。幕墙系统为四层相互独立的单元组合而成。南立面大约有 $300\mathrm{m}^2$ 覆盖了光伏电池。系统年发电量为 35000kWh，大约满足建筑 5% 的电能需求。

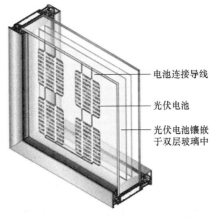

图 2-39　VISIONWALL 多层光伏幕墙

图 2-40　加拿大 VISIONWALL 光伏玻璃幕墙

　　图 2-41 为光伏组件和逆变器以及其他辅助设备在大楼的布置效果图。这个玻璃幕墙系统分为 4 个框架单元。光伏模块产生的总电量取决于入射太阳辐射照度和光伏玻璃幕墙外表面的反射率。每一组框架单元都有一个独立的逆变器将直流电转换成交流电，再与 208V 的配电盘相连。整个光伏玻璃幕墙系统所发的电可以为建筑的 HVAC 系统，以及照明系统提供电力。多余的电还可以通过并网的方式向市政电网输送。

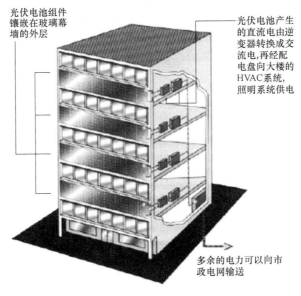

图 2-41　光伏玻璃幕墙系统设备简图

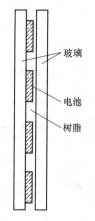

图 2-42 半透明光伏玻璃板的结构

建筑围护结构中，窗户对空间热负荷和空调冷负荷的影响相对较大。在不同气候条件下，研究和设计具有优良热性能的窗户系统的工作在近年来的文献中有很多报道。建筑设计师也尝试将光伏电池加入到窗户的设计中，镶嵌半透明的光伏组件的窗户也开始逐渐替代传统的窗户。这种光伏板通常由两层高透明的玻璃将电池镶嵌在两层玻璃之间，电池之间用透明的树脂填充，它的结构如图 2-42 所示。这种结构的光伏板可以让自然光线通过电池间歇进入室内，达到自然采光的目的。部分电池也能够吸收太阳辐照降低窗户的得热。

在这种光伏玻璃背后设置空气流道（见图 2-43）可以降低电池的工作温度，进而提高光伏电池的发电效率。在北方寒冷地区，采用图 2-44 所示的通风双层玻璃窗，可以在窗户的空气层中形成烟囱效应，促使室内空气通过自然对流方式流经双层玻璃的空气层，光伏电池吸收的部分热量可以由空气带走。

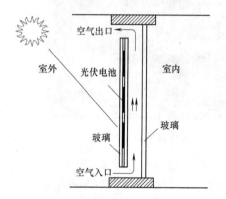

图 2-43 适用于南方的通风双层光伏玻璃窗

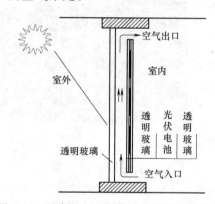

图 2-44 适合北方地区使用的通风双层光伏窗

2.2.3.2 半透明光伏玻璃窗传热性能的模拟研究

下面将以半透明光伏双层窗的空气腔内自然对流换热和窗户的热性能数值模拟为例介绍数值模拟技术在建筑热性能分析中的运用。半透明光伏双层围护结构的两种不同结构如

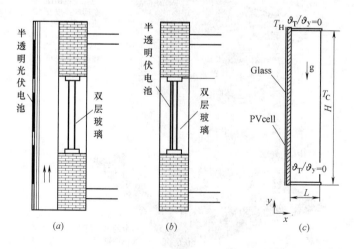

图 2-45 半透明光伏—双层窗的结构

（a）设有空气流道的玻璃幕墙；（b）直接将半透明光伏电池贴于双层窗上；（c）双层窗的几何尺寸及坐标系

图 2-45 所示。下面将考虑图 2-45（*b*）的空气间层中的空气自然对流问题，为相应设计提供参考。

1. 数学模型

将双层窗空腔内的自然对流假设为二维的、不可压缩的、层流态的自然对流，认为 Boussineseq 假设成立：

（1）忽略流体中黏性耗散；

（2）除密度以外的其他物性都视为常数；

（3）除浮升力考虑密度变化外，其他各项视密度为常数。

无量纲化连续性方程、动量方程和能量方程，消除压力项，然后引入无量纲涡量和流函数得到如下方程：

$$\frac{\partial^2 \psi}{\partial x^2} + \frac{\partial^2 \psi}{\partial y^2} = -\omega \tag{2-70}$$

$$\frac{\partial \psi}{\partial y} \frac{\partial \omega}{\partial x} - \frac{\partial \psi}{\partial x} \frac{\partial \omega}{\partial y} = \nu \left(\frac{\partial^2 \omega}{\partial x^2} + \frac{\partial^2 \omega}{\partial y^2} \right) - \beta g \frac{\partial T}{\partial x} \tag{2-71}$$

$$\frac{\partial \psi}{\partial y} \frac{\partial T}{\partial x} - \frac{\partial \psi}{\partial x} \frac{\partial T}{\partial y} = \alpha \left(\frac{\partial^2 T}{\partial x^2} + \frac{\partial^2 T}{\partial y^2} \right) \tag{2-72}$$

式中流函数 ψ，和涡量 ω，定义为：

$$u = \frac{\partial \psi}{\partial y}, v = -\frac{\partial \psi}{\partial x} \tag{2-73}$$

$$\omega = \left(\frac{\partial v}{\partial x} - \frac{\partial u}{\partial y} \right) \tag{2-74}$$

空气腔的立面温度均匀，上下两平面保温良好，认为绝热，如图 2-45（*c*）所示。

$$\frac{\partial \psi}{\partial x} = \frac{\partial \psi}{\partial y} = 0 \tag{2-75}$$

$$\frac{\partial T}{\partial y} = 0 \quad \text{当 } y = 0, y = H, \tag{2-76}$$

$$T = T_H, T = T_L \quad \text{当 } x = 0, x = L \tag{2-77}$$

无量纲参数包括的涡量和流函数等表示如下：

$$\Psi = \frac{\psi Pr}{\nu}, \Omega = \frac{\omega L^2 Pr}{\nu} \tag{2-78}$$

$$X = \frac{x}{L}, Y = \frac{y}{L} \tag{2-79}$$

$$\Theta = \frac{T - T_C}{T_H - T_C} \tag{2-80}$$

式（2-71）～式（2-75）的无量纲形式为：

$$\frac{\partial^2 \Psi}{\partial X^2} + \frac{\partial^2 \Psi}{\partial Y^2} = -\Omega \tag{2-81}$$

$$\frac{\partial^2 \Omega}{\partial X^2} + \frac{\partial^2 \Omega}{\partial Y^2} = \frac{1}{Pr} \left(\frac{\partial \Psi}{\partial Y} \frac{\partial \Omega}{\partial X} - \frac{\partial \Psi}{\partial X} \frac{\partial \Omega}{\partial Y} \right) + Ra \frac{\partial \Theta}{\partial X} \tag{2-82}$$

$$\frac{\partial^2 \Theta}{\partial X^2} + \frac{\partial^2 \Theta}{\partial Y^2} = \frac{\partial \psi}{\partial Y} \frac{\partial \Theta}{\partial X} - \frac{\partial \psi}{\partial X} \frac{\partial 2\Theta}{\partial Y} \tag{2-83}$$

无量纲边界条件为：

$$\Psi = 0 \tag{2-84}$$

$$\frac{\partial \Theta}{\partial Y}=0 \quad 当 \ Y=0, Y=A, \tag{2-85}$$

$$\Theta=1, \Theta=0 \quad 当 \ X=0, X=1 \tag{2-86}$$

这里 $A=H/L$ 定义为空腔的形状因子。局部和平均努谢尔特数计算如下：

$$Nu_Y=-\frac{\partial \Theta}{\partial X}\bigg|_{X=0} \tag{2-87}$$

$$Nu=\frac{1}{A}\int_0^A Nu_Y \mathrm{d}Y \tag{2-88}$$

通过双层窗的热流密度为：

$$q=\frac{T_H-T_C}{(2L_g/k_g)+(L_{PV}/k_{PV})+(1/h)+(1/h_o)+(1/h_{in})} \tag{2-89}$$

式中　h——对流热传递系数：

$$h=\frac{Nuk_{air}}{L_{air}} \tag{2-90}$$

式中　L_{PV}——光伏电池的厚度，$L_{PV}=2mm$；

　　　k_{PV}——光伏电池的传导率；$k_{PV}=237W/(m \cdot K)$；

　　　L_g——玻璃的厚度，$L_g=4mm$；

h_o 和 h_{in}——室外和室内空气与玻璃表面之间的对流换热系数，可以按照 ASHRAE 提供的计算方法进行计算。

2. 数值求解方法

数值计算采用有限差分方法，对计算域进行离散并迭代求解得到温度和流函数分布。无量纲的涡量方程以及能量方程离散成相应的代数方程。代数方程的求解可以采用连续超松弛迭代（Successive Over-Relaxation，SOR）。迭代收敛条件如下：

$$\left|\frac{\phi^{n+1}-\phi^n}{\phi^{n+1}}\right|\leqslant \varepsilon \tag{2-91}$$

式中，ϕ 代表 Ψ，Ω，Θ，n 表示迭代次数，判断迭代收敛的常数 ε 选为 10^{-5} 能够达到较快的收敛速度。

3. 结论

下面分析不同瑞利数 Ra 下，浮升力作用的自然对流流场和温度场的数值模拟结果。图 2-46 给出了瑞利数在 $10^3 \leqslant Ra \leqslant 10^5$ 范围内，相应的流线分布。在低瑞利数，如 $Ra=10^3$，热传导是空腔内主要的热传递方式。从图上可知，等温线几乎平行于两竖直壁面。当瑞利数 Ra 逐渐增加时，等温线向两壁面压缩，同时温度较高的空气开始占据空腔，两个温度边界层开始形成。从图上可知，左边底部的温度梯度大于左边顶部的温度梯度，右边的情况则相反。

由于瑞利数在 $1 \leqslant Ra \leqslant 10^3$ 内，流动特征变化很小，所以从 $Ra>10^3$ 开始讨论。瑞利数在 $10^3 \leqslant Ra \leqslant 10^5$ 范围内，$Pr=0.7$ 时的流线和涡量等值线如图 2-47 和图 2-48 所示。由于受竖直壁面的影响，流动方向呈现环形顺时针的特征。图 2-49 为 $Ra=10^3$ 时局部努赛尔数在 Y 方向的分布。在低瑞利数范围内，空腔内空气的热传导是主要的热传递方式。由图 2-49 可知，局部努谢尔特数随着高度增加而降低。

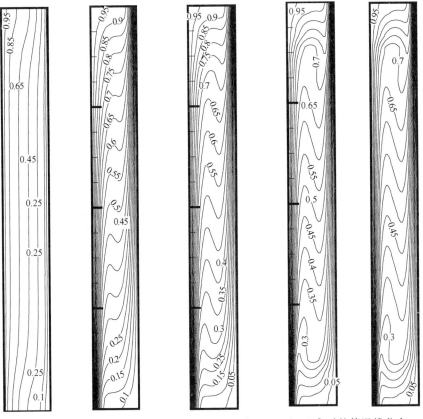

图 2-46　瑞利数 $Ra = 1 \times 10^3$、3×10^4、5×10^4、9×10^4、10^5 时的等温线分布

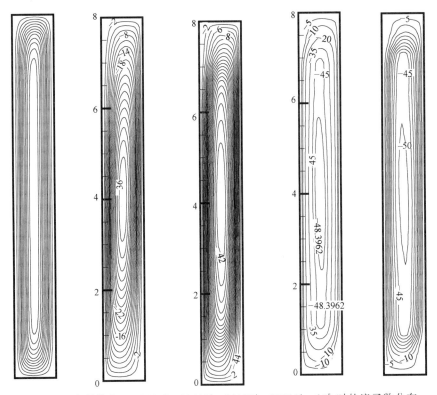

图 2-47　瑞利数 $Ra = 1 \times 10^3$、3×10^4、5×10^4、9×10^4、10^5 时的流函数分布

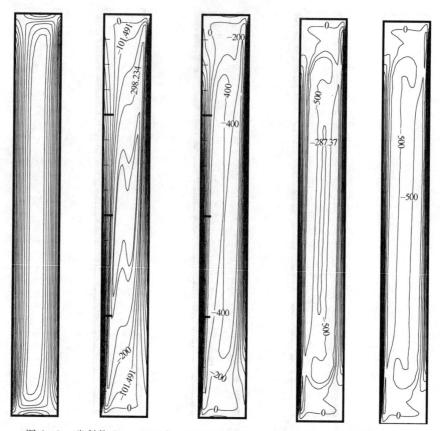

图 2-48　瑞利数 $Ra=1\times10^3$、3×10^4、5×10^4、9×10^4、10^5 时的涡量分布

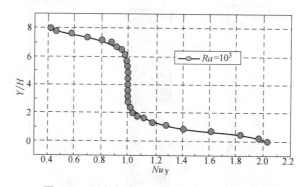

图 2-49　局部努谢尔特数在 Y 方向的分布

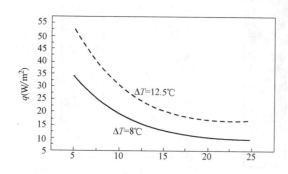

图 2-50　空气腔厚度对双层窗热流密度的影响

4. 空气层的优化

空气腔的厚度在两种不同温差下对光伏-双层窗热流密度的影响如图 2-50 所示。夏季空调室外设计温度采用 $32℃$，冬季室外温度采用 $9.5℃$ 计算，室内空气温度夏季保持在 $24℃$，冬季保持在 $22℃$。从图 2-50 可知，热流密度随着空气腔的厚度的增加而降低。当空气腔厚度小于 10mm 时，空气的热传导

是主要的热传递方式。由于空气具有较小的导热系数，因此空气层起到了保温的作用。随着空气腔厚度的增加，空气的热传导作用越来越小，但对流热传递越来越明显，增强了经过双层窗的热流密度，成为了主要的热传递方式。随着空气腔厚度的继续增加，双层窗的热流密度基本不再随着空腔的厚度而改变，此时的厚度为最优化的空腔厚度。

利用香港地区 1989 年逐时气象数据，半透明光伏窗的年得热可以通过数值模拟获得。许多因素影响光伏窗的年得热，这些参数包括：朝向、电池覆盖率、电池效率和模块厚度等，其中朝向与电池覆盖率对窗户的得热量影响较大。下面主要针对这两个影响因素进行分析，在考虑某一变量的影响时，其他变量都视为常数，以体现该变量的单独影响结果。

图 2-51 和图 2-52 给出了香港地区建筑立面利用太阳能的 5 种典型朝向（即东向、东南、南向、西南和西向）的太阳得热量。从图中可以发现，半透明光伏窗月得热的变化情况。除朝向这一因素外，计算中其他变量和设计参数如电池效率为 16%，电池覆盖率 R =0.6。对于东向和西向的光伏模块，最高得热发生在夏季的 7 月和 8 月，最低得热发生在冬季的 1 月。1 月份东向光伏模块发生负的得热，则表示热量损失。对于南向，10～11 月期间，得热量较大，最低得热发生在 1 月。类似地，东南向和西南向最高得热发生在 8 月和 9 月，而最低得热发生在 1 月。

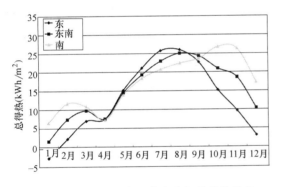

图 2-51　东向、东南和南向全年总得热分布

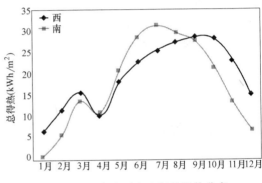

图 2-52　西南和西向全年总得热分布

总得热包括太阳辐射得热和热传导得热。为了研究年总得热变化，对这两部分得热单独进行了模拟计算，结果如图 2-53 和图 2-54 所示。由于热传导得热不受太阳辐照的影响，图 2-53 适合于任何朝向。根据模拟结果可知，太阳辐射得热占总得热的绝大部分。在大多数月份，超过 60% 的得热来自于太阳辐射得热。

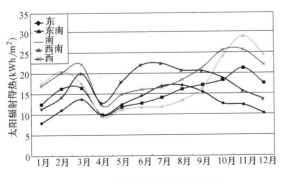

图 2-53　太阳辐射得热全年变化

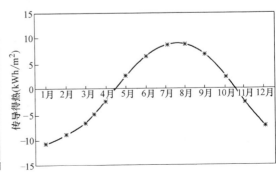

图 2-54　传导得热全年变化

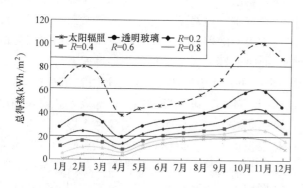

图 2-55   南向窗在不同电池覆盖率下的得热变化

除了朝向对得热有明显的影响外，光伏电池的覆盖率对总得热也有显著的影响，因为它直接影响到进入房间的太阳辐射热量。图 2-55 为南向光伏模块全年各月的总得热分布随电池覆盖率的变化。电池的覆盖率分别为 $R=0$（透明玻璃）、0.2、0.4、0.6 和 0.8。电池覆盖率不会影响全年得热各月分布的变化趋势但是会影响各月的得热量。这是因为太阳辐射得热占总得热的绝大部分，电池覆盖率的增加将降低进入室内的太阳辐射热量，因此降低总得热。

其他因素的影响（如模块厚度等）在此不再赘述。从模拟结果可以发现总得热的变化随着太阳辐照的变化而变化。这表明通过光伏窗的得热取决于太阳辐射得热。对各个不同朝向的模拟计算表明，西南向相较于其他朝向具有最高的总得热。光伏电池的覆盖面积也对得热具有明显的影响。如果光伏电池的覆盖率达到 0.8，透过光伏窗的得热可以降低相近 70%，另外光伏电池效率和模块厚度对得热的影响很小。上述结果对于优化设计透明光伏窗具有参考价值。

2.3   半透明光伏幕墙的综合能源性能

目前，建筑能耗已经占总电力消耗的 60%，并且这一比例还将继续增加，而在建筑能耗统计中，空调系统用于制冷和供暖的能耗已经超过了 50%。导致如此高空调能耗的部分原因是因为现代建筑出于美观要求而大规模使用玻璃幕墙，然而相比保温墙体，玻璃幕墙的绝热性能要差得多，所以大量使用玻璃幕墙就不可避免地大大增加了空调的冷/热负荷，从而导致建筑空调能耗急剧增加。在此背景下，急需开发一些高能效的节能玻璃幕墙产品，这些节能玻璃幕墙不仅需要满足审美要求，还需要尽可能多地被动减少建筑物能耗，如果本身还可以主动生产一部分电力就更理想了。

以上对新型节能玻璃幕墙提出的要求为建筑一体化光伏玻璃幕墙的发展提供了很好的机会。建筑一体化光伏玻璃幕墙就是指使用以玻璃为基底的太阳能光伏组件来取代传统玻璃产品以构成建筑物幕墙。图 2-56 所示为一种使用非晶硅半透明光伏组件的双层光伏玻璃幕墙示意图，由此图可见，双层玻璃幕墙的外侧玻璃已经被玻璃基底的半透明非晶硅组件取代。这种半透明非晶硅组件外观上具有和普通玻璃相同的美观度。更重要的是，这种半透明光伏玻璃幕墙具有非常好的综合能源效益，它不仅可以通过光伏效应发电，还可以大大减少建筑物的太阳得热。正是由于其出色的节能特性，光伏玻璃幕墙已经吸引了国内外研究者的广泛兴趣。目前对光伏玻璃幕墙的研究兴趣已经逐渐由原来的使用晶体硅半透明组件转变到使用薄膜半透明组件，因为薄膜半透明组件无论在美观性、视觉效果还是对室内热舒适控制方面都比晶体硅半透明组件好。另外，由于光伏组件的高吸收率和高红外发射率特性使得单层光伏玻璃幕墙在夏季运行时因温度过高会产生过热问题，而在冬季夜晚又产生严重的热损失问题。为了解决以上两个问题，许多研究者将注意力转移到双层光伏玻璃幕墙上，当前对薄膜半透明双层光伏玻璃幕墙的研究主要集中在传热性能、发电性能、自然采光性能、室内热舒适性、对室内空调能耗影响、综合能源效益以及综合节能潜力等方面。

　　本章将首先介绍一种新型通风型非晶硅半透明光伏幕墙的结构设计；然后进一步介绍该光伏幕墙在我国香港地区的传热、自然采光以及发电性能；接着基于 EnergyPlus 建立了一个综合数值模拟模型对该通风型光伏玻璃幕墙的综合能源效益进行模拟；最

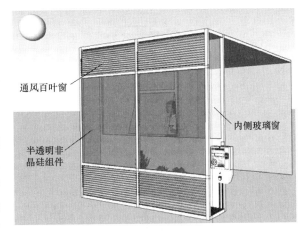

图 2-56　非晶硅半透明双层光伏玻璃幕墙

后对该通风型光伏玻璃幕墙在夏热冬暖气候区（香港）和夏冷地中海式气候区（加州伯克利）使用时的全年节能潜力进行了分析研究。

2.3.1　半透明光伏幕墙的结构设计

　　为了解决单层光伏玻璃幕墙夏季过热和冬季夜晚热损失严重的问题，笔者所在的研究团队结合建筑一体化光伏技术和双层玻璃幕墙技术提出了一种新型通风型双层光伏玻璃幕墙系统。该双层通风光伏幕墙测试平台安装在香港理工大学 CF 楼顶的一个活动板房的南立面。

　　如图 2-57 所示，该双层通风玻璃幕墙系统主要由外侧半透明玻璃基组件、内侧可开启窗户以及两者之间的通风流道组成。外侧半透明非晶硅光伏组件具有 7% 的可见光透过率，所以白天有相当一部分的可见光进入室内达到自然采光目的，并且透过该幕墙人们从房间内部也可以欣赏到外面的景观。该双层光伏幕墙的内侧窗户可以开启，以满足通风、

(a)　　　　　　　　　　　　　　　　　　　(b)

图 2-57　通风型双层光伏幕墙测试平台

(a) 外部视图；(b) 内部视图

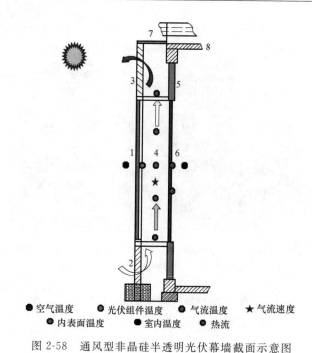

●空气温度　　●光伏组件温度　　▲气流温度　　★气流速度
●内表面温度　　●室内温度　　　➜热流

图 2-58　通风型非晶硅半透明光伏幕墙截面示意图
1—半透明非晶硅组件；2—进气百叶；3—排气
百叶；4—气流通道；5—保温板；6—内开式
窗户；7—连接与支撑构件；8—顶棚

换气的需要。另外，在冬季白天，经过空气流道加热的暖空气也可以通过内侧窗户进入室内，从而实现被动供暖的功能。为了增加双层光伏幕墙的通风效果，在外侧半透明光伏组件和内侧窗户之间设置了一个宽度为 400mm 的空气通风流道，图 2-58 所示为该空气流道的横截面结构示意图。在光伏组件的上部和下部分别设置了空气进、出口百叶窗，这样冷空气可以通过底部的进气百叶窗进入空气流道并在空气流道中与光伏组件和内侧窗户进行换热并最终从上部排气百叶窗排出并带走大量的废热，从而减少室内得热量。以上所有元素一起构成了这个通风型双层光伏玻璃幕墙。该光伏幕墙通风设计的最大优点是冷空气不仅可以减少建筑室内得热从而降低空调能耗，还能够通过降低光伏组件运行温度来提高组件发电效率。表 2-10 给出了该光伏玻璃幕墙的主要尺寸。表 2-11 所示为该半透明非晶硅组件的关键性能参数。

通风型光伏幕墙主要结构参数　　　　　　　　　　表 2-10

参　　数	数值（m）
光伏组件宽度	1.1
光伏组件高度	1.3
光伏组件厚度	0.006
百叶窗宽度	1.1
百叶窗高度	0.5
空气流道宽度	0.4

非晶硅半透明光伏组件物理特性　　　　　　　　　表 2-11

参　　数	数值
标准测试条件下最大功率 P_{MP}（Wp）	85
开路电压 V_{oc}（V）	134.4
短路电流 I_{sc}（A）	1.05
最大功率点电压 V_{mp}（V）	100
最大功率点电流 I_{mp}（A）	0.85
转换效率 η（%）	6.2
功率温度系数	$-0.21\%/K$
组件尺寸（长×宽×厚），(mm)	$1300 \times 1100 \times 7$
可见光透过率（%）	7
热导率[W(cm·K)]	0.486
红外发射率	0.85

2.3.2　半透明光伏幕墙实验研究

为了研究该通风型光伏玻璃幕墙在真实气象条件下的综合能源效益，笔者对其进行了长期户外性能测试，该测试从 2012 年 9 月持续到 2013 年 3 月。测试期间使用了大量实验设备来测量、记录各种实验数据和参数，包括风速、风向、环境温度和湿度、水平面总太阳辐射、散射太阳辐射以及直射太阳辐射、组件入射太阳辐射及入射太阳光谱辐射等。图 2-59 给出了该数据采集与测试系统结构示意图。小型气象站用来测量记录试验期间各种相关气象参数。对于光伏玻璃幕墙发电性能测试，一方面，使用了一个 MP-160 I-V 曲线测试仪来测量和记录光伏组件的瞬时 I-V 曲线，从而为分析组件在某一时刻、某种气象条件下的发电性能提供依据。另一方面，光伏组件输出的直流电首先经微型逆变器转变为交流电，然后交流电再传输到配电箱中进行分配，在优先满足测试平台自身耗电的基础上，多余的电力将上传到电网。在整个过程中，微型逆变器可以记录下逐时的直流和交流发电信息。为了评估半透明光伏幕墙的自然采光性能，使用了 4 个照度计来测量不同位置的自然采光照度，其中一个垂直安装在南立面与光伏幕墙平行，另外三个安装在室内，以测量室内不同位置的水平和垂直光照度。另外，也使用了大量的热电偶、热流计、热线风速仪以及热红外成像仪来研究系统的热性能，包括各种温度、热流、气流速度等，如图 2-60 所示。测试期间，以上所有数据和参数的采集频率为 1min 一次。

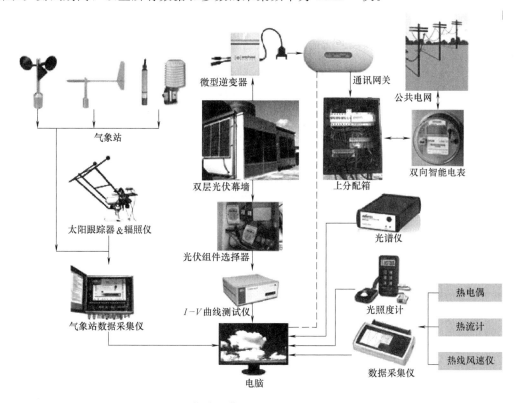

图 2-59　光伏玻璃幕墙测试与数据采集系统示意图

2.3.2.1　发电性能

挑选了我国香港地区一个典型冬季晴天（2013 年 1 月 14 日）来分析该通风型光伏玻璃幕墙的发电性能。图 2-61 所示为单个光伏组件的 I-V 曲线，测试时间为上午 11：32，此时入射太阳辐射为 740W/m^2，光伏组件温度为 50℃，大气质量（air mass）为 1.4。如

图 2-60　传感器布置与安装

A——热线风速仪；*B*——传导热流计；*C*——辐射热流计；*D*——热电偶

图 2-61 所示，此时光伏组件的短路电流、开路电压以及最大功率分别为 0.8A，123.8V 和 56.6W，光伏组件的能量转换效率为 5.5%。图 2-62 给出了光伏玻璃幕墙在同一天的交流能量输出，最大交流输出功率为 99W，全天发电量约为 0.57kWh，系统直流交流转换的性能系数为 0.88。

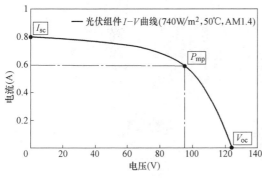

图 2-61　通风型光伏幕墙单块
光伏组件的 *I-V* 曲线

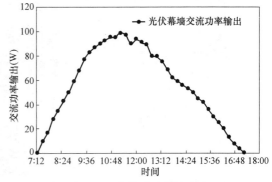

图 2-62　光伏玻璃幕墙交流
功率输出（2013 年 1 月 14）

图 2-63　我国香港地区南向光伏幕墙冬季月发电量

图 2-63 所示为该光伏幕墙在我国香港地区冬季的月能量输出值，冬季的月平均能量输出值为 9.4kWh，单位面积光伏幕墙的月平均能量输出值为 3.3kWh/m²。需要指出的是，该光伏幕墙所采用的非晶硅半透明组件的能量转换效率仅为 6.2%，而目前市场上已经商业化的碲化镉半透明组件在 20% 透过率条件下，转换效率可达到 10%。因此，如果使用这种高效碲化镉半透明组件，则光伏幕墙的

月平均能量输出差不多可以翻一倍。

2.3.2.2 传热性能

前面提到，这种双层光伏玻璃幕墙可以通过自然通风来减少幕墙夏季太阳得热从而减少室内空调能耗并提高室内热舒适性。为了验证该双层光伏幕墙的通风效果，使用红外热成像仪对幕墙表面温度分布进行了测试。图 2-64 所示即为光伏幕墙的红外热成像图，由图可见，上部排气百叶窗口的空气温度要比下部进气百叶窗口的空气温度高 2.2～2.3℃，这一温差说明空气流道中的气流已经成功带走了光伏组件和内侧窗户的部分热量并因此减少了室内空调能耗、提高了光伏组件的发电效率。

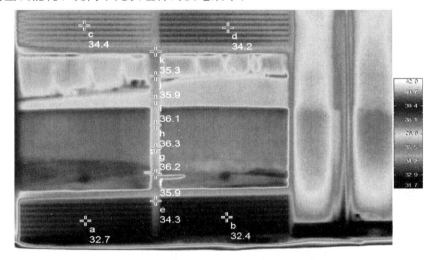

图 2-64　通风型光伏幕墙红外热成像图

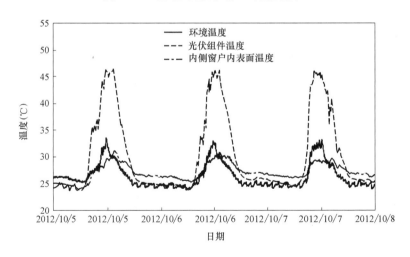

图 2-65　通风型光伏幕墙各种温度值对比（2012 年 10 月 5～7 日）

笔者选择了三天的实验数据对双层光伏玻璃幕墙的热性能进行了分析研究。图 2-65 给出了该系统 2012 年 10 月 5～7 日的光伏组件温度、内侧窗户内表面温度以及环境温度对比结果。由图可知，即使光伏组件温度高达 47℃，其内侧窗户内表面温度也仅仅只比环境温度略高一点。因此，使用双层光伏幕墙技术成功解决了原来单层幕墙的过热问题，从而大大提高了室内热舒适性。图 2-66 给出了该双层光伏幕墙的太阳得热与入射太阳辐射能量的对比结果。大约只有 15％的入射太阳辐射进入室内形成了太阳得热，绝大部分太阳辐射都被外侧半透明光伏组件吸收和阻挡，此外空气流道中的气流也带走了部分热量。由此可见，双层通风型光伏玻璃幕墙确实可以大大减少通过幕墙的得热量，其太阳得热系数大约在 0.15 左右，远远低于单层光伏幕墙的太阳得热系数。

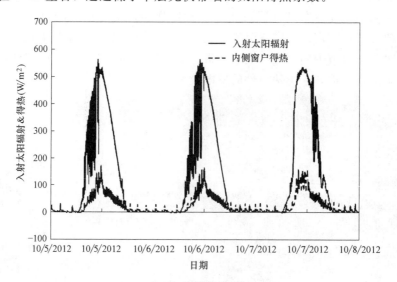

图 2-66　光伏幕墙入射太阳辐射与太阳得热对比图（2012 年 10 月 5～7 日）

2.3.2.3　自然采光性能

除了发电和减少建筑物太阳得热外，半透明光伏玻璃幕墙还能够充分利用自然光照明。一方面，由于非晶硅组件本身是半透明的，因此部分自然光可以透过非晶硅组件进入室内。另一方面，太阳光也可以透过上部百叶窗格栅之间的间隙直接照射到室内从而大大提高室内自然采光效果，如图 2-67 所示。图 2-68 所示为 2012 年 10 月 20～23 日的自然采光照度，在晴天的中午，房间中央的自然采光照度可以达到 400 勒克斯（lux），这一照度已经可以满足相当一部分室内活动的采光需求。因此，如果将半透明光伏玻璃幕墙与自动调暗的照明控制系统相结合，则可以大大减少室内人工照明能耗。

图 2-67　太阳光透过通风光伏
幕墙格栅直射入房间

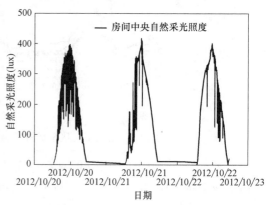

图 2-68　房间中央自然采光照度
（2012 年 10 月 20～23 日）

2.3.3　光伏幕墙综合性能模拟

前面对通风型双层光伏玻璃幕墙在户外真实气象条件下的发电、传热以及自然采光性能进行了长期实验研究并测量，获得了大量实验数据，但是实验研究只能对有限的参数和特定结构的光伏幕墙的性能进行分析。为了深入研究不同参数对系统性能的影响，还需要建立一个综合数值模拟模型对双层通风光伏玻璃幕墙进行数值模拟研究，从而实现系统的优化设计。实际上，模拟双层通风光伏玻璃幕墙的综合能源性能是一件非常具有挑战性的工作，因为光伏幕墙的各种性能比如发电、传热以及自然采光性能之间是相互影响、相互耦合的。模拟其综合能效的第一步就是要找到或者自己开发一个合适的模拟软件，它不仅需要能够模拟双层通风幕墙的热性能和自然采光性能，还需要同时预测光伏系统在不同气象条件下的动态发电量。考虑到以上因素，EnergyPlus 能耗模拟软件是一个理想的选择。

在 EnergyPlus 中，选择了气流网络模型、Sandia 光伏发电模型、自然采光模型以及传热模型对双层通风光伏幕墙的传热、发电以及自然采光性能进行了全面模拟。模拟工作的流程示意图如图 2-69 所示，模拟方法及步骤总结如下：

（1）首先对非晶硅半透明组件的物理特性包括标准测试条件下的电气特性、光学性质、红外热发射率以及热导率进行测量。

（2）将测量得到的物理特性参数输入 Optics 软件并生成一个光伏组件物理特性文件。

（3）将生成的物理特性文件输入 Window 软件并将光伏组件的光学特性、热导率和红外发射率输入到国际玻璃数据库。

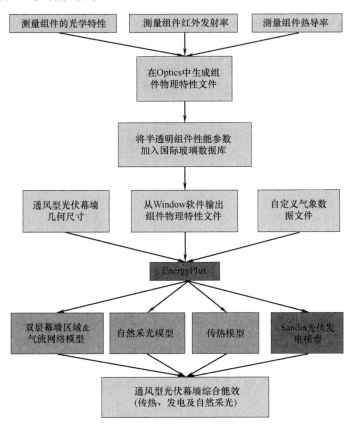

图 2-69　通风型光伏幕墙数值模拟流程示意图

（4）将 Window 软件生成的光伏组件特性文件连同双层光伏幕墙的几何尺寸和自定义气象数据文件一起输入 EnergyPlus。该自定义气象文件是由研究小组自己的气象站采集得到的气象数据制作而成。

（5）在 EnergyPlus 中，采用了气流网络模型、自然采光模型、天空辐射模型、传热模型、Sandia 光伏发电模型等来模拟光伏幕墙逐时的综合能效性能。

（6）在使用 Sandia 光伏模型来模拟系统的动态发电量之前，需要对光伏组件进行专门的室内、室外测试，以确定 Sandia 模型中所需的特征参数。

（7）最后将实验数据与模拟结果进行对比以验证模型的准确性，并根据对比结果对模型进行修正和完善。

2.3.3.1 物理特性测量

非晶硅半透明组件标准测试条件下的电气参数前面表 2-11 已经给出，这里不再赘述。使用一台 Lambda 950 UV/VIS 分光光度计对半透明光伏样品的光学性能进行了测试。该设备可以直接测量光伏组件样品从 $300 \sim 2500$ nm 之间各个波段的散射透过率、总透过率、散射反射率以及总反射率，而组件的吸收率可以由式（2-92）计算得到。

$$\rho + \tau + \alpha = 1 \tag{2-92}$$

式中　ρ——反射率；

　　　　τ——透过率；

　　　　α——吸收率。

图 2-70 给出了非晶硅半透明组件各个波段的光学特性，其散射反射率、总反射率、总透过率和散射透过率的平均值分别为 0.035，0.115，0.213 和 0.006。该光伏组件在可见光区的平均透过率约为 7%，这一透过率对于自然采光而言有点偏低，然而，除了自然采光性能外，光伏幕墙的透过率选择还需要平衡考虑组件的发电性能和传热性能。显而易见，组件的透过率提高会导致能量转换效率降低同时还会增加组件的太阳得热系数。因此，为了使光伏幕墙达到最佳能效，应该综合权衡其发电性能、传热性能以及自然采光性

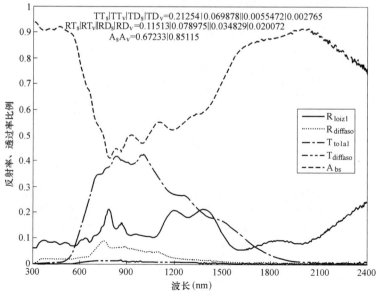

图 2-70　非晶硅半透明组件光学特性

能。考虑到这一点，使用了透过率为 7% 的非晶硅半透明组件，它具有不错的发电和绝热保温性能并且也具有可以接受的自然采光性能。

红外热发射率是研究光伏幕墙热性能特别是热损失最重要的参数之一。使用红外热发射率测试仪对非晶硅组件前面和背面的红外发射率进行了测试，结果表明光伏组件前面和背面的发射率分别为 0.853 和 0.834。研究光伏幕墙传热性能需要使用的另一个参数是光伏组件热导率。使用热导率测试仪对光伏组件样品进行了测试，该测试仪可以测量组件在不同温差条件下的热导率。测试中，将组件前表面加热到 50℃ 同时将背面冷却到 25℃，从而测得光伏组件在这一温差下的热导率为 0.486W/(m·K)。

2.3.3.2　基于 EnergyPlus 建模

根据前面提到的双层通风光伏玻璃幕墙及对应房间的实际尺寸，在 EnergyPlus 中建立了一个相似的模拟模型，无论是几何尺寸、墙体材料，还是玻璃种类和参数，模拟模型都和实物保持一致，图 2-71 所示为真实光伏玻璃幕墙与模拟模型对比图。特别需要指出的是，模型中光伏组件的物理特性参数包括光谱数据、热导率、发射率以及电气特性全部通过实验测试得到以确保模拟结果的准确性。为了验证模型的准确性，将实验测试期间的气象数据自定义为一个气象数据文件输入 EnergyPlus 中作为模拟的边界条件以保证模拟结果和实验数据的对比验证是在相同气象条件下进行。EnergyPlus 包括很多模块，可以计算热质交换、自然采光、建筑一体化可再生能源发电以及建筑能耗模拟。气流网络模型可以用来模拟双层光伏幕墙的通风效果；自然采光模型可以模拟光伏玻璃幕墙在不同气象条件下的自然采光性能以及相应的人工照明节能效果；而 Sandia 光伏发电模型则可以模拟半透明光伏组件在任意时刻的动态发电量。

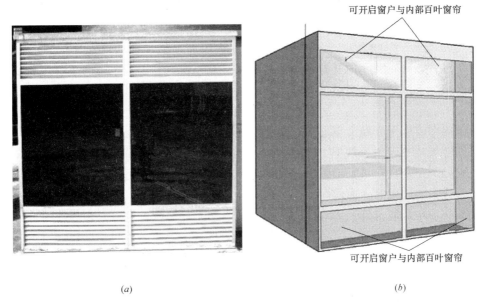

(a)　　　　　　　　　　　　　　　　　(b)

图 2-71　真实的通风型光伏幕墙与模拟模型对比

(a) 真实的通风型光伏幕墙；(b) EnergyPlus 中模拟模型

1. 气流网络模型

为了模拟双层光伏幕墙的自然通风效果，将光伏组件与内侧窗户之间的空气流道设置成一个独立的区域并使用气流网络模型来模拟该区域的传热和流动情况。气流网络模型可

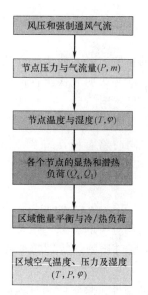

图 2-72　气流网络模型计算流程图

以模拟多区域由于外部风力、热浮升力或者强制通风导致的流动和传热问题。图 2-72 所示为气流网络模型的计算流程图。首先，在考虑外部风压作用下，通过压力和气流计算得到流道内各个节点的压力和各子区域结合处的流动情况。根据计算得到的各个结合处的流动情况和已知的区域空气温度和湿度，气流网络模型可以进一步计算出各个节点的温度和湿度。根据各个节点的温湿度，可以计算得到整个区域的显热和潜热负荷。最后，将计算得到的显热、潜热负荷输入区域能量平衡方程以预测整个区域的空调冷、热负荷以及计算最终的区域空气温度、压力和湿度。综上所述，气流网络模型可以很好地模拟双层通风光伏幕墙空气流道内的流动和温度分布情况，以及气流流动对房间空调冷负荷的影响。

2. 自然采光模型

在 EnergyPlus 中使用自然采光模型对半透明光伏玻璃幕墙在不同气象和天空条件下的自然采光性能以及对室内人工照明能耗的影响进行了研究。图 2-73 给出了该模型计算流程图。首先，用户需要指定房间中自然采光参考点的坐标。这里，指定参考点 1 和 2 的坐标分别为 (1.32, 1.1, 1) 和 (1.16, 0.2, 1)。接着对四种标准天空条件下由于太阳和天空辐射导致的外部水平照度进行计算，并储存结算结果。在四种标准天空条件下，由于天空散射辐射导致的外部水平面照度可以通过对天空亮度分布进行整体积分得到。而由于直射太阳辐射导致的外部水平面照度可以根据气象数据文件中的逐时直射太阳辐射和经验照明效率计算得到。房间内部的自然采光照度由两部分组成，即来自某一具体窗户的直接日光照度和来自房间内表面如屋顶，墙面和地板的内部反射照度。参考点直接日光照度的计算可以通过将某一具体窗户分成若干个网格，然后分别计算出每个网格单元照射到参考点的光通量得到。内部反射照度则可以使用光通量分解法进行计算。

得到内部自然采光照度值之后，可以通过计算内部自然采光照度与外部水平面照度的比值从而得到标准天空条件下、典型太阳位置的典型自然采光系数。然后根据当前时间的太阳位置和天空条件，对上面计算得到的典型自然采光系数进行插值就可以得到当前时刻的自然采光系数。同时，当前时刻外部水平面的自然光照度可以通过调用当前的太阳辐射值和太阳天顶角计算得到。而房间内参考点的自然采光照度值则可以由当前的自然采光系数乘以当前的外部水平照度值得到。计算得到的自然采光照度值与室内设计的照度值进行比较，如果计算值达不到设计照度要求，则通过人工照明来弥补自然采光照明的不足，并且相应的人工照明能耗也可以按照所需照度值的大小进行计算。由于半透明光伏幕墙充分利用了自然光照明，所以人工照明能耗会大大减少，此外由于人工照明导致的空调冷负荷也会相应减少。因此，增加自然光照明不仅可以减少人工照明能耗还可以减少空调冷负荷。

3. Sandia 光伏发电模型

选择 EnergyPlus 模拟双层通风光伏玻璃幕墙的主要原因是它不仅可以模拟玻璃窗户的热性能和自然采光性能，同时还可以模拟建筑一体化可再生能源系统的能量输出，特别

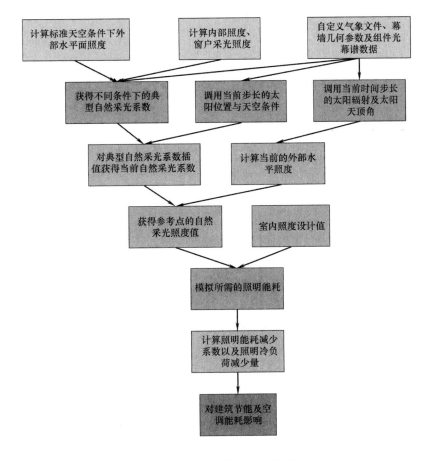

图 2-73　自然采光数值模拟流程图

是建筑一体化光伏系统的动态发电量。EnergyPlus 中耦合了三个不同的光伏系统功率模拟模型，即"简单模型"、"单二极管等效模型"和"Sandia 经验模型"。以上三个模型都使用相同的太阳辐射模拟模型来计算不同朝向、不同倾斜角的入射太阳辐射，不同之处在于怎样模拟光伏系统的功率输出。"Sandia 经验模型"，简称 Sandia 模型，是一个经验模型，但是它具有很好的通用性和准确性，几乎可以适用于所有种类的太阳能电池特别是薄膜太阳能电池，这一点是其他模型无法做到的。Sandia 模型之所以具有良好的通用性和准确性，一方面是因为其模型中采用的众多系数全部来自对同种太阳能电池的专门测试；另一方面是因为该模型考虑了各种因素对功率输出的影响，包括太阳入射角、组件温度和太阳辐射光谱分布等。在使用该模型模拟某一种光伏组件的发电性能之前，用户需要对该种光伏组件进行专门测试以获得一系列系数，一旦获得模型所需的所有系数，该模型就可以准确模拟光伏组件在任意气象条件下的动态功率输出。因此，在这里我们选择了 Sandia模型来模拟非晶硅半透明光伏玻璃幕墙的发电性能。

公式（2-93）～式（2-101）为 Sandia 模型的基本公式：

$$I_{mp} = I_{mp0}(C_0 E_e + C_1 E_e^2)(1 + \alpha_{mp}(T_c - T_0)) \tag{2-93}$$

$$I_{sc} = I_{sc0} \times f(AM_a) \times E_e \times (1 + \alpha_{sc}(T_c - T_0)) \tag{2-94}$$

$$V_{mp} = V_{mp0} + C_2 N_s \cdot \delta(T_c) \cdot \ln(E_e) + C_3 N_s [\delta(T_c)\ln(E_e)]^2 + \beta_{mp}(T_c - T_0) \tag{2-95}$$

$$V_{oc} = V_{oc0} + N_s \cdot \delta(T_c) \cdot \ln(E_e) + \beta_{oc}(T_c - T_0) \tag{2-96}$$

$$I_{\mathrm{x}} = I_{\mathrm{x0}}(C_4 E_{\mathrm{e}} + C_5 E_{\mathrm{e}}^2)(1 + \alpha_{\mathrm{sc}}(T_{\mathrm{c}} - T_0)) \tag{2-97}$$

$$I_{\mathrm{xx}} = I_{\mathrm{xx0}}(C_6 E_{\mathrm{e}} + C_7 E_{\mathrm{e}}^2)(1 + \alpha_{\mathrm{mp}}(T_{\mathrm{c}} - T_0)) \tag{2-98}$$

$$P_{\mathrm{mp}} = I_{\mathrm{mp}} \cdot V_{\mathrm{mp}} \tag{2-99}$$

$$E_{\mathrm{e}} = I_{\mathrm{sc}}/[I_{\mathrm{sc0}} \cdot (1 + \alpha_{\mathrm{sc}} \cdot (T_{\mathrm{c}} - T_0))] \tag{2-100}$$

$$\delta(T_{\mathrm{c}}) = n \cdot k \cdot (T_{\mathrm{c}} + 273.15)/q \tag{2-101}$$

式中　　I_{mp}——最大功率点电流，A；

I_{sc}——短路电流，A；

V_{mp}——最大功率点电压，V；

V_{oc}——开路电压，V；

I_{mp0}——标准测试条件下最大功率点电流，A；

I_{sc0}——标准测试条件下短路电流，A；

V_{mp0}——标准测试条件下最大功率点电压，V；

V_{oc0}——标准测试条件下开路电压，V；

E_{e}——有效太阳辐射；

T_{c}——光伏组件运行温度 ，℃；

T_0——标准测试条件下的温度，25℃；

N_{s}——组件太阳能电池串联数；

$\delta(T_{\mathrm{c}})$——热电压；

n——二极管经验系数；

k——玻尔兹曼常数；

q——元电荷电量；

I_{x}——$I\text{-}V$ 曲线上电压为开路电压一半时所对应的电流；

I_{xx}——$I\text{-}V$ 曲线上当电压为开路电压和最大功率点电压一半时所对应的电流；

α_{mp}——最大功率点电流的温度系数；

α_{sc}——短路电流温度系数；

β_{mp}——最大功率点电压温度系数；

β_{oc}——开路电压温度系数；

$f(AM_{\mathrm{a}})$——关于绝对大气质量的经验函数，用来校正太阳光谱对短路电流的影响；

$C_0 \sim C_7$——需要拟合的无量纲参数；

C_0 和 C_1——拟合最大功率点电流与有效太阳辐射之间关系而得到的经验系数 $C_0 + C_1 = 1$；

C_2 和 C_3——拟合最大功率点电压与有效太阳辐射之间关系而得到的经验系数；

C_4 和 C_5——拟合电流 I_{x} 与有效太阳辐射之间关系而得到的经验系数，$C_4 + C_5 = 1$；

C_6 和 C_7——拟合电流 I_{xx} 与有效太阳辐射之间关系而得到的经验系数，$C_6 + C_7 = 1$。

为了求解以上 9 个方程，需要在 Sandia 模型中输入多达 39 个参数，其中除了 3 个参数可以很容易获得外，剩下的 36 个参数都需要进行专门测试或者拟合。在以前的研究中，几乎所有参数包括标准测试条件下的电气参数和温度系数都是在户外测试中获得，然而由于户外气象条件不可控制并且总是偏离标准测试条件，所以户外测试过程异常困难并且费时。因此，在已有研究的基础上，我们开发了一套简单的室内和户外测试相结合的测量方法来确定 Sandia 模型参数。大约一半参数可以在室内借助太阳能模拟器测试得到，其他参数比如太阳光谱校正函数的系数则由户外测试得到。当 39 个参数全部确定并且已知瞬时入射太阳辐射、组件运行温度和大气质量，Sandia 模型即可以准确模拟光伏组件的动态功率。

最后一步，也是最重要的一步就是考虑光伏玻璃幕墙的功率输出对幕墙本身热平衡的影响。对于半透明光伏玻璃幕墙，由于部分太阳能已经转化为电能，因此玻璃幕墙的温度分布和热平衡都与普通玻璃幕墙不同。组件的功率输出会对温度分布产生影响，反过来温度分布也会对组件的功率输出产生影响，因此组件的发电性能和热性能之间是相互影响的。所幸 EnergyPlus 为 Sandia 发电模型提供了不同的传热计算模型以实现发电性能与传热性能之间的相互耦合和关联。在本书中，使用 "Integrated Surface Outside Face" 模型来关联组件温度与 Sandia 模型的太阳能电池温度，在计算组件功率输出时电池温度调用组件外表面温度并将以此温度计算得到的组件功率值从热平衡方程中移除，然后重新计算组件的传热性能和温度分布，如此迭代计算直到温度值收敛，最终得到准确的温度和功率值。

2.3.3.3　模型验证

为了验证模型的准确性，对模拟结果与户外测试结果进行了对比。图 2-74 所示为太阳能电池温度模拟值与实际测量的组件背面温度对比结果。在晴天中午，实际测量的光伏组件背面温度比模拟的电池温度和组件背面温度要高，最大温差约为 3℃。在阴天，模拟温度值与实验值吻合得非常好。模拟温度与实测温度之间的平均绝对百分比误差约为 6%。

图 2-75 给出了室内自然采光照度模拟值与测试值的对比结果。在晴天，参考点 1 自然采光照度的模拟值与实际测试值吻合得很好，但是在阴天模拟值要比实测值低，平均绝对百分比误差约为 9%。

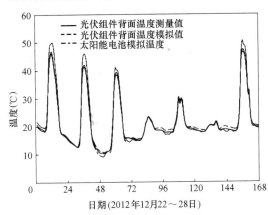

图 2-74　太阳能电池温度模拟值
与实际测量值对比

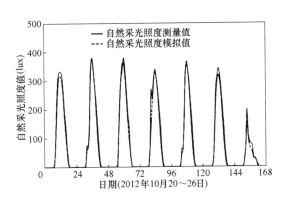

图 2-75　光伏幕墙自然采光模拟值
与实际测量值对比

最后，对半透明光伏幕墙的日能量输出模拟值与实测值进行了对比以验证 Sandia 光伏模型的准确性。该光伏玻璃幕墙在 2013 年 1 月份的日发电量实测值与模拟值对比如图 2-76 所示。比较结果显示当输入 39 个参数之后 Sandia 模型可以较准确地模拟半透明光伏幕墙的日能量输出值，模拟值和实测值的最大误差约为 8%。如果比较月能量输出值差异，该月总能量输出的模拟值为 13.96kWh 而实测数据为 13.56kWh，两者误差为 3%。如此高的模拟精度说明 Sandia 模型完全可以准确模拟非晶硅半透明光伏幕墙的年度发电特性。

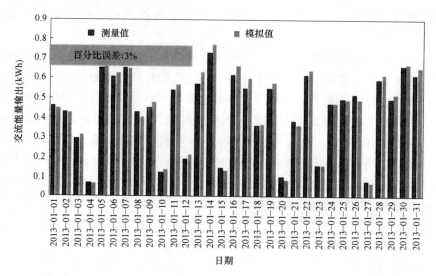

图 2-76　光伏幕墙日能量输出的模拟值与实测值对比

2.4　遮阳型光伏系统的设计与性能研究

遮阳型光伏系统是指将光伏组件或太阳能电池与建筑外立面遮阳设施相结合得到的建筑一体化光伏系统。遮阳型光伏系统不仅可以发电，还可以减少建筑物夏季太阳得热，从而减少空调能耗，因此已经成为一种重要的光伏建筑一体化应用形式。

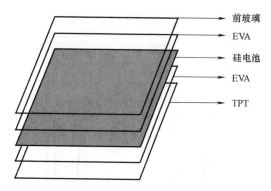

图 2-77　晶体硅光伏组件结构示意图

2.4.1　遮阳型光伏系统的优化设计

遮阳型光伏系统不仅能够发电还可以减少室内空调负荷，因此对遮阳型光伏系统的优化设计应该从发电性能和传热性能两方面考虑。本节建立了遮阳型光伏系统的传热和发电模型。

2.4.1.1　光伏组件的动态传热和发电模型

如图 2-77 所示，晶体硅光伏组件主要由五层组成，从顶部到底部依次是：前玻璃、EVA 层、太阳能电池、EVA 层和 TPT 背板。光伏组件的集总密度、比热以及厚度的乘积可以表示为各层密度、比热以及厚度的乘积之和，如式（2-102）所示：

$$\rho_p C_p l_p = \rho_{fg} C_{fg} l_{fg} + \rho_{sc} C_{sc} l_{sc} + 2\rho_{EVA} C_{EVA} l_{EVA} + \rho_{TPT} C_{TPT} l_{TPT} \qquad (2\text{-}102)$$

式中　　ρ_p，C_p 和 l_p——分别是组件的集总密度、比热容和厚度；

ρ_{fg}，ρ_{sc}，ρ_{EVA} 和 ρ_{TPT}——分别是前玻璃、硅电池、EVA 层和 TPT 背板密度，kg/m^3；

C_{fg}，C_{sc}，C_{EVA} 和 C_{TPT}——分别是以上各层的比热，$J/(kg \cdot K)$；

l_{fg}，l_{sc}，l_{EVA} 和 l_{TPT}——分别是以上各层的厚度，mm。

根据能量守恒定理，光伏组件的热平衡方程建立如下：

$$\rho_{\mathrm{p}} C_{\mathrm{p}} l_{\mathrm{p}} \frac{\partial T_{\mathrm{p}}}{\partial t} = (1-\eta) G_{\mathrm{p}} + h_{\mathrm{o}} (T_{\mathrm{o}} - T_{\mathrm{p}}) + h_{\mathrm{p-s}} (T_{\mathrm{s}} - T_{\mathrm{p}}) + h_{\mathrm{p-w}} (T_{\mathrm{w}} - T_{\mathrm{p}}) \quad (2\text{-}103)$$

式中　T_{p}，T_{o}，T_{s} 和 T_{w}——分别是光伏组件、室外空气、天空和混凝土墙壁的温度，K；

　　　　G_{p}——光伏组件吸收的太阳辐射强度；

　　　　η——光伏组件的能量转换效率；

　　　　h_{o}——外部对流换热系数，W/(m²·K)；

　　　　$h_{\mathrm{p-s}}$——光伏组件与天空之间的辐射换热系数，W/(m²·K)；

　　　　$h_{\mathrm{p-w}}$——光伏组件与墙壁之间的辐射换热系数，W/(m²·K)。

　　光伏组件所吸收的太阳辐射能量为：

$$G_{\mathrm{p}} = \alpha_{\mathrm{sc}} (\tau_{\mathrm{b-fg}} G_{\mathrm{bt}} + \tau_{\mathrm{d-fg}} G_{\mathrm{dt}} + \tau_{\mathrm{gr-fg}} G_{\mathrm{grt}}) \quad (2\text{-}104)$$

式中　$\tau_{\mathrm{b-fg}}$，$\tau_{\mathrm{d-fg}}$ 和 $\tau_{\mathrm{gr-fg}}$——分别是前玻璃直射、散射和地面反射的太阳辐射透过率；

　　　　α_{sc}——硅电池的吸收率；

　　　　G_{bt}，G_{dt} 和 G_{grt}——分别是入射到光伏组件倾斜表面的直射、散射和地面反射的太阳辐射，W/m²。

　　混凝土墙壁和光伏组件之间的长波辐射换热系数定义为：

$$h_{\mathrm{p-w}} = \sigma \frac{(T_{\mathrm{p}} + T_{\mathrm{w}})(T_{\mathrm{p}}^2 + T_{\mathrm{w}}^2)}{\dfrac{1}{\varepsilon_{\mathrm{w}} A_{\mathrm{w}}} + \dfrac{1}{X_{\mathrm{wp}} A_{\mathrm{w}}} + \dfrac{1}{\varepsilon_{\mathrm{p}} A_{\mathrm{p}}}} \quad (2\text{-}105)$$

式中　σ——史蒂芬-玻尔兹曼常数，其值为 5.67×10^{-8} W/(m²·K⁴)；

　ε_{p} 和 ε_{w}——分别为光伏组件和混凝土墙壁的发射率；

　X_{wp}——光伏组件和混凝土墙壁之间的角系数。

　　光伏组件和天空之间的长波辐射换热系数定义为：

$$h_{\mathrm{p-s}} = \sigma \varepsilon_{\mathrm{p}} (T_{\mathrm{s}} + T_{\mathrm{p}})(T_{\mathrm{s}}^2 + T_{\mathrm{p}}^2) \quad (2\text{-}106)$$

式中　T_{s}——天空温度。

　　光伏组件的发电效率可以由以下线性模型简单计算得到：

$$\eta = \eta_{\mathrm{r}} \cdot [1 - 0.0045(T_{\mathrm{p}} - 298.15)] \quad (2\text{-}107)$$

式中　η_{r}——光伏组件在标准测试条件下的能量转换效率。

2.4.1.2　窗户的动态传热模型

　　通过求解热平衡方程可以对窗户的瞬态传热过程进行分析研究。在考虑玻璃自身的吸收率和透过率的前提下，窗户的热平衡方程可写为：

$$\rho_{\mathrm{g}} C_{\mathrm{g}} l_{\mathrm{g}} \frac{\partial T_{\mathrm{g}}}{\partial t} = G_{\mathrm{g}} + h_{\mathrm{o}} (T_{\mathrm{o}} - T_{\mathrm{g}}) + h_{\mathrm{g-s}} (T_{\mathrm{s}} - T_{\mathrm{g}}) + h_{\mathrm{i,g}} (T_{\mathrm{i}} - T_{\mathrm{g}}) + \sum_{j=1}^{5} h_{\mathrm{g-}j} (T_j - T_{\mathrm{g}})$$

$$(2\text{-}108)$$

式中　ρ_{g}，C_{g} 和 l_{g}——分别是玻璃的密度、比热容和厚度；

　　　　T_{i}——室内空气温度，K；

　　　　$h_{\mathrm{i,g}}$——窗户内表面的对流换热系数，W/(m²·K)。

　　玻璃和天空之间的长波辐射换热系数可由史蒂芬-玻尔兹曼定律计算得到：

$$h_{\mathrm{g-s}} = \sigma \varepsilon_{\mathrm{g}} (T_{\mathrm{s}} + T_{\mathrm{g}})(T_{\mathrm{s}}^2 + T_{\mathrm{g}}^2) \quad (2\text{-}109)$$

式中　ε_{g}——玻璃的发射率。

　　玻璃和内部墙体之间的长波辐射换热系数的计算公式为：

$$h_{g-j} = \sigma \frac{(T_j + T_g)(T_j^2 + T_g^2)}{\dfrac{1}{\varepsilon_g A_g} + \dfrac{1}{X_{gj} A_g} + \dfrac{1}{\varepsilon_j A_j}} \tag{2-110}$$

式中　T_j——内部墙体的温度；

　　　ε_j——内部墙体的发射率；

　　　X_{gj}——内部墙体与玻璃之间的角系数。

入射到玻璃表面的太阳辐射总量为：

$$G_g = \alpha_{bg} G_{bv} + \alpha_{dg} G_{dv} + \alpha_{grg} G_{grv} \tag{2-111}$$

式中　α_{bg}，α_{dg} 和 α_{grg}——分别是玻璃直射，散射和地面反射的太阳辐射吸收率；

　　　G_{bv}，G_{dv} 和 G_{grv}——分别为入射到玻璃表面的直射、散射和地面反射太阳辐射，W/m^2。

如果窗户的部分面积被安装的遮阳型光伏组件所遮挡，那么窗户的这部分区域就无法获得直射太阳辐射。同时，被窗户接收到的一部分散射太阳辐射也会被悬臂所影响。因此，局部被遮挡的窗户接收到的太阳辐射总量可以表示为：

$$G'_g = \alpha_{bg} G_{bv} \cdot F_u + \alpha_{dg} G_{dv} \cdot F_{o-s} + \alpha_{grg} G_{grv} \tag{2-112}$$

其中，F_{o-s} 是从悬臂到天空的角系数，它由窗户与悬臂的几何形状和相对位置决定。光伏组件最主要的影响就是阻挡直射太阳辐射入射到窗户上。F_u 是部分被遮挡的窗户与没有遮挡的窗户接收到的直射太阳辐射的比率，可由下式计算得到：

$$F_u = \frac{A_u}{A_w} \tag{2-113}$$

其中，A_u 和 A_w 分别是未被遮挡的窗户面积和整个窗户的面积，如图 2-78 所示，单位为 m^2。

F_u 不仅取决于窗户和光伏组件的尺寸，同时也取决于直射太阳辐射的入射角度。为了计算 F_u 值，需要首先确定光伏组件投影到窗户上的阴影面积。如图 2-79 所示，在正交坐标系中，X，Y，Z 分别代表南面，东面和太阳高度。平行四边形 $OMCD$ 代表窗户，平行四边形 $ABCD$ 代表光伏组件。

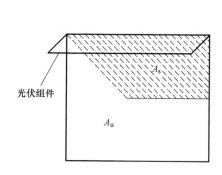

图 2-78　被遮挡的窗户示意图

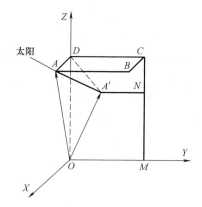

图 2-79　光伏组件与窗户的位置示意图

在某一特定时刻，太阳的位置可以通过天顶角（θ_h）和太阳方位角（γ）来确定，这样太阳的单位矢量 $\overline{V_s}$ 可表示为：

$$\overline{V_s} = [\sin\theta_h \cdot \cos\gamma, -\sin\theta_h \cdot \sin\gamma, \cos\theta_h]^T \tag{2-114}$$

如图 2-3 所示，矢量 $\overline{OA}$ 可以表示成 $[L_o，0，H_g]^T$。假定点 A 在窗户上的投影为点 A'，那么矢量 $\overline{OA'}$ 可以由矢量代数运算来确定：

$$\overline{OA'} = \overline{OA} + \Pi \cdot \overline{V_s} \tag{2-115}$$

其中 Π 是一个常数，并且可以写为：

$$\Pi = -\frac{L_o}{\sin\theta_h \cos\gamma} \tag{2-116}$$

因此，矢量 $\overline{OA'}$ 可以表示为：

$$\overline{OA'} = \left[0, L_o \tan\gamma, H_g - \frac{L_o}{\tan\theta_h \cos\gamma}\right] \tag{2-117}$$

点 A' 的位置确定后，就可以计算出四边形 $A'NCD$ 的面积，从而得到 F_u 的值。

2.4.1.3　混凝土墙壁传热模型

将混凝土墙壁简化为有限厚度的一维平板，并假定其热物性各向同性、均匀，且与温度无关，则混凝土墙壁的瞬态传热过程可以描述如下：

$$\rho_w C_w \frac{\partial T_w}{\partial t} = \lambda_w \frac{\partial^2 T_w}{\partial x^2} (0 < x < l_w) \tag{2-118}$$

$$-\lambda_w \frac{\partial T_w}{\partial x}\bigg|_{x=0} = h_{w-p}(T_p - T_w) \tag{2-119}$$

$$-\lambda_w \frac{\partial T_w}{\partial x}\bigg|_{x=l_w} = h_{i,w}(T_i - T_w) + \sum_{j=1}^{5} h_{w-j}(T_j - T_w) \tag{2-120}$$

式中　λ_w——混凝土墙壁的热导率，$W/(m \cdot K)$；

　　　$h_{i,w}$——墙壁内表面的对流换热系数，$W/(m^2 \cdot K)$。

混凝土墙壁和内部墙体之间的长波辐射传热系数定义为：

$$h_{w-j} = \sigma \frac{(T_j + T_w)(T_j^2 + T_w^2)}{\dfrac{1}{\varepsilon_w A_w} + \dfrac{1}{X_{wj} A_w} + \dfrac{1}{\varepsilon_j A_j}} \tag{2-121}$$

式中　X_{wj} 是混凝土墙壁和内部墙体之间的角系数。

外部对流换热系数由风速和风吹过建筑维护结构外表面的方向决定。根据 Loveday 等（1996）发展的经验关系式可知：

$$h_o = 16.21 v_o^{0.452} \tag{2-122}$$

$$v_o = 0.68 v_r - 0.5 (20° \leqslant \varphi \leqslant 160°) \tag{2-123}$$

$$v_o = 0.157 v_r - 0.027 (\varphi \leqslant 20° \text{ 或 } \varphi \geqslant 160°) \tag{2-124}$$

式中　φ——风向与外表面的夹角；

　　　v_r——当地风速。

安装了光伏组件的混凝土墙壁一般处于背风侧。因此，其外部对流传热系数可以简化为：

$$h'_{o,w} = 16.21(0.157 v_r - 0.027)^{0.452} \tag{2-125}$$

假定建筑围护结构内表面的流动是层流状态，则墙壁和窗户的内部对流换热系数可以由下式计算得到：

$$h_{i,g} = 1.332\left(\frac{|T_g - T_i|}{H_g}\right)^{0.25} \tag{2-126}$$

$$h_{i,w} = 1.332\left(\frac{|T_w - T_i|}{H_w}\right)^{0.25} \tag{2-127}$$

式中 H_g 和 H_w——分别是窗户和墙壁的高度。

2.4.1.4 玻璃的光学模型

对于光伏组件的玻璃盖板，其吸收率和透光率可以通过 Duffie 提出的模型进行近似计算：

$$\alpha_g = 1 - \exp\left(-\frac{K_g l_g}{\cos\theta_2}\right) \tag{2-128}$$

$$\tau_g = \frac{1}{2} \cdot \exp\left(-\frac{K_g l_g}{\cos\theta_2}\right) \cdot \left(\frac{1-r_1}{1+r_1} + \frac{1-r_2}{1+r_2}\right) \tag{2-129}$$

式中 K_g 和 l_g——分别是玻璃的消光系数和厚度；

θ_2——太阳光穿过玻璃的折射角，可由下式计算：

$$\theta_2 = \arcsin\left(\frac{\sin\theta_1}{1.526}\right) \tag{2-130}$$

r_1 和 r_2——分别是非偏振太阳辐射的垂直和水平分量，计算如下：

$$r_1 = \left[\frac{\sin(\theta_2 - \theta_1)}{\sin(\theta_2 + \theta_1)}\right]^2 \tag{2-131}$$

$$r_2 = \left[\frac{\tan(\theta_2 - \theta_1)}{\tan(\theta_2 + \theta_1)}\right]^2 \tag{2-132}$$

对于直射，散射和地面反射太阳辐射，其入射角 θ_1 的值均不相同。对于直射太阳辐射，$\theta_{1,b}$ 取决于赤纬角 δ，纬度 φ，倾斜角 β，表面方位角 γ 和时角 ω，可由式（2-133）计算得到。对于散射和地面反射太阳辐射，入射角只与光伏组件倾斜角相关，并可以由式（2-134）和式（2-135）计算得到：

$$\cos\theta = \sin\delta\sin\phi\cos\beta - \sin\delta\cos\phi\sin\beta\cos\gamma + \cos\delta\cos\phi\cos\beta\cos\omega$$
$$+ \cos\delta\sin\phi\sin\beta\cos\gamma\cos\omega + \cos\delta\sin\beta\sin\gamma\sin\omega \tag{2-133}$$

$$\theta_{1,d} = 90 - 0.5788\beta + 0.002693\beta^2 \tag{2-134}$$

$$\theta_{1,gr} = 59.68 - 0.1388\beta + 0.001497\beta^2 \tag{2-135}$$

2.4.1.5 窗户和混凝土墙壁的冷负荷计算

混凝土墙壁的冷负荷可由下式进行计算：

$$Q_w(t) = [T_w(t) \mid_{x=l_w} - T_i]A_w h_{i,w} \tag{2-136}$$

式中 $T_w(t) \mid_{x=l_w}$——混凝土墙壁内表面的温度；

T_i——墙壁周围空气的温度；

A_w——墙壁的面积；

$h_{i,w}$——空气与墙壁之间的对流换热系数。

通过窗户的冷负荷主要由，对流传热、直射太阳辐射得热和散射太阳辐射得热三部分产生，分别计算如下：

$$Q_{g,c}(t) = [T_g(t) - T_i]A_g h_{i,g} \tag{2-137}$$

$$Q_{g,b}(t) = \sum_{i=0}^{23} q_{g,b}(t-i)r_i \tag{2-138}$$

$$Q_{g,d}(t) = \sum_{i=0}^{23} 0.46 q_{g,d}(t-i)n_i + 0.54 q_{g,d}(t) \tag{2-139}$$

其中，r 和 n 分别为太阳能和非太阳能的辐射时间序列（RTS）因子。一旦确定了窗户类型，RTS 因子可以在 ASHRAE 手册上查找得到。$q_{g,b}$ 和 $q_{g,d}$ 分别为透过玻璃进入室内的直射和散射太阳辐射，分别由下式确定：

$$q_{g,b} = \tau_{bg} G_{bv} A_g \tag{2-140}$$

$$q_{g,d} = (\tau_{dg} G_{dv} + \tau_{grg} G_{grv}) A_g \tag{2-141}$$

式中　τ_{bg}，τ_{dg} 和 τ_{grg}——分别为玻璃的直射、散射和地面反射太阳辐射透光率；

A_g——玻璃面积；

G_{bv}，G_{dv} 和 G_{grv}——分别是玻璃表面接收到的直射、散射和地面反射太阳辐射值。

本节建立了光伏组件、窗户和混凝土墙壁的热平衡方程，并在此基础上发展了遮阳型 BIPV 系统的能量计算模型，为遮阳型 BIPV 系统的优化设计打下了良好基础。

2.4.2　遮阳型光伏系统的综合能源效率

经过优化设计的遮阳型 BIPV 系统，不仅可以发电还可以大大减少建筑围护结构的冷负荷。因此，在评价遮阳型 BIPV 系统的能源效益时，除了考虑光伏组件发电，还应该计算由于建筑围护结构冷负荷的减少带来的空调能耗节约量。

2.4.2.1　遮阳型 BIPV 系统的年度能源效益

本节中，遮阳型 BIPV 系统的年度能源效益是根据前面建立的动态仿真模型（如第 2.4.1 节中所述）并以我国香港地区典型气象年的逐时气象数据进行模拟得到。图 2-80 所示为遮阳型 BIPV 系统结构示意图。光伏组件安装在上下相邻的窗户之间的外墙上。窗户的尺寸为 4.5m×1.5m。混凝土墙壁的高度是 1.7m。一般将安装了光伏组件的混凝土墙壁高度与外墙总高度之间的比率定义为墙壁利用率（R）。在本节中，墙壁利用率范围从 20％到 100％，并以 20％的幅度逐步增加。

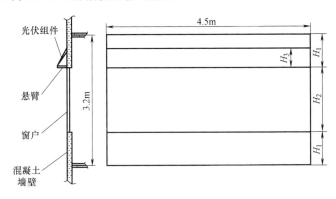

图 2-80　遮阳型 BIPV 系统的结构示意图

采用多晶硅光伏组件进行模拟，其能量转换效率为 16％。光伏组件的宽度和窗户一样，都是 4.5m。光伏组件的长度取决于墙壁利用率和倾斜角度。

根据我国香港绿色建筑鼓励措施，设计遮阳板探出建筑外墙长度为 1.5m，因为这是可以豁免计入总楼面面积和上盖面积的最大允许长度。因此，外墙的悬臂长度采用 1.5m 以内。此外，针对不同的墙壁利用率采用不同的安装倾斜角以保证悬臂的长度控制在 1.5m 以内。表 2-12 给出了不同墙壁利用率和倾斜角下的悬臂长度。

基于 2.4.1 节中的仿真模型和我国香港地区典型气象年气象数据，对遮阳型 BIPV 系统的年度能源性能进行了模拟。并对遮阳型 BIPV 系统的节能表现，包括光伏发电，窗户冷负荷减少和混凝土墙冷负荷减少量进行了计算、分析。

悬臂长度　　　　　　　　　　　　　　　　　　　　　表 2-12

悬臂长度 倾斜度（β）	墙壁利用率（R）				
	20%	40%	60%	80%	100%
20°	0.93m				
30°	0.59m	1.18m			
40°	0.41m	0.81m	1.22m		
50°	0.29m	0.57m	0.86m	1.14m	1.43m
60°	0.20m	0.39m	0.59m	0.78m	0.98m
70°	0.12m	0.25m	0.37m	0.50m	0.62m
80°	0.06m	0.12m	0.18m	0.24m	0.30m

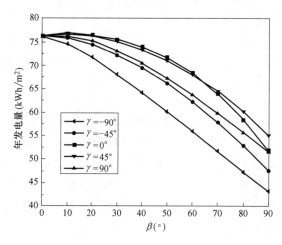

图 2-81　不同朝向、不同倾斜角下单
位面积光伏组件的年发电量

2.4.2.2　光伏组件发电

如图 2-81 所示为不同朝向下以不同倾斜角安装的遮阳型光伏系统单位面积产生的年度发电量。从图中可以看到，当光伏组件以正南向、10°倾斜角安装时，其发电量达到最大值，为 76.7kWh/m^2。东向垂直安装时，其年发电量为 43.2kWh/m^2，与最大值相比下降了 43.8%。一般来讲，倾斜角较小时，光伏组件能产生更多的电量。当倾斜角超过 40°时，光伏组件的年发电量会急剧下降。当倾斜角小于 60°时，不同朝向光伏组件的年发电量由小到大排序依次为正东面、东南面、正西面、

西南面和正南面。然而，当倾斜角大于 60°时，不同朝向下光伏组件的年发电量由小到大排序为正东面、东南面、西面、正南面和西南面。因此，南面和西南面是安装遮阳型光伏系统最合适的朝向。在这两个朝向下光伏组件的最佳倾斜角都为 10°。

图 2-82 和图 2-83 所示为不同朝向和墙壁利用率情况下的光伏组件年发电量。比较图 2-82 和图 2-83 可以看出，相比朝向，墙壁利用率对光伏组件的能量输出有着更显著的影响。如图 2-83 所示，在倾斜角为 50°且墙壁利用率为 100% 时，南向安装的光伏组件能够产生最大年发电量，约为 715.7kWh。其相应的悬臂长度是 1.43m，这也是本节研究中所能采用的最大悬臂长度。

2.4.2.3　窗户和外墙的冷负荷减少量

如图 2-84 和图 2-85 所示，当表面方位角从 −90°到 90°之间变化时（即从正东面向正西面变化），单位面积窗户和外墙的冷负荷变化趋势是相同的。相比其他朝向，西南向窗户和外墙会产生更多的冷负荷。此外，与窗户相比，外墙的年度冷负荷很低，甚至可以忽略。

当墙壁利用率为 20% 时，窗户的年度冷负荷减少量和减少率如图 2-86 和图 2-87 所示。从图 2-86 可以看到，西南向窗户的冷负荷减少量最大，而东向窗户的冷负荷减少量最小。从图 2-87 可见，五个朝向的窗户的冷负荷减少率没有显著差异，当倾斜角较大时这种差异更小。此外，相比其他朝向，南向窗户具有较大的冷负荷减少率。

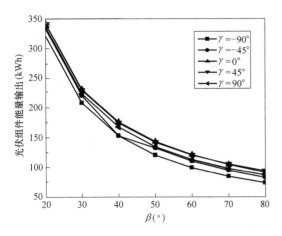

图 2-82 不同朝向、不同倾斜角安装的光伏
组件的年度能量输出（R＝20%）

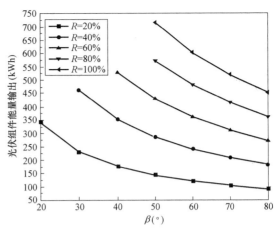

图 2-83 在不同墙壁利用率下南向
光伏组件的年发电量

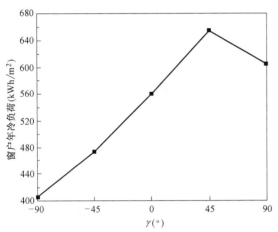

图 2-84 不同朝向下单位面积窗户的年度冷负荷

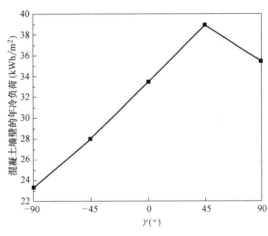

图 2-85 不同朝向下单位面积外墙的年度冷负荷

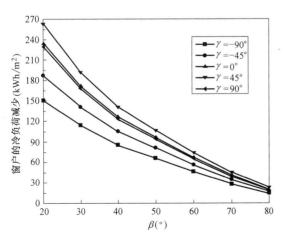

图 2-86 不同朝向下单位面积窗户的
冷负荷减少量（R＝20%）

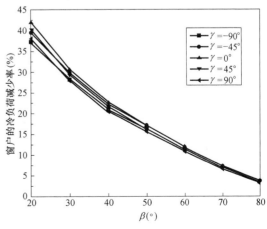

图 2-87 不同朝向下窗户的冷负荷
减少率（R＝20%）

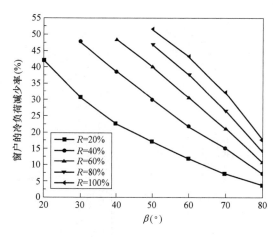

图 2-88　南向窗户冷负荷减少率

图 2-88 所示为南向窗户的年度冷负荷减少率。由此可见，当墙壁利用率从 20％增加至 100％时，冷负荷减少率会逐步增加，并且当墙壁利用率较大时，其增长速度会减低。当倾斜角等于 50°且墙壁利用率为 100％时，冷负荷减少率高达 51.6％。同时，当倾斜角增大到 80°时，冷负荷减少率降低到 17.8％。因此，当倾斜角较小时遮光型 BIPV 系统对窗户冷负荷减少更加有效。此外，与朝向相比，倾斜角对窗户冷负荷减少率的影响更为显著。

图 2-89 和图 2-90 分别给出了单位面积外墙的冷负荷减少量和冷负荷减少率。从图 2-89 可见，不同墙体利用率下外墙的冷负荷减少量有着相同的变化趋势，且都在西南向时达到最大值。由图 2-90 可见，外墙的年度冷负荷减少率非常大，其最小值为 37.1％，而最大值则高达 243.2％。当墙壁利用率大于 60％时，外墙的冷负荷减少率都高于 100％。此外，不同朝向下外墙的年度冷负荷减少率从小到大依次为西南向、西向、南向、东南向和东向。

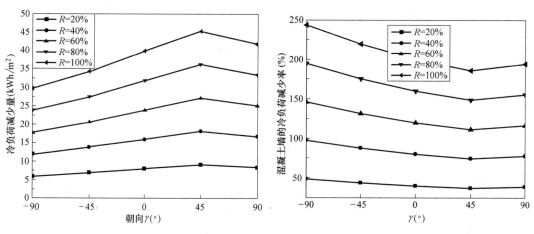

图 2-89　单位面积外墙的冷负荷减少量　　　图 2-90　外墙的冷负荷减少率

2.4.2.4　综合能效

如上节所述，由遮阳型 BIPV 系统所产生的节能效益包含了发电和减少空调能耗两部分。根据空调系统的 COP 值，窗户和混凝土墙壁的冷负荷减少量可以转化为相应的空调能耗减少量。因此，遮阳型 BIPV 系统的综合能效可以由如下公式计算：

$$E_{comb} = E_{pv} + E_{g+w} = E_{pv} + \frac{Q_{g+w}}{COP} \tag{2-142}$$

式中　E_{pv}——由光伏组件产生的电能；

E_{g+w}——由于组件的遮挡效果导致窗户和混凝土墙壁的冷负荷减少而节省的空调能耗；

$Q_{\mathrm{g+w}}$——窗户和混凝土墙壁的冷负荷减少量。

由上式可知，通过对遮阳型 BIPV 系统的发电性能和传热性能进行深入研究，从而确定系统的最佳设计、安装方案，对实现系统的综合能源效益最大化具体重要意义。

假定安装了遮阳型 BIPV 系统的建筑是由空气冷却 HVAC 系统来进行冷却，且空调系统 COP 的值设定为 2.8。根据式（2-142），不同方位角下的遮阳型 BIPV 系统的总节电量就可以确定下来。

本节将采用单位面积光伏组件的年节电量来评价遮阳型 BIPV 系统的能源效益。图 2-91～图 2-95 所示为不同墙壁利用率和不同朝向下单位面积光伏组件的年度节电量模拟结果。比较图 2-91～图 2-95 可得，随着墙壁利用率的增加，单位面积遮阳型 BIPV 系统的年度节能量降低。当墙壁利用率较小时，例如 20％，40％ 和

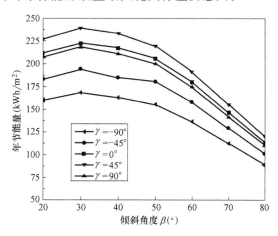

图 2-91　单位面积光伏组件的年节能量（$R=20％$）

60％，以最小倾斜角安装的光伏系统的年节能量并不是最大的。同时，当墙壁利用率较大，如 80％ 和 100％ 时，在较小的倾斜角下光伏组件会产生较大的节能量。表 2-13 总结了不同朝向和不同墙壁利用率下的最优安装倾斜。

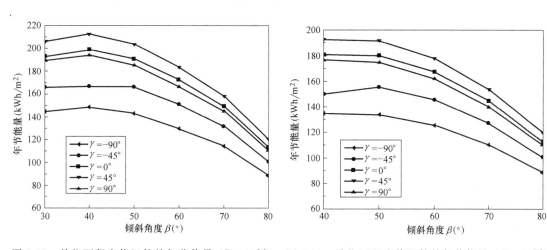

图 2-92　单位面积光伏组件的年节能量（$R=40％$）　图 2-93　单位面积光伏组件的年节能量（$R=60％$）

不同方位角和墙壁利用率下的最佳倾斜角　　　　　　　　表 2-13

最佳倾斜角	墙壁利用率				
朝向	20％	40％	60％	80％	100％
东向			40°		
东南			50°		
南向	30°	40°		50°	50°
西南			40°		
西向					

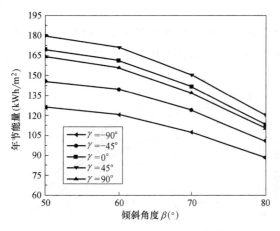

图 2-94　单位面积光伏组件的年节能量（$R=80\%$）

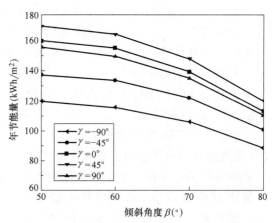

图 2-95　单位面积光伏组件的年节能量（$R=100\%$）

从图 2-91～图 2-94 可见，与其他朝向相比，西南向安装的遮阳型 BIPV 系统能节约更多能源。当遮阳型 BIPV 系统以西南向、倾斜角 30°安装，且墙壁利用率为 20% 时，其单位面积的最大节能量达到 239.5kWh/m²。当倾斜角为 80°且墙壁利用率为 100% 时，东向 BIPV 系统产生最小的节能量，约为 88.5kWh/m²。此外，由于遮阳型光伏系统可以大大减少空调能耗，所以其单位面积的最大节能量是其最大发电量的两倍以上。因此，相比其他类型的 PV 系统，遮阳型 BIPV 系统可以产生更多的能源效益。

本节讨论了安装朝向、倾斜角和墙壁利用率对遮阳型 BIPV 系统的年度能量输出以及窗户和外墙的冷负荷减少量等能源性能的影响，并得到如下结论：

（1）就遮阳型光伏系统年发电量而言，在我国香港地区南向和西南向是最好的选择。当光伏组件以南向、10°倾斜角安装时，其单位面积发电量达到最大值，约为 76.8kWh/m²。

（2）遮阳型 BIPV 系统对窗户和外墙的冷负荷减少具有显著的影响。窗户和外墙的最大冷负荷减少率分别为 51.6% 和 243.2%。

（3）在考虑冷负荷减少的情况下，单位面积遮阳型 BIPV 系统的最大节能量为 239.5kWh/m²，是其发电量的两倍以上。

（4）得到了不同朝向和墙壁利用率下遮阳型 BIPV 系统的最佳倾斜角。对于不同的设计方案，其最佳倾斜角为 30°到 50°。相比较大的外墙利用率，遮阳型 BIPV 系统在较小墙壁利用率下的成本效益更高。

本节模拟结果表明，遮阳型 BIPV 系统不仅能够发电还可以显著减少空调能耗，从而极大地增加了系统的综合能源效益。这些模拟结果对遮阳型光伏系统的优化设计和安装提供了指导依据，具有很好的参考价值。

2.5　太阳能光伏建筑系统的安装

光伏发电系统的规模一旦确定，就可以开始规划系统的布局，选择满足设计要求的设备，有次序地安排系统各个部分施工。本节将会对光伏发电系统的安装提供的一些辅助性的准则与指导方针。施工管理人员可以根据下列顺序来指定和安装系统组件：

（1）根据设计需要选择适合的太阳能光伏板，然后为光伏阵列选择适当的安装方法与安装场所，包括安装地点（地面、屋顶、建筑立面等）占用面积的选择，建筑体的支撑强度。如果安装在建筑物屋顶，应考虑屋顶的有效安装面积、屋顶结构及屋顶的密封方法，是否能够满足光伏板的承重等；同时还应考虑电池板安装架设仪器的摆放。地面安装光伏电池板时应考虑防止雷击的措施；

（2）选择蓄电池的类型，及蓄电池组的安装场所；

（3）选择必要的功率调节元器件、逆变装置、接线盒及控制柜的安装位置；

（4）指定相关的安全装置与开关设备；

（5）进行电力线路系统配置，指定电缆线尺寸与类型；

（6）准备完整的零件与工具一览表，以便订货和核实。

2.5.1　光伏组件的安装

光伏发电系统中的光伏阵列是以不同类型、尺寸与形状出现。系统设计过程中，电池板及阵列的类型已经确定，施工安装人员必须根据现场的实际情况来选择即将被使用的实际光伏板类型，并计算阵列中模组的数量。这是因为光伏板的有效面积、支撑构造的类型与建筑特点，会限制阵列的规模，影响被使用阵列类型的选择。此外，电池板的倾斜角、遮挡阴影与通风将影响阵列的电气特性，改变系统的绩效。

安装光伏阵列前，应该选择一个结构工程师，对安装场地进行系统的检查。例如，决定在屋顶安装电池板时，需要先检查并确定屋顶能否承受附加的太阳能电池板的重量、要安装的设备重量、堆积的冰雪重量以及安装期间站在屋顶上人的重量等。安装过程中，太阳能电池板的表面应该有覆盖物，从而减小对电池板电气性能的损伤。同时，电池板的安装与布线应力求简单，个别电池板的替换应该不需要拆卸整个光伏阵列。

2.5.1.1　光伏阵列的安装位置

光伏阵列总希望被安装在靠近控制单元与蓄电池的位置，目的是为了降低导线电阻引起的电能损耗，即导线电压降最小。低电压、高电流的直流电会导致比较高的电能损失，而且导线的断面尺寸大、笨重、昂贵，同时又不便施工。

光伏阵列应该安装在没有或只有最少量遮挡的场所。因为那些遮蔽物是来自附近的物体，例如，树木或其他建筑物。即使是刚好落在一个太阳电池单元上的小阴影都能影响整个阵列的效率。如果阵列无法放置在没有阴影遮挡的场所，估算阵列的规模时，就应该考虑遮挡作用引起的电力产生量的损失，同时这也会影响被使用阵列中的太阳能电池板的实际数量。一般而言，如果局部的遮挡无法完全避免，太阳能电池板串联时应该考虑只有其中的一个太阳能电池单元会被影响。

光伏阵列应被安装在有利于产生最大功率的位置。由于光伏阵列在不同位置、不同时间或季节电力产生量不同，而这些时间点又无法得到统一，所以在光伏板的安装过程中要考虑系统运行时的调整，让实际的光伏系统成为最理想的设计。

影响光伏阵列尺寸与安装位置的其他事项有：

（1）光伏电池阵列必须有足够的强度来抵抗风力载重与积雪载重；

（2）光伏电池阵列在其生命周期内必须安全可靠，一般生命期估约为 20 年；

（3）光伏电池阵列的维护与清洁通道，必须便于人员出入，需要在设计阶段就已规划。

2.5.1.2　光伏阵列的安装类型

通常太阳电池阵列有三种安装形式：安装在地面上（见图 2-96）、安装在建筑立面上和安装在屋顶上（见图 2-97）。这三种安装形式中，地面安装是最简单的；建筑立面上安装太阳电池板的难度依电池板离地的高度而定；而在屋顶上安装电池板的难度由屋顶的倾斜程度而定。在比较陡的屋顶上工作不仅非常危险，而且也更加耗时费力。无论采用哪一种安装形式都取决于诸多因素，包括方阵尺寸、可利用的空间、采光条件、防止破坏和盗窃、风负载、视觉效果及安装难度等。

图 2-96   安装在地面上的光伏阵列

图 2-97   安装在屋顶、立面的光伏阵列

太阳能电池板的外框架应该十分坚固，要有足够的硬度，而且重量要轻。除了"屋顶集成"式光伏阵列外，所有太阳电池阵列都要求使用金属支架，支架除要有一定强度外，还要便于固定和支撑。阵列的支架必须能经受大风和冰雪堆积物的附加重量，不会因为人为或动物的破坏造成阵列坍塌。太阳能电池板与水平面的最小倾角是 10°，这样可使落在太阳电池板上的雨水或积雪很快滑落到地面，从而保持了电池板表面的清洁。

新建建筑物中，整体设计能获得比较完美的建筑外观和经济的成本。这种设计方法是利用光伏板作为建筑物外围护结构（屋顶或外墙等覆盖物）的一部分，例如，光伏阵列与屋顶整合设计的光伏电池屋面瓦，该材料的内部已经预制导线，连接和安装快速、方便。如果在建筑屋顶安装了隔热材料，为了移除电池板工作过程中加热的空气，还需要安装一些有效的通风设施。

目前使用较多的是无框架电池板（即所谓的薄膜电池板），并配合温室或玻璃材料的施工技术。由于系统配线需要隐蔽在内侧，布线方式就会比较困难。

建筑物立面是越来越受建筑师欢迎的光伏电池板安装位置，因为他们能为光伏建筑提供不同的使用要求。除了电力生产之外，光伏阵列也足以展现出与建筑整体的一致性。例如，半透明的光伏板可以满足自然采光的要求，同时也对其后室内环境有一定的遮阳作用。此外，玻璃幕墙的施工技术也已经成功地被使用于光伏电池建筑物立面。

2.5.1.3　支撑结构和地基

厂家应提供抗风能力的计算，以保证组装了光伏组件的支撑结构能够承受设计风速。任何室外结构，包括外部连接的硬件结构，必须是抗腐蚀的。制造厂商应提供足够抗侵蚀的证据（计算或依据）。

通常将平板式地面型太阳能电池阵列安装在支架上，支架的安装必须能够让光伏阵列保持在适当的位置。在至少 20 年使用年限内，能承受所有的机械载重，例如风载重，积雪覆盖，还要考虑支架随周围温度的热胀冷缩的影响。

较常见的安装形式是支架被固定在水泥基础上。对于光伏阵列的支架、固定支架的水泥基础以及与控制器连接的电缆线槽等的加工与施工，均应按照设计规范进行。此外，支架下需要安装地脚支柱，目的是为了离地面有一定高度，便于通风。北方冬季堆积在太阳电池板下面的雪会腐蚀电池板，地脚支柱可防止融化的雪落到电池板上。

对光伏电池阵列支架的基本要求主要有：

（1）应遵循用料省、造价低、坚固耐用、安装方便的原则，进行太阳能电池方阵支架的设计和生产制造；

（2）光伏电站中的太阳能电池阵列的支架，可根据应用地区的实际情况和用户要求，设计成地面安装型或屋顶安装型。例如，西藏千瓦级以上的光伏电站，均设计成地面安装型支架为主；

（3）太阳能电池方阵支架应选用钢材或铝合金材料制造，其强度应可承受 10 级大风的吹刮；

（4）太阳能电池方阵支架的金属表面，应镀锌、镀铝或涂防锈漆，以防止生锈腐蚀；

（5）在设计太阳能电池方阵支架时，应考虑当地纬度和日照资源等因素。也可设计成能按照季节变化以手动方式调整太阳能电池阵列的方位角和倾斜角的结构，以更充分地接受太阳辐射能，增加光伏阵列的发电量；

（6）太阳能电池阵列支架的连接件，包括电池板和支架的连接件、支架与螺栓的连接件以及螺栓与光伏阵列的连接件，均应用电镀钢材或不锈钢钢材制造。

2.5.1.4　光伏阵列的安装间距

对于屋顶安装的太阳能电池阵列，为避免光伏板之间的相互遮挡，并获取全年最大的发电量，安装过程中必须要考虑电池阵列的安装间距。大多数屋顶安装的太阳能电池板为了获取全年最大的发电量，其安装位置都是南向，并根据具体地理纬度的不同有一定倾斜角度，该倾斜角度的大小又可以根据不同季节太阳高度角的变化而进行调整。为了避免光伏阵列之间的相互遮挡，进而影响其发电效率的问题，两组光伏阵列间的距离 d 与该阵列的宽度 a 有如下的关系，见图 2-98 所示。

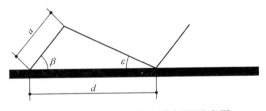

图 2-98　光伏电池板安装间距示意图

$$d/a = \cos\beta + \sin\beta/\tan\varepsilon \qquad (2\text{-}143)$$

其中
$$\varepsilon = 90° - \delta - \Phi \qquad (2\text{-}144)$$

式中　β——阵列的倾斜角度；

Φ——当地纬度；

δ——黄道面角度，23.5°。

上述关系式中的前一排光伏阵列的遮挡角度 ε 等于冬至日太阳正午时的方位角。

由式（2-143）和式（2-144）可以得到光伏阵列参数随地理纬度的变化关系，如图 2-99 所示。可以看出，随着纬度的增加，前后两排光伏阵列间的距离也应不断增大，直到达到北极圈附近时，距离应增加到无限大。实际上，每排光伏阵列占用的实际面积应该比计算的稍大一些，因为要考虑到便于光伏阵列和电气装置的安装、维护，以及工作人员的操作。

2.5.1.5　遮挡对光伏系统的影响

输出功率不同的光伏电池进行串联或者并联时，输出功率较低的电池就需要原本正常

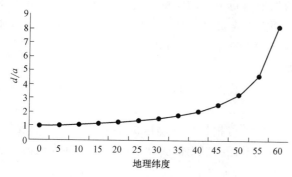

图 2-99　地理纬度与光伏阵列间距的变化关系图

工作的电池提供其部分甚至全部功率。由于光伏电池具有二极管特性，部分电池在受到遮挡时就如同工作于反向电流下的二极管一样，一方面，某些功率将在电池阵列内部被损耗掉，从而减弱整个系统的有效输出功率；另一方面，所损耗的功率还会导致电池发热，降低电池组件的寿命。因此，当输出功率有可能明显不同的光伏电池组件串并联在一起时需要特殊处理。

1. 阴影的影响

阴影分为随机阴影和系统阴影。随机阴影产生的原因、时间和部位都不确定。如果阴影持续时间很短，虽然不会对电池板的输出功率产生明显的影响，但在蓄电池浮充工作状态下，控制系统有可能因为功率的突变而产生误动作，造成系统运行的不可靠。系统阴影是由周围比较固定的建筑、树木以及建筑本身的女儿墙、冷却塔、楼梯间、水箱等遮挡而成，如果电池板采用阵列式布置，还可能由于前排电池的遮挡而在后排电池上产生系统阴影。这类阴影出现的时间和部位都有规律可循，且其持续时间会达到对光伏系统输出功率产生明显影响的水平。

处于阴影范围的电池不能接收直射辐射，但可以接收散射辐射，虽然散射辐射也可以使电池工作，但两类辐射的强度差异仍然造成输出功率的明显不同。如果遮挡物越近，则可接收的散射辐射越少；如果电池板的倾角越大，则越容易被投下阴影遮挡和减少散射辐射的吸收（这也是建筑立面应用光伏电池更为困难的原因之一）；另外，尽管在建筑光伏系统安装伊始已经考虑了当前环境的影响，但经过若干年或许又会出现难以预料的遮挡物。

消除随机阴影的影响主要在于光伏系统的监控子系统，应能够及时预测到不会马上消失的随机阴影并及时进行处理，同时还要具有相应的容错能力，不会因瞬间的阴影产生误动作（比如马上跳到市电或者启动保护电路）。对于系统阴影，则应注意回避在一定直射辐射强度之上时诸遮挡物的阴影区。对于可能产生阴影的遮挡物，并不是要电池安装区完全脱离其阴影区，因为当直射辐射不强时产生的比较弱的阴影不会对电池输出功率产生明显的影响。因此在进行建筑设计时，只需要考虑回避现有的以及将来可能出现的周边建筑、树木以及设施在一定直射辐射强度之上时的阴影区。同时，在进行屋顶布置时，应该将可能引起遮挡的局部突起尽可能布置在北边。

2. 污垢和灰尘的遮挡

城市中的各种气流很容易将落叶、灰尘等杂物吹上电池板；鸟类也可能在光伏电池板上留下粪便。经过雨水浸润，这些杂物有时候会较长时间地粘在电池板上；此外，冬季积雪的融化往往是不均匀的，这也使得只有一部分电池暴露在阳光之下。这类情况有一个共性，就是部分电池完全被遮挡。在被遮挡期间，电池板既不能接收直射辐射，又不能接收散射辐射，因而是处于完全退出工作的状态。在直射辐射强度很大的情况下，光伏电池阵列中处于阴影之下的电池单元的输出功率与仍受阳光直射的电池单元相比可能有很大差别。

一个最自然的考虑就是使电池具有较大的安装倾角，利用其自洁性来清除污垢。这样一方面污垢因为自重不会过多地在电池上沉积；另一方面可以利用雨水将污垢冲走。但是，考虑到当地年辐射特点、吸收散射辐射的损失、雨水的丰匮、大气灰尘量等诸多因素，则还需要因地制宜。

大部分地区夏季的辐射条件是全年中最好的，同时夏季使用空调也需要大量电力，因此，如果光伏系统考虑到有利于增大夏季发电量，则安装倾角应该平缓（低于当地纬度）。除此之外，由于很多城市的散射辐射总量与直射辐射总量相当，甚至还要超过直射辐射总量，在这种情况下，平缓的角度还有利于散射辐射的吸收。一般来说，电力这样的高级形式的能量不适用于供暖，否则就比较浪费了。关于建筑冬季的采暖能耗这个问题，一般首先考虑通过被动式设计使建筑能够直接利用太阳能转化而来的热能，这样比较经济。因此，对于大部分地区来说，可不注重冬季光伏电池的发电量（光伏系统与城市电网互补使用的模式并不需要光伏系统全年发电量的均衡），而应该采用较小的安装倾角。

但是，平缓的电池倾角却使得污垢更容易积淀，雨水的冲刷力更小，继而减弱了电池的自洁作用。因此，主要依靠电池天然的自洁性来防止污垢对电池输出功率的影响是不够的，如果要使建筑光伏系统在污染严重的城市中得到普及，就应该采用人工方式在必要的时候对电池进行清洁。特别地，由于这类遮挡的随机性，还需要通过适当的监测手段及时发现遮挡的存在，然后进行人工清洁。为了方便，在大面积安装的光伏电池中，应该在建筑设计上留出适当的清洁检修通道及平台。

2.5.2　蓄电池的安装与维护

蓄电池的安装在整个光伏系统的安装过程中起着非常重要的作用，必须在安全、布线、温度控制、防腐蚀、防积灰和通风等方面给予充分的重视。

构成蓄电池的原材料、蓄电池的重量，以及能量释放方式等，都使蓄电池的使用具有不安全因素。例如，铅酸蓄电池内部经常含有腐蚀性的酸，这种酸不仅可以烧伤皮肤、眼睛，还可以损坏衣物。因此，在对蓄电池进行操作时要佩戴保护装置，如护目镜、手套和围裙等。中和剂（碳酸氢钠是其中很有效的一种）和清洗水应该放在附近，以便在皮肤和眼睛沾上酸后立即进行清洗。此外，所有设备的把手都应该是绝缘的。抬放蓄电池时必须小心，以防损坏设备，较大的深度循环蓄电池在移动时需要使用铲车。

2.5.2.1　外界影响因素

蓄电池是电化学设备，对温度很敏感。此外，蓄电池电解液中含有水，如果水结冰，则蓄电池可能会永久性失效。大多数蓄电池都有最佳的温度范围，可将电池置于绝热容器里或采取措施防止太阳光直射。大多数昂贵的蓄电池装有有源温度控制系统，例如，液体冷却系统、防冻系统或者包裹在蓄电池外面的电"毯"。多数类型的蓄电池都会释放出气体，这些气体可能具有腐蚀性，也可能会爆炸，因此必须提供足够的通风，以防止这些气体积聚。

蓄电池组既可以放在单独的装置内，也可以放在室内。装有小型蓄电池组的器皿，应该用抗腐蚀性材料制成，例如塑料。大的蓄电池组可以装在便于运输的大容器里，也可直接放在建筑房屋内。任何情况下，都应把蓄电池和系统的其他部分隔离开来。

蓄电池与系统控制器连接时，一定要注意按照控制器使用说明书的要求操作，而且电压一定要符合要求。若蓄电池的电压低于要求值时，应将多块蓄电池并联起来，使它们的电压达到要求。

蓄电池的正确布线，对系统的安全和效率都十分重要。大多数蓄电池组由许多单个蓄电池组成，对这些单个蓄电池进行串、并联，以获得需要的电压和电流特性。任何引起电流和电压不稳定的因素都可能使蓄电池组里的某些单个电池过充电，或充电不足，如果这种情况持续一段时间，可能会使蓄电池永久性损坏。导致蓄电池出现上述问题的原因有：连接点接触不良、连接处受腐蚀、连接线过长、过多的并联支路或没有采用防反接电路等。最后，还应注意将标有正、负极的电缆正确地连接到蓄电池组的对应端。此外，应尽量使多支路蓄电池组的每条支路的参数、连接都完全一致。例如，一条支路的蓄电池引线比另一条支路的蓄电池引线长，这可能会增加较长蓄电池引线支路的内部阻抗，使该支路阻抗变大，就会造成另一条支路的蓄电池过度使用的现象。

2.5.2.2 蓄电池的安装及注意事项

了解影响蓄电池工作的诸多因素之后，将蓄电池的安装与使用扼要归纳如下：

（1）放置蓄电池的位置应选择在离太阳能电池方阵较近的地方。连接导线应尽量缩短，导线直径不可太细，以尽量减少不必要的线路损耗；

（2）蓄电池应放在室内通风良好、不受阳光直射的地方。距离热源不得少于 2m，室内温度应经常保持在 10～25℃ 之间；

（3）蓄电池不能直接放在潮湿的地面上，电池与地面之间应采取绝缘措施，例如用较好的绝缘衬垫或柏油涂的木架与地板隔离，以防受潮，和引起自放电的损失；

（4）蓄电池要放置在专门场所，场所要清洁、通风、干燥，避免日晒，远离热源，避免与金工操作或有粉末杂物作业操作合在一处，以免金属粉末尘埃落在电池上面；

（5）各接线夹头和蓄电池极柱必须保持紧密接触。连接导线连接后，需在各连接点上涂一层薄的凡士林油膜，以防连接点锈蚀；

（6）加完电解液的蓄电池应将加液孔的盖子拧紧，以防止杂质掉入蓄电池内部。胶塞上的通气孔必须保持通畅；

（7）不能将酸性蓄电池和碱性蓄电池同时安置在同一房间内，室内也不宜放置仪表器件和易受酸气腐蚀的物品；

（8）要准备一定数量的 3％～5％ 硼酸水溶液或苏打水，以防皮肤灼伤。在进行安装时要带好手套和口罩，做好防护工作，注意室内通风，以免引起铅中毒；

（9）要由熟练的技术人员担任或指导做好初充电工作。

2.5.2.3 蓄电池的充电

蓄电池在太阳能电池系统中的充电方式主要采用"半浮充电方式"进行。白天，当太阳能电池方阵的电势高于蓄电池的电势时，负载由太阳能电池方阵供电，多余的电能充入蓄电池，蓄电池处于浮充电状态。当太阳能电池方阵不发电或电动势小于蓄电池电势时，全部输出功率都由蓄电池组供电，由于阻塞二极管的作用，蓄电池不会通过太阳能电池方阵放电。

蓄电池使用前应该注意以下注意事项：

（1）有充电设备。在有充电设备的条件下，应对蓄电池先进行 4～5h 的补充充电，这样可充分发挥蓄电池的工作效率；

（2）无充电设备。在没有充电设备的条件下，开始工作后的 4～5 天不要启动用电设备，而是用太阳能电池方阵对蓄电池进行初充电。

（3）勿接反极柱。如果充电时不小心误把蓄电池的正、负极接反，如蓄电池尚未受到严重损坏，应立即将电极调换，并采用小电流对蓄电池充电，直至蓄电池电压恢复正常后，方可启用。

1. 蓄电池的亏电

使用小的蓄电池，常常由于以下原因而造成亏电：

（1）在太阳能资源较差的地方，由于太阳能电池方阵不能保证设备供电的要求而使蓄电池充电不足；

（2）在每年冬季或连续几天无日照的情况下，照常使用用电设备而造成蓄电池亏电；

（3）启用电器的耗能匹配超过太阳能电池方阵的有效输出能量；

（4）几块太阳能电池串联使用时，其中一块电池由于过载而导致整个电池组亏电；

（5）长时间使用一块太阳能电池中的几个单格而导致整块电池亏电。

2. 蓄电池的补充充电

当发现蓄电池处于亏电状态时，应立即采取措施对蓄电池进行补充充电。有条件的地方，补充充电可用充电机；不能用充电机充电时，也可用太阳能电池方阵进行充电。

使用太阳能电池方阵补充充电的具体做法是：在有太阳的条件下关闭所有的用电设备，用太阳能电池方阵对蓄电池充电。根据功率的大小，一般连续充电 3～7 天基本可将蓄电池充满。待蓄电池恢复正常后，方可启用用电设备。

总之，充电方法对蓄电池的影响的问题一直是光伏系统应用推广最为关注的问题之一。现在有很多控制器是采用切入和切出的方法，这种控制使蓄电池平均只能达到 55％～60％ 的荷电状态，容易造成蓄电池电解质的分层和极板上沉淀活性物质，从而增加内阻，进一步降低充电效率。对于一个蓄电池而言，需要一定的电流和时间来完成充电，而电压升至额定值时并不能说明蓄电池充电已满，因此需要提供一个恒压的充电值，保证蓄电池不过充又能正常蓄电，最好采用脉宽调制的方法。

脉宽调制方法控制是通过系统与蓄电池间串联场效应开关，必要时调制信号脉冲宽度，以减少充电电流，使蓄电池电压维持在一个恒定范围。该控制方法可使蓄电池平均荷电状态达到 90％～95％ 的水平，可提高蓄电池的充电效率、减少老化效应、提高蓄电池容量和延长蓄电池的使用寿命。

蓄电池的荷电状态单靠电压来判别是困难的。由于目前单片机价格比较便宜，使用它能使控制器更加智能化，能判别蓄电池的荷电状态，使蓄电池的寿命有大幅度的提高。

2.5.2.4　阀控全密封免维护蓄电池（VRLA）

目前，光伏电站中蓄电池成本占光伏电站设备成本的 25％ 左右，且蓄电池的设计寿命只有太阳能电池方阵的 $\frac{1}{4}$～$\frac{1}{3}$，是光伏电站中寿命最短的重要部件。如果能提早发现并及时消除或减小蓄电池可能出现故障的原因，从而大大延长蓄电池组的使用寿命，降低光伏电站的运行成本。因此，阀控全密封免维护（VRLA）蓄电池已经逐步成为光伏电站的首选蓄电池。

1. VRLA 蓄电池的失效原因

免维护不等于不用维护。相反，由于 VRLA 蓄电池的特殊性，省去了常规电池补加纯水和测量电液密度等工作，但又带来了新的问题。有针对性的、有效的维护显得更加重要。以下分析 VRLA 蓄电池失效的原因：

（1）失水

失水是 VRLA 蓄电池常见的故障之一，对于新建光伏电站，电量充足，常处于过充电或浮充电状态，极易造成失水。此外个别蓄电池因密封不良引起水分损失。

（2）不可逆硫酸盐化

在正常情况下，铅酸蓄电池在放电时形成硫酸铅结晶，在充电时能较容易地还原为铅。如果蓄电池经常处于充电不足或过放电，负极就会逐渐形成一种粗大坚硬的硫酸铅，它几乎不溶解，用常规的方法很难使它转化为活性物质，从而减少了活性物质，也就减少了蓄电池容量，严重时会使蓄电池提前报废，这就是不可逆硫酸盐化。

如果在 VRLA 蓄电池中存在 Cu、Fe、Co 等杂质会使负极偏离其平衡电极电位，从而导致该蓄电池在浮充运行时端电压偏低。同时由于这些杂质使得个别单体电池自放电偏大，更促使其端电压偏低。在浮充运行中，虽然串联 VRLA 蓄电池组的总电压达到设定要求，但各单体蓄电池之间的状态是不同的，端电压偏低的蓄电池充电不足，长此下去，就更加充电不足而导致蓄电池端电压下降。VRLA 蓄电池在端电压较低的情况下长期运行，加剧了极板硫酸盐化，负极易产生不可逆硫酸铅的累积使该蓄电池过早失效。

2. 判断单体蓄电池状态的方法

判断单体蓄电池状态是对蓄电池进行有效维护的前提，只有知道蓄电池是缺水、盐化、还是欠充电，才有可能对其实施针对性的维护。相对比较是判断单体蓄电池状态的简单有效方法，相对比较包括横向对比和纵向对比。

横向对比是比较当前蓄电池组中单体蓄电池的端电压，充电时端电压偏低的必然是欠充电的，欠充电是引起蓄电池极板硫酸盐化的主要因素，放电时端电压偏低的有可能是欠充电的或是内阻偏大（由于缺水或盐化），充电时端电压偏高的有可能是内阻偏大，放电时端电压偏高的是极易造成失水的，或者说是失水的前兆，不充不放的静止状态端电压偏高的一定是失水电池或有失水倾向的电池。

纵向对比是指比较单体蓄电池的端电压在蓄电池组中的相对位置在多年历史演变中的变化趋势，比如，某单元电池在一开始端电压处于蓄电池组单体平均电压之上的位置，而随着时间的推移，其端电压逐渐变化到蓄电池组单体平均电压之下，这个单元电池就是欠充电的落后电池；相反，如果某单元电池随着时间的推移，其端电压在蓄电池组的位置逐渐升高，这个单元电池就是正在失水的失水电池，观察其端电压在工作中的变化幅度的演化，可以估测其失水的程度；如果某单元电池随着时间的推移，其端电压在蓄电池组的位置逐渐降低，观察其端电压在工作中的变化幅度的演化，可以估测其硫酸盐化的程度。

横向对比可以初步判断单体蓄电池的工作状态，纵向对比可以进一步准确地评估单体蓄电池的工作性能和其演化规律，有了对单体蓄电池的工作性能的准确认识，才可以有针对性地采取更加有效的维护措施。

3. 预防和维护措施

综上所述，蓄电池组中单体蓄电池的性能差异是造成单体蓄电池故障的主要原因。因此，蓄电池生产厂家应尽量提高蓄电池组中单体蓄电池性能的一致性，从源头上降低单体蓄电池故障的可能性。适量补充电是解决欠充电问题的简单有效的办法，是防止硫酸盐化的有效措施，同时适量补充电可以提高蓄电池组中单体蓄电池性能在工作中的一致性，因而也是预防失水发生的有效手段，所以，光伏电站应该配备可以定量补充电的单体蓄电池充电机，及时给予欠充电的落后电池以适量补充电。

蓄电池活化是消除硫酸盐化的有效措施，蓄电池活化是指按照一定的方法，使非机械性损伤的早期失效电池恢复容量的过程。蓄电池的活化有两种方法，即充放电法和化学法。充放电法是指对电池施加长时间的小电流充放电或者用特殊的脉冲充电技术来恢复电池的容量。目前市场上出现的一些"蓄电池去硫器"或"蓄电池活化器"，其实都是利用脉冲充电原理来活化电池的。

化学方法是指在电池的电解液中加入添加剂，通过化学作用来改变电极的表面性能并使电池恢复容量。

失水电池的维护是一件很麻烦的事情，由于多数 VRLA 电池的上盖片是用超声波或粘结剂来密封的，在使用工具撬开时容易造成盖片损伤，同时，作为用户再次密封是很困难的，如果不能密封，这个单元电池的失水会更加严重。因此，对电池进行补水是在最后迫不得已而为之的下下策，预防电池失水发生才是上上策。

事实上，免维护的意义只是表明免除了常规电池补加纯水和测量电液密度等工作，由于 VRLA 电池内部情况更为复杂，对其维护也应更为严格。事实证明，合理有效的维护可以大大延长蓄电池的使用寿命，特别是对消除个别电池早期失效可以起到关键性的作用。

有效的维护不仅可以大大延长蓄电池的使用寿命，降低光伏电站的运行成本，还可以大大减轻报废弃置电池对环境造成的铅污染，对保护偏远落后地区脆弱的生态环境有十分重要的意义。

4. 结论

（1）对于光伏电站来说，单体蓄电池的性能差异是造成整个蓄电池组故障的主要原因，提高单体蓄电池的一致性是减小维护压力的重要前提；

（2）对于光伏电站来说，免维护不是不用维护，而是需要更加合理有效的维护；

（3）相对比较是判断单体蓄电池状态的简单有效方法，相对比较包括横向对比和纵向对比。因而定期记录单体蓄电池的端电压是蓄电池组维护的必不可少的环节；

（4）对于光伏电站来说，最有效的维护是及时给予欠充电的落后电池以适量补充电。

2.5.3　逆变器的安装

2.5.3.1　逆变器的性能

表征逆变器性能的基本参数与技术条件内容很多。这里仅就评价光伏发电系统用逆变器经常用到的部分参数作一扼要说明。

1. 额定输入输出电压

在规定的输入直流电压允许的波动范围内，额定输入输出电压表示逆变器应能输出的额定电压值。对输出额定电压值的稳定准确度有如下规定：

（1）在稳态运行时，电压波动范围应有一个限定，例如，其偏差不超过额定值的 $\pm 3\%$ 或 $\pm 5\%$；

（2）在负载突变（额定负载的 $0 \sim 50\% \sim 100\%$）或有其他干扰因素影响的动态情况下，其输出电压偏差不应超过额定值的 8% 或 10%。

2. 输出电压的不平衡度

在正常工作条件下，逆变器输出的三相电压不平衡度（逆序分量对正序分量之比）应不超过一个规定值，以百分比表示，一般为 5% 或 8%。

3. 输出电压的波形失真度

当逆变器输出为正弦波时，应对允许的最大波形失真度（或谐波含量）作出规定。通常以输出电压的总波形失真度表示，其值不应超过 5%（单相输出允许 10%）。

4. 额定输出频率

逆变器输出交流电压的频率应是一个相对稳定的值，通常为 50Hz。正常工作条件下其偏差应在 ±1% 以内。

5. 负载功率因数

"负载功率因数"表征逆变器带动感性负载的能力。在正弦波条件下，负载功率因数为 0.7～0.9（滞后），额定值为 0.9。

6. 额定输出电流（或额定输出容量）

额定输出电流表示在规定的负载功率因数范围内，逆变器的输出电流。有些逆变器产品给出的是额定输出容量，其单位以 VA 或 kVA 表示。逆变器的额定输出容量是当输出功率因数为 1（即纯阻性负载）时，额定输出电压与额定输出电流的乘积。

7. 额定输出效率

逆变器的效率是在规定的工作条件下，其输出功率与输入功率之比，以百分比表示。逆变器在额定输出容量下的效率为满负荷效率，在 10% 额定输出容量下的效率为低负荷效率。

8. 保护措施

（1）过电压保护。对于没有电压稳定措施的逆变器，应有输出过电压的防护措施，以使负载免受输出过电压的损害。

（2）过电流保护。逆变器的过电流保护，应能保证在负载发生短路或电流超过允许值时及时动作，使其免受浪涌电流的损伤。

9. 启动特性

启动特性表征逆变器带负载启动的能力和动态工作时的性能，逆变器应保证在额定负载下能可靠启动。

10. 噪声

电力电子设备中的变压器、滤波电感、电磁开关及风扇等部件均会发生噪声。逆变器正常运行时，其噪声应不超过 80dB，小型逆变器的噪声应不超过 65dB。

2.5.3.2　对逆变器的评价

为了正确选用光伏发电系统用的逆变器，必须对逆变器的技术性能进行评价。根据逆变器对独立光伏发电系统运行特性的影响和光伏发电系统对逆变器的性能要求，以下几项是必不可少的评价内容：

1. 额定输出容量

额定输出容量表示逆变器向负载供电的能力。额定输出容量值高的逆变器可带动更多的用电负载。但当逆变器的负载不是纯阻性时，也就是输出功率小于 l 时，逆变器的负载能力将小于所给出的额定输出容量值。

2. 输出电压稳定度

输出电压稳定度表示逆变器输出电压的稳压能力。多数逆变器产品给出的是，输入直流电压在允许波动范围内该逆变器输出电压的偏差%，这一量值通常称为电压调整率。高性能的逆变器应同时给出当负载由 0～100% 变化时，该逆变器输出电压的偏差%，通常称为负载调整率。性能良好的逆变器的电压调整率应≤3%，负载调整率应≤±6%。

3. 整机效率

逆变器的效率值表示自身功率损耗的大小，通常以%表示；对容量较大的逆变器，还应给出满负荷效率值和低负荷效率值。1kW 以下的逆变器效率应为 80%～85%；1kW 级的逆变器效率应为 85%～90%；10kW 级的逆变器效率应为 90%～95%；100kW 级的逆变器效率应超过 95%。逆变器效率的高低对光伏发电系统提高有效发电量和降低发电成本有着重要影响。

4. 保护功能

过电压、过电流及短路保护是保证逆变器安全运行的最基本措施。功能完善的正弦波逆变器还具有欠压保护、缺相保护及温度越限报警等功能。

5. 启动性能

逆变器应保证在额定负载下的可靠启动。高性能的逆变器可做到连续多次满负荷启动而不损坏功率器件；小型逆变器为了自身安全，有时采用软启动或限流启动。

以上是选用光伏发电系统用逆变器时缺一不可的、最基本的评价项目。其他诸如逆变器的波形失真度、噪声水平等技术性能，对大功率光伏发电系统和并网型光伏电站也十分重要。

2.5.3.3　逆变器的选用

在选用独立光伏发电系统用的逆变器时，除依据上述五项基本内容外，还应注意以下几点：

1. 足够的额定输出容量和过载能力

逆变器的选用，首先要考虑的是它要具有足够的额定容量，以满足最大负荷下设备对电功率的需求。对以单一设备为负载的逆变器来说，其额定容量的选取较为简单；当用电设备为纯阻性负载或功率因数大于 0.9 时，选取逆变器的额定容量为用电设备容量的 1.1～1.15 倍即可。逆变器以多个设备为负载时，逆变器容量的选取就要考虑几个用电设备同时工作的可能性，专业术语称为"负载同时系数"。

2. 较高的电压稳定性能

在独立光伏发电系统中均以蓄电池为贮能设备。当标称电压为 12V 的蓄电池处于浮充电状态时，端电压可达 13.5V，短时间过充电状态可达 15V。蓄电池带负荷放电终了时端电压可降至 10.5V 或更低。蓄电池端电压的起伏可达标称电压的 30%左右。这就要求逆变器具有较好的调压性能，以保证光伏发电系统用稳定的交流电压供电。

3. 在各种负载下具有高效率或较高效率

整机效率高是光伏发电用逆变器区别于通用型逆变器的一个显著特点。10kW 级的通用型逆变器实际效率只有 70%～80%，将其用于光伏发电系统时将带来总发电量 20%～30%的电能损耗。光伏发电系统专用逆变器，在设计中应特别注意减少自身的功率损耗，以提高整机效率。这是提高光伏发电系统技术经济指标的一项重要措施。在整机效率方面对光伏发电专用逆变器的要求是：kW 级以下逆变器额定负荷效率为 80%～85%，低负荷效率为 65%～75%；10kW 级逆变器额定负荷效率为 85%～90%，低负荷效率为 70%～80%。

4. 良好的过电流保护与短路保护功能

光伏发电系统在正常运行过程中，因负载故障、人员误操作及外界干扰等原因而引起的供电系统过流或短路，是完全可能出现的。逆变器对外电路的过电流及短路现象最为敏感，是光伏发电系统中的薄弱环节。因此，在选用逆变器时，必须要求它对过电流及短路有良好的自我保护功能。这是目前提高光伏发电系统可靠性的关键所在。

5. 维护方便

高质量的逆变器在运行若干年后，因元器件失效而出现故障，应属正常现象。除生产厂家需有良好的售后服务系统外，还要求生产厂家在逆变器生产工艺、结构及元器件选型等方面，具有良好的可维护性。例如，损坏的元器件要有充足的备件或容易买到，元器件的互换性要好。在工艺结构上，元器件要容易拆装，更换方便。这样，即使逆变器出现故障，也可以迅速得到维护并恢复正常。

2.5.3.4　光伏电站逆变器的操作使用与维护检修

1. 操作使用

（1）应严格按照逆变器使用维护说明书的要求进行设备的连接和安装。在安装时，应认真检查：线径是否符合要求，各部件及端子在运输中是否有松动，应绝缘的地方是否绝缘良好，系统的接地是否符合规定。

（2）应严格按照逆变器使用维护说明书的规定操作使用。尤其是在开机前要注意输入电压是否正常，在操作时要注意开、关机的顺序是否正确，各表头和指示灯的指示是否正常。

（3）逆变器一般均有断路、过流、过压、过热等项目的自动保护，因此在发生这些情况时，无需人工停机。自动保护的保护点一般在出厂时已设定好，因此，不用再进行调整。

（4）逆变器机柜内有高电压，操作人员一般不得打开柜门，柜门平时应锁死。

（5）在室温超过 30℃时，应采取散热降温措施，以防止设备发生故障，并延长设备使用寿命。

2. 维护检修

（1）应定期检查逆变器各部分的接线是否牢固，有无松动现象，尤其应认真检查风扇、功率模块、输入端子、输出端子以及接地等。

（2）逆变器一旦报警停机，不准马上开机，应查明原因并修复后再行开机。检查应严格按逆变器维护手册的规定步骤进行。

（3）操作人员必须经过专门培训，并应达到能够判断一般故障产生原因并能进行排除的水平。例如，能熟练地更换保险丝、组件以及损坏的电路板等。未经培训的人员，不得上岗操作使用设备。

（4）如发生不易排除的事故或事故的原因不清时，应做好关于事故的详细记录，并及时通知生产厂家解决。

2.5.4　电子线路的安装

2.5.4.1　导线和电缆

导线，或更确切地称为导电线，为了确保最佳的导电能力，应适当地选择和综合考虑下述参数：电导率（或电阻率）、截面积、长度、电阻的温度系数、重量、成本、抵抗断裂（由于在组装和维修中的弯曲和折曲引起）能力以及对端点连接的实用性。对于不弯曲的情形，宜用实心导线，而对于有弯曲的情形，则要求使用胶合线。

通常，根据导线材料、导线的尺寸（截面积）、导线耐压能力以及绝缘材料的工作温度极限来确定导线的等级。铜是目前使用最广泛的导线材料，铝导线的推广应用比较缓慢，因为与其他金属导线相比，它的端接方法要稍微复杂一些。

为了确保把电流限定在特定的电路之中，应采取适当的直流绝缘措施，而对于某些电路，则应采取交流屏蔽措施。绝缘措施就是在导线上包上一层或多层适当的绝缘材料或绝缘材料套管。所选的绝缘材料，主要应能经受下述的一种或多种工作环境条件：热、湿气、空间辐射和电压击穿等。对于地面的光伏系统应用来说，某些导线和电缆可能要求在它的绝缘以外附加称为铠装层的机械保护结构。

对于某些灵敏的传感器电路，有时要使用屏蔽导线。但是，通常使用双股绞合线就足以消除不希望有的交流信号。有时使用绞合线也能最大限度地减小转换调节器或功率变换器所产生的以及太阳电池阵布线所辐射的电磁干扰。

由许多根导线以及通常为一个或几个附属接插件组成的分组件称为线束或电缆，扁平电缆可以用圆形或扁形导线制成。

电缆是连接光伏阵列与电力电子变换器、电力电子变换器与负载的媒介，是传输电能功率的载体，应具有能最佳传输电流的性能——导电能力；能把电流限制在特定电路中的性能——绝缘能力和良好的物理与化学特性。

导电能力的选择应考虑电阻率、截面积、跃度和温度系数，通常光伏阵列到光伏发电控制器的输电线路压降不允许超过 5%，输出支路压降不超过 2%；绝缘性能的选择应考虑不漏电和良好的屏蔽性能。另外要根据其应用场合（如弯曲、移动等特性）考虑使用多芯软绞线而不是单股硬线。多芯线机械特性柔软，比实心线具有更高的挠曲寿命，但耐腐蚀能力不如硬线。

2.5.4.2　布线方法

在太阳能电池阵列中功率收集线路的一般布线方法类似于功率分配线路的一般布线方法。所不同的是，它们的电流流动方向正好相反。就像要把出故障的负载与大的功率分配网络断开那样重要，也应能够把出故障的太阳能电池电路与大的功率收集网络断开。但是要在大型太阳能电池阵列上实现自动的故障隔离，也许会稍微复杂。因为在故障状态下太阳能电池电路和负载之间存在内部的阻抗差别。

为了便于开始时的测试和以后的维修，最好是能够把较低功率的太阳能电池串与功率收集线路隔离开。较大空间太阳能电池阵普遍使用的布线方法是：首先把电池串的母线接到太阳板的母线上，以便最大限度地减小接插件的芯数以及最大限度地提高电输出试验的分辨率，然后把不断增加的线路连接起来，以便最大限度地减小导线的总重量和成本。朝着负载的方向线路的规模逐渐增大。

2.5.4.3　布线原则

一般来说，最小的线号、备份线路和绝缘电压额定值均与任务和设计方案有关，在进行太阳能电池阵列的导线布设和安装时，应该小心谨慎，而且应遵循下述准则：

（1）不得在锐边上布设导线。这些锐边可能切穿绝缘层，从而可能引起短路。导线的绝缘层应具有适当的抗切穿能力。

（2）应配备热伸缩环。随着温度的变化，铜的膨胀或收缩率不同于铝、环氧—玻璃纤维、卡普顿或其他材料，从而导致互连元件之间发生相对运动。

（3）应提供足够数量和质量的导线固定点（如粘接点、电缆夹子等），以防止地面太阳能电池阵列的导线在挠曲（由于刮风、震动等引起的）时受到损害。

（4）绝缘材料应能与下述环境相适应：

1）在寿命期间，预计到的紫外和带电粒子辐射剂量；

2）太阳电池阵在工作和不工作时经受的温度范围，应考虑到由于电流引起导线温度升高的问题；

3）湿度和其他环境。

（5）处于电缆束内部的导线将要在较高的温度下工作，因此，采用的线号应适当降低使用。

（6）单根导线的弯曲半径至少应该是其外径的好几倍，而线束的弯曲半径不得小于其外径的 10 倍。

（7）可能的话，同一电路的电流馈线和回线应绞合在一起。

（8）从温度传感器等引出的信号线路应保持独立，并尽可能远离功率传输线路。

（9）多股绞合线具有比实心导线高的挠曲寿命。

（10）通过可弯曲对接面、铰接点等的导线或线束应由多股组合线制成，并绕着接点做成环状。这样，当该接点活动时，导线只会发生极少量的扭曲，而不会发生极大的弯曲。

2.5.4.4　导线绝缘特性

表 2-14 中给出了光伏发电系统中广泛应用的某些导线绝缘材料的特性。严格的工作极限温度和允许的用途取决于特定绝缘材料的成分，应该参考制造厂商提供的适当数据。作为空间应用的外表面绝缘材料必须能耐带电粒子和紫外辐射环境，而且必须具有低的放气特性。

某些地面用导线绝缘材料

表 2-14

绝缘材料类型	典型极限温度（℃）	用　　途
耐热橡胶	75～90	仅适用于干燥环境
耐潮及耐热和耐潮地橡胶	60～75	适用于干燥和潮湿环境
耐热的热塑性塑料	60～90	仅适用于干燥环境
耐潮及耐热的热塑性塑料	60～75	适用于干燥和潮湿环境
硅树脂-石棉	90～125	仅使用于干燥环境
氟化乙烯丙烯	90～200	特殊应用
卡普顿	200～350	特殊应用
石棉和黄蜡布	85～110	适用于干燥和潮湿环境

卡普顿绝缘材料不易熔化或被冷气流穿透。它是一种实际工作温度最高（约为 250℃）的材料。在温度超过 350℃时，卡普顿材料才会发生衰变。作为导线绝缘的卡普顿材料正在日益广泛地应用在空间及地面太阳能光伏发电系统中。

2.5.5　接地及防雷安装

2.5.5.1　接地及接地装置

当带电导体与大地接触时，电流便从导体向各个方向流入大地。离带电导体越近，电流强度越大。一般情况下，带电导体 20m 以外的范围，电流强度就很微弱，几乎没有电压降，这就是电位上的零点，电气上称为"地"。由此可见，带电导体虽然与大地接触，但接触点附近的电流强度还比较高，与电气上的"地"之间还有一定的电压降。如果这个电压降数值较大，当工作人员同时接触的两点（例如脚站地上，而手摸到有故障的电机外壳时）之间电压在 60V 以上时，就会发生危险。

概括地说，接地是为了保证电力设备正常工作和人身安全所采取的一种安全用电措施，并通过金属导线与接地装置连接来实现接地。接地装置能够将电力设备和其他生产设备上可能发生的漏电流、静电荷以及雷电流等引入地下，从而避免人身触电和可能发生的火灾、爆炸等事故。

一般而言，电气设备的金属外壳必须接地，防止内部绝缘发生故障时接触电压伤人的危险。同样，光伏系统设备的金属外壳也必须与接地系统结合。光伏发电板的金属支撑结构也应接地，避免产生接触电压。假如发生直接雷击时，接地的金属支撑结构能提供雷电流的传输路径（如果光伏发电板已安装了外部雷击防护系统，必须注意不能再让金属支撑结构接地，以防止经由地面发生的耦合效应）。此外，雷击保护装置应该被直接连接至地面，其路径应该尽可能的短。

大多数国家的电气安装及使用法规都已经考虑了接地问题。在为光伏发电板安装接地系统之前，应仔细查阅这些法规，确定遵循当地的法规。

1. 接地的种类

按接地目的的不同，光伏发电系统中电气设备的接地分为下列三种：

（1）防雷接地。避雷针或避雷器都要接地，以便将流过的雷电流引入大地，这种接地叫防雷接地。

（2）保护接地。电力设备的金属外壳都要接地，以防止这些设备绝缘损坏时，人体接触外壳而触电，这种接地叫保护接地。

（3）工作接地。将电路中的某一点与大地进行电气上的连接，以保证电力设备的安全用电，叫做工作接地。例如，将三相四线制的发电机和变压器的星形中点接地后，三相火线对地电压就可以保持在 220V 左右，不论在正常运行或事故情况下，都能保证照明用户的安全用电。

2. 接地装置的结构

接地装置一般由人工接地极、接地干线和有关电气设备接地线三部分组成。接地极的长度越大，接地电阻数值越小（接地极截面积对接地电阻影响较小），一般用长度为 3m 左右的 ϕ25mm 钢管（或角钢 $\llcorner$ 30×4mm 及圆钢 19mm）做成。接地干线一般采用25mm×4mm 的扁钢。室内接地干线一般沿墙角装设，室外接地干线则埋于地下 0.6m 处。

各种电气设备接地线的规格可按所接设备容量的一半来选择，但最小面积不得小于 6mm^2（裸铝线）和 2.56mm^2（绝缘铝线）。

为了保证接地良好，接地极应埋入经常潮湿的泥土中，接地极与接地干线连接处要焊接，接地干线与设备间可用螺栓连接。

3. 接地电阻的规定

为了保证安全，各种接地电阻的数值都应有一定的限制，其标准如表 2-15 所示。

接地电阻的标准　　　　　　　　　　　　　　　　表 2-15

接 地 类 型	接地电阻 $R_z(\Omega)$
发电机、变压器(功率大于 75kW)工作接地	<4
发电机、变压器(功率小于 75kW)工作接地	<10
各种电气设备金属外壳的保护接地	<10
防雷接地	<20

4. 土壤电阻率的测定

在有条件的时候，最好能对接地体附近的土壤电阻率加以测定。测量方法为，在被测的土壤中打入普通钢管或钢棒作为电极，被测接地极要埋在接地体的设计深度处，测得被测接地电阻值以后，可按式（2-145）计算土壤电阻率：

$$\rho = 2.73 \frac{RL}{18 \frac{4L}{d}} \tag{2-145}$$

式中　R——实测的接地电阻，Ω；

　　　L——被测接地极的埋入深度，cm；

　　　d——管（棒）的直径，cm。

5. 接地装置电阻的测定

接地装置安装完毕后，必须对其接地电阻值进行实际测定，验明是否符乎要求。其测定步骤如下：

（1）测量接地装置的接地电阻时，应将测量螺栓拆开，然后再进行测量。为了保证人身安全，在冬季测量的居民区线路的接地装置时，可以不断开接地引下线，而是连着避雷线一起测量。但此时的接地电阻仍应符合规定的要求值；

（2）应在晴天或天气干燥的情况下进行测量，雨后不应立即测量，同时也应避免在农田放水灌溉后或附近水域涨潮时进行测量；

（3）接地装置的接地电阻值，应为测量仪表测得的数值再乘以季节系数。季节系数可在表 2-16 中查用。

季节系数的推荐使用值 表 2-16

接地体埋设深度（m）	测量时不同土壤状态的季节系数	
	湿的	干的
0.5	1.80	1.40
0.8	1.45	1.25
2～3	1.30	1.15

（4）可直接使用接地测定器测量接地装置的接地电阻。测定器表面上有三个接线端子、一个检流计、一个电阻调整器和一个发电机摇柄。当把各极埋设好并接线完毕后，一只手握住摇柄以 60r/min 的速度摇动发电机，另一只手调整电阻，使检流计的指针指向 0。此时，电阻调控器指示的电阻值即为所测定的接地电阻值。

2.5.5.2　防雷及防雷装置

1. 防雷的基本概念

雷电是一种大气的放电现象，云雨在形成过程中，它的某些部分积聚起正电荷，另一些部分积聚起负电荷，当这些电荷积聚到一定程度时，就会产生放电现象，形成雷电。带电的云雨直接通过线路或电力设备而对地放电，叫做直接雷击。如果带电的云雨在线路或电力设备附近放电，由于电磁的作用，产生很大的磁场，使附近的金属导体感应出很高的电势而对地放电，叫做间接雷击。

在雷击过程中，除了产生闪光和巨响外，还会形成强大的电压和电流。虽然雷电的时间短，只有几十微秒，但雷的电压却可达几十万伏到几百万伏，雷的电流可达几千安培甚至一二十万安培。输电线路不论是受到直接雷击还是间接雷击，都将产生过电压，若不能使雷电流迅速流入大地，雷电就会侵入房屋，损坏建筑物或设备，甚至会引起火灾，造成人身伤亡事故。因此，太阳能光伏发电系统必须采取有效措施，防止雷击。通常可以采用避雷线、避雷器和角型保护间隙等办法进行防雷。

（1）避雷线。例如 35kV 的变电站，为了防止雷电流的侵入，可在变电站进出线端装设防雷架空地线。其长度可视变电站的容量而定。变电站容量在 5600kVA 以上的，防雷架空地线的架设长度为 1km；容量在 3200～5600kVA 的，防雷架空地线的架设长度为 500m；容量在 2400kVA 及以下的变电站，可以不装设防雷架空地线，只要求在 500m 范围内将每一个地杆都接地即可。

（2）避雷针。避雷针是一根装在很高的建筑物尖顶上的金属棒或金属管，并有良好的接地装置。由于避雷针产生尖端放电，可以使电气设备不受直接雷击。所以，也可以说避雷针是预先布置好的专门引导雷电流进入大地的通道。有了这一通道，雷电便向避雷针放电，使附近的被保护物体免受雷击。避雷针越高，保护范围越大。单根避雷针所需高度的估算方法是，避雷针高出被保护物的高度至少应等于避雷针到被保护物的水平距离。小型独立太阳能光伏电站的避雷针高度一般为 15～20m 即可。

（3）避雷器。为了保护电站和电力设备不受线路侵入的雷电流的危害，必须安装阀型避雷器。阀型避雷器的结构和原理可参见有关资料，这里从略。

（4）角型间隙（保护间隙）。角型间隙是一种最简单的防雷设备，在农村小型电站中，用它来保护 50kVA 以下的变压器，可以大大降低工程造价。角型间隙的主要部分是用两条 10～12mm 的镀锌铁线或钢筋制成的两个半角形。当线路上的过电压超过一定数值时，角间隙被击穿，雷电流被导入大地。角间隙击穿时会发生电弧，电弧因发热而沿弧角上升，使电弧拉长，而且断裂，这样便起到了灭弧的作用。角间隙距离的大小，随电路额定值而定。

角型间隙上、下引线截面大小的一般规定是：如用铁线时，要双股 8 号铁线并用；如用铝线时，不得小于 LJ-16。

角型间隙与周围物体距离的一般规定是：间隙的上方，在 1m 范围内不得有导线等物体；水平方向 0.35m 的范围内不得有其他物体；辅助间隙上方的间隙，应在 0.3m 以上。主间隙与辅助间隙应该尽量接近，其间隔不得超过 2m，接地电阻不得大于 10Ω。

2. 交叉线路的保护

一线路与另一 10kV 以下的线路或电信线路互相交叉时，其线间垂直距离不得小于 2m。10kV 线路与 35kV 线路交叉时，其线间垂直距离不得小于 3m。在交叉地点，应设有保护间隙。如电信线路在电力线路下面穿过时，应在电力线路电杆最下层导线的 0.75m 处，用直径为 4mm 的铁线缠绕 4～5 圈，然后沿电杆引下入地，接地电阻应小于 15Ω。

3. 低压防雷保护措施

低压防雷保护，一般可采用户内式阀型避雷器或户内防雷火花间隙。常用的低压阀型避雷器有 FS-0.5 型。

户内防雷火花间隙，也是一种简易的防雷保护措施。它是用两个锯齿条在一个低压熔丝器内改装的。空气间隙一般调整在工频放电电压 1500～2000V 的范围内。

为了防止架空线将雷电所引起的过电压引进房屋，造成火灾或人畜触电死亡的不幸事故，把线路绝缘子的瓷瓶铁角接地是一种较简单的防护方法。采用这种措施时，不仅线路引入处的瓷瓶铁角要接地，而且接近房屋第一根电杆上的瓷瓶铁角也要接地，接地电阻应为 30～60Ω。

2.5.5.3　光伏发电系统雷击、接地与过电压保护

光伏系统的安装应不易增加建筑雷击的可能为前提，为了防止发生雷击，光伏系统需要防雷电保护措施，或将建筑的防雷装置与光伏系统连接。

若光伏系统内没有特殊的防雷保护装置，为了防止发生感应性电涌现象，系统直流侧的电缆线必须捆扎成束，同时应在直流侧安装感应电涌保护装置（该装置有时已内置于系统逆变装置中）。此外，如果光伏阵列位于建筑的等势区域内，或使用没有安装变压器的逆变装置，则光伏阵列的支架必须接地。

1. 直接雷击和外部防雷保护

一般情况下，建筑物受到直接雷击的可能性可以通过建筑物的外形尺寸、周围环境、该地区年平均雷雨的天数计算得到。对于郊外的普通住宅，受到雷击的可能性大约为每1000 年一次；如果该农舍位于非暴露的地区，雷击的可能将会减小至每 500 年一次；而位于山脊独立建筑的农舍，受雷击的可能是每 30 年一次。

总体说来，安装光伏发电系统并不会增加建筑物雷击的可能性，一般情况下，也不需要安装特殊的防雷击保护装置。当光伏发电系统安装在较为暴露的地点时，例如，安装在位于空旷高山的建筑屋顶上，就必须考虑加装雷击保护装置。

外部防雷击保护装置必须具备用于捕获、传导雷电流的仪器和设备。一套完整的防雷击保护系统包括：接闪器、引下线、接地装置、接地电极，以及为防止侧边闪火而进行的适当连接。

2. 间接雷击的影响与内部雷击保护

每次发生雷击会对周围 2km 范围内造成间接的影响，建筑物受到间接雷击的可能性远大于直接雷击。因此，光伏发电系统在使用期间，受到周围地区雷击的间接影响较多。

间接雷击所影响到的是电路的基本电气元件，例如：电感、电容等电耦合器件。这些器件受到雷击影响会产生浪涌电压。因此，内部雷击保护装置必须要保护电气元件免受浪涌电压的影响。间接雷击造成的危害越大，内部雷击保护装置的设计安装成本就越高。

内部防雷装置的设计安装应严格按照国际标准 IEC 364-5-54 来执行。所有可导电系统（例如供水、采暖和供气管道）都必须通过接地金属带与接地电极相连。

雷电流在光伏组件、组件电缆线和直流侧的电缆线间会发生感应耦合现象，无金属框架光伏组件内产生的感应耦合约是有框架组件的 2 倍。为了减少光伏组件和电缆线间产生的感应耦合，每一个光伏串列的输入和输出电缆线（即"＋"极和"－"极）应尽量靠近。

光伏组件连接时，应避免发生"短路"。如图 2-100 所示，光伏组件的连接电缆组成的环路区域部分的面积，即图中阴影区域的面积越小，电缆中雷电流产生的感应电压值就越小，对光伏组件及系统的危害就越小。图中左侧为错误的接线方法，右侧是正确的接线方法。

为了减少系统直流侧电缆中的感应耦合现象，应使正负电缆线尽量靠近。对于较长的连接导线，应安装在接地的线管或接线箱内。

光伏系统和与其连接的电气负载都必须安装电涌放电器，以保护系统，防止电容、电感的耦合和电网的过电压。通常过电压保护装置已经内置在逆变装置中。

为了准确确定光伏系统内发生雷击和出错的位置，推荐在系统内安装隔热装置和故障指示器。每次雷雨天气后，电涌保护器可以对电路系统作出一个可视化的检测，这种测试

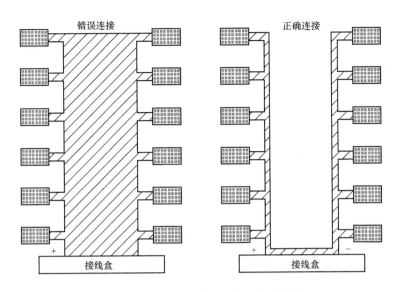

图 2-100　光伏组件的环路连接示意图

应至少每半年做一次。若光伏系统内电涌保护器的安装存在一定困难时，可以采用远端控制措施实施远程监测和调控。

3. 没有雷击保护系统的防雷击和过电压保护

若光伏系统内没有安装雷击保护系统，推荐将光伏发电板的支撑框架接地，并且进行等势连接。若逆变装置没有安装变压器时，光伏电池板的框架及支撑结构必须接地，而且光伏阵列的各个部分之间必须保证等势连接。

2.5.6　工程验收

太阳能光伏发电系统依照设计要求安装完毕后，为确保设备运行安全，竣工后必须进行的工程验收和定期的日常、自主检查，以提高系统的性能参数，延长使用寿命。检查的内容除外观检查外，还包括对太阳能电池阵列的开路电压、各部分的绝缘电阻及接地电阻进行测量，并记录观测结果和测量结果作为日后日常检查、定期检查时发现异常时的参考依据。推荐的检查项目如表 2-17 所示。

检查项目（用于系统工程完成和定期检查时）　　　　　　　　　　表 2-17

检 查 对 象	外 观 检 查	测 量 试 验
太阳能光伏阵列	表面有无污物、破损； 外部布线是否损伤； 支架是否腐蚀、生锈； 接地线的损伤，接地端是否松动	绝缘电阻测量； 开路电压测量（必要时）
接线箱	外部是否有腐蚀、生锈； 外部布线是否有损伤，接线端子是否松动； 接地线损伤，接地线是否松动	绝缘电阻测量
功率调节器（包括逆变器、并网系统保护装置、绝缘变压器）	外壳是否腐蚀、生锈； 外部布线是否损伤，接线端子是否松动； 接地线是否损伤，接地端子是否松动； 工作时声音是否正常，是否有异味产生； 换气口过滤网（有的场合）是否堵塞； 安装环境（是否有水、高温）	显示部分的工作确认； 绝缘电阻测量； 逆变器保护功能试验
接地	布线是否损伤	接地电阻测量

2.5.6.1　外观检查

　　1. 太阳能电池组件及太阳能电池阵列的检查

　　太阳能电池组件在运输过程中因某些原因可能被损坏,在施工时应进行外观检查。因为一旦将太阳能电池组件安装完成,再要进行详细的外观检查就比较困难了,因此根据工程进行的状况,在安装前或在施工中对电池板可能会出现的裂纹、缺角、变色等进行检查。还有,对太阳能电池组件表面玻璃的裂纹、划伤、变形等,以及密封材料外框的伤残、变形等也要进行检查。

　　2. 布线电缆等的检查

　　太阳能光伏发电系统设备一旦安装完,就长年投入使用,其中的电缆、电线等在工程施工中可能出现碰伤和扭曲等,这会导致绝缘被破坏,绝缘电阻降低。因此,工程安装结束后不易检查的部位,在工程过程中选择适当时机进行外观检查,并进行记录。

　　在进行电池阵列的导线布设时,除了要考虑导电率和绝缘能力外,还应遵循下列原则:

　　(1) 不得在墙和支架的锐角边缘布设电缆,以免切、磨损伤绝缘层引起短路,或切断导线引起断路;

　　(2) 应为电缆提供足够的支撑和固定,防止风吹等机械损伤;

　　(3) 布线松紧度要适当,过于张紧会因热胀冷缩造成断裂;

　　(4) 考虑环境因素影响,绝缘层应能耐受风吹、日晒、雨淋、腐蚀;

　　(5) 电缆接头要特殊处理,要防止氧化和接触不良,必要时镀锡;

　　(6) 同一电路馈线和回线应尽可能绞合在一起。

　　电缆有绝缘电缆和裸电缆之分。裸电缆通常用于架空导线,如村落集中式光伏发电站向村庄输电线路,其特点成本低、散热特性好,但绝缘能力较差。户内则必须使用绝缘电缆。选择电缆要根据导线的电流密度来确定其截面积,适当的截面积可以在降低线损和降低电缆成本方面求得平衡。导线绝缘材料一般带有颜色,使用时应加以规范,如火线、零线和地线颜色要加以区分。通常光伏阵列到光伏发电控制器的输电线路压降不允许超过5%,输出支路压降不超过2%。

　　3. 接地端子的检查

　　逆变器等电气设备,在运输过程中由于颠簸会使接线端子松动。此外。工程现场有可能存在虚连接或者为了试验临时解除连接等情况。因此施工后,在太阳能光伏发电系统运行之前,对电气设备、接线箱的电缆接头等逐一进行复查,确认是否连接牢固,并进行记录。还需要确认正极(+或P端子)、负极(-或N端子)是否正确连接,直流电路和交流电路是否正常连接。对这些的检查确认要给予重视。

　　4. 蓄电池及其他外围设备的检查

　　对蓄电池和其他外围设备也需要进行上述检查,同时根据设备供应生产厂家推荐的检查项目和方法进行检查。

2.5.6.2　系统运行状况的检查

　　1. 声音、振动及异味的检查

　　系统运行过程中出现的异常声音、振动、异味要特别注意。若感到出现异常状况时,一定要进行检查。特殊情况下,需要依据设备生产厂家和电气安全协会的规定进行检查。

2. 运行状态的检查

光伏发电系统中应安装必要的电压表、电流表等测试仪器，以便观测系统的运行状况。对于住宅用太阳能发电系统，由于安装测试仪表的情况较少，进行系统运行状况检查是困难的。这种场合下，应定期通过电表（剩余电能计量用）进行电量检查。如果发现两个月的电能差值较大，建议依靠设备厂家和电气安全协会的规定进行检查。

3. 蓄电池及其他外围设备的检查

与上述检查一样，按设备供应商推荐的检查项目和方法进行检查。

2.5.6.3　绝缘电阻的测量

为了检查太阳能光伏发电系统各部分的绝缘状态，判断是否可以通电前应进行绝缘电阻测量。对系统开始运行、定期检查时，特别是出现事故时发现的异常部位实施测量。运行开始时测量的绝缘电阻值将成为日后判断绝缘状况的基础，因此，要把测试结果记录保存好。

由于太阳能电池在白天始终有电压，测量绝缘电阻时必须十分注意。太阳能电池阵列的输出端在很多场合装有防雷用的放电器等元件，在测量时，如果有必要应把这些元件的接地解除。还有，因为温度、湿度也影响绝缘电阻的测量结果，在测量绝缘电阻时，应把温度、湿度和电阻值一同记录。注意，避免在雨天和雨刚停后测量。

2.5.6.4　绝缘耐压的测量

一般对低压电路的绝缘，由制造厂在生产过程中经慎重研究后制作。另外，通过绝缘电阻的测量检查低压电路绝缘的情况较多，因此通常省略在设置地的绝缘耐压试验。当绝缘耐压试验必要时，按照下面要领实施。

1. 太阳能电池阵列电路

在与前述的绝缘电阻测量的相同条件下，将标准太阳能电池阵列的开路电压看作最大使用电压，检测时施加最大使用电压 1.5 倍的直流电压或 1 倍的交流电压（不足 500V 时按 500V 计）10 分钟，确认是否发生绝缘破坏等异常。在太阳能电池输出电路上如果接有防雷器件，通常从绝缘试验电路中将其取下。

2. 功率调节器电路

在与前述的绝缘电阻测量的相同条件下，和太阳能电池阵列电路的绝缘耐压试验一样施加试验电压 10 分钟，检查绝缘等是否被破坏。若在功率调节器内有浪涌吸收器等接地元件，应按照厂家指导方法实施。

2.5.6.5　接地电阻的测量

利用接地电阻表测量，检查接地电阻是否符合电气设备技术标准规定的值。

2.5.6.6　并网保护装置试验

使用继电器等试验仪器，检查继电器的工作特性的同时，确认是否安装有与电力公司协商好的保护装置。具有并网保护功能的孤岛保护装置，由于各个厂家所采用的方式不同，所以，要按照设备厂家推荐的方法做试验，或直接请设备厂家做试验。

2.5.6.7　太阳能电池阵列输出功率的检查

太阳能光伏发电系统为了达到规定的输出，将多个太阳能电池组件串联、并联构成太阳能电池阵列。因此在安装场地专有接线工作场所，要对接线情况进行检查。定期检查时，通过检查太阳能电池阵列的输出，找出工作异常的太阳能电池模块和布线中存在的缺陷。

1. 开路电压的测量

测量太阳能电池阵列的各组件串列的开路电压时，通过开路电压的不稳定，可以检测出工作异常的组件串列、太阳能电池组件以及串联连接线的断开等故障。例如，太阳能电池阵列的某个组件串列中存在一个极性接反的太阳能电池组件，那么整个组件串输出电压比接线正确时的开路电压低很多。正确接线时的开路电压，可根据说明书或规格表进行确认，即与测定值比较，可判断出极性接错的太阳能电池组件。即使因日照条件不好，计算出的开路电压和说明书中的电压有些差异时，只要和别的组件串列的测试结果进行比较，也能判断出有无接错的太阳能电池组件。另外，虽然太阳能电池组件的接线正确，旁路二极管的极性接错，也可用同样的方法检查。

测量时应注意以下事项：

（1）清洗太阳能电池阵列的表面；

（2）各组件串的测量应在日照强度稳定时进行；

（3）为了减少日照强度、温度的变化，测量时间应选在晴天的正午时刻前后一小时内进行；

（4）太阳能电池即使在雨天只要是白天都产生电压，测量时要注意安全。

2. 短路电流的测量

通过测量太阳能电池阵列的短路电流，可以检查出工作异常的太阳能电池组件。太阳能电池组件的短路电流随日照强度大幅度变化，因此在安装场地不能根据短路电流的测量值判断有无异常的太阳能电池组件。但是，如果存在同一电路条件下的组件串列，通过组件串列相互之间的比较，某种程度上是可以判断的。这种场合希望在有稳定日照强度的情况下进行。

本章参考文献

[1]　（日）高桥清等. 太阳光发电. 北京：新时代出版社，1987

[2]　（日）过高辉. 太阳能电池. 北京：机械工业出版社，1989

[3]　（美）理查德. 实用光伏技术. 北京：航空工业出版社，1988

[4]　（澳）格林. 太阳电池. 北京：电子工业出版社，1987

[5]　Duffie J. A. and W. A. Bechman. *Solar Engineering of Thermal Processes*，John Wiley & Sons，1980

[6]　Lewis G. Optimum tilt of solar collector. Solar and Wind Energy 1987，4：407-410

[7]　Asl-Soleimani E. , S. Farhangi and M. S. Zabihi. The effect of tilt angle, air pollution on performance of photovoltaic systems in Tehran. *Renewable Energy*，2001，24：459-468

[8]　Christensen, C. B. , and Barker, G. M. Effects of Tilt and Azimuth onAnnual Incident Solar Radiation for United States Locations，Solar Engineering2001，S. J. Kleis and C. E. Bingham，eds. , Proceedings of the InternationalSolar Energy Conference Presented at FORUM 2001，21~25 April 2001，Washington，DC，The American Society of Mechanical Engineers ＿ ASME ＿ , New York，pp. 225-232；NREL Report No. CP-550-32966

[9]　Lu，L. Investigation on Characteristics and Application of Hybrid Solar-Wind Power Generation Systems. Ph. D. Thesis. The Hong Kong Polytechnic University，2004

[10]　Reindl，D. T. , W. A. Beckman and J. A. Duffie. Evaluation of hourly tilted surface radiation models. Solar Energy，1990，45（1）：9-17.

[11]　Orgill J. F. and K. G. T. Hollands. Correlation equation for hourly diffuse radiation on a horizontal surface. Solar Energy，1997，45：357-359

[12]　Yik，Francis W. H. ，T. M. Chung and K. T. Chan. A method to estimate direct and diffuse radiation in Hong Kong and its accuracy. *The Hong Kong Institution of Engineers Transactions*，1995，2 (1)：23~29

[13]　Yang，H. X. and L. Lu. Study on Typical Meteorological Years and their effect on building energy and renewable energy simulations. *ASHRAE Transactions*，2004，100 (2)：424-431

[14]　http：//www. linuo-paradigma. com/

[15]　Yellowknife Government of Canada Building. Visionwall Corporation 17915-118 Avenue Edmonton，Alberta，Canada. www. visionwall. com

[16]　T. Y. Y. Fung，H. Yang. Study on thermal performance of semi-transparent building-integrated photovoltaic glazings. Energy and Buildings，2008，40：341-350

[17]　Yunyun Wang，Gang Pei，Longcan Zhang，Effect of frame shadow on the PV character of a photovoltaic/thermal system. Applied Energy，2014；130：326-332.

[18]　Peng Jinqing. Study on the Overall Energy Performance of Amorphous Silicon Based Solar Photovoltaic Double-skin Facade. PhD dissertation. The Hong Kong Polytechnic University. 2014

[19]　Jinqing Peng，Lin Lu，Hongxing Yang，Tao Ma. Comparative study of the thermal and power performances of a semi-transparent photovoltaic façade under different ventilation modes. Applied Energy 2015；138：572-583. (SCI，IF＝5. 6)

[20]　Jinqing Peng，Lin Lu，Hongxing Yang. An experimental study of the thermal performance of a novel photovoltaic double-skin facade in Hong Kong. Solar Energy 2013；97：293-304. (SCI，IF＝3. 9)

[21]　Huang B. J. ，Lin T. H. ，Hung W. C. and Sun F. S. ，2001. Performance evaluation of solar photovoltaic/thermal systems. Solar Energy 70 (5)：443-8.

[22]　Utzinger D. M. and Klein S. A. ，1979. A Method of Estimating Monthly Average Solar Radiation on Shaded Receivers. Solar Energy 23：369-378.

[23]　Loveday D. L. and Taki A. H. ，1996. Convective heat transfer coefficients at a plane surface on a full-scale building façade. International Journal of Heat and Mass Transfer 39 (8)：1729-1742.

[24]　Reindl D. T. ，Beckman W. A. and Duffie，J. A. ，1990. Evaluation of hourly tilted surface radiation models. Solar Energy 45 (1)：9-17.

[25]　ASHARE Handbook-Fundamentals，ASHARE Inc. ，Atlanta.

[26]　Lu L. and Yang H. X. ，2004. Study on Typical Meteorological Years and Their Effect on Building Energy and Renewable Energy Simulations. ASHARE Transaction 110 (2)：424-431.

[27]　Hong Kong Building Department，2001. Joint Practice Note No. 1 － Incentives for Green Buildings，Hong Kong Special Administrative Region.

[28]　Yik F. W. H. ，Burnett J. and Prescott I. ，2001. Predicting Air-Conditioning Energy Consumption of A Group of Buildings Using Different Heat Rejection Methods. Energy and Buildings 33：151-166.

第3章　光伏建筑的相关法令和应用实例

近年来全球光伏产业发展迅速，光伏系统和电池组件的转化效率不断提高、生产安装成本持续降低，为太阳能光伏建筑和其他光伏发电技术在我国的应用推广创造了良好的机遇。现阶段光伏发电成本略高于传统火力发电，在实现光伏电力平价上网之前，仍需要国家继续为整个产业提供配套的补贴政策。因此，本章首先介绍了可再生能源发展走在世界前列的一些国家和地区的可再生能源政策，希望能为政府制定新能源政策提供参考。另外，本章还介绍了国内外关于光伏发电系统设计、安装以及检测等方面的标准和规定，同时还简要介绍了我国香港地区光伏系统并网发电所需要办理的手续。最后具体介绍了几个建筑一体化光伏发电系统实例。

3.1　新能源政策对光伏建筑发展的影响

太阳能在未来人类能源中具有最重要的战略地位，来自欧盟的能源预测表明，21 世纪中叶可再生能源在能源结构中的比例将达到 78%，太阳能达到 28%，其中太阳能发电达 25.5%，到 21 世纪末可再生能源达到 86%，太阳能达到 66%，其中太阳能发电达 63%。太阳能光伏技术与建筑相结合，拓展了光伏技术的应用范畴。作为一种可再生能源，光伏与建筑一体化技术将建筑由单纯电力消耗者变成能源的生产者。特别是并网技术的发展，使光伏建筑摆脱了蓄电池，实现了稳定不间断供电。但光伏技术与其他可再生能源技术一样，面临造价高，发电成本高，暂时无法与传统能源直接竞争的现实困境。因此，在光伏技术不断发展完善的同时，需要相应的立法支持，财政激励，以保证整个光伏产业的持续发展。在本节中介绍了国内外光伏建筑发展的基本情况，参考国际上支持光伏建筑发展的法律和经济措施，着重分析了比较可行的可再生能源政策，希望能为我们制定新能源政策提供参考。

3.1.1　国外光伏建筑的发展

在能源和环保压力的促进下，太阳能光伏技术已逐步成为国际社会走可持续发展道路的首选技术之一。事实已经证明，对于几千瓦以下的系统，采用太阳光伏发电是最为理想的。光伏技术除传统的单独用户及特殊领域应用外，正在向高水平和大规模方向发展。光伏建筑的并网发电已成为近年来光伏应用的主要方向和热点。联合国能源机构最近发布的调查报告显示，光伏建筑将成为 21 世纪的市场热点，太阳能建筑业将是 21 世纪最重要的新兴产业之一。各国一直在通过改进工艺、扩大规模、开拓市场等方式大力降低光伏电池的制造成本和提高其发电效率。现在分别介绍光伏建筑在不同国家和地区的发展情况。

3.1.1.1　日本

日本是最早开发并使用太阳能的国家之一。早在 1974 年，日本经济贸易工业部就开始对与太阳能技术相关的科研项目提供资助。随着 20 世纪 70 年代全球石油危机的爆发和 1981 年光热项目受挫，日本经济贸易工业部更加注重太阳能光伏产业的发展，对光伏科研项目投入的经费倍增，这一举措奠定了日本光伏产业繁荣的基础。日本光伏产业获得市场扶持最早可追溯到 1992 年，当时日本国内 10 家电力企业自发组织并达成一致以市场价格（约 0.169 欧元/度）收购光伏电力。次年，政府正式通过《光伏入网指导》批准光伏发电可直接输入电网。

1994 年，日本政府为家用光伏发电系统（主要指屋顶分布式系统）出台专项补贴政策，对安装功率不超过 5kW 的光伏发电系统，政府财政补贴 50％ 安装成本（装机补贴），补贴上限为 6.7 欧元/W，随后被逐渐降低至 0.15 欧元/W。该政策对光伏产业的发展起到了良好的推动作用，在 2005 年该政策被取消时，日本国内已安装了 25 万余套、总功率超过 930MW 的家用光伏发电系统，每套系统的安装成本由 1994 年的 14.3 欧元/W 下降至 2005 年的 4.9 欧元/W。然而，随着日本政府装机补贴的逐年下调，其他补偿性政策未能跟进，导致光伏发电的利润率逐渐下降，光伏发电对日本电力企业的吸引力不断降低（尤其在 2005 年装机补贴被完全取消后更为明显）。为了重振光伏产业，2003 年日本政府为电力企业制定了可再生能源组合标准，强制规定所有日本电力企业在 2010 年利用可再生能源发电的比例要达到 1.35％。然而此规定对光伏产业的振兴并不奏效，2005 年至 2008 年新增装机容量仍逐年减少。

2009 年 1 月，日本政府重新启动装机补贴政策，新装光伏发电系统每瓦可获 0.52 欧元补贴。同年 11 月，日本光伏上网电价补贴政策首次正式实施，功率在 10kW 以内的家用光伏系统发电将以 0.36 欧元/度的价格上网，有效期为十年。装机补贴和上网电价补贴每年根据市场行情上下浮动。相对而言，日本此时的光伏上网电价补贴政策并不如欧洲国家那般"慷慨"，它只限于提供给满足家庭自用后的剩余光伏电力。但即便如此，日本光伏产业在当年便重新焕发了活力，新增装机容量比 2008 年翻了一番。由此可见，以上两项补贴对屋顶分布式光伏发电系统的发展刺激作用尤为明显，超过 90％ 的光伏系统被安装在民用建筑上。

2011 年 3 月，由里氏 9.0 级地震引发的福岛核泄漏事件，使得日本政府更加注重可再生能源利用，并于同年 8 月颁布了《可再生能源电力采购法案》。该法案涵盖了更加全面的光伏发电上网补贴政策，并于 2012 年 7 月 1 日正式生效。法案进一步明确了日本未来的光伏发展目标，力争在 2020 年使总装机容量达到 28GW，2030 年达到 50GW。与以前不同的是，该法案更加鼓励分布式光伏系统在商业、工业类大型建筑屋顶的推广和应用。面对优厚的政府补贴，安装分布式屋顶光伏系统在日本变得越来越有利可图，吸引了大量的投资者。图 3-1 所示为日本光伏政策及产业发展趋势，到 2014 年时，日本光伏发电系统的总装机容量已经超过 23GW。

3.1.1.2　德国

德国政府在 1991 年颁布了《电力上网法》，强制规定电力公司以固定价格收购可再生能源电力接入电网供电，即德国最初的上网电价补贴，并于同年推出了"一千屋顶计划"，该计划为装机容量在 1～5kW 的光伏发电系统提供高达总成本 70％ 的装机补贴。同时，德国各个地方州政府也为光伏项目发展提供了不同形式的扶持政策，例如减免增值税等。"一千屋顶计划"结束于 1995 年，随后在 1999 年到 2003 年之间，德国国有银行推出了"十万屋顶计划"。该计划以十年期、总额五千万欧元的低息贷款来资助屋顶光伏项目的发展。在此计划的推动下，截至 2004 年，德国光伏发电的总装机容量已经达到 300MW。

德国光伏产业的真正腾飞始于 2004 年新《可再生能源法》的颁布。该法案在 2000 年

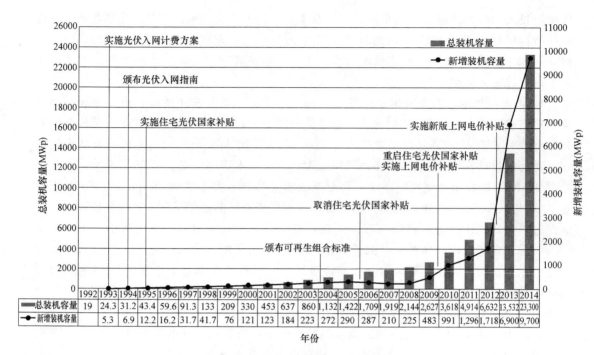

图 3-1　日本光伏政策及产业发展趋势

版本的基础上作了修改,将风力发电与光伏发电的上网电价补贴价格区分开来,光伏上网电价补贴由原来的 0.09 欧元/度调高至 0.51 欧元/度,有效期为 20 年,集中式和分布式光伏发电系统享受同样的优惠政策。2009 年,为鼓励光伏行业降低生产安装成本,《可再生能源法》再次作出调整,规定德国各州的上网电价补贴最少以每年 5% 的幅度减少。截至 2011 年,光伏发电系统被广泛推广使用,总装机容量超过了 7.5GWp,而上网电价补贴则进一步降低,最大降低幅度达 24%。与此同时,德国政府也为光伏产业技术进步与革新提供了大力资助。德国联邦教育科研部在 2008 年就曾划拨 1950 万欧元研究经费用于资助与太阳能薄膜技术相关的材料科学和微电子领域的研究项目;德国联邦环保及核能安全部也曾为 130 余项目提供了 3990 万欧元研究经费。

3.1.1.3　西班牙

西班牙对光伏产业的扶持政策最初体现在 1999 年实施的《可再生能源计划》。西班牙政府希望通过扶持若干光伏项目达到推动产业发展的目的,但收效甚微。直至 2002 年,光伏发电系统在西班牙仍只被应用在少数试验设施上。西班牙光伏产业得以蓬勃发展是在 436/2004 号皇家法令实施之后,该法令为光伏发电提供了可观的上网电价补贴,并使得西班牙光伏产业在 2006~2008 年之间实现了快速增长。2005 年 8 月,西班牙政府重新审视了可再生能源产业的发展状况,并制定了新一轮"五年计划",即《可再生能源计划 2005—2010》。该计划提出到 2010 年可再生能源将满足整个西班牙 12% 的能源需求与 30.3% 的电力需求。在新政策的推动下,西班牙光伏产业发展迅猛,并于 2007 年 9 月便实现了预定目标的 85%。为了防止产业过度发展,政府不得不在 661/2007 号皇家法令中对每年光伏发电系统的新增装机容量进行限制,拟定了 1200MW 作为新增装机容量上限并加强了对大型兆瓦级光伏电站的审批,细化了不同规模光伏发电系统的上网电价补贴额度。

尽管西班牙政府开始逐步降低对光伏产业的扶持力度，但在 2008 年年初，光伏系统的总装机容量便远远超过了 2005 年设定的目标，并且当年的新增装机容量创纪录的达到了 2670.9MW，累计装机容量达到了 3404.8MW，成为当时世界第一光伏大国。2008 年 9 月，西班牙政府通过 1758/2008 号皇家法令再次下调光伏上网电价补贴，并慎重地规划了未来集中式和屋顶分布式光伏发电系统的年度新增装机容量上限。2010 年颁布的 14/2010 号皇家法令又对上网补贴电价进行了进一步下调和限制，其中对集中式光伏发电系统的上网电价补贴降低了 45%，对大型屋顶分布式光伏系统的补贴降低了 25%，对小型屋顶分布式光伏系统的电价补贴降低 5%，并且还规定光伏系统只有在每日指定时间段入网的电能才可以获取补贴（每个地区可获取补贴的发电时间段根据地域、日照辐射和气候条件略有不同）；不过作为补偿，新的上网补贴有效期从 25 年延长至 28 年。到 2012 年，上网电价补贴最终稳定在每度电 0.122～0.266 欧元之间。

除了上网电价补贴之外，西班牙政府还曾对光伏系统进行装机补贴并资助相关技术研发。2004 年之前，光伏系统设备采购费用的 25%～35% 由政府财政支付，《可再生能源计划 2005—2010》颁布后，此项装机投资补贴只提供给非并网光伏发电系统且补贴比例下调至 22%，并网光伏系统不再享受此项补贴，取而代之的是对光伏上网卖电收入实行免税政策。

3.1.1.4　意大利

2001 年意大利环境部和工业部制定了"一万光伏屋顶计划"，其目标是在 5 年内建设一万套屋顶光伏发电系统，重点鼓励在私有和公共建筑物上分别安装 9000 套和 1000 套分布式光伏发电系统。该计划的实施推动了意大利光伏市场的初步发展。国际能源机构（IEA）的数据显示，意大利光伏发电量的飞速增长始于 2007 年，到 2012 年其光伏总发电量已经达到 18862GWh，位居世界第二位，仅次于德国。意大利光伏产业之所以能够快速崛起并成为新兴光伏大国，主要归功于意大利政府在 2005 年 7 月 28 日启动的《能源鼓励基金/可再生能源法案》，该法案为光伏产业提供了优厚的上网电价补贴政策。该政策大致分为五个阶段。

第一阶段主要是政府在 2005 年和 2006 年颁布的法令，它对政府扶持的标准作了具体规定。其补贴特点是功率越大，补贴越高。在这一计划中，意大利提出的光伏发展目标是：到 2015 年累计总装机容量达到 1000MW。

第二阶段是意大利政府在 2007 年 2 月 19 日颁布的新法令，对上网电价补贴政策再次作了修订，并将光伏产业发展的目标调整为：到 2015 年和 2016 年，意大利的累计光伏装机容量将分别达到 2000MW 和 3000MW。这一举措引来意大利光伏装机量大爆发。新法规对上网电价进行调整的同时还取消了单个电站 1MW 的规模限制，也取消了每年 85MW 的新增装机容量上限，而且自发自用的光伏电力与上网光伏电力一样可以获得上网电价补贴。

第三阶段，2010 年 7 月意大利政府通过了第三个政府法令，再次修订"能源补贴法案"。该政策规定：到 2020 年底，意大利光伏装机容量将实现 8GW，并在 2011～2013 年期间逐步减少激励补贴。事实上，在此期间，低廉的光伏组件价格为投资提供了良好的条件，进一步促进了光伏系统安装量的激增。

第四阶段是 2011 年 5 月通过的政府法令。此法令规定，到 2012 年 8 月底用于光伏发电补贴的资金限制在 60 亿欧元。截止到此阶段，意大利共建立了 199427 个光伏电站，累计装机容量约为7245MW。

第五阶段是2012年7月5日意大利政府再次颁布新法令，决定将光伏发电的补贴持续到2013年的头几个月，并将光伏发电补贴的资金上限调高至67亿欧元，与此同时，补贴比例也将逐渐降低。

3.1.1.5   美国

作为世界第一能耗大国，美国太阳能资源丰富且光伏技术发达，光伏产业的发展本应远超欧洲和日本，但一直以来美国政府由于缺乏完备的产业扶持政策，其发展成熟度总体低于欧洲和日本。随着全球能源日渐匮乏和环保问题日益严重，美国近些年逐步加大了光伏产业的发展力度。

1992年通过的《能源政策法案》首次对可再生能源供电比例作出了要求：2010年可再生能源的供电量相比1988年增加75%，并规定开放输电网，鼓励电力供应竞争，进一步拓展可再生能源发展环境。与此同时，对光伏项目提供10%的减税优惠，减税额度将随着社会物价水平的变化和国会年度拨款数额作出调整。2005年新的《能源政策法案》对可再生能源中的光伏发电在地方电力供应体系中的份额做出了更明确的要求：2010年，太阳能等可再生能源的供电比例应达到7.5%；另外督促政府部门的办公大楼率先使用可再生能源电力。另外，该法案还规定了更为具体的税收减免政策：2005～2008年间安装的商用或民用建筑屋顶光伏系统，其安装成本的30%可作为投资税减免金额、每户可获得最高不超过500美元的光伏设备或产品抵税额度并且减免光伏系统发电的收益税。这一减税政策在2008年的新能源激励计划中得以延续，减税有效期得到了延长并取消了上限。

2008年美国联邦政府的新能源激励计划中，对光伏项目提供投、融资优惠政策。政府投入60亿美元，用于支持银行对太阳能光伏产业的贷款，为2010年底前动工的太阳能项目提供补贴，为资金困难的太阳能项目提供银行贷款担保；并发行8亿美元的节能债券用于支持光伏研究项目。与此同时，美国各州的地方政府也积极采取减税和高价购买太阳能发电等政策来支持光伏产业发展，如一些州政府采用减免税收和发放津贴的方式鼓励个人和企业使用可再生能源。

2008年全球金融危机爆发后，为了刺激经济并创造更多的就业岗位，美国更加重视光伏产业的发展。在奥巴马总统提出的新能源政策中加大了对光伏产业投、融资优惠政策的扶持力度，为光伏企业和个人用户提供了200亿～300亿美元的退税和补贴；提供了300亿～400亿美元为光伏项目提供贷款担保，以帮助企业渡过难关；另拨付超过1亿美元用于资助太阳能研发项目。新能源政策进一步明确美国将逐步减少对石油的依赖，积极开发利用太阳能、风能、生物质能等新能源，并计划在2012年使新能源供电比例达到10%，2025年达到25%。

此外，2010年美国参议院能源委员会又通过了美国"千万太阳能屋顶计划"。根据该计划，从2012年起，美国将每年投资2.5亿美元用于太阳能光伏屋顶建设，并逐步扩大投资到5亿美元；预计到2021年，美国光伏累计装机容量将超过100GW。

3.1.2   我国内地光伏建筑的发展

3.1.2.1   主要法律法规

2005年2月28日第十届全国人民代表大会常务委员会第十四次会议通过了《中华人民共和国可再生能源法》，该法案的通过明确了可再生能源在国家能源战略中的地位，标志着发展可再生能源已经成为了一项基本国策。2009 年 12 月 26 日第十一届全国人大常委会第十二次会议表决通过了《中华人民共和国可再生能源法修正案》。该修正案明确鼓励和支持可再生能源并网发电；对可再生能源发电实行全额保障性收购制度并积极鼓励单位及个人安装太阳能光伏发电系统。《可再生能源法》为我国可再生能源规划了总体发展目标，下一步应逐步完善健全可实施的具体法律制度、配套的相关技术标准体系以及符合国情的财税激励政策。

　　2008 年 4 月 1 日起施行的《中华人民共和国节约能源法》第四十条规定，国家鼓励安装和使用太阳能等可再生能源系统；该法第六十一条规定，国家对生产、使用列入本法规推广目录的节能技术、节能产品，实行税收优惠等扶持政策。

3.1.2.2　主要产业政策

　　从德国、日本和意大利等光伏产业发达国家的发展经验来看，新能源政策的核心是通过强制并网、上网电价补贴、价格分摊等政策把政府推动与市场机制结合起来，将可再生能源的发展作为全社会的义务；并通过多方面的财税政策扩大可再生能源的市场，提高可再生能源生产企业和用户的积极性。近年来，为了促进我国内地光伏产业快速、健康发展，政府部门相继出台了多套政策措施。

　　2006 年 2 月，国务院发布《国家中长期科学和技术发展规划纲要（2006—2020 年)》，太阳能发电被确定为我国科学和技术发展的优先主题。2007 年 9 月，国家发展改革委员会发布《可再生能源中长期发展规划》（发改能源【2007】2174 号），该规划将太阳能发电列为重点发展领域并提出："发挥太阳能光伏发电适宜分散供电的优势，在偏远地区推广户用光伏发电系统或建设小型光伏电站，解决无电人口的供电问题。在城市的建筑物和公共设施配套安装太阳能光伏发电设备，扩大城市可再生能源的利用量，并为太阳能光伏发电提供必要的市场规模。为促进我国太阳能发电技术的发展，做好太阳能技术的战略储备，建设若干个太阳能光伏发电示范电站和太阳能热发电示范电站。积极推进可再生能源新技术的产业化发展，建立可再生能源技术创新体系，形成较完善的可再生能源产业体系。"

　　2009 年 3 月，为了贯彻落实国务院节能减排战略部署，财政部与住房和城乡建设部联合发布《关于加快推进太阳能光电建筑应用的实施意见》，支持开展光电建筑应用示范，实施'太阳能屋顶计划'，加快太阳能光伏产业化发展。同时发布《太阳能光电建筑应用财政补助资金管理暂行办法》，对光伏电站补助资金使用范围、补助资金支持项目应满足的条件等作了规定，同时将 2009 年补助标准原则上定为 20 元/Wp，具体补贴标准根据与建筑结合程度、光电产品技术先进程度等因素分类确定。2009 年 7 月，财政部、科技部和国家能源局联合发布《关于实施金太阳示范工程的通知》，并同时发布《金太阳示范工程财政补贴资助资金管理暂行办法》。金太阳示范工程的明确补助标准为：并网光伏发电项目原则上按光伏发电系统及其配套输配电工程总投资的 50% 给予补助，偏远无电地区的独立光伏发电系统按总投资的 70% 给予补助。

　　2010 年 4 月，财政部《关于组织申报 2010 年太阳能光电建筑应用示范项目的通知》，进一步明确金太阳项目的 BIPV 系统国家补贴标准为 17 元/Wp，BAPV 系统的补贴标准为 13 元/Wp。近年来，随着金太阳示范工程的实施，我国内地光伏产业的发展取得显著成绩，2010 年到 2013 年间光伏累计装机容量从 800MW 迅速增加到 17.8GW。
月，国家发展改革委下发了《关于完善光伏发电价格政策的通知》，规定对分布式光伏发电实行按照发电量补贴的政策，补贴标准为 0.35 元/kWh，随后 2013 年 9 月 2 日，国家发展改革委出台《关于发挥价格杠杆作用促进光伏产业健康发展的通知》，按照光照条件将国内光伏电站补贴分为三类地区，分别实行 0.9 元/度，0.95 元/度，1.00 元/度的标杆电价，分布式系统自发自用统一补贴 0.42 元/kWh。

3.1.3 我国香港地区光伏建筑的发展

我国香港地区第一座光伏建筑于 1999 年建成于香港理工大学校园内，已有 9 年的历史，至今运行良好。近年来随着社会能源和环境意识的加强，光伏建筑作为最有潜力的可再生能源利用方式之一，在香港越来越受到特区政府及公众的重视。在香港地区有多座光伏建筑相继建成，例如 $18kW_p$ 的香港科技园光伏幕墙项目、湾仔政府大楼光伏幕墙、马湾小学 $48kW_p$ 光伏屋顶，其中香港特区政府机电工程署 $350kW_p$ 光伏屋顶项目是主要示范工程之一。

为了应对空气污染和气候转变所产生的问题，也为了保障未来的能源供应，香港特区政府在推广包括光伏发电在内的可再生能源应用方面完成了一系列的重要工作。首先是在 2005 年 5 月，特区政府公布香港首个可持续发展策略，为推动可再生能源发展制定了具体的目标、指标及行动计划。务求达到在 2012 年有 1%～2% 的本地电力需求由可再生能源提供的目标。针对光伏建筑发电并网的问题，香港特区政府与两大电力公司达成共识，允许可再生能源发电系统并入电网，用户只要向电力公司申请并交纳少量的申请费用就可以实现可再生能源发电系统与电网连接。并且特区政府同时颁布了《小型可再生能源发电系统与电网接驳技术指引》，用以指导和规范可再生能源发电系统的使用。据一份由香港特区政府委托进行的香港地区新能源和可再生能源发展可行性研究报告指出，香港地区可用与光伏发电的建筑面积达到 $28.4km^2$，整体来说，光伏系统的潜在资源估计约为每年 53.83 亿度电，约相等于本港（1999 年）全年电力需求的 15.4%。香港地区光伏建筑一体化系统的潜在资源如表 3-1 所示。

香港地区光伏建筑一体化系统的潜在资源 表 3-1

建筑类型	面积(km^2)	可用于光伏发电的建筑面积(km^2)	潜在资源($\times 10^6 kWh$)
住宅	45	13.5	1629
租住公屋	14	4.2	507
商厦	2	1	121
工业大厦	11	5.5	664
政府、公共机构及社区设施	21	4.2	507
空置发展地	27	16.2	1955
合计	120	28.4	5383

3.1.4 发展光伏建筑的基本矛盾

《中华人民共和国可再生能源法》为我国可再生能源发展明确了发展目标和战略政策，近年来相关的法律制度、配套的相关技术标准体系以及相应的财税激励政策也在逐步完善中。得益于光伏成本的急剧下降以及国家相关补贴政策的落实到位，光伏建筑已经由最初小范围的示范项目和概念推广逐步发展为规模化安装应用。曾经制约光伏技术推广应用的最大难题——高昂的装机成本已经被逐渐克服。具体就光伏建筑来说，2008 年我国太阳能屋顶光伏系统的造价大约为 50 元/W，每千瓦光伏系统需 5 万元成本投入，高昂的装机成本导致了高昂的发电成本，当时光伏系统每度电的发电成本为 3~4 元，约为常规火力发电电价的 8~10 倍；然而到 2014 年，太阳能屋顶光伏系统的造价已下降至不足 8 元/W，光伏发电成本也减少至 0.57~0.69 元/度，在政府上网电价的补贴下，光伏发电已经可以与传统电力竞争。并且随着光伏系统成本的进一步下降和传统能源价格的不断上涨，在不久的将来光伏发电完全有可能在没有任何补贴的情况下实现平价上网。

目前，我国政府积极倡导可再生能源发展和应用，并且在相关政策扶持下，光伏产业特别是大型集中式光伏电站的发展取得了显著成就，但是我们需要认识到光伏发电对我国总体能源结构的贡献还微乎其微。据统计，2014 年我国光伏发电总量约为 250 亿 kWh，仅占全社会用电量（55233 亿 kWh）的 0.45%。即使按照规划，2015 年全国实现 45GW 的累计装机容量，光伏发电的比例仍然微不足道。由此可以看出，虽然近年来光伏产业的发展取得了一定的成绩，但是距理想的发展目标还有很大的距离。政府部门需要制定更加灵活、积极的政策来进一步激发市场潜力，特别是分布式光伏建筑的发展潜力。

与欧美国家采用单一的上网电价政策（即电网公司以国家指定价格收购光伏发电，并按月进行支付）不同，当前我国对分布式光伏系统的补贴以"度电补贴"为主，即对用户自发自用的分布式光伏电力每度电补贴 0.42 元；而对于剩余的上网电力则可在获得度电补贴的基础上以当地脱硫燃煤电价出售给电网公司。以北京为例，2013 年，当地脱硫燃煤电价约为 0.4 元/度、居民用电售价为 0.48 元/度、商业用电售价为 0.75 元/度、工业用电售价为 0.66 元/度，如果用户自发自用则根据用电种类不同，每一度电可以分别获得 0.90 元，1.17 元和 1.08 元的收益，相反，如果直接上传电网则只能获得 0.82 元/度的收益。因此，实行度电补贴政策的目的在于鼓励用户优先将光伏系统产生的电力自发自用，剩余的电力再考虑上传电网，这样有利于减少可再生能源对电网的冲击。然而，在发展分布式光伏建筑过程中也遇到了诸如融资难、融资成本高、适合分布式系统的屋顶难找等一系列难题。因为我国倡导的是自发自用、余电上网的补贴政策，所以被选中的商业、工业建筑屋顶必须满足以下条件：1）光伏系统安装空间充足；2）建筑承重结构良好；3）生产或生活用电量稳定；4）业主运营状况稳定，且无不良资信记录。然而，能满足以上全部条件的优质业主实在太少。

发展住宅光伏建筑也同样面临协调困难的问题。我国城镇居民住宅以公寓为主，每栋建筑业主众多，按照供电部门规定，民用建筑安装光伏系统需全部业主签字同意后才可获批动工。对于少数别墅物业来说，尽管建筑产权独立，但单一建筑的安装空间过于狭小。对于乡村民用建筑而言，除了上述提到的两点以外，还面临资金短缺的问题。靠业主个人出资建设小型分布式光伏电站对于我国大多数乡村家庭是一笔不小的开支，由于乡村建筑产权证不齐全，靠贷款更是无从谈起。以上这些困难正制约着我国分布式光伏建筑的大规模发展，也是目前我国发展分布式光伏建筑所面临的基本矛盾。

3.1.5　对光伏建筑发展的建议

3.1.5.1　强制并网

可再生能源发电强制并网制度，是由可再生能源的技术和经济特性所决定的，因为可再生能源是间歇性的能源，电网从安全和技术角度甚至自身的经济利益出发对可再生能源发电持一种忧虑和排斥的态度。目前我国实行竞价上网，不再实行承诺电价，可再生能源电力的高电价以及间歇性电源所具有的缺点使其不具备竞争力。因此，国际上多数国家采用强制上网制度，通过法律规定发展可再生能源是电网企业和全社会的义务，电网企业必须全额收购符合标准的可再生能源上网电量。电网企业必须为可再生能源发电提供上网服务和支持。

强制上网制度是发达国家和地区在可再生能源发电方面普遍采取的措施，德国和西班牙通过立法明确了可再生能源发电企业和电网企业的法律关系，规定电网运营商有义务接纳在其供电范围内生产出来的可再生能源电力，地理位置不在电网运营商供电区域的可再生能源电厂，距离该电厂最近的电网运营商有接纳的义务。美国的个别州采取的是配额制，要求发电商必须生产或必须采购一定比例的可再生能源电力。丹麦则要求电力公司必须购买可再生能源发电，并为可再生能源电力上网提供方便。香港特区政府与两大供电企业达成共识，允许可再生能源发电系统并入电网，用户只要向电力公司申请并交纳少量的申请费用就可以实现可再生能源发电系统与电网连接，并且颁布了相应的技术指导，保证上网安全可靠，不对电网造成负担。强制上网制度可以保障可再生能源发电电量的全部上网，可以保证可再生能源开发商的利益，从而促进可再生能源发电的迅速发展。

另外，实施强制上网制度时，对于强制上网给这些企业带来的额外成本也应进行补偿，并且出台详细的并网技术指导。这样做既要求电网企业为可再生能源上网电力提供方便，又对他们的服务提供补偿，保证电网的稳定，可以消除电网企业的抵触情绪，有利于强制上网制度的实施。

3.1.5.2 价格管理体系

总体而言，我国目前的价格形成机制不能反映能源生产和使用过程中的外部成本（如环境污染和生态破坏），不能对可再生能源发电项目提供适当的支持。我国当前排污收费的标准过低，远不能抵偿污染所造成的社会经济损失。根据测算，一个 600MW 煤电厂污染排放的外部成本为 0.0938 元/度电，但按照目前的排污收费标准，电厂支付的排污费相等于 0.0096 元/kWh，只为外部成本的 10.2%，说明现有的排污收费政策对提高可再生能源发电技术市场竞争力的作用微乎其微。

价格是最有效的调节机制，合理的电价政策，对于改变电力生产与消费中能耗过高、污染严重的局面，促进可再生能源的发展，具有举足轻重的作用。德国实施分类电价的效果是众所周知的。以"十万屋顶计划"为基础，德国联邦政府在 2004 年实施了新的保护性分类电价制度：并网的光伏建筑一体化系统向电网送电的基础费率为 0.457EUR/kWh，在此基础之上，对于小型系统和建筑一体化系统还有相应的奖励。例如：对于小于 30kW$_p$ 的光伏建筑一体化系统奖励为 0.117EUR/kWh，则此系统每向电网供应一度电就可获得 0.574EUR。实行最低电价保护期，保证生产商在 20 年内有利可获。德国可再生能源发展的成功，得益于它的分类固定电价的政策和制度的设计与实施。

可再生能源商业化开发利用的重点是发电技术，制约其发展的主要因素是上网电价。由于可再生能源发电成本明显高于常规发电成本，难以按照电力体制改革后的竞价上网机制确定电价，因此在一定的时期内对可再生能源发电必须实行政府定价。2003 年，在国务院已批准的《电价改革方案》中提出了太阳能、风能、地热等可再生能源发电企业暂不参加市场竞争，"条件具备时"可采取类似"绿色证书交易"的解决办法。新近公布的《可再生能源法》又提出了可再生能源发电"强制性配额"、"分地区制定上网电价标准"、"可再生能源与常规能源的成本差额在全社会分摊"等支持措施，并且 2006 年 1 月国家发展改革委颁布的《可再生能源发电价格和费用分摊管理试行办法》给出了可再生能源电价附加计算方法为：可再生能源电价附加＝可再生能源电价附加总额/全国加价销售电量；可再生能源电价附加总额＝∑〔(可再生能源发电价格-当地省级电网脱硫燃煤机组标杆电价)×电网购可再生能源电量＋(公共可再生能源独立电力系统运行维护费用－当地省级电网平均销售电价×公共可再生能源独立电力系统售电量)＋可再生能源发电项目接网费用以及其他合理费用〕。

3.1.5.3　费用分摊制度

可再生能源资源分布不均匀，要促进可再生能源的发展，就要采取措施解决可再生能源开发利用高成本对局部地区的不利影响，想办法在全国范围分摊可再生能源开发利用的高成本费用。分摊制度的核心是落实公民义务和国家责任相结合的原则，要求各个地区，相对均衡地承担发展可再生能源的额外费用，体现政策和法律的公平原则。

实施费用分摊是国际社会发展可再生能源的基本制度。尽管有各种不同的分摊形式，费用分摊的最终承担人还是最终用户。强制手段大体上有三类，一是强制配额制度；二是强制购买制度；三是自愿购买制度。从发展速度讲，强制购买制度是最有效的。

例如英国，采用的是强制配额制度。2000 年 4 月，英国政府出台了"可再生能源法令"，明确了供电商必须履行的责任，即在其所提供的电力中，必须有一定比例的可再生能源电力，所有供电商都有责任达到当年的可再生能源电力份额的要求。

德国实行的是强制购买制度。由联邦议会制定法律规定，电网公司平均承担可再生能源发电的高电价额外费用。电网公司按照全部购电量为基数，平均承担可再生能源发电的费用，保证了成本能够在全国范围内分摊。至于如何转移到最终用户，由电网公司自主决定。

澳大利亚实行的是绿色证书制度。在该制度下，政府规定可再生能源发电目标，向合格的可再生能源发电商颁发绿色证书，每个发电商或批发供电商都要按比例承担责任。责任单位可以向州内或国内任何合格的可再生能源发电商购买绿色证书，最终由电力消费者按其用电量进行比例分摊来承担这个额外成本。

我国上海在 2005 年 6 月率先颁布了《上海市绿色电力认购营销试行办法》。该试行办法规定：市发展改革委安排绿色电力年度指导计划，单位和个人自愿认购绿色电力，以 6000kWh 为一个单位，并以用户上一年用电量为基准，确定认购的最低额度；可再生能源发电项目的上网电价高于常规能源发电上网电价的电费差额，通过绿色电力认购办法消化，或按国家规定，在销售电价中进行分摊。

总的来说，我国目前颁布的《可再生能源法》和《可再生能源发电价格和费用分摊管理试行办法》在很大程度上参考了德国的强制购买制度，从法律的角度上确立了可再生能源在国家能源供应体系中的地位，规划了可再生能源发展的总体目标。其相应的定价购买办法和费用分摊制度，为包括光伏建筑在内的可再生能源发展提供了良好的市场环境。但目前的问题是缺少适合地方的具体实施细则，各地在执行过程中缺乏具体的，适合当地的规定。因此，完善相应的地方法律和规定是进一步推动可再生能源发展的关键。

3.1.5.4　完善的财税政策

在上述立法支持之外，还应有相应的财政税收政策。有力的税收优惠措施可以激励企业和个人开发利用可再生能源的积极性。目前我国还没有形成完善的针对新能源发展的财税体系，对开发新能源与可再生能源缺乏相应的财政政策支持，对低能效产品和因消耗能源而产生的环境污染问题缺乏惩罚性措施，虽然有个别的经济激励政策，但影响面窄，力度有限。

通常可以将公共财政与税收政策区分为正向激励政策、逆向的限制政策与"交叉补贴"三大类。

1. 正向激励政策

（1）增加预算投入政策，设立专项资金制度支持技术研究与开发、技术引进和示范、试点工程；扶持可再生能源装备的本地化生产；宣传教育、培训、国际交流与合作。

（2）财政贴息和补贴政策，降低可再生能源项目的贷款利率，延长还款期限，减少审批程序。采取这样的措施，可以大幅度降低发电成本，从而促进可再生能源的开发利用，减轻可再生能源企业还本期利息的负担，有利于降低生产成本。

（3）税收优惠政策，减低有关新能源设备的进口关税，减少生产企业和个人所得税。

（4）政府采购政策。

2. 逆向限制政策

（1）扩大消费税征收范围；

（2）加快开征燃油税；

（3）开征能源税；

（4）改革矿产资源补偿费的征收办法；

（5）对部分高耗能产业（行业或企业）尽快取消财政补贴。

3. "交叉补贴"政策，从传统的化石能源（主要是原煤、原油、天然气）中通过某种方式筹集一部分资金，所筹资金全部定向用于节能、可再生能源的发展。

3.1.5.5　技术标准和认证制度

标准化是国民经济和社会发展的重要技术基础，是进行科学管理的重要方式，是推进科技进步、产业发展的重要手段，是提高产品质量、规范市场的重要措施。在光伏发电方面我国已经制定出一批国家标准和行业标准。现已组织制定了27项国家标准，18项行业标准，其中包含了基础类标准、产品性能标准、试验方法标准。但独立和并网光伏发电系统以及太阳能光伏发电系统相应部件的技术标准还很少。一些太阳能发电电源的品质不能符合传统电源的标准的要求，连接电网后对电网供电的稳定性和安全性造成危害，因此应该尽快建立我国可再生能源发电上网的技术标准和认证体系。目前针对光伏系统的国家标准只有：GB/T 19064—2003《家用太阳能光伏电源系统技术条件和试验方法》一项，远远不能满足需求，需要进一步制定和完善，为可再生能源发电的市场准入消除技术障碍。

3.2　国内外光伏发电系统的相关标准和规定

世界各国对可再生能源的日益关注极大地促进了光伏市场的发展。在各国政策的推动下，全球光伏产业在21世纪的首个10年里发展迅猛，每年新增光伏装机容量从2000年的71.5MW增长到2014年的38.7GW，年均增速超过50%。我国作为世界最大的光伏生产国，自2008年以来，随着国内一系列促进光伏应用的政策出台，国内光伏市场受到业界前所未有的重视；2012年颁布的可再生能源发展"十二五"规划和太阳能发电专项规划中提出了到2015年光伏发电装机容量要达到21GW的发展目标，实际上这个目标已经提前 2 年完成。光伏市场的发展令业界对光伏标准的需求变得越来越强烈，而我国自身的光伏产业标准体系还不够完善，远远落后于产业发展。因此，如何加快光伏系统的设计、安装、检测等标准的出台速度，是我国应尽快解决的问题。

目前，在国内通常将标准划分为国家标准、行业标准、地方标准和企业标准等 4 个层级。国内负责光伏领域标准化工作的技术组织主要有全国半导体设备和材料标准化技术委员会（SAC/TC203）、全国太阳光伏能源系统标准化技术委员会（SAC/TC90）、国家光伏发电及产业化标准化推进组、中国光伏产业联盟标准工作组等。据统计，截至到目前，国内现行发布的光伏标准共计 95 项，在研的标准项目共计 117 项（国家标准 86 项，行业标准 31 项）。按照光伏产业链来划分，光伏标准大致可以分为基础通用标准、光伏制造设备标准、光伏材料标准、光伏电池和组件标准、光伏部件标准、光伏系统标准和光伏应用标准七大类。

本节分别针对独立光伏发电系统和并网光伏发电系统在设计、安装以及检测等方面的标准和规定进行了介绍，同时还对我国香港地区光伏系统并网发电所需要办理的手续进行了简要叙述。

3.2.1　独立光伏发电系统的主要标准及规定

3.2.1.1　独立光伏（PV）系统的特性参数（28866—2012）

该标准规定了用于独立光伏系统进行系统描述和性能分析的主要电气、机械和环境参数，这些参数主要用来对光伏系统的性能预测以及分析。为获取和进行性能分析，以标准格式提供下列相关参数：长期和短期光伏系统性能的现场测量；外推到标准测试条件（STC）的现场测量值和设计值的比较。

3.2.1.2　独立光伏系统—设计验证（IEC 62124—2004）

户用光伏电源产品的质量直接关系到用户的利益。目前我国有国家标准《家用太阳能光伏电源系统技术条件和试验方法》GB/T 19064：2003 对户用光伏发电系统产品进行评价。该标准只对光伏系统部件提出了相关的技术要求，对组装成一体的光伏系统整体性没有评价标准。2004 年 10 月，IEC 颁布了国际标准《独立光伏系统—设计验证》（Photovoltaic (PV) stand alone systems-Design verification）IEC 62124，该标准制定了对独立光伏系统设计进行验证试验的程序，以及系统设计验证的技术要求，从而可以对系统整体性能进行评估。

系统性能试验共分为三个阶段：预处理试验、性能试验和最大电压时负载运行的适用性。

（1）预处理试验的目的是为了确定系统正常运行时的 HVD（蓄电池充满断开时的电压）和 LVD（蓄电池欠压断开时的电压）。

（2）性能试验有 6 个步骤，包括：初始容量试验、蓄电池充电循环试验、给蓄电池再充电、系统功能试验、第二次容量试验、恢复试验以及最终容量试验。性能试验 6 个步骤完成后，根据试验数据绘制系统特性曲线，从而确定系统平衡点，并得出使系统正常运行的安装地点的最小平均辐照量。

（3）最大电压时负载运行试验的主要目的是验证负载运行在高辐照度和高充电状态下的适应性。在这些条件下负载应运行 1h 不会损坏。系统性能试验从功能性、独立运行性和电池经过过放电状态后的恢复能力等方面进行了全面测试，从而给出系统不会过早失效的合理确认。

性能试验的合格依据主要有以下几个方面：

（1）整个试验中负载必须保持运行状态，除非充电控制器在蓄电池过放电状态下与负载分离。

（2）蓄电池容量的下降在整个测试期间不能超过 10%。

（3）恢复：系统电压在"恢复试验"中应表现为上升趋势。在整个恢复试验中，充入蓄电池的总安时数（Ah）应大于或等于蓄电池第一次可用容量的 50%。

（4）在第二次容量测试后，负载再次在第 3 个"恢复试验"循环时或之前开始运行。

（5）系统平衡点应和被定义的最小辐照量等级或低于此等级相匹配。

（6）测量的独立运行天数应和制造厂定义的最小独立运行天数或更多天数相匹配。

（7）根据制造商的技术指标，在高辐照度期间和高荷电状态下，负载运行不会因电池产生的最大电压而损坏。

（8）在试验期间不应有样品发生任何不正常的开路或短路现象。完全满足上述条件的系统为合格，否则系统为不合格。

3.2.1.3　家用太阳能光伏电源系统技术条件和试验方法（GB/T 19064—2003）

此标准规定了离网型家用太阳能光伏电源系统及其部件的定义、分类与命名、技术要求、文件要求、试验方法、检验规则以及标志和包装。适用于太阳能电池方阵、蓄电池组、充放电控制器、逆变器及用电器等组成的家用太阳能光伏电源系统。

3.2.1.4　独立光伏系统技术规范（GB/T 29196—2012）

此标准规定了独立光伏系统要求、子系统规格和要求、现场检测及系统评价方法，适用于安装功率不小于 1kW 的地面独立型光伏系统，聚光光伏系统、其他互补独立供电系统与光伏相关部分也可参照此标准。此标准从功能上将独立光伏系统的子系统划分为主控和监控子系统、光伏子系统、功率调节器、储能子系统。对各个子系统的不同方面也作出了对应的相关要求。

在指出独立光伏系统的设计原则的基础上，此标准还规定独立光伏系统设计的主要内容包括：

（1）计算负载用电量及确定供电电压等级。

（2）按负载功率及系统供电保障率要求，结合太阳能辐射资源、现场情况、系统效率因素，选择方位角，优化倾角，计算光伏组件用量，确定光伏组件选型，设计方阵电气结构。

（3）综合负载功率、系统供电保障率要求、气象条件、系统功率、储能装置（蓄电池）特性，计算储能装置（蓄电池）容量、优化光伏子系统功率和蓄电池容量配置。根据系统直流电压或逆变器的要求选取蓄电池组的电压。

（4）主控和监视子系统设计。

（5）功率调节器设计。

（6）工程设计（可能包括占地、围墙、光伏方阵、电缆沟、机房、防雷、接地、排水系统等）。

（7）配电系统设计。

现场验收时要对系统进行综合评价、现场检测，在对系统进行综合评价时，要依据设计原则来判断；现场检测结果要符合要求，检测确认的光伏子系统功率及蓄电池容量也应符合设计要求。根据系统综合评价及系统现场检测结果，系统供电保障率应达到设计（或合同）规定的要求。

3.2.2　并网光伏发电系统的主要标准及规定

3.2.2.1　光伏系统并网技术要求（GB/T 19939—2005）

此标准规定了光伏系统的并网方式、电能质量、安全与保护和安装要求，适用于通过静态变换器（逆变器）以低压方式与电网连接的光伏系统。另外，光伏系统中压或高压方式并网的相关部分也可参照此标准。

此标准对并网电能质量以及安全保护问题都做了详细描述。规定光伏系统向当地交流负载提供电能和向电网发送的电能质量应该受到控制，在电压偏差、频率、谐波以及功率因数方面都要满足实用要求并符合标准。出现偏离标准的越限状况，系统应该能够检测到这些偏差并将光伏系统与电网安全断开。

标准还规定当光伏系统和电网出现异常或故障时，为保证设备和人身安全，应具有相应的并网保护功能。并网保护功能包括过/欠电压、过/欠频率、防孤岛效应、恢复并网、防雷和接地、短路保护、隔离和开关、逆向功率保护等。

3.2.2.2　光伏发电系统的过压保护导则（IEC 61173—1992）

此标准对独立光伏发电系统以及并网光伏系统的过压保护方面进行了指导和阐述。

超过系统设计最大值的电压会对光伏发电系统造成严重威胁。这种过压现象可能由外部原因或者内部故障造成。

雷击是导致独立光伏发电系统和并网光伏发电系统产生过压的主要外部原因。对独立系统来说，负载的电压波动能在系统内部产生过压。对并网发电系统来说，电网电压的瞬间波动也能够产生过压现象。

无论是独立光伏发电系统还是并网光伏发电系统，系统内某部件的故障、运行错误以及电闸开启/关闭瞬间都是产生系统过压的内部原因。

此标准通过判断过压危险源，详细介绍了消除系统过压的不同类型的几种方法，例如等电位连接、接地、设备接地、系统接地、系统屏蔽、雷击的拦截、系统保护装置以及操作规范等。

3.2.2.3　分布式光伏发电并网程序

国家电网公司为了认真贯彻落实国家能源发展战略，积极支持分布式光伏发电技术发展，并依据《中华人民共和国电力法》、《中华人民共和国可再生能源法》等法律法规以及有关规程规定，按照优化并网流程、简化并网手续、提高服务效率原则，制订了分布式光伏发电并网服务工作意见。

意见指出位于用户附近，所发电能可以就地利用，并以 10kV 及以下电压等级接入电网，且单个并网点总装机容量不超过 6MW 的光伏发电项目为分布式发电项目。电网企业积极为分布式光伏发电项目接入电网提供便利条件，为接入系统工程建设开辟绿色通道，其并网服务程序如图 3-2 所示。

（1）地市或县级电网企业客户服务中心为分布式光伏发电项目业主提供并网申请受理服务，协助项目业主填写并网申请表，接受相关支持性文件。

（2）电网企业为分布式光伏发电项目业主提供接入系统方案制订和咨询服务，在受理并网申请后 20 个工作日内，由客户服务中心将接入系统方案送达项目业主，项目业主确认后实施。

（3）10kV 接入项目，客户服务中心在项目业主确认接入系统方案后 5 个工作日内向项目业主提供接入电网意见函，项目业主根据接入电网意见函开展项目核准和工程建设等后续工作。380V 接入项目，双方确认的接入系统方案等同于接入电网意见函。

（4）分布式光伏发电项目主体工程和接入系统工程竣工后，客户服务中心受理项目业主并网验收及并网调试申请，接受相关材料。

（5）电网企业在受理并网验收及并网调试申请后，10 个工作日内完成关口电能计量装置安装服务，并与项目业主（或电力用户）签署购售电合同和并网调度协议。合同和协议内容执行国家电力监管委员会和国家工商行政管理总局相关规定。

（6）电网企业在关口电能计量装置安装完成后，10 个工作日内组织并网验收及并网调试，向项目业主提供验收意见，调试通过后直接转入并网运行。验收标准按国家有关规定执行。若验收不合格，电网企业向项目业主提出解决方案。

（7）电网企业在并网申请受理、接入系统方案制订、合同和协议签署、并网验收和并网调试全过程服务中，不收取任何费用。

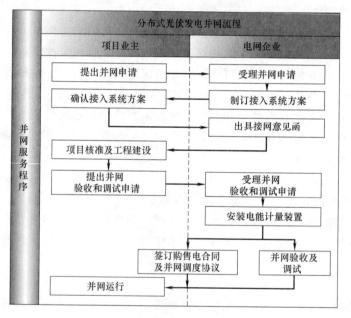

图 3-2　分布式光伏发电并网流程图

同时，国家电网公司也对分布式发电项目提出了如下要求：

（1）接入公共电网的分布式光伏发电项目，接入系统工程以及接入引起的公共电网改造部分由电网企业投资建设。接入用户侧的分布式光伏发电项目，接入系统工程由项目业主投资建设，接入引起的公共电网改造部分由电网企业投资建设（西部地区接入系统工程仍执行国家现行投资政策）。

（2）分布式光伏发电项目并网点的电能质量应符合国家标准，工程设计和施工应满足《光伏发电站设计规范》和《光伏发电站施工规范》等国家标准。

（3）建于用户内部场所的分布式光伏发电项目，发电量可以全部上网、全部自用或自发自用余电上网，由用户自行选择，用户不足电量由电网企业提供。上、下网电量分开结算，电价执行国家相关政策。

（4）分布式光伏发电项目免收系统备用容量费。

3.2.3　中华人民共和国可再生能源法

2005 年 2 月，全国人大常委会通过《可再生能源法》，为促进中国可再生能源发展提供了宏观政策，实施还需要颁布有关各项配套法规、规章及技术规范。该法于 2006 年 1 月 1 日正式实施，相关的价格、税收、强制性市场配额和并网接入等鼓励扶持政策也相继出台，中国可再生能源产业由此进入加速发展期。可再生能源法涉及到光伏发电系统的条款如下：

3.2.3.1　独立光伏发电系统的相关条款

第十五条　国家扶持在电网未覆盖的地区建设可再生能源独立电力系统，为当地生产和生活提供电力服务。

第二十二条　国家投资或者补贴建设的公共可再生能源独立电力系统的销售电价，执行同一地区分类销售电价，其合理的运行和管理费用超出销售电价的部分，依照本法第二十条规定的办法分摊。

3.2.3.2　并网光伏发电系统的相关条款

第十四条　电网企业应当与依法取得行政许可或者报送备案的可再生能源发电企业签订并网协议，全额收购其电网覆盖范围内可再生能源并网发电项目的上网电量，并为可再生能源发电提供上网服务。

第十九条　可再生能源发电项目的上网电价，由国务院价格主管部门根据不同类型可再生能源发电的特点和不同地区的情况，按照有利于促进可再生能源开发利用和经济合理的原则确定，并根据可再生能源开发利用技术的发展适时调整。上网电价应当公布。

第二十条　电网企业依照本法第十九条规定确定的上网电价收购可再生能源电量所发生的费用，高于按照常规能源发电平均上网电价计算所发生费用之间的差额，附加在销售电价中分摊。具体办法由国务院价格主管部门制定。

3.2.3.3　可再生能源法实施细则

2006 年 1 月 4 日，国家发改委发布了《可再生能源发电价格和费用分摊管理试行办法》，与光伏发电有关的条款如下：

第九条　太阳能发电、海洋能发电和地热能发电项目上网电价实行政府定价，其电价标准由国务院价格主管部门按照合理成本加合理利润的原则制定。

第十二条　可再生能源发电项目上网电价高于当地脱硫燃煤机组标杆上网电价的部分、国家投资或补贴建设的公共可再生能源独立电力系统运行维护费用高于当地省级电网平均销售电价的部分，以及可再生能源发电项目接网费用等，通过向电力用户征收电价附加的方式解决。

3.2.3.4　可再生能源法解析

从上面的法律法规，我们可以看出：

1）对于独立光伏发电村落电站，初投资由政府拨款建设（户用系统另当别论），电站后期运行维护费用（包括蓄电池更新的费用）超出电费收入的部分，通过向电力用户征收电价附加的方式在全国电网分摊。

2）城市与建筑结合的光伏并网发电系统和大规模荒漠电站都将享受"上网电价"政策，意味着发电系统的初投资由项目开发商自己承担，成本和利润通过出售光伏系统发出的电来回收，电网公司则应当按照合理的上网电价（成本加合理利润）全额收购光伏电量。

3）还有一点就是：终端用户（无论是并网用户还是离网用户）支付电费应当享受"同网同价"，就是说光伏电站用户的电费应当与该省电网覆盖地区用户的电费水平一致。

3.2.4　我国香港地区可再生能源发电系统与电网接驳的技术指引

香港特区政府在 2005 年 5 月发表的《香港首个可持续发展策略》中，制定了在 2012 年或以前，由可再生能源提供本地用电需求 1%～2% 的目标。2005 年施政报告宣布了香港特区政府要求电力公司使用可再生能源发电的意向。香港地区有两家电力公司，每家都有自己的电网。香港电灯有限公司为香港岛和一些偏远的岛屿供电，而中华电力有限公司则为九龙、新界、大屿山以及一些偏远的岛屿供电。

与电网接驳的可再生能源发电系统可以视为"分散式发电设备"，因为它们的电网接驳点的电压水平通常是配电电压。可再生能源系统与电网接驳方式可以分为直接接驳和间接接驳两大类型。在直接与电网接驳的情况下，可再生能源发电系统的输出电力直接注入电网。光伏系统里面，光伏阵列的输出是直流电，需要通过逆变器把直流电变成交流电，才接上电网。直接与电网接驳的可再生能源发电系统，其输出电力由附近的电力用户所耗用。在间接与电网接驳的情况下，可再生能源发电系统的输出电力注入有关场地的配电系统里。电网与可再生能源发电系统同时为场地提供电力。间接与电网接驳的可再生能源发电系统一般由电力用户自己建造，其输出电力主要是供有关场地自己耗用。通常来说，间接与电网接驳的可再生能源发电系统的输出电力，只能提供有关场地所需电力的一少部分。

为了让公众更了解与电网接驳的技术事宜和向电力公司申请并网的程序，2005 年，香港特区机电工程署成立了一个工作小组，制定一本名为《小型可再生能源发电系统与电网接驳技术指引》的刊物，该工作小组的成员来自电力公司、专业学会、顾问公司及承建商、地产发展商、关注可再生能源的组织等。

新一版的技术指引《可再生能源发电系统与电网接驳技术指引》（以下简称《技术指引》）在 2007 年 12 月向公众发布，新版的适用功率上限，由原先的 $200kW_p$ 提高至 $1MW_p$。《技术指引》的主要目的是要概括说明经由建筑物的配电系统把可再生能源发电系统与电网接驳的各种技术问题。阐释了小型可再生能源发电系统与电网接驳的安全考虑、设备保护、供电可靠性、电力质量、表现与监察、测试与调试等各方面的要求。同时也介绍了向电力公司提出申请为可再生能源发电系统与电网接驳的手续。

《技术指引》只涵盖可再生能源发电系统与电网接驳的技术要求。但在加设与电网接驳的可再生能源系统时，电力公司需作出特别的配合，并提供额外的电力设施或服务，以确保任何时刻，由可再生能源发电系统供电的电力负载都有安全、充足以及可靠的电力供应，即使当可再生能源发电系统无法供电时也不例外。因此，除了安装可再生能源发电系统所需支出外，拥有人需承担一些额外支出。另外，总额定功率高于 $200kW_p$ 的可再生能源发电系统，应交由电力公司按照个别情况处理，原因是电力公司可能需要做更多技术方面的考虑，例如开设设备的短路电流容量等。

3.3　光伏建筑应用实例

随着国际成品油价格日益飙升，能源与环境问题越来越受到人们的重视，如何开发和利用可替代传统能源的新能源和可再生能源，如何改变和优化能源消费结构，如何节能减排等一系列能源环境问题开始成为当今各国政要和国际社会关注的新焦点。太阳能光伏发电技术正是在这样的挑战和机遇下，正在快速发展和完善的可再生能源技术。其中，太阳能光伏建筑一体化（BIPV）技术的发展特别受到人们的宠爱。通过将太阳能光伏发电系统与建筑有机结合，这项技术为光伏产业的蓬勃发展注入了新的源动力，也开辟了新的光伏应用领域。

近年来民众使用可再生能源的意识不断增强，我国香港特区政府也在努力推动可再生能源的应用，相继开展了可行性研究和示范项目建设，在过去几年中，香港特区政府、当地教育机构和主要开发商兴建的光伏一体化建筑相继完工。另外，更多的光伏建筑一体化项目正在建设或规划中。表 3-2 给出了我国香港地区主要光伏工程列表。

我国香港地区主要光伏工程列表　　　　表 3-2

安装年份	光伏工程地点	系统容量(kW)
1997 年以前	偏远地区的多个气象站	5.3
1997	几个水务工程点	2.6
1998	大帽山气象雷达站	5.6
1999	大风坳公共厕所	2.2
1999	香港理工大学	9
2000	维多利亚公园公共厕所	0.6
2001	政府飞行服务队总部	1.6
2001	嘉道理农场	4
2002	维多利亚公园	0.5
2002	湾仔政府大楼	56
2002~2004	科学园(1,2,4a,4b,5,6,7,8 和 9 号楼)	198
2003	广华医院	0.6
2003	狗虱湾斜坡灌溉系统	0.6
2003	土木工程署的几个雨量测量点	1.7
2003	沙头角消防局	6
2003	沙岭警犬队	2
2003	青山医院二期	30
2003	马湾小学和基慧小学	40
2004	东涌文东路公园	2.1
2005	机电工程署总部	350
2005	竹篙湾消防局、救护站及警亭	85
2005	屯门入境处训练学校	7
2005	玛嘉烈医院	18
2006	四个步行径的照明灯	0.5
2006	昂船洲污水处理厂	3
2006	屯门和荃湾的路政署行人径	4.8
2006	北港滤水厂	10
2006	马湾公园	3

续表

安装年份	光伏工程地点	系统容量（kW）
2007	九龙医院	9
2007	机场警察局	15
2007	香港科学馆	10
2007	政府飞行服务队总部	9
2007	香港理工大学李兆基楼	21
2010	南丫岛太阳能发电系统	1000

下面就我国的几个典型光伏工程进行简要的介绍。

3.3.1　香港理工大学 S 楼光伏建筑一体化系统

为了研究光伏建筑一体化并网发电系统在香港地区的气象条件下的相关技术、运行管理等问题，香港理工大学可再生能源研究组于 1999 年在香港成功实施了第一个光伏建筑一体化实验研究项目，如图 3-3 所示。

该光伏系统总装机容量为 8kW，安装了 100 个 BP 生产的单晶硅光伏板，光伏板采光面积为 55m²。东立墙共安装了 20 块光伏板，西立墙共安装了 18 块光伏板，南立墙共安装了 22 块光伏板，剩余的 40 块光伏板安装在屋顶。为了提高系统的光伏电压输出，7 块光伏板串联在一起，使系统输出直流电压为 100V。所有的光伏板都参与了系统的测试，但只有 6.8kW 光伏板进行了实际的并网发电，具体的系统图如图 3-4 所示。

图 3-3　香港理工大学光伏建筑
一体化并网发电系统

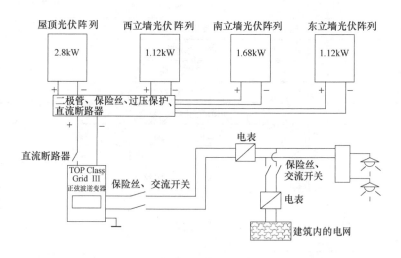

图 3-4　光伏建筑一体化系统并网系统图

光伏建筑一体化系统的并网发电性能可以通过数据采集系统进行监控和测量。由于东、南、西立墙以及屋顶分别安装了不同朝向的光伏阵列，所以不同朝向的光伏板性能是不同的。图 3-5 给出了不同朝向的光伏阵列每月的发电量。因为屋顶光伏阵列的年平均太阳入射角比其他几个立墙上的要小，所以屋顶光伏阵列产电量最大。在香港地区，由于纬度较低，建筑屋顶是安装光伏建筑一体化系统的最好场所；而南立墙的模拟结果显示其产电量同东、西立墙相差不大。图 3-5 还显示在香港地区光伏系统发电的最好季节是夏季同秋季；由于有较多的阴雨天，春天是发电量最少的季节。

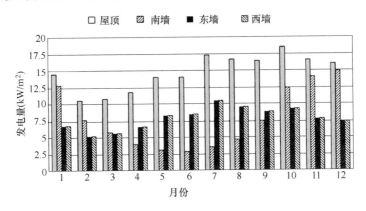

图 3-5　不同朝向的光伏墙发电量

图 3-6 给出了此光伏系统在一个典型天的测量数据。

此系统可以进行独立发电和并网发电两种测试，产生的电力可满足 $250m^2$ 楼面面积的一半室内照明负荷。该项目是香港特区第一个光伏建筑一体化系统，得到了香港特区政府的资助，旨在区域内推广可再生能源技术，调研本地光伏产业和市场的发展前景，研究光伏发电在国际都会城市香港对环境保护的影响和作用。此系统积累了很多的相关技术和研究经验，为展示可再生能源技术和环保教育提供了有效平台，同时为区域内光伏发电技术人员的培训提供了实习基地。项目实施近十年来，在光伏系统的应用上取得了令人满意的效果，极大地推

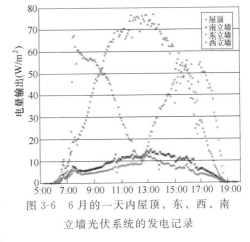

图 3-6　6 月的一天内屋顶、东、西、南立墙光伏系统的发电记录

动了香港地区太阳能发电技术的应用，也吸引了来自政府的高级官员、行业的专业技术人员以及投资商在内的许多参观者前来考察调研。

该项目取得了一系列的研究成果，包括香港地区光伏板安装最佳倾斜角的研究、建筑物朝向对光伏墙面发电的影响、遮阳型光伏构件的设计、部分阴影和灰尘对发电的影响、独立系统的最佳设备容量配置和并网系统的设计等。十年来，一直对其发电效能进行着检测，数据表明，经过 10 年的风雨侵蚀，该单晶硅光伏系统的能源利用效率虽稍有下降，但变化不大。不过，不同的朝向对发电量影响很大。由于香港地区春季的阴雨天很多，要达到全年最佳发电量，光伏板的倾角不应使用当地的纬度作为设计依据，应该以纬度减 10° 作为最佳设计倾斜角，即 13° 左右，使光伏板在夏天和秋天多发电。

3.3.2　香港理工大学 Y 楼光伏系统

香港理工大学第七期发展计划的一栋教学楼（办公室、教室、实验室）的两翼装有 21kW

图 3-7 香港理工大学 Y 楼光伏系统

的光伏并网发电系统（如图3-7所示）。

该系统共有 26 块 175W 的光伏板，分为 14 个并联的光伏串，每个光伏串由 9 块光伏板串联而成。每 18 块光伏板连接 1 个 3kW 的逆变器，这 126 块光伏板共配置了 7 个逆变器，图 3-8 为该光伏系统的系统图。

该系统于 2007 年 3 月通过工程验收，验收的内容主要包括：每块光伏板在室外光照下的开路电压以及短路电流的检查；光伏板的外观检查；光伏阵列的开路电压检查；每个配电箱及逆变器的接地测量；每个逆变器的外观、机械、接线以及通电检查。

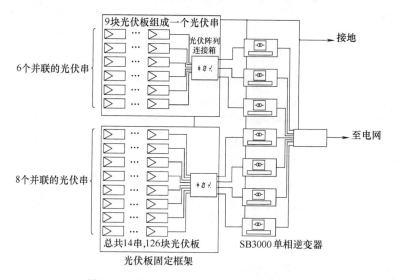

图 3-8 香港理工大学 Y 楼光伏工程系统图

在逆变器通电检查前，需要向当地电网公司提交与电网接驳的申请，申请的主要内容包括：

（1）申请人资料：如姓名、通信地址、电力公司账户号码/电表编号、联络电话、传真、电子邮件等。

（2）光伏发电系统的资料：

1）光伏系统的地址；

2）开始安装同预计调试的日期；

3）发电设备产品商/品牌及型号；

4）所符合的标准；

5）发电设备的技术规格，包括总功率、电力输出为单相或三相、电力输出的频率；

6）预计每年所生产的电量。

（3）简略描述光伏系统的运作与控制模式：

1）工程图纸：显示光伏系统的位置以及其他已经安装或将会安装的主要电力设备；

2）配电系统的单线电路图：显示与电网接驳装置的细节及相关的电表位置及供电位置的细节。

（4）光伏系统的详细介绍：

1）光伏系统与电力公司供电位置之间的电气及机械式互联锁安排，尤其是当电网出现停电的时候的安排；

2）保护方案，连同设定值及延时值，内容主要包括：过载、短路、对地故障、电压过高或过低、频率过高或过低以及孤岛效应的预防保护措施。

3）控制及检测方案：光伏系统与电网接驳的条件以及此条件的检测方法；光伏系统与电网断开的条件以及此条件的检测方法；重新与电网接驳的延时设定值；同步检查的细节；紧急情况下由电力公司以现场或遥控模式把光伏系统与电网隔离的安排；发电量计量的安排。

（5）分析及估计在典型的一周里，负载的电力需求以及电网与光伏系统供电的分配情况。

（6）分析以下因素对电网的影响：三相电流平衡的影响；短路电流水平的影响；供电质量的影响（谐波失真率、功率因数以及电压闪烁）。

（7）分析光伏系统的电磁兼容性。

（8）进行系统测试及调试程序由申请人及电力公司联合执行。

（9）要详细列出与电网接驳的操作程序。

3.3.3　湾仔政府大楼光伏建筑一体化系统

湾仔政府大楼光伏系统安装地点为香港湾仔港湾道 12 号湾仔政府大楼。此大楼楼高 24 层，楼内有数个政府部门的办公室及一个位于地面的咖啡店。大楼的坐标为北纬 22°16′50″和东经 114°10′30″，而大厦向南表面的方向为正南偏东 5°。

图 3-9　支架式子系统

整个光伏系统主要包含 3 个子系统：在大厦天台的屋顶支架式子系统（见图 3-9），一楼至十二楼向南表面上的窗外遮篷式子系统（见图 3-10）和正门入口大堂的天窗式子系统（见图 3-11）。光伏板的总伸展面积约为 $493m^2$，总装机容量为 56kW。表 3-3 汇总了此系统的具体设计细节。

图 3-10　遮篷式子系统

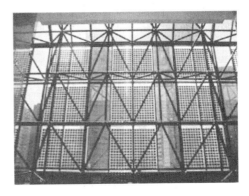

图 3-11　天窗式子系统

附设于湾仔政府大楼的光伏系统明细表　　　　　　　　　　　　表 3-3

	支架式子系统	遮篷式子系统	天窗式子系统
额定功率	20.16kW	25.80kW	10.08kW
光伏系统面积	164.70m²	231.84m²	95.98m²
光伏组件	252×80W 组件	336×76.8W 组件	35×288W 组件
电池种类	多晶硅	单晶硅	单晶硅
光伏组件的连接	2 列；每列有 7 个并联的光伏串；每串由 17 个光伏组件串联而成	2 列；每列有 8 个并联的光伏串；每串由 21 个光伏组件串联而成	1 列；每列有 7 个并联的光伏串；每串由 5 个光伏组件串联而成
安装方位	向南倾斜 10°	垂直；面向南方	垂直；面向南方
特征	安装在大厦天台作为发电装置	是一项实用的建筑特征；产生电力；减少从窗户吸收太阳热能	成为向南玻璃入口整体设计的一部分；产生电力；减少从天窗吸收太阳热能
逆变器	20kW	20kW	10kW

在系统中，光伏组件以串联方式连接，组成光伏串。光伏串的输出直接连接到逆变器，将直流电逆变成交流电。光伏串的输出一般是 300V 直流电，这与逆变器的电压输入特性相匹配。

此光伏系统自 2003 年 1 月开始运作，香港机电工程署从 2003 年 4 月至 2004 年 3 月对系统展开了为期 12 个月的监测。香港机电工程署还安装了一套监测系统来收集系统性能数据，包括环境温度、光伏板温度、太阳光照度、光伏阵列的直流电输出和逆变器的交流电输出。光伏系统性能的监测是根据国际标准 IEC61724 进行的。所有的 3 组光伏子系统表现皆极为可靠。在监测期内，并没有发生任何组件故障或与电网连接的问题。于监测期的 12 个月内，光伏系统共生产了超过 21900kWh 的电能，这些电能都由湾仔政府大楼直接消耗。

光伏系统的电力输出是和太阳光照度成正比例的。图 3-12 给出了支架式和遮篷式以及天窗式子系统光伏板表面的每月总太阳辐射值的测量结果。

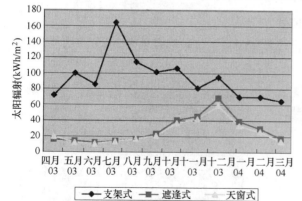

图 3-12　每月总太阳辐射（2003 年 4 月至 2004 年 3 月）

经过监测分析表明，支架式光伏阵列的每月总太阳辐射值位于 65～165kWh/m² 之间，全年总数为 1127kWh/m²。遮阳篷式和天窗式的光伏阵列全年总数则较低（分别为 303kWh/m² 和 338kWh/m²）。另外，数据显示出倾斜的表面在夏季能收集到更多的太阳能，而面向南方的大厦表面则有相反的倾向。

若比较两种不同表面的全年总太阳辐射值，朝南的表面比轻微倾斜的表面小很多。这说明大厦顶的光伏阵列比安装在大厦向南表面的光伏阵列能利用更多的太阳能资源。参考数据指出，香港天文台在京士柏录得的 30 年平均长期全球太

阳辐射值是 $1472kWh/m^2$。估计湾仔政府大楼的全年太阳辐射量会在这长期参考数值水平上下波动。

　　从 2003 年 4 月至 2004 年 3 月期间记录的光伏系统电网总净能量输出为 21935kWh，其中 15759kWh 产自支架式光伏系统，4540kWh 来自遮阳篷式光伏系统，1636kWh 来自天窗式光伏系统。

　　最终产量是把光伏阵列的总电力输出与额定功率标准化。这标准化的指标是用来比较不同大小的能源系统的能量输出。从图 3-13 可以看出，上述 3 种光伏系统电力输出的变化紧密地追随了图 3-12 给出的太阳辐射的季节性变化。这表示本系统在 12 个月的监测期内，在系统表现上，没有任何明显的损失。

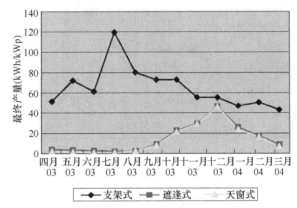

图 3-13　每月系统总输出（2003 年 4 月至 2004 年 3 月）

　　系统性能的分析显示，支架式、遮篷式和天窗式子系统的全年最终产量分别为 792、176 和 162kWh/kW。若把微倾的天台装置和直立的光伏阵列相比，前者的能量输出大于直立系统的 4 倍。所以，总体来说直立式光伏系统（遮阳篷式和天窗式）受到的遮蔽损失的影响很大，在香港如此人口密集的环境里，平放和微倾的表面所能摄取的太阳能量，远高于直立的表面。

　　本系统的发电成本取决于几项不同的因素，其中最重要的是资产成本和长远产电量。研究结果显示，支架式光伏系统的产电成本大约是 3.4 元/kWh，假设设备的寿命为 25 年，贴现率则为 4%。预计本系统的长远平均输出为每年 24098kWh。假设电力收费是 1.1 元/kWh，预计每年可节省 26500 元。除了节省能源成本外，其他效益亦包括减少大厦空调系统的峰值负荷和减低建筑总冷负荷量。

　　维修记录显示，此光伏系统自始运行起计，并没有任何组件故障、与电网连接的问题或意料之外的损耗。由于系统高度可靠，投入在维修方面的资源维持在低水平。经验显示，系统的清洁方式和现有的窗户清洁的方式类似，因此无须额外增加设备。所以，光伏组件的清洁工作可交由大厦的物业管理部进行，作为日常清洁大厦表面程序的一部分。

　　这个项目成功地示范了把光伏系统融入一座位于市区的办公大楼里，也证明了光伏系统能够在建筑设计上和一般的办公大厦协调一致，亦为发展光伏建筑一体化系统提供了宝贵的经验。

3.3.4　基慧小学（马湾）光伏建筑一体化系统

　　中华基督教会基慧小学（马湾）于 2003 年建校，是全香港首间利用太阳能发电的小学。校舍的天台安装了 3 种太阳能光伏板，分别为多晶硅、非晶硅以及铜铟硒光伏板，所产生的电力估计可达学校每年用电需求量的 9%。在基慧小学安装的建筑构件式太阳能光伏板是中华电力及香港大学合作的研究项目，3 种太阳能光伏板系统分别装置在学校不同的位置（如图 3-14 所示）。

　　整个光伏系统主要包含 3 个子系统，总系统功率为 40kW，表 3-4 汇总了每个子系统的具体设计细节。

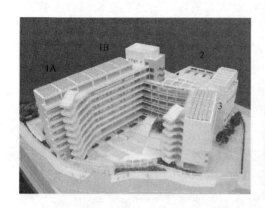

图 3-14　基慧小学（马湾）光伏建筑一体化系统（左边为模型、右边为实景照片）

基慧小学（马湾）光伏建筑一体化系统的明细表　　　　　　　表 3-4

系统	露台遮阳—铜铟硒光伏子系统		采光顶—多晶硅光伏子系统	顶棚—非晶硅光伏子系统
系统编号	1A	1B	2	3
光伏串数目	24	72	2	21
每串的光伏板数目	15	5	24 和 28	3
每串的开路电压（V_{DC}）	249	83	294 和 319	204
光伏板总数量	360	360	52	63
子系统额定功率	28.8kW		4.0kW	7.2kW

3.3.4.1　系统 1

根据支撑结构的布置，整个子系统从左（西）往右（东）划分为 6 个光伏阵列，如图 3-15 所示。前 3 个光伏阵列为 1A 系统，而后 3 个光伏阵列为 1B 系统。

图 3-15　露台遮阳光伏子系统俯视图

对于 1A 系统来说，每个阵列由 24 个光伏串（每串有 5 块光伏板）并联而成，为了提高系统的直流电压输出，3 个光伏阵列以串联的形式结合在一起，系统的直流电压输出为 $83V \times 3 = 249V$，系统的额定功率为 $40W \times 120 \times 3 = 14.4kW$。1A 系统从 2004 年 9 月开始就一直处于运行状态，在大多数的月份里，此系统每月可以产生 1000 多度电。在正常工作状态下，此系统的效率可以达到 8％以上。

对于 1B 系统来说，每个光伏阵列又可以分为两个更小的子系统，每个子系统由 12 个光伏串并联而成，每个光伏串由 5 块光伏板串联组成。所以每个小系统的直流电压输出为 83V，而额定功率为 40×60＝2.4kW。跟 1A 系统一样，1B 系统也是从 2004 年 9 月开始运行的，在大多数时间里，系统的总效率可以达到 8.5％以上。

通过 11 个月的数据测量分析发现，1B 系统的发电效率略高于 1A 系统。这主要是因为较长的光伏串设计（1A 系统中每个光伏串有 15 块光伏板；1B 系统中每个光伏串只有 5 块光伏板）通常会导致较大的系统光伏串匹配误差。所以在以后的设计中，可以尽量考虑选用较短的光伏串设计。

3.3.4.2　系统 2

系统 2 共采用了 52 块多晶硅光伏板，可以分为两个额定功率为 2kW 的采光顶光伏子系统（2A 和 2B），此系统的俯视图以及室内采光效果如图 3-16 所示。

图 3-16　采光顶光伏子系统俯视图以及室内采光图

经过精心设计，系统共连接有两个并联的 2kW 逆变器，系统中每块光伏板的额定功率如表 3-5 所示。

采光顶光伏子系统光伏板分布及其额定功率分配表　　　　　　表 3-5

行\列	2A 系统										2B 系统					
	1	2	3	4	5	6	7	8	9	10	11	12	13	14	15	16
1									23	35	47	59	71	83	83	95
2					23	47	71	83	71	71	71	71	71	71	71	71
3	0	35	59	83	71	71	71	71	71	71	71	71	71	71	71	71
4	107	107	107	107	107	107	107	107	107	107	107	107	107	107	107	107

从 2004 年 5 月起，采光顶光伏子系统就一直平稳地运转。冬季的发电量明显低于夏季的发电量，除了冬、夏季光照度的差别之外，另外一个重要的原因就是在太阳位置较低时（特别是冬季）来自周围居民建筑的遮挡。

尽管 2A、2B 子系统所用的光伏板类型是相同的，但由于来自周围居民建筑（见图 3-12）在一年中复杂的遮挡情况，使得 2A 子系统的发电量明显低于 2B 子系统，特别是在冬季。所以在以后的设计中，特别是在建筑群林立的大都市里，光伏系统的设计应详细考虑及模拟周围建筑在一年中可能对光伏系统造成的任何遮挡影响。

3.3.4.3 系统 3

根据支撑结构的布置，整个顶棚光伏子系统共分为 3 个并联的光伏阵列，如图 3-17 所示。每个光伏阵列由 7 个光伏串（每串有 3 块光伏板）并联而成，所以每个光伏阵列有

21 块光伏板。每个光伏阵列直流电压输出为 68V×3＝204V，额定功率为 114.2W×21＝2.4kW。整个顶棚光伏系统总功率为 7.2kW。

整个顶棚光伏子系统从 2004 年 5 月运行以来，除去几个受到周围建筑遮挡严重的月份（从 11 月～次年 1 月），整个系统的发电效率基本维持在 6％左右。

图 3-17 顶棚光伏子系统俯视图

3.3.4.4 系统性能分析

数据采集系统安装完毕（采光顶光伏系统于 2004 年 4 月；顶棚光伏系统于 2004 年 5 月；露台遮阳光伏系统，2004 年 8 月）以后，从 2004 年 9 月直至整个工程结束（2005 年 8 月），共记录采集了 11 个月的系统运行数据。

这 11 个月期间，整个光伏系统共产生了 30215.95kWh 的电量（直流侧），而整个学校的总电量消耗为 316535kWh。由于数据采集系统没有安装交流侧功率传感器，所以就假设交流电发电量等于直流电发电量（尽管通常的逆变器转换效率只有 90％）。同时，由于光伏系统的发电量都由学校消耗，所以整个学校的总用电量为 346751kWh。由此可知，整个光伏系统发电量占整个学校用电量的 8.71％。图 3-18 清晰地展示了整个光伏系统发电量占整个学校用电量比例的月变化曲线。

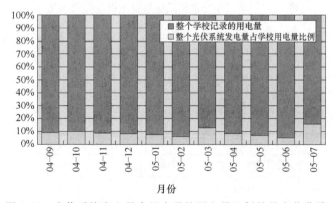

图 3-18 光伏系统发电量占整个学校用电量比例的月变化曲线

通过这些光伏发电系统和设施，学校有机会向学生讲解可再生能源的知识，尤其是太阳能的应用。另外，学校还在校内设有可再生能源展廊，介绍各种能量来源。该校亦制作了可再生能源专题网站能源再生岛，提供大量有关资料以及能源管理的知识，对推广和普及可再生能源的应用起到了重要的作用。

3.3.5 香港机电工程署总部大楼的光伏系统

香港机电工程署新总部大楼的太阳能光伏系统（如图 3-19 所示），是全香港最大的，总功率达到了 350kW。整个光伏系统已经和中华电力公司联网，每年可利用太阳能产电

约 300000～400000kWh，相当于新总部大楼 3％～4％的用电量。而光伏板发电亦可减少发电厂产生的二氧化碳，由此每年可减少约 210～280t 二氧化碳的排放。

图 3-19　香港机电工程署 350kW 光伏屋顶项目

　　整个光伏系统由超过 2300 块光伏组件所组成的光伏阵列（总面积约为 3180m² ）组成，光伏列阵中的每个光伏组件是由 72 个单晶硅光伏电池串联而成的长方形平板，此光伏组件的效率可以高达 15％。这些平板以 22°角朝向正南斜放在支架上，以便能够收集以全年计最大量的太阳辐射。

　　除此之外，采用半透明光伏玻璃幕墙和天穹设计则是该总部大楼的另一个特色。半透明光伏幕墙在夏季能起到遮挡太阳辐射的作用，同时又能够让部分光线通过幕墙，达到自然采光的目的。大楼的光伏天穹则是由 20 块 1680mm×1902mm 半透明光伏模块夹在中空玻璃内构成的，阳光透过光伏组件产生斑驳的光影，起到了良好的装饰效果。

　　整个系统从 2005 年 10 月到 2006 年 9 月的性能表现如图 3-20 所示，全年的产电量可以达到约 340MWh，基本符合预期目标。

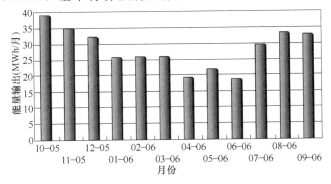

图 3-20　2005 年 10 月～2006 年 9 月间光伏屋顶项目的产电量分布

3.3.6　香港科学园的光伏建筑一体化系统

　　香港科学园作为带领香港科技发展的中心，为电子、生物技术、精密工程、资讯科技及电讯 4 项重点科技领域的发展，提供最顶尖的设备和协助。园内的建筑设计也以环保和可持续发展的概念作为蓝本。建筑的外墙结合使用特制的玻璃、双层玻璃、鳍状设计和遮光罩等减少阳光直接照射，将得热量减至最低，减少因为室外高温而耗用空调的电力。外墙也安装有光伏板发电系统，充分利用太阳能。

在科学园一期建设中，多栋建筑采用了光伏发电技术，使科学园更加具有现代感，凸现了环保意识。科学园有 9 座建筑物装有已经与电网接驳的光伏建筑一体化系统（如图 3-21 所示），总装机容量为 198kW。

图 3-21   科学园铺设光伏建筑一体化系统的大楼概览图

图 3-22 为科学园中采用光伏外遮阳的一栋建筑和光伏玻璃幕墙设计，把光伏板当作建筑墙面的贴面材料，和建筑有机地结合起来，不仅节省了传统的墙面材料，也为大厦生产电力。

图 3-22   香港科学园的光伏建筑墙面（左图：遮阳型；右图：幕墙型）

3.3.7　嘉道理农场光伏发电系统

嘉道理农场位于香港新界，是一家慈善机构，多年来一直致力于扶贫和环保事业。我们于 2003 年为农场研发了一套直接镶嵌在屋顶的光伏发电系统。该系统在设计上避免了直接和屋顶结构相连，不用破坏防水层，可以防止台风的袭击，同时起到了屋顶的保温作用。这也是香港特区第一个正式申请并网发电的项目，虽然拖后批准一年多的时间，但 2004 年终于能够正式并网发电。

嘉道理农场接待处屋顶装有额定功率为 $4kW_p$，总面积约为 $35m^2$ 的光伏阵列。光伏系统产生的电能主要用来满足接待处的照明、空调、电脑以及其他用电设备。多余的电量通过并网逆变器输送到电网，而当光伏系统的发电量不能满足接待处需求时，逆变器会从电网取电来供应接待处的需求。

　　图 3-23 是此光伏系统的外观图,整个系统包括 40 块水平安装的多晶硅光伏电池板,每 3 块光伏电池板串联成一个光伏串,整个系统共有 13 串,而剩余的 1 块光伏板则作为后备之用。

　　此光伏发电系统经过几年的稳定运行,平均年发电量约为 2500kWh。为了能够更准确地了解光伏系统各个部件的性能,为以后光伏系统的设计、施工以及维修提供信息,

图 3-23　嘉道理农场接待处屋顶光伏系统

我们对嘉道理农场光伏系统进行了性能评估,评估从 2005 年 5 月持续到 2007 年 12 月。

　　图 3-24 给出了光伏系统在评估期间的发电量以及发电效率的变化图,经过统计,光照度在 $500\sim850W/m^2$ 之间,整个光伏系统的总发电效率约为 7%～8%。和 2004 年相比,系统的综合太阳能利用率也是稍有下降,约 1.5%。另外经评估发现,系统中各设备的能源利用率不容忽视,虽然单一光伏板的实验室实测效率仍然在 11% 左右,但由于树荫和附近建筑物的遮挡,逆变器、控制器和传输线路的电力损失也很多,最终的系统能源利用效率却仅有 7%～8% 左右(逆变器的效率为 84.4%)。由此可见,在设计端选择高效率的设备和进行优化设计都是很重要的。

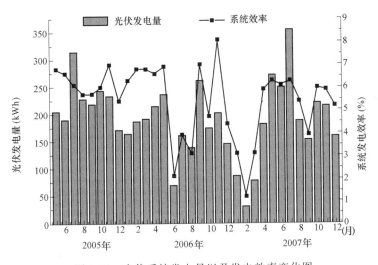

图 3-24　光伏系统发电量以及发电效率变化图

　　在常规空调围护结构负荷中,太阳辐射热负荷占 3/4 以上。对光伏建筑来说,由于投射到建筑的太阳能有一部分被太阳能电池转换为电能,有一部分被冷却空气带走,同时建筑表面温度由于太阳能电池发热而高于普通建筑外表面,造成表面与大气的对流散热增加,使得建筑空调总负荷下降。

　　由于太阳能电池的能量转换效率与其工作温度有关,通过光电转换而减少的太阳辐射热、通过冷却通道流动空气排入大气的光伏阵列的对流热、通过太阳能电池表面温度升高而增加的对外辐射,由一组相互关联的方程决定。因此空调负荷的计算必须考虑太阳能电池效率、太阳辐射照度、大气温度、环境辐射温度、环境风速、光伏阵列形式与安装方式、冷却

通道的长度和结构等因素，由动态的能量平衡方程计算得到。原来依据建筑材料对辐射热的吸收特性而考虑温度波的衰减和延迟，进一步计算空调冷负荷的方法不再适用。

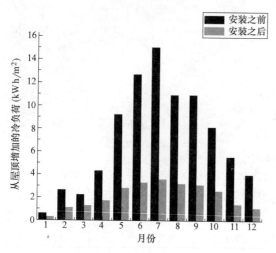

图 3-25　光伏系统发电量以及发电效率变化图

根据光伏系统的特点可知，为提高光伏系统的太阳能发电效率，应尽量降低光伏阵列的温度，而该温度的降低有利于空调系统总负荷的降低，二者相辅相成。对于嘉道理农场光伏系统来说，通过在屋顶安装光伏板可以有效降低建筑物的冷负荷，在安装光伏板前后，接待处在一年之中从屋顶增加的冷负荷分布变化如图 3-25 所示。

从图 3-25 中可以看出，安装光伏板之前，接待处从屋顶增加的冷负荷为 86kWh/m²，而在 2007 年安装光伏板之后，从屋顶增加的冷负荷就降低到了 26kWh/m²，足有 70% 之多。

3.3.8　南丫岛太阳能屋顶发电系统

南丫岛太阳能发电系统是香港地区最大规模的太阳能发电系统，于 2010 年 7 月 29 日于香港港灯电力公司南丫岛发电厂落成投产，如图 3-26 所示。该系统由 5500 块非晶硅及 3162 块双结叠层式薄膜光伏板构成，总装机容量为 1MW，预计每年可生产 110 万度电力。此外，通过取代等量的燃煤发电，该太阳能系统每年可减少 915 吨二氧化碳排放。表 3-6 所示为该系统的基本资料。

南丫岛太阳能发电系统基本资料　　　　　　　　　　　　　表 3-6

总容量	550kW	450kW	
光伏板种类	非晶硅薄膜光伏组件	双结叠层式薄膜光伏组件	
光伏板数量	5500 块	2668 块	494 块
光伏板最大输出功率	100W/块	142W/块	145W/块
光伏板重量	26.4kg/块	25kg/块	
光伏板尺寸	(1.4m×1.1m×35mm)/块		
安装位置	主厂房及锅炉房天台	发电厂及其他楼天台及南丫发电厂扩建部分空地	
预计每年发电量	110 万度		
每年减排量	915 吨二氧化碳		

在选址时考虑到安装地点需有大面积平地、阳光不受遮蔽、景观因素及容易连接电网等，最后决定将太阳能板分组安装于南丫岛发电厂主厂房及锅炉房天台、发电厂内其他建筑天台及发电厂扩建部分空地，产生的电力输送到港灯的 380V 低压电网。为提升系统的能量输出值，所有光伏组件都以正南 22° 倾斜角安装，以收集尽可能多的阳光。

与晶体硅光伏组件相比，非晶硅薄膜光伏组件一方面由于生产过程中使用较少的硅材料，能耗较少，所以更加环保。另一方面，非晶硅组件的温度影响系数小，因此高温下其功率衰减比较小。此外，非晶硅组件的弱光性能比较好，因此其阴天的功率输出性能会比

图 3-26　南丫岛太阳能发电系统

晶体硅好。

3.3.9　武汉新城国际博览中心屋顶光伏系统

武汉新城国际博览中心展览馆光伏并网发电项目，位于湖北省武汉市武汉新区。

武汉新城国际博览中心展览馆，总建筑面积 45.7 万 m^2，建筑高度 34.70m，建筑层数为 2 层。建筑物平面呈环形，建筑外环半径 362.79m，内环半径 130.00m，建筑主体有绿化游园及水系环绕。

该项目主要采用晶体硅太阳能电池组件，经对展览馆屋顶金属屋面进行专业设计，在满足建筑功能的同时，在屋顶形成一敞开式外呼吸循环通道，增加建筑节能效果，降低屋面成本；同时，实现了太阳能光电产品与建筑的完美结合，达到了良好的太阳能光电建筑示范效果（见图 3-27 和图 3-28）。该项目总装机容量为 10MW，光伏系统所发电量采用用户侧并网的形式以 0.4kV 电压等级并入展览馆内部电网。该项目于 2012 年 4 月建成，2012 年 6 月正式并网发电。

图 3-27　武汉新城国际博览中心展览馆光伏屋面实景照片

3.3.10　光伏建筑技术的应用前景

光伏发电与建筑物相结合，将原来互不相关的两个领域结合到一起，涉及面很广，并非是光伏设计及制造者所能独立完成的，必须与建筑材料、建筑设计、建筑施工等有关部

图 3-28　武汉新城国际博览中心展览馆光伏建筑实景照片（航拍）

门密切合作，共同努力，才能取得成功。光伏建筑一体化体现了创新性的建筑设计理念、高科技以及人文环境协调的美观形象。

　　就目前而言，尽管光伏器件与建筑相结合可能降低一些应用成本，但与常规能源相比，费用仍然较高，这也是影响光伏应用的主要障碍之一。然而我们必须注意到，这样简单的对比是不恰当的，因为一些隐藏的成本并没有计入常规能源的成本，譬如治理常规能源所造成的污染等费用，一些国家对化石燃料的价格补贴，以及最近逐渐高涨的石油价格等。光伏发电虽然一次性投入较大，但其运行费用很低，并且越来越多的国家正相继制定优惠政策，促进太阳能的应用与发展。可以预计，与建筑相结合的分布式光伏发电系统是未来光伏应用中最重要的领域之一，前景十分广阔，有着巨大的市场潜力。

　　以我国香港地区为例，根据政府相关数据估算，该地区适合安装光伏系统的屋顶面积约为 $54km^2$，在扣除阵列间距的前提下，预计可以安装 5.97GW 光伏系统，每年的能量输出可达 5981GWh，约占香港地区 2011 年总用电量的 14.2%。如果用这部分可再生能源取代当地的传统电能，则分别可以减少 25% 的煤炭和 54% 的天然气使用量，并且每年可减少 373 万吨温室气体排放。近年来，光伏系统的安装费用急剧下降，并且随着传统电价的不断增长，光伏系统的标准化发电成本将会在 1~2 年内与传统电价持平。如果考虑碳减排带来的效益，则光伏电价成本将更加接近于传统电力。随着科学技术的不断进步，光伏组件的成本还有望继续下降，与光伏相结合的建筑物会如雨后春笋般出现在我们身边，同时太阳能光伏发电也必将在能源结构中占有相当重要的位置。

本章参考文献

［1］　EMSD（ELectrical and Mechanical Services Department，Hong Kong）. Study on the Potential Applications of Renenable Energy in Hong kong：Stage 1 Study Report. In：EMSD，Hong kong Special Administrative Region

［2］　Lo Edward WC. Oveyview of Building In tegrared Photovoltaic（BIPV）system s in Hong kong. In：Proceeding of International Conference on Alternative Energy，Hong Kong，China. 2005，45~52

［3］　GB/T 28866—2012，独立光伏（PV）系统的特性参数. 北京：中国标准出版社，2013

［4］　IEC 62124—2004，独立光伏系统-设计验证

［5］　GB/T 19064—2003，家用太阳能光伏电源系统技术条件和试验方法. 北京：中国标准出版

社，2003

[6]　GB/T 29196—2012，独立光伏系统技术规范. 北京：中国标准出版社，2013

[7]　GB/T 19939—2005，光伏系统并网技术要求. 北京：中国标准出版社，2006

[8]　国家电网公司，关于做好分布式光伏发电并网服务工作的意见（暂行）. 2012 年 10 月 29 日

[9]　小型可再生能源发电系统电网接驳工作小组，可再生能源发电系统与电网接驳技术指引. 2007

[10]　http：//www. hkelectric. com/web/AboutUs/SolarPowerSystem/Index _ zh. htm

[11]　Jinqing Peng，Lin Lu. Investigation on the development potential of rooftop PV system in Hong Kong and its environment benefits

第 4 章　光伏建筑的经济、环境和市场前景分析

光伏与建筑一体化（BIPV）技术使建筑物自身利用绿色、环保的太阳能资源产生电力。随着光伏建筑一体化技术的迅速发展，光伏建筑一体化系统的经济性、环保性和发展潜力得到越来越多的关注。本章首先介绍了光伏建筑经济性评价的一般性方法、影响光伏建筑经济性的主要因素，并通过一个典型系统分析了光伏建筑的经济性；然后分析了光伏系统在生产、运行和回收处理过程中存在的对环境的影响因素，并且利用能量回收时间和温室气体回收时间这两个评价指标对一个典型系统的环保性进行了分析评价；最后通过分析世界光伏建筑一体化技术的发展现状和趋势，指出了光伏建筑一体化技术未来的发展目标和前景。

4.1　光伏建筑的经济性分析

4.1.1　经济效益评价的基本原理

在社会实践中，人们进行的所有实践活动，都是为了要取得一定的效益，以满足人们生产和生活的需要，这是人类社会实践所遵循的一个重要原则。只是由于各类活动的不同，人们取得效益的形式也有所不同。从事工业生产，希望造出质量好、成本低、数量多的产品；从事交通运输，希望将用户的货物（人）既安全（舒适）、又快捷地运到目的地；从事教育工作，则希望能培养出热爱祖国、热爱人民、技术精、能力强的德才兼备的人才。不论是能够用经济数字描述的生产领域的活动，还是无法用经济数字描述、属于"软指标"的非生产领域的活动，主要从两个角度去考察其经济效益：一是在一定的人力、物力、财力的条件下，如何靠科学管理、合理调配而使之充分发挥作用，更好地满足既定目标的要求，得到最好的效果，即得到最佳的"成果"，产出最大。二是在确保满足既定目标的前提下，通过技术进步、优化组合而使在获得效益的过程中所花费的消耗最少，即付出最少的"耗费"，投入最少。换言之，任何一种社会实践，要获得有用成果，创造物质财富，都必须花费一定的代价，消耗一定的人力、物力和资金，付出劳动耗费。

所谓经济效益是指人们在经济实践活动中取得的有用成果与劳动耗费之比，或产出的经济成果与投入的资源总量（包括人力、物力、财力等资源）之比。劳动耗费是指在生产过程中消耗的活劳动和物化劳动。活劳动消耗是指生产过程中具有一定的科学知识和生产经验并掌握一定生产技能的人，消耗一定的时间和精力，发挥一定的技能，有目的地付出的脑力和体力劳动。物化劳动消耗则是指进行劳动所具有的物质条件和基础，它一方面包括原材料、燃料、动力、辅助材料在生产过程中的消耗；另一方面还包括厂房、机器设备、技术装备等在从事生产实践过程中的磨损折旧等。

4.1.1.1　经济效益的一般表达式

从经济效益的概念出发，通过对有用成果和劳动耗费进行分析，将二者相联系，可以列出经济效益的一般表达式，主要有三种：

（1）差额表示法：经济效益＝有用成果－劳动耗费

（2）比率表示法：经济效益＝有用成果/劳动耗费

（3）差额比率表示法：经济效益＝（有用成果－劳动耗费）/劳动耗费

提高经济效益既要力求得到尽可能多的有用成果，又要尽量少劳动耗费。因此，"以尽可能少的劳动耗费取得尽可能多的有用成果"应作为评价经济效益的准则。

4.1.1.2　经济效益评价的基本原则

对各种技术方案进行经济效益评价时，应遵循以下几项基本原则：

（1）要求尽可能做到技术、经济、政策上的相互结合。

（2）宏观经济效益要和微观经济效益相结合。宏观经济效益是指国民经济效益或社会经济效益，微观经济效益是指一个企业或一个项目的具体经济效益，两者实质上是整体利益和局部利益的关系。

（3）近期经济效益要和远期经济效益相结合。

（4）直接经济效益要和间接经济效益相结合。

（5）定量的经济效益要和定性的经济效益相结合。

（6）经济效益评价还要与综合效益评价相结合。

4.1.1.3　经济分析的方法

工程经济分析的主要内容是论证技术方案的经济效益。经济效益实质上是有用成果和劳动耗费的比较。由于有用成果表现在诸多方面，其中有的可用数量表示，有的无法用数量表示，劳动耗费的支付形态和支付条件又有着多种多样的差别，所有这些都造成经济评价的复杂性和困难性。

1. 回收期分析

投资回收期就是使累积的经济效益等于最初的投资费用所需的时间。投资回收期可分为静态投资回收期和动态投资回收期。静态投资回收期是在不考虑资金时间价值的条件下，以项目的净收益回收全部投资所需要的时间。投资回收期可以自项目建设开始年算起，也可以自项目开始使用时算起。动态投资回收期是投资项目各年的净现金流量按基准收益率折成现值之后，再来推算投资回收期，这是与静态回收期的根本区别。动态回收期就是净现金流量累积至等于零时的年份。对于希望从投资中迅速获取回报的投资者，回收期越短的投资越受欢迎。但是，一个回收期短的投资并非一定是经济效益最好的投资。一个回收期长的投资如果能够保持每年的收益，就有可能比一个回收期短的投资带来更多的效益。回收期的分析是一个简要估计投资效益的方法。如果投资期比系统的生命周期要短得多，这个投资就被认为是有收益的。

2. 净现值分析

净现值是指投资项目所产生的现金净流量以资金成本为贴现率折现之后与原始投资额现值的差额。净现值法就是按净现值大小来评价方案优劣的一种方法。净现值大于零则方案可行，且净现值越大，方案越优，投资效益越好。在只有一个备选项目的采纳与否的决策中，净现值为正者则采纳，净现值为负者不采纳。在有多个备选项目的互斥选择决策中，应选用净现值是正值中的最大者。

3. 投入产出比率

投入产出比率是投资项目收益与项目投资的比率，是对投入利用效能的直接测量标准。该指标可以是单个项目的投入产出比率，也可是全部资金项目总的投入产出比率，反映资金的使用效果。

4. 内部收益率

内部收益率是指项目在整个计算期内各年财务净现金流量的现值之和等于零时的折现率，也就是使项目的财务净现值等于零时的折现率。内部收益率是反映项目实际收益率的一个动态指标，该指标越大越好。一般情况下，财务内部收益率大于等于基准收益率时，项目可行。

5. 生命周期成本分析

生命周期成本（LCC）指产品在整个生命周期中所有支出费用的总和，包括原料的获取、产品的使用费用等。生命周期成本法是一种计算发生在生命周期内的全部成本的方法，通常被理解为产品生产周期成本法，以此来量化产品生命周期内的所有成本。

6. 评价指标

建筑的所有者会关心光伏建筑一体化系统对于这个建筑来说是否是有效的。比如，建筑的所有者希望用有限的资金来提高建筑的能源利用率。如果有 10 种可供选择的改进方式（包括光伏建筑一体化系统），但是如果这些方式都被采用则所需费用将是预算的 4 倍。在这种情况下，就需要估计在预算之内采用哪几种方式的组合可以获得最大的效益。

上述经济分析方法对于做投资分析很有用，但对于某种特定的投资分析并不是所有的方法都适用。在大多数情况下，这些方法可以用来对光伏建筑一体化系统进行经济性分析。对于同一个建筑来说，回收期的分析方法是最不可靠的，但是在多数情况下，可以被用来作为经济性分析中的一个参考。

净效益分析和生命周期成本分析适用于设计光伏建筑一体化系统的容量。好的光伏建筑一体化系统的净效益比较大而生命周期的成本比较低。投入产出率和内部收益率也可以用来在设计中分析光伏建筑一体化的经济性。

4.1.2　光伏建筑一体化系统的经济效益

常用于评估传统建筑经济效益的分析方法一般重点进行初投资的分析，如果直接用来分析光伏建筑一体化系统的话，其非能源方面的效益则会被忽略，使其真正的价值被低估，这样的经济分析是不准确或不可靠的。光伏建筑一体化的经济效益主要来源于以下几个方面：能源成本的节约、出售电能的收益、加强的电能质量和可靠性、减少的建筑成本、环境上的气体减排、增加的租金、税收减免、补助和其他刺激措施。这些经济效益中的一部分可以用金钱来评估，并且用来计算经济情况，而另外一部分经济效益却很难进行量化。

4.1.2.1　供电效益

1. 电表计量

利用电表可以确认光伏建筑一体化系统的发电量。对于并网的光伏建筑一体化系统，剩余的电量可以按当地脱硫燃煤标杆电价出售给电网公司。对于白天工作时间使用的商业建筑或公共建筑，光伏建筑一体化系统产生的电量会全部应用于建筑中，而不会有剩余电量的出现。而在周末和节假日，大多数的商业办公楼和公共建筑没有人使用，则光伏建筑一体化系统产生的电量会出现剩余，这部分剩余的电量可以出售给电网公司。

光伏建筑一体化系统发电量的经济效益包含两个方面：即每年或每月公用电费的减少量以及国家对自发自用光伏电力的度电补贴。光伏系统的发电量计量有两种方法，即双电表计量法和净电表计量法。双电表计量法中需要用两个电表，一个用来统计输出的电量，另一个用来统计输入的电量。而净电表计量法只需要一个电表即可，电表通过正转和反转来记录输入和输出电量，与双电表计量法相比这种计量方法更有效。

2. 电网削峰填谷

随着城市化和工业化的日渐发展，城市和大型工厂的供电短缺是一个急待解决的问题。如在夏季，由于白天夜晚的负荷相差太大，几乎所有的大城市都会采用错时开工、拉闸限电的方法来调节用电负荷，尤其是在中午时段的用电高峰。然而，此时此刻正是日照最强烈的时候，也是光伏系统输出功率最大的时候，光伏建筑一体化系统正好可以对建筑物的用电负荷进行调节，对城市电网起到削峰填谷的作用。

3. 远程供电

在电能的输送过程中会有电量的损失，特别是远程供电的情况，有相当多的电量损失在长距离输送电能的电线上。光伏建筑一体化系统的发电量一般直接应用于所在的建筑上，可大大减少电能输送过程带来的电量损失。因此，由于远程供电而带来的电量损失可以看作光伏建筑一体化系统的经济效益。这种情况下，应用光伏建筑一体化技术给偏远地区供电比远程供电会更有效。

4.1.2.2　投资效益

建设光伏建筑一体化系统需要大量的初投资，但是通过光伏效应将太阳能转化成电能每年可以节省数量可观的电费。以上海为例，单位功率 BIPV 系统的装机成本约为 8 元/W，根据上海地区的太阳辐照资源，单位功率光伏系统的年发电量约为 1.1kWh，而当地的峰值电价为 1.16 元/kWh，再加上政府对分布式发电的度电补贴 0.42 元/kWh，投资人 4.6 年左右就能回收光伏系统的投资成本，而光伏系统的寿命约为 25 年，因此其内部收益率相当高。

4.1.2.3　热效益

光伏建筑一体化系统产生的能量包括电能和由于光伏建筑一体化组件的热效应而节省的能量。光伏建筑一体化的设计需要考虑对建筑的热负荷、冷负荷和照明负荷的影响。比如将半透明的光伏建筑一体化组件用于中庭就是一种很好的结合形式，它可以遮阳、减少冷负荷、允许自然采光和发电。另一种可以影响建筑热环境的应用方式是将光伏建筑一体化组件作为遮阳板，在夏天可以减少建筑的冷负荷。

空调设备的能耗通常可占到整个建筑总能耗的 $30\%\sim40\%$，而光伏建筑一体化系统的应用推动了空调节能目标的实现。从上午九点至下午五点，假设单位面积建筑物屋面平均每小时接受的太阳辐射总量为 400Wh，而每 40Wh 的辐射可导致建筑物室内温度升高 $0.1℃$。若空调设备的制冷系数为 3，要消除这 $0.1℃$ 的温升，则需要消耗电能 40Wh÷3＝13.33Wh。因此，每日建筑物接受的太阳总辐射量为 400Wh×8＝3200Wh，当未采用光伏建筑一体化系统时，室内温升为 3200Wh÷40Wh×0.1℃＝8℃，相应的空调能耗为 8℃÷0.1℃×13.33Wh＝1066.4Wh，其发电量为 0Wh。与此相比，当光伏建筑一体化系统应用于该建筑物时，因太阳总辐射量不变，室内温升为 3200Wh×(1－80%)÷40Wh×0.1℃＝1.6℃。光伏建筑一体化系统在降低建筑物冷负荷的同时还可以产生电力 3200Wh×80%×6%＝153.6Wh，此时空调的能耗为 1.6℃÷0.1℃×13.33Wh＝213.28Wh。由于光伏发电，该建筑可向空调系统提供部分电力，因此空调的实际能耗为 213.28Wh－153.6Wh＝59.68Wh。对比 1066.4Wh 与 59.68Wh 这两个数据，可见光伏建筑一体化系统的应用，不但可以产生一部分电力，还可以通过减少建筑物得热量而显著降低建筑物的空调负荷，其空调节能效果十分明显。

4.1.2.4 环境效益

光伏建筑一体化系统在发电的过程中不会产生温室气体和有害气体。有研究表明，光伏建筑一体化系统每发一度电就可以少排放二氧化碳 519g、二氧化硫 0.62g、氮氧化物 1.22g。其对应的减排效益是每减排一吨二氧化碳可以节约 8.8 美元、一吨二氧化硫可以节约 1650 美元、一吨氮氧化物可以节约 7480 美元。

4.1.3 光伏建筑一体化系统的成本

光伏建筑一体化系统的成本主要是取决于系统的类型和规模。现在，两类基本的商业光伏建筑一体化商品（壁面和屋顶材料）已经应用于新建或改建工程中。光伏建筑一体化的壁面系统包括压花玻璃、拱肩玻璃板、玻璃幕墙系统、覆层系统和遮阳系统，这些产品替代了传统的建筑材料。光伏建筑一体化中的屋顶系统包括木屋顶、瓦片、金属屋顶、外保温屋顶、中庭和层压屋顶，这些产品已经取代了传统的建筑材料，被看作是一种加强的多功能型建筑材料。因此，光伏系统的附加成本也应该包含在经济分析中。整个光伏建筑一体化系统的成本与传统建筑的成本相比较就可以得出光伏建筑一体化系统的附加成本。

4.1.3.1 设备及材料费用

光伏发电系统既然和建筑融合一体，那么不同性质的建筑物对系统的投资产生的影响亦不同。建筑物按用途可大体分为住宅建筑、商业办公建筑以及公用设施建筑。美国可再生能源国家实验室对与不同类型建筑物相结合的光伏系统的安装成本进行了研究。表 4-1 所示为不同建筑一体化光伏系统的设备及材料费用，其中住宅建筑以 $35m^2$ 的屋顶为例，商业建筑以 $150m^2$ 的安装面积为例，而公共设施建筑以装机容量 187.5MW 为例；此外，根据系统是否跟踪太阳又将公共设施建筑光伏系统进一步分为跟踪型光伏系统和非跟踪型光伏系统。表 4-1 对不同类型的建筑物光伏系统的设备及材料投资费用进行了统计。

建筑一体化光伏系统设备及材料费用

表 4-1

建筑类型	设备及材料费用（单位功率光伏系统）(美元)				
	光伏组件	逆变器	配电线路	安装硬件	其他配件
住宅建筑（$35m^2$安装面积）	2.15	0.42	0.03	0.19	0.37
商业建筑（$1500m^2$安装面积）	2.05	0.37	0.02	0.74	0.06
公共设施建筑（187.5MW 容量）（非跟踪型）	1.95	0.29	0.15	0.02	0.23
公共设施建筑（187.5MW 容量）（跟踪型）	1.95	0.29	0.25	0.02	0.38

除此之外，系统的总装机成本还包括人工成本、维护费用、并网费用等。图 4-1 所示为不同类型建筑一体化光伏系统单位功率的装机成本。由图可见，住宅建筑光伏一体化系统的装机成本最高，约为 5.7 美元/W，商业建筑光伏系统其次，为 4.7 美元/W，而公共建筑光伏系统成本最低，约为 3.9 美元/W。总的来说，装机容量越大则单位功率的装机成本越低；此外，跟踪型系统由于需要额外的机械跟踪装置投入所以其装机成本要高于非跟踪型系统。

4.1.3.2 人工成本

在光伏发电系统总成本中，人工成本所占的比例是不容忽视的。光伏建筑一体化组件

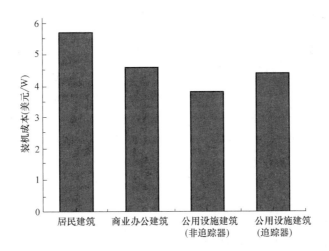

图 4-1　不同类型建筑一体化光伏系统单位功率的装机成本

的标准化、系统设计和安装的简单化可以最大限度地降低光伏建筑一体化系统的人工成本。在光伏建筑成为建筑的主要形式之前，与传统建筑相比，需要额外增加人工成本。这些附加的人工成本是由于额外的建筑设计、系统设计和施工造成的。但是在专业人员的监督下，传统建筑的施工人员，包括装玻璃工人、屋顶工人、钣金工和电工，可以安装光伏建筑一体化系统。因此，施工过程中只有专业技术的人工成本需要包括在光伏建筑一体化系统的经济分析中。

4.1.3.3　维护费用

维护成本对投资的长期效益作用显著。维护成本包括修理费和置换费。与其他费用相比，维护费应该作为光伏建筑一体化系统的附加维修费，而不是整个建筑的维护费。周期性的检查和清洗是预防性维护中的一部分，这包括定期清扫光伏板的表面，特别是在尘土比较多的环境中。为了确定最佳的清扫时间，必须事先确定清扫成本和灰尘所带来的电量损失之间的关系。例如，由于某些高层建筑是不规则的几何体，光伏系统的清扫成本远远高于灰尘所造成的电量损失。通常来讲，每隔半年就需要对主要部件表面进行必要的检查。建筑一体化光伏系统各个部件的使用寿命、使用环境、产品性能等参数不尽相同，为了保证系统的正常运行，各个部件均应按照产品规定的标准来使用，对于已经达不到正常使用要求的部件，应及时处理，防止事故发生。

此外，光伏玻璃幕墙的中空玻璃一旦结露、进水、炸裂、脱膜、松动和开裂，除了影响幕墙美观外，还严重影响其隔热、发电等功能，因此必须有专业人士进行定期巡检、维护并及时更换相关部件。

4.1.3.4　并网的费用

每个国家对并网的政策不同，其并网所需的费用也不一样。并网的费用一般包括初装费、输出电量税、电表校准费、培训费和附加费。其他的一些要求比如保险费、财产评估费、公证费、相关数据采集和保护装置的费用等也都增加了并网费用。并网费用占大型系统的总投资份额比较少，而对小型系统的总投资影响则比较大。

4.1.3.5　准建费用

任何建筑在建造、移动和改建之前都必须先获得建筑许可证。建筑的准建费用是由建筑预算成本和建筑面积来决定的，因此，当增加光伏建筑一体化系统的时候，准建费用也会相应增加。这部分附加的建筑准建费用也需要包括在光伏建筑一体化系统的经济分析中。

4.1.4 典型案例分析

以安装于香港嘉道理农场接待处屋顶的 $4kW_p$ 太阳能 BIPV 示范系统为例，香港地区的相关地理参数为：北纬 $22.5°$、东经 $114.2°$。$4kW_p$ 的 BIPV 并网发电光伏系统产生的电能通过逆变器满足接待处部分家电用电需求。该太阳能电池阵列是由 Schott Solar 生产的 ASE-100-GT-FT 型电池组件组成，共 40 块，每块板的面积均为 $0.826m^2$，光电转换效率为 11.5%；光伏组件水平敷设在屋顶，当太阳能发电量大于等于即时的负载需求时，可直接由太阳能供给负载的电能需求，并且可以将多余的电能返给电网；当太阳能不足以满足负载需求时，由市电满足负载的需求。

光伏系统经济分析使用动态平直供电成本作为评价该系统的供电技术经济性指标。该分析方法是将供电系统在整个寿命周期内发生的各项费用全部折现，再用等额分付因子分摊至系统运行期间内的各年，然后除以系统的年发电量，得到该系统的动态平直供电成本。本系统使用的组件寿命为 25 年，因此采用 25 年作为经济分析的周期。

4.1.4.1 确定系统的年发电量

1. 计算年平均太阳辐射总量

年平均太阳辐射总量，可通过太阳辐射月平均日辐照量（我国香港地区数据如表 4-2 所示）乘以每月天数，然后求和得到香港地区全年总的辐射值为 $5140MJ/m^2$。

我国香港地区太阳辐射月均日辐射值（MJ/m^2） 表 4-2

月份	1	2	3	4	5	6
辐射值	10.98	11.51	9.69	12.27	16.60	16.25
月份	7	8	9	10	11	12
辐射值	21.78	13.51	15.56	14.31	14.50	11.85

理论发电量＝年平均太阳辐射总量×光伏电池总面积×光电转换效率＝5140×0.826×40×0.115÷3600＝5425kWh

2. 实际发电效率

太阳能电池板输出的直流功率是太阳能电池板的标称功率。在现场运行的太阳能电池板往往达不到标准测试条件，输出的允许偏差是 5%。因此，在分析太阳能电池板输出功率时要考虑到 0.95 的影响系数。随着光伏组件温度的升高，组件输出的功率就会下降。对于晶体硅组件，当光伏组件内部的温度达到 $50\sim75℃$ 时，它的输出功率降为额定功率的 89%，在分析太阳能电池板输出功率时要考虑到 0.89 的影响系数。光伏组件表面灰尘的累积，会影响辐射到电池板表面的太阳辐射强度，同样会影响太阳能电池板的输出功率。据相关文献报道，此因素会对光伏组件的输出产生 7% 的影响，在分析太阳能电池板输出功率时要考虑到 0.93 的影响系数。

由于太阳辐射的不均匀性，光伏组件的输出几乎不可能同时达到最大功率输出，因此光伏阵列的输出功率要低于各个组件的标称功率之和。另外，光伏组件的不匹配性和板间连线损失等，这些因素影响太阳电池板输出功率的系数按 0.95 计算。

并网光伏电站考虑安装角度因素折算后的效率为 0.88。

组件实际发电效率为 $0.95×0.89×0.93×0.95×0.88＝0.657$。

系统实际年发电量＝理论年发电量×实际发电效率＝ $5425kWh \times 0.657 = 3564kWh$

4.1.4.2 计算总成本折现值

核算系统寿命期内发生的各项投资成本及其费用，折为现值，并将其等额分摊至系统运行期内的每一年。其中投资成本包括初期投资成本、经常性运营成本和偶生成本，其中初期投资成本如表 4-3 所示。

初期投资成本（港元） 表 4-3

光伏组件	逆变器	组件支架	电缆	系统安装成本	汇线盒和配电柜
200000	20000	30000	5000	40000	5000

以上各项总计初期投资成本约为 300000 港元（以下计算中取通胀率为 3％，利率为 6％）。

系统的经常性运营成本就是系统的维护成本。对于并网系统而言，该成本就是每年消耗市电的费用。本系统年均发电量为 3564kWh，电网的电费价格以 1.0 元/kWh 计算，这样产生的平均经济效益是 3564 元/年，经常性运营成本的折现值见下式：

$$经营性运营成本折现值 = 平均每年的成本 \times \left(\frac{1+通胀率}{利率-通胀率}\right) \times$$

$$\left[1-\left(\frac{1+通胀率}{1+利率}\right)^{周期}\right] = -3564 \times \left(\frac{1+0.03}{0.06-0.03}\right) \times \left[1-\left(\frac{1+0.03}{1+0.06}\right)^{25}\right] = -62669 元/年$$

并网型光伏系统的偶生成本就是逆变器和其他部件的维护成本，逆变器的维护成本为初始成本的 20％。

逆变器的偶生成本折现值＝ $20000 \times 0.2 = 4000$ 元/年

所以可得总成本的折现值为：

总成本折现值＝ $300000 - 62669 + 4000 = 241331$ 元/年

4.1.4.3 计算本系统的动态平直供电成本

$$动态平直供电成本 = \frac{总成本折现值}{年平均发电量 \times 经济分析周期} = \frac{241331}{3564 \times 25} = 2.71 元/kWh$$

该光伏发电系统的成本价格将近是目前香港地区居民用电价格的 3 倍。目前，光伏发电成本过高是制约 BIPV 系统在我国发展的最主要原因。我国政府目前已经在酝酿相关的政策措施，以期支持和引导我国光伏发电系统及其相关产业的可持续发展。此外，近几年我国光伏产业发展迅速，产业链逐渐趋于完整，硅原料加工产业也开始起步。同时，产业的发展带动技术的进步，未来的光伏发电成本将持续下降，BIPV 系统是未来光伏应用中最重要的领域之一，其前景十分广阔，有着巨大的市场潜力。可以预见，在不久的将来与光伏相结合的建筑物会如雨后春笋般出现在我们身边，同时光伏发电也必将在能源结构中占有相当重要的地位。

4.2 光伏建筑一体化系统对环境的影响

4.2.1 光伏组件的生产

硅作为最常见的太阳能电池材料，是化学工业的产物。硅料的化学提纯过程包括许多步骤，需要受到严格控制，否则会对环境造成严重污染。光伏电池的生产需要经过扩散、氧化以及与不同化学物质进行接触，但这些化学物质在严格控制的环境中一般都可以回收或者分解。薄膜电池的生产过程与硅电池不同，有时需要使用一些有害气体，但是所有这些生产过程都被严格的控制着，至今太阳能电池的生产过程中还没有发生过较大事故。另外，那些在生产过程中损坏的太阳能电池还可以被回收并重新利用。因此，只要生产过程受到严格的控制和监管，可以认为光伏组件的生产过程不会对环境产生不利的影响。

4.2.2　光伏系统的运行

一般来说光伏系统的运行过程对环境没有任何不利的影响，因为它不产生噪声、固体垃圾或有害气体。从这方面看，光伏系统发电有利于保护环境，在发达国家和发展中国家都同样适用。光伏电站产生的每一度电都相应地减少了温室气体的排放，而某种温室气体的排放量取决于这个国家的能源结构。例如，在德国光伏系统每产生一度电就可以减少将近 650 克二氧化碳排放，这是因为褐煤和硬煤在德国的基础能源中占有很高的比例。在其他国家（像挪威和瑞典），绝大部分的电能是靠水力发电，所以光伏系统每产生一度电而带来的温室气体减排量就相对比较低。而在一些发展中国家，光伏系统一般是用来替代化石燃料的，如燃油或液化气，在这种情况下，相应的温室气体的减排量就相对比较高。如上所述，光伏系统的运行过程并不会对环境造成影响，但其对温室气体减排量的贡献却取决于本国的能源结构状况。

4.2.3　光伏组件的回收

大多数单晶硅和多晶硅光伏组件生产商将光伏组件正常使用的质保期定为 25 年。光伏技术的持续增长要求在提高光伏组件生产过程中能源和材料利用率的同时，还需要一个行之有效的光伏组件回收技术。现在已经从理论上展开了对光伏组件回收的研究，但是因为光伏组件的生命周期很长，现在基本还没有需要回收的光伏组件。尽管生产商都保证生产光伏组件的所有材料都是可以回收的。将来还是需要建立一个世界性的回收系统来回收有问题或老化的光伏组件。另一种可能性就是强制要求生产商回收其生产的光伏组件，这样生产商或是安装公司就不得不直接从使用者那里回收报废的光伏组件。

4.2.3.1　单晶硅和多晶硅光伏组件

由于光伏组件寿命造成的时间延迟，现在需要回收的光伏组件数量正在不断增加。假定光伏组件的平均寿命是 25 年，那么在 1985 年生产的光伏组件到 2010 就需要回收。据报道，在 1985 年生产了大概 $0.228km^2$ 重达 2300t 的光伏电池，而在 1995 年所生产的光伏电池重量就增加到了 8480t，面积接近 $0.848km^2$。这些基本都是多晶硅和单晶硅电池，薄膜电池的比率很小。到了 21 世纪初，世界光伏电池年生产量达到了 400MWp。而现在光伏电池的产量正在以每年至少 40% 的速度增长。

由于超过 80% 的光伏组件是单晶硅和多晶硅，现在生产商所保证的使用寿命是 25 年（某些光伏组件的实际寿命会更长一些，可能达到 30 年），因此需要大量回收光伏组件的时间会推迟到 2035 年或更晚些。

除此之外，在未来几年，光伏组件的效率还会进一步提升。所以现在使用的光伏组件可能会被效率更高的光伏组件代替，而这被替换下来的光伏组件就需要回收。因此在 2015 年或 2020 年之前，经济有效的光伏组件回收技术就需要发展起来。

4.2.3.2　非晶硅光伏组件

从现在和不远的将来看，非晶硅光伏组件的回收量仍然很低。非晶硅组件中的电池材料只是一层薄膜，其重量不足光伏组件总重量的百分之一。回收非晶硅光伏组件的一个可行方法就是利用喷沙将玻璃上的薄层除去，但这种分离薄膜材料的方法并不经济，因为只有玻璃能够被重新利用。相比之下，利用热过程回收非晶硅组件是一种非常好的方法，玻璃和金属都可以同时被回收重新利用。

4.2.3.3   薄膜型光伏组件

与非晶硅光伏组件相比，其他的薄膜光伏组件含有有害物质，如碲化镉或碲化硒。为了解决碲化镉光伏技术应用中的环境问题，需要对碲化镉光伏组件进行回收。现有一种简单高效的碲化镉光伏组件的回收方法，这种方法基于一个闭合回路的电化学过程，可以迅速地将损坏或失效的光伏组件转化成新的高效率光伏组件。这种方法可以在一个单独的密闭系统中将薄膜组件的组成部分分离，并且能够将分离的半导体薄膜重新生成在一个新的玻璃板上。

4.2.3.4   回收过程所需要的能耗

由于上述光伏组件的回收技术还处于研究发展阶段，还没法确定回收过程所需要的能量。不过一般来讲，利用热过程回收光伏组件时的能耗约为生产光伏组件所需能耗的 80%。

4.2.4   光伏系统的可持续性分析

通常来说，光伏系统运行期间可以直接将太阳能转化为电能，不需要消耗能量也不排放温室气体，因此好像完全是无污染、零能耗的可再生能源技术。然而实际上，在光伏系统整个生命周期内，从硅料提纯、电池生产、光伏组件组装，到附属系统生产（balance of system）、组件运输、安装、系统处理和回收等过程都会消耗一定量的能源并且伴随着排放出温室气体。为了研究光伏系统的可持续性以及对环境的影响，研究人员采用生命周期评价方法来评估光伏系统的环境收益和能量收益。3 个常见的可持续发展评价指标，即能源回收期、温室气体排放回收期以及温室气体排放率可以用来评价光伏系统的可持续性和环境友好性。

4.2.4.1   能量回收期（EPBT）

太阳能光伏系统的能源回收期（Energy Payback Time，EPBT）可以简单定义为：光伏系统补偿其生命周期内总能量消耗量所需要的时间，一般以年为单位进行评估。由于光伏系统输出的是电能，而生命周期内总能量消耗量一般以一次能源统计，因此为了方便计算，本书中所有电能均根据能量转换效率转换为一次能源。光伏系统的能源回收期受诸多因素影响，如生产工艺、组件安装方式、系统使用地年太阳辐射值、系统安装朝向以及倾角、组件效率等，因此准确计算能源回收期相当困难。式（4-1）给出了能源回收期计算公式：

$$EPBT = \frac{E_{input} + E_{BOS,E}}{E_{output}} \tag{4-1}$$

式中 E_{input}——生命周期内光伏组件累计消耗的一次能源，MJ，它包括组件生产、原材料运输、组件安装、运行与维护以及组件处理和回收等过程的能耗；

$E_{BOS,E}$——附属系统的能耗，MJ，它包括支撑结构、电缆、电力电子设备、逆变器、蓄电池（独立型光伏系统）的能耗；

E_{output}——与光伏系统年平均发电量等量的一次能源。

4.2.4.2   温室气体排放回收期（GPBT）

通过减少温室气体的排放可以缓解全球变暖的趋势，因此，温室气体的回收时间也可以用来评估一个系统或技术的可持续性。光伏技术是一种值得推荐的可以减少温室气体排放的技术，在光伏系统的运行过程中不产生 CO_2。但是在光伏系统生命周期中的某些环节，比如提取过程、生产过程和回收处理过程，是会产生 CO_2 和其他温室气体的。因此，研究温室气体的回收时间可以评价光伏技术的可持续性和绿色性。太阳能光伏系统的温室气体排放回收期可以定义为：生命周期内光伏组件及其附属系统的温室气体排放总量除以当地传统电站生产光伏系统年度发电量需要排放的温室气体量。与能源回收期一样，温室气体排放回收期也受组件生产工艺、系统使用地太阳辐射、系统使用地传统电力温室气体排放率以及光伏系统年度发电量等因素的影响。其计算公式如式（4-2）所示。

$$GPBT = \frac{GHG_S + GHG_{BOS}}{GHG_{output}} \tag{4-2}$$

式中　GHG_S——光伏组件导致的温室气体排放，它主要包括原材料开采、组件生产、运输、安装以及回收等过程的温室气体排放；

　　　GHG_{BOS}——附属系统造成的温室气体排放，包括生产电缆、逆变器、电池和支架等部件导致的温室气体排放；

　　　GHG_{output}——当地传统电站生产光伏系统年度发电量所需要排放的温室气体量。

4.2.4.3　温室气体排放率

温室气体排放率是指光伏系统生产单位电力（1kWh）向环境排放的温室气体量，为便于统计计算，二氧化碳以外的温室气体均转换为等效二氧化碳排放量，所以温室气体排放率的单位为 g CO_2-eq/kWhe。通常将光伏系统生命周期内排放的温室气体总量除以在此期间系统的总发电量就可以得到该系统的温室气体排放率。目前，温室气体排放率指标常用来衡量不同可再生能源如风能、太阳能和核能的环境友好性。

有文献认为，光伏系统生命周期内生产的能量还不足以弥补其生命周期内的巨大消耗，也就是说光伏系统的能源回收期要大于光伏系统的生命周期，因此他们认为太阳能光伏发电是一种得不偿失、不可持续的能源。针对这一疑问，本节将采用生命周期评价的方法并使用如上 3 个评价指标对几种不同太阳能电池的建筑一体化光伏系统的能源回收期、温室气体排放回收期以及温室气体排放率进行研究以检验大规模利用光伏发电的可持续性和环境可行性。

4.2.4.4　光伏系统生命周期的累计能耗

光伏系统的累计能耗是光伏系统在整个生命周期内所需要的能量，包括制造过程、运输过程、安装过程和回收过程所需要的能量。因此，光伏电池的类型、光伏组件的安装形式、系统的设计形式、系统所在的位置、系统是否并网、系统的运行和监控、系统的改建和安装形式都是光伏系统累计能耗分析的影响因素。光伏系统的总能耗可以分为两部分：一部分是生产光伏组件所需的能量，另一部分是生产光伏系统附属配件所需的能量。

生产晶体硅光伏组件所需的能耗 $E_{S,E}$ 可以表示为：

$$E_{S,E} = E_P + E_S + E_F + E_T + E_D \tag{4-3}$$

式中　E_P——硅提纯和生产过程所需要的能量，kWh；

　　　E_S——硅锭的切片过程所需的能量，kWh；

　　　E_F——光伏组件组装过程的能耗，kWh；

　　　E_T——将光伏组件从生产地运输到安装地所需要的能量，kWh；

　　　E_D——光伏组件回收过程所需的能耗，kWh。

分析光伏系统累计能耗时，虽然光伏组件本身的能耗占有很大比例，但它并不是唯一的影响因素，还应该考虑系统附属配件的能耗影响。光伏系统附属配件包括电力方面的配件（如逆变器、电缆、汇流箱等）和机械方面的配件（如组件支架）。因此，光伏系统附属配件的能耗可以表示为：

$$E_{\text{BOS,E}} = E_{\text{EBOS}} + E_{\text{MBOS}} \tag{4-4}$$

式中，E_{EBOS}——电力方面的配件的潜在能耗，kWh；

E_{MBOS}——机械方面的光伏系统配件的潜在能耗，kWh。

1. 光伏组件的累计能耗

光伏组件的生产过程中，从硅料提纯、结晶、切片，到电池生产和组件装配，都需要消耗一定量的电能和热能，并释放出温室气体。笔者通过对以往文献总结并结合企业的实际生产数据，得到了组件生产各步骤的能量消耗清单。图 4-2 给出的是单晶硅光伏组件各个生产环节的能量消耗量。生产单位面积单晶硅光伏组件的累计能耗约为 3775MJ/m²，其中提拉单晶的过程需要消耗大约 1200MJ 一次性能源，占总消耗能量的 32%；其次是硅料生产过程需要消耗 720MJ 一次性能源，二者之和占组件总能量消耗量的 51%。此外，值得注意的是生产铝制组件框架大约需要消耗 7% 的能量，因此无框组件可以减少大约 270MJ 的能耗。

图 4-3 给出了多晶硅组件生产过程能量消耗量，在多晶硅生产工艺中，能耗最大的过程是硅料生产，约消耗 700MJ；其次是多晶硅片的生产，需要消耗 590MJ。相比单晶硅生产，多晶硅减少了能耗密集的提拉单晶过程，生产工艺相对简单，因此生产单位面积多晶硅组件的能耗减少了 823MJ。可见，虽然多晶硅电池的效率略低于单晶硅电池，但是生产能耗却大大减少，因此多晶硅光伏系统应该比单晶硅系统具有更短的能源回收期和温室气体排放率。

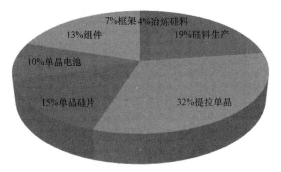

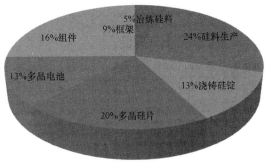

图 4-2　单晶硅光伏组件生产过程　　　图 4-3　多晶硅光伏组件生产过程
　　能量消耗量（3775MJ/m²）　　　　　　能量消耗量（2952MJ/m²）

非晶硅组件的能耗可以分为两大类，即原材料自身包含的能耗和生产过程的能耗。原材料自身的能耗主要包括电池材料蕴藏的能耗、电池基底材料以及封装材料的能耗、组件框架的能耗。生产过程的能耗主要包括电池生产和组件装配的能耗。图 4-4 给出了非晶硅光伏组件的能量消耗量。其中原材料自身包含的能耗约为 680MJ，占总能耗的 52%。因此，对于非晶硅组件来说，由于其生产工艺简单所以原材料自身能耗占的比例超过了生产能耗，所以说非晶硅组件是原材料能耗密集型组件，而单晶硅和多晶硅组件都属于生产能耗密集型组件。与单晶硅和多晶硅组件相比，非晶硅组件原材料用量少，生产工艺简单，基本不存在高耗能的工艺，因此其组件能量消耗量远远低于晶硅组件。然而，尽管非晶硅组件的能耗低,但是由于其转换效率更低,因此综合起来其能量回收期不一定短。另外,值得注意的是由于组件总能量消耗量比较低,组件框架的能耗占总能耗的比例升高到21%,因此非晶硅组件的无框设计可以大大减少其能量消耗量并缩短能源回收期和温室气体排放回收期。

此外,笔者还对近十年来几种常见光伏组件的生命周期能量消耗量进行了文献统计,结果如图 4-5 所示。虽然不同研究者得到的能量消耗量差异较大,但是总体来说,一方面,薄膜光伏组件的能耗要远远低于晶体硅组件,因此其能量回收期也必将小于晶体硅组件;另一方面,即使是单晶硅电池,其能量消耗量也比较低,能量回收期大概为 2~3 年。

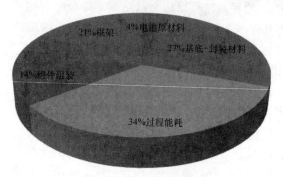

图 4-4 非晶硅光伏组件生产
过程能量消耗量 (1319MJ/m²)

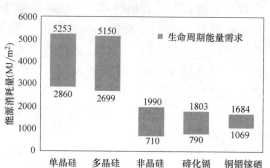

图 4-5 常见光伏组件生命
周期能量消耗量统计

2. 附属系统的能量消耗

在光伏系统整个生命周期内,除了组件生产的能耗外,还存在许多其他能耗,这部分能耗可以统称为附属系统能耗。表 4-4 总结了附属系统的各种能量消耗量,其总能耗随组件类型和安装方式的变化而变化,单晶硅组件屋顶安装的能耗最高,为 1760MJ;非晶硅组件墙面安装的能耗最低,为 1287MJ。在所有附属能耗中,光伏阵列支撑结构的能耗最高,并且由于屋顶系统需要更多的金属支撑结构和混凝土基础,所以其能耗要比墙面系统高 100MJ。此外,由于单位面积晶硅组件的功率要远远大于非晶硅组件,因此其单位面积组件所对应的逆变器容量和能耗也远远高于非晶硅组件。对于运输能耗,卡车的能耗假设为 0.004MJ/(kg·km),海运的能耗为 0.0002MJ/(kg·km),每平方米组件重量假定为 15kg/m²,最后可得到原材料和组件的运输能耗约为 90MJ。

附属系统能量消耗量 表 4-4

项目	支撑结构＋电缆 (MJp/m²)	逆变器 (MJp/m²)	组件和原材料运输 (MJp/m²)	组件安装 (MJp/m²)	运行维护与设备生产 (MJp/m²)	处理回收 (MJp/m²)
附属系统 能量需求 (MJ/m²)	500(墙面安装) 600(屋顶安装)	270(单晶) 255(多晶) 127(非晶)	90	50	500(晶体硅) 400(薄膜)	250 240 120

3. 光伏系统总能量消耗

综合组件生产能耗和附属系统的能耗可以得到光伏系统生命周期内总能量消耗量,如图 4-6 所示。单晶硅系统总能耗最大,为 5535MJ;非晶硅系统的总能耗最小,为 2706MJ。对于 3 种系统,能耗最大的 3 个项目依次为组件能耗、支架和电缆能耗以及运行维护和设备生产能耗。

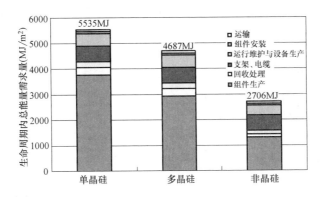

图 4-6　屋顶光伏系统生命周期总能量消耗量

4.2.4.5　光伏系统能量输出

为了便于计算光伏系统生命周期的能量输出，做出如下假设和简化：

（1）所有光伏系统均为并网系统。

（2）单晶硅、多晶硅和非晶硅光伏组件的额定能量转换效率分别为 17%，16% 和 8%。

（3）三种光伏组件的生命周期预计为 30 年，逆变器内电子设备的生命周期预计为 15 年。因此，当逆变器运行 15 年后需要对电子设备进行更换。

（4）考虑到各种能量损失的存在，光伏系统整体的效能比为 0.75。

（5）假定一次能源转换为电能的转换效率为 0.31。

（6）我国香港地区传统电能的温室气体排放率取决于本地电力混合情况，根据中华电力公司提供的数据，目前公共电网的温室气体排放率约为 671g CO_2-eq/kWh；1998～2007 年，香港地区在光伏组件最佳倾斜角度 22°±1° 下获得的最大年平均太阳辐射为 1333kWh/m^2，结合以上假设，可以近似计算出每种光伏系统的年度理论发电量和年度节能数据，如表 4-5 所示。

光伏系统年度发电量与节能数据　　　　　　　　　　　　　　　　表 4-5

光伏系统	单晶硅系统	多晶硅系统	非晶硅系统
平均年发电量（kWh/m^2）	170	160	80
年节能量（MJ/m^2）	1974	1858	929

4.2.4.6　温室气体排放率、能源回收期和温室气体排放回收期

虽然光伏系统在运行过程中不会排放温室气体，但是在其整个生命周期内，比如组件生产过程、原材料与组件运输过程、安装过程中都会消耗能量并且相应地释放出温室气体。相关研究表明光伏系统生命周期内的温室气体排放大部分与能量消耗相关，与能量消耗无关的温室气体排放过程主要是生产金属支架和二氧化硅还原过程，但是其比例只有 10%。

很多因素都会对光伏系统的温室气体排放率造成影响，比如系统累计能耗、组件生产地电力混合情况、系统使用地年度太阳辐射值以及系统效率和生命周期等，因此准确评价温室气体排放率并不容易。根据文献资料，图 4-7 给出了 5 种使用不同电池的光伏系统的温室气体排放率范围。虽然多晶硅系统的转换效率要低于单晶硅系统，但是其能量消耗量

比单晶硅低得多,因此其温室气体排放率低于单晶硅系统。此外,虽然非晶硅系统生命周期总能量消耗量最少,但是由于其能量转换效率远远低于晶体硅,所以最终导致其温室气体排放率最高,为 $50g\ CO_2$-eq/kWhe。然而即使是最高的温室气体排放率也只有燃煤火力发电站温室气体排放率的 $1/10$。由此可见,即使是温室气体排放率最高的非晶硅系统也要比传统电站的温室气体排放率低得多,所以从环保角度来说,太阳能光伏系统确实是一种低污染、环境友好的可再生能源。

根据光伏系统生命周期内总能量消耗量、系统年度发电量以及温室气体排放率,可以计算出光伏系统的能源回收期和温室气体排放回收期。图4-8给出了3种屋顶光伏系统的能源回收期和温室气体排放回收期。3种系统的能源回收期为 $3.4\sim3.9$ 年,温室气体排放回收期为 $2.4\sim2.9$ 年,无论是能源回收期还是温室气体排放回收期都远远小于光伏系统的生命周期,因此可见这三种光伏系统确实是可持续并且环保的可再生能源。3种系统中,多晶硅系统由于具有较高的能量转换效率和较低的累计能耗,所以其能源回收期和温室气体排放回收期最短。因此从环保和可持续性角度考虑,多晶硅系统具有更大优势和发展潜力。单晶硅系统虽然转换效率最高,但是其生产过程中提拉单晶等能耗密集型工艺的存在使得其生命周期内的累计能耗过大。非晶硅系统虽然工艺简单,能耗低,但是其过低的转换效率使得系统生命周期的能量输出大幅减少。

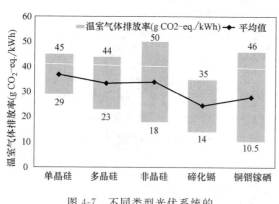

图4-7   不同类型光伏系统的
温室气体排放率范围

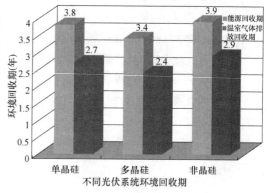

图4-8   屋顶光伏系统能源回收期和
温室气体排放回收期

上述回收期计算基于我国香港地区的气象数据和具体情况,对不同地区该数值会有差别。

4.3   光伏一体化系统的发展和前景

4.3.1   世界光伏产业和市场的发展

能源问题及随之而来的环境问题都表明,寻找清洁、安全、可靠的替代能源是人类社会可持续发展的必经之路。太阳能是清洁能源中最可靠、最有发展潜力的能源之一。进入21世纪以来,全球太阳能光伏产业迅猛发展,产业规模不断扩大,光伏系统装机容量不断提升,光伏发电成本不断降低。最近,德意志银行的研究报告表明,在没有政府补贴的情况下太阳能光伏电力已经在全球19个国家和地区实现平价上网,初步具备了与传统化石能源电力一争高下的能力。本节将分别从光伏产业规模的发展、光伏系统装机容量的发展以及光伏发电成本的发展情况来进一步说明当前光伏产业的发展现状和趋势。

4.3.1.1　光伏产业规模的发展

2003 年全球光伏组件的生产量只有 753MW，总产值约 58 亿欧元，当时预测到 2010 年全球光伏组件的年产量将达到 5.3GW，总产值提高到 250 亿欧元。实际上，2010 年全球光伏组件的产量已达到 23.5GW，是当初预测值的 4.4 倍，总产值也达到了 1870 亿欧元。2013 年全球光伏组件的产量高达 39.8GW，从事太阳电池及组件生产制造的企业超过了 350 家。2013 年生产的太阳电池及组件中超过 85% 的为晶体硅太阳电池及组件。其余不足 15% 的市场份额被各种薄膜光伏组件瓜分，其中大部分为非晶/微晶硅光伏组件和碲化镉光伏组件，另外还有少量的铜铟镓硒光伏组件及聚光光伏组件。图 4-9 非常直观地给出了 2005～2013 年光伏产业的快速发展趋势，其发展速度远远超过了 21 世纪初所有人的预测。

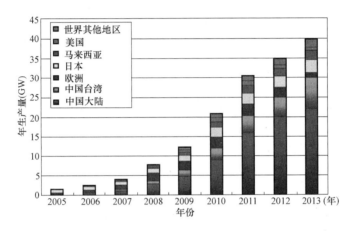

图 4-9　全球光伏电池及组件的产量发展状况（2005～2013 年）

太阳能光伏组件的主要生产国家和企业也有了明显变化。从图 4-9 可以看出，2005 年主要的太阳电池及组件生产地为日本、欧洲和美国，但是 2011 年中国大陆的太阳电池及组件生产量已经占全球总产量的一半，到 2013 年，中国大陆和中国台湾地区的组件生产量已经达到全球总产量的 75%。从表 4-6 可以看出，2005 年，中国大陆只有无锡尚德跻身全球 10 大光伏制造企业，而 2013 年产量最大的五家公司全是中国大陆企业。

近些年，随着欧美"双反"的影响和中国大陆劳动力成本的提高，大陆很多企业开始在海外建厂。泰国、马来西亚、菲律宾等东南亚国家由于土地、电力和人力成本较低、距离中国大陆较近，成为海外建厂地址的首选。而在国内，由于政策的转变，已经不再鼓励光伏制造企业盲目扩张产能规模，企业将主要通过技术进步和并购来扩大规模。

2005 年及 2013 年太阳电池/组件产量最大的 10 家公司对比　　　　表 4-6

排　名	2005 年 10 大公司	2013 年 10 大公司
1	夏普(日本)	英利(中国大陆)
2	Q-Cell(德国)	天合(中国大陆)
3	京瓷(日本)	晶澳(中国大陆)
4	三洋(日本)	晶科(中国大陆)
5	三菱电子(日本)	阿特斯(中国大陆/加拿大)

续表

排　名	2005 年 10 大公司	2013 年 10 大公司
6	Schott Solar(德国)	First Solar(美国/德国/马来西亚)
7	BP Solar(西班牙)	茂迪(中国台湾/中国大陆)
8	尚德(中国大陆)	新日光(中国台湾)
9	茂迪(中国台湾)	韩华(中国大陆/德国/马来西亚/韩国)
10	Shell Solar(荷兰)	昱晶(中国台湾)

　　我国虽然在 2008 年就成为全球最大的太阳电池及组件制造地,但在 2010 年之前我国的高纯多晶硅料都主要依靠进口。2009 年全球包括半导体和光伏行业 90% 的高纯硅料由以下七家国外公司提供:Hemlock,Wacker Chemie,REC,Tokuyama,MEMC,Mitsubishi 和 Sumitomo。硅料严重依赖进口的状况对我国的光伏产业发展造成了极大影响。2010 年随着我国保利协鑫、LDK 等厂商高纯硅料生产工厂的投产,我国硅料年产量达到了 4.5 万 t,占当年全球硅料总产量的 30% 以上,扭转了硅料完全依赖进口的局面。2014 年,我国自产多晶硅料达到了 13 万 t,进口多晶硅料为 10.2 万 t,硅料的价格则进一步下降到 20 美元/kg。随着晶体硅光伏产业生产制造技术的进步和太阳电池转换效率的提高,每瓦太阳电池消耗的硅料也在下降,2010 年为 7~8g/Wp,而到 2014 年则下降到 4.8g/Wp(单晶硅太阳电池)和 5.5g/Wp(多晶硅太阳电池)。

4.3.1.2　光伏系统装机容量的发展

　　光伏市场的发展同光伏产业的发展是互相促进的。一方面光伏市场的需求带动了产能的扩张,另一方面产能的扩张又使光伏制造的成本下降,从而带来装机成本的降低和装机量的提高。2000 年全球光伏系统累计装机容量仅有 1288MW,而截至 2014 年底,全球光伏累计装机容量达到了 183GW,2014 年全球新增装机容量就达到 45GW,其中我国光伏系统新增装机量达到 12GW,已经发展成为全球最大的光伏市场。

　　图 4-10 和图 4-11 分别给出了 2005～2014 年全球光伏系统每年新增装机容量和累计装机容量。从中可以看出欧洲尤其是德国对光伏产业前期的发展贡献良多得益于政府积极的光伏补贴政策,德国的光伏市场获得空前发展,从 2010 年到 2012 年的 3 年间,德国平均每年的装机容量增幅达到 7GW,2012 年高达 7.6GW。到 2014 年德国的光伏系统累计装机容量已经超过 38GW。德国的光伏发展模式在欧洲被普遍效仿,带来了欧洲光伏市场的飞速发展。到 2013 年末欧洲光伏装机总量达到了 80.7GW,其中 2013 年光伏新增装机容量为 10.6GW。但由于近年来欧洲经济的低迷,光伏发电的需求得到抑制,未来几年欧洲的光伏市场会有一定程度的萎缩。

　　相比而言,近年来亚太、北美、南非和南美的光伏市场却在逐渐扩大,带来了新的市场增长点。在亚太,2013 年中国成为全球最大的光伏市场,当年新增光伏系统装机量达到了 12GW,其次是日本,年度装机量达到 7GW。在美洲,2013 年加拿大新增装机量达到了 445MW,从而使该国的累计装机容量达到了 1.2GW。2013 年美国新增装机容量达到 4.7GW,到 2013 年末美国的累积装机总量达到 12.1GW。

　　从近十年光伏市场的发展趋势可以看到,光伏发电受区域经济环境的影响较大,当区域经济健康快速发展时,社会对绿色能源和环境保护的需求就会上升,光伏发电就会得到更多的政策支持,从而获得快速发展的机会。相反,当区域经济下滑时,绿色能源的需求

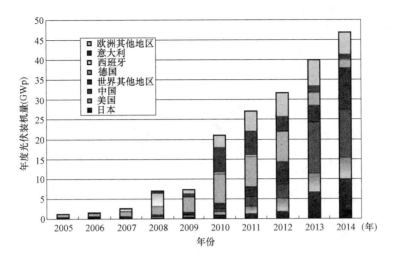

图 4-10 全球每年的新增光伏安装量

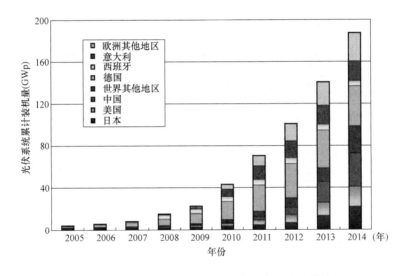

图 4-11 2005～2014 年全球光伏系统累计安装量

就会受到抑制。综上所述，未来几年，欧洲依然会是重要的光伏市场，但每年的新增装机量会有所下滑，直到欧洲经济走出泥潭；美国、中国和日本将会成为未来数年最大的光伏市场。印度、东南亚、南非以及拉丁美洲等新兴市场的份额也将进一步增加。

4.3.1.3 光伏发电成本的发展趋势

从 2000 年光伏市场步入发展的快车道开始，光伏发电的成本就在不断下降，具体体现在光伏产业各个环节价格的下降，包括多晶硅料、硅片、电池片、组件、逆变器甚至光伏安装支架等。以光伏组件为例，如图 4-12 所示，其价格几乎同光伏组件的累计装机容量成反比。当累计装机容量从 2007 年的约 10GW 增长到 2011 年的约 80GW，光伏组件的价格则从 30 元/W 急剧下降到 7 元/W，2015 年初更是下降到不足 4 元/W。

光伏发电成本下降是产能扩大和技术进步的必然结果，但下降速度如此之快，还是超出了所有人的预测。光伏发电成本的降低同光伏市场的快速发展是同步的，而且发电成本的下降脚步依然没有停止，在某些国家和地区光伏发电成本已经低于用户端零售电价，在不久的将来，光伏发电的成本还将逼近化石能源的发电成本，因此将拥有越来越强的市场竞争力。

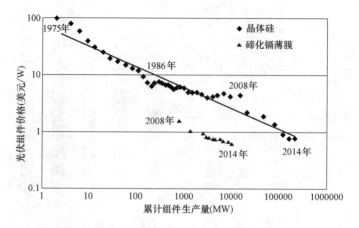

图 4-12 光伏组件随累计装机容量的变化趋势

2015 年 1 月 30 日我国硅料、硅片、电池片、组件的加权报价表　　　　　表 4-7

产　　品	规　　格	平均报价	2014 年同期	单位
国产多晶硅料	一级料	20.436	21.5	美元/kg
国产多晶硅料	二级料	19.1	18.9	美元/kg
进口多晶硅料		20.48	20.74	美元/kg
单晶硅片	125mm×125mm	0.679	0.741	美元/片
单晶硅片	156mm×156mm	1.101	1.16	美元/片
多晶硅片	156mm×156mm	0.881	0.99	美元/片
单晶电池片	125mm×125mm	0.38	0.412	美元/W
单晶电池片	156mm×156mm	0.376	0.437	美元/W
多晶电池片	156mm×156mm	0.314	0.392	美元/W
单晶组件		0.666	0.717	美元/W
多晶组件		0.579	0.677	美元/W

来源：Solarzoom.com。

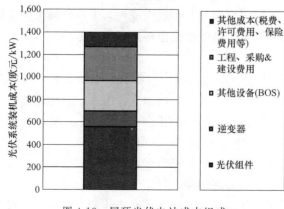

图 4-13 屋顶光伏电站成本组成

表 4-7 对比了 2015 年 1 月与 2014 年同期的国内硅料、硅片、电池片及组件的加权报价，可以看出光伏产业各个环节的价格依然在下降。这些价格的下降带来了光伏系统建设成本的降低。如图 4-13 所示，在光伏系统的装机成本中，光伏组件的成本占 40% 以上，逆变器大约为 10%。2014 年 10 月份全球光伏系统的平均装机成本为 1.45 欧元/W，而在欧洲为 1.27 欧元/W。目前我国光伏系统的装机成本

基本上可以控制在 7～8 元/W。

　　光伏发电成本可以通过电力平准化成本（Levelized Cost of Electricity，LCOE）来进行计算。LCOE 是由美国可再生能源国家实验室（National Renewable Energy Laboratory，NREL）提出的一种计算电站发电成本的方法，它包含了电站的初始投资，运行和维护成本，燃料成本和资本成本。其计算公式为：

$$LCOE = \frac{\sum_{t=1}^{n} \dfrac{I_t + M_t + F_t}{(1+r)^t}}{\sum_{t=1}^{n} \dfrac{E_t}{(1+r)^t}} \tag{4-5}$$

式中　I_t——在 t 年份的投资支出；

　　　M_t——在 t 年份的运行和维护支出；

　　　F_t——在 t 年份的燃料支出，对于光伏电站来讲该数字为 0；

　　　E_t—— t 年份的电能产出；

　　　r——贴现率；

　　　n——计算的财务声明周期。

　　由于光伏电站的运行和维护成本极低，所以光伏发电的主要成本来自于初始投资和资金成本的贴现率。从图 4-14 可以看出，屋顶光伏电站的建设价格在 2014 年已经下降到 1.4 欧元/W。资金成本的贴现率取决于长期贷款的利率，在不同国家该利率从 1.1%～6.1% 不等，在模拟计算中可以取 5% 进行计算。光伏电站的稳定运行时间长达 25 年，25 年后光伏系统的功率输出能力依然有初始状态的 80% 以上。光伏系统的维护及运行成本可以按照初始投资的 2% 来计算，而发电量主要受安装地点年度太阳辐射量的影响，因此地区差异较大。

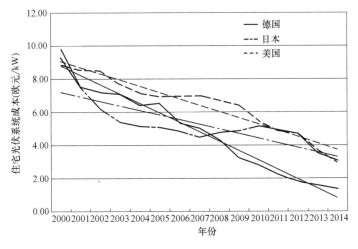

图 4-14　屋顶光伏系统装机价格的变化趋势

　　通过 LCOE 计算得到欧洲的光伏发电成本从南部地区的 9 欧分/kWh 到北部的 23 欧分/kWh 不等，这个成本已经低于或等于 79.5% 的欧洲居民的用电成本。而在财务计算生命周期结束后，光伏电站依然可以发电，这时光伏发电的成本则只有运行和维护成本存在，此时光伏发电的成本下降到 4 欧分/kWh。相对于屋顶电站来讲，地面大规模光伏电站（>10MW）的建设成本和发电成本会更低。2014年地面大规模光伏电站的建设成本大约为1.1欧元/W。如果该电站单位功率的年度发电量为1.3kWh/Wp，并且假设资金成本为3%，则LCOE可低至7.21欧分/kWh。因此，随着光伏发电成本的进一步下降，光伏发电对补贴政策的依赖度将下降，相信在不久的将来光伏发电就可以真正走入消费市场和其他传统能源电力进行竞争。

4.3.2 我国的光伏产业发展

近年来，我国对光伏发电的支持力度逐年加大。国务院发布的《关于加快培育和发展战略性新兴产业的决定》已经将太阳能光伏产业列入我国未来发展的战略新兴产业重要领域。在政府一系列政策的推动下，我国光伏市场规模正在快速扩大。2013年，我国新增光伏系统装机容量达到12.9GW，成为当年全球最大的光伏消费市场，累积装机量也达到了19.7GW。2014年的新增装机量约为11GW。到2014年我国多晶硅年产量已经达到13万t，光伏产业原材料自给率已经超过50%，形成了数百亿级的产业规模。国内的多晶硅生产企业已经掌握改良西门子法千吨级规模化生产的关键技术，并且已经向冷氢化法转变。多晶硅料的生产成本大幅度下降，某些企业的生产成本已经降到18美元/kg左右。太阳能电池片的年产量达到30GW，占全球出货量的65%以上。太阳能电池产品的质量也逐年提升，尤其在电池的转换效率方面，骨干企业的产品性能大幅提高，单晶硅太阳能电池的效率可以达到19%以上，多晶硅太阳能电池的效率可以达到17.8%以上。在薄膜电池方面，非晶硅/微晶硅薄膜电池由于受到晶体硅组件价格不断下降的影响，目前处于比较困难的时期，但薄膜电池，特别是半透明组件在BIPV领域仍具有一定的优势，因此可以进一步开拓这方面的市场。

我国光伏设备的生产也取得了突出成就，自主研制的单晶炉、多晶硅铸锭炉、开方机、切片机等设备都已接近或达到国际先进水平，并占据国内较大市场份额；晶体硅太阳电池的关键生产设备中，清洗设备、扩散炉、PECVD等都实现了国产化，并占据了一定的市场份额；丝网印刷设备也已经投入市场；组件生产中，国产层压机和全自动串焊机都已经成为市场主流设备。总体来说，我国已经完全掌握了从硅片到组件生产全产业链的所有关键技术。

我国光伏产业虽然取得了可喜成就，但是我们也必须看到近年来发展中存在的主要问题，包括产能过度扩张、行业无序发展以及国内市场需求不足等。针对这些主要问题，可以采取如下应对措施。

（1）扩大国内市场的需求量。通过LCOE计算可知，我国光伏发电的成本已经下降到0.4元/kWh，已经低于国内很多城市的商业及工业用电价格。现在光伏发电已经不存在成本过高的问题，主要障碍在于国内尚没有完善的光伏发电配套政策，另外电网公司的市场垄断也为光伏发电的推广制造了障碍。政府应当加快政策制定，规范光伏市场的发展，打破电网公司的市场垄断，这样才能够为光伏行业带来巨大的国内市场。

（2）促进分布式光伏发电的发展。光伏电站的特点在于其灵活的安装方式，缺点在于能量密度小，占用面积大。国内当前的政策在于鼓励大型电站的发展，例如，金太阳项目只支持2MW以上的光伏电站。因此在西北部建设了大量的大型地面电站。但西北部有丰富的化石能源，当地工业商业少，用电量需求小，因此并不缺电。而这些光伏电站所发的电力如果要传输到东部地区，则面临巨大的电网建设投资和传输损失，因此并不是合适的发展模式。东部地区工业商业发达，电能不足，在夏天经常面临限电的状况，严重影响了企业的发展。因此国家应该鼓励在东部城市的建筑屋顶发展分布式发电，大力支持和鼓励小型光伏电站的投资和建设。

（3）解决光伏发电投、融资难题。目前光伏电站的建设成本比较高，资金回收期较长。2014 年 1MW 光伏电站的建设成本大约为 800 万元，资金回收期在 7～9 年，如果没有合适的资金来源，单纯依靠企业自身投资，将很快面临资金枯竭，难以获得可持续发展。而商业贷款的利率较高，并不是合适的资金来源。2014 年商业化光伏电站的投资回报率为 15% 左右，而且拥有长达 25 年的稳定回报，非常适合各种需要稳定回报、风险小的基金。因此，允许该类基金进入光伏投资领域或设立低利率的光伏发电贷款，可以有效解决光伏发电的资金来源问题，使光伏发电产业获得可持续的资金投入。

（4）增加相应的科研经费投入，促进技术创新。进一步提高光伏组件和系统效率，降低单位功率系统的装机成本是提高我国光伏行业市场竞争力的最有力保障。

（5）提高光伏企业管理水平，降低生产运营成本。只有这样，光伏企业才能够在严峻的市场形势下，获得未来的发展机会。

4.3.3　光伏一体化系统在世界各国的发展

光伏一体化系统利用建筑的屋顶、墙面、遮阳棚等地方，不占用额外土地，距离用户侧近，不需要高昂的输电成本。因此光伏一体化系统非常适合光伏发电的发展。

在欧洲，光伏建筑一体化系统占了非常重要的份额。很多欧洲国家只有住宅、商业和工业建筑光伏电站。如图 4-15 所示，2012 年欧洲的新增光伏电站中只有 28% 为地面电站，居民住宅电站占 21%（见图 4-16），商业屋顶电站为 32%，工业屋顶电站为 19%。到 2013 年地面电站也只有 34%，居民住宅电站为 22%，商业屋顶电站为 27%，工业屋顶电站为 17%。

在未来几年，随着光伏补贴政策的逐渐退出，光伏电站将以自发建设为主，因此预计欧洲的光伏市场依然以屋顶电站为主。

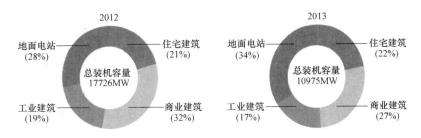

图 4-15　2012 年和 2013 年不同类型的光伏电站市场份额

在日本也有类似的市场份额分布，截至 2010 年日本 95% 的光伏电站都是居民屋顶电站（见图 4-17）。随着日本光伏市场的扩大，到 2014 年居民屋顶光伏电站下降到 80%，但依然是日本光伏市场的主流选择。

近年来，我国也一直鼓励以屋顶电站为主的分布式电站建设，但到 2014 年底，我国分布式光伏发电累计装机量不足 5GW，地面电站累计装机量却超过 21GW，这与欧洲和日本以分布式屋顶光伏电站为主的情况有所不同。当前我国光伏一体化市场依然发展缓慢，但随着光伏发电成本的进一步降低，居民电价的进一步提高，居民住宅屋顶电站市场预计会有一个快速的发展，这其中也将催生一大批地方性的小型光伏创业公司，一起推动行业的健康发展。

图 4-16   德国小镇居民屋顶的
光伏电站（刘超 摄影）

图 4-17   日本西条的居民屋顶
光伏电站（刘超 拍摄）

4.3.4   世界光伏技术发展趋势

对光伏行业来说，技术进步是光伏发电成本降低的最直接推动因素；对于光伏企业来说技术是企业在激烈的市场竞争中保持市场地位并不断前进的保障。因此各个企业和光伏科研单位都不遗余力地加大投入，促进技术进步和革新。

4.3.4.1   硅料技术的发展

高纯硅提纯技术经历了从改良西门子法到冷氢化法以及流化床法等不同技术的迁移。总的发展目的是为了提高硅料的纯度，并且减少硅料提纯过程中的电能消耗。2014 年太阳能级高纯多晶硅料的成本已经降低到 18 美元/kg。太阳能级硅的纯度也将会逐步提升，而不再局限于 6N 的纯度，未来几年太阳能电池的生产将会大量采用 9N 甚至同半导体行业一样的 10N 以上的硅材料来生产高效太阳能电池。多晶硅铸锭技术的进步，使得高效多晶硅片的生产成为可能。晶体硅硅片的厚度也越来越薄，现在已经广泛使用 $180\mu m$ 的硅片。随着金刚线切割技术的引入，硅料的利用率进一步提高，硅片的厚度进一步减薄，未来两年单晶硅片的厚度将会降低到 $140\mu m$，甚至到 $100\mu m$，这会使单晶硅太阳能电池的生产成本逼近多晶硅太阳能电池，使得单晶硅太阳能电池重新回到市场的主流。

4.3.4.2   太阳能电池制造工艺的提升

晶体硅的禁带宽度为 1.14eV，当太阳光照射在晶体硅太阳能电池表面时，能量高于晶体硅禁带宽度的光子会激发硅片中的电子从价带跃迁到导带，从而形成一对电子空穴对，这对电子空穴对被称作光生载流子。光生载流子在太阳能电池 p-n 结空间电荷区的内建电场作用下漂移到电池的表面，然后被金属电极传导出去，驱使负载做功，以上就是晶体硅太阳电池的工作原理。

自从贝尔（Bell）实验室 1940 年第一次制备出晶体硅太阳电池以来，晶体硅太阳电池的结构和工艺不断改进，产业化也经过了半个世纪的缓慢发展。自 2003 年起，晶体硅太阳电池的产业化发展陡然加速，到现在已经形成了一个年产值数千亿美元，从业人员上百万人的庞大产业。晶体硅太阳电池的工艺在吸取了 PCB 印刷电路板和半导体行业工艺的基础上快速成熟起来。

图 4-18 所示为常规晶体硅太阳能电池的结构示意图。该电池的主体为掺硼的 p 型硅片，硅片的厚度大约为 $180\mu m$，在硅片的前表面有扩散形成的 n＋发射极，n＋发射极的

厚度极薄，只有数百纳米。为了增加对太阳光的吸收，在电池的前表面还覆盖有一层厚度大约为 80nm 的 SiN$_x$：H 减反射膜，电池的正面有银栅，背面有背电极和铝电极用于收集电流。在电池的制备过程中，通过高温烧结，将铝掺入电池的背面形成一层厚度大约为 10μm 的 p＋背表面场，因此该电池被称作铝背场（Al-BSF）太阳电池。

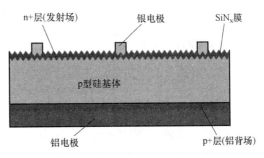

图 4-18　常规太阳能电池示意图

到 2014 年铝背场太阳能电池的生产工艺流程如图 4-19 所示。简单描述如下：

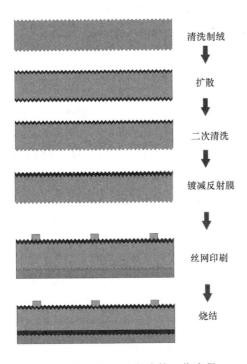

图 4-19　Al-BSF 电池的工艺流程

（1）清洗制绒。常规晶体硅太阳能电池中采用厚度约为 200μm 单晶硅片或多晶硅片。购买来的硅片由于切割的原因在表面有约 10μm 的机械损伤层，因此需要用温度大约为 80℃，浓度为 20wt％的氢氧化钠溶液进行清洗。然后单晶硅片采用碱性溶液制备金字塔形状的绒面，多晶硅则采用酸性溶液制备蚕蛹状的腐蚀坑绒面，从而降低硅片表面对太阳光的反射率。

（2）扩散。制绒后的硅片干燥后放入管式扩散炉中进行高温扩散制备 p-n 结。目前的工艺中通常使用三氯氧磷（POCl$_3$）液态磷源进行扩散，POCl$_3$ 被 O$_2$ 携带进入到扩散炉的石英管腔体中，在 890℃左右的高温下反应生成气态的 P$_2$O$_5$，然后同硅反应将磷扩散进入到硅片表面，并在硅片的前后表面形成一层厚度大约为几百 nm 的掺磷的 n 型层，同 p 型硅基体形成缓变 p-n 结。

（3）二次清洗。硅片扩散后会在表面形成一层非活性的磷硅玻璃（PSG），因此需要通过氢氟酸（HF）去除。同时硅片背面的 PN 结在制成电池后会由于寄生电容效应而造成电池效率的下降，因此也需要通过酸性溶液腐蚀去除。

（4）镀减反射膜。二次清洗后，将硅片放入到等离子体增强化学气相沉积炉（PECVD）中沉积大约 80nm 的 SiNx：H 薄膜，沉积温度大约为 400℃。该层 SiNx：H 膜除了可以减少对入射光的反射外，还可以中和硅片前表面的悬挂键，对发射极起到钝化作用。

（5）丝网印刷。通过丝网印刷的方法，依次在电池的两面分别印刷背电极、铝背场和正面银栅并烘干。

（6）烧结。将丝网印刷后的片子放入到链式烧结炉上经过高温烧结后使前后电极同硅片形成良好的欧姆接触，并在电池的背面形成一层大约 10μm 后的铝背场。

(7) 测试分选。根据电池效率、最大功率点电流等电学参数和外观色差等将电池片进行分组。

过去几年由于多晶硅太阳能电池及组件成本和售价较低,所以一直占据了 70% 以上的晶体硅太阳能电池及组件的市场份额。由于以下几方面的技术进步和革新,未来几年单晶硅太阳能电池及组件的市场份额将会有所提升:

(1) 随着金刚线切片技术的发展,硅片可以切得越来越薄,但当硅片的厚度小于 $160\mu m$ 以后,多晶硅片的碎片率就会大幅度升高,而单晶硅片的厚度则有潜力达到 $100\mu m$ 甚至更薄,此时单晶硅片将具有一定的柔性,碎片率反而会下降,因此多晶硅片的成本优势将会渐渐丧失。

(2) 单晶硅太阳能电池的效率更高。目前 (2014 年) 市场上单晶硅铝背场太阳能电池的效率一般为 19.0%,多晶硅铝背场太阳能电池的效率一般为 17.8%,但单晶硅太阳能电池拥有更高的效率提升空间。使用背面钝化 (PERC) 技术后,单晶硅太阳能电池的效率可以提升到 20.3%~20.5%,而多晶硅太阳能电池的效率只能提升到 18.5%~19.0%。现有的多种高效技术都可以应用在单晶硅太阳能电池中,而应用于多晶硅太阳能电池则往往效果不佳,所以未来两种电池的效率差距将越来越大。

(3) 随着硅片技术的提升,n 型单晶硅片的成本在近两年迅速下降,到现在为止,n 型单晶硅片只比 p 型单晶硅片售价高不到 10%。然而,n 型太阳能电池拥有更高的转换效率和更低的光致衰减。有数据表明,在 25 年的使用过程中,p 型单晶硅光伏组件的效率衰减可以达到 15%~18%,而 n 型单晶硅光伏组件的效率衰减则只有 5%~7%。这表明在同样地点同样装机容量的情况下,n 型单晶硅光伏电站在生命周期内可以产生更多的电量,获得更好的发电收益。

4.3.4.3 光伏组件技术的发展

从 2013 年开始,光伏组件生产的最主要变化是自动化程度逐渐提高,从原来以手工焊接为主的生产线,开始全面升级为以自动串焊机为主的自动化生产线,对熟练工人的依赖程度迅速降低。预计到 2016 年,我国 90% 的光伏组件生产线将实现自动化生产。

光伏组件技术方面的研发主要为可靠性研究,包括抗电位诱发衰减效应 (PID) 组件研发等。另外,随着电池效率的进一步提升,单片电池的工作电流越来越大,随之而来的光伏组件的线损也会增大。将电池片一分为二,然后串联起来,可以使光伏组件的电流下降为整片电池串联组件的 1/2,从而光伏组件的线损则会降低为原来的 1/4,60 片电池的光伏组件的功率可以提升 5~10W。2014 年天合光能创下世界纪录的 326W 单晶硅光伏组件就采用了该方法,如图 4-20 所示。

4.3.4.4 光伏电站技术的发展

光伏电站建设在经历了粗放式发展之后,越来越多的企业和研发团队开始关注光伏电站的系统效率问题。目前世界先进水平的光伏电站的性能系数 (performance ratio) 可以达到 85% 左右,而我国光伏电站的性能系数只有 75%。导致性能系数较低的原因主要有光伏组件、逆变器、电缆等的质量和匹配问题、阴影遮挡、维护清洗问题和系统设计问题等。通过光伏电站的优化设计与运行来提高光伏电站的系统效率对降低光伏发电成本和提高光伏电站的收益都有十分重要的意义。

4.3.5 世界光伏发展的目标和发展前景

光伏技术的进步会带来太阳能电池及组件效率的提高和成本的下降。现在晶体硅片的

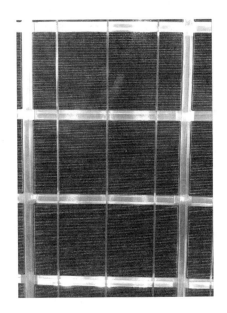

图 4-20　天合光能 326W PERC 单晶硅光伏组件

厚度一般为 $180\sim200\mu m$，其中多晶硅片厚度下降的空间已经不大，但单晶硅片厚度下降到 $100\mu m$ 在技术上是可以实现的。随着电池片及组件端生产技术的提高，到 2020 年单晶硅太阳能电池可能全部采用 $140\mu m$ 的硅片，此时单晶硅的成本和价格将会低于多晶硅片，单晶硅太阳能电池及组件的市场份额将会迅速提升，到 2025 年，预计多晶硅太阳能电池及组件的市场占有率将大幅下降。到 2030 年单晶硅片的厚度有望下降到 $100\mu m$，到 2050 年单晶硅太阳能电池的硅片厚度可能下降到 $50\mu m$，此时单晶硅太阳能电池已经具备柔性特征，拥有更大的应用空间。随着技术进步和硅片厚度的下降，预计到 2035 年光伏组件的价格将会下降到 $0.3\sim0.4$ 美元/W，而组件价格的进一步下降又会刺激装机容量的井喷式增长，如图 4-21 所示，到 2035 年全球累计装机容量将可能超过 4000GW。

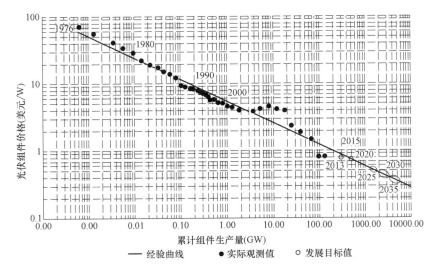

图 4-21　光伏组件价格与装机容量的历史变化及未来趋势

4.3.5.1 国际能源署 (IEA) 的预测

根据国际能源署的高可再生能源展望方案，到 2030 年全球光伏系统的累计装机量将会达到 1700GW，到 2050 年将达到 4670GW。按照这个预测，从 2015 年到 2050 年，每年的平均装机量将达到 120GW。如图 4-22 所示，到 2030 年光伏系统的发电量将达到 2370TWh，到 2050 年将达到 6300TWh，占到全球发电量总额的 16%。

图 4-22 中还有一个预测，即两摄氏度（2DS）方案，该方案预测到 2050 年全球光伏发电站的发电总量将占全球耗电量的 10%，光伏系统累积安装量达到 2918GW。两摄氏度方案可以将温室效应带来的全球温度升高限制在 2℃，该方案也因此而得名。

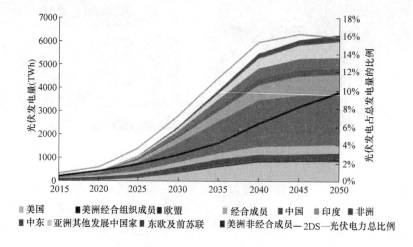

图 4-22 国际能源署高可再生能源展望方案

因此，无论是高可再生能源方案还是两摄氏度方案，光伏行业在今后 35 年内都会得到快速的发展。其中 2015～2020 年光伏行业的发展速度或受累于全球经济的疲软，发展速度较慢。但当全球经济回暖及光伏发电成本进一步下降后，光伏发电的总量会迅速增加。

4.3.5.2 欧盟联合研究中心 (JRC) 的预测

根据欧盟联合研究中心（JRC）的预测（见图 4-23），到 2030 年可再生能源在总能源

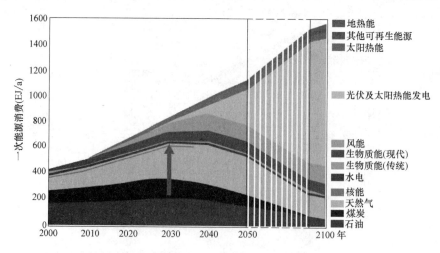

图 4-23 2004 年欧盟联合研究中心能源结构预测

结构中将占到 30％以上，太阳能光伏发电在世界总电力的供应中能达到 10％以上；2040 年可再生能源将占总能耗的 50％以上，太阳能光伏发电将占总电力消耗的 20％以上；到 21 世纪末可再生能源在能源结构中将占到 80％以上，太阳能发电将占到 60％以上，这充分显示出了光伏发电的重要战略地位。

本章参考文献

［1］ Eiffert，P，Thompson，A. Guidelines for the Economic Analysis of Building Integrated Photovoltaic Power System. U. S.：NRPL/TP-710-25266，2000

［2］ Patrina Eiffert. Assessment of Building integrated Photovoltaics. The 2th World Solar Electric Building Conference，Sydney，2000

［3］ A. E. Baumann，R. Hill and K. M. Hynes. Environmental impacts of PV System：Ground-based VS BIPV. The 26th Photovoltaic and Solar Conference，Anaheim，1997

［4］ A. Goetzberger，V. U. Hoffmann. Photovoltaic Solar Energy Generation. Berlin：Springer Berlin，2005

［5］ Antonio Luque and Steven Hegedus. Handbook of photovoltaic science and engineering. John Wiley & Sons Inc.，2003

［6］ 张鸣. BIPV 系统经济性分析. 应用能源技术，2007，11：1-4

［7］ I. Nawaz，G. N. Tiwari，Embodied energy analysis of photovoltaic（PV）system based on macro- and micro-level，Energy Policy 2006，34：3144-3152

［8］ R. Battisti，A. Corrado，Evaluation of technical improvements of photovoltaic systems through life cycle assessment methodology，Energy 2005，30：952-967

［9］ J. Mason，V. M. Fthenakis，T. Hansen，H. C. Kim，Energy payback and life cycle CO_2 emissions of the BOS in an optimized 3.5MW PV installation，Progress in Photovoltaics：Research and Applications，2006，14（2）：179-190

［10］ V. M. Fthenakis，H. C. Kim，Greenhouse-gas emissions from solar electric- and nuclear power：A life-cycle study，Energy Policy 2007，35：2549-2557

［11］ E. A. Alsema，M. J. de Wild-Scholten，Environmental impact of crystalline silicon photovoltaic module production. Material Research Society Symposium Proceedings，2006，0895-G03-03

［12］ K. Kato，A. Murata，K. Sakuta，Energy payback time and life cycle of CO_2 emissions of residential PV power system with silicon PV module，Progress in Photovoltaics：Research and Applications，1998，6（2）：105-115

［13］ R. Dones，R. Frischknecht，Life cycle assessment of PV system：results of Swiss studies on energy chains. Progress in Photovoltaics：Research and Applications，1998，6（2）：117-125

［14］ A. Blakers，K. Weber，The Energy Intensity of Photovoltaic（PV）Systems，Centre for Sustainable Energy Systems，Engineering Department，Australian National University，2000

［15］ SIEMENS，Manufacturing Data Sheet，New Delhi，India，2003

［16］ G. N. Tiwari，M. K. Ghosal，Renewable Energy Resources：Basic Principles and Applications，Narosa Publishing House，New Delhi，2005

［17］ Electrical and Mechanical Services Department，Consultancy Study on Life Cycle Energy Analysis of Building Construction-Final Report 2006，Hong Kong Special Administrative Region，China，www. emsd. gov. hk/emsd/e_download/pee/FinalReport. pdf

［18］ Yang Hongxing and Li Yutong. Potential of Building-integrated photovoltaic applications. Internationl Journal of Low Carbon Technologies，2007：261

［19］ 光伏项目报告，国际能源署，2006

［20］ 中国光伏产业发展报告，世界银行 REDP 办公室，2005

［21］ 周篁. 美国有关可再生能源和节能情况考察报告. 可再生能源，2007：98-101

［22］ 王海鹰. 日本太阳能光伏发电系统 2004 年度报告. 家电科技，2005：61-63

［23］ 谢安琛，城市中建筑光伏一体化系统效益与建筑浅析，城市建设理论研究，34：2095—2104，2012

［24］ 龙文志. 太阳能光伏建筑一体化. 建筑节能，2009（7）：1-9

［25］ Alan Goodrich，Ted James and Michael Woodhouse. Residential，Commercial and Utility-Scale Photovoltaic（PV）System Prices in the United States：Current Drivers and Cost-Reduction Opportunities，Technical Report，National Renewable Energy Laboratory the U. S. Department of Energy，2012

［26］ JGJ/T 264—2012 光伏建筑一体化系统运行与维护规范，北京：中国建筑工业出版社，2012

［27］ 彭晋卿，吕琳，杨洪兴. 建筑一体化光伏系统生命周期内能源及温室气体排放回收期的研究. 建设科技，2012（17）：54-57

［28］ Jinqing Peng，Lin Lu，Hongxing Yang. Review on life cycle assessment of energy payback and greenhouse gas emission of solar photovoltaic systems. Renewable and Sustainable Energy Reviews 2013；19：255-274

［29］ European Commission Joint Research Centre. PV status report 2011，Research，Solar Cell Production and Market Implementation of Photovoltaics，2011.

［30］ European Commission Joint Research Centre. PV status report 2014，2014
＜http：//iet. jrc. ec. europa. eu/remea/sites/remea/files/pv_status_report_2014_online. pdf＞

［31］ http：//www. nrel. gov/analysis/tech_lcoe_documentation. html

［32］ T. Huld，A. Jäger Waldau，H. Ossenbrink，S. Szabo，E. Dunlop，N. Taylor. Cost Maps for Unsubsidised Photovoltaic Electricity. European Commission Joint Research Centre，2014

［33］ European Photovoltaic Industry Association. Global market outlook For Photovoltaics 2014-2018
＜http：//www. epia. org/fileadmin/user_upload/Publications/EPIA_Global_Market_Outlook_for_Photovoltaics_2014-2018_-_Medium_Res. pdf＞

［34］ International Energy Agency. Technology Roadmap Solar Photovoltaic Energy-2014 edition. 2014
＜ https://www. iea. org/publications/freepublications/publication/TechnologyRoadmapSolarPhotovoltaicEnergy_2014edition. pdf＞

第2部分　建筑物太阳能空调技术

利用太阳能进行制冷、空调是太阳能利用的一个重要内容。太阳能空调系统和常规的空调系统相比是一种利用可再生能源的高效节能、无污染、既可供暖又可制冷的新型空调系统，可广泛应用于商业楼宇、公共建筑、住宅公寓、学校、医院等建筑物。

在此部分中，首先对太阳能制冷技术的基本原理、分类、热工性能等进行了全面的叙述，重点介绍了利用太阳能光热转换驱动的太阳能制冷技术，这包括太阳能吸收式制冷和太阳能吸附式制冷等。然后对固体吸附式除湿以及溶液除湿空调进行了详细介绍，结合太阳能溶液再生器技术说明了太阳能在除湿空调系统中的应用。另外，为了解决太阳能的间歇性和不可靠性问题，此部分还介绍了可以应用于太阳能蓄热的显热蓄热、潜热蓄热和化学能蓄热的基本原理、蓄热介质分类和蓄热装置的基本应用等，然后又结合实例简要介绍了太阳能蓄热装置在太阳能空调系统中的研究和应用情况。最后，此部分从气候条件对太阳能制冷空调系统的影响、建筑规划设计要求、太阳能制冷空调系统与建筑物结合设计的实施以及发展前景等方面着重介绍了太阳能制冷空调在建筑物中的应用及其与建筑物的有机结合。

第5章　太阳能制冷技术

随着我国国民经济的快速发展以及人民生活水平的不断提高，人们对建筑物空调与制冷的需求日益普及。目前，我国大部分的空调制冷设备均是用传统电能来驱动制冷的；这种用电驱动制冷方式不仅消耗大量能源，同时还会造成一系列的环境污染问题，例如排放的制冷工质氟利昂会破坏臭氧层，引起温室效应。

太阳能是一种取之不尽、用之不竭的可再生能源。太阳表面温度高达6000℃，其每三天向地球辐射的能量就相当于地球所有矿物燃料的总和，其每秒钟辐射的能量就相当于500万吨标准煤。利用太阳能来驱动制冷设备不仅可以节省常规能源，减少环境污染，也更符合当前可持续发展的要求。与传统的电制冷方式相比，太阳能制冷技术的季节适应性好，即太阳能热源的供给和冷量的需求在季节和数量上高度匹配。也就是说，在天气炎热的夏季，人们对空调的需求量增大，此时高强度的太阳辐射可以提高系统的制冷量。这样在满足人们空调需求的同时还适当地削弱了太阳辐射强度。因此作为一项可再生能源利用技术，太阳能制冷已成为空调制冷领域一个新的研究重点，并于近年来取得了较大的发展。

人类利用太阳能的途径主要分为如下三类：太阳能光热转换、太阳能光电转换和太阳能光化学转换。太阳能制冷技术可以通过两种太阳能转换方式实现，其一是太阳能光电转换，然后用产生的电能驱动常规压缩式制冷系统，消耗机械能制冷；其二是太阳能光热转换，利用太阳能集热器将太阳光能转化为热能，然后用太阳热能作为热源驱动制冷机组，消耗热能实现制冷。太阳能光电转换在本书第一部分中已有详细介绍，且太阳能光电转换的制冷系统成本较高，目前尚难推广应用。本章重点介绍第二种方式，即用太阳能光热转换驱动的太阳能制冷技术。该系统比光电转换制冷方式更经济、更容易实现。目前常见的太阳能制冷形式主要有太阳能吸收式制冷和太阳能吸附式制冷。

5.1　太阳能热利用及太阳能集热器

太阳能是以电磁辐射能的形式向地球传递能量，由于太阳中心进行着剧烈的热核反应，温度高达数千万度，因此太阳向宇宙空间辐射的能量中有99%为短波辐射能，其中投射到地球大气层外部的能量占太阳向宇宙空间辐射总能量的 4.56×10^{-8}%。

实测表明，当地球位于日地平均距离时，在大气层外缘并与太阳射线相垂直的单位表面所接受到的太阳辐射能与地理位置及一天中的时间无关，此值被称为太阳常数，大小为 $1353 \mathrm{W/m^2}$。

由于大气层的吸收、散射和反射作用，实际到达地面与太阳射线垂直的单位面积上的辐射能将小于太阳常数，通常情况下，中纬度地区中午前后到达地面的太阳辐射为大气层外太阳辐射的70%～80%，即地面与太阳射线垂直的单位面积上的辐射能为950～1100 $\mathrm{W/m^2}$。本章所讲述的太阳能制冷技术就是通过太阳能光热转换将太阳能转化为热能以驱动制冷机的技术。太阳能的光热转换要靠太阳能集热器来实现，太阳能集热器是吸收太阳辐射并将光热转换得到的热能传递到传热工质的装置，是太阳能制冷技术实现的关键部件。

太阳能集热器有很多分类方法，其中根据不同的集热方法可以分为非聚焦式的平板型太阳能集热器和聚焦型太阳能集热器。根据集热器的不同结构可以分为平板集热器、真空管集热器和热管真空管集热器；根据不同的工作温度范围可以分为低温集热器（工作温度在100℃以下）、中温集热器（工作温度为100℃～200℃）、高温集热器（工作温度在200℃以上）。实际上，以上分类是相互交叉的，平板集热器属于低温太阳能集热器；真空管集热器属于中温太阳能集热器，而聚焦型集热器属于高温太阳能集热器。

太阳能集热器不仅是太阳能光热转换制冷系统的重要组成部分，同时也是建筑物供暖及生活用热水系统的主要部件。其中太阳能光热转换制冷系统需要使用中、高温太阳能集热器；太阳能供暖及热水系统中使用的多为中、低温太阳能集热器。因此，本章节重点介绍太阳能制冷系统中常用的中、高温太阳能集热器，而低温太阳能集热器的原理，构造及其分类等将在本书第9章（太阳能热利用部分）第2节中详细介绍。

5.1.1　真空管太阳能集热器

真空管太阳能集热器是采用透明管（通常为玻璃管）结构，在其管壁与吸热体之间抽成真空的真空吸热器，它是在普通平板型太阳能集热器基础上发展起来的新型太阳能集热装置。由于其散热损失较小，不必跟踪聚光即可使集热器温度达到100～150℃，大大拓展了太阳能的利用，可用于热水及开水制备；太阳能供暖、制冷、空调；物料干燥、海水淡化、工业加热和热力发电等领域。

经分析，普通平板型太阳能集热器的主要热损失是其吸热板与透明盖板之间的空气对流热损失。因此减少这部分对流散热损失，提高其热效率的最有效措施是将吸热板与透明盖板之间抽成真空。为了防止抽成真空后透明盖板因承受大气压力而损坏，人们将平板式集热器变形为内管与外管间抽真空的全玻璃真空管，将多根真空管用联箱连接起来构成了真空管太阳能集热器。这样既可大大减少集热器的对流辐射和导热造成的散热损失，使其在高工作温度和低环境温度下有较高的热效率，又可以保证集热器有足够的机械强度和工作可靠性。

真空管是真空管太阳能集热器的关键组成部分。它主要由外层的玻璃管和内部的吸热体组成。吸热体与玻璃管之间的夹层保持高真空度，吸热体表面通过各种方式沉积选择性吸收涂层。根据吸热体材料的不同，真空管太阳能集热器可以分为玻璃吸热体真空管（全玻璃真空管）集热器和金属吸热体真空管（玻璃-金属真空管）集热器两大类。

5.1.1.1　玻璃吸热体真空管太阳能集热器

玻璃吸收体真空管太阳能集热器由内外玻璃管、选择性吸收涂层、弹簧支架和消气剂组成，其基本结构如图5-1所示。

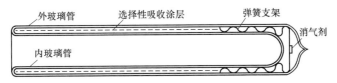

图 5-1　玻璃吸热体真空管太阳能集热器示意图

全玻璃吸收体真空管集热器的内外玻璃管的夹层被抽成高真空，内玻璃管的外表面采用真空磁控溅射工艺涂上选择性吸收涂层作为全玻璃真空管集热器的吸热板。内玻璃管采用弹簧支架支撑，可以自由伸缩以缓冲因热胀冷缩产生的应力。消气剂装于弹簧支架上，它在蒸散后用于吸收真空管集热器运行时产生的气体，保持管内高真空度。

作为全玻璃真空管集热器的核心部件，真空管的性能决定着整个集热器的热性能。为保证集热器的性能，对真空管的技术要求如下：

（1）制作真空管的玻璃有很好的透光性、热稳定性、耐冷热冲击性；有较好的机械强度；膨胀系数低；耐腐蚀；易加工。通常应采用硼硅玻璃 3.3，其热胀系数为 3.3×10^{-6}，Fe_2O_3 含量低于 0.1%，耐热温度高于 200℃，有较高的机械强度。

（2）要求涂于内玻璃管外表面的选择性吸收涂层的太阳辐射吸收率 $\alpha \geq 0.86$，半球发射率 $\varepsilon_h \leq 0.09$，以极大限度地吸收太阳辐射能，抑制吸收体的辐射热损失。此外还要求有良好的真空性能、耐热性能和光学性能。

（3）要求当太阳辐射强度大于 $800 W/m^2$，环境温度为 8～30℃ 的工况时，真空管的空晒性能参数 $Y \geq 175$（$m^2 \cdot$℃）/kW，闷晒太阳曝辐量 $H \leq 3.8 MJ/m^2$，真空管的平均热损系数 $U_{LT} \leq 0.90 W/(m^2 \cdot$℃）。

（4）由于真空管的真空度是保证集热器热效率和使用寿命的重要指标，因此要求真空管保持良好的真空度，其真空夹层的压强 $P \leq 5 \times 10^{-2} Pa$，真空管的排气管封口部分长度 $S \leq 15 mm$。

（5）真空管的热冲击性能可以承受 25℃ 以下或 90℃ 以上热水交替反复冲击三遍无损坏。其耐压性能应可承受 0.6MPa 的压力，其抗冰雹性能应保证径向直径不大于 25mm 的冰雹打击下无损坏。

1997 年国家标准《全玻璃真空太阳集热管》对真空管的外形尺寸有所规定，目前市场上产品的外径规格为 58mm、70mm 和 90mm，长度规格为 1.2m、1.5m、1.8m 和 2.0m。

全玻璃真空管集热器是开发时间较长，应用较普遍的一种真空管。近几年来，人们又在其基础上研制出了金属吸热体真空管集热器。

5.1.1.2　金属吸热体真空管集热器

金属吸热体真空管集热器在玻璃吸热体真空管集热器的基础上发展而来，与玻璃吸热体真空管集热器采用内玻璃管作为吸热体不同，金属吸热体真空管集热器采用金属材料作为吸热体，而且金属吸热体真空管之间都用金属件连接，因此与玻璃吸热体真空管集热器相比，其工作温度可以更高，最高运行温度高达 300～400℃，可用于太阳能的中高温利用。另外其承压能力和耐热冲击性能得到很大改善，能承受自来水及循环泵的压力，可产生高压热水及蒸汽，不会因突然向空晒系统注入冷水而炸管，整个金属吸热体真空管集热器系统工作更加安全可靠。

热管式真空管集热器是金属吸热体真空管集热器中技术成熟已投入批量生产的一种。此外金属吸热体真空管集热器的种类还包括同心套管式真空管、U 型管式真空管、储热式真空管、直通式真空管和内聚光式真空管。

1. 热管式真空管集热器

热管式真空管集热器由热管式真空集热管、导热块、连集管、隔热材料、支架和套管组成，其结构如图 5-2 所示。

其中热管式真空管集热管是热管式真空管集热器的关键构件，它由热管、金属吸热板、玻璃管、金属封盖、弹簧支架和消气剂构成，如图 5-3 所示。

当太阳光透过热管式真空集热管的玻璃管投射在其金属吸热板上时，吸热板吸收太阳

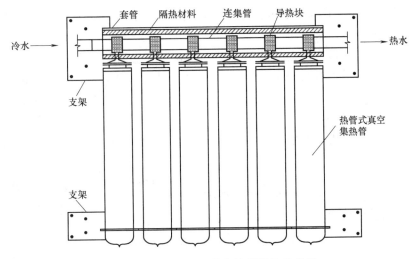

图 5-2 热管式真空管集热器结构示意图

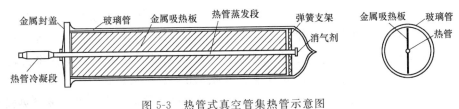

图 5-3 热管式真空管集热管示意图

辐射能并将其转换为热能，再通过导热过程将热量传递给紧密结合在吸热板中间的热管，使热管蒸发段内的工质迅速汽化。工质蒸汽上升到热管冷凝段后，在较冷的内表面上凝结，将汽化潜热通过导热块传递给集热器内的传热介质（通常是水），在热管冷凝段凝结的液态工质依靠重力驱动流回热管蒸发段，如此不断重复此热循环过程来加热集热器内的传热介质。由于热管冷凝段内凝结的液态工质要靠重力回流至蒸发段，热管式真空集热管安装时与地面应有 10°以上的倾角。

热管式真空管集热器作为金属吸热体真空管集热器的一种，除了具备工作温度高、承压能力大和耐热冲击性能好等这些金属吸热体真空管集热器共有的优点外，还拥有其自身独特的优点。由于热管式真空管内没有水，因此即使在 −40℃ 的环境温度下仍不会被冻坏；由于热管工质的热容量小，因而热管式真空管受到太阳照射后可立即输出热量，启动快，在瞬变的太阳辐射天气条件下能提高集热器的输出能量；由于热管有"热二极管"效应，其单向传热的特点保证了热量只会沿热管向上从吸热板传递至集热器上端的传热介质，而不会沿热管向下从传热介质散发到周围环境，因此保温性能好。

国家标准《热管式真空太阳集热管》正在制定之中，现将对热管式真空集热管的主要技术要求归纳如下。

（1）玻璃管材料应采用硼硅玻璃 3.3，玻璃管太阳透射率 $\tau \geqslant 0.89$，玻璃管内应力—双折射光程差 $\delta \leqslant 120 \text{nm/cm}$；

（2）热管的启动温度 $\leqslant 30℃$，在热源温度为 30℃ 的状况下，热管的冷凝段温度 $T \geqslant 23℃$；

（3）选择性吸收涂层的太阳吸收率 $\alpha \geqslant 0.88$（AM1.5），发射率 $\varepsilon \leqslant 0.10$（80±5℃）；

（4）金属与玻璃管封接的漏气率 $Q \leqslant 1.0 \times 10^{-10} \text{Pa·m}^3/\text{s}$；

（5）真空空间内的气体压强 $P \leqslant 5 \times 10^{-2} \text{Pa}$；

（6）空晒性能参数 $Y \geqslant 0.175\text{m}^2 \cdot ℃/\text{W}$（当太阳辐照度 $G \geqslant 800\text{W}/\text{m}^2$，环境温度 t_a 为 $0 \sim 30℃$，风速 $v \leqslant 4\text{m}/\text{s}$）；

（7）抗冰雹性能，应在径向尺寸不大于 25mm 的冰雹袭击下无损坏。

目前国内产品以玻璃管直径 100mm 居多，近年来也有玻璃管直径 70mm、120mm 等若干种规格问世。

2. 同心套管式真空管集热器

同心套管式真空管集热器的关键部件是同心套管式真空集热管，主要由同心套管、吸热板和玻璃管组成，如图 5-4 所示。

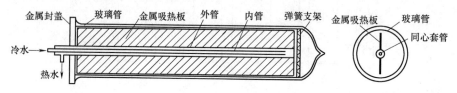

图 5-4 同心套管式真空管集热器示意图

由图 5-5 可见，同心套管式真空集热管与热管式真空集热管相似，只是在热管式真空集热管的热管的位置上用同心套管代替。同心套管由两根内外相套的金属管构成。工作时，太阳辐射穿过玻璃管投射在金属吸热板上，吸热板吸收太阳辐射能并将其转换为热能，传热介质从同心套管的内管流入真空集热管，被加热后从外管流出。

同心套管式真空管集热器的独特优点为：由于传热介质进入真空管后被吸热板直接加热，减少了二次传热的热量损失，因此其热效率高；可通过转动真空管调整吸热板与水平方向的夹角，因此同心套管式真空管集热器可水平安装，既可简化安装支架又可避免影响建筑物外观。

3. U 形管式真空管集热器

作为 U 形管式真空管集热器关键组成部分的 U 形管式真空管由 U 形管、吸热板和玻璃管等几部分组成，如图 5-5 所示。

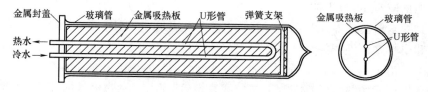

图 5-5 U 形管式真空管集热器示意图

由于 U 形管式真空管集热器和同心套管式真空管集热器的基本结构和工作原理相似，国外有些文献将其统称为直流式真空管。U 形管式真空管集热器的优点除了热效率高、可水平安装外，其集热器上各个真空集热管之间的连接较同心套管式真空管集热器简单。

4. 储热式真空管集热器

储热式真空管集热器的真空管主要由吸热管、玻璃管和内插管组成，如图 5-6 所示。

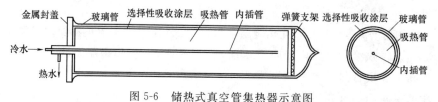

图 5-6 储热式真空管集热器示意图

工作时，冷水从内插管渐渐流入，同时将吸收太阳辐射能后被加热的热水从吸热管顶出。其优点是使用方便，不需要储水箱，储热式真空管本身既是集热器又是储水箱，因此又被称为真空闷晒式集热器。

5. 直通式真空管集热器

组成这种集热器的直通式真空集热管由吸热管和玻璃管两部分组成。吸热管表面涂有选择性吸收涂层，传热介质由吸热管一端流入，边流动边被加热，温度升高后从吸热管另一端流出，如图 5-7 所示。

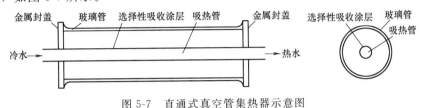

图 5-7　直通式真空管集热器示意图

直通式真空集热管通常跟抛物柱面聚光镜配套使用，组成一种聚光型太阳能集热器。这种集热器的特点为运行温度高（可达 300～400℃）和易于组装。

6. 内聚光式真空管集热器

内聚光式真空管集热器的内聚光式真空集热管主要由吸热体、复合抛物聚光镜、玻璃管等几部分组成，如图 5-8 所示。

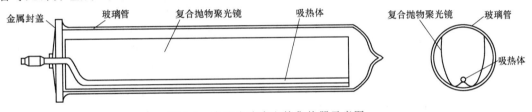

图 5-8　内聚光式真空管集热器示意图

这种真空管自身就是一种低聚光的聚焦型集热器，它的复合抛物聚光镜位于真空管内部。其吸热体通常为涂有选择性吸收涂层的热管或同心套管。工作时，平行的太阳光无论从什么方向穿过玻璃管都会被复合抛物聚光镜反射到位于焦线处的吸热体上，然后按热管式真空集热管或同心套管式真空集热管的原理运行。内聚光式真空管集热器的优点是：运行温度高（可达 150℃以上）；不需要太阳光自动跟踪系统。真空管太阳能集热器由于其自身的结构特点，有着很好的耐冰冻性，可在寒冷地区使用；同时由于真空管太阳能集热器没有对流热损失，因此其平均热损系数很小。经试验测定，真空管太阳能集热器的热损系数一般为 $0.9W/(m^2 \cdot ℃)$，大大提高了集热器整体的工作效率和工作温度，使其可以广泛应用于太阳能中、高温利用系统中。

5.1.2　聚焦型太阳能集热器

聚焦型太阳能集热器属于高温型太阳能集热器。由于投射到平板型集热器上的太阳能流密度较小，因此平板型太阳能集热器的工质温度较低，所得到的热能品位较低。聚焦型太阳能集热器由聚光器以反射或折射的方式将投射到表面上的大量太阳辐射能集中于很小的面积（焦面）上，因此可以明显增加投射到吸热体上的太阳能直射辐射能流密度，得到高温的高品位热能，为太阳能的高温利用提供了条件。

普通的平板型太阳能集热器加上反射板翼就构成了简单的聚焦型太阳能集热器，可大大提高投射到吸热体上的太阳辐射能，如图 5-9 所示。

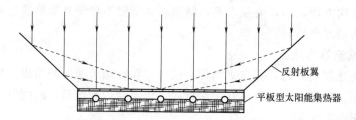

图 5-9　简单聚焦型太阳能集热器示意图

由于太阳在天空中的位置是随时间和季节变化的，因此通常的聚焦型太阳能集热器需要跟随太阳的位置。有两种太阳位置的追踪方法，一种是地平经纬仪法，这种方式可使聚焦型集热器同时调整经度方向的角度和纬度方向的角度来追踪太阳位置的变化。能将太阳辐射能聚集成"点状"焦斑的抛物面聚焦型集热炉多使用这种方法追踪太阳，如图 5-10 所示。

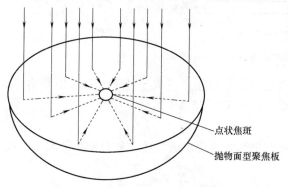

图 5-10　抛物面聚焦型太阳能集热炉示意图

另一种方法是平均旋转角速度法，通过每小时将聚焦型集热器旋转 15°，集热器可在 3 月 21 日到 9 月 21 日之间准确跟踪太阳在天空中的位置。当要求集热器表面及焦面必须与太阳光线保持垂直时，则可将集热器每分钟旋转 0.0042°来追踪太阳，这种集热器追踪太阳位置的方法不太常用。

南北朝向布置的水平抛物面反射槽（如图 5-11 所示）需要根据太阳在天空中位置的变化不断调整自身角度以得到尽可能多的太阳辐射能。

这种反射槽可以通过安装两块抛物面板将其改进为复合抛物面集热器（compound parabolic concentrator CPC）以得到大量太阳辐射能而不必严格跟踪太阳在天空中的位置，如图 5-13 所示。通过使用多种多重内部反射，所有投射到经合理设计的抛物面板上的太阳辐

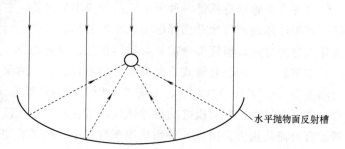

图 5-11　水平抛物面反射槽太阳能集热器示意图

射能都能被集中到位于槽底的吸热体上，如图 5-12 所示。

另一种聚焦型集热器由平板式太阳能聚焦集热器和圆柱形透镜组成，如图 5-13 所示。一个线性的菲涅尔透镜经弯曲缩短焦距后，可以将投射到相对较大面积上的太阳辐射能集中于细长形的吸热体上，这种太阳能集热器可以达到较高的工作温度。

由于太阳散射辐射能难以被聚集，因此聚焦型太阳能集热器只能利用太阳直射能。但是在高纬度地区太阳初升时聚焦型太阳能集热器可以比平板型太阳能集热器早收集到太阳能，太阳降落时聚焦型太阳能集热器结束收集太阳能的时间又比平板型太阳能集热器晚。

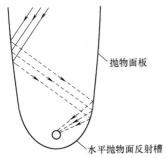
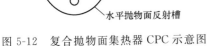
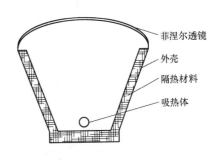

图 5-12　复合抛物面集热器 CPC 示意图　　图 5-13　菲涅尔透镜聚焦型集热器示意图

因此，在高纬度地区，聚焦型太阳能集热器收集到的太阳直射辐射能比平板型太阳能集热器收集到的太阳直射和散射辐射能之和还要多。在纬度为 $40°$ 的地区，聚焦型太阳能集热器与天空晴朗时可以比平板型太阳能集热器多收集到 40% 的太阳能。

5.1.3　太阳能集热器的热性能

太阳能集热器的热性能计算可以通过其能量模型实现，包括太阳能集热器的能量平衡方程和效率模型。

太阳能集热器的能量平衡关系为单位时间内集热器吸收的太阳辐射能等于集热器输出热量、集热器热损失及集热器自身热容变化量之和，其能量平衡方程见式（5-1）。

$$q_A = q_U + q_L + q_S \tag{5-1}$$

式中　q_A——单位时间内单位面积集热器吸收的太阳辐射能，W/m^2；

q_U——单位时间内单位面积集热器得到的有用太阳辐射能，W/m^2；

q_L——单位时间内单位面积集热器对应的热损失，W/m^2；

q_S——单位时间内单位面积集热器对应的自身热容变化量，W/m^2，当集热器处于稳定工况时其自身热容无变化，$q_S = 0$。

太阳能集热器的效率 η 定义为在稳态或准稳态条件下，规定时段内集热器单位面积得到的有用太阳辐射能 q_U 与同一时段内入射在集热器单位面积上的总太阳辐射能 G 之比，即太阳能集热器的效率 $\eta = \dfrac{q_U}{G}$。

单位时间内单位面积集热器得到的有用太阳辐射能 q_U 可以通过由 Hottel 和 Woertz（1942 年）推导出的，并经 Whillier 扩展过的方法计算，其基本计算如式（5-2）～式（5-5）所示。

对于平板型太阳能集热器：

$$q_U = G(\tau\alpha)_\theta - U_L(t_p - t_a) = mc_p(t_{fe} - t_{fi})/A_{ap} \tag{5-2}$$

对于聚焦型太阳能集热器：

$$q_U = I_{DN}(\tau\alpha)_\theta(\rho\Gamma) - U_L(A_{abs}/A_{ap})(t_{abs} - t_a) \tag{5-3}$$

则平板型太阳能集热器的效率为：

$$\eta = \frac{q_U}{G} = \frac{G(\tau\alpha)_\theta - U_L(t_p - t_a)}{G} = \frac{mc_p(t_{fe} - t_{fi})}{A_{ap} \cdot G} \tag{5-4}$$

聚焦型太阳能集热器的效率为：

$$\eta = \frac{q_U}{G} = \frac{I_{DN}(\tau\alpha)_\theta(\rho\Gamma) - U_L(A_{abs}/A_{ap})(t_{abs} - t_a)}{G} \tag{5-5}$$

式中 G——投射到集热器表面的总太阳辐射能，W/m^2；

    I_{DN}——垂直入射的太阳直射能，W/m^2；

    $(\tau\alpha)_\theta$——倾斜角 θ 对应的透明盖板透过率 τ 与吸热体吸收率 α 的乘积；

    U_L——集热器的热损失系数，$W/(m^2 \cdot ℃)$；

    t_p——平板型集热器吸热板温度，$℃$；

    t_a——环境温度，$℃$；

    t_{abs}——聚焦型集热器吸热面温度，$℃$；

    m——工作介质的质量流速，kg/s；

    c_p——工作介质的比热值，$J/(kg \cdot ℃)$；

t_{fe}, t_{fi}——工作介质流入、流出集热器的温度，$℃$；

    $\rho\Gamma$——聚焦型太阳能集热器表面反射率 ρ 与反射、折射太阳辐射能到达吸收体表面的比率 Γ 的乘积；

A_{abs}/A_{ap}——聚焦型太阳能集热器的聚光比；

由集热器效率的计算公式可以看出，平板型太阳能集热器的效率与集热器工作温度、环境温度、太阳辐照度和集热器的热损失系数有关。聚焦型太阳能集热器的效率与垂直入射到集热器的太阳直射能、透明盖板透过率、吸热体吸收率、集热器表面反射率、集热器的聚光比、集热器的热损失系数、吸热面温度、环境温度等因素有关。

为了准确分析太阳能集热器系统的运行情况及评价一台集热器性能的好坏，应该对集热器做热性能测试，包括集热器的瞬时效率曲线、入射角修正系数、时间常数、有效热容量、压力降等。

5.2   太阳能吸收式制冷技术

太阳能吸收式制冷技术是使用太阳能经集热器光热转换得到的热能驱动吸收式制冷机实现制冷的技术。出现于 20 世纪中期的太阳能吸收式制冷技术是目前太阳能制冷技术应用中最成功、最易实现的方式。使用太阳能结合吸收式制冷方式实现制冷是因为吸收式制冷机可在较低的热源温度驱动下运行，制冷效率较高。

5.2.1   吸收式制冷原理

实现制冷的主要方法有液体汽化法、气体膨胀法等。吸收式制冷和常见的蒸汽压缩式制冷同样属于液体汽化法制冷方式，就是利用低沸点的液态制冷剂在低压低温下吸收传热介质的热量汽化以实现降低传热介质温度的制冷目的。蒸汽压缩式制冷是通过消耗机械能，用机械做功来提高制冷剂的压力和温度，使制冷剂将从低温环境吸取的热量连同机械能转换成的热量一同转移到温度较高的环境中实现制冷的。吸收式制冷则是通过液体吸收剂来吸收制冷剂蒸汽，然后通过驱动热能加热液体，产生的高温高压制冷剂蒸汽将从低温环境中吸收的热量释放到外界环境中。与蒸汽压缩式制冷相比，吸收式制冷方式可以使用低品位热能驱动，用电量较少，可充分利用可再生能源，减少二氧化碳排放量；通常以水、氨作为制冷剂，其 ODP（臭氧耗减潜能值）、GWP（全球变暖潜能值）指标为零，符合环保要求；运动部件少，运转安全可靠，噪声低。

吸收式制冷使用两种物质所组成的二元溶液作为工质来运行，这两种工质在同一压强下的沸点值相差较大，其中低沸点的工质称为制冷剂，高沸点的工质称为吸收剂，这两种工质又被称为制冷剂-吸收剂工质对。吸收式制冷就是利用溶液的浓度随其温度和压力变化而变化的这一物理性质通过热源对二元溶液的加热使制冷剂蒸发汽化与二元溶液分离，所产生的高温高压制冷剂蒸汽向环境放热后并经过节流阀变为低温低压液态制冷剂，然后依靠低温低压液态制冷剂的蒸发汽化而制冷，又通过二元溶液吸收已吸热汽化的气态制冷剂。由于利用制冷剂和吸收剂组成的二元溶液的质量分数变化来完成制冷剂的汽液循环，这种制冷方式被称为吸收式制冷方式。目前常用的制冷剂-吸收剂工质对有两种：一种是溴化锂-水工质对，其中水是制冷剂，溴化锂是吸收剂，由于其制冷剂是水，溴化锂-水吸收式制冷的制冷温度只能在 0℃以上，多用于舒适性空调制冷冷源；由于溴化锂吸收式制冷无毒、环保、工作安全可靠，目前用作太阳能吸收式制冷空调机组绝大部分都是溴化锂吸收式制冷。另一种是氨-水工质对，其中氨是制冷剂，水是吸收剂，其制冷温度在 −45～1℃范围内，可作为工艺生产过程中的冷源。同时，氨-水吸收式制冷因其制冷温度低、不需真空运行、溶液不会结晶等优点也被用作太阳能冰箱、冷库制冷机等。

吸收式制冷机主要由发生器、吸收器、蒸发器和冷凝器组成，这四个热交换设备组成了制冷剂循环和吸收剂循环两个循环环路，如图 5-14 所示。

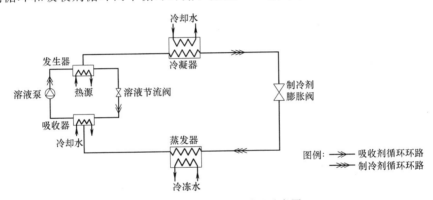

图 5-14　吸收式制冷循环示意图

系统工作时，制冷剂-吸收剂工质对组成的二元溶液在发生器中被热源加热，制冷剂受热蒸发为制冷剂蒸汽从二元溶液中解析出来，在冷凝器中被冷却水冷却，释放出热量后凝结为高压低温液态水；冷凝水经膨胀阀降压后进入蒸发器吸热蒸发，产生制冷效应。蒸发产生的制冷剂蒸汽进入吸收器被来自发生器的二元浓溶液吸收，再次变为液态后被溶液泵加压送入发生器中被加热，如此不断循环，在热源的驱动下制取冷量。根据吸收式制冷方式的工作过程可以看出，吸收式制冷系统的发生器与吸收器组合作用相当于蒸汽压缩式制冷系统的压缩机，只是消耗的能源种类不同。

5.2.2　吸收式制冷的性能指标

在吸收式制冷循环中，制冷剂-吸收剂工质对在发生器中从高温热源吸热，在蒸发器中向低温热源放热，在吸收器和冷凝器中通过冷却水向外界环境放热。溶液泵只提供二元溶液从吸收器流动到发生器所需的机械能，耗功量较少。对于理想的吸收式制冷循环，忽略溶液泵的耗功量和热损失时，根据热力学第一定律，整个系统从外界的吸热量等于向外界的放热量，其热平衡关系如式（5-6）所示。

$$Q_e + Q_g = Q_a + Q_c \tag{5-6}$$

式中　Q_e——蒸发器的制冷量，W；

Q_g——发生器的吸热量，W；

Q_a——吸收器处的放热量，W；

Q_c——冷凝器处的放热量，W。

吸收式制冷循环的热力系数 ζ 定义为 $\zeta = \dfrac{Q_e}{Q_g}$，表示消耗单位热量所能制取的冷量，是衡量吸收式制冷循环的主要性能指标。在给定条件下，热力系数越大表明循环的经济性越好。

如忽略整个过程的不可逆损失，根据热力学第二定律可得：

$$\frac{Q_e}{T_e} + \frac{Q_g}{T_g} = \frac{Q_a}{T_a} + \frac{Q_c}{T_c} \tag{5-7}$$

式中 T_g——发生器中高温热源的温度，K；

T_c——外界环境温度，K；

T_a——吸收器中的冷却温度，忽略不可逆损失时等于外界环境温度 T_c，K；

T_e——蒸发器中的蒸发温度，K。

联立式（5-6）和式（5-7）可得理想吸收式循环的热力系数 ζ_{max} 为：

$$\xi_{max} = \frac{T_g - T_c}{T_g} \cdot \frac{T_e}{T_c - T_e} = \eta \cdot \varepsilon \tag{5-8}$$

式中 η——工作在高温热源温度 T_g 和环境温度 T_c 间正卡诺循环的热效率，$\eta = \dfrac{T_g - T_c}{T_g}$；

ε——工作在低温热源温度 T_e 和环境温度 T_c 间逆卡诺循环的制冷系数，$\varepsilon = \dfrac{T_e}{T_c - T_e}$。

由式（5-8）可以看出，理想吸收式制冷循环可以看作是工作在高温热源温度 T_g 和环境温度 T_c 间的正卡诺循环与工作在低温热源温度 T_e 和环境温度 T_c 间逆卡诺循环的结合，其热力系数 ζ_{max} 是吸收式制冷循环在理论上所能达到的热力系数的最大值，其值只取决于高、低温热源温度和环境温度。在实际吸收式制冷过程中，由于各种不可逆损失，其热力系数 ζ 低于相同热源温度下理想吸收式制冷的热力系数 ζ_{max}。通常采用热力完善度 β 来表示实际吸收式制冷循环接近理想循环的程度，即 $\beta = \dfrac{\zeta}{\zeta_{max}}$。一个实际吸收式制冷循环的热力完善度越大，表明其不可逆损失越少，系统越接近理想循环。

5.2.3   溴化锂吸收式制冷

5.2.3.1   溴化锂吸收式制冷工质对的性质

在溴化锂吸收式制冷中使用的制冷剂-吸收剂工质对为水和溴化锂，其中水作为制冷剂，溴化锂作为吸收剂。溴化锂（分子式为 LiBr）是由碱金属元素锂（Li）和卤族元素溴（Br）两种元素组成，分子量为 86.844，密度为 346kg/m³（25℃时），熔点为 549℃，沸点为 1265℃。溴化锂的一般性质与同样由碱金属元素钠和卤族元素氯化合而成的食盐氯化钠相似，是一种稳定的盐类化合物，在大气中不变质、不挥发、不分解、极易溶解于水，常温下是无色晶体，无毒、无臭、有咸苦味。溴化锂吸收式制冷中使用的由溴化锂和水组成的二元溶液的沸点会随着压力和溶液浓度的变化而变化。

选用水-溴化锂组合作为吸收式制冷的工质对有如下优点：溴化锂这种盐类化合物的沸点很高，远高于水的沸点，因此在工质对的气相中实际上只有水蒸气，不会存在溴化锂蒸汽，循环过程中不需要精馏；二元溶液的蒸汽压大大偏离拉乌尔定律，且为负偏差，即二元溶液对气态制冷剂水蒸气的吸收能力很强。但由于溴化锂作为盐类化合物对金属机组有腐蚀性，且在水中溶解度有限，会出现结晶现象，因此溴化锂吸收式制冷的工作温度不能过高，其工作温度范围应限于 170℃以下。

　　溴化锂-水二元溶液的热力图表对溴化锂吸收式制冷机的理论分析、设计计算和运行性能分析都是必不可少的，其最重要的两种热力图表是压力-温度图（p-t 图）和比焓-质量分数图（h-ξ 图）。

　　溴化锂-水二元溶液的压力-温度图（p-t 图）如图 5-15 所示，它是根据同一质量分数下处于相平衡的溴化锂水溶液的水蒸气分压力随温度变化的关系绘制的，是溴化锂溶液最基本的热力图表之一，此图上有三个状态参数：温度、质量分数和水蒸气分压力（即溶液

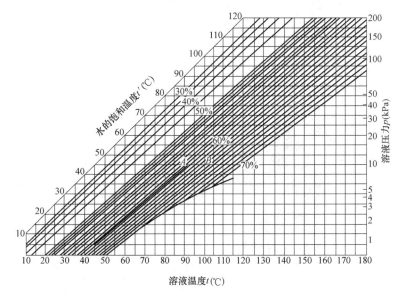

图 5-15　溴化锂-水二元溶液的压力-温度图（p-t 图）

压力），已知其中两个参数后，可以通过 p-t 图确定另一个参数。

　　溴化锂-水二元溶液的压力-温度图（p-t 图）可以用来表示溶液在加热或冷却过程中的热力状态的变化，但该图并没有反映出比焓值的变化，因而不能用来进行热力计算。一般采用溶液的比焓-质量分数图（h-ξ 图）进行溴化锂吸收式循环的热力计算。如图 5-16 所示，比焓-质量分数图（h-ξ 图）纵坐标是比焓，横坐标是相平衡溶液的质量分数；在图的下部绘出溶液的等压线与等温线；上部绘出辅助的蒸汽分压力线。比焓-质量分数图不仅可以求得溴化锂水溶液的状态参数，还可以将溴化锂吸收式机组中溶液的热力过程清楚地表示出来，因此它是溴化锂吸收式循环过程的理论分析、热工计算和运行特性分析的主要图表。

5.2.3.2　溴化锂吸收式制冷原理

　　前面已介绍，溴化锂吸收式制冷中的制冷剂-吸收剂工质对为水和溴化锂，其中水是制冷剂，通过液态制冷剂的蒸发汽化实现制冷。常压下水的沸点是 100℃，水作为制冷剂在此沸点下吸热蒸发时是无法达到制冷目的的，由于水的沸点是随着压力的降低而降低的，当绝对压力降到 870Pa 时，水的沸点可降至 5℃。因此在低压下可以使用水作为制冷剂，使其吸热汽化以达到制冷的目的。溴化锂吸收式制冷就是使水在接近真空的低压环境中蒸发汽化实现制冷的，利用吸收剂溴化锂极易吸收制冷剂水的性质，通过溴化锂-水二

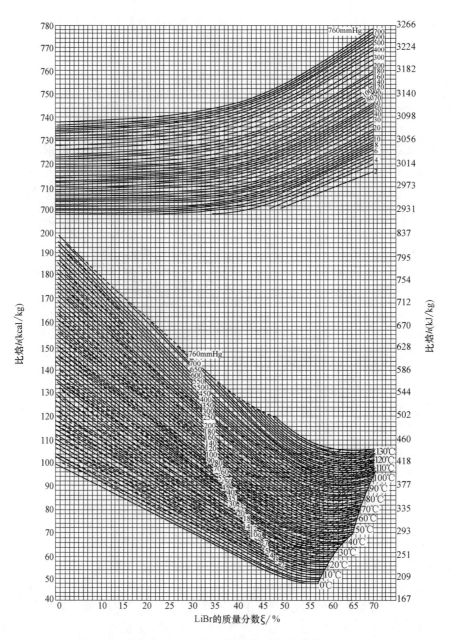

图 5-16 溴化锂-水二元溶液的比焓-质量分数图 （h-ξ 图）

元溶液的质量分数变化使制冷剂在密闭系统中不断循环，实现气液相变。

1. 单效溴化锂吸收式制冷循环

单效溴化锂吸收式制冷循环是溴化锂吸收式制冷循环的基本形式，这种循环形式可采用 0.03～0.15MPa（表压）的饱和蒸汽及 85～150℃ 的热水作为热源驱动制冷。但热力系数较低，约为 0.65～0.7。这种循环与太阳能集热器结合实现太阳能制冷，利用太阳能集热器产生的低温低压热水驱动制冷循环具有显著的经济节能优势。

单效溴化锂吸收式制冷机主要由蒸发器、冷凝器、发生器和吸收器组成，这四个热交换设备组成了制冷剂循环和吸收剂循环两个环路，如图 5-17 所示。

蒸发器的作用是使低温低压的液态制冷剂水在其中吸热蒸发为低温低压的水蒸气，产

生制冷效应。吸收器的作用相
当于蒸汽压缩式制冷循环中压
缩机的吸汽行程，是将蒸发器
中生成的水蒸气不断抽吸出
来，使制冷剂在系统中循环并
维持蒸发器内的低压。发生器
的作用则相当于蒸汽压缩式制
冷循环中压缩机压缩行程，不
断产生高温高压的制冷剂蒸
汽。冷凝器的作用是将高温高
压的气态制冷剂水蒸气在其中
放热冷凝为液态水。

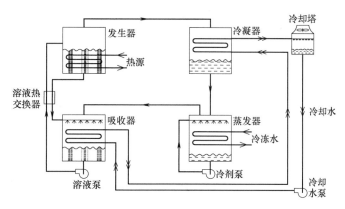

图 5-17　单效溴化锂吸收式制冷循环示意图

　　根据溴化锂-水二元溶液的性质，溴化锂水溶液的水蒸气压力远低于相同温度下的水的饱和蒸汽压力，且随着溶液质量分数的增大或温度的下降而相应降低。由于吸收器中的溴化锂浓溶液常温下的水蒸气分压力低于蒸发器中低温水的蒸汽压力，因此蒸发器中产生的气态制冷剂水蒸气便会被吸收器中的溴化锂浓溶液吸收。吸收过程中会产生大量的溶解热，且溴化锂浓溶液的质量分数会随着吸收过程而不断下降。为了保证吸收器中溴化锂溶液的低水蒸气分压力，从而保证吸收器对蒸发器中水蒸气的吸收能力，在吸收器中要通入冷却水以冷却溴化锂溶液，带走产生的溶解热，降低溶液温度，维持吸收过程的正常进行，实现制冷剂由低温气态向低温液态的相变过程。在吸收器中吸收了水蒸气后质量分数下降的稀溶液由溶液泵提高压力后进入发生器。在发生器中，稀溶液被外加热源加热升温，其水蒸气分压力随着温度的升高而不断增大，当超过发生器中的水蒸气压力时，水蒸气便会从稀溶液中蒸发出来，实现制冷剂由高温液态向高温气态的相变过程。同时二元溶液的质量分数增大，变为浓溶液后重新回到吸收器中吸收来自蒸发器的制冷剂蒸汽。发生器中产生的高温气态制冷剂水蒸气不断流入冷凝器，在其中被冷却水冷却为高压低温的液态制冷剂水，实现制冷剂由高温气态向低温液态的相变过程。高压低温的液态制冷剂流经膨胀阀截流降压变为低压低温液态制冷剂后流入蒸发器蒸发，实现制冷剂由低温液态向低温气态的相变过程，同时达到制冷效果。蒸发器中产生的气态制冷剂水蒸气又会被吸收器中的溴化锂浓溶液吸收，如此不断地完成单效溴化锂吸收式制冷循环。

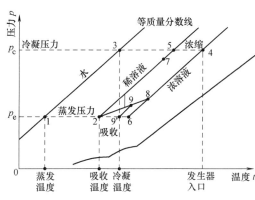

图 5-18　单效溴化锂吸收式制冷循环的 *p-t* 图

　　溶液热交换器的作用在于回收热量，提高机组的热效率。从发生器流出的浓溶液温度较高，为了在吸收器中吸收冷剂蒸汽，必须降低温度；而由吸收器出来的稀溶液温度较低，为使其在发生器中产生制冷剂蒸汽，必须加热升温。使浓溶液和稀溶液在溶液热交换器中进行热交换，可以减少吸收器中的冷却负荷和发生器中的加热负荷，使机组的效率得到提高。

　　图 5-18 为单效溴化锂吸收式制冷循环的 *p-t* 图。整个制冷循环可分为 5 个工作过程。

（1）稀溶液经溶液热交换器的升温过程（过程线 2-7）。由吸收器出来的稀溶液状态点 2 经溶液泵升压后进入溶液热交换器，在其中被发生器中出来的高温浓溶液加热，温度由 t_2 上升至 t_7，溶液质量分数保持不变，被称为等质量分数加热过程，状态点 7 表示溶液的过冷状态。

（2）稀溶液在发生器中的发生过程（过程线 7-5-4）。过冷状态的稀溶液（状态点 7）进入压力等于冷凝压力 p_c 的发生器中，由驱动热源将溶液加热到状态点 5 表示的气液相平衡状态，才能产生制冷剂蒸汽。过程线 7-5 表示稀溶液在发生器中的预热过程。对状态点 5 的溶液继续加热，伴随着溶液温度的升高，溶液的水蒸气压力将高于发生器中的冷凝压力 p_c，水蒸气便从溶液中蒸发出来，溶液质量分数随之增大。由于水蒸气在冷凝器中被冷凝，发生器中压力保持不变，溶液在冷凝压力 p_c 下定压沸腾至状态点 4。过程线 5-4 表示溶液的发生过程。

（3）浓溶液经溶液热交换器的冷却过程（过程线 4-8）。发生器中出来的浓溶液（状态点 4）在发生器与吸收器间的压差和位压作用下进入溶液热交换器，将热量传给稀溶液，质量分数不变而温度由 t_4 降低至 t_8，被称为等质量分数冷却过程。

（4）浓溶液和稀溶液的混合过程（过程线 2/8-9）。为了保证吸收器中的传热管簇能够完全被喷淋装置覆盖，通常将来自发生器的浓溶液与吸收器中一部分稀溶液混合后再喷淋到吸收器管簇上。位于状态点 2 与状态点 8 连线上的状态点 9 表示了状态点 2 的稀溶液与状态点 8 的浓溶液混合所得的中间质量分数溶液状态，其具体位置与参与混合的稀溶液和浓溶液的溶液量有关，若采用浓溶液直接喷淋则无此过程和状态点。

（5）混合溶液在吸收器中的吸收过程（过程线 9-9′-2）。状态点 9 的混合溶液进入吸收器后由于压力突然降低至 p_e，便有一部分水蒸气闪发出来使水溶液温度下降，质量分数略有提高，达到状态点 9′。过程线 9-9′ 表示溶液在吸收器中的闪发过程。状态点 9′ 的溶液吸收来自蒸发器的制冷剂水蒸气，同时被冷却水冷却，其温度和浓度不断下降成为状态点 2 的稀溶液。过程线 9′-2 表示溶液在吸收器中的定压吸收过程。

图 5-19 为单效溴化锂吸收式制冷循环的 h-ξ 图。

（1）过程线 2-7 表示稀溶液经溶液热交换器的升温过程，温度升高而质量分数不变。

（2）过程线 7-5-4 表示发生过程。其中过程线 7-5 表示稀溶液在发生器中的预热过程，来自溶液热交换器的稀溶液在发生器中被驱动热源加热升温，在压力 p_c 下达到气液相平衡状态点 5。过程线 5-4 表示稀溶液在发生器中的发生过程。达到气液平衡的稀溶液在发生器中被驱动热源在压力 p_c 下定压加热，溶液温度和质量分数不断提高后达到状态点 4。因为在发生器中溶液的温度和质量分数不断变化，其产生的制冷剂蒸汽的温度随之不断变化。与发生器中溶液起始状态点 5 和终止状态点 4 对应的制冷剂蒸汽状态点分别为 5′

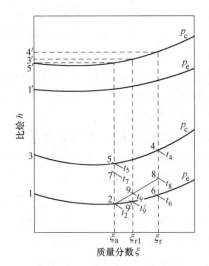

图 5-19 单效溴化锂吸收式
制冷循环的 h-ξ 图

和 4′。通常用制冷剂蒸汽于状态点 5′ 和 4′ 的平均温度 t_3' 作为由发生器产生的制冷剂蒸汽的温度。t_3' 对应的状态点 3′ 就表示由发生器产生的气态制冷剂状态点。

（3）过程线 4-8 为浓溶液在溶液热交换器中的等质量分数降温过程。

（4）过程线 2/8-9 为浓溶液与稀溶液混合成状态点 9 溶液的过程。若采用浓溶液直接喷淋，则无此过程。

（5）过程线 9-9′-2 为吸热过程。其中 9-9′过程为溶液进入吸收器后的闪发过程。溶液的温度降低，质量分数略有升高后达到状态点 9′。9′-2 过程为溶液在吸收器中的吸热过程。混合溶液吸收制冷剂蒸汽，同时被冷却水冷却。溶液质量分数和温度下降后达到状态点 2。

2. 多效溴化锂吸收式制冷循环

单效溴化锂吸收式制冷循环在发生器中的驱动热源通常是表压为 $0.03 \sim 0.15$MPa 的低压蒸汽或 $85 \sim 150$℃的热水。为了防止浓溶液在发生器中因质量分数过高而出现结晶，发生器中溶液允许达到的温度应限制在 110℃以下，其热力系数 ξ 值一般低于 0.75。为了减少加热功率和提高 ξ 值，在单效溴化锂吸收式制冷循环的基础上开发出了双效溴化锂吸收式制冷循环。

双效溴化锂吸收式制冷循环需要设置高、低压发生器，高、低温溶液热交换器，吸收器，蒸发器和冷凝器。根据稀溶液进入高、低压发生器的方式不同，存在串联流程和并联流程两种基本循环流程。从吸收器中流出的稀溶液先后进入高、低压发生器的为串联流程；稀溶液流出吸收器后分为两路分别进入高、低压发生器的为并联流程。

双效溴化锂吸收式制冷循环与单效循环相同，都是由热源回路、溶液回路、制冷剂回路、冷却水回路和冷冻水回路组成。热源回路有两个，一个是由高压发生器和驱动热源等构成的驱动热源加热回路，另一个是由高压发生器和低压发生器等构成的制冷剂蒸汽加热回路。溶液回路由高压发生器、低压发生器、吸收器、高温溶液热交换器和低温溶液热交换器等构成。其他回路与单效循环相同。以并联流程的双效溴化锂吸收式制冷循环为例，其工作原理及 $p\text{-}t$ 循环图参见图 5-20 与图 5-21。

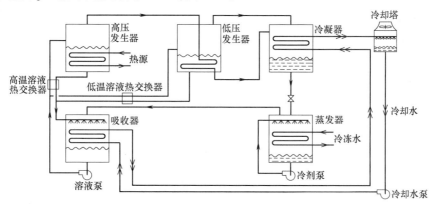

图 5-20　并联流程双效溴化锂吸收式制冷循环示意图

在高压发生器中，稀溶液被驱动热源加热在较高的发生压力 p_r 下产生制冷剂蒸汽，此蒸汽具有较高的饱和温度，因此又被通入低压发生器作为热源加热低压发生器中的溶液，使之在冷凝压力 p_c 下产生制冷剂蒸汽。此时低压发生器即相当于高压发生器在压力 p_r 下的冷凝器。由于驱动热源的能量在高压发生器和低压发生器中得到了两次利用，所以被称作是双效循环。与单效循环相比，双效循环产生同等制冷量所需的驱动热源加热量少，热效率高。

对于并联流程的双效循环，其溶液回路按并联方式流动循环。自高压发生器和低压发

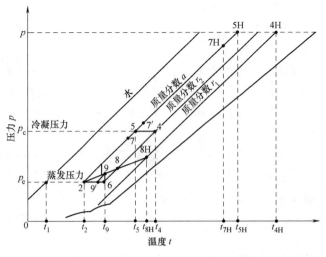

图 5-21   并联流程双效溴化锂吸收式制冷循环的 *p-t* 图

生器流出的浓溶液分别进入高温溶液热交换器和低温溶液热交换器，在其中加热进入高压发生器和低压发生器的稀溶液，温度降低后流至吸收器吸收来自蒸发器的制冷剂蒸汽。在冷却水不断带走吸收热的条件下，中间质量分数的溶液吸收水蒸气后变为稀溶液。经溶液泵升压后，稀溶液按并联流程分为两路，一路经高温溶液热交换器送往高压发生器；另一路经低温溶液热交换器送往低压发生器。

在制冷剂回路中，高压发生器中产生的气态制冷剂水蒸气在低压发生器中作为热源加热溶液后，凝结成液态制冷剂水，经节流降压后进入冷凝器，与低压发生器中产生的气态制冷剂水蒸气一起被冷凝器冷凝降温。由此可见，与单效循环相比，双效吸收式循环减少了冷凝器的冷却负荷，冷却塔容量可减小。从冷凝器中出来的液态制冷剂经节流后流至蒸发器，在蒸发压力 p_e 下蒸发，达到制冷目的。蒸发器中汽化产生的气态制冷剂在压差作用下流入吸收器被吸收至浓溶液中，完成双效溴化锂吸收式制冷的制冷剂循环。

通过双效溴化锂吸收式制冷循环在 *p-t* 图上的表示可以看出，与单效吸收式循环不同，双效循环在高压发生器压力 p_r、冷凝压力 p_c 和蒸发压力 p_e 三个压力下工作，p_r、p_c 和 p_e 三个压力的比值大致为 100：10：1。除稀溶液质量分数 ξ_a 外，高、低压发生器的浓溶液质量分数也是不同的，分别为 ξ_{r1} 和 ξ_{r2}。整个工作循环由等质量分数线 ξ_a、ξ_{r1}、ξ_{r2} 与等压线 p_r、p_c、p_e 组成。

此外还有三效溴化锂吸收式制冷循环，循环中需要设置三个发生器，其工作原理与双效溴化锂吸收式制冷循环基本相似。

溴化锂吸收式机组的 *COP* 值与热源温度、冷源温度和环境温度有关，当单效、双效和三效溴化锂吸收式制冷机具有相同的结构尺寸及相同的运行条件（冷却水进口温度 30℃，冷冻水出口温度 7℃）时，三者的 *COP* 值与热源温度的大致函数关系如图 5-22 所示。

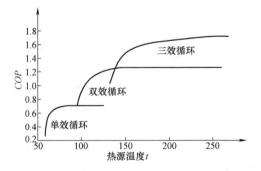

图 5-22   单效、双效、三效溴化锂吸收式制冷机 *COP* 值与热源温度的函数关系图

从图 5-22 可以看出，各溴化锂吸收式制冷机都有一个所需热源温度的下限值，若热源温度低于此下限值，机组的 *COP* 就会急剧下降，甚至停止运行。正常运行时，单效溴化锂吸收式制冷机的热源最低温度为 85℃、*COP* 为 0.70 左右；双效机组的热源最低温度为 130℃、*COP* 达 1.20 左右；三效机组的热源最低温度为 220℃、*COP* 可达 1.70 左右。

5.2.3.3　溴化锂吸收式制冷的主要特点

溴化锂吸收式制冷系统具有如下的优点：

（1）使用热能驱动制冷，可明显节约电能，而且可利用低品位的可再生热能以及余热废热等；

（2）整个机组除功率较小的溶液泵外，无其他运动部件，噪声小；

（3）所用的制冷剂满足环保要求；

（4）整个系统在真空状态下运行，无高压爆炸危险，工作安全可靠；

（5）有优良的调节性能，制冷量调节范围广，可在 20%～100% 的负荷范围内进行冷量的无级调节；

（6）对外界条件变化的适应性强，可在一定的热媒水进口温度、冷媒水出口温度和冷却水温度范围内稳定运转；

（7）对安装基础的要求低，无需特殊机座，室内外均可安装。

同时该系统也存在一些不可忽视的缺点：

（1）溴化锂作为盐类化合物，其水溶液对普通碳钢有较强的腐蚀性，对机组的性能和正常运行有一定的影响；

（2）气密性要求高，即使漏进微量的空气也会影响机组的性能，对机组的制造工艺要求较严格；

（3）溴化锂水溶液在浓度过高或温度过低时容易结晶。溴化锂水溶液的结晶现象一般首先发生在溶液热交换器的浓溶液通路中，因为那里的溶液浓度最高且温度较低。发生结晶后，浓溶液通路被阻塞，引起吸收器的液位下降，发生器的液位上升，直至制冷机停止运行。

针对以上溴化锂吸收式制冷方式的缺点，必须采取以下必要的措施以避免或减轻其对机组的影响。

（1）防腐蚀措施。为了减轻溴化锂水溶液对机组的腐蚀，除保证机组的气密性外，还可在溴化锂水溶液中加入缓蚀剂。

（2）抽气措施。由于机组内的工作压力远低于大气压力，尽管设备密封性好，仍难免有少量空气渗入，所以制冷机必须设置抽气设备用于排出聚集在机组内的不凝性气体，保证制冷机正常运行。目前常用的抽气系统如图 5-23 所示。

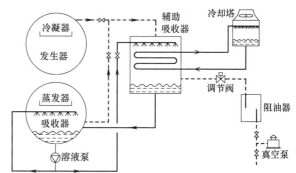

图 5-23　溴化锂吸收式制冷的抽气系统

图 5-23 中辅助吸收器又称为冷剂分离器，其作用是将一部分溴化锂水溶液淋洒在冷盘管上，在放热的条件下吸收所抽出气体中含有的冷剂水蒸气，确保真空泵排出的只是不凝性气体以提高真空泵的抽气效果和减少冷剂水的损失。但是此抽气系统只能定期抽气，为了改进溴化锂吸收式制冷机的运转效能，可在此抽气系统的基础上附设自动抽气装置。使用引射原理，靠喷射少量的稀溶液随时排除系统中存在的不凝性气体。

（3）防结晶措施。为了防止溴化锂水溶液在溶液热交换器的浓溶液通路中发生结晶，一般可在发生器中设浓溶液溢流管，它不经过换热器而与吸收器的稀溶液相通。当浓溶液通路因结晶而被阻塞时，发生器的液位升高，浓溶液经溢流管直接进入吸收器。这样不但可以保证制冷机有效地工作，而且由于热的浓溶液在吸收器内直接与稀溶液混合，其温度较高，在通过溶液泵进入换热器时有助于浓溶液侧结晶的溶解。

（4）提高效率的措施。通过各种方法对吸收式制冷机中换热器的传热表面进行处理。在溶液中加入表面活性剂等措施可以提高换热器的传热效率，降低金属耗量，是提高整个机组效率的有效措施。

5.2.4　氨-水吸收式制冷

5.2.4.1　氨-水吸收式制冷工质对的性质

在氨-水吸收式制冷中使用的制冷剂-吸收剂工质对为氨和水，其中氨作为制冷剂，水作为吸收剂。氨（分子式为 NH_3）是由氮原子（N）和氢原子（H）化合而成，分子量为 17；常温常压下氨为无色有刺激性气味的气体，极易溶于水，沸点为 $-33.4℃$，冰点为 $-78℃$，在 $260℃$ 以上会分解。氨黏性小，汽化潜热大，单位容积制冷能力较大，蒸发压力和冷凝压力适中，是很好的制冷剂。由于氨可燃、可爆、有毒、对铜及铜合金有腐蚀性，所以其使用特性较差。氨蒸气在空气中的溶剂浓度达 $0.5\%\sim0.6\%$ 时，人在其中停留半小时即可中毒；浓度达 $11\%\sim14\%$ 时即可点燃，因此工作区内氨气的浓度应控制在 $20mg/m^3$ 以下。

在相同压力下，制冷剂氨和吸收剂水的沸点较接近，在标准大气压下，氨与水的沸点仅相差 $133.4℃$，因此在发生器中蒸发出来的气态制冷剂氨蒸气中会带有较多的吸收剂水蒸气组分，为含有 $5\%\sim10\%$ 水蒸气的氨-水蒸气混合物。为了提高氨蒸气的浓度（使氨的浓度达到 99.5% 以上），在氨水吸收式制冷系统中必须采用分凝和精馏设备，以提高整个制冷系统的经济性。由于氨水的结晶曲线远离氨水吸收式制冷循环的工作温度，因此循环中不需要防结晶措施。

氨-水吸收式制冷循环可以制取供冷却工艺或舒适性空调过程使用的冷水，也可以制取低达 $-60℃$ 的冷源供深度冷冻工艺使用。当氨的蒸发温度大于 $-34℃$ 时，机组的压力将保持在大气压力之上，可以实现正压运行；同时当冷凝温度高达 $30℃$ 时，冷凝压力仍可保持在 15×10^5Pa 以下。因此整个循环压力适中，氨水吸收式制冷机组运行较可靠。

氨-水二元溶液的热力图表对氨-水吸收式制冷循环的理论分析、设计计算和运行性能分析都是必不可少的。氨-水二元溶液的热物性资料较齐全，其中最重要的两种热力图表是压力-温度图（$p\text{-}t$ 图）和比焓-质量分数图（$h\text{-}\xi$ 图），如图 5-24 所示。

5.2.4.2　氨-水吸收式制冷原理及循环过程

氨-水吸收式制冷的制冷原理与溴化锂吸收式制冷基本相同，都是使用外界热源驱动并利用二元溶液的特性来实现制冷循环的。氨-水吸收式制冷主要由发生器、吸收器、蒸发器、冷凝器、溶液热交换器、精馏器、回热器、截流阀和溶液泵组成。单级氨-水吸收式制冷循环的流程如图 5-25 所示。

浓的氨-水溶液在发生器内被热源加热后，二元溶液中的氨不断汽化蒸发为氨蒸气，脱离原来的氨-水二元溶液；同时质量浓度降低后的稀溶液进入吸收器。氨蒸气进入冷凝器后被冷凝成液态制冷剂氨液，再进入回热器被来自蒸发器的氨蒸气冷却；经截流阀减压后进入蒸发器，低温低压的液态氨在蒸发器中蒸发汽化达到制冷效果。蒸发器中形成的氨蒸气经回热器与来自冷凝器的液态氨发生热交换，被加热后进入吸收器，被稀溶液吸收，所形成的浓溶液再由溶液泵升压后经由溶液热交换器进入精馏塔。浓氨溶液在精馏塔的提馏段中与发生器中产生的含水氨蒸气接触，进行热质交换使氨蒸气中氨含量增加，纯度不

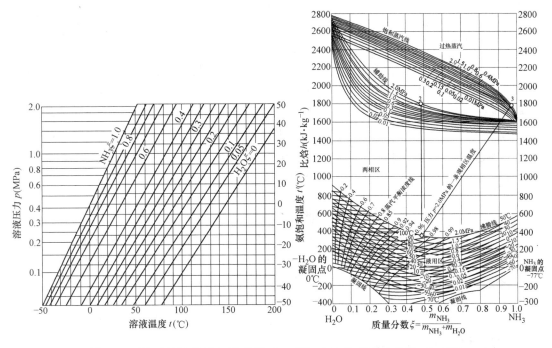

图 5-24　氨-水溶液的压力-温度图（p-t 图）和比焓-质量分数图（h-ξ 图）

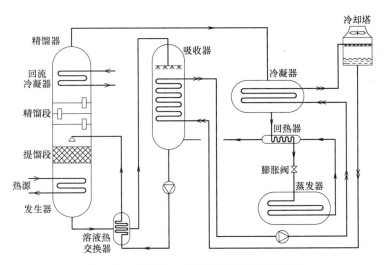

图 5-25　单级氨-水吸收式制冷循环流程图

断提高，可达 99.8% 以上。同时氨溶液中氨含量减小，然后从精馏塔流出的氨溶液流入发生器，完成整个单级氨水吸收式制冷循环。

整个单级氨水吸收式制冷循环过程在 h-ξ 图上具体表示可见图 5-26。

假定进入精馏塔内的状态点为 1a，浓度为 ξ_r' 的浓溶液处于过冷状态。经过提馏段到发生器，一路上与发生器中产生的上升氨蒸气进行热质交换，消除过冷，使溶液达到饱和状态点 1。随后在发生器内被加热，氨溶液在等压下不断蒸发，浓度逐渐变稀，温度升高；直到离开精馏塔底部时达到状态点 2，浓度变为 ξ_a'、温度为 t_2。开始发生出来的蒸气状态和发生终了时的蒸气状态分别用 $1''$ 和 $2''$ 表示，它们分别与浓度为 ξ_r' 和 ξ_a' 的沸腾状态

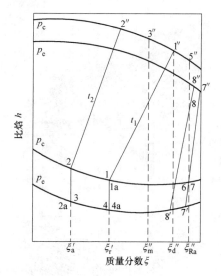

图 5-26　单级氨水吸收式制冷
循环的 h-ξ 图

的溶液相平衡。因此，离开发生器的蒸气状态应处于 1″ 和 2″ 之间，假定为状态点 3″，浓度为 ξ_m。经过提馏段，由于和进入的浓溶液进行热质交换，出提馏段的蒸气浓度应与精馏塔入口处浓溶液 ξ_r' 的平衡蒸气 1″ 相对应，即氨蒸气的浓度由 ξ_m'' 提高到 ξ_d''。再经过精馏段和回流冷凝器，与回流冷凝器流下的回流液进行热质交换，进一步提高氨蒸气的浓度至 ξ_{Ra}''，用点 5″ 表示。回流液在回流时浓度逐渐降低，在出精馏塔时浓度达到 ξ_r'。

浓度为 ξ_{Ra}'' 的饱和氨蒸气离开塔顶后进入冷凝器，在等压等浓度下冷凝成饱和液体，达到状态点 6，然后经截流阀截流至状态 7。从发生器出来以状态点 2 表示的稀溶液经过溶液交换器被冷却到 p_c 压力下的过冷状态 2a，然后截流减压至状态 3 进入吸收器。状态点 3 下的饱和稀溶液吸收由蒸发器来的氨蒸气，沿等压线浓度逐渐增加，吸收终了状态点

4，浓度达到 ξ_r'。浓溶液压力由 p_e 经溶液泵升压至 p_c 后到达状态 4a，此状态点的浓溶液经过溶液热交换器后温度升高至 1a 后进入发生器，再被工作蒸气重新加热，如此完成单级氨水吸收式制冷循环过程。

5.2.4.3　氨-水吸收式制冷的主要特点

氨-水吸收式制冷循环是最早出现的制冷循环之一，它使用氨作为制冷剂，水作为吸收剂。氨这种制冷剂较易得到，且单位容积的制冷量较大，使用氨-水吸收式制冷可以制取 0℃ 以下的冷源供生产工艺等使用。与溴化锂吸收式制冷循环相比，氨-水吸收式制冷循环工作压力适中，不存在二元溶液结晶现象，无需防结晶措施。这些都是氨-水吸收式制冷方式的优点，同时它也存在着一些缺点，表现在以下几个方面：

（1）由于制冷剂氨和吸收剂水的沸点相差较小（大气压下为 133.3℃），从发生器处得到的气态制冷剂往往是含有 5%～10% 水蒸气的氨水气态混合物，因此需设精馏装置以提高气态制冷剂中氨的浓度，整个系统结构较复杂；

（2）循环的热力系数 ξ 很低，约为 0.15 左右；

（3）氨气有毒，有刺激性气味，整个氨-水吸收式制冷系统内处于正压运行状态，氨向外界泄漏的可能性较大；

（4）氨水溶液呈弱碱性，对有色金属有腐蚀作用，系统中不允许采用铜及铜合金材料。

5.2.5　太阳能吸收式制冷系统

太阳能吸收式制冷技术最早起源于 20 世纪上半叶，由于当时的成本高、效率低、商业价值低而没有得到进一步的发展。20 世纪 70 年代，世界性能源危机爆发，促使可再生能源利用技术以及低电耗、不破坏臭氧层的吸收式制冷技术得到较大的发展。太阳能吸收式制冷作为二者的结合受到了更多的关注。

所谓太阳能吸收式制冷，就是利用太阳能集热器提供吸收式制冷循环所需要的热源，保证吸收式制冷机正常运行达到制冷的目的。

太阳能吸收式制冷包括两大部分，即太阳能热利用系统及吸收式制冷系统。整个太阳

能吸收式空调系统主要由太阳能集热器、吸收式制冷机、辅助加热器、水箱和自动控制系统等组成（如图 5-27 所示）。该系统可提供夏季制冷、冬季采暖以及生活热水。

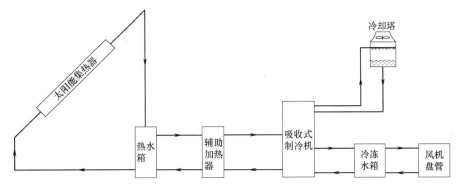

图 5-27　太阳能吸收式制冷系统示意图

　　夏季时，被太阳能集热器加热的热水首先进入储水箱，当热水温度达到一定值时，从储水箱向吸收式制冷机提供热源水；从吸收式制冷机流出的已降温的热源水流回到储水箱，再由太阳能集热器加热成高温热水；从吸收式制冷机流出的冷冻水通入空调房间实现制冷的目的。当太阳能集热器提供的热能不足以驱动吸收式制冷的机时，可以由辅助热源提供热量。

　　冬季时，被太阳能集热器加热的热水流入储水箱，当热水温度达到一定值时，直接通入空调房间实现采暖。当太阳能集热器提供的热能不足以满足室内采暖负荷要求时，可以由辅助热源提供热量。

　　将被太阳能集热器加热的热水直接通向生活热水储水箱，可以提供全年所需的生活热水。

　　太阳能热利用系统包括太阳能收集、转化以及储存等构件，其中最核心的部件是太阳能集热器。用于太阳能吸收式制冷领域的太阳能集热器有平板型集热器、真空管集热器和聚焦型集热器。理论分析与实验结果都已证明，热媒水的温度越高，制冷系统的性能系数 COP 值越大。

　　吸收式制冷系统方面，经常使用的有溴化锂吸收式制冷方式和氨-水吸收式制冷方式。溴化锂吸收式制冷系统由于其性能系数 COP 值较高、对驱动热源温度要求较低、无毒和符合环保要求等优点而占据了当今研究与应用的主流地位。

　　太阳能驱动的溴化锂吸收式制冷系统的最核心部分是溴化锂吸收式制冷机。应用时要根据实际系统负荷的大小选择合适的制冷机，然后根据制冷机对驱动热源的要求选择与之相匹配的太阳能集热器。同时，太阳能集热器的技术决定着太阳能吸收式制冷的发展。目前平板型太阳能集热器在超过 90℃ 的高温下效率过低，而真空管太阳能集热器与复合抛物面聚焦型太阳能集热器的价格较高。虽然单效溴化锂吸收式制冷循环的 COP 较低，但是它可以与低温型太阳能集热器（例如 85℃ 的热源）匹配工作。因此目前较成熟、应用广泛的太阳能吸收式制冷系统仍然采用单效溴化锂吸收式制冷循环。

5.2.5.1　太阳能单效溴化锂吸收式制冷系统

　　太阳能单效溴化锂吸收式制冷系统主要由太阳能集热器和单效溴化锂吸收式制冷机组组成（如图 5-28 所示），其驱动热源可以是表压为 0.03～0.15MPa 的低压蒸汽和温度为

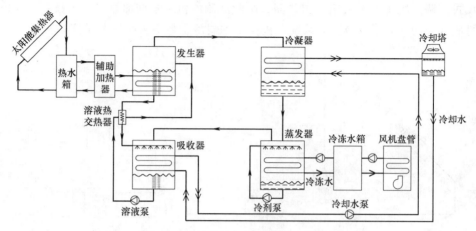

图 5-28   太阳能驱动的单效溴化锂吸收式制冷循环示意图

85～100℃的热水。适用于这种单效溴化锂吸收式循环的太阳能集热器类型有平板型太阳能集热器、真空管太阳能集热器和复合抛物面聚焦型太阳能集热器。在国际上由于真空管太阳能集热器价格较高，为降低系统成本，应用较多的太阳能集热器类型为平板型。由于我国真空管太阳能集热器发展较快，其价格已较为低廉，因此真空管太阳能集热器以其集热效率较高的优势已占据较大市场。

太阳能驱动的单效溴化锂吸收式制冷循环 COP 不高，但由于可采用低温太阳能集热器，充分利用低品位能源，这种制冷方式有很好的节能性和经济性。因此，太阳能驱动的单效溴化锂吸收式制冷空调系统在世界很多地区得到了实际的应用。

5.2.5.2   其他由太阳能驱动的溴化锂吸收式制冷系统

除太阳能单效溴化锂吸收式制冷方式外，其他由太阳能驱动的溴化锂吸收式制冷方式主要有双效、两级溴化锂吸收式制冷系统及其他相关研究。

双效溴化锂吸收式制冷机于 1961 年被美国斯泰哈姆公司研制成功，其 COP 值较高，约为 1.2，驱动热源可以为 150℃以上的高温热水或是表压为 0.25～0.8MPa 的蒸汽。由于平板型太阳能集热器只能提供 100℃以下的太阳能热水，因此太阳能驱动的双效溴化锂吸收式制冷循环多采用真空管太阳能集热器以及聚焦型太阳能集热器为其提供驱动热源。由于这种双效循环采用的太阳能集热器价格较高导致整个系统初投资过高，因此对此种制冷方式的研究远少于对单效溴化锂吸收式制冷循环的研究，尤其表现在实验研究方面。

两级溴化锂吸收式制冷系统对驱动热源温度的要求低于单效溴化锂吸收式制冷系统，可使用 70～80℃的热水作为热源，甚至在 65℃的热源驱动下仍能有效工作。因此两级溴化锂吸收式制冷系统对太阳能集热器的要求更低，更适合采用太阳能驱动。但由于两级溴化锂吸收式制冷循环的 COP 值很低，约为 0.3～0.4 左右，因此其实用性较差。

2002 年，华中科技大学的 A. Yattara，Y. Zhu 以及 M. Mosa Ali 提出了一个采用单效/双效复合循环的太阳能驱动溴化锂吸收式制冷系统，并将其与同等制冷量的太阳能驱动单效溴化锂吸收式制冷系统进行了性能与经济性的比较。

20 世纪 70 年代，太阳能驱动的吸收-压缩复合循环投入实践研究，这种工作循环是将机械压缩与制冷剂蒸气的吸收与解析通过一个溶液回路有机结合，使制冷循环的工作范围及效率有所提高。除了吸收-压缩复合循环外，吸收-喷射复合循环也得到了一定程度的研究，顾兆林指出以溴化锂-水为工质对的三压吸收-蒸汽喷射式复合循环制冷系统的 *COP* 值约为 1.0，已经接近于双效溴化锂吸收式制冷系统的水平。

5.2.5.3 太阳能氨-水吸收式制冷系统

早在 20 世纪 60 年代，太阳能驱动的氨-水吸收式制冷方式开始出现。第一套太阳能氨-水吸收式制冷系统建于美国佛罗里达州，由平板型太阳能集热器和氨-水吸收式制冷机组成，制冷量为 17.5kW。太阳能驱动的氨-水吸收式制冷方式与太阳能驱动的溴化锂吸收式制冷方式相同，都是用太阳能作为热源来驱动吸收式制冷剂工作达到制冷的目的，只是二者使用的吸收剂与制冷剂工质不同而已。

太阳能氨-水吸收式制冷系统对热源温度要求较高；与太阳能溴化锂吸收式制冷系统相比，其 *COP* 值较低，约在 0.4～0.6 之间。但是该系统采用氨-水作为制冷剂-吸收剂工质对，可以使蒸发温度达到 0℃以下来制取低温冷冻水，因此太阳能氨-水吸收式制冷系统多用于工艺制冷方面。小型的太阳能氨-水吸收式制冷系统还可以用于电力供应不足地区的制冰和食品冷藏方面。

与普通氨-水吸收式制冷系统的不同之处在于太阳能氨-水吸收式制冷系统采用太阳能集热器作为整个系统的驱动热源。因此太阳能集热器的选用和设计是整个太阳能氨-水吸收式制冷系统设计的关键。通常制冷系统中的冷凝温度大致是稳定的，如为空冷式则为空气干球温度；如为水冷式则为冷却水温度，即接近于空气的湿球温度；同时，循环的蒸发温度也是稳定的，取决于设定量。通常吸收式制冷循环中的可变参数就是发生器温度，它是根据实际选用的驱动热源热品位高低决定的，它对整个系统的制冷量和制冷系数有很大的影响。所以在设计太阳能氨-水吸收式制冷系统时必须是吸收式制冷机与太阳能集热器相匹配，根据制冷循环需要的驱动热源温度选择合适的太阳能集热器。目前太阳能氨-水吸收式制冷系统通常有连续式和间歇式两种。

1. 连续式太阳能驱动的氨-水吸收式制冷系统

连续式太阳能驱动的氨-水吸收式制冷系统通常以太阳能集热器作为整个吸收式制冷的驱动热源，直接或间接加热发生器中的氨水二元溶液，产生气态制冷剂氨。整个连续式太阳能驱动的氨-水吸收式制冷系统由太阳能集热器、发生器、吸收器、冷凝器、蒸发器、吸收器、热交换器、膨胀阀和溶液泵组成，如图 5-29 所示。

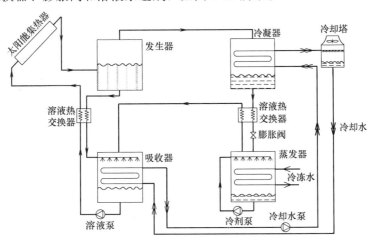

图 5-29 连续式太阳能驱动氨-水吸收式制冷系统原理图

氨水二元溶液在太阳能集热器中被直接加热或在发生器中被太阳能集热器中产生的热水或蒸汽加热后温度升高，其中的制冷剂变为氨蒸气被解析出来。高温高压的氨蒸气流经冷凝器放出热量后变成低温高压液态氨后，再经过膨胀阀降压后变为低温低压的液态氨进入蒸发器，吸热蒸发产生制冷效果。蒸发产生的低温低压的氨蒸气在压差作用下流入吸收器，溶入氨水稀溶液使其变为氨水浓溶液流入发生器，如此循环达到制冷目的。

常用的连续式太阳能驱动的氨-水吸收式制冷系统通常有单级氨-水吸收式制冷和两级氨-水吸收式制冷两种。

（1）太阳能单级氨-水吸收式制冷系统

这种系统主要由太阳能集热系统和单效氨-水吸收式制冷机组组成。单级氨-水吸收式制冷机的效率在 0.4～0.6 之间；如采用热管型真空太阳能集热器，集热效率可在 0.3～0.4 之间，则整个系统的性能系数大约为 0.12～0.24 之间。

整个太阳能单级氨-水吸收式制冷系统的循环流程如图 5-30 所示。

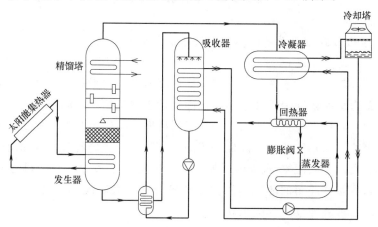

图 5-30　太阳能单级氨-水吸收式制冷系统循环流程图

（2）太阳能两级氨-水吸收式制冷系统

此系统主要由太阳能集热系统和单效氨-水吸收式制冷机组组成。其太阳能系统多由平板型太阳能集热器和蓄热水箱组成。单效氨-水吸收式制冷机组由高低压发生器、高低压吸收器、蒸发器、冷凝器、高低温溶液热交换器、过冷器、溶液泵和膨胀阀组成，其高低压发生器多采用并联连接，如图 5-31 所示。

与太阳能驱动的单级氨水吸收式制冷系统相比，相同条件下的两级氨水吸收式制冷系统的 COP 值略低。虽然性能系数小些，但是两级系统所需的发生温度（69℃）远低于单级系统（123℃），即两级系统可以采用较低的热源温度驱动，对太阳能集热器的要求较低。平板型太阳能集热器或者热管式真空管集热器就可以满足两级氨-水吸收式制冷的驱动要求。

2. 间歇式太阳能驱动的氨-水吸收式制冷系统

间歇式太阳能驱动的氨-水吸收式制冷系统由太阳能集热器、发生器/吸收器、冷凝器/蒸发器、精馏器组成，如图 5-32 所示。系统中的太阳能集热器可以使用平板型集热器和热管真空管集热器；发生器/吸收器用来储存制冷系统所需要的氨水二元溶液，并通过自然对流来实现氨水溶液在太阳能集热器和发生器/吸收器之间循环；精馏器用来提高从储液罐中蒸发出来的氨蒸气浓度；冷凝器/蒸发器在再生过程中用作冷凝器，在制冷过程

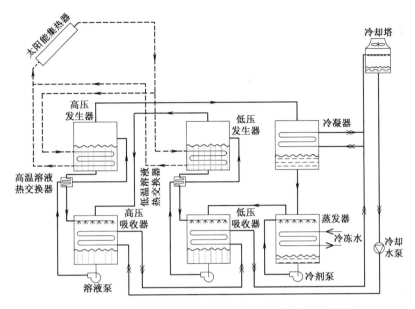

图 5-31　太阳能两级氨-水吸收式制冷系统循环流程图

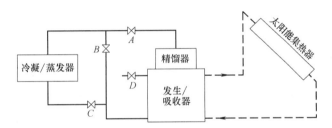

图 5-32　间歇式太阳能驱动的氨-水吸收式制冷系统流程图

中用作蒸发器。

　　整个间歇式太阳能驱动的氨-水吸收式制冷循环分为再生、冷凝和制冷三个部分，首先阀门 B、C、D 关闭，阀门 A 打开，使太阳能集热器直接加热发生器/吸收器中的氨水溶液，使氨蒸气解析并进入冷凝器，进行再生过程。再生过程结束后，关闭阀门 A，氨气经过空冷或水冷的方式向周围环境放热并冷凝成液体储存在冷凝/蒸发器中，进行冷凝过程。冷凝过程结束后，打开阀门 B，冷凝/蒸发器中的氨液开始蒸发并顺着管道流入发生器/吸收器被其中的稀溶液吸收，同时吸收外界的热量进行制冷过程。

5.3　太阳能吸附式制冷技术

　　太阳能吸附式制冷技术与太阳能吸收式制冷技术相似，都是利用太阳能经集热器光热转换得到的热能驱动二元或多元工质对实现制冷的技术。自 1978 年美国沸石动力公司建成第一台以沸石-水为工质对的间歇式太阳能吸附式制冷装置以来，其他国家也陆续开展了太阳能吸附式制冷技术方面的研究。与其他制冷技术相比，太阳能吸附式制冷技术具有以下特点：

　　(1) 与蒸汽压缩式制冷方式相比，吸附式制冷具有结构简单、初投资及运行费用少、使用寿命长、无噪声、无环境污染、能有效利用可再生能源及低品位能源等优点；与吸收式制冷方式相比，吸附式制冷不存在制冷工质腐蚀系统及结晶等问题，无需溶液泵或精馏装置，无运动部件及电力消耗，整个系统运行安全可靠。

（2）有适应不同的热源及蒸发温度的吸附工质对可供选择，大部分的吸附工质对可以在低温热水驱动下制冷；可以与低温太阳能集热器配合工作，降低了太阳能集热系统的初投资。

（3）系统的制冷功率与太阳能热源强度高度匹配，太阳辐射度越大系统的制冷功率越大。

（4）与压缩式制冷及吸收式制冷相比，吸附式制冷系统的单位质量制冷工质的制冷功率相对较小；如系统需提供较大制冷量时，需要增加吸附工质并增大换热器的换热面积，会增加初投资且使系统体积庞大。因此常见的太阳能吸附式制冷系统的制冷量通常较小。

（5）由于吸附剂解析和吸附过程缓慢，导致吸附式制冷循环的循环周期较长。循环周期长会限制系统对驱动热源太阳能的使用率，同时也限制系统单位时间的制冷量。对于单个吸附器的吸附式制冷系统，由于吸附剂受热解析时蒸发器是停止制冷的，会使制冷过程中存在较长时间的间断。

（6）吸附式制冷系统的 COP 偏小且随工质对的性能、循环工况、传热性能的不同有较大变化。

5.3.1   太阳能吸附式制冷原理

太阳能吸附式制冷利用物质的物态变化来达到制冷的目的。吸附式制冷系统利用合适的吸附剂和制冷剂工质对经吸附和解附过程使制冷剂在冷凝器中冷凝成液态后在蒸发器中蒸发，实现制冷效果。太阳能吸附式制冷系统将太阳能集热系统与吸附式制冷系统合并起来；整个系统主要由太阳能吸附集热器、冷凝器、储液器、蒸发器和阀门等组成，其循环流程如图 5-33 所示。

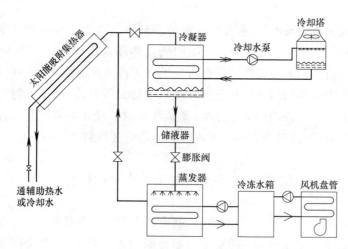

图 5-33   太阳能吸附式制冷循环流程图

当白天太阳能充足时，太阳能吸附集热器吸收太阳辐射能后，吸附床温度升高，使吸附的制冷剂在集热器中解附，太阳能吸附器内压力升高。解析出来的气态制冷剂进入冷凝器被冷却介质冷却为液态制冷剂后流入储液器。当夜间或太阳辐照度不足时，由于环境温度的降低，太阳能吸附集热器可通过自然冷却降温，吸附床温度下降后吸附剂开始吸附制冷剂，使制冷剂在蒸发器内蒸发从而达到制冷效果。其冷量一部分以冷媒水的形式向空调房间输出，另一部分储存在蒸发储液器中，可在需要时进行冷量调节。

吸附剂-制冷剂工质对的选择是吸附式制冷中最重要的因素之一，一般要求选用的吸附剂在工作温度范围内吸附性强、吸附速度快、吸附剂的传热效果好；制冷剂在要求蒸发温度下的汽化潜热大。一个吸附式制冷系统能否适应环境要求，满足工作条件，在很大程度上取决于该系统吸附工质对的选择。太阳能吸附式制冷循环中常用的吸附工质对有活性炭-甲醇、活性炭-氨、氯化钙-氨、分子筛-水、金属氢化物-氢和硅胶-水等。不同的吸附工质对对应着不同的适用温度范围，G. Cacciola 和 G. Restuccia 综合各吸附工质对的性能后得出了研究较成熟的几种工质对的适用温度范围，如表 5-1 所示。

常用吸附工质对的适用温度范围　　　　　　　　　　表 5-1

冷　冻 ($T<253K$)	制　冷 ($T=253K$)	空　调 ($T=278-288K$)	采　暖 ($T=333K$)	工 业 热 泵 ($T>373K$)
沸石-氨	活性炭-甲醇	活性炭-氨 活性炭-甲醇 沸石-水 硅胶-水	活性炭-氨 沸石-水	沸石-水

吸附式制冷的循环类型有基本型、连续型、连续回热型、热波型及对流热波型等。目前实际投入应用的循环类型只有基本型、连续型和连续回热型三种，热波型和对流热波型循环仍处于模拟研究阶段。已投入商业生产的太阳能驱动的吸附式制冷技术有太阳能驱动的活性炭-甲醇吸附式制冰机。

5.3.2　基本型吸附式制冷循环

以最简单的基本型太阳能吸附式制冷机为例介绍基本型循环。太阳能制冷机主要由吸附器/发生器、冷凝器、蒸发器、储液器和阀门等组成，如图 5-34 所示。

基本型吸附式制冷系统当吸附床在夜间被冷却时，蒸发器内的制冷剂被吸附而蒸发制冷，待吸附饱和后，白天太阳能加热吸附床使吸附床解析，然后冷却吸附，如此反复完成循环制冷过程。其工作过程如下：

（1）早上关闭阀门。循环开始，处于环境温度的吸附床被太阳辐射加热，此时只有少量工质脱附出来，吸附率近似常数，而吸附床内压力不断升高，直至制冷工质达到冷凝温度下的饱和压力，此时吸附床温度为 T_{g1}。

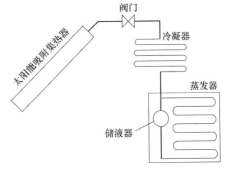

图 5-34　基本型太阳能吸附式制冷系统示意图

（2）打开阀门。在恒压条件下气态制冷工质不断脱附出来，并在冷凝器中冷凝为液态制冷工质后进入蒸发器，同时吸附床温度升高到最大值 T_{g2}。

（3）傍晚关闭阀门。吸附床被冷却，内部压力降至相当于蒸发温度下工质的饱和压力，吸附床的过程最终温度为 T_{a1}。

（4）打开膨胀阀门。蒸发器中的液态制冷剂因压强骤减而沸腾起来，开始制冷过程，

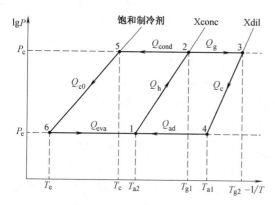

图 5-35 基本型太阳能吸附式制冷循环热力图

同时蒸发出来的气态制冷剂进入吸附床被吸附。此制冷过程一直持续到第二天早上开始过程 1）。吸附过程中放出的大量热量由冷却水或外界空气带走，吸附床的最终温度为 T_{a2}。

基本型太阳能吸附式制冷循环在 P-T 图上的热力循环如图 5-35 所示，热力循环过程中涉及 7 种热量，分别为：

（1）吸附床等容升压过程中吸收的显热量（过程线 1-2）Q_h，其计算见式（5-9），此式的第一部分表示吸附床显热，第二部分表示制冷剂显热。

$$Q_h = \int_{T_{a2}}^{T_{g1}} C_{vc}(T) M_c \,dT + \int_{T_{a2}}^{T_{g1}} C_{va}(T) M_a \,dT \tag{5-9}$$

式中 $C_{vc}(T)$、$C_{va}(T)$——吸附剂和制冷剂的定容比热容；

M_c，M_a——吸附剂和制冷剂的质量，$M_a = X_{conc} \cdot M_c$。

（2）吸附床等压过程中吸收的显热量（过程线 2-3）Q_g，其计算见式（5-10），此式的第一部分表示吸附床显热，第二部分表示制冷剂显热，第三部分表示脱附所需的热量。

$$Q_g = \int_{T_{g1}}^{T_{g2}} C_{pc}(T) M_c \,dT + \int_{T_{g1}}^{T_{g2}} C_{pa}(T) M_a \,dT + \int_{T_{g1}}^{T_{g2}} M_c H_{des} \,dX \tag{5-10}$$

式中 $C_{pc}(T)$、$C_{pa}(T)$——吸附剂和制冷剂的定压比热容；

$\int_{T_{g1}}^{T_{g2}} dX$——温度从 T_{g1} 升至 T_{g2} 时吸附率的变化量，其值为 $\Delta X = X_{conc} - X_{dil}$；

H_{des}——脱附热。

（3）冷却吸附床所需带走的显热量（过程线 3-4）Q_c，其计算见式（5-11），此式的第一部分表示吸附剂显热，第二部分表示留在吸附床内的制冷剂显热。

$$Q_c = \int_{T_{a1}}^{T_{g2}} C_{vc}(T) M_c \,dT + \int_{T_{a1}}^{T_{g2}} C_{va}(T) M_a \,dT \tag{5-11}$$

（4）吸附过程中带走的热量（过程线 4-1）Q_{ad}，其计算见式（5-12），此式的第一、二部分表示整个吸附床的显热，第三部分表示吸附热，第四部分表示气态制冷剂升温至 T_{a2} 时吸收的显热。

$$Q_{ad} = \int_{T_{a2}}^{T_{a1}} C_{pc}(T) M_c \,dT + \int_{T_{a2}}^{T_{a1}} C_{pa}(T) M_a \,dT + \int_{T_{a2}}^{T_{a1}} M_c H_{ads} \,dX - \int_{0}^{T_{a2}-T_e} C_{pag}(T) M_c \Delta X \,dT \tag{5-12}$$

式中 $C_{pag}(T)$——自由气态制冷剂工质的定压比热容；

H_{ads}——吸附热。

（5）制冷量 Q_{ref}，其计算见式（5-13）。

$$Q_{ref} = M_c L_e \Delta X \tag{5-13}$$

式中 L_e——汽化潜热。

（6）冷凝过程放出来的热量（过程线 2-5）Q_{cond}，其计算见式（5-14），此式的第一部分表示饱和汽化潜热，第二部分表示气态制冷剂冷凝过程中的显热。

$$Q_{\text{cond}} = M_c L_e \Delta X + \int_{T_{g1}}^{T_{g2}} C_{\text{pag}}(T) M_c \Delta X dT \tag{5-14}$$

（7）液态制冷剂温度从 T_c 降至蒸发温度 T_e 时放出的显热（过程线5-6）Q_{co}。

$$Q_{\text{co}} = \int_{T_e}^{T_c} C_{\text{vf}}(T) M_c \Delta X dT \tag{5-15}$$

式中　$C_{\text{vf}}(T)$——液态制冷剂的定容比热容。

整个太阳能吸附式制冷循环的 COP 可表示为：

$$COP = \frac{Q_{\text{ref}} - Q_{\text{co}}}{Q_h + Q_g} \approx \frac{Q_{\text{ref}}}{Q_h + Q_g} \tag{5-16}$$

系统吸附热 H_{ads} 和脱附热 H_{des} 可由 Clausius-Clapeyron 方程计算，见式（5-17）。

$$\begin{cases} H_{\text{ads}} = RA\dfrac{T}{T_e} \\[2mm] H_{\text{des}} = RA\dfrac{T}{T_c} \end{cases} \tag{5-17}$$

式中　T——吸附剂温度；

　　　T_c——冷凝压力 P_c 下对应的饱和温度；

　　　T_e——蒸发温度；

　　　A——制冷剂的工质系数；

　　　R——摩尔气体常数。

5.3.3　连续回热型吸附式制冷循环

前述的基本型吸附式制冷循环由于没有采用回热措施，未能充分利用吸附床的冷却及吸附放热，因此整个制冷循环的循环效率较低且制冷过程不连续。在此基础上人们又研究出了连续回热型吸附式制冷循环。连续回热型吸附式制冷循环多采用活性炭-甲醇吸附工质对，以螺旋板式换热器作为吸附器。该系统有两个吸附器、一个冷凝器和一个蒸发器，加热/冷却过程相对独立，加热/冷却的切换间隔有两个吸附器的回热过程；该循环的制冷过程可以连续进行，其制冷循环原理及热力循环过程详见图 5-36 和图 5-37。

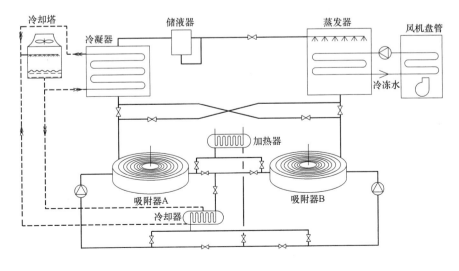

图 5-36　连续回热型吸附式制冷循环流程图

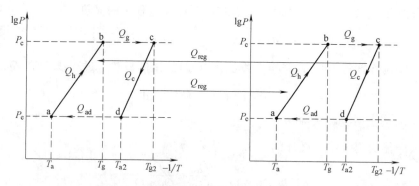

图 5-37 连续回热型吸附式制冷热力循环图

假定系统首先加热吸附器 A，并冷却吸附器 B，当吸附器 A 充分解析，吸附器 B 吸附饱和后，再冷却吸附器 A，加热吸附器 B。吸附器 A、B 交替运行组成了一个完整的连续制冷循环。同时，为了提高能量利用率，在两过程切换中利用高温吸附器冷却时放出的显热和吸附热来加热另一个吸附器进行回热，这样可减少系统的能量输入，提高 COP。

以 $Q_1(T)$ 表示对吸附床的加热量随温度的变化函数，$Q_2(T)$ 表示吸附床冷却过程放热量随温度的变化函数，整个热力循环可以采用以下方法计算回热量，见式（5-18）。

$$\begin{cases} Q_1(T) = Q_h + \int_{T_{g1}}^{T} M_c c_{pc}(T)\mathrm{d}T + \int_{T_{g1}}^{T} M_c X c_{pa}(T)\mathrm{d}T + \int_{T_{g1}}^{T} H_{des} M_c \mathrm{d}X \\ Q_2(T) = Q_c + \int_{T}^{T_{a1}} M_c c_{pc}(T)\mathrm{d}T + \int_{T}^{T_{a1}} M_c X c_{pa}(T)\mathrm{d}T + \int_{T}^{T_{a1}} H_{ads} M_c \mathrm{d}X - \int_{T}^{T_{a1}} c_{pag}(T) M_c \mathrm{d}X \end{cases}$$

(5-18)

在理想回热情况下，$Q_1(T) = Q_2(T)$，解方程可得理想回热量为 $Q_{reg} = Q_1(T_{reg}) = Q_2(T_{reg})$

定义回热率 A 为回热量与加热过程所需热量的比值，则连续回热循环的回热率 A 和制冷系数 COP 分别见式（5-19）和式（5-20）。

$$A = \frac{Q_{reg}}{Q_h + Q_g} \tag{5-19}$$

$$COP = \frac{Q_{ref}}{Q_h + Q_g - Q_{reg}} = \frac{COP_B}{1 - A} \tag{5-20}$$

式中 COP_B——基本型循环的制冷系数。

在理想的回热状态下，回热相当于将一个处于最高解析温度的吸附床与另一个处于冷却温度的吸附床通过流体换热，达到热平衡时吸附床的温度即为理想回热温度。连续回热型循环虽然在一定程度上回收了吸附床冷却过程中放出的有用热量，但吸附床的冷却过程依然会使整个循环损失不少有效热量。

5.3.4 双效复叠吸附式制冷系统

为了进一步提高吸附式制冷循环的制冷系数，需要提高其能量利用效率。前述的连续回热型循环虽然在很大程度上提高了循环的 COP 值；但当热源温度较高时，吸附床冷却过程放出的热量仍可被充分应用，此时可以采用双效复叠吸附式制冷循环来进一步提高循环的 COP 值。

N. Douses 等采用活性炭-甲醇、分子筛-水实现了双效复叠吸附式制冷循环，其 COP

在蒸发温度为 2℃时可达 0.95。其制冷循环原理及热力循环过程详见图 5-38 和图 5-39。

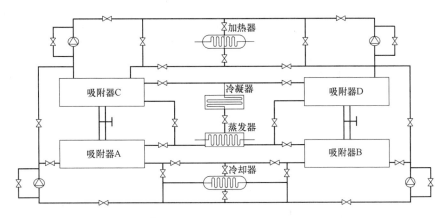

图 5-38　双效复叠吸附式制冷循环流程图

　　此双效复叠吸附式制冷循环系统由四个吸附器组成，其中吸附器 A、B 处于较高的解附温度，解附时所需的热量由外界提供，解附出的高温水蒸气直接进入处于较低解附温度的吸附器 C、D，以加强吸附效果。其工作过程如下：

　　（1）吸附器 A、B，吸附器 C、D 各自的回热过程。当吸附器 A、C 完成吸附过程，吸附器 B、D 完成解附过程后，通过开启阀门之间的组

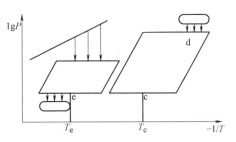

图 5-39　双效复叠吸附式制冷热力循环图

合，吸附器 A、B 之间进行回热，回热温度为 T_c；吸附器 C、D 之间进行回热，回热温度为 T_e。

　　（2）吸附器 B、C 之间的换热及吸附器 A 解附出的蒸汽加热吸附器 C 的过程。过程线 c-1 为吸附器 B 的吸附过程，是放热过程，其放热量包括吸附剂的显热和吸附热，此热量加给正在解附的吸附器 C；同时吸附器 A 在解附，放出的高温蒸汽到吸附器 C 中去，放出一部分显热后与吸附器 C 解附出的蒸汽一起进入冷凝器，吸附器 B 完成吸附过程。吸附器 A d-3 过程解附时吸收的热量由外界供给。同时吸附器 D 完成吸附过程，放热量直接传给外界热源。

　　整个循环的热力计算如下：

　　1. 吸附热的计算

　　吸附热可用量热计直接测得，也可由 Clausius-Clapeyron 方程推导得出，在同一吸附量 x 下，微分吸附热的计算见式（5-21）。

$$q_{iso} = RT^2 \left(\frac{\partial \ln p}{\partial T} \right)_x \tag{5-21}$$

　　2. 各热力过程的计算

　　等容过程的微分方程见：

$$dQ_1 = [Mc(t) + Mx(t,p)c_p(t,p)]dt \tag{5-22}$$

　　等压吸附过程的微分方程见：

$$dQ_2 = Mc(t)dt + Mx(t,p)c_p(t,p)dt + h_a(t,p)Mdx - c_p(t,p)(t-t_{ev})Mdx \tag{5-23}$$

等压解附过程的微分方程：

$$dQ_3 = Mc(t)dt + Mx(t,p)c_p(t,p)dt + h_d(t,p)Mdx \tag{5-24}$$

式中 M——吸附剂的质量；

$c(t)$——吸附剂的比热容；

$c_p(t, p)$——制冷剂的比热容；

$h_a(t, p)$——微分吸附热；

$h_d(t, p)$——微分解附热；

$x(t, p)$——质量吸附率。

过程 5-6-7-8 的吸收热量的计算见式（5-25）。

$$Q_{567} = \int_{t_1}^{t_3} [h(p_1,t_1) - h(p_2,t_2)]dx + Q_{c1} \tag{5-25}$$

式中 $h(p_1, t_1)$——过程 3-4 放出的水蒸气的比焓；

$h(p_2, t_2)$——过程 6-7 放出的水蒸气的比焓；

Q_{c1}——过程 c-1 的放热量。

所需的外界加热量的计算见式（5-26）。

$$Q_{d3} = \int_{T_d}^{T_3} dQ_3 \tag{5-26}$$

系统制冷量的计算见式（5-27）。

$$Q = [M_1 x_1(t_4, p_{ev1}) - M_1 x_1(t_1, p_{ev}) + M_2 x_2(t_8, p_{ev}) - M_2 x_2(t_5, p_{ev})](h_1 - h_3) \tag{5-27}$$

COP_1 的计算见式（5-28）。

$$COP_1 = \frac{Q}{Q_{d3}} \tag{5-28}$$

热力完善度的计算见式（5-29）。

$$\eta = \frac{COP_1}{COP_2} \tag{5-29}$$

式中 COP_2——理想循环的制冷系数。

5.4 其他太阳能制冷方式

较常见的太阳能制冷方式除了前两节介绍的吸收式太阳能制冷和吸附式太阳能制冷以外，还有太阳能蒸汽喷射式制冷、太阳能热机驱动蒸汽压缩式制冷和太阳能除湿制冷，下面简要介绍一下这几种制冷方式。

5.4.1 太阳能蒸气喷射式制冷

蒸汽喷射式制冷与吸收式制冷一样，都是在热能驱动下通过液态制冷剂的蒸发汽化实现制冷。喷射式制冷是使蒸气从蒸气喷射器内的喷嘴喷射出来，在其周围造成低压状态使液态制冷剂蒸发产生制冷效果。与吸收式循环不同，喷射式制冷循环使用的制冷剂为单一工质，其常用制冷剂为水。整个喷射式系统构造简单，当蒸发温度在 12~15℃ 以上时，制冷系数并不低，常用于空调装置和用来制备某些工艺过程需要的冷媒水。

喷射式制冷系统的主要优点有：

（1）喷射器没有运动部件、结构简单、运行可靠。

（2）相当于蒸气压缩机的喷射器可在低品位热源驱动下工作，发生器最低要求温度为60℃，可充分利用可再生能源和余热等。

（3）可以利用水等环境友好型工质作为制冷剂，满足环保要求。

（4）喷射器结构简单，可与其他系统构成结构简单而效率较高的混合系统。

5.4.1.1　蒸气喷射式制冷原理

蒸气喷射式制冷机主要由蒸汽喷射器、蒸发器、冷凝器等几部分组成，如图 5-40 所示。

其中蒸气喷射器是一个关键设备，它由喷管、吸入室、混合室和扩压室四部分组成，其中喷嘴可以是一个或多个，吸入室应与蒸发器相连，扩压室出口应与冷凝器相通。蒸气喷射器构造及蒸气沿其轴线方向流动过程中压力、速度变化关系如图 5-41 所示。

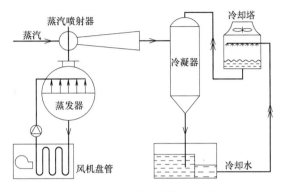

图 5-40　蒸气喷射式制冷示意图

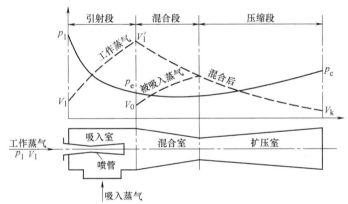

图 5-41　蒸气喷射器构造及蒸汽沿其轴线方向压力及速度变化

当蒸气喷射式制冷机工作时，具有较高压力 p_1 的工作蒸气通过渐缩渐扩喷嘴进行绝热膨胀，在喷嘴口处达到较高的速度和动能，并在吸入室内造成很低的压力，因而能将蒸发器内产生的低压 p_e 气态制冷剂抽吸到喷射器的吸入室以维持蒸发器内的低压，达到持续制冷。高速工作蒸汽与进入吸入室的低压冷蒸气一起进入混合室进行能量交换，待流速均一后进入扩压室。在扩压室内，随着流速的降低，气流动能转变为压力势能，使压力升高至冷凝压力 p_c，实现对气态制冷剂从低压 p_e 到高压 p_c 的压缩过程。高压气态制冷剂进入冷凝器后被冷凝为高压液态制冷剂后，其中一部分液体作为制冷剂通过膨胀阀后进入蒸发器蒸发制冷，另一部分液体则从冷凝器的底部排入冷却水池。如此不断循环，完成整个制冷过程。

5.4.1.2　太阳能蒸气喷射式制冷系统

太阳能蒸气喷射式制冷系统主要由太阳能集热器和蒸气喷射式制冷机两大部分组成，它们分别依照太阳能集热器循环和蒸气喷射式制冷机循环的规律运行，如图 5-42 所示。

太阳能集热器循环由太阳能集热器、锅炉、储热水箱等几部分组成。液态工质先后被太阳能集热器和锅炉加热，温度升高后再去加热低沸点液态工质至高压状态。低沸点工质

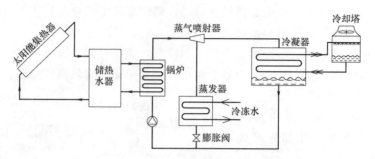

图 5-42　太阳能蒸气喷射式制冷系统示意图

的高压蒸气进入蒸气喷射式制冷机后放热，温度迅速降低后回到太阳能集热器和锅炉内再次被加热。如此循环，使太阳能集热器成为蒸气喷射式制冷机循环的热源。

5.4.2　太阳能热机驱动蒸气压缩式制冷

蒸气压缩式制冷是利用液态制冷剂（如氨、氟利昂等）在沸腾蒸发时从制冷空间中吸收热量来达到制冷效果的。由于制冷剂在等压下蒸发和冷凝是等温吸热和等温放热过程，从而提高了制冷系数，同时由于制冷剂的汽化潜热很大，能提高单位制冷工质的制冷量，大大减小了制冷剂的重量和体积，因此蒸气压缩式制冷循环是目前应用最为广泛的一种制冷循环。

太阳能热机驱动蒸气压缩式制冷就是用太阳能热机驱动蒸汽压缩式制冷循环中的压缩机运转，从而为整个制冷剂循环提供动力，实现制冷目的。

5.4.2.1　蒸气压缩式制冷循环原理

最基本的蒸气压缩式制冷系统主要由压缩机、冷凝器、蒸发器、节流装置四大基本部件组成，它们之间由制冷剂管道连接，形成一个封闭系统，使制冷剂在四大部件间不断循环工作，发生状态变化，从而实现制冷。整个系统循环流程及其在压焓图上的表示可见图 5-43。

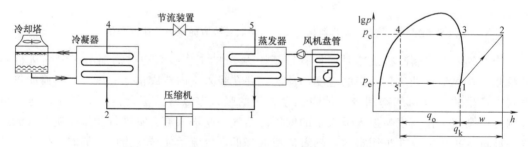

图 5-43　蒸气压缩式制冷循环流程图及其理论循环压焓图

整个蒸气压缩式制冷循环的工作过程为压缩机从蒸发器吸入低压低温制冷剂蒸气，经过压缩使其压力和温度升高后排入冷凝器，在冷凝器中制冷剂蒸气的压力不变，放出热量而被冷凝成高压液体；高压液体制冷剂经节流装置，压力和温度同时降低后进入蒸发器；低压低温制冷剂气液混合物在蒸发器内压力不变，不断蒸发吸热制冷，同时产生的低压低温制冷剂蒸汽被压缩机吸入。这样制冷剂便在系统内经过压缩、冷凝、节流和蒸发这样四个过程完成了一个制冷循环。在蒸汽压缩式制冷系统中，压缩机起着压缩和输送制冷剂蒸气的作用，为整个循环提供动力；节流装置对制冷剂起节流降压作用，同时调节进入蒸发器的制冷剂流量，是系统高低压的分界线；蒸发器是输出冷量的设备，制冷剂在其中吸收外界的热量实现制冷；冷凝器是散热设备，制冷剂在冷凝器中将从蒸发器中吸收的热量连同压缩机消耗功所转化的热量一起排入环境空气中。如此不断循环，使制冷剂将从低温空调环境中吸收的热量传递到高温环境中去，实现对空调环境的制冷。

5.4.2.2　太阳能热机

通常使用的太阳能热机是蒸汽机，一般分为活塞式、回转式、螺杆式以及透平式等几类。每一类蒸汽机都有各自适应的工质、工作温度、压力以及容量等条件。由于使用太阳能作为热源驱动，蒸气机的转数、轴功率不一定稳定，所以蒸汽机和与其相联的制冷机最好都采用允许条件变化大的容积式动力机。

蒸汽机所用的最基本循环是朗肯循环，（如图 5-44 所示），其温熵图和焓熵图见图 5-45。

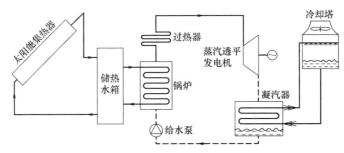

图 5-44　朗肯循环示意图

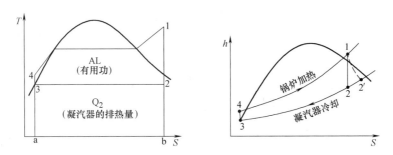

图 5-45　朗肯循环的温熵图和焓熵图

朗肯循环效率在焓熵图上可表示为：

$$\eta_R \approx \frac{h_1 - h_2}{h_4 - h_3} \tag{5-30}$$

式中　h_1——透平机入口蒸气的焓；

　　　h_2——透平机出口蒸气的焓；

　　　h_3——给水泵入口水的焓；

　　　h_4——锅炉入口水的焓。

由于实际透平机的膨胀做功过程不可能是理想等熵过程，因此透平的有效功率 η_e 为：

$$\eta_e \approx \frac{h_1 - h_2'}{h_1 - h_2} \tag{5-31}$$

假设压缩式制冷机侧的制冷系数为 $\overline{COP}$，则太阳能朗肯循环热机驱动的压缩式制冷机的总制冷系数为 $COP = \eta_R \, \eta_e \, \overline{COP}$

当使用氟利昂等有机物作为热工质工作时，它们有可能兼用作冷媒，如图 5-46 所示，

图 5-46（a）为一种介质方案，即动力循环与制冷循环采用的是同一种介质；图 5-46（b）为两种介质方案，即两个循环的介质是不同的。

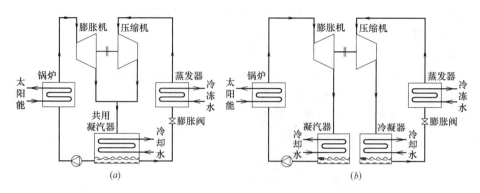

图 5-46 不同介质方案的太阳能热机制冷循环示意图

（a）一种介质式；（b）两种介质式

一种介质方案具有冷凝器可以兼用、轴封简单等优点，缺点是选择了适合于动力循环侧的有机物工质，这类工质在高温下压力不太高，在制冷循环侧气态制冷剂的容积将明显变大，增加了设备重量及体积。两种介质方案需要分开设冷凝器，回路较复杂，但是可以在动力循环侧和制冷循环侧选择各自适合的冷媒，使整个制冷装置小巧紧凑。

5.4.2.3 太阳能热机驱动蒸气压缩式制冷循环

太阳能热机驱动蒸气压缩式制冷循环就是利用太阳热能驱动太阳能热机，然后由太阳能热机驱动蒸气压缩式制冷中的压缩机运转，使制冷剂在系统中不断循环制冷。太阳能热

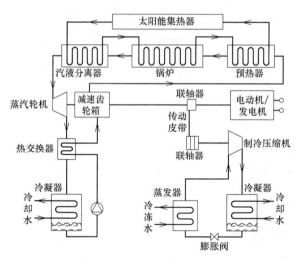

图 5-47 太阳能热机驱动蒸汽压缩式制冷系统示意图

机驱动蒸气压缩式制冷系统主要由太阳能集热器系统、太阳能热机（蒸汽轮机）和蒸气压缩式制冷机三大部分组成。它们分别依照太阳能集热器循环、热机循环和蒸气压缩式制冷循环的规律运行。图 5-47 为 Borber-Nichols 公司所开发的太阳能热机驱动的蒸气压缩式制冷系统。

太阳能集热器循环由太阳能集热器、汽液分离器、锅炉、预热器等几部分组成。在太阳能集热器循环中，水或其他工质首先被太阳能集热器加热至高温状态，然后依次通过气液分离器、锅炉、预热器，在这些设备中先后几次放热，温度逐步降低，水或其他工质最后又进入太阳能集热器再进行加热。如此不断循环，使太阳能集热器成为太阳能热机循环的热源。

太阳能热机循环由蒸汽轮机、热交换器、冷凝器、泵等几部分组成。在太阳能热机循环中，低沸点工质从汽液分离器流出时，压力和温度升高，成为高压蒸气推动蒸汽轮机旋转而对外做功，然后进入热交换器被冷却，再通过冷凝器而被冷凝成液体。该液态的低沸点工质又先后通过预热器、锅炉、气液分离器，再次被加热成高压蒸气。如此不断的消耗

热能而对外界做功。

　　蒸气压缩式制冷机循环由制冷压缩机、蒸发器、冷凝器、膨胀阀等几部分组成。在蒸气压缩式制冷机循环中，通过联轴器，蒸汽轮机的旋转带动了制冷压缩机的旋转，然后再经过上述蒸气压缩式制冷机中的压缩、冷凝、节流、汽化等过程，完成制冷剂循环，使其不断在蒸发器处蒸发汽化，吸收热量，达到制冷目的。

本章参考文献

［1］　张祉祐主编. 制冷原理与制冷设备. 北京：机械工业出版社，1995

［2］　戴永庆主编. 溴化锂吸收式制冷技术及应用. 北京：机械工业出版社，1996

［3］　金苏敏主编. 制冷技术及其应用. 北京：机械工业出版社，1999

［4］　罗运俊，何梓年，王长贵. 太阳能利用技术. 北京：化学工业出版社，2005

［5］　薛德千主编. 太阳能制冷技术. 北京：化学工业出版社，2006

［6］　李红旗，马国远，刘忠宝. 制冷空调与能源动力系统新技术. 北京：北京航空航天大学出版社，2006

［7］　王如竹，代彦军. 太阳能制冷. 北京：化学工业出版社，2007

［8］　ASHRAE Refrigeration Handbook（SI），Absorption Cooling，Heating，and Refrigeration Equipment，1998

［9］　ASHRAE Refrigeration Handbook（SI），Refrigeration System and Applications，2001

第6章 太阳能除湿空调技术

6.1 太阳能在空调系统中应用的契机——温湿度独立控制

近年来，温湿度独立控制除湿空调系统得到了较快发展，并在一些工程中得到了应用。湿度的独立控制使液体除湿和固体除湿技术得到了显著的发展。液体除湿或固体除湿空调以具有吸湿性能的吸湿剂为工作介质，通过除湿剂与空气的直接接触，从而实现对空气的除湿处理过程。除湿器和再生器是温湿度独立控制空调系统最重要的组成部件，其传热传质效果直接影响整个系统的性能。热源是实现连续主动除湿的驱动力，早期多采用燃气或电，其能耗和经济性与各地气候及能源价格相关，应用受到局限。随着节能技术的推广，太阳能、浅层地热能及分布式热电联产余热等能源正成为除湿系统的再生热源首选。特别是除湿剂的再生也为太阳能利用开拓了新的领域。利用太阳能作再生能源，在太阳辐射强度大时储存浓溶液供应阴雨天气除湿使用，可进一步提高系统的经济性，节能效果显著，是一种较理想的可用于生态建筑中的空调系统。

6.1.1 除热除湿的特点和现有技术的缺点

在我国大部分地区，特别是夏热冬暖地区，由于其特有的地理位置而形成的气候特征，夏季气温一般高于30℃，最热天的温度可达41℃以上，年平均相对湿度在70%～80%左右。全年湿度大、除湿期长，是这些地区气候的一个显著特征。空调建筑的各项能耗中，夏季新风冷负荷占总冷负荷的29.6%，夏季新风用电量占夏季空调总用电量的44%左右，在全年采暖空调除湿用电量中新风占40.2%。湿度高不仅影响到室内人员的热舒适感，而且影响到室内卫生条件，对人体健康和室内设备、设施的使用寿命带来不利影响。该地区要达到室内环境的热舒适、健康和卫生要求，就需要采取多种通风、空调方式解决高温高湿带来的热环境质量和室内空气质量问题。

目前常规的空调系统都是通过空气冷却器对空气进行冷却和冷凝除湿，再将冷却干燥的空气送入室内，实现排热除湿的目的。以室内空调设计状态为例，夏季室内空调设计温度为26℃，相对湿度为55%，此时露点温度为16.6℃。空调系统的排热任务可以看作是从26℃环境中抽取热量，而除湿的任务则是从16.6℃的露点温度的环境下抽取水分。实际上排热除湿是两个截然不同的热力过程，这两个过程所需的能源质量必定不相同。由于采用冷凝除湿方法排除室内余湿，冷源的温度需要低于室内空气的露点温度，考虑传热温差与介质输送温差，实现16.6℃的露点温度需要约7℃的冷源温度，这是现有空调系统采用5～7℃的冷冻水、房间空调器中直接蒸发器的冷媒蒸发温度也多在5℃的原因。在空调系统中，占总负荷一半以上的显热负荷部分，本可以采用高温冷源排走的热量却与除湿一起共用5～7℃的低温冷源进行处理，造成能量利用品位上的浪费。而且，经过冷凝除湿后的空气虽然湿度（含湿量）满足要求，但温度过低，有时还需要再热，造成了能源的进一步浪费。

除此以外，采用热湿联合处理的方式难以适应空调负荷热湿比的变化，无法实现室内温湿度的精确控制。如图 6-1 所示为风机盘管＋新风系统的空气处理过程，根据空气处理过程显热比，空气冷却除湿过程线越陡峭，处理过程提供冷量的显热比越大，设备除湿能力就越小，空气处理过程的除湿效率就越低；反之亦然，过程线越平缓，设备显热比越小，其除湿能力和除湿效率越高。设备提供的冷量的显热比与空调房间的需冷量的显热比相适应，才能保证系统和设备的高效节能运行，同时满足空调房间的热湿要求。通过冷凝方式对空气进行冷却

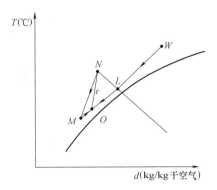

图 6-1　风机盘管＋新风系统
的空气处理过程

和除湿，其吸收的显热与潜热比只能在一定的范围内变化，而建筑物实际需要的热湿比却在较大的范围内变化。一般是牺牲对湿度的控制，通过仅满足室内温度的要求来妥协，造成室内相对湿度过高或过低的现象。

其次，大多数空调系统是依靠空气通过冷表面对空气进行降温除湿的，这就导致冷表面成为潮湿表面甚至产生积水，空调停机后这样的潮湿表面就成为霉菌繁殖的最好场所。空调系统繁殖和传播霉菌成为空调可能引起健康问题的主要原因。另外，目前我国大多数城市的主要污染物仍是可吸入颗粒物，因此有效过滤空调系统引入的室外空气是维持室内健康环境的重要途径。然而过滤器内必然是粉尘聚集处，如果再漂溅过一些冷凝水，则也成为各种微生物繁殖的最好场所。频繁清洗过滤器既不现实，也不是根本的解决方案。

6.1.2　温湿度独立控制及其特点

温湿度独立控制空调系统的特点是用经过处理的干燥新风通过变风量方式调节室内湿度，用高温冷水通过独立的末端（辐射或对流方式）调节室内温度。根据气候差异，一般夏季需要对新风进行降温除湿处理，冬季对新风进行加热加湿处理，热带地区可能需要全年对新风进行降温除湿。在温湿度独立控制空调系统中，新风不仅承担排除室内二氧化碳和 VOC 等，还要起到调节室内湿环境的作用；另外采用独立的空调制冷系统在夏季产生 17～20℃冷水、冬季产生 32～40℃热水，或直接送入室内干式末端装置，或通过空气处理机组处理完室内回风再与新风一起送入室内，承担室内显热负荷。

温湿度独立控制空调系统的主要组成部分是处理显热的系统和处理潜热的系统。采用两套独立的系统分别控制和调节室内温度和湿度，从而避免了常规系统中温湿度联合处理所带来的能源浪费和空气品质的降低；由于湿度独立控制（以固体吸附式除湿空调系统为例），固体吸附剂吸湿能力强，处理后的空气能达到较低的露点温度，其湿度可以很方便地依靠调节再生温度、转轮转速等运行参数进行控制，可以实现对室内空气湿度的精确控制；为废热和太阳能等低品位热源提供了在空调系统中的应用契机，优化了建筑用能结构；由新风来调节湿度，显热末端调节温度，可满足房间热湿比不断变化的要求，避免了室内湿度过高过低的现象。处理显热的末端装置可以采用辐射板或干式风机盘管等多种形式，由于供水温度高于室内空气露点温度，因而不存在结露的风险，改善了室内卫生条件，提高了室内空气品质。在温湿度独立控制空调系统中，可以采用溶液除湿系统、除湿转轮等除湿技术得到干燥的新风。图 6-2 为太阳能溶液除湿空调系统示意图。

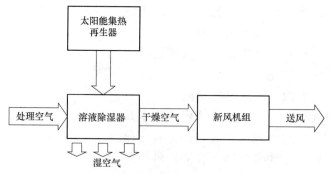

图 6-2　太阳能溶液除湿空调系统示意图

传统空调系统的常见模式是新风加风机盘管形式，以此为例说明温湿度独立控制的空调系统和常规空调系统的差别，参见表 6-1。由表 6-1 可知，两种空调系统在系统组成和各组成部分承担的环境控制任务等方面具有一定的差别，这使得温湿度独立控制空调系统的设计方法也随之做相应的改变。

温湿度独立控制系统和常规空调系统综合比较　　　　　　　　　　　表 6-1

	常规空调系统	温度湿度独立控制的空调系统
冷源	7～12℃冷源，承担所有负荷，电制冷机的 COP 为 3～6	17～20℃冷源即可，只需承担房间显热负荷；电制冷机的 COP 能达到 7～10；且可由多种自然冷源提供
新风处理机	新风仅满足卫生要求，一般处理到室内空气的等焓点（或等含湿量点），无调节湿度的要求	对新风进行处理，向室内送入干燥的新风，调节室内湿环境
室内末端	普通的风机盘管，冷凝除湿，系统中存在潮湿表面，霉菌滋生的温床	干式末端：干式风机盘管或辐射板，系统中不存在潮湿表面，无霉菌滋生的隐患
控制手段	室内末端同时调节温湿度，很难满足大范围变化的热湿比	新风调节室内湿度，干式末端调节室内温度，满足变化的室内热湿比要求

从上表中可以看出，太阳能除湿空调系统与传统空调系统相比除了增加太阳能集热器、再生器和除湿器外，在冷源选择和室内末端设计上也有不同。

6.1.3　高温冷源的选择

在温湿度独立控制空调系统中，只需要 17～20℃ 的冷水来带走显热负荷，实现此温度的冷源可由多种方式提供：天然冷源（如土壤源热泵、水源热泵等），人工冷源（比如离心式冷水机组）等。下面分别对几种高温冷源作简要介绍。

6.1.3.1　土壤源热泵

土壤源热泵系统利用地下土壤作为空调系统的冷源和热源。研究表明：在地下 10m 以下的土壤温度基本上不随外界环境及季节的变化而变化，且约等于全年的室外平均气温。我国不少地区的室外年平均气温低于 15℃，这样夏季可以直接利用土壤这一天然冷源来承担室内的显热负荷，而不必开启热泵机组。冬季时，需开启热泵机组，从土壤中吸取热量，经过热泵提升后送入室内供热系统；一般通过控制系统进行管路切换，从而实现冬、夏季运行模式的转换。

地下埋管换热器是土壤源热泵系统的核心部件，按照换热器的埋管形式不同，可分为水平埋管、垂直埋管和螺旋埋管三种类型，布置形式分别见图 6-3。除埋管形式外，土壤温度、土壤的特性（比如土壤类型、热物性、密度、湿度以及地下水资源等）等也是影响土壤源热泵系统性能的主要因素。对于实际的建筑，应综合考虑各种因素来进行具体的设计选型。

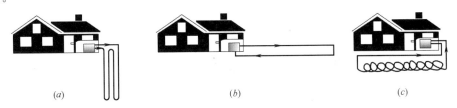

图 6-3　土壤源热泵的埋管形式

（*a*）垂直埋管；（*b*）水平埋管；（*c*）螺旋埋管

6.1.3.2　水源热泵

水源热泵与土壤源热泵系统类似，利用天然冷源实现夏季供冷与冬季供暖的需求，其系统原理图如图 6-4 所示。水源热泵主要分为两类，其一，利用深层井水，夏季直接通过换热装置将地下水的冷量用于去除建筑物内的显热负荷，无需开启热泵；冬季开启热泵机组，蒸发器的冷量由地下水带走，冷凝器的排热量用于建筑物供暖。建筑物所在地区的水文地质条件是能否采用水源热泵系统的先决条件，我国的地下水源热泵系统基本上都选择地下含水层为砾石和中粗砂地域，避免在中细砂区域设立项目。应根据所在地域的地质条件（含水层深度、厚度、含水层砂层粒度、地下水埋深、水力坡度和水质等），合理选择地下水回灌方式。然而我国很多地方地下水资源匮乏，抽取地下水作为建筑物的冷源或许会违反当地法律法规，而且地下水的回灌问题也比较难解决。所以在设计水源热泵之前应进行当地勘察并综合考虑各种因素然后再进行具体设计。另一类，利用地表水，例如湖泊、河流和水池等。在靠近江河湖海等大体量自然水体的地方可以利用这些自然水体作为热泵的低温热源，可以提高换热的效率，是值得考虑的一种空调热泵的形式。

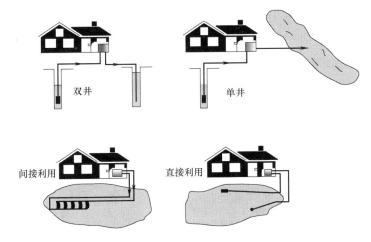

图 6-4　水源热泵系统示意图

6.1.3.3　空气源热泵

空气是取之不尽用之不竭的可再生天然能源。空气源热泵主要以空气为能源并辅以电能，在运行过程中无任何的燃烧物及排放物。这一系统以制冷剂为冷媒，吸收空气中的冷量并在冷凝器中间接换热，通过压缩机将高温位的热能降为低温位的冷能，从而降低系统内的循环水到所需温度。耗电量仅为电锅炉的 1/4 左右,而同燃煤、油、气锅炉相比,可节省 40%以上的能源,其系统原理图如图 6-5 所示。

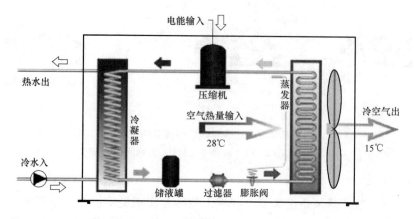

图 6-5 空气源热泵系统示意图

当前,传统热泵由于使用 R22 等对臭氧层具有破坏作用及温室效应的制冷剂而面临严峻考验。研究开发及寻找新型环保制冷剂以替代传统的高 ODP、高 GWP 值的制冷剂是一项广为关注的课题。目前对空气源热泵研究的新型制冷工质主要有 CO_2,R32,R407C 及 R410A,R290 等。此外,CO_2 以其优良的热物性成为热泵系统中合成工质最有潜力的替代物之一,但其热泵制热循环的工作压力比氟利昂热泵循环高 5~7 倍。研究发现,使用 R32 替代 R410A 作为空气源热泵中的工质,样机的性能系数可提高达 30%左右。

6.1.3.4 蓄冷

目前空调的蓄冷方式按蓄冷介质划分有水蓄冷、冰蓄冷、共晶盐蓄冷和气体水合物蓄冷等 4 种,其中水蓄冷和冰蓄冷是目前最常用的两种蓄冷方式。蓄冷技术可与电力系统的分时电价政策相结合,一方面可以转移电力高峰期的用电量以平衡电网峰谷差,从而减少新建电厂投资及环境污染,有利于生态平衡;另一方面可以减小空调设备容量,从而节省运行费用。

当蓄冷技术与温湿度独立控制系统联合时,所需的高温冷源可使系统夜间蓄冷总量大大减少,而且系统的水蓄冷温差也将大幅增加,即蓄冷密度将大幅增加。在可采用夜间蓄冷技术的地区,其峰谷电价的比例一般高达 3∶1 甚至 5∶1;因此制取相同冷量时,制冷机夜间运行的费用仅为白天运行费用的 1/5~1/3。且蓄冷系统夜间满负荷运转,较部分负荷运行时的工况更稳定、制冷效率更高。这对蓄冷特别是水蓄冷系统在建筑中的广泛应用提供了可行性。水蓄冷系统可以考虑利用消防水池作为该系统的蓄冷水池,既可以节省占地空间和初投资,也能使消防水池中的水保持流动和低温状态,可有效防止水池内腐化和藻类滋生等现象的发生。基于温湿度独立控制的夜间水蓄冷空调系统的工作原理图如图 6-6 所示。

6.1.3.5 人工高温冷源

由于天然冷源的利用往往受到地理环境、气象条件以及使用季节的限制,在有些场合还需采用人工冷源。对于温度湿度独立控制的空调系统,冷水机制备高温冷水,与常规制取低温冷水的工况相比,冷水机组的蒸发温度显著提高、耗功减少,可以有效地提高机组的性能系数 COP。与常规的冷水机组相比,高温冷水机组最大的特点是压缩机处于小压

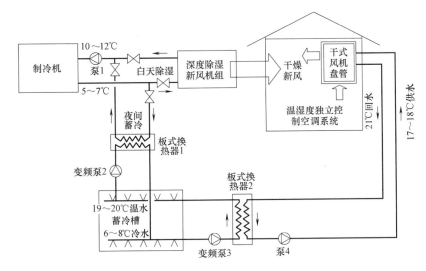

图 6-6　基于温湿度独立控制的夜间水蓄冷系统工作原理图

缩比工况下运行。这就需要对常规冷水机组（蒸气压缩式制冷系统或吸收式制冷系统）采取相应措施来提高蒸发温度，降低冷凝温度，满足输出高温冷水的要求。一方面可提高蒸发器的 K 值或增加蒸发器、冷凝器面积来提高蒸发器和冷凝器的传热性能，另外需要改善压缩机的性能来达到目的。比如对于活塞式机组，需尽可能选取内容积比较小的回转式压缩机，也可采用具有自适应特性的活塞式压缩机；对于离心式冷水机组，可以控制压缩机的转速、在压缩机进气口安装节流阀或控制进口导叶开度控制制冷剂流量。由于离心式压缩机制冷量随蒸发温度升高呈现比活塞式压缩机制冷量上升更快的趋势，离心式压缩机比活塞式压缩机更适合生产高温冷水。

　　上述人工冷源，对于不需要冬季供热或冬季采用集中供热的建筑，已经能满足温湿度独立控制空调系统的要求。但是，对于无集中供热的建筑，除上述土壤源热泵机组和水源热泵机组外，还可采用空气源热泵机组，夏季制冷得到 18℃ 的高温冷水，冬季制热得到 35℃ 的低温热水。如此，对于寒冷地区，可以采用双级热泵系统或双级耦合热泵系统，既能良好地解决冬季供热问题，同时还能获得较高的 COP。对于冬季环境温度不太低的温暖地区，可以采用双级压缩的离心式热泵冷水机组，夏季通过冷却塔制取冷却水，制冷系统制备高温冷水；冬季将冷却塔的冷却介质更换为不易结冰的载冷剂（比如乙二醇溶液），载冷剂在蒸发器和冷却塔中循环，在冷凝器中制备向建筑物供热的热水。从而很好地满足温湿度独立控制系统冬、夏的冷、热源需求。

6.1.4　空调末端的选择

　　温湿度独立控制系统显热末端装置的任务主要是排出室内显热余热，主要包括室外空气通过围护结构的传热、太阳辐射通过非透明围护结构部分的导热热量、通过透明围护结构的投射、吸收后进入室内的热量，以及室内工艺设备的散热、照明装置的散热以及人员散热。用于去除显热的末端设备主要有干式风机盘管和辐射末端两种方式。由于在独立新风系统中，室内显冷设备不承担湿负荷，因此空调系统的湿负荷必须依靠新风来承担。对舒适性空调而言，如办公室、旅馆客房、会议室、住宅、商店等，空调房间最主要的湿负荷来自于人体散湿，而系统新风量则一般采用标准规定的最小新风量，这样有利于节省空调系统的运行能耗，因此以下分析中所采用的新风量均为最小新风量。

6.1.4.1   辐射末端装置

一般而言，辐射末端装置可以大致划分为两大类：一类是沿袭辐射供暖楼板的思想，将特制的塑料管直接埋在水泥楼板中，形成冷辐射地板或楼板；另一类是以金属或塑料为材料，制成模块化的辐射板产品，安装在室内形成冷辐射吊顶或墙壁，这类辐射板的结构形式多种多样。冷辐射板是一种优良的干式末端，其主要优点为热效率高、调节速度快、占用空间小、可灵活配合各种装修方式，更适于冷负荷较大、调节要求高的场所。但由于供水温度的限制，一般辐射末端的供冷量不超过 $80\mathrm{W/m^2}$，因此适应于建筑物的围护结构负荷及室内发热量不大的场所。

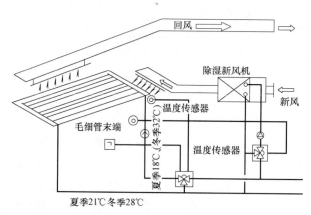

图 6-7   基于温湿度独立控制的毛细管辐射空调系统原理图

目前，毛细管辐射在我国已被广泛认可，并得到了越来越广泛的应用。毛细管辐射末端系统主要由金属辐射顶板和毛细管席这两种形式组成。毛细管席的设计制作是模拟自然界植物利用叶脉和人体依靠皮下血管输送能量的形式，利用聚丙烯无规共聚物等通过热熔焊接组成。它采用的 PPR 塑料毛细管组成间隔为 $10\sim30\mathrm{mm}$ 的网栅，犹如人体中的毛细管起着分配、输送和收集液体的作用。毛细管辐射末端与温湿度独立控制空调系统的运行示意图如图 6-7 所示。

影响辐射空调推广普及的主要原因就是夏季供冷时辐射板结露与辐射板冷却能力的相互制约，即冷量需求大时辐射板易结露，而为避免辐射板结露则冷却能力往往又不足。因此当务之急是找到一种使辐射板在不结露的同时又能提供足够冷量的有效可行的方法。目前研究解决辐射板结露主要通过以下三种方法：1）置换通风：主要通过新风系统获得干燥的空气，并采用附壁射流的形式进行通风除湿；2）控制辐射供冷表面温度，使其低于室内露点温度。但在实际工程中，可能会因成本问题而无法实施；3）改进末端辐射板，如使用吸湿材料等。有关文献还提出通过使用对长波具有高透过率的薄膜来包裹冷却顶板，并在冷却顶板下表面和薄膜之间，保留一层真空或空气夹层来防止结露。因为真空或空气夹层具有较大的热阻，所以薄膜温度将明显高于冷却顶板下表面温度而接近其周围室内空气的温度，从而防止结露。虽然薄膜温度较高，但同时长波透过率也很高，所以薄膜几乎不影响冷却顶板和室内热源或壁面之间的辐射换热，因此对辐射顶板的制冷能力影响很小。

6.1.4.2   干式风机盘管

风机盘管在干工况下运行的系统（以下简称干盘管系统）相对于湿工况系统有如下特点：

（1）干盘管机组承担负荷小，仅处理室内显热冷量。

（2）盘管在干工况下运行，无凝水产生，不存在细菌滋生的问题，由于无回风方式，彻底消除交叉感染的可能性，卫生条件好。

（3）盘管在干工况下运行，因此要求进入盘管的冷水温度较高，为消除室内显热负荷，盘管面积可能增大。

(4) 为保证系统在干工况下运行，必须有一套安全可靠的自控系统。

处理显热负荷的设备与常规空调系统相比，由于不需要除湿，所需冷水的温度可从 7℃提高到 17℃ 即满足要求。冷水温度提高后，则盘管表面温度也提高了，需要增加换热面积才能满足要求，考虑到所需处理的负荷减少的因素，盘管实际换热面积仍然比湿工况增加接近 1 倍。这是由于干工况下风机盘管的供回水温度由传统的 7～12℃ 变为 17～20℃，盘管表面的平均温度升高，与室内空气的温差减小，使得盘管实际供冷量或和一般设备样本中的数据有很大差别，需要根据实际情况仔细校核计算，尤其不能直接按照样本供冷量选型。在大多数情况下，我国生产的普通风机盘管仅有湿工况下的参数，不能根据该工况下的制冷量选定盘管型号。一种简单的核算办法是通过风机盘管的供热工况进行反算得到风机盘管的 KF，进而计算其在干工况下释放的冷量。

6.2　太阳能固体吸附式除湿装置

固体吸附式除湿装置主要分为两大类：一类是固定床式除湿器；另一类是转轮除湿器。转轮除湿器由于其运行维护方便，与太阳能系统结合简单，且可以实现连续除湿等优点而被作为除湿领域研究的重点。以下以转轮除湿机为例简要介绍太阳能固体吸附式除湿的工作原理。

6.2.1　转轮除湿机的工作原理

除湿转轮是通过均匀分布在基材上的固体吸附剂吸附空气中的水分来完成除湿过程的。常用的固体吸附剂有两大类，一类为多孔材料，如硅胶、氧化铝凝胶、分子筛等，其作用机理主要是物理吸附，它们利用本身所具有的巨大表面积将湿空气中的水分子吸附在其表面来达到除湿的目的；另一类为无机吸湿盐晶体，如氯化锂（LiCl）、氯化钙（CaCl$_2$）等，其吸湿过程既有化学吸附也有物理吸附，而以化学吸附为主，这些无机吸湿盐吸湿后形成 LiCl·nH$_2$O、CaCl$_2$·nH$_2$O 类络合物。待除湿的空气通过转轮的一部分表面，空气中的部分水分被吸附于表面吸湿材料，实现除湿。吸了水的转轮部分旋转到另一侧与加热的再生空气接触，释放出水分，使表面吸湿材料再生，再进行下一个循环。忽略转轮轮毂带到吸湿段和再生段的热量，吸湿过程接近等焓过程。被吸收的水蒸气的潜热变为显热，从而使空气的处理过程成为接近减湿升温的等焓过程。除湿功能可以通过控制再生侧的加热量而改变吸湿材料的表面水蒸气分压力来实现。转轮除湿机的工作原理如图 6-8 所示，转轮以 8～15r/h 的速度缓慢旋转，待处理的湿空气经过空气过滤器过滤后，进入转轮 3/4 除湿区（吸附区），处理空气中的水分被吸附剂吸附，通过转轮的干燥空气即被送入室内。在转轮吸湿的同时，再生空气经再生加热器逆向于处理空气流向转轮 1/4 再生区，带走吸附剂上的水分，在再生通风机的作用下，这部分热湿空气便从另外一端排至室外。

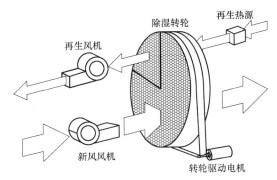

图 6-8　转轮除湿机的工作原理和结构

6.2.2 转轮除湿系统的特点

虽然转轮的空气处理方式是近年来国内外大量研究者持续开展工作试图有所突破的重要方向，是一条可以考虑的冷凝式空调的替代途径。但转轮除湿无法蓄能、无法解决粉尘净化问题，因此转轮除湿仅在某些特殊场合得到应用。在空调工况下，转轮除湿的运行能耗难以与冷凝除湿方式相比。从热能利用效率看，转轮除湿机除掉的潜热量与耗热量之比一般难以超过 0.6，同时高温冷源还要提供 1.1～1.2 倍的冷量用于除去空气中的热量。这样就无法与采用低温热源（约 90℃）、COP 可达 0.7、冷却温度可达 30℃的吸收式制冷机相比。即使采用多级热回收方式，热能利用效率仍难以提高到与吸收式制冷机抗衡。此外，还有转轮的除湿空气与再生空气间的渗透问题，也是一个极难解决的工艺问题。转轮除湿机热能利用效率低的实质是除湿与再生这两个过程都是等焓过程而非等温过程，转轮表面与空气间的湿度差和温度差都很不均匀，造成很大的不可逆损失或㶲损失。这可能是由转轮结构本身所决定的很难克服的缺陷。

6.2.3 转轮除湿机吸附材料的研究进展

除湿转芯是吸附式转轮除湿机的心脏，主要由吸附剂和无机基材所构成，其中吸附剂性能是整个系统除湿性能的决定性因素，因此对转轮除湿机吸附材料的研究一直是除湿领域所研究的重点。除湿转轮发展至今近 50 年，其材料、结构数历变革。20 世纪 60 年代美国就有石棉纸浸润 LiCl 的转轮，因石棉致癌且 LiCl 易吹散，技术不成熟；20 世纪 70 年代牛皮纸渐渐取代石棉作为轮基，且又有两类新干燥剂－氧化铝和硅胶投入应用，氧化铝轮采用褶铝片浸入溴化物溶液产生吸附氧化层，但结构脆弱易吹散，早期硅胶轮则物理粘附于铝基；20 世纪 80 年代半导体工业发展后出现了以分子筛（沸石）为代表的合成干燥剂，同时加工工艺的进步又使干燥剂能"嵌入"金属和塑料表面，提高了结构强度并防止干燥剂吹散。硅胶、分子筛和氯化锂是现今使用最广的三类转轮材料。硅胶无毒抗酸，吸湿范围宽，适用性强；分子筛在低浓度高温下仍具备大吸附量，3A（钾）型还能过滤细小尘污，但成本高、结构脆，工业应用较多；氯化锂应用最早，其单位吸附量远大于硅胶和分子筛，结构轻巧，化学固化于耐热塑材后可避免吹散，制造成本仅为前两者的一半，性价比高。未来，开发生物原料和有机织物也是除湿材料的发展方向。

6.2.3.1 氯化锂

氯化锂是最早用来作为转轮除湿机的吸附材料，它属于一种高含湿量的吸湿盐，易再生，具有高度化学稳定性。与硅胶、分子筛等多孔吸附剂相比，氯化锂的吸湿能力大 1 倍左右；再生温度较低，仅 120℃左右。在氯化锂水蒸气系统中，既存在物理吸附也存在化学吸附，氯化锂可以以无水盐或以水合物晶体固态吸附水，也可以在吸附水之后由固态变成盐水溶液而继续吸水。此外，氯化锂吸附剂具有强烈的杀菌能力，经氯化锂转轮除湿机处理后，空气中 90% 以上的有害细菌将被杀死。因此，氯化锂作为除湿剂被广泛应用于医药、食品等对空气洁净度和湿度要求较高的领域。但是氯化锂作为吸附剂也有其自身的缺点，如在低湿度范围内除湿量小、除湿能力低。而且当氯化锂吸湿时易形成液体从基体逸出，会对除湿设备周围的金属产生腐蚀，在很大程度上限制了除湿机中氯化锂吸附剂的用量，也即限制了除湿机的除湿量。

6.2.3.2 硅胶

硅胶是继氯化锂之后研究应用比较多的一种吸附剂，其吸湿能力、再生能耗等方面比氯化锂稍差；但由于硅胶在吸附/解吸过程中始终保持固态，有良好的物理化学稳定性，克服了氯化锂吸附剂容易液化逸出的缺点，即使在高湿度下（100%）也能保持转轮表面不结露，对周边设备无腐蚀。同时当转轮长期使用过程中因灰尘或油污覆盖表面影响除湿效率时，可采用清水（除灰尘）或清洁剂（除油污）直接清洗，因此得到了广泛的应用。制作硅胶除湿转轮的关键是硅胶与无机纤维基材的有机结合。目前制备硅胶转轮最有效方法为浸渍法，其工作原理是：在无机纤维基材上让水玻璃与酸直接反应，使生成的硅胶较为均匀地分散在纤维表面及其空隙中，构成块体吸附剂（monolithic adsorbent）。由于不需外加粘合剂，制备过程中对环境无污染，故具有工艺简便、环保、产品性能稳定、吸附剂与纤维作用较好等优点，特别适用于制作除湿转芯。据目前文献中的报道，利用溶胶-凝胶法在陶瓷薄片上制备的多微孔活性硅胶薄膜比颗粒状硅胶的吸附热低，改变了固体吸附剂微孔界面的物理化学性质，分子扩散过程得到了有效的强化。实验结果显示，在 $t=25℃$，相对湿度为 50% 时，吸附量可以达到 0.3g/g 硅胶。

尽管如此，作为硅胶吸附材料本身，仍存在下列不足：1）吸附性能有待提高；2）耐热性能需要加强，由于硅胶耐热性能较弱，除湿转芯长时间处于 80~150℃ 再生环境中，易出现熔融、塌陷、堵塞孔道等现象，从而使系统吸附效率降低；3）机械强度有待增强，由于硅胶与陶瓷纤维作用力较弱，使得转芯材料机械强度较差，在系统运行过程中，易出现粉化、掉粉现象，从而影响其使用寿命。因此，必须对硅胶进行改性。

6.2.3.3　改性硅胶吸附材料

目前对硅胶的改性主要有两个方面：一是将传统硅胶吸附材料和卤素盐结合制成复合吸附剂；二是在硅胶中掺杂其他金属元素。

1. 硅胶/卤素盐复合材料

为克服硅胶吸附剂吸湿量小的不足，人们提出新型的硅胶和卤素盐复合的吸附剂，由于结合了两种吸附剂的优点，使得复合吸附剂的吸附性能得到改善，是吸附剂研究的一个新的方向。但卤素盐进入硅胶孔道必然会降低孔容和比表面积，同时也会影响孔道的结构，因而必须控制卤素盐的用量。

2. 金属掺杂硅胶吸附材料

若在硅胶中引入少量金属离子（M），金属原子部分替代硅原子进入硅胶网络，但不改变硅胶的主体网络结构，由于硅胶表面形成 M-O-Si 键（M 为 Ba、Al、Ti 等），增加了多孔材料表面的质子酸和路易斯酸的酸性活性中心数目及酸性强度，增强了材料表面与水的亲和力，使硅胶对水的吸附能力得到增强；另外金属原子掺杂入硅胶后，改变其微结构，进而增大了硅胶的比表面积和孔容，使硅胶的吸附能力得到增强。自 20 世纪 80 年代中后期出现了金属掺杂硅胶吸附材料，即将铝、钛等金属离子掺杂入硅胶中得到的一种多孔金属键合晶硅吸附材料，归属于第四代转轮除湿机吸附剂材料，它克服了硅胶在吸附性能、耐热强度及机械强度方面的缺陷。

6.2.3.4　沸石分子筛

沸石分子筛是研究及应用比较多的固体吸附剂材料，它在低湿度环境下仍能吸湿的优异性能使它非常适用于低露点深度除湿，如在 25℃、相对湿度为 20% 的条件下，5A 分子筛吸附量为 18% 左右，而细孔硅胶的吸附量仅为 5%；另一方面，即使在较高温度下（如100~120℃），分子筛仍可保持 13% 以上的吸水率，而此时硅胶的吸水率几乎为零。因此在电子、精密仪器等一些对湿度要求非常低及环境温度较高的情况下，分子筛除湿得到广泛的应用。采用分子筛的转轮除湿机其出风口空气露点最低可达到−60℃。但沸石分子筛也有其不足之处：分子筛吸附是利用其分子网络结构中的非常规则的孔道实现的，其吸湿量较氯化锂、硅胶都要低很多；另外，分子筛网络结构中的这种孔道对水分子的作用力较强，这是它能适用于深度除湿的原因，但也造成脱附困难，在除湿转轮中体现为再生温度高达 250℃以上，能耗大大增加，而且不能应用太阳能、工业余热等低品位热源作为再生热源。因此，目前分子筛作为除湿转轮吸附剂还只应用在一些对空气露点要求非常低的特殊场合。

综上所述，各种吸附材料由于本身的原因和受使用环境的影响，在吸附性能和其他方面都有各自的优缺点，现对各种材料进行简单地汇总比较，见表 6-2。

用于转轮除湿机的各种吸附材料的对比　　　　　　　　　　　　　　　表 6-2

吸 附 材 料	优　　点	缺　　点
氯化锂	吸附量大,除湿效果好,再生能耗低	溶液易逸出,腐蚀周边设备
硅胶	吸附过程中稳定性好,易于清洗	吸附性能和热稳定性差
金属掺杂硅胶	吸附性能和热稳定性得到改善	制造工艺较为复杂
分子筛	低湿度和高温条件下吸附性能好	常规条件下吸附量小,再生能耗高

6.2.4　基于太阳能再生的转轮除湿独立新风系统

基于太阳能再生的转轮除湿独立新风系统将独立新风与除湿转轮结合起来，直接利用太阳能作为除湿转轮的再生能源，改善了空调室内空气品质，优化了建筑用能结构，达到了节能的目的。其与传统的冷却除湿独立新风相比，具有明显的优势。图 6-9 是除湿转轮承担独立新风系统湿负荷的原理示意图。新风进入除湿转轮进行除湿，同时升温，将去湿升温后的新风与排风进行进一步的显热交换，再经表冷器进行等湿降温后送入空调房间，通过对表冷器进行控制可以调节送入房间新风的状态。除湿转轮由太阳能集热器提供再生热量。

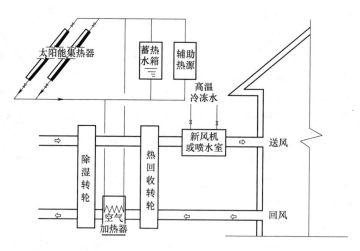

图 6-9　除湿转轮承担独立新风系统湿负荷的原理示意图

图 6-10 为一种太阳能独立新风系统新风处理过程焓-湿图。在焓湿图上，W 点为夏季空调室外计算参数，B 点为新风经除湿转轮后的状态点，在除湿转轮中，固体吸附剂吸附空气中的水分同时释放出吸附热，使空气温度升高，当除湿转轮物理特性及运行参数确定

以后，B 点的状态参数由进入除湿转轮的室外空气状态及除湿轮的再生温度决定；A 点为经全热回收器后的新风状态点，其位置由全热回收器效率决定，目前全热回收器的显热效率及潜热效率分别可达 80% 及 70% 以上；O、O' 点为经表冷器或喷水室后的新风送风状态点，O 点处于室内状态点 N 的等焓线上，此时新风仅承担系统湿负荷；当新风处理到 O' 时，新风除承担系统湿负荷外还承担部分室内冷负荷。L 点为同样条件下新风采用冷却除湿时的机器露点状态。N 为室内空气设计状态点，N' 为经显热吸收器后的排风状态点，

D 为经过太阳能空气加热器后的再生排风状态点，E 点是再生排风经过转轮除湿器后的状态点。除湿转轮除湿量 $\Delta d = (d_W - d_B)$ kg/kg 干空气。

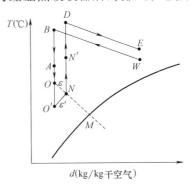

图 6-10　太阳能独立新风系统新风处理过程

应用太阳能的转轮新风处理系统还有其他设计形式，如图 6-11 所示，它们的新风处理过程大致相同，都是先通过除湿转轮对新风进行干燥，再通过表冷器、蒸发式冷却喷水室或与排风进行显热换热，降低新风的温度；主要区别在于回风的热回收和再利用方法。至于选择何种系统配置形式，应根据当地的气象条件（如空调季节室外设计温度、相对湿度和太阳辐射强度）和送回风比例等具体设计参数确定。

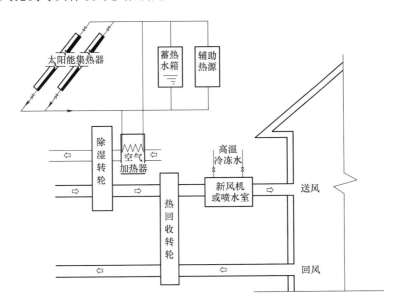

图 6-11　除湿转轮承担独立新风系统湿负荷的原理示意图

6.2.5　除湿转轮的数学模型

目前出现的除湿转轮的数学模型大致分为两类：一类是通过大量的实验测试数据拟合出的表达除湿机性能的关联式，建立这种数学模型时，实验工作量很大，而且当从实验区向非实验区推广时，此类数学模型的应用受到限制。另一类数学模型属于理论模型，是以除湿转轮中微元体的气体区中的水分质量守恒、固体区中的水分质量守恒、气体区中的能量守恒以及固体区中的能量守恒为基础，建立描述转轮中吸收（吸附）和再生过程的微分方程组，加上必要的边界条件和补充方程组组成的封闭方程组。

6.2.5.1　基本控制方程

为解决除湿转轮中复杂的传热传质问题，需对该过程作如下简化：

(1) 除湿区与再生区之间密封完好，无泄露；

(2) 忽略转轮壳体的散热；

(3) 因为转速很低，忽略离心力对传热传质的影响；

(4) 忽略空气和水分的动量变化，即压力沿轴向不变化；

(5) 吸湿材料在转轮内均匀分布，即单位微元体体积中的固体表面积和在气流流通断面上，气流流通面积占转轮总横断面积的比例为常数；

(6) 吸湿材料沿半径 (r) 方向的热传导和质扩散与对流换热和对流传质效果相比很小，可以忽略；

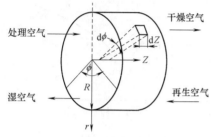

图 6-12　除湿转轮的简化物理模型
（欧拉圆柱坐标）

(7) 由于空气流动达到平衡要比热平衡和质平衡所需时间少得多，故认为空气在流道中为稳定流动；

(8) 空气是比热容为常数的理想气体。

首先，推导空气中水分质量守恒方程。在描述除湿转轮的数学模型中经常使用欧拉圆柱坐标，图 6-12 为其一维物理模型。

空气侧水分质量守恒方程为：

$$d_e \rho_a \left(\frac{\partial Y_a}{\partial t} + u \frac{\partial Y_a}{\partial z} \right) = K_y (Y_d - Y_a) \qquad (6\text{-}1)$$

式中　d_e——除湿转轮的水利半径，$d_e = 4 \times$ 面积/周长；

ρ_a——空气密度，kg/m^3；

Y_a——空气的绝对含湿量，kg/kg 干空气；

u——空气沿轴向的流速，m/s；

Y_d——转轮表面饱和空气的绝对含湿量，kg/kg 干空气；

K_y——空气侧传质系数，$kg/(m^2 \cdot s)$。

式 (6-1) 中等号左边第一项表示空气中水分的含量；等号左边第二项表示空气中水分沿轴向变化。等号右边表示由于对流传质导致的水分变化。

空气侧能量平衡方程为：

$$d_e C_{pa} \rho_a \left(\frac{\partial T_a}{\partial t} + u \frac{\partial T_a}{\partial z} - \frac{k_a}{C_{pa} \rho_a} \frac{\partial^2 T_a}{\partial z^2} \right) = h(T_d - T_a) + C_{pv} K_y (Y_d - Y_a)(T_d - T_a) \qquad (6\text{-}2)$$

式中　T_a——空气温度，℃；

T_d——转轮表面温度，℃；

k_a——空气侧的导热系数，$W/(m \cdot K)$；

h——空气侧对流换热系数，$W/(m^2 \cdot K)$；

C_{pa}，C_{pv}——分别为干空气和水蒸气的热容，$kJ/(kg \cdot K)$。

式 (6-2) 中等号左边第一项表示湿空气的熔值变化；等号左边第二项表示湿空气中能量沿轴向变化。等号左边第三项表示空气的热传导项。等号右边第一项表示空气和固体吸附剂之间的对流显热传热量，第二项表示由于空气和固体吸附剂之间水分传递产生的传热量。

固体吸附剂内的水分守恒方程为：

$$\rho_a \delta \left(\frac{\partial W}{\partial t} - D_e \frac{\partial^2 W}{\partial z^2} \right) = K_y (Y_d - Y_a) \qquad (6\text{-}3)$$

式中　δ——固体吸附剂的厚度，m；

　　　W——固体吸附剂中的含水量，kg 水分/kg 吸附剂；

　　　D_e——固体吸附剂中的水分扩散系数，m^2/s。

式（6-3）中等号左边第一项表示固体吸附剂内的水分变化项；等号左边第二项为水分在固体吸附剂中沿轴向的扩散项。等号右边表示空气和固体吸附剂之间的对流传质量。

固体吸附剂内的能量守恒方程为：

$$C_{pa}\rho_a\delta\left(\frac{\partial T_d}{\partial t}-\frac{k_d}{C_{pd}\rho_d}\frac{\partial^2 T_d}{\partial z^2}\right)=h(T_a-T_d)+K_y(Y_a-Y_d)q_{st}+C_{pv}K_y(Y_a-Y_d)(T_a-T_d)$$

$$(6\text{-}4)$$

式中　q_{st}——吸收放热量，J/kg 水分。

式（6-4）中等号左边第一项表示固体吸附剂中的能量，第二项为固体吸附剂中沿轴向方向的热传导项。等号右边第一项为空气与固体吸附剂之间的对流换热项，第二项为吸收放热项，第三项为空气与固体吸附剂之间的显热传热量。

6.2.5.2　单值性条件

上述控制方程是除湿转轮的传热传质问题的通用表达式。为了求解某一特定的过程，还需对该过程作进一步的具体说明。在此，将这些补充说明条件总称为单值性条件。由控制方程和单值性条件构成闭合的方程组可以确定一个特定的传热传质问题的惟一解。单值性条件通常包括边界条件、初始条件和固体吸附剂的平衡状态经验公式。

边界条件描述了计算区域边界的状态，用于描述除湿转轮的常用边界条件可以分为三类：

1. 绝热，不可渗透边界条件

$$\begin{cases}\left.\dfrac{\partial T}{\partial r}\right|_{r=0}=\left.\dfrac{\partial T}{\partial z}\right|_{z=0}=\left.\dfrac{\partial T}{\partial z}\right|_{z=L}=0\\[2mm]\left.\dfrac{\partial Y}{\partial r}\right|_{r=0}=\left.\dfrac{\partial Y}{\partial z}\right|_{z=0}=\left.\dfrac{\partial Y}{\partial z}\right|_{z=L}=0\end{cases}$$

$$(6\text{-}5)$$

式中　L——转轮的轴向长度，$0<Z<L$。

2. 周期性边界条件

$$\begin{cases}Y_a(0,z,t)=Y_a(2\pi,z,t),\\ T_a(0,z,t)=T_a(2\pi,z,t),\\ W(0,z,t)=W(2\pi,z,t),\\ T_d(0,z,t)=T_d(2\pi,z,t).\end{cases}$$

$$(6\text{-}6)$$

周期性边界条件也可以用极限的形式表达：

$$\begin{cases}\lim\limits_{\theta_1\to\theta_j^-}\left[W_m\left(\dfrac{z}{L},t_1\right)\right]=\lim\limits_{\theta_2\to 0^+}\left[W_m\left(1-\dfrac{z}{L},t_2\right)\right],\\[2mm]\lim\limits_{\theta_1\to\theta_j^-}\left[H_m\left(\dfrac{z}{L},t_1\right)\right]=\lim\limits_{\theta_2\to 0^+}\left[H_m\left(1-\dfrac{z}{L},t_2\right)\right],\\[2mm]\lim\limits_{\theta_1\to 0^+}\left[W_m\left(\dfrac{z}{L},t_1\right)\right]=\lim\limits_{\theta_2\to\theta_j^-}\left[W_m\left(1-\dfrac{z}{L},t_2\right)\right],\\[2mm]\lim\limits_{\theta_1\to 0^+}\left[W_m\left(\dfrac{z}{L},t_1\right)\right]=\lim\limits_{\theta_2\to\theta_j^-}\left[W_m\left(1-\dfrac{z}{L},t_2\right)\right]\end{cases}$$

$$(6\text{-}7)$$

式中　W——固体吸附剂中的含水量，kg 水分/kg 吸附剂；

H——焓值，J/kg；

θ——起始时间，s；

θ_j——第 j 时段的时间长度，s；

下标1、2分别代表需要处理的空气和再生空气；

下标 m 表示转轮基质。

3. 描述边界传热过程的边界条件

$$\begin{cases} \rho_{fp}D_G\dfrac{\partial Y_d}{\partial r}(t,z,0)+\rho_d Ds\dfrac{\partial W}{\partial r}(t,z,0)=0 \\[2mm] -\rho_{fp}D_G\dfrac{\partial Y_d}{\partial r}(t,z,a_d)-\rho_d Ds\dfrac{\partial W}{\partial r}(t,z,a_d)=K_y[Y_d(t,z,a_d)-Y_a(t,z)] \\[2mm] k_d\dfrac{\partial T_d}{\partial r}(t,z,0)=\rho_w\delta c_{pw}\dfrac{\partial T_w}{\partial t} \\[2mm] -k_d\dfrac{\partial T_d}{\partial r}(t,z,a_d)=h[T_d(t,z,a_d)-T_a(t,z)] \end{cases} \tag{6-8}$$

式中　c_{pw}——壁面处水蒸气热容，kJ/(kg·k)；

Y_a——空气的含湿量，kg/kg 干空气；

Y_d——吸附剂表面空气平衡状态的含湿量，kg/kg 干空气；

ρ——物质密度，kg/m³；

a——沿半径方向的距离，m；

δ——吸附剂的厚度，m；

下标 d 和 a 分别代表吸附剂和空气，w 表示壁面；

下标 fp 表示转轮基质中的空隙。

初始条件由起始时间（$t=0$）时的状态确定。

确定吸附剂平衡状态的经验公式：固体吸附剂的平衡状态决定了吸附剂的吸湿能力。由于固体吸附剂的平衡状态是一种动态的平衡，通常固体吸附剂的平衡状态通过实验确定，因此，目前有多种形式的关联式，通常认为固体吸附剂内的含水量是相对湿度和吸附剂温度的函数，表示为 $W=f(T_d,Y_d)$；除此以外以下的公式也经常使用：$\phi=f(W,W_{max},R,h^*,P_{ws})$，此公式中，$R$ 为分离因子，表示吸附剂的等温形态；P_{ws} 为饱和水蒸气压力。

6.2.6　溶液除湿的数学模型

在溶液除湿装置中，溶液吸收空气中的水蒸气而被稀释，空气的含湿量降低；在再生装置中，空气吸收溶液放出的水蒸气而含湿量升高，溶液被浓缩再生。再生是除湿过程的反过程，其传热传质的规律是相同的，仅是传热传质的方向不同而已，因而可以采用统一的数学模型进行描述。溶液除湿可分为绝热型和内冷型。按照吸湿溶液与空气的流动方向不同，可以将溶液除湿/再生装置分为顺流、逆流与叉流三种形式。

6.2.6.1　绝热型溶液除湿数学模型

对于绝热型溶液除湿系统来说，热质交换仅存在于溶液与空气之间。对于逆流的热质交换则可简化为图 6-13（a）所示的一维问题，顺流与逆流情况类似这里不再单独讨论；而叉流热质交换过程，可简化为图 6-13（b）所示的二维传热传质问题。为建立溶液除湿的数学模型，普遍采用的假设条件为：溶液和空气的热质交换过程是稳态的，物性参数为常数；与环境之间不存在热湿交换，为绝热的除湿或再生过程；传热阻力集中在空气侧；

溶液均匀喷洒，传热与传质界面相同；不考虑轴向的热湿传递。

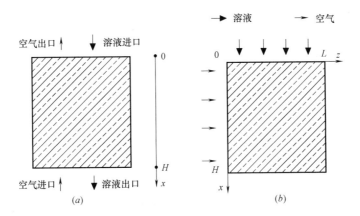

图 6-13　绝热溶液除湿热质交换装置
（a）逆流一维剖面图；（b）叉流二维剖面图

在溶液和空气的热质交换过程中，遵守能量守恒及质量守恒这一基本规律。对于顺流及逆流来讲，能量守恒关系为

$$\frac{d(\dot{m}_s h_s)}{dx}+\dot{m}_a\frac{dh_a}{dx}=0 \tag{6-9}$$

式中　$\dot{m}_a$ 和 $\dot{m}_s$——分别是空气和溶液的质量流量；
　　　h_a 和 h_s——分别为空气和溶液的焓值。

质量守恒关系包括溶液与空气中的水分总量守恒和溶液中溶质质量守恒，见下式：

$$\frac{\partial(\dot{m}_s\zeta_s)}{\partial x}=0 \tag{6-10}$$

$$\frac{\partial\dot{m}_s}{\partial x}=\dot{m}_a\frac{d\omega_a}{dx} \tag{6-11}$$

式中　ω_a——空气的含湿量；
　　　ζ_s——溶液的质量浓度。

空气侧的能量传递方程与质量传递方程如下式：

$$c_{p,m}\dot{m}_a dh_a=\frac{a\cdot A_m}{H}\left[(h_a-h_I)+r_{ab,I}\left(\frac{1}{Le}-1\right)(\omega_a-\omega_I)\right] \tag{6-12}$$

$$\dot{m}_a\frac{d\omega_a}{dx}=\frac{a_D A_m}{H}(\omega_a-\omega_I) \tag{6-13}$$

式中　a——对流传热系数；
　　　a_D——对流传质系数；
　　　A_m——传热传质面积；
　　　ω_I——与溶液状态相平衡的空气状态的含湿量。

Le 数和传质单元数 NTU_m 的定义分别为：

$$Le=\frac{a}{a_D c_{p,m}} \tag{6-14}$$

$$NTU_m=\frac{a_D A_m}{\dot{m}_a} \tag{6-15}$$

叉流情况下，如图 6-13（*b*）所示设热质交换装置的高度为 H，厚度为 L，宽度为 W。叉流情况下的能量和质量守恒方程分别为：

$$\frac{1}{L}\frac{\mathrm{d}(\dot{m}_{\mathrm{s}}h_{\mathrm{s}})}{\mathrm{d}x}+\frac{\dot{m}_{\mathrm{a}}}{H}\frac{\mathrm{d}h_{\mathrm{a}}}{\mathrm{d}x}=0 \tag{6-16}$$

$$\frac{1}{L}\frac{\partial \dot{m}_{\mathrm{s}}}{\partial x}=\frac{\dot{m}_{\mathrm{a}}}{H}\frac{\mathrm{d}\omega_{\mathrm{a}}}{\mathrm{d}x} \tag{6-17}$$

空气侧的能量传递方程与质量传递方程分别为：

$$c_{\mathrm{p,m}}\dot{m}_{\mathrm{a}}\mathrm{d}h_{\mathrm{a}}=\frac{a\cdot A_{\mathrm{m}}}{L}\left[(h_{\mathrm{a}}-h_{\mathrm{I}})+r_{\mathrm{ab,I}}\left(\frac{1}{Le}-1\right)(\omega_{\mathrm{a}}-\omega_{\mathrm{I}})\right] \tag{6-18}$$

$$\dot{m}_{\mathrm{a}}\frac{\mathrm{d}\omega_{\mathrm{a}}}{\mathrm{d}x}=\frac{a_{\mathrm{D}}A_{\mathrm{m}}}{L}(\omega_{\mathrm{a}}-\omega_{\mathrm{I}}) \tag{6-19}$$

以上方程完整地描述了在每一个微元控制体内溶液和空气的热质交换规律，通过将这些控制方程离散并在每一个微元体内分别求解，就可以得到其数值解。

6.2.6.2 内冷型溶液除湿数学模型

一般来讲，冷水从内冷型除湿器的侧面引入，与溶液呈叉流形式。同绝热型一样，空气侧可能从除湿器的上部或底部引入，与溶液呈顺流或逆流情况。由于原理相似，这里仅给出逆流内冷型除湿装置的数学模型，其示意图及热质传递模型如图 6-14 所示。

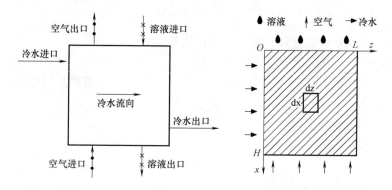

图 6-14 逆流内冷型除湿装置示意图及传热传质模型

为建立内冷型除湿器的传热传质过程模型，普遍采用以下假设条件：除湿器与外部无传热传质；空气、溶液和冷水的物性在传热传质过程中保持不变；空气、溶液和冷水三股流体均匀分布；忽略冷水与空气之间的传热，只考虑冷水对溶液的冷却作用；传热与传质面积相同。

空气、溶液、冷水三股流体的传热传质关系及质量能量守恒如下：

$$c_{\mathrm{p,m}}\dot{m}_{\mathrm{a}}\mathrm{d}h_{\mathrm{a}}=\frac{a\cdot A_{\mathrm{m}}}{H}\left[(h_{\mathrm{a}}-h_{\mathrm{I}})+r_{\mathrm{ab,I}}\left(\frac{1}{Le}-1\right)(\omega_{\mathrm{a}}-\omega_{\mathrm{I}})\right]+\frac{a\cdot(2A-A_{\mathrm{m}})}{H}(t_{\mathrm{a}}-t_{\mathrm{f}})$$

$$c_{\mathrm{p,f}}\dot{m}_{\mathrm{f}}\frac{\mathrm{d}t_{\mathrm{f}}}{\mathrm{d}y}=\frac{a_{\mathrm{w}}A_{\mathrm{m}}}{L}(t_{\mathrm{s}}-t_{\mathrm{f}})+\frac{a(2A-A_{\mathrm{m}})}{H}(t_{\mathrm{a}}-t_{\mathrm{f}})$$

$$\frac{\mathrm{d}(\dot{m}_{\mathrm{s}}h_{\mathrm{s}})}{\mathrm{d}x}+\dot{m}_{\mathrm{f}}c_{\mathrm{p,f}}\frac{L}{H}\frac{\mathrm{d}t_{\mathrm{f}}}{\mathrm{d}y}+\dot{m}_{\mathrm{a}}\frac{\mathrm{d}h_{\mathrm{a}}}{\mathrm{d}x}=0$$

$$\frac{\partial(\dot{m}_{\mathrm{s}}\zeta_{\mathrm{s}})}{\partial x}=0$$

$$\frac{\partial \dot{m}_s}{\partial x} = \dot{m}_a \frac{\mathrm{d}\omega_a}{\mathrm{d}x}$$

$$\dot{m}_a \frac{\mathrm{d}\omega_a}{\mathrm{d}x} = \frac{a_D A_m}{H}(\omega_a - \omega_I) \tag{6-20}$$

式中　$\dot{m}_f$ 和 t_f——分别为冷水的质量流量及温度。

可以看出，内冷式溶液除湿过程与绝热式比较接近，只是多了冷水与溶液的换热过程。为求解这一模型，首先需将整个除湿器划分网格，如图 6-15 所示，并对微分控制方程进行差分离散。若空气和溶液为逆流形式，则建议采用从上向下、由左至右的计算顺序：首先假定空气的出口参数，如温度、含湿量等；其次，从左上角的第一个网格开始，根据离散的控制方程，可以得出网格中三股流体的出口参数，并将溶液和空气的出口参数作为下方网格的进口参数；之后，当所有网格计算完成后，把计算的空气进口参数与给定的空气进口参数进行比较，如果二者存在差别，则修改假设的空气出口参数，重新进行整个网格的计算；最

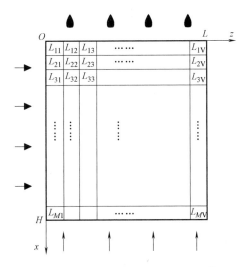

图 6-15　内冷型除湿器的网格划分模型

后，直到计算出的空气进口参数与实际进口参数的数值在一个很小的范围内时，如温差在 $0.01℃$，含湿量差别在 $0.01\mathrm{g/kg}$ 的范围内，则可认为计算完成。

6.3　太阳能溶液除湿空调

液体除湿空调系统作为一种空气处理方式在国外至少已有 50 年历史，我国在 20 世纪 70 年代曾大量应用在三线建设的地下厂房除湿中。溶液除湿方式是空气直接与易吸湿的盐溶液接触，空气中的水蒸气被吸附于盐溶液中，实现空气的除湿。三甘醇、氯化钙、氯化锂等吸湿性溶液常被用作除湿剂，特点是能在 $60℃\sim80℃$ 的温度下有效再生。太阳能溶液除湿空调系统正是利用了除湿溶液再生温度低的特点，采用太阳能集热器将太阳辐射能量收集起来用于除湿溶液的再生。

6.3.1　溶液除湿原理简述

在除湿剂填料塔中，除湿过程实际上是一个复杂的传热与传质过程，传质的推动力就是空气中水蒸气的分压力与溶液表面所形成的饱和蒸气压之差。由于空气中的水蒸气分压力高于溶液表面的饱和蒸气压，于是就实现了水蒸气由气相到液相的两相传递过程。这个过程可分为三个步骤：

（1）水蒸气由空气中扩散到汽-液两相界面的汽相一侧；

（2）水蒸气在汽-液两相界面上凝结，并溶入溶液中；

（3）水由相界面的液相一侧扩散到溶液中。

在液体除湿的过程中，高温高湿的空气由风机驱动自下而上通过填料层，液体吸湿剂由溶液泵打到除湿填料塔顶部，汽液在塔内逆向流动并进行热质交换，由于吸湿剂溶液表

面形成的饱和水蒸气分压力低于空气中的水蒸气分压力，水蒸气就由空气进入液体吸湿剂

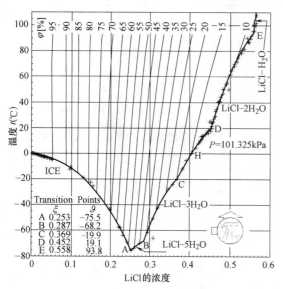

图 6-16　氯化锂溶液物理性质图

中，从而达到除湿的目的。溶液除湿剂的再生过程同时也是一种蓄能的过程，而除湿过程是一种释能的过程，无论是再生过程还是除湿过程，除湿溶液都是形成降膜与空气发生传热传质。

图 6-16 为不同浓度的氯化锂水溶液在不同温度下的水蒸气分压力。高浓度的盐溶液在常温下其水蒸气分压力低于空气中的水蒸气分压力时，就可吸附空气中的水分，使自身浓度降低。稀释了的溶液再与高温空气接触，蒸发掉部分水分，实现再生（浓缩）。因此，溶液式除湿与转轮式除湿机理完全相同，只是由液体溶液代替了固体转轮。由于可以改变溶液浓度、温度和气液比，因此与转轮相比，这一方式还可实现对空气的加热、加湿、降温等多种空气处理过程。然而，其除湿应用的能源利用率低于转轮，这就制约了它的灵活易调节等多种优越性的发挥，因此也仅在某些特殊的场合得到应用。

比较冷却除湿方式、转轮和盐溶液除湿方式，可以看到冷凝除湿过程的传热传质可以大致接近逆流，空气向冷表面既传热又传湿，传热传质推动力在整个热湿交换表面比较均匀。而转轮及溶液式的除湿和再生过程都是潜热与显热的转换，空气与吸湿介质之间传质的同时产生或吸收相变热，使空气和吸湿介质的温度同时发生变化，而这一变化恰恰抑制和降低了传质推动力，从而不可能实现传热传质推动力在接触面上的均匀。由此导致较大的不可逆损失，这是固体和溶液除湿方式能源利用效率低的本质。例如对空气的吸湿过程，空气中的水蒸气变为液态水进入吸湿溶液中，放出潜热使空气和溶液的温度都升高。由图 6-16 可知，温度升高使同样浓度溶液的水蒸气分压力升高，导致吸湿能力下降。这样就需要使用更高浓度的溶液以满足吸湿要求。而在再生器中通过加热使溶液水蒸气分压力高于空气，溶液中的液态水变为气态，进入空气，此时又要吸收大量相变潜热，使空气温度和溶液温度降低，反过来又使溶液的水蒸气压力下降，蒸发浓缩的能力下降，从而需要更高的加热温度以实现足够高的再生溶液浓度。伴随这样的吸湿和再生过程空气和溶液都产生了很大范围的温度变化，这反映出其本身热湿传递过程的不匹配性。要提高这类方式的性能，必须使吸湿和再生两个过程在接近等温的状态下进行。

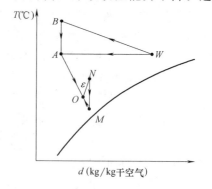

图 6-17　溶液除湿的空气处理过程

无论是绝热型除湿器还是内冷型除湿器，其除湿原理都是相同的；由于除湿剂浓溶液表面的水蒸气压为小于被处理空气的水蒸气分压力，水蒸气便会从湿空气向除湿溶液传

递，空气的湿度下降，完成除湿过程。当二者接触时间足够长，那么在除湿器的出口处，被处理空气的水蒸气分压力将与除湿溶液水蒸气分压力达到平衡。而这个压力差就是所谓的传递势，除湿过程的传质平均压差可用以下公式表示（积分上下限 0 和 H 表示除湿器入口和出口高度）：

$$\overline{\Delta P} = \frac{1}{H} \int_0^H (P_{\text{v}} - P_{\text{s}}) \mathrm{d}h \qquad (6\text{-}21)$$

式中　P_{v}——湿空气中的水蒸气分压力；

　　　P_{s}——除湿溶液表面的水蒸气分压力。

如图 6-17 所示，过程线 $W-B-A$ 表示被处理空气从 W 点在绝热型除湿器内经绝热除湿过程到达 B 点，由于与外界不发生热量交换，水蒸气液化所放出的潜热被溶液和空气自身吸收，因此除湿过程是一个去湿升温过程。被处理空气到达 B 点后，为了满足送风要求，还须对空气进行等湿冷却，即过程 $B-A$。

过程线 $W-A$ 表示被处理空气从 W 点在水冷型除湿器内经近似的等温除湿过程到达 A 点，再经过加湿冷却到达送风点，即过程 $A-O$。显然该过程与过程线 $A-B-O$ 所示的空气处理过程相比，在空气的后期处理上要简单。

另一种交叉型板式除湿器，除湿过程与内冷型除湿器类似。过程线 $W-B$ 表示被处理空气从 W 点在交叉型板式除湿器内经近似的等温除湿过程到达 B 状态点（此过程与过程线 $W-A$ 所示的等温除湿过程相同），与从除湿器内经过热交换后的回风进行混合，然后经过加湿冷却后达到送风状态 O。显然，该过程利用了回风的温度、湿度低的特点，节约了部分能源，不失为一种有效的除湿方法。

6.3.2　太阳能溶液除湿空调的应用

从太阳能溶液除湿空调的特点来看，溶液除湿空调和其再生系统非常适用于夏季太阳辐射强度高、空气湿度较大，潜热负荷与显热冷却负荷均比较高的南方地区。首先，集中溶液再生系统结构简单、技术成熟、绿色环保、废热等低品位能源能得到广泛应用。其次，液体除湿空调系统还可以方便地实现蓄能，且无需保温措施。在各大电网峰谷差均超过最大负荷 30% 时，采用蓄能空调能很好的调节峰谷差，实现节能。第三，采用液体集中供冷还可以方便地实现流量计费，相对于传统中央空调系统的计费手段而言，更容易被用户接受。

由溶液除湿蒸发冷却空调系统原理可以看出，只要有足够多的高质量分数的除湿溶液就可以驱动系统进行空气调节，因此在系统热源比较充裕时，通过再生器再生储存一定量的浓溶液于浓溶液储液槽中，在系统热源供热不足时释放进入除湿器完成空气调节，也弥补了太阳能作为系统热源的不连续性的缺陷，同时也可以缓解电力高峰的矛盾，即利用低谷用电对溶液进行再生，在电高峰时进行释能，完成空气调节过程。

6.3.3　除湿溶液对空气质量的影响

6.3.3.1　溴化锂溶液对 VOC 的吸收作用

溶液除湿空调空气处理过程中溶液与空气直接接触，一方面可能对室内空气品质产生负面影响，比如增加室内空气中游离的溴、锂离子的含量，另一方面也可以去除空气中的有害物质，比如 VOC、细菌以及灰尘等。一些学者对溶液除湿空调系统对 VOC 的去除作用进行了相关的研究。他们指出，无机和有机液体除湿剂均具有消除空气污染物的能力；

以三甘醇为代表的有机化合物对有机气体污染物具有很强的清除力，通过比较95％的三甘醇溶液和40％的氯化锂溶液对甲醛、甲苯、二氧化碳和三氯乙烷等气体的吸收情况。结果显示，三甘醇溶液对甲苯和三氯乙烷的去除率可以达到100％，对二氧化碳和甲醛的去除率可以分别达到50％和25％；氯化锂溶液大约可以去除20％的甲苯和甲醛，但对二氧化碳和三氯乙烷的吸收作用却极其微小。这是由于二氧化碳和三氯乙烷在水中的溶解度很小，而溶解于水中的盐又会引起盐析效应，进一步降低了其他化合物的溶解度。另外，较高的液气流量比还可以提高甲苯的去除率，而空气和三甘醇溶液的进口温度对甲苯的去除率几乎没有影响。

6.3.3.2　溶液除湿空调系统对室内细菌和病毒生长的影响

世界各地已发现空调系统的冷却塔水中含有军团菌，检出率颇高；还发现空调系统的湿润器、滤网等设施是积存微生物，甚至是微生物扩增的地方。不少报告表明，一些疾病与空调系统的微生物污染有直接关系。室内微生物污染已先后被一些国家和地区列入室内空气品质（IAQ）监测的内容。

溶液除湿空调系统利用溶液直接处理空气，在室内风机盘管中没有冷凝水，因而避免了传统空调系统中风机盘管的凝水盘滋生细菌的问题。另外，常用的除湿盐溶液，如氯化锂、溴化锂、氯化钙等均具有杀灭细菌微生物等作用。已有测试表明，常温下3ml溴化锂溶液能够在3小时内杀死5万个XL12blue实验细菌。氯化锂溶液能杀死葡萄球菌、链球菌、肺炎杆菌、大肠杆菌、变形菌、绿脓杆菌、坏疽菌等。实际系统中，病菌在盐溶液停留的时间较长，为溶液的杀菌提供了条件。

2003年我国爆发了严重急性呼吸道综合症（SARS），SARS病毒通过空气进行传播，传播速度快，给人们的生命和健康带来很大危害。为研究溶液除湿系统中盐溶液的杀菌效果，清华大学邀请中国疾病预防控制中心病毒预防控制所对溶液除湿空调系统所使用的工质溴化锂、氯化锂混合溶液进行了灭活SARS病毒的检测。实验结果显示溴化锂、氯化锂混合液对SARS冠状病毒具有明显的破坏作用；病毒遗传物质的检测结果说明在该混合液中病毒遗传物质极不稳定。其发生机理可能是直接化学破坏作用，或者是病毒颗粒被破坏后，病毒遗传物质（单链核糖核酸）受微环境影响，发生生物降解所致。

6.3.3.3　除湿溶液的除尘作用

几乎所有的粉尘都可以被水或其他液体吸附，目前亦有用液体吸附粉尘的除尘器，称为湿式除尘器。一般湿式除尘器的效率可以达到60％～80％。液体对亲水性粉尘吸附效率高，对非亲水性的粉尘也可以吸附，只是效率低一些。要用水来吸附粉尘，必须使水与含尘气体充分接触，要充分接触必须扩大二者的接触面，而这一要求与溶液除湿空调系统中为了强化传热传质而增大溶液和空气的接触面积的目标是一致的。因此可以认为，溶液除湿空调系统中处理室外空气的过程也是一个除尘的过程，经过合理设计，溶液除湿空调系统的除尘效率可以期望达到湿式除尘器的效率。

6.3.4　溶液除湿器分类

除湿器是太阳能液体除湿空调系统的核心部分，除湿器的设计关系到整个除湿空调系统的性能。为了得到最大的除湿效果，尽可能地减少空气在除湿器内的压损，已有许多形式的除湿器被提出和研究。这些形式多样的除湿器，根据是否对除湿过程进行冷却，可以分为两大类：绝热型除湿器和内冷型除湿器。绝热型除湿器是指在空气和液体除湿剂的流动接触中完成除湿。除湿器与外界的热传递很少，除湿过程可近似看成绝热过程。内冷型除湿器指在空气和液体除湿剂之间进行除湿的同时，被外加的冷源（如冷却水或冷却空气等）所冷却，带走除湿过程中所产生的潜热（水蒸气液化所放出的潜热），该除湿过程近似于等温过程。图 6-18 所示为一种绝热型除湿器的结构形式，从图 6-18 中可以看到，除湿剂溶液从除湿器顶部喷洒而下，在填料塔内的填料层上以均匀薄膜的形式缓慢地流下，被处理的空气从塔的下部逆流而上，在塔内与除湿溶液发生热质交换。图 6-19 是一种水冷型除湿器。除湿剂溶液从除湿器上部沿着平板往下流动，平板上的涂层使除湿剂溶液均匀分布于整个平板上，被处理的空气从下往上流动，在板间与溶液发生热质交换。而冷却水管敷设于平板内部，这样湿空气内的水蒸气液化所产生的潜热被冷却水带走。图 6-20 是一种交叉流型板式除湿器简图，如图中所示，被处理的空气在平板的一侧与除湿剂溶液直接接触从而被除湿，同时，从空调室出来的回风与冷却水平板的另一侧直接接触发生热质交换，带走主流空气侧在除湿过程中所产生的潜热。

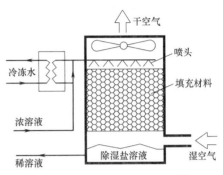

图 6-18　绝热型除湿器结构简图

平板两侧的流体是以交叉流的形式流动的，所以这种除湿器被称为交叉流型除湿器。

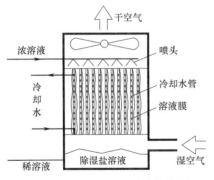

图 6-19　水冷型除湿器结构简图

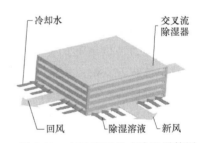

图 6-20　交叉流型板式除湿器简图

6.3.5　溶液除湿潜能蓄能性能分析

溶液蓄能是空调系统中蓄能的一种新方法，与传统的蓄能技术（即直接储存冷量或热量）不同，它是通过将能量转化为化学能量而间接储存，再在特定条件下通过特定的方式将潜能释放出来，转化为制冷空调系统所需要的热量或冷量。溶液除湿潜能蓄能是指在溶液除湿空调系统中，通过储存溶液的除湿潜能而达到蓄能的目的。溶液的除湿潜能，是指溶液的除湿能力；具体地说，溶液除湿潜能蓄能就是把需要储存的能量比如电能、热能、太阳能等，用于提高溶液温度，增加除湿溶液浓度，从而提高溶液的除湿能力，在此过程中以消耗热能为代价，增加了溶液浓度，获得了除湿潜能，将这种具有除湿能力的溶液储存起来就意味着把能量储存起来了，在需要时再通过浓溶液除湿的方式把除湿潜能释放出来。

蓄能时，除湿溶液经过温度较低的热源加热后与环境空气在填料式再生器中进行热质交换，溶液浓度不断增加，直到达到设定要求的浓度，然后将此浓溶液储存起来，在此过程中以消耗电能、热能或太阳能等为代价，获得溶液除湿潜能，表现为溶液除湿能力的提升，浓溶液再生过程也即是蓄能过程。在需要释能时，释放出储存在储液槽中的浓度较高的除湿溶液，进入除湿器与被处理空气发生热质交换，除湿溶液吸收空气中的水蒸气，浓度不断降低，除湿潜能逐步释放，表现为溶液除湿能力的下降，被处理的空气湿度减小，可用于空气调节，溶液除湿过程也即是溶液释能过程。

除湿平衡状态的温度取决于除湿过程冷却介质的温度，压力取决于被处理的湿空气状态；除湿终了溶液的质量分数由被处理空气状态和除湿过程冷却介质温度决定。除湿溶液被加热后，温度和表层水蒸气的分压力升高，质量分数保持不变；当表层水蒸气分压力达到环境空气中水蒸气分压力时，并开始与环境空气进行对流传热传质，质量分数不断得到提高，直至再生终止，达到平衡状态。平衡状态的温度由再生热源温度决定，平衡水蒸气分压力由环境空气中水蒸气分压力决定，溶液质量分数由湿空气状态和再生热源温度决定。当需要能量输出时，除湿溶液首先冷却，用以降低除湿溶液表面的水蒸气分压力，再和湿空气接触，吸收湿空气中的水分，溶液的浓度降低，吸湿能力下降，其最终状态决定于湿空气的状态和吸湿过程中除湿溶液的温度。一般来讲，除湿溶液的工作温度越低其吸湿能力越大，蓄能释放的也就越彻底。溶液与环境空气的传质量可表示为：

$$m = \int_0^A a_D \left[\frac{P_{sol}(\xi, T_{sol})}{T_{sol}} - \frac{P_q}{T_{air}} \right] \mathrm{d}A \tag{6-22}$$

式中 a_D——传质系数，$kg/(m^2 \cdot s)$；

A——有效的传质面积，m^2；

P_{sol}，P_q——分别为溶液表面和空气中水蒸气分压力；

T_{sol}，T_{air}——溶液和空气温度；

ξ——溶液浓度。

溶液蓄热能力可以用下式表示：$Q_L = m \cdot r$，r 为水的气液相变潜热。

对于单位体积除湿溶液蓄能量的大小与系统的运行工况有着紧密的联系，一定体积的除湿溶液释放的潜能与其浓度和被处理空气的含湿量等参数有关，除湿溶液释放潜能后其表面蒸气压力等于被处理空气的水蒸气分压力（溶液温度为常温），即：

$$P_{sol,w} = P_{air,w} = \frac{B\omega}{0.622 + \omega} \tag{6-23}$$

式中 B——大气压力；

ω——湿空气的含湿量。

可求解得到吸湿后的溶液浓度：$x_o = f^{-1} \left(\dfrac{B\omega}{0.622 + \omega} \right)$

此时单位体积溶液释放出的能量可以表达为：

$$Q_R = \rho \left(\frac{x_i}{x_o} - 1 \right) r \tag{6-24}$$

式中 x_i——溶液浓度的初始浓度。

溶液工作温度为 28℃时，按理想热力过程计算，$1m^3$ 的 LiCl 除湿溶液的蓄能量随着溶液浓度的增大而增大，随着被处理空气的含湿量的增大而增大，这是因为被处理空气的含湿量越大，除湿溶液释能后的浓度越小，释放的潜能就越大。并且每 $1m^3$ 蓄能密度大于 1000MJ，而水的显热蓄能每 $1m^3$ 一般小于 100MJ，每 $1m^3$ 冰蓄冷量也在 400MJ 左右，可见这种相变潜能蓄能的潜力很大。

与传统蓄能方式相比，溶液除湿潜能蓄能的不同点在于储存的对象不同。传统的蓄能模式储存的是冷量或者热量，是直接储存能量的方式，由于蓄能温度低于或高于环境温度，因而需要绝热保温，不仅系统复杂、蓄能密度不大，而且很难长期储存。溶液除湿潜能蓄能是一种间接储存能量的方式，储存的是具有除湿潜能的浓溶液，因而设备简单、无需绝热保温，能够长期储存。潜热蓄能机理不同以水蓄能为代表的显热蓄能。显热蓄能主要是利用蓄能介质具有一定的比热容，在物质形态不变的情况下随着温度的变化吸收或者放出热量而进行蓄能。冰蓄能、共晶盐、有机物相变蓄能等，利用的是蓄能介质发生相变时需要吸收或者放出相变潜热，蓄能密度较显热蓄能技术难度大，系统也更复杂。热化学蓄能是由化学反应产生的化学热来进行蓄能，目前工程实用还有一些困难。溶液除湿潜能蓄能，利用的是溶液的除湿与再生过程来进行蓄能与释能，是一个复杂的物理化学过程。常规蓄能技术，储存的能量可以直接利用；而溶液除湿潜能必须通过溶液除湿的方式才能释放出来，而且得到的是干燥的空气，为空气调节的其他过程作准备。

6.3.6　除湿剂的选择

太阳能液体除湿空调系统的性能在很大程度上取决于液体除湿剂的选择。由于溶液的除湿和再生过程均依赖于溶液的表面水蒸气分压力，因此溶液除湿剂的物理化学性质是决定除湿/再生过程能否进行以及进行效率的根源。除湿溶液应具有以下一些特性：

（1）除湿剂对于空气中的水分应具有较大的溶解度，这样可以提高吸收率并减小液体除湿剂的耗用量。溶液应除湿能力强并且容易再生。

（2）溶液的比热容应较大。因为在除湿过程中释放出的潜热量会使溶液温度升高，从而导致溶液表面水蒸气分压力升高，除湿能力下降。比热容越大，过程中温升越小，溶液表面水蒸气分压力的变化越小，除湿性能越稳定。

（3）溶液各浓度下的结晶温应度较低。溶液浓度越高，吸水性能越强，但是高浓度的溶液容易出现结晶，会导致管路堵塞，结晶限制了能使用的溶液浓度上限。

（4）溶液的密度和黏度应较小。除湿溶液在系统内需要由泵输送，一般为开式系统，低密度和低黏度利于减小泵耗。

（5）溶液应性质稳定，具有低挥发性，低腐蚀性，无毒性。溶液与空气直接接触除湿，因此溶液不能进入到空气中，影响空气质量；具有腐蚀性是除湿盐溶液的缺点，因此需要通过加入缓蚀剂等手段抑制溶液的腐蚀，或在系统中不使用金属器件。

（6）溶液应价格低廉，易获得。

目前可用的除湿溶液主要分为有机溶液和无机溶液两大类。有机溶液为三甘醇、二甘醇等，无机溶液为溴化锂、氯化锂、氯化钙溶液等。三甘醇是最早用于溶液除湿系统的除湿剂，但由于它是有机溶剂，黏度较大，在系统中循环流动时容易发生停滞，粘附于空调系统的表面，影响系统的稳定工作，而且二甘醇、三甘醇等有机物质易挥发，容易进入空调房间，对人体造成危害，上述缺点限制了它们在溶液除湿系统中的应用，已经被金属卤盐溶液所取代。溴化锂、氯化锂等盐溶液虽然具有一定的腐蚀性，但塑料等防腐材料的使用，可以防止盐溶液对管道等设备的腐蚀，而且成本较低，另外盐溶液不会挥发到空气中影响、污染室内空气，相反还具有除尘杀菌功能，有益于提高室内空气品质，所以盐溶液成为优选的除湿溶液。

盐溶液主要包括溴化锂、氯化锂、氯化钙等，易晓勤等人的研究发现，盐溶液各有优缺点：在除湿时，要求的氯化锂溶液浓度最小，溴化锂溶液浓度最大；氯化锂和溴化锂结晶点很接近，氯化钙相对容易结晶；而在吸收等量的水分时，氯化锂溶液的温升最小，除湿能力受到的影响也最小；在同一等效湿空气状态点下，溴化锂溶液的密度最大，氯化锂溶液的密度最小；氯化钙溶液的黏度最大，溴化锂溶液的黏度最小。总的来说，氯化锂溶液在除湿性能、输配能耗和溶液成本方面更好；溴化锂溶液在再生性能、腐蚀性和安全性方面更好；氯化钙溶液虽除湿能力弱但价格很低。在实际应用时，可根据需要选取溶液，目前亦有学者进行混合溶液的研究，以期能配出相比于纯溶液性能更优的新型溶液。

6.3.7　填料的选择

在填料塔内，气体由填料间隙流过，液体在填料表面形成液膜并沿填料间空隙向下流动，气液两相间的传质过程在润湿的填料表面进行。因比，填料塔的生产能力和传质速率均与填料特性密切相关。表示填料性能的参数有以下几项：

（1）比表面积，单位体积填料层的填料表面积，以 σ 表示，其单位为 m^2/m^3。填料的比表面积越大，所能提供的汽液传质面积越大。同一种类的填料，尺寸越小，比表面积越大。

（2）空隙率，单位体积填料层的空隙体积称为空隙率，以 ε 表示，其单位为 m^3/m^3，填料的空隙率越大，气体通过能力越大，气体流动阻力越小。

（3）填料因子，将 σ 与 ε 组合成的 σ/ε^3 形式称为干填料因子，单位为 $1/m$。填料因子表示填料的流体力学性能，当填料被喷淋的液体润湿后，填料表面覆盖了一层液膜，σ 与 ε 均发生了相应的变化，此时 σ/ε^3 称为湿填料因子，以 ϕ 表示，代表实际操作时填料的流体力学特性。ϕ 值小，表明流动阻力小，可以提高液体的泛流速度。

填料塔中所装的填料有规整填料和散装填料两大类。在散装填料层内，有研究者对陶瓷鞍形填料、聚丙烯环填料和塑料环填料进行了研究，由于填料乱堆于填料塔中，因而填料层中流体分布欠佳，且放大效应严重。规整填料中，大多研究针对陶瓷填料、波纹填料、celdek 填料、木材和铝及膜填料等。规整填料以其独特的几何形状规定了其气液流路，克服了沟流和壁流现象，消除了放大效应，同时提供了大量的气液接触表面积，因而提高了分离效率并降低了流体阻力。目前波纹填料是应用最广泛、技术最成熟的一种规整填料，又分为丝网填料和板波纹填料两种。丝网填料具有分离效率高、压降小、持液量低、操作弹性大、放大效应不明显等优点；但有价格昂贵、易堵塞和易腐蚀等缺点。板波纹填料虽然在传质性能上较丝网填料稍差，但它在抗污染、耐腐蚀等方面都优于丝网填料，而且价格便宜。金属陶瓷泡沫因其具有的良好耐腐蚀性、热物性和机械特性，是医学、化学工业、太阳能利用等领域的一种常用材料。同时，其网状多孔结构带来的高孔隙率以及较大的比表面积，能够为空气和溶液提供更大的热质交换面积和更长的接触时间，从而发生更充分的热质交换。因此，金属陶瓷泡沫填料可以为强化溶液除湿效果创造便利的条件，具有较大的应用潜力。

6.3.8　三种除湿器性能的比较

6.3.8.1　绝热型除湿器

绝热型除湿器最大的优点是单位体积的换热面积（比表面积）大，能处理较大流量的湿空气，并且结构简单紧凑。然而，从图 6-17 看到，绝热去湿是一个升温去湿过程，这是因为除湿过程产生的热量被空气和溶液自身吸收而成为显热。而溶液温度升高后会使溶液表面的水蒸气分压也升高，导致传质平均压差减小，不利于除湿。为了增强除湿效果，则需要降低除湿过程的温升，必然要求加大除湿溶液的质量流量，这一方面会导致溶液的耗费增加，另一方面会使除湿器进口的溶液浓度相差很小，蓄能能力弱，不利于储能和再生。除湿器内流量比，根据溶液除湿能力的下降应小于实际被处理空气的含湿量变化这一原则，绝热型除湿器的 $MR = m_{air}/m_{sol}$（m_{air} 为被处理湿空气的质量流量，m_{sol} 为除湿溶液的质量流量）应满足公式：

$$MR < \cfrac{C_{in}}{\cfrac{\partial Y^*}{\partial T}\bigg|_C \cfrac{r_o}{C_{sol}} - \cfrac{C_{air}}{C_{sol}}} \tag{6-25}$$

式中　C_{in}——溶液进口浓度；

　　　Y^*——湿空气与除湿溶液达到平衡时空气的含湿量；

　　　T——除湿器内的温度；

　　　r_o——水的气化潜热；

　　　C_{air}——空气的比热；

　　　C_{sol}——溶液的比热；

下标 C 表示溶液浓度保持不变。

计算表明，当 $C_{in} = 40\%$，空气进口温度为 24℃ 时，MR 最大值为 4，可见绝热型除湿器的 MR 较小。绝热型除湿器的另一缺点是被处理空气在除湿器内的压损较大，其原因是：1）除湿器本身的结构所带来的；2）填料对空气所产生的阻力，这个问题能通过优化除湿器的结构和采用新型填料解决。

6.3.8.2　水冷型除湿器

水冷型除湿器属于内冷型除湿器，有很强的蓄能能力，适用于有蓄能要求的空调系统。内冷型除湿器蓄能的大小可以通过单位体积溶液在吸湿过程中从湿空气中所吸收的水蒸气的焓值来表示。定义 SC（Storage Capacity）为反映蓄能大小的参数，SC 的物理意义是单位稀溶液可以积蓄的热量。当忽略水蒸气的显热，仅考虑水蒸气液化所放出的潜热时，SC 可由下式计算：

$$SC = \frac{m_{air}\Delta Y r_o}{V_{dil,sol}} \tag{6-26}$$

式中　ΔY——湿空气进出口含湿量的差值；

　　　$V_{dil,sol}$——稀溶液的体积。

实验结果表明：当空气流速为 2m/s、空气质量流量为 12.64g/s、冷却水质量流量为 100g/s、氯化锂水溶液浓度为 40.2%、溶液质量流量为 0.116g/s 时，SC 可达 1131MJ/m³，其蓄能能力远远超过冰蓄冷的能力。在该类除湿器中，由于除湿过程中产生的潜热被冷却水带走，空气与溶液之间进行的除湿过程可以认为是等温过程，不仅能达到较好的除湿效果，而且不需很大的溶液流量，所耗费的溶液质量相对减少，溶液进出口的浓度差也会相应增加，有利于储能和再生。与绝热型除湿器类似，内冷型除湿器的 MR 应满足：

$$MR = \frac{\Delta C}{dY^* C_{abs,out}} \tag{6-27}$$

式中　ΔC——除湿溶液进出口浓度差；

　　　dY^*——除湿溶液除湿能力的下降值；

　　　$C_{abs,out}$——除湿溶液在除湿器出口的浓度。

取除湿溶液进口浓度为 40%，出口浓度为 25%，空气进口温度为 24 ℃，出口温度为 26 ℃，通过计算，MR 最大值为 8.6。显然，内冷型除湿器比绝热型除湿器所需的除湿溶液流量小，除湿溶液进出口的浓度差大，因此蓄能能力强。水冷型除湿器用冷却水作为冷源，由于水的对流换热系数较高并且容易获得，所以水冷型除湿器是内冷型除湿器中较常用的一种。其主要缺点是比表面积相对较小，且结构比绝热型除湿器复杂。

6.3.8.3 交叉流型板式除湿器

交叉流型板式除湿器也属于内冷型除湿器，其流量比同样应满足等式 $MR = \dfrac{\Delta C}{\mathrm{d}Y^* C_{abs,out}}$。除了与上述水冷型除湿器有相同的优缺点外，其特点是：使经过除湿器处理过的回风与经除湿器除湿后的新风混合后再进行处理以满足送风要求，由于从室内出来的回风温度、湿度较低，用它与冷却水接触起到了间接蒸发器的作用，吸收除湿过程中所产生的潜热，节约了能源，是一种更为经济的内冷型除湿器。然而，因为要处理室内回风，其结构更趋复杂。

6.3.8.4 串联可调温单元喷淋模块

由于内冷型除湿器需严格保证溶液通道与冷却通道的隔绝，对装置工艺要求较高，而

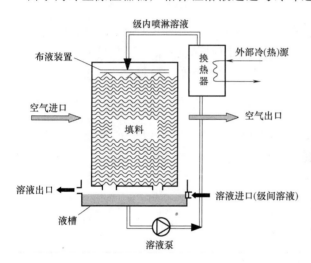

图 6-21 带有板式换热器的溶液空气热湿交换单元

绝热型溶液温度易快速升高而导致性能下降。为了充分发挥绝热型与内冷型的优势，江亿等提出了可调温单元喷淋模块，这一除湿由溶液泵作为动力使溶液循环喷洒在塔板上与空气进行湿交换，同时溶液的循环回路中还串联一个中间换热器，吸收湿交换过程中产生的热量或冷量。通过控制调节中间换热器另一侧的水温水量，就可使空气在接近等温状态下减湿或加湿。若单元内溶液的循环量足够大，空气通过这样一个单元的湿度变化量又较小时，其不可逆损失可大大减小。这一模块由级间溶液、级内喷淋的溶液、外部冷/热源组成，由图 6-21 所示。内部循环喷淋的溶液流量要满足传热传质的流量要求，外部流动的级间溶液流量满足热湿匹配即可，因而后者的流量仅为前者流量的 1/10 左右。

根据不同空气处理所要求的除湿量，可串联多个单元模块，如图 6-22 所示。浓溶液

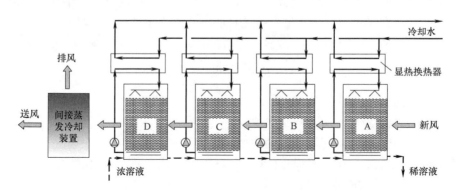

图 6-22 串联的可调温单元喷淋模块示意图

从最接近空气出口的单元进入到系统中，与空气进行传热传质；吸湿后浓度降低的溶液接着再以空气流向逆流方向进入下一个单元，最后稀溶液从最接近空气入口的单元流出。这样，横跨各单元的溶液流量远小于各单元内部溶液的循环流量，可以使各单元内的溶液循环量满足单元内传热传质要求，单元间的溶液流量则满足要使各单元空气含湿量逐级降低时的溶液浓度的要求。由此溶液与空气可基本上实现接近等温的逆流传质，从而使不可逆损失大大减小。再生器也可以由同样的单元模块组成，通过类似的过程实现接近等温的逆流传质。

6.3.9　太阳能溶液再生装置

6.3.9.1　溶液再生过程的原理

再生过程是除湿过程的反过程。除湿过程是除湿溶液从被处理空气中吸收水分，并且放出潜热的过程；而再生过程是从外界获取热量使水分从除湿溶液蒸发到空气中的过程。溶液表面蒸气压力和空气蒸气压力的压差是水分传质的传递势，但是溶液的再生能够发生是由于除湿溶液的表面蒸气压力大于与之接触的空气的蒸气压力，这和除湿过程是相反的。浓度和温度是影响除湿溶液表面蒸气压力的两个最主要因素。在除湿器中较浓的除湿溶液由于吸收水分稀释而浓度降低，这时它的蒸气压力也逐渐变大，当它的蒸气压力高于被处理空气的蒸气压力时，除湿溶液将不能进行除湿，而将吸湿后的稀溶液通过太阳能等低温热源的加热升温到一定值后，将其引入再生器与空气接触，只要保持溶液表面水蒸气分压力与空气中水蒸气分压力之差为正值，再生过程就会发生。

6.3.9.2　太阳能溶液再生器

太阳能溶液再生器可以分为两大类，其一为填料塔式溶液再生器，如图 6-23 所示，其几何形状和结构与填料塔式除湿器相同，都属于气液接触器（gas&liquid contactor）。填料塔式溶液再生器与除湿器的区别主要在于溶液和空气的进口状态不同：溶液进口温度低，溶液表面水蒸气压力小于空气水蒸气分压力，气液接触器处于除湿工况；当溶液进口温度高，溶液表面水蒸气压力大于空气水蒸气分压力时，为溶液再生工况。

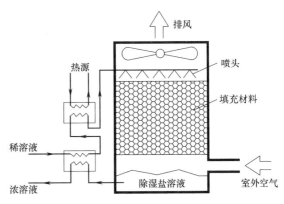

图 6-23　填料塔式溶液再生器

填料塔式溶液除湿器在前面已有详细叙述，本节将详细介绍另一种形式的溶液再生器。这一类溶液再生器称为太阳能集热再生器（solar collector/regenerator），如图 6-24 所示。太阳能集热和溶液再生过程是溶液除湿空调系统的核心部分，而再生器性能系数不高是太阳能溶液除湿空调系统亟待解决的问题之一。集热型再生器将太阳能集热器和再生器的功能合二为一，利用太阳能直接加热稀溶液，使再生可以在较低的温度下进行，减少换热次数，可以提高太阳能利用效率。自从 1969 年 Kakabaev 和 Khandurdyev 研究集热型再生器以来，国内外学者开展了大量的研究工作。Ji 和 Wood 采用 LiCl 溶液和机械通风的方式研究了集热型再生器，用系统效率（水分蒸发所吸收的热量与太阳辐射热量之比）来评价再生器性能。系统效率随入口溶液流速的增加而急剧降低，但随着空气流量的增加而增加。为了提高系统效率，要尽可能降低溶液的流速。Alizadeh 和 Saman 分别于

2002 年和 2003 年对采用强迫空气平行流的集热型太阳能再生器进行了理论计算和实验研究，为合理设计再生器奠定了基础。杜斌等针对太阳能平板集热型再生器中辐射传热和对流传热边界条件，建立了传热传质过程的数学模型，对采用 $CaCl_2$ 溶液的再生过程进行了数值模拟，并分析了影响再生过程的主要因素。

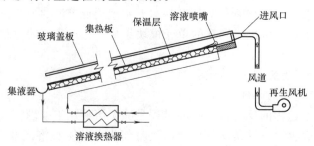

图 6-24   开式太阳能溶液集热/再生器

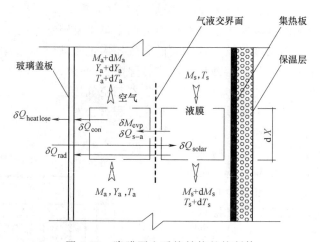

图 6-25   降膜再生系统结构的控制体

6.3.9.3   开式太阳能溶液集热/再生器数学模型

开式太阳能溶液集热/再生器结构简单，其降膜再生系统结构的控制体如图 6-25 所示，溶液沿再生器吸热壁面流下，直接吸收太阳能，由于溶液表面水蒸气分压大于空气的水蒸气分压，水分便从溶液向空气传递，溶液的质量分数升高，完成再生过程。图 6-25 分别建立了溶液和空气流动的坐标系，均以流体流动的方向作为 x 轴的正方向。再生器吸热板背面包裹保温材料，与外界的热量传递很小，所以这部分热损失可以忽略不计。模型中再生器能量损失主要包括吸热板处的辐射热损失和透明玻璃覆盖处的对流热损失两部分。因此与以往的研究不同，本文考虑壁面边界条件为第三类边界条件，为简化计算，作如下假设：1）溶液在板表面的流动是充分发展的层流；2）降膜的厚度不变；3）气液界面上，空气和溶液能够达到热力学平衡。

降膜中的能量方程和水分的扩散方程为：

$$\frac{dT_a}{dx} = \frac{h(T_s - T_a) - h_g(T_a - T_g)}{M_a(C_{pa} + Y_a \cdot C_{pv})} \tag{6-28}$$

$$\frac{dT_s}{dx} = \frac{I \cdot \alpha_g \cdot \tau_g - h(T_s - T_a) + \lambda \cdot h_d \cdot (Y_a - Y_{el}) - Q_{rad}}{M_s \cdot C_{ps}} \tag{6-29}$$

$$\frac{dT_g}{dx} = \frac{Q_{rad} + Q_{heatlose} + Q_{con}}{\rho_g \cdot C_{pg}} \tag{6-30}$$

$$\frac{dY_a}{dx} = -\frac{h_d \cdot (Y_a - Y_{el})}{M_a} \tag{6-31}$$

式中　　Q_{con}——空气与玻璃盖板之间的对流换热量，$Q_{con} = H_g(T_a - T_g)$；

$\qquad Q_{heatlose}$——透过玻璃盖板的热损失，$Q_{heatlose} = H_{g'}(T_g - T_o) + Q_{sky}$；

$\qquad Q_{sky}$——玻璃盖板与环境之间的辐射换热量：$Q_{sky} = \sigma\varepsilon_g(T_g^4 - T_{sky}^4)$，其中的天空温

$\qquad\qquad$度可以由经验公式估算，$T_{sky} = 0.0552 \times T_o^{1.5}$；

$\qquad Q_{rad}$——除湿溶液与玻璃盖板之间的辐射换热量，$Q_{rad} = \dfrac{\sigma(T_s^4 - T_g^4)}{1/\varepsilon_s + 1/\varepsilon_g - 1}$。

在上述公式中，物性参数（水的汽化潜热和热容量）按常数估计；空气和溶液之间的对流传热系数按式（6-32）计算。

层流区域（$Re_x < 50000$）：

$$Nu_x = 0.332(Re_x)^{1/2} \cdot (Pr)^{1/3} \tag{6-32}$$

紊流条件（$Re_x = 5 \times 10^5 - 3 \times 10^7$）：

$$Nu_x = 0.0292(Re_x)^{4/5} \cdot (Pr)^{1/3} \tag{6-33}$$

对流传质系数可以按照 Chilton-Colburn 类比关系进行计算：

$$\frac{h}{h_d} = \rho_a C_{pa} \left(\frac{\alpha}{D}\right)^{\frac{2}{3}} \tag{6-34}$$

6.3.10　太阳能溶液集热/再生器性能实验研究

6.3.10.1　简介

太阳能集热/再生器中，传热与传质过程有很强的耦合关系，并且受到多种天气因素的影响。太阳能集热/再生器传热传质系数通常采用 Sh 数和 Nu 数无量纲关系式进行计算。使用这些关系式计算得到的传热传质系数相对误差一般在 20%～70% 之间，精度欠佳。另外，用来计算传热传质系数的无量纲参数受到液膜平均温度的影响，而当前使用的对数平均温差或算术平均温差难以准确说明空气温湿度和除湿溶液浓度对传热传质系数的影响。

本书通过实验分析了多个独立参数，例如溶液浓度和温度、空气温度和相对湿度等对太阳能集热/再生器性能的影响。使用下山单纯形法计算集热/再生器内耦合传热传质系数，并通过实验数据验证数学模型的准确性。

6.3.10.2　太阳能集热/再生器结构和再生流程

实验在实验室中进行，使用一个最高辐射强度为 1300W/m^2 的太阳能模拟装置来模拟太阳辐射。图 6-26 给出了实验装置和太阳能模拟装置的图片。实验装置由太阳能集热/再生器、通风扇、电加热器、溶液罐、溶液泵、流量计、PID 控制器和数据采集系统组成。

太阳能集热/再生装置可分为 3 个子系统：太阳能集热/再生平板、强制通风系统和溴化锂除湿溶液循环储液系统，如图 6-27 所示。太阳能集热/再生器平板由金属框架支撑，上面覆盖透明强化玻璃。吸热平板表面贴附一层黑色薄膜，以增强太阳辐射吸收率和保证再生溶液润湿的均匀性。吸热板表面贴附的黑色薄膜对太阳光的吸收率为 0.86。太阳能集热/再生器背面使用 30mm 厚的聚苯乙烯作隔热层。

强制通风系统中使用多个离心式风机，风机风速在 0～3m/s 内可调。在太阳能集热/再生器进出口，使用热线风速仪测量系统通风量，同时记录此处的空气温度和湿度。在集

(a)　　　　　　　　　　　(b)

图 6-26　实验室内的太阳能集热/再生装置和太阳能模拟装置

(a) 太阳能溶液再生器；(b) 太阳能模拟装置

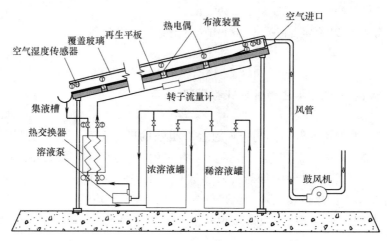

图 6-27　实验用太阳能集热/再生器示意图

热/再生器空气进口应保证均匀的压力分布和气流速度。溶液泵输送除湿溶液至集热板顶端的布液管，布液管将稀溶液均匀淋洒在集热/再生板表面。再生溶液流量在 10～35kg/(hr·m) 范围内变化。浓缩再生后的溶液在吸热板底部通过溶液槽收集，并被重新泵入稀溶液罐。

6.3.10.3　参数测量

使用 4 支热电偶分别记录太阳能集热/再生器进出口的空气干球温度以及溶液温度。沿再生器表面也安装了一些温度传感器用来记录温度在太阳能集热/再生器平板表面长度方向的变化，具体安装形式见图 6-28。

热电偶标定误差在 ±0.5℃ 之间。在集热/再生器的进出口处放置两个湿度传感器用来测量进风和排风的相对湿度。还有一些湿度传感器与热电偶一起沿集热/再生器板长布置。相对湿度测量误差在 ±3.0% 以内。图 6-29 (a) 为湿度传感器与两支热电偶一起同时测量溶液温度、空气温度和湿度的图片。假定实验过程中溶液比容不随浓度变化，除湿溶液的浓度使用 4 个比重瓶和电子天平测量，如 6-29 (b) 所示。空气流速使用热线风速仪测量，溶液流量使用标定的量筒和秒表测量。选用溴化锂溶液作为再生溶液。使用 20 通道

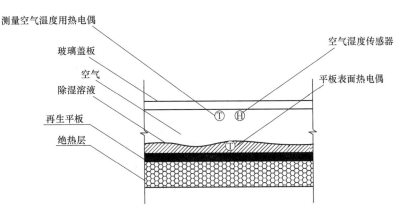

图 6-28　热电偶和湿度传感器沿太阳能集热/再生板的安装

的数据采集仪采集实验数据。除湿溶液喷淋润湿达到稳定之后，每隔 10min 记录一次数

(a)　　　　　　　　　　　　　　(b)

图 6-29　实验装置和测量仪器

(a) 湿度和温度传感器；(b) 电子天平

据。实验过程中，除湿溶液的进口温度、流量和浓度变化根据需要分别控制在 35～50℃、10～30kg/(hr·m) 和 20%～40% 之间，详细的实验参数设置见表 6-3。

参数设置范围　　　　　　　　　　　　　　　表 6-3

参　　数	范　　围
太阳辐射（W/m²）	200～1000
环境温度（℃）	25～35
环境相对湿度（%）	40～60
进口溶液温度（℃）	30～50
进口溶液浓度（%）	20～40
溶液质量流量（kg/(hr·m)）	10～35
空气质量流量（kg/(hr·m)）	100～300

6.3.10.4　质量和能量守恒分析

实验共采集了 80 组温度和湿度数据。在进行太阳能集热/再生器传热传质性能分析之前，首先根据以下的质量和能量守恒方程对这些数据进行检验和筛选。太阳能集热/再生器内部的质量守恒关系如下：

溶液再生过程中溴化锂并无损耗，溴化锂质量流量可以表示为：

$$M_{salt} = M_{s,in} X_{s,in} = M_{s,out} X_{s,out} \tag{6-35}$$

式中　$X_{s,in}$、$X_{s,out}$——进出口溶液浓度，%。

作为反映系统性能的主要参数，水分蒸发速率 M_{evap} 可以使用空气侧的质量平衡方程计算：

$$M_{evap} = M_{s,in} - M_{s,out} \tag{6-36}$$

假定空气流量沿太阳能集热/再生器板长无变化，进出口的空气含湿量 $w_{a,out}$ 和 $w_{a,in}$ 使用空气温度和相对湿度计算。空气侧的质量守恒可以表示为：

$$M_{evap} = M_a(w_{a,out} - w_{a,in}) = 0.622 M_a(Y_{a,out} - Y_{a,in}) \tag{6-37}$$

式中　　　M_a——空气质量流量，kg/(m・s)；

$w_{a,out}$，$w_{a,in}$——进出口空气的绝对含湿量，kg/(kg・DA)；

$Y_{a,in}$，$Y_{a,out}$——进出口空气湿度，kmol/kmol。

以上两种 M_{evap} 计算结果的对比误差大约为 10.6%，认为在合理误差范围内。误差主要是测量仪器（湿度传感器、热电偶、浓度测量仪等）和空气流动的不均匀性引起的。

太阳能集热/再生器可以划分为 3 个控制体进行能量守恒分析，分别为溶液液膜与太阳能集热板、集热器内的流动空气以及集热器上覆盖的玻璃板。对每部分控制体应用能量守恒关系，得到：

$$Q_{solar} = \Delta H_s + \Delta H_a + Q_{loss} \tag{6-38}$$

式中　Q_{solar}——太阳能集热器吸收的太阳辐射，$Q_{solar} = A_{C/R} I \tau_g \alpha_{C/R}$；

ΔH_s，ΔH_a——除湿溶液和空气的焓值，可以使用下式计算：

$$\Delta H_s = C_{ps} M_s(T_{s,out} - T_{s,in}); \Delta H_a = 1.005(T_{a,out} - T_{a,in}) + M_{evap} h_{fg} \tag{6-39}$$

热损系数与沿太阳能集热/再生器板长的平均溶液温度和太阳辐射有关，可以表示为：

$$C_{loss} = 0.0127 \times \frac{T_{s,avg}}{I} - 3.507 \tag{6-40}$$

6.3.10.5　结果和讨论

本节使用实验数据来评价各种独立参数对太阳能集热/再生器内部热质传递过程的影响。

1. 太阳辐射强度对水分蒸发速率的影响

图 6-30 中，当太阳辐射增强时，太阳能集热/再生器水分蒸发速率几乎随之线性提高。太阳能辐射强度越强，驱动传热传质的潜能越大，但不同溶液流量条件下表现并不一致。当太阳辐射强度低于 $500W/m^2$ 时，各个溶液流量下的水分蒸

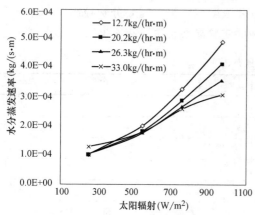

溶液浓度：X_s=31%：空气质量流量：M_a=250kg/(hr・m)：
进口溶液温度：$T_{s,in}$=35℃

图 6-30　太阳辐射强度对水分蒸发速率的影响

发速率几乎相同，当太阳辐射增强时，较低溶液流量下水分蒸发速率的提高要比高溶液流量时快。

2. 进口空气状态对水分蒸发速率的影响

除湿溶液再生过程一方面使用太阳能作为再生加热能源，另一方面也利用不饱和空气将除去的湿蒸汽带走，进口空气的状态对于水分的蒸发速率有着很大影响。整个实验过程中，由于环境空气状态由空调系统控制，空气绝对湿度几乎不变，所以很难评价空气绝对含湿量对水分蒸发速率的影响。进口空气状态对水分蒸发速率的影响只能通过观察随机的空气相对湿度和干球温度的变化来研究。空气相对湿度对水分蒸发速率的影响如图 6-31（a）所示。当空气相对湿度从 35% 增加到接近 60% 时，水分蒸发率随着空气相对湿度的提高以指数形式下降。空气进口温度对水分蒸发速率的影响如图 6-31（b）。进口空气温度越高，水分蒸发速率越高，水分蒸发速率同样随进口空气温度的提高呈指数增加。

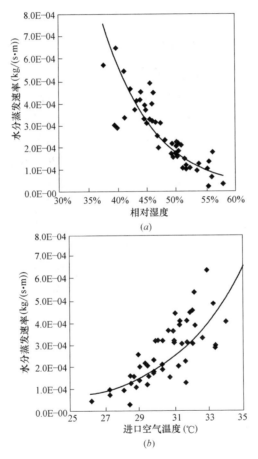

(a)

(b)

图 6-31　进口空气状态对水分蒸发速率的影响

(a) 进口空气相对湿度对水分蒸发速率的影响；

(b) 进口空气温度对水分蒸发速率的影响

3. 溶液流量对水分蒸发速率的影响

式（6-37）计算出的水分蒸发速率是评价太阳能集热/再生器的关键指标。图 6-32 给出了在不同太阳辐射条件下，溶液质量流量对水分蒸发速率的影响。结果表明，随着溶液流量的增加，水分蒸发速率普遍降低。这是因为在一定的太阳辐射条件下，增加溶液质量流量会降低溶液沿太阳能集热/再生器板长的平均温度，从而降低了溶液液膜表面水分传递到

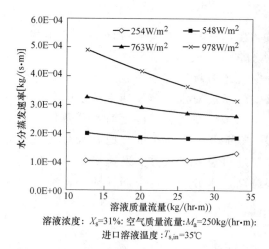

溶液浓度：X_s=31%：空气质量流量：M_a=250kg/(hr·m)：
进口溶液温度：$T_{s,in}$=35℃

图 6-32 溶液质量流量对水分蒸发速率的影响

空气中的传质推动力。也有一些文献报道，对于无玻璃覆盖的太阳能集热/再生器，总的蒸发速率会随着溶液流量的增加而增加。在低太阳辐射水平下，实验中也观察到了这种现象。如图 6-32 所示，当太阳辐射强度控制在 254W/m²，溶液流量从 26kg/(s·m) 增加至 33kg/(s·m) 时，水分蒸发速率会从 1.06×10^{-4} kg/(s·m) 上升至 1.28×10^{-4} kg/(s·m)，但幅度很小。当太阳辐射水平控制在 548W/m² 和 763W/m² 时，总体蒸发速率的下降相对较弱。当太阳辐射强度为 978W/m² 时，蒸发速率随溶液质量流量的增加有一个快速下降过程。

4. 空气质量流量对水分蒸发速率的影响

空气质量流量从两个方面对水分蒸发速率产生影响：首先，增加空气质量流量会降低溶液表面温度，从而降低了溶液表面水蒸气与空气中水蒸气的压力差，而这种压力差正是太阳能集热/再生器内质量传递的推动力；另一方面，随着空气质量流量的增加，传质系数提高。空气质量流量对水分蒸发速率的影响是以上两方面共同作用的结果。如图 6-33 所示，保持进口空气温度、湿度、溶液流量和浓度不变，进口空气质量流量在 $0.03 \sim 0.07$kg/(s·m) 范围内变化，这种非线性的趋势非常明显。空气质量流量增加，水分蒸发速率先降低，当空气质量流量超过 0.05kg/(s·m) 时，水分蒸发速率开始升高。较高的太阳辐射强度可以产生较高的溶液温度，补偿了溶液向空气传递的显热损失，所以在高强度太阳辐射下，水分蒸发速率要比在低强度太阳辐射水平时增加的快。因此，在较强的太阳辐射水平下，可以保持较大的空气质量流量。太阳辐射强度低于 300W/m² 时，再生空气的质量流量不宜太高。

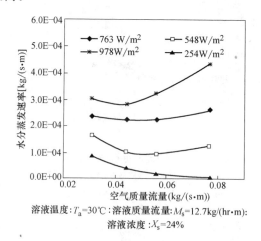

溶液温度：T_a=30℃：溶液质量流量：M_s=12.7kg/(hr·m)：
溶液浓度：X_s=24%

图 6-33 空气质量流量对水分蒸发速率的影响

5. 溶液浓度对水分蒸发速率的影响

如图 6-34 所示，在一定进口空气和溶液流量条件下，较低浓度溶液表面具有较高的水蒸气分压力，因此产生了较高的水分蒸发速率。不同太阳辐射条件和进口溶液质量流量下，进口溶液浓度的改变对水分蒸发速率的影响几乎相同。

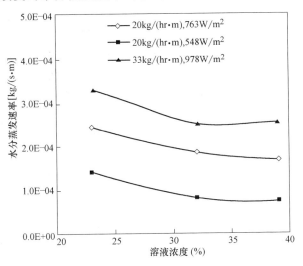

溶液进口温度：$T_a=35℃$；溶液浓度：$X_s=31\%$

图 6-34　除湿溶液浓度对水分蒸发速率的影响

6. 进口溶液温度对水分蒸发速率的影响

由图 6-35 可以看出，随着进口溶液温度的增加，蒸发速率有一定的上升。增加溶液进口温度并不能明显提高太阳能集热/再生器的性能。除湿溶液进口温度的影响区域局限在太阳能集热/再生器的入口阶段。当高温除湿溶液进入太阳能集热/再生器后，在进口区域溶液会有较大的温降。进口阶段，高温溶液产生了较高的热质传递驱动力，使得溶液进口段具有较高的水分蒸发速率。但进口阶段之后，不同温度进口溶液的差别就不再明显了。与提高进口空气温度的作用相比，预热进口溶液对溶液再生效率的提高有限。

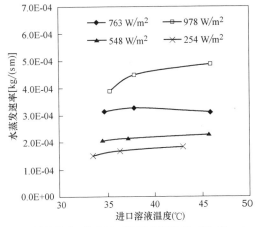

溶液浓度：$X_s=24\%$；溶液质量流量：$M_s=33kg/(hr\cdot m)$；空气质量流量：$M_a=250kg/(hr\cdot m)$

图 6-35　进口溶液温度对水分蒸发速率的影响

6.3.10.6　传热传质系数关系式的计算

1. 太阳能集热/再生器简化模型的介绍

本节提出了一种用来预测太阳能集热/再生器性能的简化模型。在很短一段距离上，与溶液温度的变化相比，可以忽略除湿溶液的浓度变化。除湿溶液的平衡水蒸气压力认为仅仅是温度的函数。这样，太阳能集热/再生器的能量和质量平衡方程可以转化为一个线性的非均质系统：

$$\frac{d(\Delta T)}{dNTU}=-\left(C^*+\frac{1}{1+Y_{a,avg}\cdot R_{cv}}\right)\Delta T+\frac{C^*}{Le}\Delta Y+\frac{1}{h\cdot\lambda^*}\left[C^*(I\cdot\alpha\cdot\tau_g-Q_{rad})+\frac{Q_{con}}{1+Y_{a,avg}\cdot R_{cv}}\right]$$

(6-41)

$$\frac{\mathrm{d}(\Delta Y)}{\mathrm{d}NTU} = S_\mathrm{T} \cdot \lambda^* \cdot C^* \Delta T - \frac{1}{Le}(1 + S_\mathrm{T} \cdot \lambda^* \cdot C^*)\Delta Y - \frac{S_\mathrm{T} \cdot C^*}{h}(I \cdot \alpha \cdot \tau_\mathrm{g} - Q_\mathrm{rad})$$

(6-42)

溶液再生过程中，S_T 和 λ^* 基本不变。h 为对流换热系数，$\mathrm{kW/(m^2 \cdot K)}$；$I$ 代表集热板单位面积上的平均太阳辐射，$\mathrm{W/m^2}$；Le 是传热传质过程的刘易斯数；Q_con 为覆盖玻璃板与外界环境间的传热损失，$\mathrm{W/m^2}$；Q_rad 代表从液膜到覆盖玻璃的辐射传热，$\mathrm{W/m^2}$；NTU 是传热单元数；ΔT 和 ΔY 是无量纲参数，代表除湿溶液和空气间的传热传质驱动力。这两个参数定义如下：

$$\Delta T = (T_\mathrm{s} - T_\mathrm{a})/\lambda^* \text{ 和 } \Delta Y = Y_\mathrm{a} - Y_\mathrm{el}$$

(6-43)

假定式（6-41）和式（6-42）中的所有系数近似为常数，那么式（6-41）和式（6-42）可以看作是线性的非均质系统。这两个线性耦合方程的通解为

$$\begin{pmatrix} \Delta T \\ \Delta Y \end{pmatrix} = C_1 \begin{pmatrix} e^{\lambda_1 NTU_x} \\ k_1 \cdot e^{\lambda_1 NTU_x} \end{pmatrix} + C_2 \begin{pmatrix} e^{\lambda_2 NTU_x} \\ k_2 \cdot e^{\lambda_2 NTU_x} \end{pmatrix} + \begin{bmatrix} \dfrac{a_{23}(\lambda_1 - \lambda_2) - a_{13}(k_1\lambda_1 - k_2\lambda_2)}{\lambda_1\lambda_2(k_1 - k_2)} \\ \dfrac{a_{23}(k_2\lambda_1 - k_1\lambda_2) - k_1 k_2 a_{13}(\lambda_1 - \lambda_2)}{\lambda_1\lambda_2(k_1 - k_2)} \end{bmatrix}$$

$$= C_1 e^{\lambda_1 NTU_x} \begin{pmatrix} 1 \\ k_1 \end{pmatrix} + C_2 e^{\lambda_2 NTU_x} \begin{pmatrix} 1 \\ k_2 \end{pmatrix} + \begin{pmatrix} D_1 \\ D_2 \end{pmatrix}$$

(6-44)

此处，方程的特征根表示为：

$$\lambda_{12} = \left[(a_{11} + a_{22}) \pm \sqrt{(a_{11} + a_{22})^2 - 4(a_{11}a_{22} - a_{12}a_{21})} \right]/2$$

(6-45)

式（6-44）中的系数 k_1 和 k_2 为：

$$k_1 = \frac{\lambda_1 - a_{11}}{a_{12}} \text{ 和 } k_2 = \frac{\lambda_2 - a_{11}}{a_{12}}$$

(6-46)

对于给定的初始条件，下列方程给出了常数 C_1 和 C_2：

$$C_1 = \frac{\Delta T_\mathrm{i} k_2 - \Delta Y_\mathrm{i} - k_2 D_1 + D_2}{(k_2 - k_1)e^{\lambda_1 \cdot NTU_I}} \text{ 和 } C_2 = \frac{-\Delta T_\mathrm{i} k_1 + \Delta Y_\mathrm{i} + k_1 D_1 - D_2}{(k_2 - k_1)e^{\lambda_2 \cdot NTU_I}}$$

(6-47)

上述方程描述了太阳能集热/再生器内除湿溶液的再生过程。根据式（6-45）计算出传热传质驱动力，然后可以求解控制体单元的出口空气温度、湿度和溶液温度。

2. 传热传质系数的计算

2008 年提出的 NTU-Le 溶液除湿特性模型，表明反映传热传质耦合特性的刘易斯数在溶液除湿过程中对出口空气湿度几乎没有影响。基于此项发现，提出了一种分离评价方法，并用此方法来确定溶液与空气间的耦合传热传质系数。这种方法先根据出口空气湿度求解传质系数，然后使用出口空气或除湿溶液温度求出刘易斯数。

在研究中发现，再生过程刘易斯数对出口空气湿度的影响并不明显。实验结果并不完全支持传热传质系数分离的评价方法。但是，从式（6-45）中可以发现，热质传递驱动力是刘易斯数和传热单元在（0，∞）区间上的单调函数。因此，假定刘易斯数和传热系数为合适的值，然后使用下山单纯形法同时求解传热传质系数是可行的。

下山单纯形法对于优化多维无约束问题是一种非常有效的方法。根据溶液再生实验数据，使用式（6-43），可以得到太阳能集热/再生器入口和出口的传热传质驱动力。将实验测量的进口条件（如空气温度、相对湿度、空气质量流量、溶液进口温度、溶液初始浓度和溶液质量流量）和假定的初始传热传质系数应用到太阳能集热/再生器简化方程中计算

由式（6-43）定义的出口传热传质驱动力。初始假定的热质传递系数用来建立三点格式的单纯形。使用简化的太阳能集热/再生器模型计算单纯形每一个点上的目标函数值。目标函数优化方法定义为：

$$\min f = \sqrt{(\Delta T_{out,cal} - \Delta T_{out})^2 + (\Delta Y_{out,cal} - \Delta Y_{out})^2} \tag{6-48}$$

下山单纯形方法的关键步骤就是用一个反映剩余点质心的点替换最坏的点，这里最坏的点表示那些产生最大目标函数值的传热传质系数组成的点。如果替换点比现有的最佳点要好，那么就以指数方式扩展这根线。另一方面，如果这个点没有现有的值好，那么单纯形就向最佳点收缩。重复这种过程，直到达到满意的精度。

本项实验中，收集了 40 组数据用来计算传热传质系数。在简化模型中，考虑到稀溶液的温度和浓度在系统中的相关性，稀溶液水分的蒸发热量假定为定值。

在太阳能集热/再生器中，热损失系数包括液膜和玻璃板底部的对流传热系数、溶液和覆盖玻璃的辐射传热系数以及覆盖玻璃板顶部与外界环境的散热损失系数。从实验结果看，可以用回归方法得到以下传热和传质系数 h_C，h_D：

$$h_C = 1.96 \times 10^7 \cdot I^{0.636} \cdot T_{s,in}^{1.564} \cdot T_{a,in}^{-4.767} \cdot Y_{a,in}^{1.806} \cdot$$
$$\exp(-1.984 X_S) \cdot \exp(-0.0632 T_{s,in}) \cdot \exp(-2.90 M_a) \tag{6-49}$$

$$h_D = 2.68 \times 10^{-3} \cdot I^{1.116} \cdot X_S^{-0.858} \cdot Y_{a,in}^{-0.225} \cdot$$
$$\exp(-1.132 I) \cdot \exp(-0.00556 T_{s,in}) \cdot \exp(7.106 M_a) \tag{6-50}$$

对传热系数，关系式系数为 $R_{log}^2 = 0.943 a$；对传质系数，关系式系数为 $R_{log}^2 = 0.909$。

联系式（6-49）和式（6-50），可以看出太阳辐射、溶液浓度、空气质量流量和进口空气湿度是影响传热和传质系数的最主要因素。关系式中，进口空气温度和进口溶液温度对传热系数的影响很小，溶液质量流量对传热传质系数也没什么影响。

3. 传热传质关系式的验证

为验证简化模型的计算结果，利用另外 40 组实验数据进行对比，以避免依赖已有数据外推带来的不确定性。在简化模型中使用传热传质回归方程计算太阳能集热/再生器的出口状态。计算结果和实验数据对比结果如图 6-36 所示。图 6-36（a）显示了出口计算空气湿度与实验数据之间的误差，最大相对误差在 10.87% 以内。出口计算空气温度和溶液温度与实验数据之间的相对误差分别为 3.75% 和 5.04%，大大低于空气湿度的对比误差。因为空气湿度并不是直接测量值，而是通过空气温度和相对湿度计算得到的，这个过程放大了数据误差。考虑到实验的不确定性，认为关系式计算值与实验数据吻合良好，可以应用到设计或模拟程序中预测太阳能集热/再生器的热力学性能。

6.3.11　太阳能溶液除湿空调系统全年性能模拟与经济分析

6.3.11.1　简介

中国南方地区气候潮湿，空调房间的换气通风和高湿的室外空气增加了房间潜热负荷。传统的空调系统不能对温湿度进行独立调节，冷却除湿的要求使得空调设备效率降低。使用溶液除湿系统对送风进行独立除湿是降低空调系统潜热负荷，提高系统能效的一种可行方法。

对室外空气进行除湿预处理使得空气温湿度控制分开进行，从而提高空调系统能效，降低能耗。由于溶液除湿系统的引入，室内可以引入更多的新风以改善室内空气品质，而由此增加的能耗很少。除湿系统的另一项优点是它们可以利用太阳能或其他低品位热源作为溶液

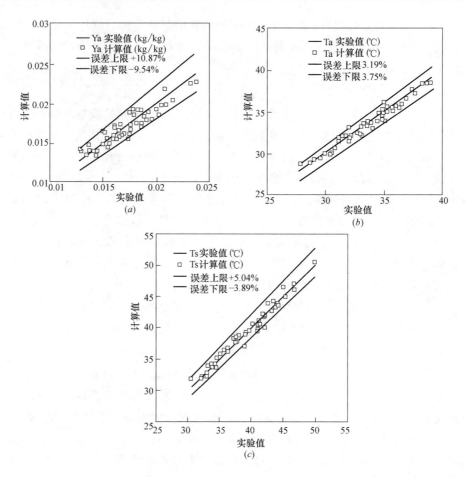

图 6-36 计算值与实验结果之间的对比验证

(*a*) 出口空气湿度；(*b*) 出口空气温度；(*c*) 出口溶液温度

再生能源。本书以香港地区气候条件为例，选取具有较高通风率和潜热负荷的一个典型办公室，对太阳能溶液除湿空调系统和传统冷却除湿空调系统的动态性能进行了分析。

6.3.11.2 问题描述

选择一间面积为 130m² 的办公室作为模拟对象，办公室位于一栋 L 型建筑的一层。建筑一面朝正北方向，单层 L 型建筑南向墙体长 12m，西向长 12m，高 3m。南面墙上有一扇窗户。墙体为 10cm 的普通砖墙，外层抹 2.54cm 厚泥灰。屋顶材料从里向外依次为 5cm 厚重型混凝土，2.5cm 厚密实绝热材料，1cm 厚毛毡和 1.5cm 厚石料。窗户是 3mm 厚的单层透明玻璃窗，窗墙比大约为 0.07。

建筑形状和朝向如图 6-37 所示。办公室长 10m，宽 5m，高 3m。房间围护结构的传热系数（U）分别为：屋顶 [$U = 0.4\mathrm{W}/(\mathrm{m}^2 \cdot \mathrm{K})$]、墙壁 [$U = 3\mathrm{W}/(\mathrm{m}^2 \cdot \mathrm{K})$]、隔墙 [$U = 2.19\mathrm{W}/(\mathrm{m}^2 \cdot \mathrm{K})$]、地面 [$U = 1.03\mathrm{W}/(\mathrm{m}^2 \cdot \mathrm{K})$]、窗户 [$U = 6.17\mathrm{W}/(\mathrm{m}^2 \cdot \mathrm{K})$]。内部照明冷负荷 2343W，设备冷负荷 7322W。房间中有 10 名人员。为了评价太阳能除湿空调系统的除湿能力，房间人员的产湿量和新风需求均按最高值设定，分别为 0.4kg/(h·人)和 133m³/(h·人)，室内设计温度为 24℃，相对湿度为 55%。

房间能耗使用 EnergyPlus 软件进行逐时计算。房间的显热冷负荷和潜热冷负荷计算方法与传统空调设计方法相同。设计日空调的最大冷负荷为 28.8kW，其中显热负荷 22.8kW，

图 6-37　模拟建筑的形状和朝向

潜热负荷 6.0kW。供冷季空调每月冷负荷也使用 EnergyPlus 计算，列于图 6-38 中。

　　图 6-38 显示，亚热带地区（如我国香港地区），基本上全年需要空调。空调能耗占建筑全年能耗的 40%～70%。特别是 5 月份到 9 月份的夏季，空调冷负荷占全年冷负荷的 40%。亚热带地区，空调潜热负荷比重大，对于传统的冷却除湿空调系统来说，很难同时精确控制温度和湿度。所以常常只保证空气温度，对湿度不作精确控制。

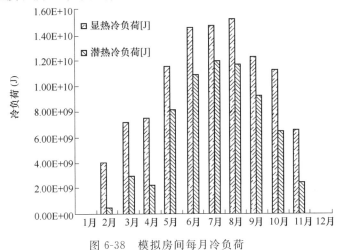

图 6-38　模拟房间每月冷负荷

6.3.11.3　太阳能除湿空调系统

　　图 6-39 为太阳能除湿空调系统的示意图。室外空气进入送风管道，经过除湿单元进行除湿，除湿的同时温度上升。经过空气除湿单元后，温度较高但湿度较低的空气经冷盘管冷却，然后送入室内。

　　除湿溶液进入太阳能集热/再生器中再生。稀溶液的进口温度设定为除湿溶液水蒸气分压力与空气中水蒸气分压力相等时的溶液平衡温度。

　　为了提高稀溶液温度，除湿器流出的除湿溶液首先通过一个热交换器，被从太阳能再生器中流出的高温溶液加热。如果太阳辐射强度弱，经热交换后的溶液温度仍达不到平衡温度，就使用辅助热源来加热稀溶液以达到需要的温度。

　　辅助热源可以使用天然气或电。考虑到电是城市中最常见的能源，此处选用电作为辅助能源。除湿溶液再生所需的能源一部分由太阳能提供，另一部分由辅助电加热器提供。

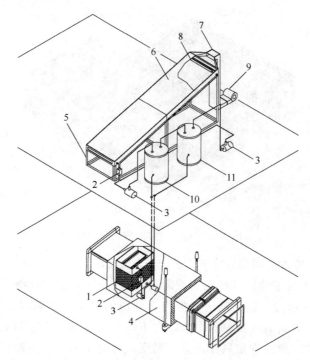

图 6-39　太阳能除湿空调系统示意图

1—除湿器；2—热交换器；3—溶液泵；4—空气处理单元；5—支撑结构；6—太阳能集
热/再生器；7—空气入口；8—布液器；9—风机；10、11—储液罐

6.3.11.4　系统模型

以下给出了太阳能溶液除湿空调系统中各个部件的控制方程。

1. 太阳能集热/再生器

太阳能集热/再生器模型使用 6.3.10.6 节中提出的简化控制方程，此处不再作详细讨论。根据空气和溶液的初始进口状态，利用太阳能集热/再生器简化模型，可以计算出空气和溶液的出口状态。

2. 除湿器

根据目前的文献资料，除湿器主要有 3 种理论模型，分别为有限差分模型、effectiveness-NTU 模型和拟合代数方程模型。复杂模型中，通过求解连续性方程和动量方程，首先得到除湿塔中的速度场，温度和浓度分布可以由能量和质量平衡关系计算。

这种模型过于复杂并且耗用大量计算时间，因此并没有那些假设初始流动为静止的简化方程应用的普遍。在本次系统全年能耗预测中，采用了 T. W. Chung 提出的经验公式简化方程模拟溶液除湿系统的总体性能。经验方程中包含了空气和溶液质量流量、空气和溶液进口温度、除湿塔尺寸、除湿溶液的平衡物性等参数。给出一定的填料高度、溶液流量和除湿溶液类型，除湿塔的效率可以表示为：

$$\varepsilon = \frac{1 - \left\{ \dfrac{0.205 \left(\dfrac{G_{\text{in}}}{L_{\text{in}}} \right)^{0.174} \exp\left[0.985 \left(\dfrac{t_{G_{\text{in}}}}{t_{L_{\text{in}}}} \right) \right]}{(aZ)^{0.184} X^{1.68}} \right\}}{1 - \left\{ \dfrac{0.152 \exp\left[-0.686 \left(\dfrac{t_{G_{\text{in}}}}{t_{L_{\text{in}}}} \right) \right]}{X^{3.388}} \right\}} \tag{6-51}$$

式中　X——除湿溶液表面水蒸气与纯水表面水蒸气压力差和纯水表面水蒸气分压力之
　　　　　　比，$(P_{water} - P_{solution})/P_{water}$；

　　　　a——填料的表面传热传质面积与填料体积之比，m^2/m^3；

　　　　Z——填料塔高度，m。

3. 热交换器

进口稀溶液的流量与出口高温浓溶液的流量几乎相等，假定它们具有相同的比热，换热器的效率认为等于 0.8，它可以表示如下：

$$\varepsilon_{ex} = \frac{T_{in} - T'_{in}}{T_{in} - T_{out}} \tag{6-52}$$

4. 制冷子系统

太阳能溶液除湿空调系统中制冷系统的冷负荷和能耗与传统空调系统相比主要有两点不同。首先，房间内部潜热负荷和新风湿负荷由溶液除湿系统完成，冷水只承担显热冷负荷；其次，这部分显热冷负荷使用高温冷水就可以除去，冷冻水温度的提高可以使制冷机的能耗大大降低。因为本节的重点在除湿系统上，此处对制冷机系统采取简化分析，使用理想逆卡诺循环模型计算由于冷水温度升高而带来的制冷机性能的提高。对于传统的制冷系统，冷凝温度和蒸发温度认为是 40℃和 2℃，制冷机的理论效率为 7.2。在太阳能溶液除湿空调系统中，15℃的冷水就可以除去室内显热负荷，制冷机的冷凝温度和蒸发温度可以假定为 40℃和 13℃。对应的制冷机理论效率值为 10.6。经过实际运行验证，大约可以节省 40%的能耗。传统的冷却除湿空调系统中，Energyplus 模拟软件计算的制冷机 COP 平均值为 3.3，而在太阳能除湿空调系统中，制冷机 COP 可以达到 4.62。

制冷子系统的负荷可以用下式计算：

$$Q_{C,C/R} = Q_C - M_{pa}(h_{a,out} - h_{a,in}) \tag{6-53}$$

式中　Q_C——总的冷负荷；

　　　$h_{a,in}$——室外空气的焓；

　　　$h_{a,out}$——离开空气除湿器的空气焓值；

　　　M_{pa}——空气的质量流量。

使用 Energyplus 软件对整个供冷季房间冷负荷进行逐时计算。通过太阳能溶液除湿再生系统的模拟，可以得到供冷季中经除湿器干燥后空气的逐时状态，计算逐时的 $h_{a,out}$，由此确定供冷季中制冷子系统的逐时负荷。

6.3.11.5　结果和讨论

1. 太阳能溶液除湿空调系统的全年能耗分析

在太阳能除湿空调系统中，潜热负荷由除湿溶液处理，显热负荷由高温冷水承担，这使得制冷机的能耗大大降低。图 6-40 比较了两种空调系统的月平均能耗。由于太阳能除湿系统的引入，制冷机能耗大大降低。在室外空气湿度非常高，潜热负荷占总冷负荷比例较大的夏季，这种节能效果更为明显。在保证室内空调设计条件的前提下，制冷机容量可以由 28.8kW 降低至 19kW。但要对整体空调系统进行评价，不能仅仅从制冷机方面考虑，还需要考虑太阳能除湿系统的性能。

对于太阳能集热再生系统来说，为保证系统的连续运行，非常重要的一点就是要平衡溶液再生除湿量与水分蒸发速率的关系。图 6-41 给出了全年逐时溶液再生除湿量和 $32m^2$ 太阳能集热/再生器的水分蒸发速率的关系。全年的溶液再生除湿量和 $32m^2$ 太阳能集热/

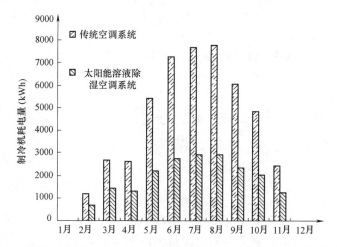

图 6-40 传统冷却除湿空调系统和太阳能除湿空调系统的制冷机能耗对比

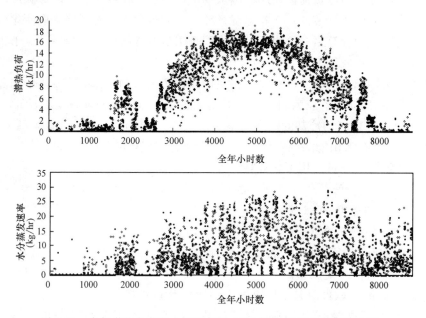

图 6-41 全年潜热负荷与太阳能集热/再生器水分蒸发速率对比图

再生器蒸发速率基本平衡,计算值为 2.5×10^4 kg。尽管全年溶液再生除湿量和蒸发速率近似相等,但由于外界天气条件波动较大,具体到每个月或每天仍会出现两者不匹配的现象,因此对于太阳能除湿空调系统必须引入蓄能储液罐来保证整个系统的连续运行。事实上,除湿溶液非常适合用来蓄能,对于像盐溶液这样的除湿溶液,相同的除湿过程,溶液蓄能容量是固体除湿材料(如沸石或石蜡)的 3.5 倍。

分析过程中,除湿溶液浓度的上下限分别设定为 50% 和 25%。当除湿溶液浓度超过 50% 时,应该停止再生过程以避免除湿盐溶液的结晶。当溶液浓度低于 25% 时,盐溶液从空气中吸收水蒸气的能力太弱,从而不能使除湿系统有效运行。图 6-42 显示了储液罐容量对溶液浓度的影响。

2. 经济分析

虽然太阳能除湿空调能够减少制冷机装机容量,提高制冷机运行效率,从而节省运行

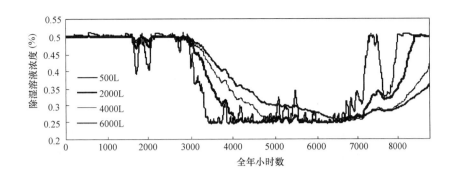

图 6-42　储液罐容量对溶液浓度的影响

能耗。但是太阳能除湿空调系统与传统空调系统相比也要增加相当大的初投资，因此最终的经济性如何需要通过合理的经济对比分析给出答案。

当太阳能溶液除湿空调系统增加的投资费用低于新系统带来的节能收益时，它就是值得投资的。对于传统的空调系统，制冷机容量为 28kW，费用大约为 20000 港元。当使用太阳能溶液除湿空调系统时，由于除湿系统的使用，19kW 制冷量的制冷机就能满足要求，费用约为 12500 港元。

目前开式太阳能集热/再生器还没有市场产品，但因为开式太阳能集热/再生器的结构与平板式太阳能集热器非常相似，因此它的费用可参照太阳能热水器的价格估算，大约为 2000HK \$/m²，包括安装费用。其余的一些详细费用见表 6-4。

初投资分析　　　　　　　　　　　　　　　　　　　　　　表 6-4

制冷机		循环泵价格 〔港元/TR〕	冷却塔价格 〔港元/TR〕	风机盘管价格 〔港元/TR〕	电子设备价格 〔港元/TR〕	安装维护费用 〔港元/TR〕	合计
容量 〔TR〕	价格 〔港元/TR〕						
5	2500	350	250	3000	1280	3500	54400
8	2500	350	250	2000	1280	3500	79040

太阳能集热/再生器		储液罐		除湿器	风机 & 泵	合计	额外投资 〔港元〕
面积 （m²）	价格 （港元/m²）	容量 （m³）	价格 （m³/港元）				
36	2000	1	1000	20000	10000	85000	60360
24	2000	5	1000	20000	10000	71000	46360

传统空调系统总的初投资为 79040 港元，对于太阳能除湿空调系统，初投资主要与储液罐的大小以及太阳能集热/再生器的大小有关。表 6-4 中列出了两种太阳能集热/再生器面积与储液罐容量的组合。这两种组合方式都能保证系统全年 99% 的可靠运行率。以下的性能和运行费用分析基于第二种初投资较低的组合方式。

图 6-43 为太阳能溶液除湿空调系统与传统空调系统月能耗对比图。传统空调系统的最大月能耗出现在 8 月份，为 2400kWh。全年空调能耗指标为 114.45kWh/m²。能耗指标定义为全年空调能耗与空调房间面积的比值。引入太阳能除湿系统后，全年空调能耗指标降低至 52.09kWh/m²。从图 6-44 中可以清楚地看出，与传统空调系统相比，太阳能除湿空调的相对节能最大值出现在 8 月份，为 59.65%。通风负荷中潜热比例越高，节能效

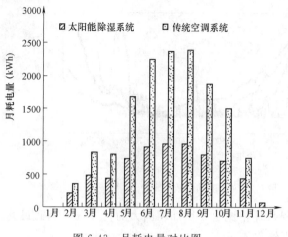

图 6-43   月耗电量对比图

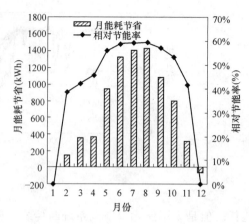

图 6-44   太阳能溶液除湿空调的能耗节省

果越明显。模拟也表明，相对能耗节省量与房间潜热负荷的变化曲线相似。对于本例，相对节省能耗的最大值出现在 6～9 月份，这是典型的高湿度季节。在其余月份，特别是 3 月份和 11 月份，节能效果并不是那么明显。这说明溶液除湿空调系统在高湿度季节的性能会更好一些。

整个供冷季，太阳能溶液除湿空调系统的运行能耗为：

$$COST = (E_{\mathrm{elec,chiller}} + E_{\mathrm{elec,pump}} + E_{\mathrm{elec,fan}} + Q_{\mathrm{aux}})C_e \tag{6-54}$$

式中　E_{elec}——制冷机、水泵和风机的全年耗电量，kWh；

　　　Q_{aux}——电加热器的全年能耗，kWh；

　　　C_e——电价，港元/kWh，香港电价大约为 0.9～1.17 港元/kWh。

生命周期收益定义为太阳能除湿空调系统生命周期节能收益的现值与增加初投资的差值。如果这个差值为正，除湿系统就值得投资，反之就不应投资。市场贴现率取 8%，电价通胀率大约为 5%，系统寿命取 20 年。指定这些经济参数后，可以确定投资回报率（ROI）。ROI 定义为生命周期收益为 0 时的市场贴现率。这个贴现率下，太阳能除湿空调系统与传统空调系统的现值相等。LCS 为正，意味着 ROI 比市场贴现率要大，如果为负则相反。投资回收期定义为收益的现值与初投资相等时的系统运行年数。

本例中，增加初投资为 C，市场贴现率 $d = 0.08$，通货膨胀率 $e = 0.05$，系统寿命 20 年，年节能收益为 S，系统不具有残值。生命周期收益由 Duffie and Beckman 在 1980 年给出：

$$LCS = -C + PWF(N, e, d)S \tag{6-55}$$

式中：

$$PWF(N, e, d) = \frac{1}{d-e}\left(1 - \left(\frac{1+e}{1+d}\right)^N\right) \ (e \neq d) \tag{6-56}$$

$$PWF(N, e, d) = \frac{N}{1+d} \ (e = d) \tag{6-57}$$

如图 6-45 所示，当太阳能集热/再生器面积由 20m² 增加到 36m² 时，LCS 由 81787 港元线性降低至 54140 港元。此时系统运行保证率从 85% 迅速升高至 100%。系统保证率定义为再生溶液除湿保证小时数与再生需要总小时数的比值。当太阳能集热/再生器面积固定在 24m² 时，除湿系统储液罐容量对 LCS 和系统保证率的影响如图 6-46 所示。总体

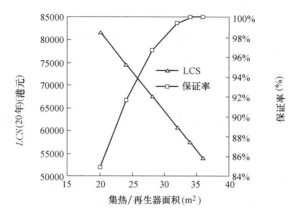

图 6-45　LCS 和运行保证率与太阳能集热/再生器
面积的关系（储液容量：1m³）

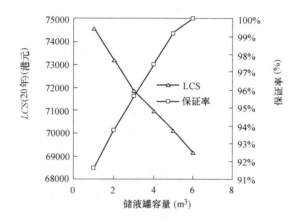

图 6-46　LCS 和运行保证率与储液罐
容量的关系（集热器面积：24m²）

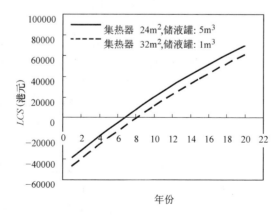

图 6-47　两种不同太阳能除湿系统组合方式的 LCS 曲线

来说，储液罐容量和太阳能集热/再生器面积对 LCS 和系统运行保证率有着近似的影响。但由于储液罐的价格比太阳能集热/再生器低，所以增加储液罐容量具有更好的经济性。比较 32m² 太阳能集热/再生器与 1m³ 储液罐组合方式和 24m² 太阳能集热/再生器与 5m³

储液罐组合方式，两种组合几乎都具有 99％的运行保证率，但是生命周期收益却大不相同。对于较大太阳能集热/再生器面积与较小容量储液罐组合方式，20 年生命周期收益为 60805 港元，而对于较小太阳能集热/再生器面积与较大容积储液罐组合方式，生命周期收益为 70119 港元。

图 6-47 为生命周期收益随运行年份变化的关系图。较大容量储液罐和较小面积太阳能集热/再生器组合的回收期大约为 7 年，而较大面积太阳能集热/再生器和较小容量储液罐组合的回收期略低于 8 年。

6.3.12　小结

太阳能溶液除湿空调系统使用固体吸附或溶液除湿的方法对室外新风进行干燥，负担室内的潜热湿负荷，使用高温冷水去除室内显热负荷。这种温湿度分别处理的空调系统避免了传统冷却除湿空调系统制冷机效率低，难以精确控制室内温湿度的缺点，而引入太阳能作为除湿溶液或除湿转轮的再生能源，使得太阳能除湿空调系统具有更大的节能潜力。

本章以太阳能再生的转轮除湿空调系统为例，简要说明了太阳能固体除湿空调运行原理。对太阳能溶液除湿空调系统运行原理和部件模型，作了较为详细的介绍。相对于固体除湿系统，溶液除湿系统具有除湿能力强、蓄能容量大的优点，因此广泛地应用于太阳能除湿空调系统中。

在实验室条件下，研究了各种独立参数对太阳能集热/再生器性能的影响。结果表明，太阳辐射强度、环境空气温度和空气湿度都会对太阳能集热/再生器的性能产生较大影响。提出了一种简化的太阳能集热/再生器传热传质模型，以香港地区某 130m^2 典型办公室为例，将该简化模型与其他系统部件模型结合，分析了太阳能溶液除湿空调系统的全年动态能耗，并与传统冷却除湿空调系统作了经济对比分析。引入太阳能除湿空调系统，可以降低制冷设备的容量。虽然太阳能溶液除湿空调系统的初投资略高于传统空调系统，但由于其高湿季节显著的节能特性，在运行寿命周期内完全可以收回投资成本并取得可观的节能收益。

6.4　膜除湿技术

溶液除湿技术因其除湿效率高、没有液态水凝结、可充分利用低品位热源进行再生等受到广泛关注，但由于除湿溶液和湿空气直接接触，容易导致空气夹带溶液液滴并进入到空调房间，对室内人员的健康、建筑结构和家居用品造成损害。为彻底解决传统溶液除湿中液滴夹带的问题，在液体除湿过程中使用选择性透过膜的技术，即膜式液体除湿技术，已经引起越来越多的重视。

膜科学技术是一门新兴的高分离、浓缩、提纯、净化技术。近年来随着膜技术的进步，利用膜的选择透过性进行空气除湿的方法有了较快发展。要使水蒸气透过膜，必须在膜的两端产生一个浓度差，这种浓度差既可由膜两端压力差造成，又可由膜两端温度差造成，或者是由温度和压力共同作用产生。目前对膜空气除湿基本上都是以膜两边的水蒸气分压差作为驱动势，因此为了强化除湿，应尽量增大膜两侧的压力差。近年来也出现了一种新颖的空气除湿方式——湿泵除湿，其除湿机理为：水蒸气从分压较低的一侧向水蒸气分压较高的一侧渗透，水蒸气传递方向是逆压力方向的，因此称之为湿泵。使用湿泵可以利用低品位热源，节省高品位电能。S. Paul 等人则将冷凝除湿和膜除湿结合使用，其优点是：冷凝液体不直接与被除湿的空气接触，直接回收冷凝水作为循环冷却水，有较高的传热系数。

这种新的除湿技术和传统技术最大的区别在于传统的降膜或填料除湿器由膜组件所取代，即膜除湿器。这种除湿器使用半透膜把除湿溶液和空气彼此隔离开来，即保证了溶液和空气之间充分的接触面积及传热传质，又可严格阻止溶液和其他气体渗透到空气中。膜法空气除湿具有传统除湿方法所不具有的许多优点，如除湿过程连续进行、无腐蚀问题、无需阀门切换、无运动部件、系统可靠性高、易维护、能耗小、维护费用少等，因此很快受到人们的重视并成为膜分离技术应用开发的热点之一。

6.4.1　膜材料的选择

溶液除湿中所选用的半透膜一般分为疏水性微孔膜及无孔膜两类。半透膜应用于液体除湿技术时，防止溶液通过膜孔的泄露是一个至关重要的因素，主要由膜的疏水性决定。而膜除湿性能主要由膜的透湿性决定。一般来讲，膜组件中膜的传质阻力占总传质系数的83%以上。因此，在保证溶液不发生泄露的情况下，应该提高膜的透湿性。

对于疏水性微孔膜，它的膜孔润湿程度主要取决于所使用溶液的表面张力。表面张力越大，膜孔的润湿程度就越小。除此之外，还会受到疏水性微孔膜材料的粘附力以及溶液的静电作用的影响。由于疏水性微孔膜存在除湿溶液渗透微孔的潜在危险，这不仅会造成空气夹带溶液液滴，而且会恶化传热传质效果。因此，在使用疏水性微孔膜时，需要慎重考虑溶液通过膜孔的泄露。理论上，通过控制膜厚度方向两侧压降的大小，可以防止溶液的泄露。为彻底避免在气液接触过程中潜在的液滴夹带风险和由此造成工作条件的限制，无孔膜正受到越来越多的关注和广泛的应用。用于气液间接接触的无孔膜主要包括以下几种类型：涂有密集硅胶层或凝胶层的微孔膜（PP，PE，PEI，PTFE，PVDF 等）；气液吸收过程（CO_2/碱性溶液，碳酸盐）中使用的均匀 PDMS 中空纤维膜；气液吸收过程（水汽/CO_2，SO_2，H_2S，NH_3/glycol）中使用涂有致密层无定形铁佛龙的微孔 PTFE 膜。上述膜材料都已经成功地运用于液体除湿过程中。

6.4.2　不同形式的膜组件

为将选择性半透膜组合起来成为膜除湿器，目前研究较为广泛的组件形式有平行板式及中空纤维式等。平行板式膜或中空纤维膜可分别被安装在塑料壳中，相应地形成平行板式膜组件或中空纤维膜组件。它们各有其优缺点，前者结构简单、制作容易，流道内的压降相对较低；后者则填装密度大、效率高，但结构复杂，制作困难，特别是两端的密封问题较难解决，流道内的压降较大。

如图 6-48 所示，典型的平行板式膜组件是由一组平行板式膜堆叠在一起形成的，相邻膜之间等间距布置，形成多通道的矩形流道，溶液和空气在矩形流道内交替流动。为了管道密封的简便，一般来讲空气和溶液以叉流的形式交错流动。为提高膜组件的除湿性能，同时兼顾空气和溶液流道的密闭，研究人员采用逆流和叉流相组合（准逆流）的流动形式来实现溶液除湿。由于结构简单及组装容易，平行板式膜组件结构已在空气

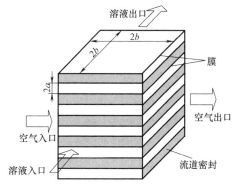

图 6-48　平行板式膜组件

热质交换器及全热回收器中广泛应用，也适用于液体除湿技术。由于平行板式膜组件之间空间较大，可以考虑增加正弦、三角形或矩形波纹等翅片强化流动与传热传质。翅片的增加可以对平板式膜起到支撑作用，弥补膜机械强度较低的缺陷。另外，也可在平行膜板间安装冷却盘管，以及时带走除湿溶液除湿过程中因吸收水蒸气而释放出来的热量，保持除湿剂吸湿能力。

中空纤维膜组件虽然结构复杂，但具有可观的装填密度，比表面积可达 $2000m^2/m^3$，组件传热传质能力也较平板式有很大提高。该组件的结构类似于管壳式换热器，溶液在中空纤维膜内流动，而空气流从膜管外略过，既可以走壳程也可以走管程。如图 6-49（a）所示，目前大多数工程应用中，溶液通常走管程，而空气以逆流的方式走壳程。这种流动方式的优点是可以降低空气流的压降，并且可取得更好的热质传递性能，但溶液有较大的压力损失。Zhang 和 Huang 等人的研究发现使溶液流走管程，而空气以叉流的方式走壳程，可以解决这一问题。同时，为了强化膜组件内的传热传质，可以将中空纤维膜压制成椭圆截面中空纤维膜组件，空气沿着椭圆截面短半轴方向流动。这样不仅能够强化管内传热传质，也能强化管外传热传质，如图 6-49（b）所示。

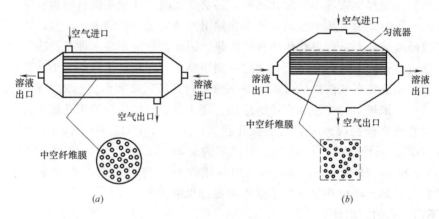

图 6-49 中空纤维膜组件

（a）逆流中空纤维膜组件；（b）叉流中空纤维膜组件

当使用中空纤维膜时，除湿剂和空气流之间热质交换比较迅速，为此建议在空气处理系统中使用紧凑型膜吸收和脱附单元。由于结构紧凑，不适合安装翅片或者冷却盘管。可考虑将中空纤维膜管压制成椭圆形纤维管，空气流体沿着椭圆短半轴方向横掠管束，能同时强化管内和管外的流动，提高组件除湿性能。椭圆截面中空纤维膜管束液体除湿流道中（管程和壳程）准则数的确定是一个重要的研究方向。另外，由于中空纤维膜机械强度较低，膜纤维管的弯曲度对组件除湿性能的影响同样需要进行深入研究。

6.5 除湿技术应用案例

6.5.1 转轮除湿与热泵耦合空调系统

南京某商场室内空调冷负荷为 289.3kW，所需除湿量为 0.137kg/s，送风量为 31.93kg/s，新风比为 30％。为提高商场内的空气品质及节约能耗，采用了转轮除湿与常规冷却结合的空调系统，既可避免制冷机的蒸发温度过低影响制冷效率，又可避免凝结水排放不当造成的渗漏问题。再生能耗是转轮除湿空调系统中的主要能耗之一，为有效地提供再生所需的热量，采用了转轮除湿热泵耦合运行系统。为进一步节约能耗，提高热泵效率和避免热量浪费，该应用中提出了转轮除湿与双级热泵耦合运行的复合空调系统。

转轮除湿与双级热泵耦合空调系统主要由转轮除湿机、显热换热器和双级耦合热泵组合而成，原理图如图 6-50（a）所示。夏季制冷的运行方式为空调房间的热湿负荷独立处理，由除湿转轮承担全部湿负荷，显热换热器承担部分冷负荷，双级热泵的一级热泵承担余下的冷负荷，而二级热泵则承担除湿转轮的再生热量；冬季供暖的运行方式为高温级热泵停止工作，只采用低温级热泵向室内供热。因此，这种系统在冬季供暖时不会受到系统改变的影响。

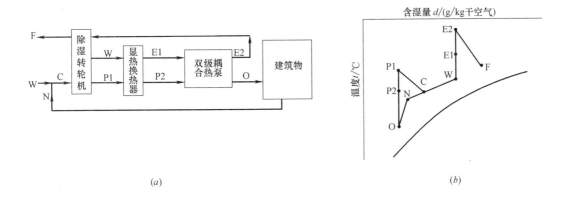

(a) (b)

图 6-50　转轮除湿与双级热泵耦合空调

（a）系统原理图；（b）空气处理过程焓湿图

根据空气参数及热湿负荷，转轮除湿机选型为 U.S. RORTS 转轮除湿机中的 USD-4200，其再生风侧与处理风侧的被处理空气的比值为 0.33。显热换热器型号为 ECW4800 的显式热交换器。冷却塔则根据冷却水量、进出水温差和干湿球温度来选型。在设计中，二级热泵为高温热泵，对于高温热泵耦合性能的实现，工质的选择尤为重要，根据制冷剂的热力学性质和高温下的稳定性，该系统选用了 R142b 作为二级热泵的工质。

通过计算，由于热泵的工作温度范围均能保证在 40℃ 以内，一级热泵和二级热泵 COP 可达 5.6 及 5.4。综合计算可知，使用转轮除湿与双级热泵耦合的空调系统，较传统模式相比，可节约 30～40％ 运行费用。虽然这一系统初投资会较高，但因再热负荷仅是一级热泵制冷量的 50％ 左右，提供再热负荷的二级热泵大小相比一级热泵要小得多，故二级热泵型号比一级热泵小，因此设备初投资比使用单级热泵的耦合系统要低。

6.5.2　溶液除湿温湿度独立控制空调系统

北京某办公楼安装了溶液除湿温湿度独立控制空调系统，其建筑面积约 2500m²，共 5 层，建筑高度为 18.6m。1 层主要为门厅、接待室、会议室，2～5 层主要是办公室及会议室，每层设一个空调机房。空调系统形式为风机盘管加新风系统，利用溶液处理新风，实现温湿度独立控制。

该系统由溶液除湿系统和电压缩制冷系统及热网组成，工作原理参见图 6-51，可以实现夏季制冷、冬季供热及过渡季热回收功能。夏季，溶液除湿系统负责处理新风，使之承担建筑的全部潜热负荷、控制室内湿度；18℃ 的冷水送入干式风机盘管，用于去除建筑

314 第 2 部分 建筑物太阳能空调技术

的显热负荷、控制室内温度。新风机组向室内提供新风，承担室内湿负荷，新风量可根据人数调节。而冬季，通过阀门的切换，热水代替冷水进入室内末端供暖，新风机组以热回收模式运行。以溶液为媒介，通过依次和新风及回风进行热湿交换，配以溶液温度、浓度的变化，使得能量和水蒸气从湿热的回风侧转移到干冷的新风侧，完成了对回风的全热回收。全热回收效率高，而且可完全避免气流的交叉污染，并且通过溶液的喷洒，可除去空气夹带的灰尘、细菌，起到净化的作用。

溶液除湿系统由除湿器（新风机）、再生器、储液罐、输配系统和管路组成。浓溶液从浓溶液罐中沿各个支路通往各层的新风机组作为除湿的动力，经过新风机从空气中吸收水蒸气后的稀溶液通过溢流方式流回稀溶液罐。再生器从稀溶液罐中取液，再生成浓溶液送入浓溶液罐。这两个罐有足够大的容积，从而使再生过程不需要与新风处理过程同步进行。溶液本身具有很好的蓄能特性，能量以化学能形式储存，蓄能密度高，按照溶液的吸湿能力计算，空间效率可达 $1000MJ/m^3$，并且耗散小，易于保存。良好的蓄能特性使得系统对热源持续供热的要求降低，同时可以缓解除湿能力和再生能力不匹配的问题，从而可实现系统优化设计，起到移峰填谷的作用。

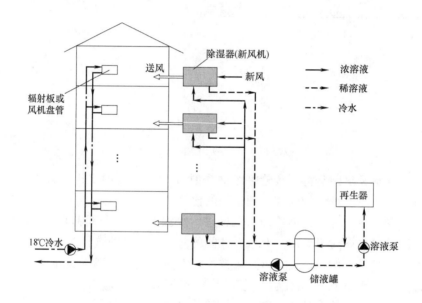

图 6-51　该大楼采用的温湿度独立控制空调系统原理图

实际运行中，通过控制溶液的温度和密度，从而控制送风的温度和相对湿度，进而控制所需的送风含湿量。槽中溶液的密度可通过补充的浓溶液密度和流量调节，而溶液温度受回风参数及除湿量等诸多变量的影响，不易控制。因此可通过测量溶液的温度，通过线性关系算出送风温度，结合要求的送风含湿量算出要求的送风相对湿度，再通过线性关系算出所需的溶液浓度，最后通过调节补充的浓溶液的密度或流量实现控制目的。

通过实际测试发现，该测试年度 7 月份室外干球温度在 $25\sim35℃$ 之间，室内温度大致维持在 $24\sim27℃$ 之间，相对湿度为 $40\%\sim60\%$。因此，该温湿度独立控制系统可提供一个较为舒适的室内环境。而室内露点温度始终低于冷水供回水温度 $18℃/21℃$，不会结露。通过对连续测量数据的分析计算，夏季新风机组的平均能效比为 1.83，平均再生效率约为 0.82，系统的平均能效比为 1.50；而冬季的全热回收效率以及潜热回收效率大约在 50％左右。通过计算可以得到，在电价 0.5 元/kWh，而热价为 35 元/GJ 时，系统可较电压缩制冷系统节能 30％～40％。若溶液再生所需的热量可以通过太阳能或废热获得时，该系统的耗电量与运行费用仅为常规空调系统的 50％左右。

6.5.3　膜全热交换器在空调系统中的应用

由于膜式溶液除湿机组处于研发阶段，尚未正式投入使用，为了向读者介绍膜式系统的性能及经济性，这里介绍的案例为膜全热交换器在空调系统中的应用。膜全热交换器就是将选择性半透膜做成全热交换器，用于空调新风的热湿回收中。它的工作原理如图 6-52 所示，空调新风和排风分别流过透湿膜的两侧，同时交换湿量和热量，使空调房间的焓得到回收，从而降低新风空调负荷，达到节能目的。全热交换器与膜式溶液除湿的原理类似，只是溶

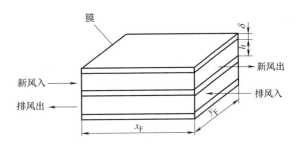

图 6-52　膜全热交换示意图

液除湿过程中透视膜的两侧分别流过溶液及空气，而此案例中透湿膜的两侧为潮湿的新风及干燥的室内排风。

东莞某电子工厂厂房的空调拟应用此类全热交换器。该厂房空调总面积为 5000m²，新、排风量都较大，分别高达 16800m³/h 及 10000m³/h。如果不利用排风的显热和潜热，那么新风处理的负荷将很大。

当采用膜全热交换器组合式空调净化机组（排风热回收装置）后，夏季主机总装机容量可减少 77.8kW，冬季主机总装机容量可减少 68.5kW，冬季末端设备内加湿器加湿量可减少 46.6kg/h。主机房的一次性投资可减少 16.4 万元；加湿器一次投资亦有减少。除初投资外，运行费用也有所减少。该项目设计为连续不间断生产，东莞地区夏季空调时间为 280d，冬季运行为 85d，每天运行 24h。整个夏季可节省运行能耗 127.7MWh，冬季则可节约 31.7MWh，总的来讲主机房全年运行费用可减少 12.5 万元。

本章参考文献

[1]　余晓平，付祥钊. 夏热冬冷地区民用建筑除湿方式的适用性分析. 建筑热能通风空调，2006，25（2）：65-69

[2]　刘晓华. 温湿度独立控制空调系统. 北京：中国建筑工业出版社，2006

[3]　陈晓阳. 湿度独立控制空调系统的工程实践. 暖通空调，2004，34（11）：103-109

[4]　江亿，李震，陈晓阳，刘晓华. 溶液式空调及其应用. 暖通空调，2004，34（11）：88-97

[5]　王顺林，裴清清，朱钟浩，韩俊召. 夏热冬暖地区太阳能溶液除湿空调的应用分析. 建筑热能通风空调，2007，26（4）：17-20

[6]　Daou K，Wang R Z，Xia Z Z. Desiccant cooling air conditioning：a review. Renewable and Sustainable Energy Reviews，2006，10（2）：55-77

[7]　徐征，刘筱屏，何海亮. 温湿度独立控制空调系统节能性实例分析. 暖通空调，2007，37（6）：129-132

[8]　钟怡，秦朝葵，徐吉浣. 主动除湿转轮在民用建筑空调领域的发展. 暖通空调，2006，36（6）：29-34

[9]　张燕，丁云飞. 太阳能液体除湿处理热湿地区冷却顶板新风湿负荷. 建筑科学，2006，22（3）：

70-73

[10]　张伟荣，曲凯阳，刘晓华，常晓敏. 溶液除湿方式对室内空气品质影响的初步研究. 暖通空调，2004，34（11）：114-117

[11]　袁庆涛，肖勇全，李传政. 低温地热能液体除湿与热泵空调联合运行分析. 山东建筑大学学报，2007，22（2）：117-121

[12]　施秀琴，杜珂，孙国勋. 上海市一生态住宅示范楼温湿度独立控制空调系统设计. 暖通空调，2006，36（10）：82-85

[13]　孙桂平，戎卫国. 独立新风系统的设计计算分析. 制冷与空调，2006，（3）：45-48

[14]　张学军，代彦军，王如竹. 除湿转轮的烩湿分析与性能优化. 工程热物理学报，2005，26（5）：733-735

[15]　周亚素，陈沛霖. 转轮除湿复合式空调系统. 暖通空调，1999，29（4）：64-66

[16]　雷海燕，刘雪玲. 固体吸附式除湿空调系统及其研究进展. 天津理工大学学报，2005，21（3）：49-51

[17]　丁云飞，丁静，杨晓西. 基于太阳能再生的转轮除湿独立新风系统. 流体机械，2006，34（8）：63-66

[18]　方玉堂，蒋赣. 转轮除湿机吸附材料的研究进展. 化工进展，2005，24（10）：1131-1135

[19]　朱冬生，剧霏，李鑫，汪南，刘超. 除湿器研究进展. 暖通空调，2007，37（4）：35-40

[20]　贾春霞，吴静怡，代彦军. 干燥剂转轮除湿性能实验研究. 化学工程，2006，34（6）：4-7

[21]　冯毅，谭盈科，李宗楠. 太阳能驱动的吸附除湿空调系统的研究. 太阳能学报，2000，21（3）：265-268

[22]　钟金华，代彦军，贾春霞，王如竹. 干燥剂转轮动态除湿特性实验研究. 上海交通大学学报，2005，39（8）：1205-1208

[23]　Zhang L Z, Niu J L. Performance comparisons of desiccant wheels for air dehumidification and enthalpy recovery. Applied Thermal Engineering，2002，22：1347-1367

[24]　袁卫星，刘晓茹. 转轮除湿器简化模型数值模拟与性能分析. 太阳能学报，2007，28（3）：296-300

[25]　冯青，俞金娣，张鹤飞. 转轮式干燥剂除湿器数学模型及 RDEH 程序. 太阳能学报，1994，15（3）：209-217

[26]　葛天舒，李勇，王如竹，代彦军. 三种固体转轮除湿系统的模拟比较. 工程热物理学报，2008，29（1）：22-29

[27]　代彦军，俞金娣. 转轮式干燥冷却系统的参数分析与性能预测. 太阳能学报，1998，19（1）：60-65

[28]　方承超，孙克涛. 太阳能液体除湿空调系统模型的建立与分析. 太阳能学报，1997，18（2）：128-133

[29]　张伟荣，曲凯阳，刘晓华，常晓敏. 溶液除湿方式对室内空气品质影响的初步研究. 暖通空调，2004，34（11）：114-117

[30]　李震，刘晓华，江亿等. 带有溶液热回收器的新风空调机. 暖通空调：暖通空调与 SARS 特集，2003，33（3）：55-57

[31]　Moschandreas D J, Relwani S M. Impact of the humidity pump on indoor environment. GRI Report No GRI 90/0193, Gas Research Institute，1990

[32]　Chung T W, Ghosh T K, Hines A L, et al. Dehumidification of moist air with simultaneous removal of selected indoor pollutants by triethylene glycol solutions in a packed-bed absorber. Separation Science and Technology，1995，30（79）：1807-1832

[33]　张村，施明恒. 三种太阳能液体除湿空调系统除湿器的比较. 能源研究与利用. 2002，（6）：29-32

[34] 张小松，殷勇高，曹毅然. 蓄能型液体除湿冷却空调系统的建立与实验研究. 工程热物理学报，2004，25（4）：546-549

[35] 代彦军，王如竹，许惺雄，李春华. 太阳能液体干燥剂除湿潜能储存热质传递过程研究. 工程热物理学报，2001，22（5）：605-608

[36] 蒋毅，张小松，殷勇高. 溶液除湿的潜能蓄能技术及其应用研究. 工程热物理学报，2006，27（增刊）：25-28

[37] Kesslling W，Laevemann E，Kapf hammer C. Energy storage for desiccant cooling systems component development. Solar Energy，1998，64（426）：209-221

[38] 张小松，费秀峰. 溶液除湿蒸发冷却系统及其蓄能特性初步研究. 大连理工大学学报，2001，41（增刊 1）：30-33

[39] 宫小龙，孙健，施明恒，刘培新，王云. 除湿溶液除湿性能的对比实验研究. 制冷与空调，2005，5（5）：81-84

[40] 赵云，施明恒. 太阳能液体除湿空调系统中除湿剂的选择. 工程热物理学报，2001，22（增刊）：165-168

[41] Halm M. Factor and Gershon Grossman. A packed bed dehumidifier/ regenerator for solar air conditioning with liquid desiccants. Solar Energy. 1980，24：541-550

[42] 孙健，施明恒，赵云. 液体除湿空调再生性能的实验研究. 工程热物理学报. 2003，24（5）：867-869

[43] 何开岩，郑宏飞，赵华，陈子乾. 多效回热降膜蒸发式太阳能液体除湿空调溶液再生器的稳态实验. 太阳能学报，2006，27（9）：885-889

[44] Ji L J，Wood B D. Performance enhancement study of solar collector/ regenerator for open-cycle liquid desiccant regeneration. In Proceedings of Solar 93，the 1993 American Solar Energy Society Annual Conference. 1993，351-355

[45] Alizadeh S，Saman W Y. Modeling and performance of a forced flow solar collector/regenerator using liquid desiccant. Solar Energy，2002，72（2）：143-154

[46] Alizadeh S，Saman W Y. An experimental study of a forced flow solar collector/regenerator using liquid desiccant. SolarEnergy，2003，73（5）：345-362

[47] 杜斌，施明恒. 太阳能平板降膜再生过程的数值模拟. 东南大学学报（自然科学版），2005，35（6）：903-906

[48] 裴清清，韩俊召. 太阳能集热型溶液再生器性能实验研究. 广州大学学报（自然科学版），2007，6（6）：79-82

[49] 易晓勤，刘晓华，江亿. 溶液调湿空调中常用除湿剂的物性分析. 中国科技论文在线，2008

[50] 张欢，李春茹，李博佳. 金属填料型吸收式除湿器的除湿性能研究. 暖通空调. 2009，39（9）：46-50

[51] 王庚，张小松. 溶液除湿用泡沫陶瓷填料性能的实验研究. 建筑热能通风空调. 2013（32）（1）：5-10

[52] Halm M. Factor and Gershon Grossman. A packed bed dehumidifier/ regenerator for solar air conditioning with liquid desiccants. Solar Energy. 1980，24：541 - 550

[53] 赵伟杰，张立志，裴丽霞. 新型除湿技术的研究进展. 化工进展，2008，27（11）：1710-1718.

[54] Zhang L Z，Wang Y Y，Wang C L，et al. Synthesis and characterization of a PVA/LiCl blend membrane for air dehumidification. Journal of Membrane Science，2008，308（1-2）：198-206

[55] Gabelmann A，Hwang S T. Hollow fiber membrane contactors. Journal of Membrane Science，1999，159（1）：61-106

[56] Zhang L Z. Progress on heat and moisture recovery with membranes：Form fundamentals to engi-

neering applications. Energy Conservation and Management，2012，63：173-195

[57]　Huang S M，Zhang L Z，Pei L X. Heat and mass transfer in across-flow hollow fiber membrane bundle used for liquid desiccant air dehumidification. Indoor and Built Environment，2012. doi：10. 1177/1420326X12452881

[58]　宋倩倩，牛宝联，余跃进. 一种新型转轮除湿与双级热泵耦合空调系统及系统设计. 建筑科学，2009（25）（12）：85-88

[59]　陈晓阳，江亿，李震. 湿度独立控制空调系统的工程实践. 暖通空调，2004（34）（11）：103-109

[60]　丰燕，梁才航. 膜全热交换器在空调设计系统中的应用. 应用能源技术，2010（5）：41-42

第7章 太阳能制冷与空调系统的蓄能方式

太阳能是地球上一切能量的主要来源，每年地球获得的总能量相当于目前地球耗费能量的几万倍。但是太阳能在地球表面的能源密度较低，要利用太阳能，必须解决太阳能的间歇性和不可靠性问题，而在太阳能利用系统中设置蓄热装置是解决上述问题最有效的方法之一。大体来说太阳能蓄热可以分为显热式蓄热、相变式蓄热和化学能式蓄热三类。本章首先介绍了这三类蓄热方式的基本原理、蓄热介质分类和蓄热装置的基本应用。然后又结合实例主要介绍了太阳能蓄热装置在太阳能空调系统中的研究和应用情况。

7.1 太阳能热储存

大体来说太阳能的蓄热方式可以分为显热式、潜热式和热化学式三大类。所谓显热式蓄热，就是利用加热蓄热介质。使其温度升高而蓄热，所以也叫"热容式"蓄热。潜热式蓄热通过加热蓄热介质到相变温度时吸收的大量相变热而蓄热，所以也叫"相变式"蓄热。热化学式蓄热是通过可逆化学反应实现热量储存和释放过程的蓄热方式。蓄热过程主要涉及的参数包括储能周期、储能密度、热能的储存和释放速度。

7.1.1 热能存储的基本原理

7.1.1.1 显热蓄热的基本原理

随着材料温度的升高而吸热，或随着材料温度的降低而放热的现象称为显热蓄热。显热储存的热量和蓄热介质的比热容及质量相关，当物体温度由 T_1 变化到 T_2 时，吸收的热量为：

$$Q = \int_{T_1}^{T_2} mC_P \, \mathrm{d}T \tag{7-1}$$

式中 C_P——物体的定压比热，kJ/(kg·K)；

       m——物体的质量，kg。

可见，增加显热储存的途径包括提高蓄热介质的比热容、增加蓄热介质的质量以及增大蓄热温差。比热容是物质的热物性，显然选用比热容大的材料作为蓄热介质是增大蓄热量的合理途径。当然，在选择蓄热介质时还必须综合考虑密度、黏度、毒性、腐蚀性、热稳定性和经济性。密度大则储存介质容积小，设备紧凑，成本低。在实际应用中，通常把比热容和密度的乘积（即容积比热容）作为评定蓄热介质性能的重要参数。

水是目前太阳能系统中最常用的蓄热介质，在现有的太阳能利用系统中多数采用绝热水箱，而最受关注的就是水箱内温度分层的研究，主要是弄清各种因素对温度分层的影响，这对于水箱的设计及运行控制有很大的意义。岩石是除水以外应用最广的蓄热介质。岩石价格低廉，容易取得。在换热器的入口和出口装有导流板，使换热流体能够沿流动截面均匀流动，石块则放在网状隔板间。空气与石块之间的传热速率及空气通过石块床时引起的压降是最重要的特征参数。同时由于石块之间的热导率较小，且不存在对流扰动，相比液体蓄热系统，石块床蓄热器可以保持良好的温度分布层。石块越小，石块床和空气的换热面积就越大。因此，选择小的卵石将有利于传热效率的提高；石块小，还能使石块床有较好的温度分层，但是石块越小，空气通过石块床的压降就越大。所以选择石块的大小还应考虑送风功率的消耗情况。通常来讲，石块的直径以 1~5cm 为宜。

其他固体蓄热介质如无机氧化物，作为中、高温蓄热介质，具有许多独特的优点：高温时蒸汽分压力很低、不和其他物质发生化学反应而且比较便宜。但无机氧化物的比热容及热导率都比较低，这样蓄热和换热设备的体积将很大。若将蓄热介质制成颗粒状，会增加换热面积，有利于设计紧凑。可作为中、高温蓄热介质的有花岗岩、氧化镁、氧化铝、氧化硅及铁等。这些材料的容积蓄热密度虽不及液体，但是若以单位成本所储存的热量来比较，这些无机氧化物蓄热介质都比较便宜，特别是花岗岩和氧化铝。

为了结合液体和固体两者的优点，还出现了液体－固体组合式储热设备。例如，石块床蓄热器的容积蓄热密度比较小，为设法改进，可以使用大量灌满了水的玻璃瓶来取代部分石块，这种蓄热方式兼备了水和石块的蓄热优点，相比石块床蓄热器，提高了容积蓄热密度。

7.1.1.2 相变蓄热的基本原理

热量还可以以潜热形式储存，相变蓄热是利用相变材料在固液相变时单位质量（体积）的相变蓄热量非常大的特点而把热量储存起来加以利用。蓄热量与蓄热介质的相变潜热、相变温度有关。相变温度为 T_m 的材料经历相变过程的蓄热量表示为：

$$Q = \int_{T_1}^{T_m} m C_{ps} \mathrm{d}T + m\lambda + \int_{T_m}^{T_2} m C_{pl} \mathrm{d}T \tag{7-2}$$

式中 $T_1 < T_2 < T_m$，λ 为相变潜能，kJ/kg。通常适合太阳能蓄热系统的相变过程为固态-液态。常用的相变蓄能材料为石蜡、无机盐、有机或无机共晶混合物等。

相变蓄热一般具有单位质量（体积）蓄热量大、化学稳定性好和安全性好等优点，但在相变时液固两相界面处的传热效果比较差。新型的高性能复合蓄热材料，比如将高温熔融盐相变蓄热材料复合到高温陶瓷显热蓄热材料中，可以兼备固相显热蓄热材料和相变蓄热材料两者的长处，又可以克服各自的不足，从而使之具备能快速放热、快速蓄热及蓄热密度高的特点。

7.1.1.3 化学能蓄热的基本原理

化学潜能蓄热是通过可逆化学反应的反应热形式进行的。此种储能模式中，正反应是吸热反应（储存热量），逆反应是放热反应（释放热量）。化学潜能蓄热量与反应速度和反应热有关，可以表示为：

$$Q = \alpha m \Delta H \tag{7-3}$$

式中 α——反应分数，%；

ΔH——单位质量反应物的反应热，kJ/kg。

通常，化学反应过程能量密度高，少数材料就可以储存大量的热量。化学潜能蓄热的另一个优点是反应物可以在常温下保存，无需保温处理。常用的热化学蓄能材料有金属氢化物、氧化物、过氧化物、碳酸盐及三氧化硫等。

7.1.2 热量储存的评价依据

7.1.2.1 技术依据

在设计热能储存系统之前，设计者应该考虑热量储存的技术信息，即储存的类型、所需储存的数量、储存效率、系统的可靠性和系统投资等。

7.1.2.2　环境依据

用于热能储存的系统不能使用有毒材料，系统在运行过程中不能对人的健康和环境或生态的平衡造成危害。

7.1.2.3　经济依据

判断热能储存系统是否经济可行，需要从初投资和运行成本两个方面与发电装置进行比较，比较时必须是相同的负荷和相同的运行时间。一般来讲，热能储存系统的初投资要高于发电装置，但运行成本要低。

7.1.2.4　节能依据

实际上一个好的热能储存系统，首先要降低工程成本，其次要减少电能的消耗，以达到节能的目的。许多建筑物中，空调或热泵系统主要在中午和下午集中消耗电能，如果将储冷（热）系统与它们配套使用，可以利用"削峰填谷"来缓解电网负荷，提高能源利用率，减少一次能源的消耗，以达到节能和环保的目的。

7.1.2.5　集成依据

当需要在现有热能设备中集成热能储存系统时，必须对该设备的实际操作参数作出估计，然后分析可能采用的热能储存系统。

7.1.2.6　储存耐久性

不同场合下，热量在系统中的存放时间是不同的，按照储存时间的长短，热能储存系统可以分为长期、中期和短期三类。长期储存是以季节或年为储存周期，即储存时间是几个月或一年，其目的是调整季节或年的热量供需之间的不平衡；中期储存的时间为 3~5 天或至多一周，主要目的是为了满足阴雨天的热负荷需要；短期储存是为了充分利用一天的能量分配，从而减小系统的规模，最佳动力能持续几个小时至一天。长期储存效率最低，一般不超过 70%，而短期储存投资小、效率高，可超过 90%。

7.1.3　太阳能蓄热系统中应注意的问题

在太阳能蓄热系统中，热能的储存应当与整个系统综合考虑。系统的主要部件是太阳能集热器、储能装置、能量转换设备、负荷、辅助能源和控制设备。集热器性能与温度有密切关系，因而使得整个系统的效率及运行情况都与温度有关。在太阳能热动力系统中，希望集热器具有较高的温度，否则热机效率必定不会很高，这样储能装置就应使用中温或高温蓄热介质。如果使用太阳能热水器取得工业热水，那么以直接用水储能最为合理，若换用其他蓄热介质，在传热过程中将会有一部分热能损失。

对于储能位置的设置，应考虑能量转换的全过程。例如太阳能热电站，可以在集热器和热机之间储能，也可以在热机和发电机之间储存机械能，此外还可以将产生的电能储存在蓄电池中。

蓄热装置的容量是必须考虑的另一个重要因素。装置容量太大必然会增加初投资和运行成本，当小容量足够用时，这样也有利于快速提升温度。

最后要考虑的也是最重要的是蓄热装置的隔热性能。隔热厚度越大，热损失越小，但总的投资也会上升，所以应在节能和装置的经济性之间综合平衡，以得出最佳的隔热层厚度。

7.1.4　显热蓄热

显热蓄热是所有热能储存方式中原理最简单、技术最成熟、材料来源最丰富、成本最低廉的一种，因而也是实际应用最早、推广使用最普遍的一种。例如水箱蓄热和岩石堆积床蓄热等，这些都已经在太阳能采暖和空调系统中得到了一定的应用。但是，因为一般的显热蓄热介质的储能密度都比较低，为了能储存相当数量的热量，需要的蓄热介质的质量和体积都比较大。另外，显热蓄热输入和输出热量的温度变化范围较大，而且热流也不稳定。因此，常需要采用调节和控制装置，从而增加系统运行的复杂程度，提高了系统的成本。

7.1.4.1　显热蓄热介质

显热蓄热是通过改变储存介质温度而将热能进行储存的一种方式。根据所用材料的不同可以分为固体显热储存介质和液体显热储存介质两类。为了使储存器具有较高的容积蓄热（冷）密度，则要求储存介质具有较高的比热容和密度，另外还要容易获取并且价格便宜。目前，常用的显热储存介质是水、土壤、岩石和溶盐等。水作为蓄热介质具有以下优点：

（1）普遍存在，来源丰富，价格低廉；

（2）物理、化学以及热力性质已经被清楚了解，并且实用技术最成熟；

（3）可以兼作蓄热介质和载热介质，在蓄热系统内可以不使用热交换器；

（4）传热及流体特性好，常用的液体中，水的容积比热容最大，热膨胀系数以及黏滞性都比较小，适用于自然对流和强制循环；

（5）液-汽平衡时，温度-压力关系适合于平板型集热器。

当然，水同时也具有缺点：

（1）作为一种电解腐蚀性物质，所产生的氧气易于造成锈蚀，因此对于容器和管道易产生腐蚀；

（2）凝固（即结冰）时体积会膨胀，容易对容器和管道造成破坏；

（3）高温下，水的蒸汽压力随着绝对温度的升高呈指数增大，所以用水蓄热时，温度和压力都不能超过其临界点（647K，2.2×10^7 Pa）。

水、岩石和土壤在 293K 时的蓄热性能如表 7-1 所示。水的比热容大约是岩石的 4.8 倍，而岩石的密度仅是水的 2.2 倍，因此，水的蓄热密度要比岩石的大。

水、岩石和土壤在 293K 时的蓄热性能参数　　　　表 7-1

蓄热材料	密度（kg/m³）	比热容（kJ/(kg·K)）	平均热容量（kJ/(m³·K)）
水	1000	4.2	4200
岩石	2200	0.88	1936
土壤	1600~1800	1.68（平均）	2688~3024

当需要储存温度较高的热能时，以水作为蓄热介质就不合适了，因为高压容器的费用很高。当温度较高时，可以选用岩石或无机氧化物等材料作为蓄热介质。岩石的优点是不像水那样具有漏损和腐蚀性的问题。不过，由于岩石的比热容较小，岩石蓄热床的容积密度比较小。当太阳能空气加热系统采用岩石床蓄热时，需要相当大的岩石床，这是岩石蓄热床的缺点。无机氧化物作为中、高温显热蓄热介质时，具有以下优点：

（1）高温时蒸气压力很低；

（2）不和其他物质发生反应；

（3）比较便宜。

可作为高温显热蓄热介质的一些固态蓄热介质的热力参数如表 7-2 所示。这些材料的平均热容量不及液体，但单位成本储存的热量并不少，特别是花岗岩，其价格最为便宜。

一些固态蓄热介质的热力参数　　　　表 7-2

蓄热介质	密度（kg/m³）	比热容 kJ/(kg·K)	平均热容量 kJ/(m³·K)	热导率 W/(m·K)
钢（低合金）	7850	0.46	3611	50
铸铁	7200	0.54	3888	42
铜	8960	0.39	3494	395
铝	2700	0.92	2484	200
耐火泥	2100～2600	1.0	2350	1.0～1.5
氧化铝（90%）	3000	1.0	3000	2.5
氧化镁（90%）	3000	1.0	3000	4.5～6.0
氧化铁	—	—	3700	5.0
岩石	1900～2600	0.8～0.9	1600～2300	1.5～5.0

7.1.4.2　蓄热水箱

在加热、空调和其他应用场合，蓄热水箱得到了广泛应用。蓄热水箱根据储放热特性可以分为完全压出式蓄热水箱、完全混合式蓄热水箱和温度分层式蓄热水箱；按蓄热水箱的个数又可以分为单箱式和多箱式；按压力状态分为敞开式和密闭式。

1. 完全压出式蓄热水箱

住宅用的小型水箱一般为完全压出式蓄热水箱。水作为储存介质，体积为 V，水箱内的水温为 T。由于热水的密度小，在水箱的上部，而冷水在水箱的下部，冷热两个水域的分界十分清晰，几乎没有混合。蓄热水箱蓄热（冷）时，水流从下部（上部）流入口进入，热（冷）水从上部（下部）流出，当流出的体积为 V 时，水温还全部保持着 T，体积超过 V，则流出水温与流入的水温相同。由于充热和放热运行时热水和冷水容易发生混合或热量通过水箱壁从热水向冷水传递。因此，为了减少混合损失，应降低进口流速或设置使水流在整个水箱横截面均匀分布的装置，或在热水和冷水层之间设置浮动的隔热板，以阻止冷热水之间的热量传递。

2. 完全混合式蓄热水箱

完全混合式蓄热水箱内水温完全均匀一致。图 7-1 所示的以水箱作为蓄热器的太阳能热水系统中，$T_{c,o}$、$T_{c,i}$ 分别为集热器出口和入口的温度，T_s 为水箱中的水温。水在集热器内被太阳能加热后泵入水箱，当需要使用储存的热量时，水泵将箱内热水泵入负荷，放出热量后返回水箱。当水箱为开口体系时，水的热焓值增量应等于集热器传给水箱的热量减去水箱传给热负荷的热量和热损失，其热平衡方程可以表示为：

$$(mc_P)_s\frac{dT}{d\tau}=Q_u-Q_L-UA(T_s-T_a) \tag{7-4}$$

如果经过 $\Delta\tau$ 时间后，蓄热水箱中的水温上升为 T_s'，则式（7-4）还可以表示为：

$$T_s'-T_s=\frac{\Delta\tau}{(mc_P)_s}[Q_u-Q_L-UA(T_s-T_a)] \tag{7-5}$$

式中　　　Q_u——集热器传给水箱的热量，kJ；

　　　　　Q_L——热负荷，kJ；

　　　　　U——热损失系数，kJ/（m² · K）；

　　　　　A——水箱表面积，m²；

　　　　　T_a——环境温度，K；

$UA(T_s-T_a)$——水箱对周围环境的热损失，kJ；

　　　　　m——集热器流入水箱的水的流量，kg · s。

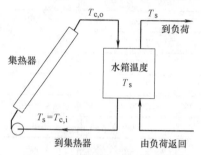

图 7-1　以水箱为蓄热器的太阳能热水系统

知道水箱的初始温度后，便可以由式（7-5）计算出第一个时间间隔结束时的水温，然后以此温度作为第二个时间间隔开始时刻的水温，再应用式（7-5）又可以求出第二个时间间隔结束时的水温。如此反复计算，便可以得到水箱温度的变化情况。

3. 温度分层式蓄热水箱

对于小型水箱，可以假设水温是均匀的，但对于大型水箱，由于密度随着温度变化，在垂直方向上的水温是不均匀的，上层水温比下层水温偏高。如果进入集热器的水温较低，则集热器的效率将因热损失减少而提高。而对于负荷来说，总是要求流体有较高的温度。为此，水箱中的温度分层对于改善系统的性能是有利的。有关蓄热水箱温度分层的研究，主要是弄清各种因素对温度分层的影响，这对于水箱的设计和运行控制有很重要的实际意义。实验结果表明，良好的温度分层可以使系统的性能提高约 20%。

4. 单箱式和多箱式蓄热水箱

按照蓄热水箱的个数可以分为单箱式和多箱式两类。单箱式经常作为专用的蓄热水箱，其特性在理论和实际应用中都比较容易掌握，只要注意进出口的安装高度，就可以获得较高的效率。几个水箱也可以并联使用，如果它们的结构和大小全部都相同，则其特性便与单箱式一样。如果冬季和夏季分别采用蓄热和蓄冷水箱，则往往采用双箱式，二者的大小比例需要根据蓄热（冷）量来确定。

5. 敞开式和密闭式蓄热水箱

按照压力状态分类，蓄热水箱可以分为敞开式和密闭式两类。敞开式蓄热水箱如图 7-2 所示，它与大气相通，承受压力较小。但是容易受酸性腐蚀，对容器的耐腐蚀性要求较高。密闭式蓄热水箱如图 7-3 所示，为避免蓄热水箱膨胀，其上方专门设置了膨胀水箱。密闭式蓄热水箱的优点是配管系统简单，所需水泵的扬程较小。缺点是蓄热水箱承受的压力较大，因此对其承压要求较高，容器的设备费用较高。在实际应用中，建筑物的供热水系统和屋顶蓄热水箱（自然循环式热水器）大致都用敞开式的。当要求集热器温度在 100℃ 以上时，蓄热水箱必须是密闭的。此外，放置于地面上强制循环热水器的蓄热水箱也都要求是密闭的。

7.1.4.3　地下含水层蓄热

地下含水层既可以蓄热也可以储冷，蓄热温度可达 150～200℃，能量回收率可达 70%。地下含水层蓄热近二十年来受到了广泛的关注，它被认为是具有潜力的大规模跨季度蓄热方案之一，可以应用于区域供热和区域供冷。

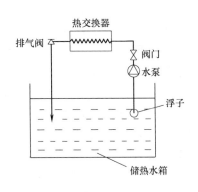

图 7-2　敞开式蓄热水箱

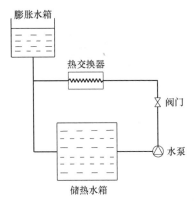

图 7-3　密闭式蓄热水箱

地下含水层蓄热是通过井孔将温度低于含水层原有温度的冷水或高于含水层原有温度的热水灌入地下含水层，利用含水层作为蓄热介质来储存冷量或热量，待需要时使用水泵抽出送至负载。图 7-4 所示为双井蓄热系统工作原理示意图。当用于供热循环时，蓄热温水井的水被抽出，经过换热器与供热循环的水进行热交换后灌入热水井储存；放热时，热水井的水被抽出，经过换热器与供热循环的水进行热交换后灌入温水井。当用于供冷循环时，按与供热循环相反的方向进行即可。

另外一种单井蓄热系统，它在冬季将净化过的水经过冷却塔冷却后，回灌入深井中，到夏季时再用泵把水抽出，供空调降温使用。当然，也可以在夏季灌入热水，储存到冬季再提出使用，这种做法俗称"夏灌冬用"。

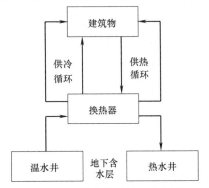

图 7-4　双井蓄热系统工作原理

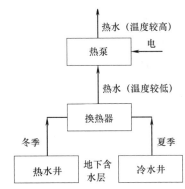

图 7-5　地下含水层蓄热系统与热泵合用

地下含水层蓄热系统还可以与热泵一起使用，如图 7-5 所示，在夏季，水从冷水井中抽出经换热器后回至温水井中，在换热器内被冷却的水可以进一步使用热泵降低温度，用于建筑物的供冷。在冬季，水从热水井中抽出经换热器后回到冷水井，在换热器中被加热的水可以进一步使用热泵提升温度，用于建筑物的供热。

地下含水层蓄热的热源主要有可回收能（太阳能、地热能和生物质能等）和工业生产过程中产生的废热，可以用于办公室、医院和机场等大型建筑物。目前，我国上海、北京等城市正在试验或应用地下含水层储冷技术，已经取得了不同程度的成果。在荷兰、瑞典等国家，地下含水层蓄热技术的应用每年以 25% 的速度增长，在加拿大、德国的许多大学、机场，已经有大量的应用实例表明地下含水层可以成功地储存 10～40℃ 的热能。

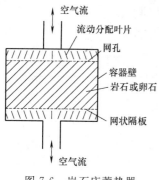

图 7-6 岩石床蓄热器

7.1.4.4 固体显热储存

虽然液体显热储存具有许多优点，但也存在一些不足之处。例如，为了防止水对普通金属的腐蚀，需采用不锈钢等特殊材料来制作容器，造价比较高。而岩石、砂石等固体材料比较丰富，不会产生锈蚀，所以利用固体材料进行显热储存，不仅成本低廉，也比较方便。固体显热储存主要由岩石床蓄热器和地下土壤蓄热两种方式。

岩石床蓄热器是利用松散堆积的岩石或卵石的热容量进行蓄热的，图 7-6 所示为岩石床蓄热器的示意图。容器一般由木、混凝土或钢制成，载热介质一般为空气，蓄热器的入口和出口都装有流动分配叶片，使空气能在截面上均匀流动，岩石放在网状隔板上，空气在床体内部循环以便给床体蓄热和从床体提取热量。这种床体的特点是载热介质和蓄热介质直接接触换热，堆积床本身既是蓄热器又是换热器，但不能同时蓄热和放热。为尽量减少在不蓄热以及不取热时岩石的自然对流热损失，在蓄热时热空气通常从岩石床的顶部进入，而放热时冷空气流动方向是自下而上的。

设计合理的岩石床，空气与固体之间的换热系数高，并且空气通过岩石床时引起的压降小；蓄热材料的成本低。岩石越小，岩石床和空气的换热面积就越大。因此，选择小的卵石将有利于换热效率的提高；岩石小，还能使岩石床有较好的温度分层，从而在放热过程中得到较多的热量，以满足所需的温度。但岩石越小，给定流量的空气通过岩石床时的压降就越大，因此，在选择岩石的大小时应考虑送风功率的消耗情况。

一般情况下，岩石床内所用的岩石大多是直径 2～5cm 的河卵石，其空隙率（即岩石间空隙的容积与容器容积的比率）以 30% 左右为宜。典型岩石床内的传热表面约为 80～200m²，而空气流动的通道长度（基本上即床体高度）约为 1.5m。

岩石床体的容积换热系数可以表示为：

$$h_v = 650 \left(\frac{G}{D} \right)^{0.7} \tag{7-6}$$

式中　h_v——容积换热系数，$W/(m^3 \cdot K)$；

　　　G——空气的表面质量流速，$kg/(m^2 \cdot s)$；

　　　D——岩石的等效球直径，m。

等效球直径可以按下面经验公式计算：

$$D = \left(\frac{6}{\pi} \times \frac{\text{颗粒的净体积}}{\text{颗粒数}} \right)^{1/3} \tag{7-7}$$

岩石床蓄热器和太阳能系统配套使用，可以为建筑物供暖。图 7-7 为使用岩石床的蓄热装置示意图，岩石蓄热器设在房间地板的下面，空气在集热器中被加热后密度变小，向上流入岩石床，放出热量后回到集热器，这种系统依靠热虹吸效应形成循环，不需要动力和电力。图 7-8 是以水和岩石作为联合蓄热介质的蓄热器示意图，其集热器先将水箱中的水加热，水

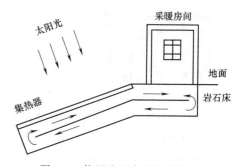

图 7-7 使用岩石床的蓄热装置

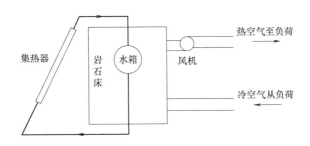

图 7-8　以水和岩石作为联合蓄热介质的蓄热装置

再将热量传给岩石床。当冷空气通过岩石床时，将热量取出，用于加热建筑空间。

7.1.5　相变蓄热

与显热储存相比较，相变蓄热有如下优点：

（1）容积蓄热密度大。因为一般物质在相变时所吸收的（或放出）的潜热约为几百至几千千焦每千克。例如，冰的熔解热为 335kJ/kg，而水的比热容为 4.2kJ/(kg·K)，岩石的比热容为 0.88kJ/(kg·K)。所以储存同样的热量，潜热储存设备所需的容积要比显热储存设备小得多，这样可以降低设备的投资费用。另外，许多场合需要限制蓄热设备的空间尺寸及质量（比如在原有的建筑物中安装蓄热设备等），就可以优先考虑采用相变储存设备。

（2）温度波动幅度小。物质的相变过程是在一定的温度下进行的，温度变化范围极小，这个特性可以使相变蓄热器能够保持基本恒定的热力效率和供热能力。因此，当选取的相变材料的相变温度与用户要求的温度基本一致时，可以考虑不需要温度调节和控制系统。这样，不仅设计可以简化，而且还可以降低系统成本。

由于以上优点，美国、日本、德国等都在进行深入地研究和开发，有些相变蓄热装置已经投入使用。

7.1.5.1　相变材料的分类

可以利用的相变物质多达两万余种，美国 Dow Chemical Company 通过系统的筛选确定其中有两百种具有实用价值。根据相变温度可以分为：高温、中温、低温相变材料。高温相变材料主要是一些熔融盐、金属合金；中温相变材料主要是一些水合盐、有机物和高分子材料；低温相变材料主要是冰、水凝胶，应用于蓄冷。根据材料的化学组成可以分为：无机相变材料、有机相变材料和混合相变材料。根据相变方式可以分为四类：固-液相变、固-固相变、固-气相变及液-气相变。后两种相变方式在相变过程中产生大量的气体，体积变化大，故在实际中很少使用。

1. 固-液相变材料

固-液相变是自然界和工程领域中一种常见的现象。它以特有的性质——相变过程等温或者近似等温、相变时伴随着大量的潜热释放或者吸收、相变前后体积变化不大，在储能领域获得了广泛的应用。

理想的固-液相变材料具有以下性质：

（1）溶化潜热高，从而在相变中能储存或者释放较多的能量；

（2）相变温度适当，能够满足需要；

（3）固-液相变可逆性好，能尽量避免过冷或者过热的现象；

（4）固-液两相导热系数大；

（5）固-液相变过程有较小的膨胀收缩性；

（6）相变材料密度大，比热容大；

（7）无毒，无腐蚀性；

（8）成本低，制作方便。

以上这些是对理想的相变材料的要求，但是在实际的生产应用生活中要找到满足所有条件的物质却是很困难的。

固-液相变蓄能材料的种类很多，按照组成成分可以分为如下主要类型：无机化合物（包括结晶水合盐类、熔融盐类、金属或者合金）；有机化合物（石蜡类、脂肪酸类、酯类、醇类和高分子类等）；共熔体系及复合材料（有机/无机、无机/有机、无机/无机共熔物和复合材料）。

（1）无机固-液相变材料

无机相变材料中，最典型的是结晶水合盐类，相变机理为：脱出结晶水使得盐溶解而吸热，降温时吸收结晶水而放热。

$$AB \cdot mH_2O \Longrightarrow AB + mH_2O \cdot Q$$

$$AB \cdot mH_2O \Longrightarrow AB \cdot pH_2O + (m-p)H_2O \cdot Q$$

式中　m、p——结晶水的个数；

　　　Q——融解热。

它们都具有较大的溶解热和固定的熔点，价格便宜，蓄热密度大，导热系数大，但同时也存在着能量集中，过冷度大，易析出分离，储能能量差，对容器腐蚀等缺点。

1）醋酸钠类：三水醋酸钠（$CH_3COONa \cdot 3H_2O$），其熔点为 58.2℃，融解热为 250.8J/g，但需要加入 $Zn(OAC)_2$，$Na_4P_2O_7 \cdot 10H_2O$ 等防过冷剂和明胶、树胶或者阳离子表面活性剂等防相分离剂。

2）磷酸钠类：通常磷酸盐只作为辅助储热剂实用，而磷酸氢二钠的十二水盐（$Na_2HPO_4 \cdot 12H_2O$）却可作为主储热剂使用，它的熔点为 35℃，融解潜热 279J/g，是一种高相变蓄热材料，同时也需要加入防过冷剂。

3）氯化钙类：氯化钙的含水盐（$CaCl_2 \cdot 6H_2O$）熔点为 29℃，融解潜热 180J/g，是低温型蓄热材料，但其过冷现象非常严重。此类水合盐熔点接近于室温，无腐蚀，无污染，溶液是中性，所以最适合于温室，暖房，住宅以及工厂低温废热的回收等方面。

4）硫酸钠类：硫酸钠水合盐（$Na_2SO_4 \cdot 10H_2O$）的熔点为 32.4℃，融解潜热 250.8J/g，和其他蓄热材料相比有相变温度不高，潜热值较大两个优点，可以作为主蓄热剂使用。而且成本较低，温度适宜，所以常用于暖房、某些余热利用等场合。只是其相分离现象严重，需要加入防相分离剂。

由上述可知，结晶水合盐类相变材料在应用中主要存在着两个主要问题：

过冷现象，即物质冷凝到冷凝点时并不结晶，而需要到冷凝点以下一定温度才开始结晶，并且使温度迅速升到冷凝点。这就使得物质相变发生不及时，结晶点滞后，成核率低。目前的解决方法有加入成核剂或者使用冷指法（冷指法指保留部分冷区，使未融化的晶体作为成核剂）。

相分离现象，当加热（$AB \cdot PH_2O$）型无机水合物，通常会转变成含有较少摩尔水的另一类型 AB·mH$_2$O 的无机盐水合物，而 AB·PH$_2$O 会部分或者是全部溶解于剩余的（m－p）摩尔水中变成无机盐和水时，某些盐类有部分不完全溶解于自身的结晶水，而沉于容器底部，冷却时也不与结晶水结合，从而形成分层，导致溶解的不均匀性，造成储存能量的能力逐渐下降。解决相分离的方法有：加入增稠剂、加入晶体结构改变剂、采用薄层结构的盛装容器、摇晃或者搅动。为了防止相分离，需要加入防相分离剂。因此，在实际应用中的此类相变储热材料通常为多组分的，包括主蓄热剂、相变温度调整剂、防过冷剂、促进剂、防相分离剂等。

另外，无机相变材料还有熔融盐、金属及合金等，它们一般都用在高温蓄能系统。如 LiF 在 848℃时融解热高达 130J/g，Al-Mg、Mg-Zn 等金属合金也具有很高的融解热，都可作为高温蓄能材料。但是这类材料若要大量使用，还有不少问题需要解决，如导热性、价格、毒性等，特别是对容器的腐蚀性。

无机相变材料的研究较早，目前已经在航空航天，太阳能储存，民用建筑等很多领域得到应用。

（2）有机固-液相变材料

常用的有机固-液相变材料有高级脂肪烃、醇、羧酸及盐类、某些聚合物等。一般说来，同系有机物的相变温度和相变焓会随着其碳链的增长而增大，这样可以得到具有一系列相变温度的储能材料，但随着碳链的增长，相变温度的增加值会逐渐减小，其融点最终将趋于一定值。表 7-3 列出了一些碳链不同的饱和脂肪酸的物理特性：

某些饱和一元脂肪酸的融点及融化热　　　　表 7-3

脂　肪　酸	熔点（℃）	溶化热（kJ·mol）
正癸酸	31.3	28.0
十二酸	44.2	36.6
十四酸	58.0	44.7
十六酸	62.9	54.3
十八酸	69.9	63.1

将几种有机物配合形成多组分有机储热材料，可以增大储热温度范围，从而得到合适的相变温度及相变热的相变材料。也可以将有机与无机储热材料配合，以互相消除不足。例如把有机物用作无机储热材料的增粘剂或者分散剂，可以避免相分离。

有机固体-液体相变材料还有一类就是高分子化合物，这类相变材料主要有：聚烯烃类、聚多元醇类、聚烯醇类、聚烯酸类、聚酰胺类及其他一些高分子。

总之，固-液相变材料是研究中相对成熟的一类相变材料，对于它们的研究进行得比较早，目前已经发现可以适合各种温度范围的多种相变材料，并且有较多的应用。但是，固-液相变材料在相变中有液相产生，具有一定的流动性，因此必须有容器盛装并且容器必须密封，以防止泄露而腐蚀或者污染环境，并且容器对相变材料而言必须是惰性的。这一缺点很大地限制了固-液相变材料在实际中的应用。另外，固-液相变材料一般总存在着过冷、相分离、储能性能衰退和容器价格高等缺点，这些也必须得到很好的解决。

2. 固-固相变材料

固-固相变材料相变时无液相产生，体积变化小，无毒并且无腐蚀，对于容器材料和技术条件要求不高，其相变潜热和固-液相变潜热具有同一数量级，并且具有过冷度轻、使用寿命长、热效率高等优点，是一种理想的蓄热材料，具有应用潜力的固-固相变材料目前有三类：多元醇，高密度聚乙烯以及层状钙钛矿。

（1）多元醇类

由于高密度聚乙烯和层状钙钛矿的相变温度较高，价格较高，所以在应用中使用较少，用得最多的是多元醇类，最常用的三种为：PE（季戊四醇，$C_5H_{12}O_4$），PG（Penta-glycerine，三羟甲基乙烷，$C_5H_{12}O_3$），NPG（新戊二醇，$C_5H_{12}O_2$）。低温下它们具有高对称的层状体心结构，同一层中的分子间由范德华力连接，层与层之间的分子由氢键连接，这些氢键使多元醇分子"僵化"。高温下，当它们达到各自的固-固相变温度时，将变为低对称的各向同性的面心结构，同时氢键断裂，分子开始振动无序和旋转无序。若继续升温，达到熔点时，它们将由固态熔解为液态。这些多元醇在发生相变化后，仍旧可以有较大的温度上升幅度而不至于发生固-液相变，蓄热体积变化较小，对于容器的封装的技术要求不高。

（2）高密度聚乙烯

高相对分子量的聚乙烯，其黏流温度大于结晶熔点，结晶熔解后聚合物仍旧处于高弹性的状态，不能发生宏观流动，可以在一定的温度范围内保持固定的形状。利用高相对分子质量的聚乙烯的这种特性可以将其用作固-固相转变储能材料和温控材料。为了提高聚乙烯而作为固-固相转变材料使用时的形状稳定性，防止在更高的使用温度下出现液态，可以使用化学、辐射交联的方法，对聚乙烯的颗粒进行表面交联，或者在聚乙烯颗粒的表面加上一薄层包封物。

（3）层状钙钛矿

"层状钙钛矿"其实是一类有机金属化合物——四氟合金属酸正烷铵，这些化合物的夹层状晶体结构与矿物质钙钛矿的结构相似，层之间由金属卤化物键合，长饱和烃链之间呈现弱的相互作用。其通式为$(n-C_nH_{2n+1}NH_3)_2MX_4$，简式（$C_nM$），其中，M 为金属，X 为卤素，$n$ 为碳数，一般在 8～18 之间。所谓的夹层状晶体结构就是薄的无机层和厚的有机层相互交替，有机层是长烷基链，无机层是 MX_4^{2-}。

固-固相变材料无需容器盛装，可以直接加工成型；固-固相变膨胀系数较小，体积变化小；无过冷现象和相分离现象；无毒、无腐蚀、无污染；使用方便，装置简单。因此固-固相变材料是最有前途的研究领域之一。由于对固-固相变研究的时间相对较短，尚有大量的未开垦的领域。

3．有机定形相变材料

由于固-液相变材料存在着液体流动性的缺点，因此出现了一大类形状稳定的固-液相变材料。这类相变材料采用固-液相变形式，但制成的材料在相变时，外形上一直可以保持固体形状，不使其有流动性，无需容器盛装，使用性能和固-固相变材料近似，因此它们在很大程度上可以替代固-固相变材料。

固-液定形相变材料实质上是一类复合相变材料，它主要由两种成分组成：一是工作物质，利用它的固-液相变来进行蓄能，用得较多的主要是有机相变材料；另一部分是载体基质，其作用是保持材料不流动性和可加工性。

工作物质和载体基质的结合方式主要有两种：一种是共混而成，即利用二者的相容性，熔融后混合在一起而制成的成分均匀的相变材料。叶宏等人对这种复合相变材料的结构进行了分析。方贵银、李辉等研究了以硬脂酸和石蜡油为相变材料，多孔固体微小颗粒为制成材料制成的复合相变材料并进行了性能分析。另一种方式是采用封装技术，即把载体基质做成微胶囊或者多孔泡沫塑料或者三维网状结构，而工作物质灌注于其中。这样，微观发生固-液相变，而宏观上材料仍旧为固态。

4. 高分子固-固相变材料

这类相变材料主要是指一些高分子交联树脂：如交联聚烯烃类、交联聚缩醛类和一些接枝共聚物：如纤维素接枝共聚物、聚酯类接枝共聚物、聚苯乙烯接枝共聚物、硅烷接枝共聚物。这种固-固相变材料的相变温度比较适宜，而且它的使用寿命长，性能稳定，无过冷和层析现象、材料的力学性能均较好、便于加工成各种形状，是真正意义上的固-固相变材料，具有很大的实际应用价值，是目前相变材料研究的一大热点。目前这类材料存在的缺陷有：

(1) 种类太少难以满足人们的需要；

(2) 相变焓较小；

(3) 导热性能较差。

5. 相变材料总结

常见的相变材料一览表如表 7-4 所示。

常见相变材料一览表　　　　　　　　　　　　表 7-4

	固-液	备　注	固-固	备　注
有机	石蜡（高级脂肪烃）	C_nH_{2n+2}，中低温	季戊四醇（PE）	多元
	酯、酸类	$C_nH_{2n}O_2$，中低温	新戊二醇（NPG）	
	$CH_3COONa \cdot 3H_2O$	中低温（结晶水合盐，下同）	三羟甲基乙烷（PG）	醇类
无机	$Na_2SO_4 \cdot 10H_2O$	低温		高温，相变焓比较小
	$Na_2HPO_4 \cdot 12H_2O$	低温	Li_2SO_4	
	$CaCl_2 \cdot 6H_2O$	低温	KHF_2	
	$MgCl_2 \cdot 6H_2O$	低温	层状钙钛矿	高温
高分子类	聚氧化乙烯	结晶型聚烯烃类（中低温）	交联高度乙烯	
	聚乙二醇（PEG）		聚乙二醇（PEG）/二醋酸纤维素（CDA）	
混合型	$CaCl_2 \cdot 6H_2O - MgCl_2 \cdot 6H_2O$，混合盐	低温（比混合前两种单一盐相变点均低）	PE/PG	二元
	$NaF + CaF_2 + MgF_2$ 低共熔物	高温	PG/NPG	"合金"
	尿素-乙烯胺二元共熔体系	中温	PE/NPG	
	尿素-醋酸钠-H_2O	低温	NPG/tris(hydroxy-methyl)，aminomethane	新戊二醇/顺式羟甲基氨基甲烷
	铝硅合金	高中温		
	有机-无机共融混合物（多种）	$-140.0 \sim 670℃$		

相变材料在相变过程当中发生等温或者近似等温过程，其相变潜热远远大于显热，利用相变材料的这一特性，可以控制体系的问题，具有很广阔的应用前景。目前，已经大量应用于航空航天、太阳能利用、余热废热回收、采暖、空调、建筑节能、电器恒温、保暖服装、储能炊具、医药工业等民用和军用领域。

7.1.5.2 微胶囊技术

在 20 世纪 30 年代研究人员发现了一类直径在微米到毫米之间范围内的球状颗粒，它由高精细高分子外壳和不同的核层物质组成，研究人员称之为微胶囊（microcapsule）。而微胶囊技术（microcapsulated technology）则是一种用成膜材料把固体或者液体包裹形成的粒径大小在微米或者毫米范围内的微小粒子技术，即将物质包覆于直径为 $1 \sim 1000 \mu m$ 的微小容器中，从而起到保护、控制释放、提高稳定性、改变物态、隔离组分及屏蔽毒性等作用。

微胶囊的制备技术起源于 20 世纪四、五十年代，在 20 世纪 70 年代中期得到迅猛发展。1949 年 Wurster 发明空气悬浮法，将固体微粒微胶囊化并且申请了专利，之后，美国 NCR 公司的 BK Green 利用相分离复合凝聚法成功地制备了含油明胶微胶囊，并且广泛应用于无碳复写纸，在商业上取得了极大的成功。20 世纪 60 年代有关喷雾干燥工艺、界面聚合反应工艺、原位聚合反应工艺的微胶囊化专利相继被提出。20 世纪 70 年代后微胶囊工艺日臻成熟，应用范围也逐渐扩大，微胶囊技术得到了更大的发展，粒径在纳米范围内的微胶囊也被开发出来了。

用于制备微胶囊的方法很多，目前文献报道的大约有 200 多种，这些方法在细节上各有不同。根据涂层方法可以分为：聚合反应法、相分离法、物理及机械法。

1. 聚合反应法

根据微胶囊化时所用的壳材料的不同以及聚合方式的不同，又可以分为：界面聚合法、原位聚合法、悬浮交联法。

（1）界面聚合法

界面聚合法的原理是建立在合成共聚物的界面缩聚基础上的，界面缩聚是 1957 年由杜邦公司发明，并成功地应用于尼龙、聚酯及聚氨酯的合成。主要步骤是：

1）通过适宜的乳化剂形成 W/O 乳液或者 O/W 乳液，使水溶性反应物的水溶液或者油溶性的油溶液分散进入有机相或者水相；

2）在 W/O 乳液中加入非水溶性反应物，或者在 O/W 乳液中加入水溶性反应物以引发聚合，在液滴表面形成聚合物膜；

3）含水微胶囊或者含油微胶囊从油相或者水相中分离。Lubetkin 用界面反应制的包有农药的聚脲微胶囊。冯鹏采用界面聚合法制备了粒径约为 200nm 的聚 α-氰基丙烯酸正丁酯（PBCA）微胶囊。

（2）原位聚合法

原位聚合法，即单体成分及催化剂全部位于芯材液滴的内部或者外部，发生聚合反应而实现微胶囊化。实现原位聚合法的必要条件是：单体是可溶的，而聚合物是不可溶的。与界面聚合法相比，可用于该法的单体很广，如气溶胶、液体、水溶性的或者油溶性的单体或者单体的混合物，低分子量的聚合物或者预聚物等。因此，各种各样的材料均可用来构成囊壁。王武生等完成了原位聚合合成纳米胶囊的实验及胶囊表征。冯微等用原位聚合法制备了以脲醛树脂为壁材的酞菁绿 G 颜料微胶囊，采用了酸催化下的缩聚反应工艺。

（3）悬浮交联法

悬浮交联法是以聚合物为原料，先将线性聚合物溶解成溶液，当线性聚合物进行悬浮交联固化时，聚合物迅速沉淀析出并形成胶囊壳。芯材料在成膜材料中分散，成膜聚合物固化成膜速度慢的可采用搅拌装置；成膜速度快的，则要采用锐孔-凝固浴法。锐孔-凝固浴法是将化学法和物理机械法相结合的一种微胶囊方法。以可溶性聚合物微壁材，将聚合物配成溶液，以此溶液包裹芯材并呈球状液滴落入凝固浴中，使得聚合物沉淀或者交联固化成为壁膜而微胶囊化。王显伦采用海藻酸钠微壁材，$CaCl_2$ 的溶液为固化液，以植物油为芯材，制备出了微胶囊。

2. 相分离法

在相分离过程中，首先是将芯材料乳化或者分散在溶有壁材的连续相中，然后，使壁材溶解度降低而从连续相中分离出来，形成黏稠的液相，包裹在芯材料上形成微胶囊。根据包裹材料在水中的溶解性不同，可以再细分，详见表 7-5。

相分离法分类表 表 7-5

水相分离法		油相分离法
单凝聚法	复凝聚法	
被包裹材料分散到壳材料的水溶液中，使得凝聚层沉析在芯材料周围，凝胶、固化	被包裹物质在聚电解质水溶液中分散，加入带相反电荷的另一种聚电解质水溶液，在芯材料周围形成沉淀，使得凝聚层胶凝、固化	将所要包裹的芯材料分散在聚合物溶液中，并且通过冷却或者加入沉淀剂的方法形成微胶囊。又包括：加入非溶剂法、加入能引起相分离的聚合物法、改变温度法

王显伦采用阿拉伯胶和明胶为壁材，植物油为芯材研究了凝聚法制备微胶囊的工艺过程和方法。

3. 物理及机械法

这种方法主要是通过微胶囊壳材料的物理变化、采用一定的机械加工手段进行微胶囊化。主要有：溶剂蒸发或者溶液萃取法、融化分散冷凝发、喷雾干燥法、流化床法等。

7.1.5.3　相变材料的应用

随着生活水平的提高，相应的建筑能耗（包括空调能耗）也随之升高，造成能源消耗过快，环境污染加剧，建筑物的能量供求在时间和强度上存在着严重不匹配的问题。利用相变材料储存能量的特性，向普通的建筑材料中加入相变材料制成相变储能建筑材料，使用这种建筑材料便可以解决或者缓解热能供给中存在的问题，降低室内温度的波动，提高房间舒适度，降低建筑供暖和空调的运行费用，避开用电高峰，是建筑节能的一项重要措施。同时，也是在建筑物系统中有效存储、利用太阳能等低成本清洁能源的重要途径，有利于环保、节能。

相变材料用于建材的研究开始于 1982 年，美国研制成功了一种利用十水合硫酸钠共熔混合物做蓄热芯料的太阳能建筑板，并在麻省理工学院建筑系实验楼进行了实验性的应用。Benson 和 Christenson 在 1983 年首次建议在建筑材料中使用固体－固体 PCM，改善建筑物室内热环境。1988 年起由美国能源储存分配办公室推动了此项目的进行。随着相变蓄能材料的不断开发研究，现在已经进入实用阶段。美国管道系统公司（Pipe System Inc.）应用 $CaCl_2 \cdot 6H_2O$ 作为相变材料制成热管，用来储存太阳能和回收工业中的余热。据该公司报道，100 根长 15cm 直径为 9cm 的聚乙烯蓄热管就能满足一个家庭所有房间的取暖需要。法国 EIFUnion 公司、美国的太阳能公司（Solar Inc.）用 $Na_2SO_4 \cdot 10H_2O$、$Na_2CO_3 \cdot 10H_2O$ 和 $CH_3COONa \cdot 3H_2O$ 作为相变材料，用硼砂作为过冷抑制剂，用交联聚丙烯酸钠作为防相分离剂，制成在 20℃ 发生相变的蓄热材料。该材料用于园艺温室的保温。相变材料还可用于各类保温和取暖设备。据日本专利报道，以 $Na_2CO_3 \cdot H_2O$ 和焦磷酸钠作为过冷抑制剂，使用 $CH_3COONa \cdot 3H_2O$ 等相变材料作为蓄热介质，当加热到设定温度（55～58℃）后，即可断电取暖。

　　我国从 20 世纪 80～90 年代开始已经有个别建筑节能改造示范工程，清华大学用16～23 个碳数的石蜡和聚烯烃及其他物质制成采暖地板。同济大学用石蜡、硬脂酸丁酯混合水泥制备成了混凝土来实现建筑节能的目的。另外，吴子钊等论述了自调温功能材料应用于建筑材料，实现建筑节能，概述了自调温功能材料的分类及包覆技术。柴雅凌等人研究了添加微胶囊型相变材料的建筑用纤维膜材料的保温、保湿性能，并且综述了国外此类物质的发展。

7.1.6　化学能蓄热

　　与显热和相变蓄热相比，化学能蓄热系统具有蓄热密度高的优点。计算表明，化学能蓄热的储能密度要比显热或相变蓄热高出 2～10 倍。另外，化学能蓄热还可以通过催化剂或将产物分离等方式，在常温下长期储存分解物。这样就减少了在抗腐蚀性以及保温方面的投资，易于长距离运输，特别是对液体或气体，甚至可以用管道输送。这种蓄热方式的缺点是系统比较复杂，价格也高，当前还基本处于实验室研究阶段。

　　化学能蓄热就是将热能转化为化学能的形式进行储存的方法。例如，某化合物 A 通过一个吸热的正反应转化成高焓物质 B 和 C，即热能储存在 B 和 C 中；当发生可逆反应时，物质 B 和 C 化合成 A，热能又被重新释放出来。可以作为化学能蓄热的反应很多，但要满足一些条件，如反应可逆性好、无明显的附带反应；正逆反应都应足够快，以便满足对热量输入和输出的要求；反应生成物易于分离且能稳定储存、反应物和生成物无毒、无腐蚀性和无可燃性等。

7.1.6.1　催化反应

　　催化反应主要适用于气－气反应，如利用三氧化硫、乙醇和氨的热分解储存热量。这类反应是国内外研究比较多的一种，它的特点是：反应物及生成物均是气体，在无适当催化剂存在的情况下生成物之间不会发生可逆反应。

　　图 7-9 为 CH_3OH 储存和利用热能的过程示意图。吸热反应器中的气态 CH_3OH 在高温和催化剂的作用下生成气态的 H_2 和 CO，经冷凝器后，CO 被冷凝成液态储存起来，而 H_2 则可经过压缩后储存起来。若需要利用系统储存的热能，可用管道输送到负荷所在地的反应器，在催化反应器中气态的 H_2 和 CO 重新化合成气态 CH_3OH 并将热量放出，产生的高温蒸气用来发电或直接用于工业供热。气态 CH_3OH 可以在冷凝后加以储存，这样整个过程形成一个循环。这种系统又称为化学热管。

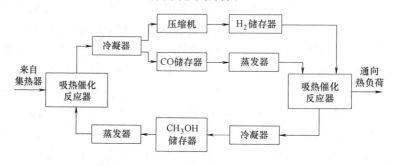

图 7-9　CH_3OH 储存和利用热能的过程

化学热管具有以下优点：

（1）化学热管系统可以充分利用核能和太阳能等，不消耗化石燃料，因此无环境污染；

（2）化学热管系统中的气体输送系统同时又是一个巨大的能量储存装置，可以方便地根据需要调节储存容量，适应用户的负荷要求；

（3）化学热管系统的能量转化率高，核能或太阳能转化成化学能的效率约为 70%，甲烷化反应的效率高达 90%。

德国在 1975～1985 年期间先后建立并成功运行了两套化学热管装置 EVAI/ADAMI 和 EVAII/ADAMII 系统。通过利用从高温气冷堆出来的高温氦气所携带的热量，将催化床加热到 800℃左右，甲烷和水蒸气混合物在催化剂的作用下发生反应，生成 H_2 和 CO 混合气体。然后用管道将所生成的混合气体在常温下远距离输送到用户。当需要用热时，混合气体在甲烷化反应器中，借助催化剂的作用，生成甲烷和水蒸气，释放出 205kJ/mol 的热量，为用户提供 400～700℃的热源。这种化学热管的成功应用论证了核能远距离输送的可能性。

以色列也研制出一种新型的化学热管系统，用于储存和远距离输送太阳能。该系统将从沙漠地区收集的太阳能经过聚集，驱动高温下的化学反应产生天然气，经过液化冷却后，储存或运输到需要能源的地区。当这种天然气运到目的地后，经过逆反应，释放能量，产生蒸汽，用于工业生产或推动汽轮机发电。这种化学热管系统能吸收大约 500kW 的电能。

7.1.6.2　生成物分离反应

为了防止逆反应的发生，把反应物在空间位置上进行分离，这种反应就是生成物分离反应。它是化学能储存太阳能中最常用的一种反应。在这些可逆反应中，化合物吸热后产生气态物质，但其逆反应是放热的。利用这种可逆热化学反应所产生的能量变化向用户提供热量的装置称为化学热泵。化学热泵系统储存太阳能、工业余热等，可以用于加热、制冷及提高能量品位。与其他蓄存能量系统相比，它具有储存能密度大，能在常温下储存等优点。化学热泵按功能可以分为蓄热型、增热型（或制冷型）和升温型三种形式，它们所利用的反应物质主要是水合物、氨络化物、氢氧化物及金属氢化物等。

蓄热型热泵是物质在温度 T_m 下产生吸热反应，将热储存起来；当需要热量时，进行逆反应，又重新获得温度为 T_m 的热量。所以蓄热型热泵在吸热—放热的循环过程中，理论上热量没有变化。蓄热型热泵所使用的主要物质是盐的水合物、碱土金属的氢氧化物。

在增热型热泵系统中，需要有两种化合物 A 和 B，与气体 X 发生反应后生成 AX 和 BX。增热型化学热泵的工作循环如图 7-10 所示。来自温度为 T_H 的高温热源加热反应器，当达到一定温度时，高温反应器中的 AX 吸热分解（C 点），产生的气体 X 送入低温反应器中，与化合物 B 发生放热反应，生成化合物 BX，并向用户提供温度为 T_M 的热量。然后，将低温反应器中的生成物 BX 冷却到 T_L（E 点），系统压力降低到 P_L；另外，将高温反应器中的分解物也冷却到 T_M（F 点）。BX 发生分解反应产生的气体再次进入高温反应器与 A 发生反应（F 点），并释放出温度为 T_M 的热量。然后再将系统压力提高到 P_H，完成一个工作循环。在此循环中，在相同压力下进行可具蓄热功能；改变系统压力，可以利用高温热（T_H）提升低温热（T_L）转成中温热（T_M），用少量的驱动热源得到更多的中温热原，实现增热功能。

升温型的工作循环顺序与增热型相反。反应从 F 点开始，工质按 F-E-D-C 的顺序进

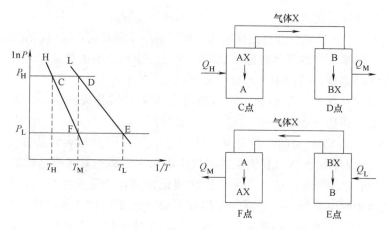

图 7-10 增热型化学热泵的工作循环

行反应，就可以从温度为 T_M 的热源中吸取热量 Q_M，将其中一部分提高温位，得到温度
为 T_H 的热量。

7.2 蓄能太阳能空调系统

各种形式的太阳能空调系统的研究和利用，已经在全世界范围内引起了广泛关注。但
是，由于一年四季中季节与昼夜的周期性交替，以及气候的变化，导致太阳能的能量密度
不稳定，具有明显的周期性与间歇性。因此，高效的蓄能装置对充分有效地利用太阳能，
以及提高太阳能空调的工作性能，是必不可少的。

图 7-11 是太阳能蓄能空调示意图。图中的转换器是能量转换设备，可以是制冷机
（对制冷空调系统），也可以没有（对太阳能直接供暖空调系统）。蓄能 A 和蓄能 B，是表
示在太阳能蓄能空调中，可能采取的两种蓄能方式。前者表示在能量转换之前蓄能，后者
表示在能量转换器之后蓄能。显然，在 B 处蓄能，由于多出一道能量转换环节，蓄能的
容量要比在 A 处蓄能的容量小。

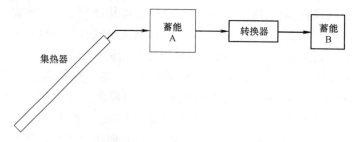

图 7-11 太阳能蓄能空调示意图

太阳能蓄能空调，按照采用蓄能方式的不同加以划分为显热蓄能、潜热（相变）蓄能
和化学能蓄能等。

7.2.1 显热蓄能太阳能空调系统

利用物质因温度变化而产生的显热进行蓄热，是最简单、最经济的蓄热方式。常用的
蓄热介质有水和砾石等。由于水的蓄热性能最佳，而且黏度低，无腐蚀性，几乎不需要花
费代价，因此水的使用又是最多的。目前为数不多的太阳能吸收式空调系统均采用蓄热水

箱的形式进行蓄热。此外，显热蓄热在冬季太阳能直接采暖系统中也有较广泛的应用。

　　蓄热水箱经过众多研究者的研究和应用，目前有单水箱蓄热、多水箱蓄热或蓄冷以及分层水箱蓄热等多种形式。

7.2.1.1　单水箱蓄热太阳能空调系统

　　图 7-12 所示为一个典型的单水箱蓄热太阳能空调系统。这个系统建立于 1983 年，是科威特国防部办公楼的制冷系统，该系统包括 296m² 的平板太阳能集热器、四台单机制冷量为 35kW 的单效溴化锂吸收式制冷机（其中一台备用）、一个容积为 20m³ 的蓄热水箱、一台功率为 130kW 的燃油热水器（作为辅助热源）以及冷却塔等系统配件。系统建成后，1984～1987 年这 4 年间完整采集的数据表明，系统夏季日平均制冷量为 360～520kWh，每周平均太阳能集热量和总的驱动热分别为 2.2～3.2MWh 和 3.5～5.6MWh。1995 年，选取了三个典型日，测得的吸收式制冷机的 COP 为 0.62～0.70。经过能量计算与经济性分析，该系统与同等制冷量的压缩式制冷机组相比，可以节省电能消耗25％～40％。

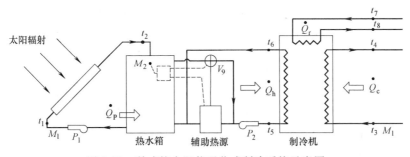

图 7-12　科威特太阳能吸收式制冷系统示意图

7.2.1.2　多水箱蓄热太阳能空调系统

　　作为一种能量储存装置，单水箱可以很好地适用于家用空调、热水以及其他小容积蓄热系统。但是，对于那些要求大容量蓄能系统，例如舒适性要求较高的空调采暖系统，单个水箱就会遇到困难。比如，大型水箱有很高的加工要求，它们难以适应各种不同的应用场合，要在大型水箱内形成良好的温度分层可能需要采用一些特殊的技术。因此，为了避免这些困难，加拿大沃特卢大学的 D. M. Mather 等提出了一种多水箱串联形成大容积蓄热水箱的方案，如图 7-13 所示。

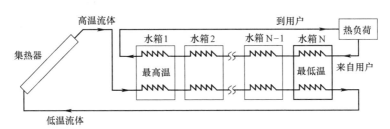

图 7-13　多水箱蓄热系统示意图

　　该蓄热系统由多个容积为 200dm³ 的小水箱组成。每个水箱的底部和顶部各有一个浸入式换热器，底部换热器连入太阳能集热器回路，顶部换热器连入负荷回路，各个小水箱通过这些换热器连结在一起。D. M. Mather 等通过两次模拟太阳能集热与蓄热实验，测试了该多水箱蓄热系统的内部热分层效果以及"热二极管"效应，结果表明当蓄热系统的热输入发生波动时，水箱下层温度仍可在一个较长的时间段内保持稳定。这对于太阳能空调系统的稳定运行是有重要意义的。

7.2.1.3　双水箱蓄热与蓄冷装置结合的太阳能空调系统

图 7-11 中处于能量转换器之后的蓄能 B，在太阳能蓄热空调系统中比较常见的是用来蓄冷。尽管在 B 处蓄能，由于多经历了一道能量转换环节，能量有所损失，但是由于蓄冷的蓄能温度比较低，与外界温度之间的差值远小于蓄热温度与环境温度之差，因此蓄冷的效果不一定比在 A 处蓄热差。

"九五"期间，由北京太阳能研究所在山东乳山市承建了一座大型太阳能空调示范系统。该系统是一个典型的采用双水箱同时蓄冷与蓄热的太阳能空调系统。据何梓年等的报道，该系统由 540m² 热管式真空集热器、100kW 单效溴化锂吸收式制冷机、一台燃油锅炉作为辅助热源、两个容积分别为 8m³ 和 4m³ 的蓄热水箱、一个容积为 6m³ 的蓄冷水箱，以及冷却塔、空调箱等系统配件组成。值得指出的是，之所以会多出一个蓄热水箱，其目的是为了实现上午太阳能空调系统快速启动，而不必等待整个大水箱温度升到开机温度。

根据报道，该系统可以为 1000m² 的空调面积提供夏季供冷、冬季供暖，并在过渡季节提供生活热水。夏季制冷模式吸收式制冷机的 COP 可达 0.70，集热效率约为 35%～40%。

7.2.1.4　挡板分层蓄热水箱太阳能空调系统

香港大学李中付在一大一小两个蓄热水箱，分别储存不同品质热能的基础上，进一步提出了一个结构简化的方案，即在一个蓄热水箱内部，采用开孔挡板将其分隔为上下两个部分，促进温度分层。通过系统模拟，得出上下体积比为 1：3 的分割比例对于系统性能较为有利，并通过实际系统的试验进行了验证。该系统由 38m² 涂有选择性吸收层的吸热板平板集热器、额定制冷量为 4.7kW 的单效溴化锂吸收式制冷机、2.75m³ 的挡板分层蓄热水箱、12kW 的辅助加热器，以及冷却塔等系统配件组成。

试验结果表明，相比采用无分层蓄热水箱的系统，该系统 COP 值高出约 15%，制冷机出冷时间提前约 2h。

7.2.2　潜热（相变）蓄能太阳能空调系统

相比显热蓄能，潜热（相变）蓄能的主要优点是蓄能密度大，以及相变过程的温度近似恒定。蓄存相同的热量，采用热水蓄能的体积是相变蓄能的 5 倍。

相变蓄能材料（PCM）主要有含结晶水的无机盐、石蜡和某些有机物，一些碱、盐和金属也有可能作为相变蓄能材料。目前关于相变蓄能的研究，主要有相变蓄能材料特性的研究以及相变蓄能系统的应用。俄罗斯的 E. A. Levitskij 提出了一种新型的复合相变蓄能材料，它由颗粒状多孔胶，经过一系列加工处理工艺，吸附氯化钙而成。据称该复合相变蓄能材料，即使是在吸收低温热量（20～40℃）时，蓄能密度也高达 2200kJ/kg。该相变蓄能材料甚至可以改变自己的有效工作温度范围。这种高性能相变材料有望迅速商业化。

7.2.2.1　相变蓄能用于太阳能供暖系统

图 7-14 所示为澳大利亚 W. Sanman 提出的一个采用相变蓄能的集成屋面太阳能供暖系统，太阳能直接用于加热室内空气及蓄能。蓄能单元包括一系列平行放置的平板，平板上盛放着蓄热材料，平板之间

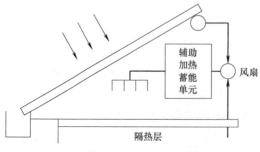

图 7-14　集成屋面的太阳能供暖系统

的隙缝为空气通道，这里所使用的蓄热材料为 $CaCl_2 \cdot 6H_2O$。

W. Saman 等对此系统进行了模拟与试验研究。模拟与试验结果表明：

1）相变蓄能材料（PCM）的显热效应。熔解时，出口空气温度急剧上升；凝固时，出口空气温度急剧下降。这对于供暖系统而言，在送风给用户时有一个显著的暖和效应，从热舒适性角度来讲是有利的。

2）熔解时，更高的进气温度可以增大传热速度，缩短熔解时间；凝固时，更低的进气温度可以增大传热速度，降低凝固时间。

7.2.2.2　相变蓄能用于太阳能—热泵联合供暖系统

土耳其的 K. Kaygusuza 在土耳其 Trabzon 对带相变蓄能的太阳能—热泵联合供暖系统进行了理论与实验研究。所建造的四个试验系统为：

（1）传统太阳能系统；

（2）串联热泵—太阳能系统；

（3）并联热泵—太阳能系统；

（4）双源热泵系统。

所谓双源热泵系统，是指同时包括上述的串联和并联系统。双源热泵系统的热泵可以选择收集的太阳能或环境空气作为热源，这取决于哪一个 COP 更高。

利用试验数据计算得到集热器效率、热泵 COP、季节供暖性能、太阳能利用分数、蓄能效率、集热效率以及供暖系统总的能耗，结果如表 7-6 所示。

四个试验系统的计算结果　　　　　　　　　　　　　　　表 7-6

项　　目	串联热泵—太阳能系统	并联热泵—太阳能系统	双源热泵系统	传统太阳能系统
平均季节 COP	4.0	3.0	3.5	
平均季节集热效率	50%	50%	60%	
平均季节蓄热效率	55%	53%	60%	
太阳能利用分数	0.60	0.75	0.80	0.25
季节性能因子 SPF	3.3	3.7	4.2	
每供暖季节节能	12056kW	10120kW	9390kW	

从表中可以看出，双源热泵系统的综合性能最佳，而传统太阳能系统的太阳能利用分数过低，并不可取。

7.2.2.3　相变蓄能用于低能耗建筑

德国的 Helmut Weinlader 将相变蓄能材料用于低能耗建筑，进行太阳能被动式供暖/制冷。他们考察了 3 种相变蓄能材料：石蜡 RT25、水合盐 S27 以及 L30。

由于相变蓄能材料具有可以透过可见光以及吸收红外辐射的特性，在建筑朝南的窗户玻璃上加上相变蓄能材料，可以获得适当的热量以及产生极少的热损失。因而，在冬季它可以用来维持房间内的温度，增强房间的热舒适性，尤其是在夜间。在夏季，由于得热少，可以降低房间的峰值冷负荷，晚上的额外得热量可以通过夜间通风带走。如果采用低相变温度（如 30℃）的相变材料，则夏季白天的热舒适性也可以得到改善。

7.2.2.4　制冷/制热潜能蓄能太阳能空调系统

大连理工大学的徐士鸣提出了一种制冷/制热潜能蓄能的概念。所谓制冷/制热潜能蓄能，是指在谷电期间或者太阳能充足时，利用电能或太阳能使溴化锂稀溶液在发生器中蒸发，使溴化锂溶液形成一定的密度差并加以储存。当太阳能不足或者峰电期间，利用储存的具备吸收能力的浓溶液，吸收蓄存制冷剂水，从而提供制冷/制热功能。这样就实现了太阳能或电能收集与使用的分离，从而提高了能量的利用效率。

　　徐士鸣在此蓄能原理的基础上提出了以空气为携热介质的开式太阳能吸收式制冷循环方式。此制冷循环利用太阳能加热空气，并以热空气代替传统闭式循环中的热蒸汽或热水，通过溶液与空气之间的热、质交换完成溶液的再生过程。这样就避免了产生高温热水所需的加压流体对太阳能集热板的压力，以及溶液对太阳能集热板的腐蚀，从而降低了对太阳能集热板结构和材料的要求，大大降低了集热板和制冷系统的造价，为太阳能空调系统的普及应用奠定了基础。以空气为携热介质的开式吸收式制冷循环系统流程图如图7-15所示。

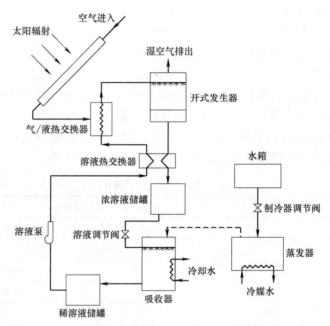

图 7-15　以空气为携热介质的开式太阳能吸收式制冷循环流程图

　　通过对以空气为携热介质的开式太阳能吸收式制冷循环的研究，可以发现这种循环有许多优点：

　　(1) 由太阳能集热器与开式吸收式制冷循环所构成的太阳能空调系统结构简单、单位制冷量的系统总造价低，易于大规模推广使用；

　　(2) 以空气为携热介质的系统，太阳能集热器无冻坏的问题，并且因为空气的热容小，所以系统的启动较快；

　　(3) 以空气为携热介质的吸收式太阳能制冷循环所要求达到的热空气温度并不高，当热空气温度达到 75℃ 时制冷循环就能进行。当热空气温度达到 90℃ 时，环境空气参数变化对单位质量空气流量的循环制冷量几乎没有影响，且循环 *COP* 值可以达到较高的水平；

　　(4) 以空气为携热介质的吸收式太阳能制冷循环 *COP* 值随环境温度的升高而增加，因此该系统更适合于在高温炎热环境下工作。

　　华中科技大学的万忠民等，也从储存溴化锂溶液的浓度差出发，设计了一种闭式太阳能吸收式制冷蓄能循环。在此太阳能吸收式制冷系统中，用储存液态冷剂的相变潜热来储

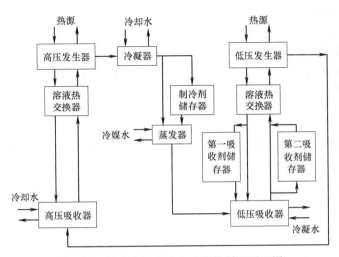

图 7-16 闭式太阳能吸收式蓄能循环原理图

存能量。图 7-16 为新型太阳能两级吸收式蓄能循环的原理图，在太阳能吸收式制冷系统发生热源富裕的时候，将从发生器出来的水蒸气冷凝成液体，一部分直接进入蒸发器蒸发制冷，而将多余的液态冷剂储存在冷剂储存器中；将发生得到的一部分 LiBr 浓溶液直接进入吸收器，吸收来自蒸发器的水蒸气，其余富裕的浓溶液储存在 LiBr 浓溶液储存器中；在外界热源消失或减少的情况下，释放其储存的浓溶液。这部分浓溶液吸收储存的冷剂水挥发出的水蒸气而直接制冷，而将吸收后的稀溶液进入 LiBr 稀溶液储存器中储存。

与传统的蓄能系统进行分析比较结果表明，在获得冷量相同的情况下，新型循环的蓄能体积是传统系统蓄能体积的 0.2 倍以下，$1m^3$ 蓄能体积的冷量能维持 $50\sim60m^2$ 房间的夜间冷量需求，促进了蓄能装置的小型化，从而推动小型太阳能吸收式蓄能空调的商品化。

本章参考文献

［1］ 张寅平. 相变储能—理论和应用. 安徽：中国科学技术大学出版社，1996

［2］ 郭茶秀. 热能存储技术与应用. 北京：化学工业出版社，2004

［3］ 李申生. 太阳能热利用导论. 北京：高等教育出版社，1989

［4］ 曾培炎. 保护地球环境，促进可持续发展，大力发展可再生能源. 可再生能源，2005，124（6）：1-2

［5］ 刘玲. 国内外蓄热材料发展概况. 兰化科技，1998，3：861-865

［6］ 贺岩峰. 热能储存材料研究进展. 现代化工，1994，8：8-11

［7］ 吴煜明. 金属氢化物热泵进展. 低温与特气，1990，4：1-4

［8］ 李珊. 化学热泵原理及应用. 能源季刊，1989，4：50-53

［9］ 黄素逸. 能源科学导论. 北京：中国电力出版社，1999

［10］ 张国宝. 应对能源和环境问题必须大力发展可再生资源. 可再生能源，2005，124（6）：3-4

［11］ 姜勇，丁恩勇，黎国康. 相变储能材料的研究进展. 广州化学，1999，24（3）：48-54

［12］ 李忠，于少明，杭国培. 固-液相变贮能材料的研究进展. 能源工程，2004，24（3）：52-55

［13］ 叶宏. 新型相变贮热材料. 太阳能，2000，21（3）：10-11

［14］ 张寅平，胡汉平，孔祥冬等. 相变贮能——理论和应用. 合肥：中国科学技术大学出版社，1996

［15］ 张东，周剑敏，吴科如. 相变储能复合材料的研究和应用. 节能与环保，2004，1：17-19

［16］ 徐伟亮. 常低温固-液相变材料的研制和应用. 现代化工，1998，18（4）：14-16

[17] 刘乐. 无机相变贮能材料的应用研究进展. 河北工业大学成人教育学院学报, 2004, 19 (1): 14-16

[18] 陈爱英, 汪学英. 相变储能材料及其应用. 洛阳工业高等专科学校学报, 2002, 12 (4): 7-9

[19] 张丽芝, 张庆. 相变贮热材料. 化工新型材料, 1999, 27 (2): 19-21

[20] 樊耀峰, 张兴祥. 有机固固相变材料的研究进展. 材料导报, 2003, 17 (7): 50-53, 81

[21] 李爱菊, 张仁元, 黄金. 定形相变储能材料的研究进展及其应用. 新技术新工艺, 2004, 31 (2): 45-48

[22] 张伟, 黄荣荣, 俞强等. 高分子固-固相转变储能材料的研究进展. 现代塑料加工应用, 2003, 15 (6): 52-56

[23] 陈传福, 习复, 潘增富等. 一种新型贮能材料的研制及其应用前景. 中国空间科学技术, 1995, 19 (5): 31-36

[24] 叶宏, 葛新石. 一种定形相变材料的结构和理化分析. 太阳能学报, 2000, 21 (4): 417-421

[25] 方贵银, 李辉. 复合相变蓄热材料研制及性能分析. 现代化工, 2003, 23 (12): 30-31, 33

[26] 陈建山, 周钢, 吴宇雄等. 微胶囊制备技术及其应用. 精细化工中间体, 2003, 33 (6): 17-19

[27] 宋健, 陈磊, 李效军. 微胶囊化技术及应用. 北京: 化学工业出版社, 2001

[28] StereLubetkin, PatrickMulqueen, EricPaterson. Communication to the editor. PesticSci, 1999, 55: 1123-1125

[29] 冯鹏. 界面聚合法制备聚 α 氰基丙烯酸正丁酯毫微囊. 高分子学报, 2000, (5): 620-625

[30] 张可达, 徐冬梅, 王平. 微胶囊化方法. 功能高分子学报, 2001, 14 (4): 474-480

[31] 王武生, 曾俊, 阮德礼等. 原位聚合合成纳米胶囊. 高分子材料科学与工程, 2001, 17 (4): 34-36

[32] 冯薇, 王申, 王丽. 原位聚合法制备酞菁绿 G 颜料微胶囊. 精细化工, 2002, 19 (9): 538-540

[33] 王显伦. 锐空法制备微胶囊技术研究. 郑州粮食学院学报, 1995, 16 (4): 21-26

[34] 王显伦. 凝聚法制备微胶囊技术研究. 郑州粮食学院学报, 1997, 18 (3): 29-34

[35] 陈爱英, 汪学英, 曹学增. 相变储能材料的研究进展与应用. 材料导报, 2003, 17 (5): 42-46

[36] 王永川, 陈光明, 洪峰等. 组合相变储热材料应用于太阳能供暖系统. 热力发电, 2004 (2): 7-11

[37] 陈美祝, 何真, 陈胜宏. 相转变材料在建筑材料中的应用综述. 长江科学院院报, 2004, 21 (1): 11-14

[38] 周恩泽, 董华. 相变储热在建筑节能中的应用. 哈尔滨商业大学学报 (自然科学版), 2003, 19 (1): 100-103

[39] 刘玲, 叶红卫. 国内外蓄热材料发展概况. 兰化科技, 1998, 16 (3): 168-171

[40] 王剑峰. 相变储热研究进展 (2) 组合相变材料储热与应用潜力. 新能源, 2000, 22 (4): 22-33

[41] 马芳梅. 相变物质储能建筑材料性质研究的进展. 新型建筑材料, 1997, (8): 40-42

[42] 杨睿, 张寅平, 李贺. 建筑采暖用的加热定形相变蓄热材料及其制备方法. 中国专利: CN 1462787A 2003-12-24

[43] 张东, 吴科如. 建筑用相变储能复合材料及其制备方法. 中国专利: CN 1450141A 2003-12-22

[44] 吴子钊, 梁金生, 梁广川等. 自调温功能材料. 新型建筑材料, 2003, (4): 44-46

[45] 柴雅凌, 金乃伯. 建筑用纤维膜材料. 纺织导报, 1998, 6: 6-8

[46] A. A. Al-Homoud. Experiences with solar cooling systems in Kuwait. Renewable Energy, 1996, 9: 664-669

[47] D. W. Mather. Single and multi-tank energy storage for solar heating systems: fundamentals. Solar Energy, 2002, 73 (1): 3-13

[48] 何梓年等. 太阳能吸收式空调及供热系统的设计和性能. 太阳能学报, 2001, 1: 6-11

[49]　Z. F. Li. Simulation of a solar absorption air conditioning system. Energy Conversion & Management，2001，42：313-327

[50]　Z. F. Li. Experimental studies on a solar powered air conditioning system with partitioned hot water storage tank. Solar energy，2001，71（5）：285-297

[51]　Z. F. Li. Performance study of a partitioned thermally stratified storage tank in a solar powered absorption air conditioning system. Applied Thermal Engineering，1998，64：163-178

[52]　田中俊六. 太阳能供冷与供暖. 北京：中国建筑工业出版社，1978

[53]　E. A. Levitskij. Chemical heat accumulators：A new approach to accumulating low potential heat. Solar Energy Materials and Solar Cells，1996，44：219-235

[54]　W. Saman. Thermal performance of PCM thermal storage unit for a roof integrated solar heating system. Solar Energy，2005，78：341-349

[55]　K. Kaygusuza. Experimental and theoretical investigation of combined solar heat pump system for residential heating. Energy Conversion & Management，1999，40：1377-1396

[56]　Helmut Weinlader. PCM-facade-panel for daylighting and room heating. Solar Energy，2005，78：177-186

[57]　徐士鸣. 蓄能技术新概念—制冷/制热潜能储存技术. 电力需求侧管理，2003，5（1）：43-51

[58]　徐士鸣. 以空气为携热介质的开式太阳能吸收式制冷循环研究与分析. 太阳能学报，2004，4：204-210

[59]　万忠民. 一种新的太阳能吸收式制冷系统中的蓄能技术. 华中科技大学学报（自然科学版），2002，7：14-16

第8章　太阳能制冷、空调与建筑物的有机结合

近年来我国国民经济和城乡建设发展非常迅速，全国每年建成的房屋建筑面积高达 16~19 亿 m^2。到 2001 年底，全国城乡现有的房屋建筑面积已超过 360 亿 m^2，全国建筑耗能量已超过全国总耗能量的 1/4 以上，其中 50% 以上的建筑能耗是由空调消耗的，这个比例随着国民生活水平的提高还有继续上升的趋势。专家认为，未来 20 年中国将面临十分严峻的能源问题，石油储量仅可维持到 2020 年，天然气到 2040 年，煤炭还能用 200~300 年。另外，在全国用能量不断增加的同时，温室气体的排放量正在快速增长，我国目前已成为世界上温室气体排放第二大国，到 2020 年时有可能成为最大的温室气体排放国。

能源短缺和环境问题促使了可再生能源的广泛深入研究，早在"九五"期间，"太阳能空调及供热综合示范系统"就被我国国家科委列为重点科技攻关项目。自 2006 年 1 月 1 日《中华人民共和国可再生能源法》实施以来，人们开始高度重视可再生能源的开发与利用。作为充沛的清洁能源，太阳能在建筑能源中受到了越来越多的重视，采用太阳能驱动的制冷、空调系统具有巨大的环境效益、社会效益和经济效益。虽然目前太阳能空调的应用仍处于示范阶段，但其自身优点决定其一定会有广阔的应用前景。

太阳能制冷空调是利用太阳能驱动的空调系统，节省常规能源，无运动部件，运行稳定，无噪声。根据太阳能热能所驱动的制冷方式的不同，太阳能制冷、空调系统可以分为太阳能吸收式制冷、太阳能吸附式制冷、太阳能蒸汽喷射式制冷系统、太阳能热机驱动压缩式制冷系统和太阳能除湿式制冷等。在本书第 5 章与第 6 章中已详细系统地叙述了太阳能制冷空调技术原理及其应用，本章将重点介绍太阳能制冷空调在建筑物中的应用及其与建筑物的有机结合。

8.1　影响太阳能制冷空调的气候条件

8.1.1　我国的太阳能资源分布

我国是太阳能资源丰富的国家之一，年辐射总量在 3340~8400MJ/m^2，全国总面积 2/3 以上的地区年日照时数大于 2000h。我国西藏、青海、新疆、甘肃、宁夏、内蒙古高原的总辐射量和日照时数均为全国最高，属世界太阳能资源丰富地区之一；四川盆地、两湖地区、秦巴山地是太阳能资源低值区；我国东部、南部及东北为资源中等区。我国太阳能资源分布的主要特点有：太阳能的高值中心和低值中心都处在北纬 22°~35°一带，青藏高原是高值中心，四川盆地是低值中心；太阳年辐射总量，西部地区高于东部地区，而且除西藏和新疆两个自治区外，基本上是南部低于北部；由于南方多数地区云雾雨多，在北纬 30°~40°地区，太阳能的分布情况与一般的太阳能随纬度而变化的规律相反，太阳能不是随着纬度的增加而减少，而是随着纬度的增加而增多。按接受太阳能辐射量的大小，我国各地太阳能辐射量大致上可分为五类地区：

一类地区：全年日照时数为 3200～3300h，年辐射量在 6680～8400MJ/m²，相当于 225～285kg 标准煤燃烧所发出的热量。主要包括青藏高原、甘肃北部、宁夏北部和新疆南部等地。这是我国太阳能资源最丰富的地区，特别是西藏，地势高，全年太阳光的透明度好，年太阳辐射总量最高值达 921 万 kJ/m²。

二类地区：全年日照时数为 3000～3200h，年辐射量在 5852～6680MJ/m²，相当于 200～225kg 标准煤燃烧所发出的热量。主要包括河北西北部、山西北部、内蒙古南部、宁夏南部、甘肃中部、青海东部、西藏东南部和新疆南部等地，此区为我国太阳能资源较丰富区。

三类地区：全年日照时数为 2200～3000h，年辐射量在 5016～5852MJ/m²，相当于 170～200kg 标准煤燃烧所发出的热量。主要包括山东、河南、河北东南部、山西南部、新疆北部、吉林、辽宁、云南、陕西北部、甘肃东南部、广东南部、福建南部、江苏北部和安徽北部等地，是我国太阳能资源中等地区。

四类地区：全年日照时数为 1400～2200h，年辐射量在 4190～5016MJ/m²，相当于 140～170kg 标准煤燃烧所发出的热量。主要是长江中下游、福建、浙江和广东的一部分地区，春夏多阴雨，秋冬季太阳能资源还可以，是我国太阳能资源较差地区。

五类地区：全年日照时数为 1000～1400h，年辐射量在 3340～4190MJ/m²，相当于 115～140kg 标准煤燃烧所发出的热量。主要包括四川、贵州两省，此区是我国太阳能资源最少的地区。

可以看出，国内相当一部分地区太阳能资源丰富，对太阳能制冷、空调技术的使用来说极为有利。从节能和环保角度考虑，用太阳能替代或部分替代常规能源驱动空调系统完全符合可持续发展战略的要求。目前，我国太阳能制冷空调仍处在实验或示范性工程阶段，但其关键技术已经日趋成熟和完善。

8.1.2　气候对太阳能制冷、空调的影响

在建筑方面，微气候是指在建筑物周围地面上及屋面、墙面、窗台等特定地点的风、阳光、辐射、气温与湿度等气象条件。研究建筑周围微气候的目的在于通过改善微气候来营造舒适健康的室内热湿环境。影响人体舒适度和建筑节能的主要微气候要素有太阳辐射、空气温度、气压与风、空气湿度、凝结与降水，其中太阳辐射是建筑外部的主要热源；空气温度直接决定着建筑热工性能计算和建筑室内空调系统的设计；风速与风向则关系到建筑的布局和自然通风效果；降水量和降水强度关系到建筑造型和排水除湿，这些要素之间相互作用，共同影响着建筑的微气候。

建筑设计要结合具体气候特点，根据当地的太阳辐射、风和降水状况进行围护结构的保温、隔热、通风及防潮设计，从建筑选址、采光、遮阳、保温、隔热、蓄热集热、采暖与制冷、通风与防风、防潮与防结露等方面采用相应的技术手段，形成良好的室内热环境。好的建筑设计可以减少夏季室内冷负荷，从而有效降低太阳能制冷、空调系统的储能系统容量及辅助加热系统的能耗。

对于使用太阳能制冷、空调系统的建筑物而言，日照的影响对整个系统的正常运行起着决定性作用。另外，建筑采光、建筑遮阳、建筑蓄热、建筑集热等都与日照有着密切的联系。在不同气候条件下建筑物对日照的需求是不同的，寒冷地区需要最大限度获得、储存和利用太阳辐射热能；在炎热地区，遮阳则至关重要；在夏热冬冷地区，需要综合考虑日照和遮阳的矛盾。温带和寒带地区的建筑多采用坐北朝南的布局，这是由建筑物各朝向

表面太阳辐射强度随季节变化的规律所决定的。建筑物朝南的垂直墙面与其他朝向墙面相比，冬季接受的太阳辐射最多而夏季的辐射得热又比东、西向少，因此坐北朝南的建筑物在炎热夏季的得热量相对较少，室内温度不至于过高，而在寒冷的冬季则能够吸收大量的辐射热，保持相对温暖的室内温度。

合理利用当地气候条件和日照特点，可以使建筑物收集利用更多的太阳能，同时减少其夏季冷负荷。一年中对太阳总辐射有影响的因素可分为以下五类：天文因子类，包括太阳常数、日地距离、太阳赤纬、时角；地理因子类，包括经纬度和海拔高度；几何因子类，包括太阳高度角和太阳方位角；物理因子类，包括纯大气的消光、大气中的含水量、大气中的臭氧含量；气象因子类，包括日照百分率、天空云量、地面反射率。在应用太阳能制冷、空调技术时应根据当地的气候条件具体分析，做出最佳方案。

在设计太阳能制冷、空调系统之前，需要分析当地的气候特征，充分利用自然条件。首先应根据空调系统的制冷负荷设计太阳能集热器的容量。在太阳能集热系统设计中要考虑"太阳能保证率"的概念，所谓太阳能保证率是指在太阳能利用系统中，太阳能所提供的能量占系统总负荷的百分率。太阳能保证率的大小和取值与系统使用期内当地的太阳辐射、气候条件、系统的投资回收期等经济性参数以及用户要求等因素有关。为了尽可能发挥太阳能系统所起到的节能作用，太阳能保证率不应取的太低，按我国的具体气候特征和日照情况，其取值宜在 $40\%\sim80\%$ 之间。太阳能保证率可用下式进行计算：

$$C=\frac{Q}{Q_r+Q_l} \tag{8-1}$$

式中　Q——太阳能所能提供的热量，$Q=I \cdot h \cdot \Phi \cdot A \cdot 3600$；

　　　Q_r——夏季制冷负荷所需热量，$Q_r=\dfrac{q \cdot t \cdot S}{\eta} \cdot 3600$；

　　　Q_l——生活热水负荷所需热量，$Q_l=\dfrac{Q_a}{1-\theta}$。

　　　I——太阳能辐射强度，W/m^2；

　　　h——日均光照小时数，h；

　　　Φ——平均集热效率；

　　　A——太阳能集热器的有效集热面积，m^2；

　　　q——单位空间面积所需的冷负荷，W/m^2；

　　　t——制冷小时数，h；

　　　S——空间面积，m^2；

　　　η——制冷系统效率系数；

　　　Q_a——生活热水负荷，J；

　　　θ——系统热损失率。

太阳能空调系统设计时应根据当地的气候条件、系统所需热量、安装现场施工条件及经济状况配置太阳能集热系统，从而可以确定太阳能保证率并据此设计太阳能空调系统的具体配置。当太阳能保证率大于 50% 时，太阳能提供的热量比较充足，可以采用集热器产生的热水驱动单效溴化锂吸收式制冷机来实现空调目的。此类型的太阳能空调系统一般由太阳能集热器、生活热水箱、主蓄热箱、加热炉、温水单效机组、冷却塔及冷水箱等组成。当太阳能保证率小于 50% 时，太阳能集热器产生的热水比较少，可以采用溴化锂吸收式直燃单双效制冷机组来实现空调目的。该太阳能空调系统通常由太阳能集热器、蓄热水箱、温水/直燃单双效机组、冷却塔、冷水箱等组成，当太阳能集热器生产的热水热量不足时可以利用制冷机组自带的直燃机作为辅助热源满足空调制冷的要求。

8.2　太阳能制冷、空调技术与建筑设计的结合

8.2.1　合理设计和规划建筑物

如前所述，太阳能制冷、空调技术首先需要利用太阳能集热系统通过太阳能光热转换实现太阳能热利用。因此，为了实现高效率的太阳能制冷，应充分收集太阳能提供给建筑的能量，注重生态建筑的设计理念。从建筑设计之初就应关注太阳能的采集，使太阳能集热器与建筑物有机结合，综合考虑场地规划、建筑单体设计、技术措施应用以及围护结构选取等多方面要素，以保证建筑物与太阳能集热系统实现有机结合，成为兼具美观性与实用性的统一整体。

8.2.1.1　建筑规划设计要求

合理的规划设计能够保证建筑物自身充分利用太阳能，为太阳能光热设备的高效率运行打下坚实的基础。因此设计时，应从建筑基地的选择到建筑群体布局、日照间距、朝向以及地形的利用等方面综合考虑，争取最大日照，为建筑的太阳能热利用提供条件。另一方面，通过对建筑周边自然环境的改造，加强夏季自然通风，充分利用植被遮阳，可形成良好的建筑微气候，降低建筑内外表面温度，减小室内冷负荷，为建筑提供较为舒适的夏季环境。

首先，要做到合理的基地选择与场地规划。地理纬度决定了该地点任意一天的任意时刻太阳高度角和方位角，同时地形地貌也影响着建筑物接受阳光照射的情况，因此建筑基地应选择在向阳的平地或坡地上，以争取尽量多的日照，为建筑单体的热环境设计和太阳能应用创造有利的条件。另外合理布局建筑组团的相对位置也可以取得良好的日照，同时还能达到利用建筑阴影在夏季遮阳的目的。其中错位布置多排多列楼栋能够利用山墙空隙争取日照；点式和板式建筑结合布置可以改善日照条件，从而提高容积率；对于 L 型围合空间则需要根据所在地区的气候条件和建筑类型，选择最有利于日照的布局方式。为了提高组团内的风环境质量，应当在场地规划中结合道路、景观和附属结构等的设计，使夏季主导风向朝向主要建筑，降低建筑温度。

其次，朝向的选择应能同时兼顾到利用太阳能并于夏季利用阴影和空气流动降低建筑物内外表面温度。即热面的最佳朝向是南向，当其朝向偏离正南的角度超过 30°时，集热面接收到的太阳能量就会急剧减少。因此为了尽可能多地接收太阳热，应使建筑物的方位限制在偏离正南 30°以内以及东西 15°的朝向范围，并使建筑内的各主要空间尽可能有良好的朝向，以使建筑得到更多的太阳辐射。另外，在选择朝向时还应结合当地的气象特点，考虑气象因素的影响作微小调整。当建筑物受场地的限制无法避开遮挡时，亦应把遮挡作为确定朝向的一个考虑因素，可通过适当调整集热面的朝向来避开和减少上午或下午遮挡的影响。表 8-1 为我国部分地区一天内太阳能最佳利用时段以及朝向调整。

再次，为保证各排建筑获得所需日照量，前后两排建筑之间应保持的一定的日照间距。日照间距是建筑充分得热的条件，但是间距太大又会造成用地浪费，因此一般根据建筑类型所需的不同的连续日照时间来确定建筑的最小间距。如果一天的日照时数少于 6h，太阳能的利用价值会大大下降。因此设计时应尽可能利用自然条件，避免因遮挡造成的有效日照时数缩短。

我国部分地区一天内太阳能最佳利用时段以及朝向调整值   表 8-1

地　区	季节分布特点	最佳利用时段	朝向调整
甘肃西部、内蒙古巴盟西部、青海海西洲大部	秋强夏弱	中午	正南
青海南部、西藏大部	冬强夏弱	上午	南略偏东
青海南西部	冬前强后弱	上午	南略偏东
内蒙古乌盟、巴盟、伊盟大部	春强秋弱	上午	南略偏东
山西北部、河北北部、辽宁大部	春强夏弱	中午	正南
河北大部、北京、天津、山东西北角	秋强夏弱	中午	正南
陕北、陇东大部	春强秋弱	下午	南略偏西
青海东部、甘肃南部、四川西部	东强秋弱	中午	正南

另外，夏季室外环境温度每升高 1℃，建筑制冷能耗将增加 10%。因此，合理地规划除了要保证建筑的合理朝向和间距外，还应保证建筑区的绿化率和绿化均匀度以实现建筑遮阳和降低室外环境温度。

8.2.1.2　建筑单体设计要求

建筑单体的设计应从建筑平面、体型和维护结构等几方面考虑，使建筑单体有机地结合太阳能集热系统，使其有效收集太阳辐射能，同时使建筑单体本身更加节能和环保。

在平面设计时要考虑使建筑最大限度地利用太阳辐射能，同时可以利用夏季的自然通风降温，在建筑物的平面布置上，应根据自然形成的北冷南暖的温度分区来布置各种房间。通常主要将南墙面作为集热面来集取太阳辐射能，因此建筑物应选择东西轴长、南北轴短的平面形状。建议太阳房的平面短边与长边长度之比取 1∶1.5～1∶4 为宜，并根据实际设计需要取值。

建筑体形系数（即建筑物外表面积与其所包围的体积的比值）对空调能耗的影响很大，建筑平面形状越凹凸，形体越复杂，建筑外表面积越大，体形系数越大，能耗损失越多。研究表明，体形系数每增大 0.01，耗热量指标约增加 2.5%。因此应通过对建筑体积、平面和高度的综合考虑，选择适当的长宽比，实现对体形系数的合理控制，确定建筑各面尺寸与其有效传热系数相对应的最佳节能体形。

改善建筑物维护结构的热工性能，加强建筑维护结构的保温隔热，是充分利用太阳能的前提条件，同时也有利于创造舒适健康的室内居住环境。除了安装太阳能集热系统实现太阳辐射能的收集外，围护结构的绝热还可以隔绝过多的室外热量进入室内，保证建筑物室内温度接近舒适温度，减少室内空调负荷，实现节能。

8.2.2　建筑物降低夏季冷负荷的防热综合措施

若要降低建筑空调系统的运行费用及初投资，首先要通过改善建筑物的设计与建造以便尽可能地降低建筑物的冷负荷。对于采用太阳能作为驱动热源的制冷空调系统也不例外。根据上海能源研究所对上海建筑保温节能现状分析，通过建筑围护结构消耗的冷量占整个建筑制冷量的 59%，造成了巨大的制冷能耗浪费。因此建筑物的供冷应与建筑物的防热设计良好结合，建筑室内的夏季热舒适应尽量通过建筑设计方面的被动措施来保证，不用或少用空调设备，这样可以减少空调能耗，节约能源；同时可以提高室内空气品质，改善室内热环境，防止室内外温差太大对人造成不适感。通过精心的建筑设计、良好的建造施工以及适宜的材料选择可以大幅度降低建筑物的空调制冷能耗。

　　建筑冷负荷主要由外扰和内扰组成，因此控制建筑冷负荷的方法主要包括减少内热源和采取防热综合措施减少外扰。建筑物防热综合措施应从整体防热和围护结构隔热两方面考虑。整体防热的目的在于改善建筑周边的微气候，从朝向、开窗和遮阳等方面控制建筑外表面得热。围护结构隔热是通过反射隔热和吸收隔热控制通过围护结构传入内表面的热量，包括通风、蒸发等加速热量散失的降温措施，减小室内冷负荷。

8.2.2.1　降低建筑内热源

　　建筑内热源包括人体散热、电气设备散热、炊事散热等，最常见的室内热源就是照明灯具。充分利用自然光源，使用局部照明并配合高效的节能型光源都可以有效降低照明散热量。选择节能型低散热量的电气产品可有效降低电气设备产热。另外，将产热量大的电气布置在相对隔离的区域也可以减少设备产热对室内热环境的影响。

8.2.2.2　建筑整体防热

　　夏季太阳辐射对建筑冷负荷的影响很大，由于不同朝向受太阳辐射强度不同，合理的建筑布局，建筑体形、朝向、开窗和遮阳方式是控制建筑整体得热的有效途径。将北半球的被动式太阳房的长轴尽可能朝向南方，可使夏季辐射的热量最小。房屋的方位偏离正南越多，房屋的太阳辐射得热量越大，其冷负荷也越大。

　　对于朝向和开窗方式已定的建筑，为了防止大量的太阳辐射热量透过窗户进入室内并被室内表面吸收，以及被建筑的外围护结构表面吸收后通过导热进入室内，增大室内的冷负荷，因此建筑的外围护结构需要遮阳处理。建筑遮阳的目的是阻挡直射阳光透过玻璃进入室内，防止阳光过分照射和加热围护结构，防止直射阳光造成的强烈眩光，达到空调节能效果。建筑遮阳有水平遮阳、格栅式遮阳、平板式和帘式遮阳、植物遮阳、建筑互遮阳及自遮阳等方式。除了实体的遮阳装置，还可以选择能够屏蔽太阳光的玻璃贴膜来阻挡太阳辐射射入室内。玻璃贴膜后，在有效降低太阳辐射进入室内的同时，还可以降低眩光且不会遮挡视线。

　　对于朝向、开窗和遮阳方式已经确定的建筑，围护结构的外表面材料对减少建筑外表面得热有较大影响。选用太阳辐射吸收率小的材料能够降低围护结构的屋顶、墙体等外表面的室外综合温度，使外表面传入的热流波衰减和延迟。在合理的朝向、方位、窗口布置和遮阳设计的基础上，将围护结构外表面涂成浅色能进一步降低冷负荷，提高围护结构的耐久性。良好的围护结构保温隔热和气密性在降低冷负荷方面也发挥着重要的作用。屋顶的材料和构造做法是影响屋顶得热量的决定因素，在屋顶和屋架之间构建一个空气间层就可以有效阻止热量进入室内，使用瓦屋顶时在瓦和屋顶板之间构建一个空气间层也能降低屋顶的传热量。对屋面进行充分的隔热和铺设反射材料可有效减少屋面辐射得热，这个方法在气候炎热地区最为有效，可使冷负荷降低 8%～12%。

8.2.2.3　自然通风降温

　　自然通风是一种常见的比较经济的通风方式，由风压和热压引起，不需消耗外加动力便可获得适当的通风换气量，简单易行，节约能源，有利于环境保护，运行成本低，被广泛应用于工业和民用建筑中，是当今生态建筑中广泛采用的一项技术措施。采用自然通风可以取代或部分取代空调制冷系统，同时可以引入新风，排出室内废气污染物，消除余热余湿，对提高室内空气质量，改善人体热舒适性，降低建筑能耗与环境污染都有明显的好处，因此应作为夏季室内降温的主要方式。

　　自然通风的设计首先应考虑建筑选址和朝向。建筑物位置的选择应从大环境出发，充分考虑主导风向和地形特点，选择既能获得充足日照又能充分利用夏季主导风进行自然通风降温的地点。当建筑所处位置的地形与环境无法形成有利的风场时，可以利用合理的绿化布置来创造合适的小区风场，使用树和灌木将风直接导入建筑。科学的绿化布局可以使柔和微风集聚成较强的风场，在夜间为建筑物提供足够的自然通风动力。在环境风场的设计中，引导气流通过温度较低的阴凉区域，可以收到更好的自然降温效果。总之建筑选址对建筑的室外热环境和风环境影响极大，尤其是在地形和环境比较复杂的地区，应充分综合考虑各方面因素。

8.2.2.4 夜间冷却

当室外空气比需要制冷的建筑室内温度低时，位于被遮荫的建筑围护结构上的窗口开启作为进风口，使外界凉爽空气流入室内，同时位于建筑最热面上的高窗开启作为排风口。在热压的作用下，室外低温高密度的空气会流入室内替换室内高温低密度空气，使室内空间得到自然冷却。当开窗面积达到 $1m^2$ 以上且室内外温差高于 5℃时，通风效果良好，不需外加风机。当开窗面积不足及室内外温差很小时，可以外加小型风机补充。

另一种位于较干燥气候下的建筑物的有效夜间冷却方式是采用夜间长波辐射降温，长波辐射降温是指利用建筑表面向夜间天空的长波辐射来使建筑围护结构自身散热降温。长波辐射降温方式可分为被动式和混合式两类，被动式主要使用建筑的屋顶、墙体和开启的窗户作为辐射部件，混合式包括采用在长波范围内辐射力较强的金属表面。

8.2.2.5 蒸发冷却

蒸发冷却是指在夏季室外温度高且湿度低的条件下，在水量充分的地域利用建筑周围的水的蒸发效应除去热量。通过蒸发，大量的太阳辐射热量可以转化为水的汽化潜热，建筑周围的自然或人工水面蒸发对城市和建筑蒸发降温具有重要意义，可有效缓解城市热岛效应。在气候干燥地区，蒸发冷却的效果更为明显。蒸发冷却分为直接蒸发冷却和间接蒸发冷却，根据应用类型可分为被动直接、被动间接、混合直接及混合间接蒸发冷却系统。被动直接蒸发冷却包括依靠植物的蒸发冷却和使用喷泉、喷水池、室内或半室内水面以及容积式或塔式水体的蒸发冷却技术。被动间接蒸发冷却包括屋顶喷水、开放式水池或移动式水帘冷却技术。混合直接蒸发冷却主要指在喷水系统中引入吸水性纤维以增大蒸发面积的冷却技术。混合间接蒸发冷却是指使用蒸发冷却使室内排风降温后冷却新风的系统方式。

建筑周围的蒸发效应除了通过水的汽化潜热带走热量外，还可以有效促进自然通风来冷却建筑外围护结构。蒸发冷却效果与室外温度和水面温度以及空气流速成正比，可供选择的蒸发降温途径有平静水体的表面蒸发、弥散蒸发和潮湿表面蒸发。

8.2.3 太阳能制冷、空调技术与建筑物的有机结合

太阳能空调是利用太阳能光热转换产生的热能驱动制冷机组的，属于太阳能热利用技术的一种。作为太阳能热利用的核心部件，太阳能集热器的安装应尽量依照与建筑物相结合的原则，把太阳能的热利用设备纳入建筑环境的总体设计，把高效的太阳能热利用与完善的建筑功能和谐美观地融为一体，使太阳能集热设备成为建筑围护结构的一部分，相互间有机结合，互不影响各自的正常功能及美观性。概括来讲，就是充分利用建筑可利用太阳能的外围护结构设置太阳能集热系统并使其与建筑外在景观实现和谐统一，部分太阳能集热设备可作为建筑构件并承担部分建筑围护结构功能。

为了充分收集投射到建筑物上的太阳辐射能，多数的太阳能集热系统需安装在建筑物屋面上，利用太阳能集热器可以完全取代或部分取代屋顶覆盖层，减少整个建筑物的初投资，提高经济效益。当太阳能集热器安装于平屋顶时可采用覆盖式，安装于斜屋顶时可采用镶嵌式。太阳能集热系统与建筑物有机结合是一项综合性技术，涉及太阳能热利用、建筑设计、热媒循环系统等多种技术领域，太阳能集热系统与不同类型的建筑相结合时要根据建筑自身的特点加以设计。目前，将太阳能集热系统与建筑物相结合的方法有将太阳能集热器安装到南向倾斜屋顶、南向墙面、阳台、遮阳板等几种。

8.2.3.1　太阳能集热系统与多层建筑

多层建筑与太阳能集热系统的有机结合，首先要从建筑物的功能、形式和结构出发。安装太阳能集热器时应根据当地所处的纬度设定最佳的安装角度，保证其工作效率。由于多层住宅建筑住户相对较少，屋面面积基本可以实现安装整栋建筑所需的太阳能集热器，因此多层住宅建筑的太阳能集热系统一般可直接安装在屋顶，并根据屋顶的形式选择不同的技术方案使太阳能集热系统与屋顶之间有机结合，在建筑设计时应将太阳能集热系统作为建筑的有机组成部分，将集热系统的配水循环管道、水泵、控制阀等设计与建筑设计同步进行，做到统一设计，统一安装和统一调试。

在安装太阳能集热系统时，应尽量减少水平管道的长度，以降低不必要的散热损失，增加热能的利用效率。在建筑结构条件允许的情况下应将集热系统安装在屋面的中央位置，做到集热系统在建筑物外观、立面上没有很明显的突出，减少风荷载，增加系统的安全性，同时减少太阳能集热器对建筑外观造成的影响。同时，将太阳能集热器安装在屋顶可以起到很好的遮阳作用，大大减少直射到屋面上的太阳辐射能，增强屋顶的隔热效果，减少透过屋顶传递的热量，降低顶层夏季室内温度。对于计划安装太阳能集热器的建筑物，在建筑施工阶段应在屋面预埋铁件，以便通过焊接或螺栓连接的方法固定太阳能集热器，避免施工完成之后再安装太阳能集热器可能破坏屋面构件及防水层。

8.2.3.2　太阳能集热系统与高层建筑

高层建筑与太阳能集热系统的有机结合，应根据高层建筑特点，结合其体形系数，综合考虑，合理布置，做到太阳能集热系统与高层建筑相互协调，相辅相成。高层建筑，特别是塔式建筑的特点之一就是体形系数小，平面凹凸变化大，集热器适宜在屋顶集中连续布置，也可以布置于阳台的凹凸处形成竖向的划分，做到太阳能集热系统与屋面和阳台的有机结合。

总之，太阳能集热系统与建筑物有机结合的重点是太阳能集热系统与建筑物同步设计、同步施工。有机结合有四个方面的要求和评判标准：

(1) 在外观方面，应做到太阳能集热器的合理摆放与布置，无论是在屋顶还是在立面围护结构上，应实现太阳能集热系统在视觉效果上与建筑物的协调与统一；

(2) 在功能方面，要确保安装太阳能集热器后建筑物的承重和防水等功能不受影响，同时还应考虑太阳能集热器在其安装位置抵御强风、暴雪、冰雹等的能力；

(3) 在集热系统管路布置方面，应合理设计太阳能循环管路以及冷热水供应管路，尽量减少在管路上的热量损失。同时在建筑物施工过程中应根据集热系统管道布线设计预留所有穿墙及穿楼板孔洞；

(4) 在系统运行方面，要求太阳能集热系统可靠、稳定、安全、易于检修和维护，合理解决太阳能与辅助能源的匹配问题，通过完善的自控设计实现整个系统的智能化全自动控制。

8.2.4　太阳能集热系统与建筑物结合设计的实施

太阳能集热系统与建筑物的有机结合既能有效减少建筑物对常规能源的消耗，又能使绿色能源技术与现代建筑有机融为一体而不会破坏建筑景观和城市景观。对于实现建筑节能具有重要意义。太阳能光热设备与建筑的有机结合，具体实施时应考虑以下几方面：

8.2.4.1　太阳能集热系统与建筑物相结合后的外观与风格问题

太阳能设备在建筑上的表现形式有两种，一种是彰式，就是特意去表现整齐排列的太阳能集热系统，强调可识别性，利用太阳能构建为建筑增加美学趣味；另一种是隐式，就是将太阳能集热系统在建筑围护结构中巧妙的隐藏起来。具体的设计原则要根据不同的建筑类型确定，争取能体现各类建筑的风格特点。另外，太阳能集热器外壳、支架、反光板的颜色需要根据不同建筑物的色调专门定制，实现二者在外观与风格上的和谐并避免产生光污染。

8.2.4.2　分体式太阳能集热系统更易于实现与建筑物的有机结合

分体式太阳能集热系统是可以将太阳能集热器与储热水箱在空间上分开设置的集热系统。分体式太阳能集热系统能将太阳能集热器根据建筑设计及承重的需要集中或分散布置于斜屋面上、统一安装于阳台的栏杆外或其他向阳立面上。系统的储热水箱则无需安装在屋顶上，可以根据用户的需要及建筑物的平面布局灵活设置，既减小了屋面承重，又方便了储热水箱与制冷机组的连接。

8.2.4.3　太阳能集热系统与建筑物各部分围护结构的灵活结合

灵活地将建筑物各部分围护构件与太阳能集热系统有机地结合在一起，巧妙高效地利用空间，使建筑物既可以充分收集投射到围护结构上的太阳能，又可以使用太阳能集热系统遮阳，增强太阳能利用的同时又减少了建筑物的冷负荷。目前太阳能集热系统较易实现与以下建筑物围护构件的有机结合。

（1）与屋面结合：由于建筑物屋面没有遮挡且日照充分，便于太阳能集热系统高效收集太阳辐射能进行光热转换，因此大部分太阳能集热器被设置在建筑屋面上。在屋面上安装太阳能集热器时应使集热器与屋面紧密结合，对于平屋顶通常采用覆盖式，对于斜屋顶通常采用镶嵌式。同时，为减少屋面自重，太阳能集热器宜做到可替代建筑保温和隔热层并且可以完全取代或部分取代屋顶覆盖层，这样做可以减少建筑自身初投资，提高太阳能制冷、空调系统运行效率。

（2）与阳台结合：对于高层建筑，由于体形系数较小，用户相对较多，其屋面面积通常不能满足安装建筑所需的所有太阳能集热器的要求，因此人们开始考虑将太阳能集热器与阳台以及向阳面的墙壁等建筑围护构件相结合。为了避免影响建筑立面的美观和艺术效果可以将太阳能集热器在阳台外壁安装，如使用真空管集热器横向布置在阳台外壁可以增添建筑物横向线，丰富立面效果，还可以直接将太阳能集热器作为阳台建筑构件的一部分，如将集热器代替栏杆使用等。

（3）与墙体结合：由于建筑物向阳立面有较好的光照条件，可以将太阳能集热系统的设计与向阳立面的墙体相结合，其实质就是将平板型太阳能集热器作为向阳立面墙体的一部分，使太阳能集热器在有效收集太阳辐射能进行光热转换的同时满足一定的结构和建筑功能。太阳能集热器与墙体结合形成的"集热器墙体"由外到内分别由透光保温涂层、光热转化层、外墙支撑及导热层、集热管、发泡保温层、内墙支撑层、内墙涂抹层等部分组成。当阳光沿某一角度入射墙面时，按有效投影截面获取的有效太阳辐射能透过透光保温涂层，入射至光热转化层，在光热转化层内完全或选择性地将太阳辐射能转化为热能。在这种"集热器墙体"设计中，太阳能集热器作为建筑围护结构的一部分应具备足够的强度，并且要满足墙体的保温和美观要求。

8.2.4.4　整个太阳能集热系统的循环管路与建筑结构、水电系统的协调

在建筑物与太阳能集热系统有机结合设计中，除需要考虑太阳能集热器对结构荷载的影响及提前安装太阳能集热器所需的预埋件外，还应根据太阳能集热系统循环管路的布置来设计冷、热水管道井的尺寸及位置，且要与整个建筑的结构、设备管道井等进行协调配合。当单独设置时，太阳能集热系统的管道井尺寸以不小于 $100mm \times 100mm$ 为宜。自然循环的太阳能集热系统要保证水管入墙的标高低于水箱出水标高，并且水管不能有反坡。为了实现系统的自动控制，在设计时还要考虑好水位探头及电磁阀等相关的电气控制元件和设备。

8.2.4.5　有机结合的关键是太阳能集热系统与建筑物做到同步规划设计，同步施工安装

整个太阳能集热系统的安装应遵循一定的施工程序（例如太阳能集热器安装、水电线路连接、自动控制仪表安装、总体调试等施工程序），整个过程应与建筑施工同步完成，这样可同时有效节省太阳能集热系统和建筑的安装成本，一次安装到位。太阳能集热系统与建筑的完美结合是在实践的基础上不断完善的，只有二者在设计与施工过程中积极配合，才能避免矛盾的产生，才能同时满足太阳能集热系统热性能的要求和建筑的牢固实用性和整体美观性。

据了解，我国正在组织相关部门和专家学者，编制太阳能集热系统与建筑有机结合的标准规程，并在北京、天津、山东、上海、云南和广西等不同气候区域开展一系列的太阳能集热系统与建筑有机结合的试点项目。这些标准规程和试点项目将会促使太阳能集热系统与建筑有机结合技术发展得更为成熟，并为建筑的太阳能热利用提供更好的前提条件。

8.2.5　太阳能集热系统与建筑物有机结合的发展前景

我国经济和城市化进程的快速发展以及国家对节能减排的重视为太阳能在建筑中的应用提供了非常好的市场机会，是否与太阳能利用设备有机结合将会是未来先进建筑形式的评判标准。就目前而言，太阳能集热系统与建筑物的有机结合中还存在着一些问题，还未开发出非常适合建筑围护结构要求的太阳能集热产品及有机结合的方案。首先是产品问题，太阳能集热系统与建筑物的有机结合要从满足国家标准规范、开发商、业主三方面来综合考虑，能与建筑物有机结合的太阳能集热产品不但要满足国家对产品本身的标准要求，而且还要满足建筑行业相应的标准规范。开发商关心的是太阳能集热系统与建筑物结合后的外观视觉效果，而用户更关心的则是建筑物和整个太阳能设备的配合使用效果。太阳能与建筑物的结合还应在安装、运行及维护方面充分增强和突出其经济性。

太阳能集热系统与建筑物的有机结合不只是太阳能集热系统与建筑物的简单"相加"，而是应该从建筑设计时，就将太阳能集热系统设计的所有内容作为建筑不可或缺的设计元素加以考虑，巧妙地将太阳能集热系统的各个部件融入建筑之中。因此太阳能集热系统与建筑的有机结合需要多学科、多专业、多门类技术的高度集中运用。真正能实现与建筑有机结合的太阳能集热系统的生产应该具备适合建筑需求的产品标准以及在建筑设计、安装施工方面的统一行业标准。

太阳能空调制冷系统多是建立在太阳能集热器的基础上，一方面，由于太阳能的利用效率低、价格高，并且受时效影响，对于居住相对集中的楼房来说，如果楼房的设计没有考虑到太阳能空调，集热器的安装将受到很大的限制；另一方面，太阳能制冷有多种形式，但就目前的研究现状来看，各种不同形式的制冷系统都存在着或多或少的不足，所以限制了太阳能空调制冷技术的广泛应用。如何进一步提高系统的运行效率以及各种制冷循环的联合运行将成为未来研究的重点领域。随着对太阳能空调系统的进一步研究开发、技术标准与配套设备的不断完善发展，太阳能在未来的空调制冷行业中具有很好的发展前景与应用潜力。

8.3 太阳能制冷、空调技术在建筑物中的应用研究

8.3.1 太阳能制冷、空调系统的特点

除了使用太阳能这种清洁能源作为驱动能源，可大大节省常规能源外，太阳能制冷、空调系统与常规压缩式空调系统相比具有很多优点。首先，太阳能空调的季节适应性好，其系统制冷能力随着太阳辐射能的增加而增加，而这正好与夏季人们对空调的迫切要求高度匹配；其次，太阳能空调系统可以将夏季空调，冬季供暖和全年生活热水供应结合起来，大大提高太阳能集热系统的利用率和经济性；再次，太阳能制冷技术采用臭氧层破坏系数 ODP 和温室效应系数 GWP 均为零的非氯氟烃类物质作为制冷剂，而传统的压缩式制冷机常用的氯氟烃类制冷剂对大气臭氧层有破坏作用，因此使用太阳能空调技术除了节约一次常规能源外还有利于保护环境。

就目前发展现状而言，太阳能制冷、空调技术具有诸多优点的同时也存在其自身的局限性，表现为以下几方面：

(1) 虽然太阳能空调技术可以显著减少一次常规能源的消耗，大幅度降低运行费用，但由于现有太阳能集热器的成本较高，造成了整个太阳能空调系统的初投资偏高，因此目前这项新能源技术只适用于经济条件较好的用户。解决这个问题的关键是如何通过技术手段降低现有太阳能集热系统的成本。

(2) 由于到达地球的太阳能辐照密度不高，收集制冷所需的太阳能需要安装较大规模的太阳能集热系统，使太阳能集热器采光面积与空调建筑面积的配比受到限制，因此目前只适用于层数不多的建筑。要解决这个问题，可以提高太阳能集热器的出水温度，研制成本较低的中温太阳能集热器，并使其与蒸气型吸收式制冷机结合，进一步提高太阳能集热器采光面积与空调建筑面积的配比。

(3) 虽然太阳能空调开始进入实用化示范阶段，但目前可以实现商品化的太阳能制冷系统多为大制冷量的溴化锂吸收式制冷机，只适用于商用和公用的中央空调。因此还需积极研究开发各种小容量的溴化锂吸收式制冷机组或氨水吸收式制冷机组，以便与太阳能集热器配套组成小型的太阳能制冷、空调系统，实现这种新能源空调系统的家庭化，进一步提高人民的生活水平。

根据以上所述的太阳能制冷、空调技术的局限性，目前其研究和发展重点主要在如下三个方向展开，即太阳能吸收式制冷、太阳能吸附式制冷和太阳能喷射式制冷。经过科研工作者的深入研究，太阳能吸收式制冷技术和太阳能喷射式制冷技术都已经进入了应用阶段，太阳能吸附式制冷技术在其研究阶段也取得了很多成功的科研成果。

8.3.2 太阳能制冷、空调技术在我国的应用实例

(1) 山东省乳山市太阳能空调示范系统

为了将太阳能空调这种新能源利用技术投入实际应用，根据"九五"国家科技攻关计划任务的要求，北京市太阳能研究所于 1999 年 9 月在山东省乳山市建成一套大型太阳能吸收式空调及供热综合示范系统。乳山市位于山东半岛的东南端，北接烟台，西临青岛，南濒黄海，年平均日太阳辐照量为 17.3 MJ/m²，有较好的太阳能资源。当地夏季最高气温为 33.1℃，冬季最低气温为 -7.8℃，分别有制冷和采暖的需求，是安装太阳能空调系统的合适地点。示范系统由总采光面积为 540m² 的热管式真空管集热器，制冷量为 100kW 的单效溴化锂吸收式制冷机、储水箱、循环泵、冷却塔、空调箱、辅助燃油锅炉和自动控制系统几部分组成，可对 1000m² 的空调面积进行夏季供冷、冬季供热以及过渡季节提供用量为每天 32m³ 的生活用热水。整个太阳能空调系统的 COP 值约为 0.7，夏季制冷系统总效率大于 20%。此系统有如下设计特点：

1) 太阳能与建筑物有机结合。依据总体设计应同时保证建筑物造型美观和集热器安装要求的原则，此建筑物的南立面采用 35°大斜屋顶结构（倾斜角度是根据山东乳山当地纬度北纬 36.7°决定的），造型非常美观，可以布置较多的集热器，而且能保证集热器充分吸收太阳能。

2) 采用热管式真空管集热器提高了制冷和采暖效率。热管式真空管集热器具有效率高、耐冰冻、启动快、保温好、承压高、耐热冲击、运行可靠等诸多优点，可提供 88℃ 的高温热媒水驱动溴化锂制冷机高效运行，从而提高了整个系统的制冷效率。

3) 采用大小两个储热水箱以保证整个系统全天稳定运行，同时还可以将太阳辐照值高峰时的多余能量以热水的形式储存起来以备太阳辐照值低时或夜间使用。与常见的太阳能空调系统不同，配备大小两个储水箱可确保系统快速启动。系统运行结果表明，在夏季和冬季晴天的早晨，小储热水箱内水温就能分别达到 88℃ 和 60℃，从而满足制冷和供暖的要求。

4) 配置储冷水箱以降低系统热损失。此系统专门设计了一个储冷水箱用于在白天太阳辐照充裕的情况下将制冷机产生的冷冻水储存在储冷水箱内，由于冷冻水与环境之间的温差（约为 20℃）远小于热水与环境之间的温差（约为 50℃），因此使用储冷水箱可以减少系统蓄热热量损失。

5) 使用辅助热源在太阳辐射不足时向系统补热以保证系统的全年稳定运行。所有太阳能系统的运行都不可避免地要受到日照条件的影响，为了能在任何天气条件下及任何时间都稳定运行，此太阳能空调系统选用了燃油热水锅炉作为辅助热源，在白天太阳辐照量不足以及夜间需要继续空调时，确保系统持续稳定地运行。

6) 引入了完善的自动控制系统来控制系统各部分运行及各工况之间切换。在太阳能空调系统中，系统启动、能量储存以及太阳能与辅助热源之间切换等功能的自动化都十分重要，根据工况正确的选择启动大小储热水箱及储冷水箱也是系统正常运行的关键。此外，太阳能系统还必须可靠地解决自动防过热和防冻结等问题。

(2) 广东省江门 100kW 太阳能空调示范系统

同样根据"九五"国家科技攻关项目计划，中国科学院广州能源研究所于 1998 年 6 月在广东省江门市建成一套大型太阳能空调示范系统，此系统建造在一栋 24 层的综合性多功能大楼上，利用太阳能提供整栋大楼每天所需的生活用热水和其中一层的空调。为了保证系统全年稳定的运行，使用了一台燃油热水锅炉作为辅助热源。整套太阳能空调系统的主要技术参数为：太阳集热系统集热面积 500m²，日供生活热水 30m³，热水温度在

55～60℃或 65～75℃之间，溴化锂吸收式制冷机制冷量 100kW，驱动热源温度为 75℃，生产冷冻水温度为 9℃，服务于 600m² 的空调面积。江门 100kW 系统是我国首座大型实用性的太阳能空调系统，为后来的实用研究提供了良好的示范作用，它的建成标志着我国太阳能空调技术又迈上一个新台阶，此系统有以下特点：

1) 使用了高效平板型太阳能集热器。为了保证结构简单、价格低廉的平板型太阳能集热器能够提供较高的出水温度以满足制冷机组对驱动热源温度的要求，对其采取了一些简单有效的技术改进措施，如增加了一块透明隔热板，通过抑制自然对流来减少表面的热损失。试验及实际使用结果表明，这种改进后的平板型太阳能集热器的热性能良好，在太阳辐射能较强时能持续提供制冷用高温热水，在太阳辐射较弱时可以满足全部的生活用热水要求。

2) 采用两级吸收式溴化锂制冷机。两级溴化锂吸收式制冷机用于太阳能空调系统的优势之一是其适应的驱动热源温度范围广，可低至 65～75℃，在 60℃的情况下仍能以较高的制冷能力稳定地运行，而市场上普通的单级溴化锂吸收式制冷机的热源温度一般要求 88℃以上。两级溴化锂吸收式制冷机的另一个优势是其热水利用温差可高达 12～17℃，与之相比，普通的单级溴化锂吸收式制冷机的热水利用温差只有 6～8℃。

3) 整个太阳能空调系统的自动控制采用先进的可编程控制器（PLC）及工业控制微机。

江门 100kW 大型太阳能空调示范系统于 1998 年 6 月正式投入运行。系统初步使用结果令人满意，具体表现为改进后的太阳能集热系统效率较高，即使在 2、3 月份太阳辐射能较弱的阴天也可以生产 45℃以上的热水，完全可以满足生活热水的要求，极少需要辅助热源加热。系统从 4 月份开始运行空调工况，其太阳能集热系统在太阳辐射能并不特别强的条件下也可以满足制冷机对热源水温的要求。制冷机的各项运行指标均超过设计要求，可以在 60～65℃的热源水驱动下稳定制冷，其制冷能力超过设计值，冷冻水温度可低至 6～7℃，热源热水利用温差可高达 15℃，整个系统可保持较高的 COP 值（0.4 左右）。运行统计结果表明，仅太阳能制冷、空调系统部分每年便可节电 60000kWh，4 年后便可回收空调部分的初投资。此系统的节能优势充分显示了太阳能空调系统的应用价值。

(3) 位于北京的"天普新能源示范大楼"在科技部和中国科学院的共同支持下于 2002 年 8 月基本建成，现已完成并投入实际运行。此工程的目的在于探索和积累建筑综合利用新能源的经验。此示范大楼总建筑面积 8000m²，大型太阳能空调系统是此工程的主要太阳能利用系统，用以满足天普新能源示范大楼夏季空调和冬季供暖的需求。此太阳能空调系统主要由太阳能集热器阵列、溴化锂制冷机、热泵机组、蓄能水池和自动控制系统等几大部分组成，建筑采暖和空调期间，均优先利用太阳能为蓄能水池蓄能。冬季通过板式换热器将集热系统收集的热量交换给蓄能水池，达到蓄热的目的；夏季吸收式制冷机以太阳能集热系统收集的热水为热源，制造冷冻水，作为蓄能水池的冷源。过渡季节系统仅启动太阳能部分制冷、制热，并在不同的过渡季节选用不同的工作模式。春季，系统在蓄冷模式下工作，吸收式制冷机向蓄能水池提供冷冻水，降低蓄能水池的温度为夏季供冷做准备；秋季，系统转换成蓄热模式，太阳能集热系统向蓄能水池供热，提高水池的温度为冬季供暖做准备。不论冬季还是夏季，空调水系统中的热水和冷冻水均由蓄能水池供给。冬季当室内温度低于 18℃时开启热水循环泵向大楼供暖，当室内温度高于 20℃时热水泵关闭；夏季当室内温度高于 27℃时开启冷冻水泵向大楼供冷，当室内温度低于 23℃

时供冷泵关闭。建筑全年采用自然通风。

此太阳能空调系统同时选用了热管式真空管集热器和 U 型管式真空管集热器组成了总面积为 812m² 的太阳能集热系统。为了与建筑围护结构实现有机结合，U 型管式太阳能集热器和热管式太阳能集热器分别被预制成不同规格的安装模块。经建筑部门和设计人员的精心设计后，热管式集热器被布置在新能源示范大楼东楼的南向坡屋顶，U 型管式集热器被安装在新能源示范大楼西楼的南向坡屋顶及机房的南坡屋顶，各排集热器并联连接，安装倾角根据当地纬度选定为 38°，整个太阳能系统的设计安装充分体现着与建筑物有机结合的特色。为了确保该建筑物在任何气候条件和任何时间内均能满足空调及供暖的设计要求，本大楼空调系统采用了新型高效的地源热泵系统作为辅助供冷和供热系统。整个空调系统的冷却水系统摒弃了常规使用的冷却塔，利用距离机房不远处一水景水池提供所需机组冷却水。这样既节省了冷却塔的费用又实现了建筑与环境的协调。采用的控制系统主要由传感器、可编程控制器（PLC）及工业控制微机等三部分组成，分为自动和手动两个控制方式。为了符合不同季节中系统的运行特点，自动控制方式又分为供冷、蓄冷、供热、蓄热、空档五个运行工况，整个控制系统引入了网络等高科技，支持远程监控。为了最大限度地利用太阳能，系统结合建筑使用空调的特点设置了蓄能水池。本系统设计的一大特点就是太阳能空调系统配置的蓄能水池比通常的储水箱要大得多，其容积为 1200m³，蓄能水池的大容积是为了保证水池所蓄能量可完全满足建筑空调需要，同时在建筑不需要空调的过渡季节实现提前蓄冷和蓄热，为空调季节做好充分准备。天普新能源示范大楼中使用的太阳能空调系统主要具有以下特点：

1）将各种形式的集热器预制成安装模块，实现了太阳能集热系统与建筑物的有机结合。

2）利用新型节能的地源热泵作为太阳能空调的辅助系统，简化了太阳能空调系统构成的同时，增加了系统的可靠性。

3）系统设置大容积地下蓄能水池，使太阳能集热系统可以全年工作，提高了系统利用率，同时降低了蓄能损失。

4）太阳能利用率高，环境效益明显。

天普新能源示范大楼的实际运行数据进一步证明了太阳能空调系统在节能及环境安全等方面的优势和潜力。

（4）1997 年，我国北京桑达公司为德国斯图加特市 Meissner&Wurst 公司生产厂建造了一套太阳能吸收式空调系统，提供夏季制冷和过渡季节生活热水功能。1998 年 5 月，此系统建成投入运行。其太阳能集热器系统使用了 1600 支直流式真空管太阳能集热器，实际安装面积 430m²，有效采光面积 300m²，可为最大制冷量为 560kW 的单效溴化锂吸收式制冷机提供 95℃的热水作为驱动热源用以生产 6℃的冷冻水。在过渡季节此太阳能集热系统还可用来供应生活热水。此系统利用电厂发电机和一个局部加热系统排出的废热水作为辅助热源，系统中没有设计蓄能装置。

（5）由北京市太阳能研究所设计，被称为"桑普—中国太阳能第一楼"的我国首座大型太阳能综合利用示范楼，在北京建成并试运行成功。该楼坐落在北京奥运花园区内，是北京绿色奥运的重点示范工程。整个太阳能综合利用系统包括供电系统、供暖系统、空调系统、热水供应系统等。整个系统的太阳能空调制冷、采暖和热水综合装机容量达 360kW，其集热系统全部采用具有国际先进水平的由北京太阳能研究所自行研制和生产的热管式真空管太阳能集热器,可以保证冬季空调室温 18℃、夏季空调室温 28℃ 的使用要求。数月的试运行数据表明,整个太阳能空调系统运行正常,全年可节约运行费用数十万元。

(6) 世界上第一个集太阳能空调、地板辐射采暖、强化自然通风以及全年热水供应等各项功能于一体的太阳能复合能量系统由上海交通大学与上海市建筑科学研究院合作在莘庄的示范生态建筑内建成。此系统采用了 150m² 太阳能集热器驱动 2 台 10kW 的硅胶-水吸附冷水机组供应 460m² 室内面积的空调,并生产 15t 的生活热水。此系统自 2004 年 9 月投入运行以来,整个系统太阳能的利用率可以达到 60% 以上,取得了很好的节能效果。

(7) 2006 年,上海交通大学为中央贮备粮某直属粮库设计并安装了太阳能吸附式空调系统,用来冷却实验粮仓内上部空气隔离层以抑制夏秋季仓内表层粮温的回升。此太阳能空调系统主要由真空管太阳能热水系统、吸附式制冷机组、冷却塔及风机盘管组成。太阳能集热系统采用 U 型真空管集热器,总集热面积为 49.4m²,采用总容量为 0.6m³ 的分层蓄热水箱。此系统的吸附制冷机组有两个相同的吸附单元和一个二级蒸发器组成。可以自动以回热回质循环方式运行,每个吸附单元包含一个吸附器、一个冷凝器和一个蒸发器,在两个吸附单元的蒸发器下面设置了一个二级蒸发器,可实现冷量的单向传输,减少冷量的损耗,提高系统性能。对于此太阳能吸附空调系统,较为适宜的驱动热水温度为 70~85℃,系统的制冷功率与低温贮粮在时间上的分布规律高度匹配。系统投入运行期间的性能测试结果表明,在 16~21MJ/(m²·天) 的太阳辐射条件下,此制冷系统能平稳运行,每天的运行时间约为 6.5~8.5h,日平均制冷功率约为 3.3~4.4kW,太阳能制冷系数 COP 约为 2.1~2.8,制冷机组的运行时间可以随着集热器面积和热水箱容量的增大而延长。

(8) 太阳能制冷、空调技术的研究方面,2002 年上海交通大学的王如竹、刘艳玲提出了一种由太阳能和燃气联合驱动的小型双效溴化锂吸收式制冷系统,此系统将燃气直燃型双效溴化锂机组和热管式真空管集热器结合,在普通燃气双效溴化锂循环运行的基础上增加了太阳能集热器作为低压发生器的辅助驱动能源。此系统制冷量为 10kW,可满足全年运行的各种冷暖负荷。夏季时可以由太阳能提供制冷,由直燃机提供生活热水。冬季时太阳能主要用于供热,生活热水由直燃机提供,同时直燃机还作为太阳能供热的辅助热源。过渡季时由太阳能集热器提供生活热水。

(9) 为了提高太阳能驱动的单效溴化锂吸收式制冷空调系统的运行性能,1999 年香港大学的李中付等提出了一种带有分层蓄热水箱结构的太阳能驱动吸收式制冷技术,通过建立数学模型分析了系统的优点并对结论进行了实验验证。这种有分层蓄热水箱结构的太阳能驱动吸收式制冷技术提出了分层水箱方案,将太阳能热水按照温度与热能品位的高低分别加以储存,解决了由于早晨太阳辐射较弱时太阳能制冷系统因不能达到所需热源温度而无法及时提供冷量的问题,从而提高了整个系统的 COP 和太阳能集热系统的集热效率,从而可以在相同制冷量的要求下减少集热器面积,节省系统初投资。

8.3.3   太阳能制冷、空调技术在世界其他国家的研究及应用

(1) 最早的两座大型太阳能吸收式制冷系统由科威特科学研究院于 1983 年研究建成,其中建于科威特国防部办公楼的太阳能吸收式制冷系统作为科威特国内最成功的一套太阳能吸收式制冷系统便是其中之一。这套系统使用总集热面积为 296m² 的平板型太阳能集热器驱动 3 台单机制冷量为 35kW 的单效溴化锂吸收式制冷机工作为 530m² 的单层建筑

提供制冷。为了保证系统的稳定和安全性，另外设了一台单机制冷量为 35kW 的制冷机备用。系统设置了容积为 20m³ 的蓄热水箱，并采用了容量为 130kW 的燃油热水器作为辅助加热热源，当太阳辐射能不足时自动开启。整个太阳能吸收式制冷系统流程如图 8-1 所示：

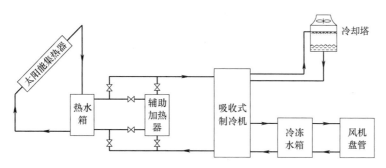

图 8-1 最早的大型太阳能吸收式制冷系统流程图

到 1995 年，经过 12 年的连续运行后整个系统仍保持着良好的性能。对系统运行能耗的经济性分析表明此系统比相同制冷容量的压缩式制冷系统可节能 25%～40%。

（2）1985 年底，R. Best 于墨西哥建造完成了一套太阳能吸收式制冷系统。此系统包含了 316m² 的平板型太阳能集热器和最大制冷功率为 90kW 的 Arkia-WFB300 Solaire 单效溴化锂吸收式制冷机组和容积为 30m³ 的蓄热水箱。运行数据表明单效溴化锂吸收式制冷机的效率在 0.53～0.73 之间，当热源热水温度在 75～95℃，冷却水温度在 29～32℃，冷冻水温度在 8～10℃之间时，制冷机效率几乎不变，可以维持在 0.64 左右。当室外温度高达 42～48℃时此系统仍能维持正常制冷运行。

（3）20 世纪 80 年代中后期，约旦大学的 M. HAMMAD 等设计了一个小型太阳能吸收式制冷系统，此系统的太阳能集热器由 3.6m² 的平板型太阳能集热器及 0.15m² 的聚焦型太阳能集热器组成。其单效溴化锂吸收式制冷机的制冷量为 1.75kW。后来对此制冷系统进行了改进，又设计了制冷量更大、系统 COP 值更高的第二代太阳能单效溴化锂吸收式制冷系统。改进后的太阳能空调系统的制冷量由 1.75kW 提高到 5.25kW，系统 COP 由 0.6 提高到 0.75。此空调的太阳能集热系统采用了两个并联回路，每个回路包括 6 片串联的平板集热器，总集热面积为 14m²，生产热水温度在 75～97℃之间。

（4）为确定太阳能单效溴化锂吸收式制冷系统的最优化形式，黎巴嫩贝鲁特 American University 的 N. K. G. haddar，M. Shihab 以及 F. Bdeir 三位研究者建立了太阳能吸收式制冷建模仿真系统，通过使用计算机仿真程序的优化计算，研究了平板型太阳能集热器面积、蓄热水箱容积以及太阳能热水流量对系统性能的影响，从而确定最优化的系统组合，并采用投资回收期以及净现值法对系统的经济性进行了评估。此系统采用了普通单层盖板、非选择性吸收面平板型太阳能集热器阵列，每片有效吸热面积为 2.872m²，阵列包含的集热器片数由优化计算确定。系统选用了单效溴化锂吸收式制冷机，额定制冷量为 10.5kW，为 150m² 的空调面积供冷。

（5）2000 年，塞浦路斯首都 Nicosia 的先进技术研究所的 G. A. Florides，S. A. Kalogirou 以及英国 Brunel 大学的 S. A. Tassou 和 L. C. Wrobel 四名研究者根据 Nicosia 的典型气象年（TMY）的天气数据，运用仿真模拟计算程序 TRNSYS 建立了一个太阳能—燃油联合驱动的单效溴化锂吸收式制冷仿真系统。利用此仿真系统进行了集热器类型选择（考虑了平板型太阳能集热器、复合抛物面聚焦型太阳能集热器和真空管太阳能集热器三种类型）、水箱容积大小选择以及辅助热源控制策略等的优化分析计算，得到了一些对太阳能空调系统的实际运行有重要指导意义的结论。2003 年，土耳其布尔萨市 Uludag 大学的 Ibrahim Atmaca 以及 Abdulvahap Yigit 两位学者研究了太阳能驱动的单效溴化锂吸收式制冷系统的发生器、热水进口温度、蓄热水箱大小以及太阳能集热器的类型对整个系统 COP、系统各部件换热面积以及非购买能源比率（FNP）的影响。2004 年，马来西亚雪兰莪州 Kebangsaan 大学的 F. Assilzadeha，Y. Alia 和 K. Sapian 与塞浦路斯先进技术研究所的 S. A. Kalogirou 一起提出了真空管太阳能集热器驱动单效溴化锂吸收式制冷系统的仿真模拟系统。

（6）2002 年，以色列的 Gershon Grossman 分析了单效、双效以及三效溴化锂吸收式制冷机的 COP 随太阳能集热器热水供水温度的变化，并对太阳能驱动的单效、双效以及三效溴化锂吸收式制冷系统的经济性进行了比较分析。经比较，单位制冷量对应的单效与双效系统的总成本较接近，三效系统成本则为双效、单效的二倍。三效系统的成本高于单效及双效系统是因为三效系统需要的高温太阳能集热器的成本远高于其他两种系统所需的低、中温太阳能集热器。因此，要使太阳能驱动的三效溴化锂吸收式制冷系统走向实用，需要开发可以与其配套使用的低成本太阳能集热器。

（7）日本矢崎 1 号太阳房使用了一种间接连续式太阳能驱动溴化锂吸收式制冷机。其试验研究表明，当冷却水温为 29℃，冷冻水温度为 9℃，发生器入口温度为 85℃ 时，制冷量为 25100kJ/h，系统的 COP 为 0.15。

（8）西班牙的研究者在 Universidad Carlos Ⅲ de Madrid（UC3M）对太阳能吸收式制冷做了研究，并于 2004 年安装了实验系统，此系统采用了 50m² 的平板型太阳能集热器驱动单效溴化锂吸收式制冷机运行达到制冷目的。系统运行结果表明，吸收式制冷剂的制冷量可以达到 6～10kW，制冷季的一天之内可以采用太阳能驱动制冷达 6.5h。太阳能空调系统可以承担 56% 的建筑物冷负荷，其余所需热源由燃气锅炉供应。与常规系统相比，整个太阳能空调系统可实现节能 62%，二氧化碳减排 36%。

（9）1999 年，德国 Freiburg 某大学医院中安装了一套制冷功率为 70kW 的硅胶-水太阳能吸附式空调系统，此系统由 230m² 的真空管集热器组成太阳能集热系统，所生产的热水夏季用于驱动吸附式制冷机组，冬季用于采暖。夏季集热器效率约为 32%，整个系统的 COP 约为 0.6。系统总投资为 353000 欧元，年运行费用约为 12000 欧元。

（10）希腊 Sarantis S. A 地区某化妆品公司为 22000m² 的空调房间安装了一套制冷功率为 350kW 的太阳能吸附式空调系统。此系统采用 2700m² 的平板型集热器产生 70～75℃ 的热水，太阳能利用分数约为 66%，夏季用于驱动制冷功率为 350kW 硅胶—水吸附式制冷机组，其夏季性能系数 COP 约为 0.6，冬季用于房间采暖。此系统采用燃油锅炉作为辅助热源。

（11）欧洲七国倡导的"Climasol 计划"中推出了太阳能干燥除湿空调系统的示范工程，德国 Freiburg 某商业会议室的太阳能干燥剂除湿空调系统采用了 100m² 集热面积的干燥剂板，可为 815m² 的空调空间提供约 60kW 的制冷功率，整个系统初投资约为 210000 欧元，每年可实现节能 30000kWh，CO_2 减排 8.8t。葡萄牙 Lisbon 新能源部一楼办公室同样安装了太阳能干燥剂除湿空调系统，此系统采用了 48m² 集热面积的干燥剂板，夏季可提供 36kW 的制冷功率，制冷系数约为 0.6，整个系统太阳能利用分数约为

44％，每年可实现节能 7000kWh，CO_2 减排 3.5t。

　　由于可以明显减少常规能源的消耗，太阳能制冷空调系统在世界上很多地区得到了广泛研究与实际应用。世界上现有并投入运行的太阳能空调系统多为能同时满足夏季制冷、冬季供暖和全年生活热水要求的复合型太阳能空调系统，这种复合型系统可以大大提高太阳能集热系统和空调系统的全年利用率，使整个太阳能空调具有更好的经济性。从大部分实际太阳能空调工程的运行数据来看，太阳能空调系统初投资的回收期约为 6 年左右。因此，从节能、环保和经济方面综合分析，太阳能空调系统必将得到大规模的推广和应用，实现与建筑物的有机结合并逐步取代常规能源驱动的空调系统。

本章参考文献

[1]　王如竹，代彦军. 太阳能制冷. 北京：化学工业出版社，2007

[2]　薛德千主编. 太阳能制冷技术. 北京：化学工业出版社，2006

[3]　罗运俊，何梓年，王长贵. 太阳能利用技术. 北京：化学工业出版社，2005

[4]　王崇杰，薛一冰等. 太阳能建筑设计. 北京：中国建筑工业出版社，2007

[5]　刘长滨主编. 太阳能建筑应用的政策与市场运行模式. 北京：中国建筑工业出版社，2007

[6]　刘念雄，秦佑国. 建筑热环境. 北京：清华大学出版社，2005

[7]　邹惟前，邱昌兰. 太阳能房与生态建材. 北京：化学工业出版社，2007

[8]　郑瑞澄主编. 民用建筑太阳能热水系统工程技术手册. 北京：化学工业出版社，2006

[9]　孟庆林等. 建筑蒸发降温基础. 北京：科学出版社，2006

[10]　A. A. Al-Homound, R. K. Suri, Raed Al-Roumi and G. P. Maheshwari. Experiences with solar cooling systems in Kuwait. Renewable Energy. 1996, 9 (9)：664-669

[11]　R. Best，N. Ortega. Solar refrigeration and cooling. Renewable Energy，1992，2 (16)：685-660

[12]　M. Hammad and Y. Zurigat. Performance of a second generation solar cooling unit. Solar Energy，1998，62 (2)：79-84

[13]　何梓年. 太阳能吸收式空调及供热综合系统. 太阳能，2000，(2)：2-4

[14]　Z. F. Li，K. Sumathy. Experimental studies on a solar powered air conditioning system with partitioned hot water storage tank. Solar Energy，2001，71 (5)：285-297

[15]　N. K. Ghaddar，M. Shihab and F. Bdeir. Modeling and simulation of solar absorption system performance in Beirut. Renewable Energy，1997，10 (4)：539-558

[16]　G. A. Florides，S. A. Kalogirou，S. A. Tassou and L. C. Wrobel. Modeling and simulation of an absorption solar cooling system for Cyprus. Solar Energy，2002，72 (1)：43-51

[17]　Ibrahim Atmaca，Abdulvahap Yigit. Simulation of solar-powered absorption cooling system. Renewable Energy，2003，28：1277-1293

[18]　Y. L. Liu，R. Z. Wang. Performance prediction of a solar gas driving double effect LiBr-H_2O absorption system. Renewable Energy，2004，29：1677-1659

[19]　翟晓强. 生态建筑复合能量系统研究. 上海交通大学博士学位论文，2005

[20]　Luo H. L.，Dai. Y. J.，Wang. R. Z. Experimental investigation of a solar adsorption chiller used for grain depot cooling. Applied Thermal Engineering，2006，26：1218-1225

[21]　万福春，蒋绿林，付文彪. 热管平板集热器在建筑与太阳能一体化系统中的应用. 建筑节能，2008

[22]　白宁，李戬洪，马伟斌. 太阳能空调//热泵系统在太阳能建筑示范工程中的应用. 热泵技术与工程.

[23]　JIANG HE，AKIO OKUMURA，AKIRA HOYANO，KOHICHI ASANO. A Solar Cooling Pro-

ject for hot and humid climates. Solar Energy，2001，71（2）：135-145

[24] X. Q. Zhai，R. Z. Wang. Experiences on solar heating and cooling in China. Renewable and Sustainable Energy Reviews，2008，12：1110-1128

[25] Clito F. A. Afonso. Recent advances in building air conditioning systems. Applied Thermal Engineering，2006，26：1961-1971

[26] G. A. Florides，S. A. Tassou，S. A. Kalogirou，L. C. Wrobel. Review of solar and low energy cooling technologies for buildings. Renewable and Sustainable Energy Reviews，2002，6：557-572

[27] Y. Fan，L. Luo，B. Souyri. Review of solar sorption refrigeration technologies：Development and applications. Renewable and Sustainable Energy Reviews，2007，11：1758-1775

[28] Hans-Martin Henning. Solar assisted air conditioning of buildings-an overview. Applied Thermal Engineering，2007，27：1734-1749

[29] X. Q. Zhai，R. Z. Wang，Y. J. Dai，J. Y. Wu，Y. X. Xu，Q. Ma. Solar integrated energy system for a green building. Energy and Buildings，2007，39：985-993

[30] Constantinos A. Balaras，Gershon Grossman，Hans-Martin Henning，Carlos A. Infante Ferreira，Erich Podesser，Lei Wang，Edo Wiemken. Solar air conditioning in Europe-an overview. Renewable and Sustainable Energy Reviews，2007，11：299-314

[31] S. P. Halliday，C. B. Beggs，P. A. Sleigh. The use of solar desiccant cooling in the UK：a feasibility study. Applied Thermal Engineering，2002，22：1327-1338

[32] Eduardo Kruger，Baruch Givoni. Thermal monitoring and indoor temperature predictions in a passive solar building in an arid environment. Building and Environment，2007，10：1016

第3部分 其他太阳能技术在建筑中的应用

太阳能热利用技术是直接将太阳辐射能转化为热能的应用，是新能源和可再生能源的重要组成部分。此部分主要围绕太阳能的热利用和太阳能室内光纤照明技术这两个方面详细介绍了建筑物中的其他太阳能利用技术。

首先系统地论述了太阳能热利用的基本知识，简要介绍一些与太阳能热利用及系统有关的传热学基础知识以及几个与太阳能热利用系统及设计紧密相关的传热问题。探讨了太阳能集热、干燥技术的原理、类型、适用范围以及应用等。另外本书还对太阳能热系统与建筑物结构有机结合的方式方法进行了介绍和分析，简要介绍了太阳能建筑热性能的模拟仿真以及系统的经济性分析。最后，阐述了太阳能光纤照明技术的特点、分类、研究现状以及设计应用，希望能为太阳能光纤照明在我国的应用提供技术参考。

第9章 太阳能热利用技术简介

太阳能热利用技术是直接将太阳辐射能转化为热能的应用，是新能源和可再生能源的重要组成部分。中国的太阳能热利用技术研究开发始于 20 世纪 70 年代末，其重点主要集中于简单、价廉的低温热利用技术，太阳能热水器和太阳能干燥器等。这类技术在农村得到推广应用，为缓解农村能源短缺，改善农村生态环境和农民生活起了积极的作用，并取得了令人满意的效果。

20 世纪 80 年代太阳能热水器列入了国家"六五"和"七五"科技攻关项目。主要的研发项目是高效平板太阳能集热器和全玻璃真空集热管。1986 年引进了加拿大的铜铝复合平板集热器板芯的生产线，并自行研制了与之配套的阳极氧化的选择性涂层生产线，这使国内平板集热器的制造水平上了一个新台阶。在 20 世纪 90 年代开发了热管真空集热管并已投产。这些努力为中国太阳能热水器产业的诞生奠定了物质基础。

近年来，太阳能热利用方式主要是用于城乡居民热水供应，太阳能热水器技术在我国已经完全商业化，生产量和使用量都居世界第一。到 2005 年底，全国太阳能热水器使用量超过 7000 万 m²，约占全球使用量的 50%。在过去十年中，增长率达到 27%，8% 的家庭用户拥有太阳能热水器。目前我国太阳能热水器生产厂家超过 3000 家，生产量超过 1000 万 m²，全真空玻璃管热水器在市场上占据主导地位。

根据 2004 年的统计数据，如果不考虑水电和传统的生物质利用，在我国 2500 万吨标准煤的其他可再生能源利用量中，太阳能热水器就提供了一半。"十一五"期间，我国的目标是到 2010 年，全国太阳能热水器总集热面积达到 1.5 亿 m²，加上其他太阳能热利用，年替代能源达到 3000 万吨标准煤。

太阳能资源潜力巨大，热水器利用技术成熟，具有经济性和市场竞争力，因此太阳能热利用在我国的可再生能源利用中，甚至在今后的能源供应中都可以扮演一个重要的角色。

9.1 太阳能热利用中的传热问题

太阳辐射能的热利用就是要将辐射的光能转换为热能，并将热能传递给流体（或固体、气体）。当温度不同的物体相互接触时，热能则从温度高的物体流向温度低的物体或者从物体的高温部分流向低温部分。这种热移动称为热转移或传热。热量传递有三种方式，即导热、对流及热辐射。太阳能热利用过程通常是三种方式的复合传热，但将其分别进行研究对于准确理解传热问题仍是十分有意义的。

本节首先简要介绍一些与太阳能热利用及系统有关的传热学基础知识，然后重点介绍几个与太阳能热利用系统及设计紧密相关的传热问题。

9.1.1 传热学基础知识

9.1.1.1 热传导

热传导是依靠物体质点的直接接触来传递能量的。比如，相互接触的两个物体间的传热或者一个物体的高温部分向低温部分的传热就是一种热传导。热传导的特点是：在传热过程中，物体的各个部分并不发生明显的宏观位移。

在不透明的固体中，热传导是热能传递的唯一方式。当物体中存在温差时，热能将自动地由高温部分向低温部分传递。根据傅立叶（Fourier）热传导定律，物体中的热传导速率（亦称热流率）与温度梯度及热流通过的截面积成比例，即：

$$q_k = -\lambda A \frac{dT}{dX} \tag{9-1}$$

式中　q_k——热传导速率，W；

　　　λ——导热系数，常用材料的导热系数值见表 9-1，W/(m·K)；

　　　A——截面积，m²；

　　　T——温度，K；

　　　X——沿热流方向的距离，m。

在热流方向上，由于随着距离 X 的增加，温度 T 总是下降，这使得温度梯度总为负值。因此，在热传导公式（9-1）右边，加上负号，使热传导速率 q_k 为正值，表示热流是和距离 X 的正方向一致的。

几种常用材料的导热系数值　　　　　　　　　　表 9-1

材料名称	$\lambda(W/(m·K))$	材料名称	$\lambda(W/(m·K))$
铜	349~407	水垢	0.58~2.33
纯铝	237	平板玻璃	0.76
硬铝	177	玻璃钢	0.5
铸铝	168	玻璃棉	0.054
黄铜	109	岩棉	0.0355
碳钢	54	聚苯乙烯	0.027

9.1.1.2　对流传热

在太阳能热水系统中，热量的交换是在流动的流体和固体壁面之间进行的，这种在流体与固体壁面之间的热量交换称为对流传热。例如在太阳能平板集热器内与吸热面板有良好结合的管道或通道内水与管壁之间的传热，即真空集热管壁与管内水之间的传热，都属于对流传热过程。

对流传热过程包括自然对流传热和强迫对流传热两种。若流体的运动是靠外力，如泵或风机产生的，称为强迫对流；若流体的运动是由流体内存在温差导致密度差而产生的浮升力引起的，则称为自然对流。

无论是自然对流传热还是强迫对流传热，流体的流动状态及热物理性质对于对流传热的换热速率都起着非常重要的作用。根据牛顿（Newton）冷却定律，对流传热的换热速率是跟表面与流体的温度差以及与流体接触的表面积成比例，即：

$$q_c = h_c A(T_s - T_f) \tag{9-2}$$

式中　q_c——对流换热速率，W；

　　　h_c——对流换热系数，常用的换热系数值见表 9-2，W/(m²·K)；

　　　A——与流体接触的表面积，m²；

　　　T_s——表面温度，K；

　　　T_f——流体温度，K。

几种工作流体在不同换热方式下对流换热系数的近似值 　　表 9-2

工作流体及换热方式	$h_c(\text{W/m}^2 \cdot \text{K})$	工作流体及换热方式	$h_c(\text{W/m}^2 \cdot \text{K})$
空气,自然对流	6～30	水,强迫对流	300～6000
过热蒸汽或空气,强迫对流	30～300	水,沸腾	3000～60000
油,强迫对流	60～1800	蒸汽,凝结	6000～120000

9.1.1.3 辐射传热

辐射传热是物体的部分热能转变成电磁波——辐射能向外发散,当电磁波碰到其他物体时,又部分地被后者吸收而重新转变成热能。与热传导和热对流不同,电磁波的传递即使在真空中也可以进行,到达地面的太阳辐射就是其中一例。

通常,把物体因具有一定温度而发射的辐射能称为热辐射。对于具有辐射能力的辐射体来说,单位时间内、单位面积上发射的辐射能称为辐照度。热辐射所包含的波长范围约为 $0.3\sim50\mu m$。在这个波长范围内,包含紫外、可见和红外三个波段,其中 $0.4\mu m$ 以下为紫外波段,$0.4\sim0.7\mu m$ 为可见波段,$0.7\mu m$ 以上为红外波段。

斯蒂芬-波尔兹曼（Stefan-Boltzmann）定律指出：物体的辐射功率是跟物体温度的四次方及物体的表面积成比例的,即：

$$q_r = \varepsilon \sigma A T^4 \tag{9-3}$$

式中　q_r——辐射功率,W;

σ——斯蒂芬-波尔兹曼常数,$5.669\times10^{-8}\text{W/(m}^2 \cdot \text{K}^4)$;

ε——发射率;

A——表面积,m^2;

T——表面温度,K。

发射率是物体发射的辐射功率与同温度下黑体发射的辐射功率的比值。发射率分法向发射率和半球向发射率。在实际工程应用中,一般可用法向发射率近似代替半球向发射率。表 9-3 列出了几种常用材料表面的法向发射率值。

常用材料表面的法向发射率 ε 　　表 9-3

材料名称及表面状态	ε	材料名称及表面状态	ε
金:高度抛光的纯金	0.02	抛光的钢	0.07
高度抛光的电解铜	0.02	轧制的钢板	0.65
轻微抛光的铜	0.12	严重氧化的钢板	0.80
氧化变黑的铜	0.76	各种油漆	0.90～0.96
高度抛光的纯铝	0.04	平板玻璃	0.94
工业用铝板	0.09	硬质橡胶	0.94
严重氧化的铝板	0.20～0.31	乙炔炭黑	0.99
水	0.96	蜡烛炭黑	0.95
红砖	0.88～0.93	雪	0.8

9.1.2　太阳能热利用中的典型传热过程

9.1.2.1　太阳辐射的吸收、反射和透射

太阳辐射投射到一个物体上时,部分辐射能量将被吸收,部分会被反射,其余的将透

过物体。根据能量守恒定律，应有：

$$\alpha + \rho + \tau = 1 \tag{9-4}$$

式中　α——太阳吸收率；

　　　ρ——太阳反射率；

　　　τ——太阳透射率。

一般物体（如工程材料）透射率为 0，也就是说没有太阳辐射透过，则有：

$$\alpha + \rho = 1 \tag{9-5}$$

上式表明，若物体的吸收率大，则它的反射率就小；反之，反射率大，则吸收率就小。若物体的吸收率为 1，则全部吸收周围的辐射能量，这种物体称为绝对黑体。绝对黑体在自然界中是不存在的，但是可以利用人工的方法近似获得这种效果。

对于物体的反射表面，有以下几种不同的类型：

1. 镜反射表面

若物体表面非常平整光洁，对于投射在上面的太阳辐射的反射性能如同一面镜子，符合反射定律，反射角等于入射角，这种表面称为镜反射表面，它的反射称为镜反射。

2. 漫反射表面

当物体表面非常均匀，对投射的太阳辐射无差别地向所有的方向反射，这种表面称为漫反射表面，它的反射称为漫反射。

3. 镜-漫反射表面

固体表面以镜反射为主，但围绕镜反射的还有部分漫反射，这种表面称为镜-漫反射表面。

4. 混合型反射表面

既有漫反射，又有镜反射，这种表面称为混合型反射表面。

与反射情况类似，固体表面对太阳辐射的透射也有 4 种类型，分别是镜透射表面、漫透射表面、镜-漫透射表面和混合型透射表面。

9.1.2.2　平行平板间的自然对流

平板型集热器中，两平行平板间的热传导速率对集热器性能有较大影响。经过实验分析，在实测结果的基础上，获得了对流传热系数的通用关联式，称为"准则关系式"，其形式为：

$$Nu = f(Gr, Pr, Re, \phi) \tag{9-6}$$

式中 ϕ 表示在其他特殊条件下列入的参数；努塞尔数（Nu）、瑞利数（Ra）以及普朗特数（Pr）的表达式如下所示：

$$Nu = \frac{hL}{k} \tag{9-7}$$

$$Ra = \frac{g\beta \Delta T L^3}{\upsilon \alpha} \tag{9-8}$$

$$Pr = \frac{\upsilon}{\alpha} \tag{9-9}$$

式中　h——传热系数，W/(m² · K)；

　　　L——板间距，m；

　　　k——热传导率，W/(m · K)；

　　　g——重力加速度，m/s²；

β——膨胀体积系数；

ΔT——板间温差，K；

υ——运动黏度，m^2/s；

α——热扩散系数，m^2/s。

当平行平板水平放置时，有：

$$Nu = 0.2(GrPr)^{0.25} \qquad (9-10)$$

该式适用范围为 $2.5 \times 10^3 < GrPr < 10^5$。

Globe 等也提出了类似的研究结果，其适用范围是 $3 \times 10^5 < GrPr < 7 \times 10^9$，准则关系式为：

$$Nu = 0.069 Gr^{\frac{1}{3}} Pr^{0.407} \qquad (9-11)$$

计算表明，式（9-11）比式（9-10）计算结果小，两者相差 20% 左右。

当 $Nu < 1$ 时，令 $Nu = 1$。此时表示平行平板之间的流体处于纯导热状态即宏观上不流动状态。

1976 年，Hollands 等人通过实验研究给出了倾角在 $0° \sim 75°$ 范围内空气平板集热器的努塞尔数和雷诺数之间的关系式：

$$Nu = 1 + 1.44 \left[1 - \frac{1708(\sin 1.8\beta)}{Ra\cos\beta} \right] \left[1 - \frac{1708}{Ra\cos\beta} \right]^+ + \left[\left(\frac{Ra\cos\beta}{5830} \right)^{1/3} - 1 \right]^+ \qquad (9-12)$$

式中的正号表示只有当对应中括号内的值为正时才将该项计算在内。

对于竖直平面，Tabor 提出的结果与 Hollands 等人在倾角为 75° 时得到的结果接近。集热器的实际性能与理论分析总存在一定差距，但有必要采用一系列连续数据来预测由结构设计变化所引起的性能变化趋势。既然连续数据是用来评估不同设计的集热器性能，由Hollands 等人提供的关联式（9-12）是最可靠的。

9.1.2.3 斜面上的强制对流

太阳能热利用系统中，斜面上的强制对流传热广泛表现于屋顶、外墙以及集热器盖层外表面的对流散热上。

基于实验研究，Sparrow 提出下述关系式：

$$Nu = 0.86 Re^{\frac{1}{2}} Pr^{\frac{1}{3}} \qquad (9-13)$$

式中特征尺寸为：

$$d = 4A/C \qquad (9-14)$$

式中 A、C 为斜面的表面积（m^2）和周长（m）。在雷诺数计算中，流体速度为主流体流速。该式适用范围为 $2 \times 10^4 < Re < 9 \times 10^4$，但间接的结果证明其适用范围可达到 $Re < 10^6$。

Gebhart 导出了另一表达式：

$$Nu = 0.037 Re^{0.83} Pr^{\frac{1}{2}} \qquad (9-15)$$

计算表明，式（9-13）与式（9-14）的结果仅相差不到 10%。

值得注意的是式（9-15）被实验者申明为适用于粗糙表面的公式，而对于平滑表面，Nu 值小得多。虽然集热器表面是光滑表面，但其表面积很小，从宏观上讲就像一个大平面的一个凸起，因此应按粗糙面来计算。

另外，有许多著作引入下式作为空气与表面之间的强迫对流换热公式：

$$\alpha = 5.7 + 3.8u \qquad (9-16)$$

但从理论上讲此式没有多少物理依据，因为对流换热系数不可能与流速线性正相关。

从实际应用角度讲，此式似乎已考虑了表面对环境的对流、辐射两种传热，而不是仅反映对流项。如果这样，那么 u 在一定范围内取值时，上式有一定实用价值。

当室外风速小时，自然对流则会占据主导地位。Lloyd 等给出了水平面室外自然对流散热准则式（特征尺寸为 $d=4A/C$）：

$$Nu=\begin{cases}0.76Ra^{\frac{1}{4}} & 2.6\times10^4<Ra<10^7\\ 0.13Ra^{\frac{1}{3}} & 10^7<Ra<3\times10^{10}\end{cases}\qquad(9\text{-}17)$$

McAdams 给出垂直面室外自然对流散热准则式（特征尺寸 $d=$ 高度）：

$$Nu=\begin{cases}0.39Ra^{\frac{1}{4}} & 10^4<Ra<10^9\\ 0.73Ra^{\frac{1}{3}} & 10^9<Ra<10^{12}\end{cases}\qquad(9\text{-}18)$$

由式（9-17）、式（9-18）高 Ra 数条件下 Nu 的表达式可知，其对流换热系数与其特征尺寸无关。这说明，室外无风时垂直和水平表面具有相同的最低换热系数：当 $\Delta T=25℃$ 时，为 5W/m²℃；当 $\Delta T=10℃$ 时，为 4W/m²·℃。

关于在室外对流既有风强制对流又有自然对流条件下如何确定对流换热系数问题，McAdams 建议取两者之中较大者。则对于式（9-15）代入一般天气下的空气物理特性数据，改变为：

$$\alpha=\frac{8.6u^{0.6}}{d^{0.4}}\qquad(9\text{-}19)$$

式中　u——主风速，m/s；

　　　d——房屋等效球的直径 m，即特征尺寸。

那么，房屋上太阳能集热器的对流热损系数为：

$$\alpha_{\text{wind}}=\max\left[5,\frac{8.6u^{0.6}}{d^{0.4}}\right]\qquad(9\text{-}20)$$

对于处于室外环境中的单管，当迎风时，其对流散热准则关系式为：

$$Nu=\begin{cases}0.4+0.54Re^{0.52} & Re<1000\\ 0.3Re^{0.6} & 1000<Re<5000\end{cases}\qquad(9\text{-}21)$$

9.2　太阳能集热、干燥技术

9.2.1　太阳能集热器

太阳能集热器是太阳能热利用系统的关键部件，是用来收集太阳辐射并将产生的热能传递到传热工质的装置。

按其工作温度范围不同，太阳能集热器可分为 3 大类型：低温集热器（工作温度在100℃以下）、中温集热器（工作温度为 100～200℃）、高温集热器（工作温度在 200℃以上）。其中，平板集热器属于低温太阳能集热器；真空管集热器属于中温太阳能集热器，而聚焦型集热器属于高温太阳能集热器。太阳能供暖及热水系统中使用的多为低温型液体太阳能集热器—平板集热器。因此，本章节重点介绍低温太阳能集热器的原理，构造及其分类等。对中、高温太阳能集热器感兴趣的读者可以参见本书第 5 章（太阳能制冷技术）第 1 节的内容。

平板太阳能集热器是吸热体表面基本为平板形状的非聚光型集热器，它通过将太阳辐射能转换为集热器内的工质的热能来实现太阳能到热能的转换，进入采光口的太阳辐射不改变方向也不集中射到吸收体上，它可以同时利用直射和散射的太阳光产生热量。平板集热器技术于二次世界大战结束后开始发展，在 20 世纪 70 年代二次石油危机时期得到大规模发展，是当今世界上应用最广泛的太阳能集热器，它的特点是采光面积大，结构简单，工作可靠，初投资低，

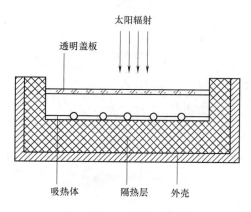

图 9-1 平板集热器的结构示意图

运行安全，不需维护，使用寿命长，但其热流密度和工质温度较低，工作温度在 100℃ 以下，属于低温太阳能集热器。

9.2.1.1 平板集热器的基本构造

平板集热器被广泛用于加热生活用水、游泳池用水、工业用水以及建筑物采暖等诸多太阳能储温热利用领域。平板集热器的主要构件有吸热体、透明盖板、隔热层和外壳等，其典型构造如图 9-1 所示。

平板集热器工作时，太阳辐射穿过透明盖板后，投射在吸热板上，被吸热板吸收并转换成热能，然后将热量传递给吸热板内的传热介质，提升传热介质的温度，作为集热器的有用能量输出；与此同时，温度升高后的吸热板会通过传导、对流和辐射等方式向四周散热，成为集热器的热量损失。

1. 吸热体

吸热体是集热器内吸收太阳辐射能并向传热工质传递热量的部件。它由吸热面板和与吸热面板有良好热结合的流体管道或通道组成。

（1）对吸热面板的技术要求

根据吸热面板的功能及工程应用的需求，对吸热板有以下主要技术要求：

1）太阳吸收率高，吸热面板可以最大限度地吸收太阳辐射能；

2）热传递性能好，吸热板产生的热量可以最大限度地传递给传热工质；

3）与传热工质的相容性好，吸热板不会被传热工质腐蚀；

4）一定的承压能力，便于将集热器与其他部件连接组成太阳能系统；

5）加工工艺简单，便于批量生产及推广应用。

（2）吸热面板的类型

根据国家标准《平板型太阳集热器技术条件》（GB/T 6424—1997），吸热板有如下主要结构形式（见图 9-2）。

1）管板式。管板式吸热面板是将排管与平板以一定的结合方式连接构成吸热条带，如图 9-2（a）所示，然后再与上下集管焊接成吸热板。这是目前国内外使用比较普遍的吸热板结构类型。

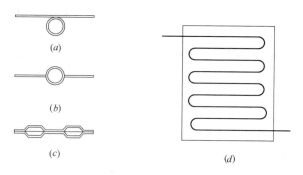

图 9-2 吸热体结构示意图

（a）管板式；（b）翼管式；（c）扁盒式；（d）蛇管式

排管与平板的结合有多种方式，早期有捆扎、铆接、胶粘、锡焊等，但这些方式的工艺落后，结合热阻也比较大，后来已逐渐被淘汰；目前主要有：热碾压吹胀、高频焊接、超声焊接等。

　　北京市太阳能研究所于 1986 年从加拿大引进一条具有国际先进水平的铜铝复合太阳条生产线，使我国平板型集热器技术跨上一个新的台阶。之后，该项技术先后辐射到沈阳、烟台、广州、昆明、兰州等地，在全国又相继建立起十几条铜铝太阳条生产线。该项技术是将一根铜管置于两条铝板之间热碾压在一起，然后再用高压空气将它吹胀成型。铜铝复合太阳条的优点是：

① 热效率高，热碾压使铜管和铝板之间达到冶金结合，无结合热阻；

② 水质清洁，太阳条接触水的部分是铜材，不会被腐蚀；

③ 保证质量，整个生产过程实现机械化，使产品质量得以保证；

④ 耐压能力强，太阳条是用高压空气吹胀成型的。

　　近年来，全铜吸热板正在我国逐步兴起，它是将铜管和铜板通过高频焊接或超声焊接工艺而连接在一起。全铜吸热板具有铜铝复合太阳条的所有优点。

　　2）翼管式。翼管式吸热面板是利用模子挤压拉伸工艺制成金属管两侧连有翼片的吸热条带，如图 9-2（b）所示，然后再与上下集管焊接成吸热面板。吸热面板材料一般采用铝合金。

翼管式吸热板的优点是：

① 热效率高，管子和平板合为一体，无结合热阻；

② 耐压能力强，铝合金管可以承受较高的压力。

缺点是：

① 水质不易保证，铝合金会被腐蚀；

② 材料用量大，工艺要求管壁和翼片都有较大的厚度；

③ 动态特性差，吸热板有较大的热容量。

　　3）扁盒式。扁盒式吸热面板是将两块金属板分别模压成型，然后再焊接成一体构成吸热面板，如图 9-2（c）所示。吸热面板材料可以采用不锈钢、铝合金、镀锌钢等。通常，流体通道之间采用点焊工艺，吸热板四周采用滚焊工艺。

扁盒式吸热板的优点是：

① 热效率高，管子和平板合为一体，无结合热阻；

② 不需要焊接集管，流体通道和集管采用一次模压成型。

缺点是：

① 焊接工艺难度大，容易出现焊接穿透或者焊接不牢的问题；

② 耐压能力差，焊点不能承受较高的压力；

③ 动态特性差，流体通道的横截面大，吸热板有较大的热容量；

④ 有时水质不易保证，铝合金和镀锌钢都会被腐蚀。

　　4）蛇管式。蛇管式吸热面板是将金属管弯曲成蛇形，如图 9-2（d）所示，然后再与平板焊接构成吸热面板。这种结构类型在国外使用较多。吸热面板材料一般采用铜，焊接工艺可采用高频焊接或超声焊接。

蛇管式吸热板的优点是：

① 不需要另外焊接集管，减少泄漏的可能性；

② 热效率高，无结合热阻；

③ 水质清洁，铜管不会被腐蚀；

④ 保证质量，整个生产过程实现机械化；

⑤ 耐压能力强，铜管可以承受较高的压力。

缺点是：

① 流动阻力大，流体通道不是并联而是串联；

② 焊接难度大，焊缝不是直线而是曲线。

5）其他形式。除了上述四种主要结构形式之外，吸热面板还有一种结构形式。它的流体通道不是在吸热面板内，而是在呈 V 字形的吸热板表面。集热器工作时，流体传热工质不封闭在吸热板内而从吸热板表面缓慢流下，这种集热器称为"涓流集热器"。涓流集热器大多应用于太阳能蒸馏。

（3）吸热面板上的涂层

为了使吸热体能最大限度地吸收太阳辐射能并将其转换成热能，在其表面应覆盖有选择性或非选择性涂层。所谓选择性涂层是对太阳的短波辐射具有较高的吸收率 α，而本身所在温度的长波发射率 ε 却较低的一种涂层。这种涂层既可使吸热面板吸收更多的太阳辐射能，又可减少吸热板向环境的辐射散热损失。非选择性涂层是指在一定温度下，物体的吸收率 α 等于物体的发射率 ε。一般平板型集热器采用非选择性涂层，只有在工质需要较高的温度或环境温度较低时，才采用选择性涂层。

一般而言，要单纯达到高的太阳吸收率并不十分困难，难的是要在保持高的太阳吸收率的同时又达到低的发射率。对于选择性涂层来说，随着太阳吸收率的提高，往往发射率也随之提高。对于通常使用的黑板漆来说，其太阳吸收率可高达 0.95，但发射率也在 0.90 左右。

选择性涂层可以采用多种方法制备，如喷涂方法、化学方法、电化学方法、真空蒸发方法、磁控溅射方法等。采用这些方法制备的选择性涂层绝大多数太阳吸收率可达到 0.90 以上，但是它们可达到的发射率范围却有明显的区别，如表 9-4 所示。

各种方法制备的选择性吸收涂层的发射率 ε　　　　　　　　　表 9-4

制 备 方 法	涂层材料列举	ε
喷涂方法	硫化铅、氧化钴、氧化铁、铁锰铜氧化物	0.30～0.50
化学方法	氧化铜、氧化铁	0.18～0.32
电化学方法	黑铬、黑镍、黑钴、铝阳极氧化	0.08～0.20
真空蒸发方法	黑铬/铝、硫化铅/铝	0.05～0.12
磁控溅射方法	铝-氮/铝、铝-氮-氧/铝、铝-碳-氧/铝、不锈钢-碳/铝	0.04～0.09

2. 透明盖板

透明盖板是覆盖在吸热体上方的一层或若干层能透过太阳辐射的盖层，以减少吸热体表面对大气的对流和辐射热损失。它有三个主要功能：一是透过太阳辐射，使其投射在吸热板上；二是保护吸热板，使其不受灰尘及雨雪的侵蚀；三是形成温室效应，阻止吸热板在温度升高后通过对流和辐射向周围环境散热。阳光透过透明盖层照射在吸热体上，但吸热体吸收了太阳辐射能以后，自身温度升高而辐射出的远红外射线却不能从透明盖层透出，这就使得进入吸热体的辐射能大于吸热体散失的辐射能，从而使吸热体自身温度升高，我们称透明盖板的这种作用为温室效应。

（1）对透明盖板的技术要求

为实现透明盖板的上述几项功能，对透明盖板有以下主要技术要求：

　　1）太阳透射率高，透明盖板可以透过尽可能多的太阳辐射能；

　　2）红外透射率低，透明盖板可以阻止吸热板在温度升高后的热辐射；

　　3）导热系数小，透明盖板可以减少集热器内热空气向周围环境的散热；

　　4）抗冲击强度高，透明盖板在受到冰雹、碎石等外力撞击下不会破损；

　　5）耐候性能好，透明盖板经各种气候条件长期侵蚀后性能无明显变化。

（2）透明盖板的材料

　　目前国内外集热器盖板材料主要有两种：平板玻璃和玻璃钢透明板。两者相比，使用最广泛的还是平板玻璃。

　　平板玻璃的优点是太阳反射率低、导热系数小、耐候性能好、价格低等。目前存在的主要问题是其太阳透射率不高和抗冲击强度差。国内 3mm 厚普通平板玻璃的太阳透射率均在 0.83 以下。近年来，平板玻璃材料和工艺有了很大改进，4mm 厚平板玻璃的太阳透射率已达到 0.88 以上。为了改善玻璃的抗冲击强度，不少企业的一些优质集热器已采用钢化玻璃。表 9-5 列出了国产某些主要平板玻璃的光学特性。

国产某些主要平板玻璃的光学特征　　　　　　　　　　表 9-5

玻璃产地	透过率 τ					消光系数 K	含铁量(Fe_2O_3) /%
	δ_2(mm)	δ_3(mm)	δ_4(mm)	δ_5(mm)	δ_6(mm)		
株洲	0.907	0.897	0.886	0.882	0.868	0.701	0.11
昌平	0.894					0.078	0.21
昆明	0.885			0.878	0.895	0.103	0.10
洛阳	0.876	0.876	0.849	0.840		0.144	0.19(浮法)
	0.883	0.873		0.838		0.171	0.27
天津	0.873	0.866	0.844			0.153	0.24
大连	0.881	0.817	0.863	0.843	0.824	0.164	0.23
秦皇岛	0.869		0.827			0.188	0.37
湖北	0.882		0.851			0.137	0.20
威海	0.881		0.849	0.827		0.148	0.20

　　玻璃钢透明板（亦称玻璃纤维增强塑料板）具有太阳透射率高、导热系数小、抗冲击强度高等特点，在这些方面无疑也可以很好地满足太阳能集热器透明盖板的要求。然而，对于玻璃钢板来说，红外透射率和耐候性能是两个需要重视的问题。

　　玻璃钢板的单色透射率与波长关系曲线表明，单色透射率不仅在 $2\mu m$ 以内比较高，在 $2.5\mu m$ 以上同样具有较高的数值。因此，玻璃钢板的太阳透射率一般都在 0.88 以上，但它的红外透射率也比平板玻璃高得多。

　　玻璃钢板具有较好的耐候性能，但是玻璃钢板的使用寿命却不如平板玻璃。当然，玻璃钢板也具有一些平板玻璃所没有的特点。例如：玻璃钢板的质量轻，便于运输及安装；玻璃钢板的加工性能好，便于根据太阳能集热器产品的需要进行加工成型。

（3）透明盖板的层数及间距

　　透明盖板的层数取决于太阳能集热器的工作温度及使用地区的气候条件。盖板层数的增加，一方面使隔热效果变好，另一方面又会大大降低太阳光的透过率，因此需要两者兼顾。绝大多数情况下采用单层透明盖板。在太阳能集热器的工作温度较高或者在气温较低的地区使用，譬如在我国北方进行太阳能采暖，宜采用双层透明盖板。一般情况下，很少采用 3 层或 3 层以上透明盖板。如果在气温较高的地区进行太阳能游泳池加热，有时可以不用透明盖板，这种集热器称为"无透明盖板集热器"。

对于透明盖板与吸热板之间的间距，国内外文献提出过各种不同的研究结果，有的还根据平板夹层内空气自然对流传热机理提出了最佳间距。但有一点结论是共同的，即透明盖板与吸热板之间的距离应大于 20mm。中国科学技术大学陈则韶等科研人员经研究认为，当平板集热器的吸热板与盖板的最终温差为 10～70℃时，透明盖板与吸热板之间的间距分别对应为 78～41mm，一般取 60mm 为宜。

3. 隔热层

在吸热体的背面和侧面填充有保温隔热材料，以减少吸热体对周围环境的热传导损失。常用的保温材料有：岩棉、矿棉、聚苯板、聚氨酯、聚苯乙烯等。根据国家标准 GB/T 6424—1997 的规定，隔热层材料的导热系数应不大于 0.055W/(m·K)，因而上述几种材料都能满足要求。岩棉、矿棉的防潮性很差，不宜用于太阳能集热器及风管保温，而聚苯板、聚氨酯、聚苯乙烯等防潮性较好，适于露天工作，其中聚苯板比较便宜。

隔热层的厚度应根据选用的材料种类、集热器的工作温度、使用地区的气候条件等因素来确定。应当遵循这样一条原则：材料的导热系数越大、集热器的工作温度越高、使用地区的气温越低，则保温隔热层的厚度就要求越大。一般来说，底部保温层的厚度选用 3～50mm，侧面保温层的厚度与之大致相同。隔热层厚度计算的经验公式为：

$$\zeta \geqslant \frac{\lambda_{100}}{14.5} \tag{9-22}$$

式国　ζ——隔热层厚度，m；
　　　λ——隔热层材料在 100℃时的导热系数，W/(m·℃)。

4. 外壳

外壳是集热器中用于保护及固定吸热板、透明盖板和隔热层的部件。一般用铝合金板、不锈钢板、碳钢板、塑料、玻璃钢等制成。根据外壳的功能，要求其有一定的强度和刚度，有较好的密封性和耐腐蚀性，而且有美观的外形。为了提高外壳的密封性，有的产品已采用铝合金板一次模压成型工艺。

9.2.1.2　平板集热器的热性能参数

1. 平板集热器基本能量平衡方程

根据能量守恒定律，在稳态状态下，集热器在规定时段内输出的有用能量等于同一时段内入射到集热器上的太阳辐射能量减去集热器对周围环境散失的能量，即集热器的基本能量平衡方程为：

$$Q_U = Q_A - Q_L \tag{9-23}$$

式中　Q_U——集热器在规定时段内输出的有用能量，W；
　　　Q_A——同一时段内入射到集热器上的太阳辐照能量，W；
　　　Q_L——同一时段内集热器对周围环境散失的能量，W。

2. 平板集热器的总热损系数

集热器的总热损系数定义为：集热器中吸热体与周围环境的平均传热系数。只要集热器的吸热体温度高于环境温度，则集热器所吸收的太阳辐射能量中必定有一部分要散失到周围环境中去。

由平板集热器的结构可知，其总散热损失主要由顶部散热损失、底部散热损失和侧面散热损失三部分组成，即：

$$Q_L = Q_t + Q_b + Q_e$$
$$= A_t U_t (T_p - T_a) + A_b U_b (T_p - T_a) + A_e U_e (T_p - T_a) \tag{9-24}$$

式中　Q_t，Q_b，Q_e——分别为顶部、底部和侧面散热损失，W；

$\quad\quad\ U_t$，U_b，U_e——分别为顶部、底部和侧面热损系数，W/（m²·K）；

$\quad\quad\ A_t$，A_b，A_e——分别为顶部、底部和侧面面积，m²；

$\quad\quad\quad\quad\ T_p$，$T_a$——分别为集热器内部与四周环境温度，K。

（1）顶部热损系数 U_t

集热器的顶部散热损失是由对流和辐射两种传热方式引起的，它既包括吸热体与透明盖板之间的对流和辐射传热，又包括透明盖板与周围环境的对流和辐射传热。一般来说，顶部散热损失在数量上比底部散热损失、侧面散热损失都大得多，是集热器总散热损失的主要部分。

顶部热损系数 U_t 的计算比较复杂，因为在吸热体温度和环境温度都已经确定的条件下透明盖板温度仍是个未知数，所以需要通过数学上的迭代法才能计算出来。为了简化计算，克莱恩（Klein）提出一个计算 U_t 的经验公式：

$$U_t = \left[\frac{N}{\frac{344}{T_p} \times \left(\frac{T_p - T_a}{N + f} \right)^{0.31}} + \frac{1}{h_w} \right]^{-1} + \frac{\sigma (T_p + T_a) \times (T_p^2 + T_a^2)}{\dfrac{1}{\varepsilon_p + 0.0425N(1 - \varepsilon_p)} + \dfrac{2N + f - 1}{\varepsilon_g} - N} \tag{9-25}$$

$$f = (1.0 - 0.04 h_w + 5.0 \times 10^{-4} h_w^2) \times (1 + 0.058N) \tag{9-26}$$

$$h_w = 5.7 + 3.8 v \tag{9-27}$$

式中　N——透明盖板层数；

$\quad\quad\ T_p$——吸热板温度，K；

$\quad\quad\ T_a$——环境温度，K；

$\quad\quad\ \varepsilon_p$——吸热体的发射率，%；

$\quad\quad\ \varepsilon_g$——透明盖板的发射率，%；

$\quad\quad\ f$——有盖板与无盖板时热阻的比值；

$\quad\quad\ h_w$——环境空气与透明盖板的对流传热系数，W/（m²·K）；

$\quad\quad\ v$——环境风速，m/s。

对于吸热体在 40～130℃ 的温度范围，采用式（9-25）的计算结果同采用迭代法的计算结果非常接近，两者偏差在 ±0.2W/（m²·K）之内。

（2）底部热损系数 U_b

集热器的底部散热损失是通过底部隔热层和外壳以热传导方式向周围环境空气散失的，一般可作为一维热传导处理，有：

$$Q_b = A_b \frac{\lambda}{\delta} (T_p - T_a) \tag{9-28}$$

将式（9-24）和式（9-28）进行对照，可得底部热损系数 U_b 的计算公式：

$$U_b = \frac{\lambda}{\delta} \tag{9-29}$$

式中　λ——隔热层材料的导热系数，W/（m·K）；

$\quad\quad\ \delta$——隔热层的厚度，m。

由式（9-29）可见，如果底部隔热层的厚度为 30～50mm，底部隔热层材料的导热系

数为 $0.03\sim0.05\mathrm{W/(m\cdot K)}$，那么底部热损系数 U_b 的范围为 $0.6\sim1.6\mathrm{W/(m^2\cdot K)}$。

（3）侧面热损系数 U_e

集热器的侧面散热损失是通过侧面隔热层和外壳以热传导方式向周围空气散失的。侧面热损系数 U_e 的计算公式可表达为：

$$U_\mathrm{e}=\frac{\lambda}{\delta} \tag{9-30}$$

如果侧面隔热层的厚度及隔热层材料的导热系数与底部相同，那么侧面热损系数 U_e 的数值范围也与底部相同。然而，由于侧面的面积远小于底部的面积，所以侧面散热损失将远小于底部散热损失。

3. 集热器效率方程及效率曲线

（1）集热器效率方程

在式（9-23）中，Q_A 和 Q_L 的表达式分别为：

$$Q_\mathrm{A}=AG(\tau\alpha)_\mathrm{e} \tag{9-31}$$

$$Q_\mathrm{L}=AU_\mathrm{L}(T_\mathrm{p}-T_\mathrm{a}) \tag{9-32}$$

式中　A——集热器面积，$\mathrm{m^2}$；

　　　G——太阳辐照度，$\mathrm{W/m^2}$；

　$(\tau\alpha)_\mathrm{e}$——透明盖板透射率与吸热体吸收率的乘积；

　U_L——集热器总热损系数，$\mathrm{W/(m^2\cdot K)}$；

　T_p——吸热体温度，℃；

　T_a——环境温度，℃。

将式（9-31）和式（9-32）代入式（9-23），可得到：

$$Q_\mathrm{u}=AG(\tau\alpha)_\mathrm{e}-AU_\mathrm{L}(T_\mathrm{p}-T_\mathrm{a}) \tag{9-33}$$

集热器效率的定义为：在稳态（或准稳态）条件下，集热器传热工质在规定时段内输出的能量与集热器面积和同一时段内入射到集热器上的太阳辐照量的乘积之比。即：

$$\eta=\frac{Q_\mathrm{u}}{AG} \tag{9-34}$$

式中　η——集热器效率。

将式（9-34）代入式（9-33），整理后可得到：

$$\eta=(\tau\alpha)_\mathrm{e}-U_\mathrm{L}\frac{T_\mathrm{p}-T_\mathrm{a}}{G} \tag{9-35}$$

由于吸热体温度不容易测定，而集热器进口温度和出口温度比较容易测定，所以集热器效率方程也可以用集热器的平均温度 $T_\mathrm{m}=(T_\mathrm{i}+T_\mathrm{e})/2$ 来表示则有：

$$\eta=F'\left[(\tau\alpha)_\mathrm{e}-U_\mathrm{L}\frac{T_\mathrm{m}-T_\mathrm{a}}{G}\right] \tag{9-36}$$

式中　F'——集热器效率因子，%；

　　　T_m——集热器平均温度，℃；

　　　T_i——集热器进口温度，℃；

　　　T_e——集热器出口温度，℃。

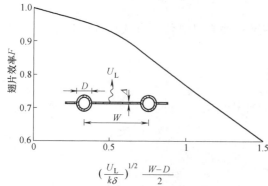

图 9-3　管板式集热器的翅片结构示意以及翅片效率曲线

集热器效率因子 F' 的物理意义是：集热器实际输出的能量与假定整个吸热体处于工质平均温度时输出的能量之比。

以管板式集热器为例，吸热体的翅片结构如图 9-3 所示。

经推导，集热器效率因子 F' 的表达式为：

$$F' = \frac{\frac{1}{U_L}}{W\left\{\frac{1}{U_L[D+(W-D)F]}+\frac{1}{C_b}+\frac{1}{\pi D_i h_{f,i}}\right\}} \tag{9-37}$$

式中　W——排管的中心距，m；

D——排管的外径，m；

D_i——排管的内径，m；

U_L——集热器总热损系数，W/(m²·K)；

$h_{f,i}$——传热工质与管壁的换热系数，W/(m²·K)；

F——翅片效率；

C_b——结合热阻，W/(m·K)。

在式（9-37）中翅片效率 F 为：

$$F = \frac{\tanh[m(W-D)/2]}{m(W-D)/2} \tag{9-38}$$

$$m = \sqrt{\frac{U_L}{\lambda\delta}} \tag{9-39}$$

$$C_b = \frac{\lambda_b b}{\gamma} \tag{9-40}$$

式中　λ——翅片的导热系数，W/(m·K)；

δ——翅片的厚度，m；

λ_b——结合处的导热系数，W/(m·K)；

γ——结合处的平均厚度，m；

b——结合处的宽度，m。

由式（9-37）可见，集热器效率因子 F' 与翅片效率 F，管板结合工艺 C_b，管内传热工质换热系数 $h_{f,i}$，吸热体结构尺寸 W、D、D_i 等参数有关。

由式（9-38）和式（9-39）可见，翅片效率 F 与翅片的厚度、排管的中心距、排管的外径、材料的导热系数、集热器的总热损系数等参数相关，它表示出翅片向排管传导热量的能力。如图 9-3 所示，随着材料导热系数 λ 增大、翅片厚度 δ 增大、排管中心距 W 减小，翅片效率 F 就增大，但 F 增大到一定值之后便增加非常缓慢。因此，从技术经济指标综合考虑，应当在翅片效率曲线的转折点附近选取 F 所对应的上述各项参数。

尽管集热器平均温度可以测定，但由于集热器出口温度随太阳辐照度变化而变化，不容易控制，所以集热器效率方程也可以用集热器的进口温度来表示：

$$\eta = F_R\left[(\tau\alpha)_e - U_L\frac{T_i-T_a}{G}\right] = F_R(\tau\alpha)_e - F_R U_L\frac{T_i-T_a}{G} \tag{9-41}$$

式中　F_R——集热器热转移因子。

集热器热转移因子 F_R 的物理意义是：集热器实际输出的能量与假定整个吸热体处于工质进口温度时输出的能量之比。

集热器热转移因子 F_R 与集热器效率因子 F' 之间有一定的关系：

$$F_R = F'F''$$

$$(9\text{-}42)$$

式中　F''——集热器流动因子。

由于 $F''<1$，所以 $F_R<F'<1$。

式（9-36）、式（9-37）、式（9-41）均称为集热器效率方程，或称为集热器瞬时效率方程。

（2）集热器效率曲线

将集热器效率方程在直角坐标中以图形表示，得到的曲线称为集热器效率曲线，或称为集热器瞬时效率曲线。在直角坐标系中，纵坐标 y 轴表示集热器效率 η，横坐标 x 轴表示集热器工作温度（或吸热体温度，或集热器平均温度，或集热器进口温度）和环境温度的差值与太阳辐照度之比，有时也称为归一化温度，用 T^* 表示。所以，集热器效率曲线实际上就是集热器效率 η 与归一化温差 T^* 的关系曲线。若假定 U_L 为常数，则集热器效率曲线为一条直线。

上述三种形式的集热器效率方程可得到三种形式的集热器效率曲线，如图 9-4 所示。

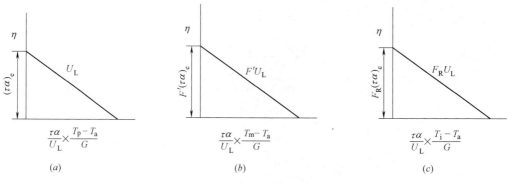

图 9-4　三种形式的集热器效率曲线

（a）集热器工作温度为吸热体温度；（b）集热器工作温度为集热体平均温度；（c）集热器工作温度为集热器出口温度

从图 9-4 可以得出如下几点规律。

1）集热器效率不是常数而是变数。集热器效率与集热器工作温度、环境温度和太阳辐照度都有关系。集热器工作温度越低或环境温度越高，集热器效率越高；反之，集热器工作温度越高或环境温度越低，集热器效率越低。因此，同一台集热器在夏天具有较高的效率，而在冬天的效率则偏低。因此在满足使用要求的前提下，应尽量降低集热器工作温度，以获得较高的效率。

2）效率曲线在 y 轴上的截距值表示集热器可获得的最大效率。当归一化温差为零时，集热器的散热损失为零，此时集热器达到最大效率，也可称为零损失集热器效率，常用 η_0 表示。在这种情况下，效率曲线与 y 轴相交，η_0 就代表效率曲线在 y 轴上的截距值。在图 9-4 中，η_0 值分别为 $(\tau\alpha)_e$、$F'(\tau\alpha)_e$、$F_R(\tau\alpha)_e$。由于 $1>F'>F_R$，故 $(\tau\alpha)_e>F'(\tau\alpha)_e>F_R(\tau\alpha)_e$。

3）效率曲线的斜率值表示集热器总热损系数的大小。效率曲线的斜率值与集热器总热损系数有直接关系。斜率值越大，即效率曲线越陡峭，集热器总热损系数就越大；反之，斜率值越小，即效率曲线越平坦，集热器总热损系数就越小。在图 9-4 中，效率曲线的斜率值分别为 U_L、$F'U_L$、F_RU_L。同样由于 $1>F'>F_R$，故 $U_L>F'U_L>F_RU_L$。

4）效率曲线在 x 轴上的交点值表示集热器可达到的最高温度。当集热器的散热损失达到最大时，集热器效率为零，此时集热器达到最高温度，也称为滞止温度或闷晒温度。用 $\eta=0$ 代入式（9-35）、式（9-36）、式（9-41）后，有：

$$\frac{T_p - T_a}{G} = \frac{T_m - T_a}{G} = \frac{T_i - T_a}{G} = \frac{(\tau\alpha)_e}{U_L} \tag{9-43}$$

这说明此时的吸热体温度、集热器平均温度、集热器进口温度都相同。在图 9-4 中，三条效率曲线在 x 轴上有相同的交点值。

4. 集热器面积

在集热器的定义式（9-34）中，曾使用过一个参数——集热器面积 A，这意味着集热器效率的大小在很大程度上取决于集热器面积。

在国内外太阳能界中，经常会遇到由于采用不同的集热器面积定义而得到不同的集热器效率数值。为了使世界各国对于集热器面积的定义得以规范，国际标准《太阳能术语》（ISO 9488—1999）提出了三种集热器面积的定义，它们分别是：吸热体面积、采光面积、总面积（毛面积）。吸热体面积是吸热板的最大投影面积，采光面积是太阳辐射进入集热器的最大投影面积，总面积是整个集热器的最大投影面积。由三种面积的定义可知，平板型集热器的总面积大于采光面积，而采光面积又大于吸热体面积。

9.2.1.3　平板型集热器的热性能试验

在集热器的性能试验方面，国家标准《平板型太阳集热器性能试验方法》（GB/T 4271—2000）和国际标准《太阳集热器试验方法—第一部分：带压力降的有透明盖板的液体集热器的热性能》（ISO 9806—1：1994）是接轨的，两者在试验条件、测试方法、数据整理、公式表达、参数符号、表格形式等方面都基本保持一致。

集热器的热性能试验内容包括：瞬时效率曲线、入射角修正系数、时间常数、有效热容量、压力降等。其中，瞬时效率曲线是最主要的。

在测定瞬时效率曲线时，提出以下几点主要注意事项。

1. 集热器有用功率的测定

集热器实际获得的有用功率由下列公式计算：

$$Q = \dot{m}c_f(t_e - t_i) \tag{9-44}$$

式中　Q——集热器实际获得的有用功率，W；

$\dot{m}$——传热工质流量，kg/s；

c_f——传热工质比热容，J/(kg·℃)；

t_i——集热器进口温度，℃；

t_e——集热器出口温度，℃。

2. 集热器效率的计算

由于集热器效率跟选择的集热器面积有直接的关系，所以在计算集热器效率之前，必须先确定计算以哪一种面积为参考，即：吸热体面积 A_A、采光面积 A_a、总面积 A_G 中的哪一个，然后计算出以相应面积为参考的集热器效率：

$$\eta_A = \frac{Q}{A_A G} \tag{9-45}$$

$$\eta_a = \frac{Q}{A_a G} \tag{9-46}$$

$$\eta_G = \frac{Q}{A_G G} \tag{9-47}$$

式中 η_A——以吸热体面积为参考的集热器效率;

       η_a——以采光面积为参考的集热器效率;

       η_G——以总面积为参考的集热器效率;

       G——太阳辐照度,W/m^2。

3. 归一化温差的计算

集热器效率可以由归一化温差 T^* 的函数关系表示。在计算归一化温差之前,先要确定采用哪一种温度为参考,即集热器平均温度 t_m 和集热器进口温度 t_i 中的哪一个,其中 $t_m = (t_i + t_e)/2$,然后计算出以相应温度为参考的归一化温差。

$$T_m^* = \frac{t_m - t_a}{G} \tag{9-48}$$

$$T_i^* = \frac{t_i - t_a}{G} \tag{9-49}$$

式中 T_m^*——以集热器平均温度为参考的归一化温度,$(m^2 \cdot K)/W$;

       T_i^*——以集热器进口温度为参考的归一化温度,$(m^2 \cdot K)/W$。

4. 瞬时效率曲线的测定

假定试验选择以采光面积 A_a 和集热器进口温度 t_i 为参考。通过试验,取得 t_i、t_e、t_a、$\dot{m}$、G 等参数的测试数据,然后画在由集热器效率和归一化温差组成的坐标系中。根据这些数据点,用最小二乘法进行拟合,得到集热器瞬时效率方程的表达式,即:

$$\eta_a = \eta_{0a} - U_a T_i^* \tag{9-50}$$

或

$$\eta_a = \eta_{0a} - a_{1a} T_i^* - a_{2a} G (T_i^*)^2 \tag{9-51}$$

式中 η_a——以采光面积为参考的集热器效率;

       T_i^*——以集热器进口温度为参考的归一化温差,$(m^2 \cdot K)/W$;

       η_{0a}——以采光面积为参考、$T_i^* = 0$ 时的集热器效率;

       U_a——以采光面积及 T_i^* 为参考的常数;

       a_{1a}——以采光面积及 T_i^* 为参考的常数;

       a_{2a}——以采光面积及 T_i^* 为参考的常数。

由线性方程 (9-50) 可见,η_{0a} 是效率曲线的截距,U_a 是效率曲线的斜率。将式 (9-50)和式 (9-41) 进行对比后求得,截距 $\eta_{0a} = F_R(\tau\alpha)_e$,斜率 $U_a = F_R U_L$。

9.2.1.4   平板型集热器的其他技术要求

一台高品质的集热器产品不仅要具有良好的热性能,还必须满足一些其他技术要求。

国家标准《平板型太阳集热器技术条件》(GB/T 6424—1997)对平板型集热器提出了较为全面的技术要求,其主要内容归纳在表 9-6 中。

平板型太阳集热器的技术要求   表 9-6

试验项目	技 术 要 求
热性能试验	$F_R(\tau\alpha)_e$不低于 0.68 $F_R U_L$不高于 6.0$W/(m^2 \cdot K)$
空晒试验	应无变形、开裂及其他损坏

续表

试 验 项 目	技 术 要 求
闷晒试验	应无泄漏及明显变化
内通水热冲击试验	应无泄漏、变形、破坏或其他损坏
外淋水热冲击试验	应无明显变形及其他损坏
淋雨试验	应无渗水或破坏
强度试验	应无损坏及明显变形,塑料透明盖板应不与吸热板接触
刚度试验	应无泄漏、损坏及过度永久性变形
耐压试验	应无传热工质泄漏
防雹(耐冲击)试验	应无划痕、翘曲、裂纹、破裂、断裂或穿孔
外观检查	吸热板在外壳内应安装平整,间隙均匀; 涂层应无剥落、反光及发白现象; 透明盖板应与外壳密封接触,应无扭曲及明显划痕; 隔热层应当填塞严实,不应有明显萎缩或膨胀隆起,不允许有发霉、变质或释放污染物质的现象; 外壳的外表面应平整,无扭曲、破裂、应采取充分的防腐措施

在 GB/T 6424—1997 中,除了规定热性能试验方法之外,还分别规定了上述各项耐久、可靠性能的试验方法。

太阳能集热器性能的优劣直接影响到太阳能热水器性能的好坏,太阳能集热器性能的检测结果将是设计各种家用太阳能热水器和大中型太阳能热水系统的重要依据。根据集热器瞬时效率曲线及储水箱保温性能的检测结果,就可以运用一定的计算程序,计算出太阳能热水器或太阳能热水系统在不同地理位置、不同气象条件、不同安装方式的全天、全月乃至全年的得热量及其他相关参数。

正因如此,世界各发达国家都十分重视太阳能集热器的性能检测,都将集热器的性能检测作为太阳能监测机构的首要任务,每年都要承担大量的太阳能集热器检测业务,而只开展少量的家用太阳能热水器的检测工作,因为依据相关国际标准 ISO 9459—2 规定的要求,每台家用太阳能热水器的多天热性能试验实际上需要 9~15 天才能完成。

然而近十几年,在我国部分太阳能热水器生产企业中出现一种轻视太阳能集热器性能检测的倾向,误认为只有家用太阳能热水器的性能检测才是重要的,不愿意将太阳能集热器送往检测机构进行性能检测。因此,我国太阳能界应该共同努力,尽早改变目前这种不正常现象,将太阳能集热器(特别是平板型太阳能集热器)产品性能检测工作摆在足够重视的位置。

9.2.1.5　提高平板型集热器产品性能与质量的主要途径

基于以上分析,为了提高平板型集热器的性能与质量,既要提高它的热性能,又要提高它的耐久、可靠性能,甚至还要改善它的外观质量。现将提高其性能与质量的主要途径归纳如下:

(1) 重视集热器吸热板的优化设计,综合考虑材料、厚度、管径、管间距、管与板连接方式等因素对热性能的影响,以提高吸热板的翅片效率。

(2) 完善和提高吸热板加工工艺,将管与板之间或者不同材料之间的结合热阻降低到可以忽略的程度,以提高集热器效率因子。

（3）研究开发适用于平板型太阳能集热器的选择性吸收涂层，要具有高太阳吸收比、低发射率、强耐候性，将吸热板的辐射换热损失降低到最低程度。

（4）重视透明盖板与吸热板之间距离的优化设计，保证集热器边框加工及组装的严密性，将集热器内空气的对流换热损失降低到最低。

（5）选用导热系数低的保温材料做集热器底部和侧面的隔热层，保证足够的厚度，将集热器的传导换热损失降到最低程度。

（6）选用高太阳透射比的盖板玻璃，在条件成熟时，联合玻璃行业，专门生产适用于太阳能集热器的低铁平板玻璃。

（7）在有条件的情况下，建议研究开发适用于太阳能集热器的减反射涂层，尽可能提高透明盖板的太阳透射率。

（8）对于在寒冷地区使用的太阳能集热器，建议采用双层透明盖板或透明蜂窝隔热材料，尽可能抑制透明盖板和吸热板之间的对流和辐射换热损失。

（9）提高吸热板的加工质量，确保集热器可以经受耐压、闷晒、内通水热冲击等各项试验的考验。

（10）提高集热器部件的材料质量、加工质量及组装质量，确保集热器可以经受淋雨、空晒、强度、刚度、外淋水热冲击等各项试验的考验。

（11）建议选用钢化玻璃做透明盖板，确保集热器可以经受防冰雹（耐冲击）试验的考验。

（12）选择高质量的材料及工艺用于吸热板、涂层、透明盖板、隔热层、外壳等各个部件，确保集热器有令消费者满意的外观。

9.2.1.6 太阳能热水系统与建筑结合存在的问题

目前，太阳能热水系统与建筑结合的大部分工作是由企业来设计、安装。而建筑设计单位大都只是在构造和系统的安全方面提出一定的要求。这样无疑给太阳能热水系统生产企业增加了不少额外的负担，多数生产企业对系统和产品较为得心应手，但是涉及与建筑的结合则心有余而力不足，这种情况难免使太阳能热水系统与建筑的结合存在一些不足之处。

1. 太阳能热水系统使用年限和建筑寿命方面的矛盾没能得到协调和解决

建筑的寿命一般都在 50 年以上，而太阳能热水系统的主要部件太阳能集热器从目前的状况看大约有 15～20 年左右，这样就产生了太阳能热水系统的更换问题。太阳能热水系统中，太阳能集热器一般安装在建筑屋面、外墙面、阳台等部位。不同的安装方式和不同的安装部位，集热器更换的难易程度也不同。根据目前试点工程来看，漂亮的外观、看似与建筑完美结合的集热器，却存在着更换时不得不破坏建筑原有围护结构或饰面材料的隐患。例如，嵌入外墙的集热器不仅给建筑带来了生机，也使集热器成为了建筑的构件，但是却不得不面临将来更换时破坏墙面饰面材料的问题。因此，太阳能热水系统与建筑结合并不能只关注一时的美观，如果不注意寿命的矛盾，会在将来的更换中给建筑带来新的疤痕。

2. 太阳能热水系统仍然不能满足建筑构件化的需求

太阳能热水系统建筑构件化主要是指集热器构件化，也就是根据安装部位的不同划分出不同的构件，这些构件则按照严格的标准和外观面貌成为产品，建筑师则在设计过程中充分考虑构件的安装位置和尺寸，并与建筑的整体造型结合，此时太阳能构件就像建筑的元素一样，在太阳能建筑中自然和谐又完美突出。虽然新的太阳能集热器生产标准已经出台，但也只是对集热器本身的尺寸等作了界定，而与集热器密切相关的配件尺寸仍然存在企业差异。除此之外，各企业产品的安装方式和固定方式、固定位置也千差万别，因此，缺乏统一生产标准的集热器还不能完全满足建筑构件化的需求。

3. 对集热器的安全性考虑不足

太阳能集热器的安全性不仅仅影响系统本身的性能，还在于对建筑物乃至环境和人的危害。特别是安装于阳台、外墙或作为凉棚的屋顶构架的真空管集热器，由于玻璃产品的特性，这些部位的集热器比在屋顶的集热器增加了更多的破损风险，不得不对其安全问题引起足够的重视。随着真空管集热器的大量使用，出现了不少采用真空管集热器与建筑相结合的试点工程。集热器出现在建筑的屋面、阳台、外墙等部位，但是却没有采用必要的防护措施，集热器一旦破损，其内部循环的热水以及玻璃很容易造成对人和环境的伤害。

4. 缺乏结合其他建材的相关配件供应商

太阳能集热器与建筑结合不单纯是集热器，还需要与建筑相配套的构件来连接。不少工程中采用的都是角钢、膨胀螺栓等紧固件来安装太阳能集热器，这充分说明了缺乏有效的紧固件来维系二者的关系。但是太阳能热水系统厂家不可能拿出过多的精力来研究生产这些配件，这就需要专门的生产企业来为集热器生产企业提供相关的配套服务。

5. 建筑师未能更好地参与策划和设计太阳能热水系统

太阳能热水系统一直未能纳入建筑专业的设计范畴，建筑师对太阳能热水系统的设备和运行等并不熟悉。另外，建筑师还没能整体统筹太阳能热水系统作为建筑构件要素的设计思路，未能把太阳能热水系统与建筑纳入到一个整体设计理念当中。

6. 没有涉及既有建筑

当前，我国对太阳能热水系统建筑一体化的研究主要集中在部分新建住宅上，对已建住宅改造还没有涉及，由于太阳能热水系统的推广网络以分散在全国各地的经销商为主，从利益角度和安装简便的角度考虑，他们通常以单个住户安装或者以多台串联或并联使用，不利于太阳能热水系统与建筑的较好结合。以色列、美国、日本、澳大利亚等在太阳能热水系统建筑一体化方面已有成功经验，通过政府引导，已步入快速发展的轨道，相比之下，我们与世界的差距还较大。

太阳能热水系统发展至今，已经形成了各种类型的较完整的产品体系，为我国建筑中太阳能应用的普及奠定了基础。但在其工程化推广的过程中，由于太阳能产品与建筑的脱节，产生了以上提到的一系列问题。因此太阳能热水系统设计应重点解决其与建筑结合的问题，结合的内涵不仅是与建筑外观相结合，更重要的是与建筑的给排水系统以及相关专业相结合，形成稳定的热水供应系统和安全可靠的施工安装、维护技术。这种结合涉及建筑、结构、给排水、电气等多个专业，整合设计是唯一的方法。

9.2.1.7　太阳能热水系统的整合设计

自 2002 年起，国家住宅与居住环境工程技术中心历时 3 年，进行了国家科研院所技术开发研究专项资金项目"太阳能在住宅建筑热水供给中的应用技术开发"课题研究。该课题组以住宅建筑和热水系统实态调查为基础，开展太阳能热水系统与建筑结合、系统设计、安装施工等关键技术的研究，提出住宅太阳能热水系统的整合设计方法和设计要点，建立了整合设计的技术经济评价指标体系，填补了国内空白。同时明确了太阳能热水器与建筑结合的改型设计方向，有利于太阳能产品的工程化和产业化。这些科研成果对于指导我国住宅太阳能热水系统设计，促进工程化推广具有现实意义。

整合设计是指住宅建筑中，采用太阳能（或与其他能源组合）为热源提供生活热水系统的设计，包括从策划定位到完成施工图设计的整个过程。整合设计应综合考虑地区资源条件、住宅建筑类型、经济承受能力、建筑平面布局、建筑外观、热水用量与使用工况、集热器型式与性能、系统配置、运行方式、安装方法、接口形式与尺寸、安全性、维修以及经济技术指标等因素，建筑、结构、给排水、电气、燃气等专业参与，使太阳能热水系统符合住宅工程的设计要求。该课题组还提出在太阳能热水系统整合设计过程中要遵循的原则：第一，要优先、充分利用太阳能；第二，提供稳定的热水供应；第三，设备、部件的安装位置及连接形式，应与建筑等相关专业设计统筹考虑；第四，系统的安装应保证安全可靠、维修方便。这些原则分别体现了住宅太阳能热水系统的节能性、使用功能、与建筑的适配性和使用的安全性。在大量调查研究、试验检测的基础上，该课题组详细介绍了住宅建筑太阳能热水系统工程的整合设计过程，主要包括：太阳能作为热水热源的可行性研究；太阳能热水系统的建筑整合设计、水系统整合设计、结构整合设计与施工技术、技术经济评价和热水器的改型设计等。

9.2.1.8 太阳能热水系统建筑一体化运用实例

太阳能与建筑一体化是太阳能发展的必由之路。国家发展改革委、住房和城乡建设部为了支持这一事业的发展，在全国范围内相继建立了一批太阳能与建筑一体化试点工程项目，对这一事业的发展起到了推动作用。住房和城乡建设部已将太阳能热水系统建筑一体化应用作为建筑节能工作的重要组成部分，列入了《九五计划与2010年规划》，并积极筹备实施《中国住宅阳光计划》。为规范行业，提高产品的产业化程度，国家经贸委出台了《2000～2015新能源与可再生能源产业发展规划》，明确规定将发展太阳能热水器产业作为主要任务。

太阳能热水系统与建筑结合的示范工程在云南、山东、北京、江苏、上海、湖北、天津、河北等省市的许多住宅小区都有所体现，它以使用安全、节能和同时具有储水作用使建筑物更加完美，部分地区成了房地产商的新卖点。

河南工业职业技术学院新区的太阳能洗浴工程是基于整合设计原则完成的太阳能热水系统建筑一体化的典范。该工程所在地河南南阳，地处我国华北地区南部，约位于东经 $112°32'$，北纬 $33°$ 之间。夏季气温高达 $40℃$ 左右，冬季气温在 $-10℃$ 左右，基础水温为 $15℃$，太阳辐射量约为 $5443MJ/(m^2 \cdot a)$，晴天平均日照时间为 8.5h。该系统采用了 612 m^2 的插管式集热器，可日产 $40℃$ 热水 40t，容纳 800～1000 人进行洗浴。

1. 集热器的选择

插管式真空管集热器在玻璃真空管内，内衬不锈钢管，当外层玻璃真空集热管破损时不影响系统正常工作，系统的可靠性和安全性有保障，不会因骤冷、骤热引起爆管导致系统瘫痪。同时，集热管内容水量减少，具有热效率高、耐冰冻、启动快、保温好、承压高、耐热冲击、运行可靠、维修方便等诸多优点，是高性能太阳能综合热利用系统的主要部件。综合以上特点，该工程中选用了插管式真空管为集热元件。

2. 集热器安装与设计方案

该系统设计配置 102 组集热器，采光面积为 612 m^2，利用真空管 5712 支。按照可占用的屋顶面积，决定将集热器安装在浴室楼顶平面上。根据太阳能集热系统最佳循环方式及相关技术要求，系统采用强制循环方式，分 5 个相对独立的循环区域：1 区串联 3 层并联 7 组；2 区串联 3 层并联 6 组；3 区串联 3 层并联 7 组；4 区串联 3 层并联 7 组；5 区串联 3 层并联 7 组，5 个区域总计安装 102 组，总体分两排 3 层布置，既节约了空间，又整齐统一。为了与屋面装饰墙、凉亭的颜色相匹配，选择了蓝色的真空玻璃管，总体造型美观，适应建筑风格，与屋顶建筑装饰墙的颜色形状相得益彰。集热器安装支架与屋顶同时设计施工，确保了与建筑结构一体化以及牢固性和防水性，另外将现行的防雷技术用于太阳能建筑。一方面，由于大面积的太阳能集热器等已占据了屋面，特别是今后与建筑材料一体化的光伏屋顶，它们的水、电循环系统，各种控制电线都可能成为雷电的载体，所以，从安全角度考虑，要求有高性能的避雷技术才不至于使太阳能热水系统及工作人员受到伤害，为此设计了建筑屋顶避雷网并与太阳能支架连接，既防雷，又实现一体化。除此之外，由于屋顶有食堂的烟囱，可吸入颗粒物较多，要经常对太阳能集热器进行清洁维护，因此，在层面设计了消防栓，既有消防作用，又方便清洗太阳能系统。通过采用以上做法，基本达到了太阳能热水系统与周围环境的协调一致。

3. 储热水箱

根据用户的用水需求，考虑了储热水箱水量、太阳能集热器的功率和用户用水量之间的关系，水箱容量设计为两个最大小时用水量。水箱设置在顶楼的预设位置，为了保证屋面荷载承重，工程中特意在预设位置设计了 6 根承重梁，从而保证与建筑一体化。

4. 管路设计

系统中的管路通过屋面预留管直接走室内管网，整个太阳能热水系统的管道布置，既不破坏屋面，也不影响美观，达到了太阳能热水系统与建筑一体化的设计、安装效果。

5. 控制系统的设计

根据该工程功能的要求，采用了自动和手动两套控制系统。在自动控制方面实现自动化智能操作，按输入的控制程序对相关的泵组、设备，自动进行启停控制，对各系统运行按需要进行自动切换、实现自动上水停水、缺水报警、定时供水洗浴、定温放水、数码显示水温水位、防冻保护、防漏电、防雷击、自动循环、变频加压等基本功能。自动控制系统各项功能直观可见，一目了然，管理使用十分方便。手动控制系统则是自动控制的必要补充，系统安装控制柜 1 台，同时具备手动强制启停功能，维修更方便，功能更齐全。

此外，该系统采用了多点定温控制上水与温差控制循环相结合的运行方式。在晴好天气时，可充分利用太阳能，阴雨天气或光照不足时，使用辅助加热系统。

河南工业技术学院的这套太阳能热水系统于 2005 年 10 月基本完工，之后对各个分系统分别进行了调试与验收，结果令人满意。该系统调试运行正常，各项指标均达到设计要求。据不完全测算，整个系统每年可节煤 230t，节水 6000t，整个工程作为南阳节约型校园建设的示范工程，在设计、施工与安装中根据太阳能热水系统与建筑一体化原则，对水、电、管道等方面进行了改造，基本上达到了预期效果，对南阳的环境和能源建设发挥了积极的推动作用，对经济、社会环境的协调及持续发展起到了良好的示范作用。

9.2.2　太阳能干燥技术

早在几千年前，我们的祖先就开始把食品和农副产品直接放在太阳下进行摊晒，待物品干燥后再保存起来。这种自然摊晒的方式一直延续至今，算是一种被动式太阳能干燥技术。但是，这种传统的自然摊晒方式存在诸多弊端，如：效率低，周期长，占地面积大等，同时也容易受风沙、灰尘、苍蝇、虫蚁等的污染，从而影响被干燥食品和农副产品的质量。

本节所要介绍的太阳能干燥技术，是利用低温太阳能干燥器进行干燥作业，具有干燥周期短、干燥效率高、产品干燥品质好等优点，是一种主动式太阳能干燥技术。

9.2.2.1 太阳能干燥的基本原理

太阳能干燥过程是利用太阳能使固体物料中的水分汽化并扩散到空气中的过程。在干燥过程中，被干燥的湿物料或者在温室内直接吸收太阳能并将它转换成热能；或者通过与太阳能集热器所加热的空气进行对流换热而获得热能。物料表面获得热量后，将热量传入物料内部，从而使物料中所含的水分从物料内部以液态或气态逐渐到达物料表面，然后通过物料表面的气态界面层扩散到空气中去。在该过程中，湿物料中所含的水分逐渐减少，最终达到预定的终态含水率，变成干物料。因此，干燥过程实际上是一个传热、传质的过程。

在干燥过程中，被干燥物料表面所产生的水汽的压强必须要大于干燥介质中水汽的分压。压差越大，干燥过程就进行得越快。因此，干燥介质必须及时地将产生的水汽带走，以保证一定的水汽推动力。如果压差为零，意味着干燥介质与物料的水汽达到平衡，干燥过程就停止。

9.2.2.2 物料的干燥特性

太阳能干燥的对象称为物料，比如：食品、农副产品、木材、药材、工业产品等。不同物料的干燥特性是不同的，而且即使是同一种物料在不同的干燥阶段也会表现出不同的干燥特性。

设计合理有效的太阳能干燥器需要充分掌握干燥过程中物料的内部特性及干燥介质的物理特性。物料的内部特性包括被干燥物料的成分、结构、尺寸、形状、导热系数、比热容、含水量以及水分与物料的结合形式等。被干燥物料的物理特性包括空气的温度、湿度、比热容和湿空气状态参数的变化规律等。

1. 物料中所含的水分

物料中所含的水分，根据其存在的状况，一般可分为：游离水分、物化结合水分和化学结合水分三类。此外，根据水分除去的难易程度，物料中所含的水分又可分为：非结合水分和结合水分两类。

物料中所含水分的特征对其干燥过程影响极大。例如：砂粒、焦炭、石粉等疏松物料，所含水分以游离水为主，干燥比较容易进行；而谷物、烟草、磁坯、棉织品等物料，虽然也含有一定的游离水分，但物化结合水分含量较多，其干燥过程比较缓慢；至于肉质水果、橡胶、蚕丝等特殊物料，干燥难度大，往往需要经过长时间的缓慢干燥或尽量提高干燥温度，才能最后完成。

2. 物料的平衡含水率

一定的物料在与一定参数的湿空气接触时，物料中最终含水量占此物料全部质量的百分比，称为物料的平衡含水率。实际上，当物料内部所维持的水蒸气分压等于周围空气的水蒸气分压时，物料的含水率即为该状态下物料的平衡含水率，而此时物料周围空气的相对湿度则称为平衡相对湿度。

物料的平衡含水率随空气温度和相对湿度而变化，空气的相对湿度越大，或温度越低，平衡含水率也越大；反之亦然。以木材为例，当空气相对湿度为 50%，温度为 20℃、50℃、80℃时，木材平衡含水率分别为 9.0%、7.5% 和 6.3%。另外，不同的物料在相同的空气参数下，其平衡含水率不同。例如，空气温度在 20℃、相对湿度在 40% 时，粘胶丝、木材和小麦的平衡含水率分别为 5%、7.4% 和 10.8%。

在任何已知或已设定的干燥状态下，可以根据平衡含水率的关系，来确定物料经过干燥后可能达到的最终含水量。也就是说，掌握了平衡含水率的规律，可以帮助我们确定物料的最终干燥状态。因此，平衡含水率的概念对于研究物料的干燥过程是十分重要的参数。

3. 物料干燥过程的汽化热

从湿润物料中将单位质量的水分蒸发所需要的热量，称为物料干燥过程的汽化热，单位为 kJ/kg。

物料干燥过程的汽化热与其含水率及干燥温度有关。在干燥初始阶段，物料含水率较高，物料的汽化热与自由水分的汽化热比较接近；随着干燥过程的进行，物料含水率降低，物料汽化热就逐渐增加，其原因是物料水分汽化时，除了使水分汽化需要能量之外，还需要克服水分子与物料表面的物化结合力而多消耗能量。此外，物料汽化热与干燥温度的关系，其规律性与自由水分汽化的规律性大致相同，即干燥温度越低，消耗的汽化热就越多。

综上所述，物料干燥过程的汽化热一定高于自由水分的汽化热，而且物料含水率越低，汽化热高出的幅度越大。汽化热的这种特性在计算太阳能干燥器的干燥效率时应予以注意。

4. 物料的干燥特性曲线

将湿润物料放在具有一定温度、湿度和流速的热风中干燥时，其温度和水分将随着干燥时间的变化而变化。物料含水率随时间变化的曲线称为物料的干燥特性曲线。一般，物料的干燥过程包括以下三个阶段：预热干燥阶段、恒速干燥阶段和减速干燥阶段，如图 9-5 所示。

（1）预热干燥阶段（A-B）

干燥过程从 A 点开始，热风将热量转移给物料表面，使表面温度上升，物料水分蒸发，蒸发速度随表面温度升高而增加。当热量转移与水分蒸发达到平衡时，物料表面温度保持一定值。对于一些难以干燥的厚物料，预热干燥阶段非常重要。预热期间，干燥室不排气，使干燥室内保持较高的相对湿度，让物料透热，减少物料内的温度梯度，并使含水率分布均匀，以减少干燥应力。

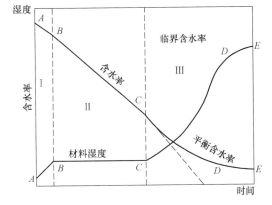

图 9-5　干燥曲线
Ⅰ—预热干燥阶段；Ⅱ—恒速干燥阶段；
Ⅲ—减速干燥阶段

（2）恒速干燥阶段（B-C）

干燥过程到达 B 点以后，水分由物料内部向表面扩散的速度与表面蒸发的速度基本相同，传入物料的热量完全用于水分的蒸发。在这一阶段中，物料表面温度保持不变，含水率随干燥时间直线下降，干燥速度保持定值，即保持恒速干燥。恒速干燥阶段的长短取决于物料的性质、干燥条件和干燥方法等因素。

（3）减速干燥阶段（C-D-E）

干燥过程过 C 点以后，水分的内部扩散速度低于表面蒸发速度，使物料表面的含水率比内部低。随着干燥时间的增加，物料温度逐渐升高，蒸发不仅在表面进行，而且还在内部进行，传入物料的热量同时消耗于水分蒸发及物料温度升高上。这一阶段称为减速干燥的第一阶段（C-D）。

干燥过程继续进行，表面蒸发即告结束，物料内部水分以蒸汽的形式扩散到表面上来。这时干燥速度最低，在达到与干燥条件平衡的含水率时，干燥过程即告结束。这一阶段称为减速干燥的第二阶段（D-E）。

从恒速干燥阶段转为减速干燥阶段时的含水率，称为临界含水率（C 点）。临界含水率不仅与物料性质有关，而且还随干燥条件的不同而显著不同。一般来说，物料的组织越致密，水分由内部向外部扩散的阻力就越大，其临界含水率就越高。

国内外学者已经对多种被干燥物料，尤其是对多种典型的谷物、蔬菜、水果、茶叶、木材、中药材等的干燥特性进行了深入研究，并设计了各具特色的物料干燥特性实验台，绘制了各种物料的干燥特性曲线，有的还建立了有关物料的干燥数学模型，这些都为太阳能干燥工艺的确定，以及太阳能干燥器的设计、建造和运行提供了科学依据。

9.2.2.3　太阳能干燥器

太阳能干燥器是将太阳能转换成热能以加热物料并使其最终达到干燥目的的完整装置。根据不同的分类方式，太阳能干燥器可以分为多种类型。

首先，按照物料接受太阳能的方式进行分类，太阳能干燥器可分为两大类：直接受热式太阳能干燥器和间接受热式太阳能干燥器。其次，若按照空气流动的动力类型分类，太阳能干燥器可分为：主动式太阳能干燥器和被动式太阳能干燥器。再者，若按照干燥器不同的结构形式分类，太阳能干燥器又包括以下几种：温室型太阳能干燥器、集热器型太阳能干燥器、集热器-温室型太阳能干燥器、整体式太阳能干燥器和其他形式的太阳能干燥器。

下面，将简单介绍这几种形式太阳能干燥器的基本结构、工作过程、适用范围等。

1. 温室型太阳能干燥器

（1）基本结构

温室型干燥器的结构与栽培农作物的太阳能温室相似，其温室就是干燥室，直接接受太阳的辐射能。这种干燥器的主要特点是集热部件与干燥室合成一体，如图9-6所示。

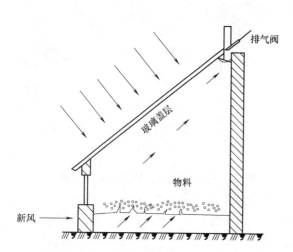

这种干燥器实际上是具有排湿能力的太阳能温室。干燥器的北墙通常为隔热墙，内壁涂黑，用以提高墙面的太阳能吸收率。东、西、南三面墙的下半部也都是隔热墙，内壁面同样涂抹黑色。所谓隔热墙，就是墙体为双层砖墙，其中间夹有保温材料。半墙以上为透明玻璃，用以充分地透过太阳辐射能。

在温室的顶部，靠近北墙的部位装有若干个排气烟囱，以形成自然对流循环通路，使湿空气随时能排到周围环境中去。通常，在排气烟囱处还装有调节风门，以便控制通风量。

图 9-6　温室型太阳能干燥器结构示意图

在南墙靠近地面的位置开设一定数量的进气口，以便在湿空气排放到周围环境的同时及时向干燥器补充新鲜空气。

（2）工作原理

温室型太阳能干燥器工作时，待干燥的物料堆放在干燥室内分层设置的托盘中，或者吊挂在干燥室内的支架上。太阳辐射能穿过玻璃盖板后，一部分直接投射到黑色的干燥室内壁面上，被其吸收并转换为热能，用以加热干燥室内的空气，温度逐渐上升，热空气进而将热量传递给物料，使物料中的水分不断汽化，然后通过对流把水汽及时带走，达到干燥物料的目的。

含有大量水汽的湿空气通过北墙顶部的排气烟囱排放到周围环境中去。与此同时，室外尚未加热的新鲜空气从南墙底部的进气口进入干燥室，实现干燥介质的自然循环。这种无需外加动力的太阳能干燥器，又称为被动式太阳能干燥器。

在干燥过程中，可以调节安装在排气烟囱处的调节风门，以便控制干燥室的温度和湿度，使被干燥物料达到要求的含水率。

为了加快湿空气的排放速度，缩短物料的干燥周期，有时在排气烟囱的位置安装排风机，实现干燥介质的强制循环。这种需要外加动力的太阳能干燥器，一般又称为主动式太阳能干燥器。

（3）适用范围

温室型太阳能干燥器结构简单，容易建造，成本低，可因地制宜，因此在国内外得到广泛应用。例如，英国、美国、加拿大、新西兰等国家都建有不同规模的温室型干燥器，且大都用以干燥木材；在国内，山西、河北、北京、广东等地的农村发展较快，尤其在山西省，已建成了 10 多座这种类型的干燥器，面积超过 1000m^2，用于干燥红枣、黄花菜、棉花等。

但是，温室型太阳能干燥器也存在一些不足，其主要缺点是干燥器的温升较小。通常，干燥器温度夏季比环境温度高出 20～30℃，可达到 50～60℃；而冬季只比环境温度高出 10～20℃。因此，如果被干燥物料的含水率较高，温室型太阳能干燥器所提供的热量有时就不足以在较短的时间内使物料干燥到安全含水率以下。

据此，温室型太阳能干燥器的适用范围为：干燥温度要求较低的物料，并且允许接受阳光曝晒的物料。

根据国内外报道，应用温室型太阳能干燥器进行干燥的物料主要有：辣椒、黄花菜等多种蔬菜；红枣、桃、梅、葡萄等多种水果；棉花、兔皮、羊皮等多种农副产品；包装箱木材等工业产品。

2. 集热器型太阳能干燥器

（1）基本结构

集热器型太阳能干燥器是由太阳能空气集热器和干燥室组合而成的干燥装置，这种干燥器利用集热器把空气加热，然后将加热的空气通入干燥室，物料在干燥室内实现对流热质交换过程，达到干燥的目的。

集热器型太阳能干燥器主要由空气集热器、干燥室、风机、管道、排气烟囱、蓄热器等几部分组成，如图 9-7 所示。

空气集热器是这种类型太阳能干燥器的关键部件。用于太阳能干燥器的空气集热器有不同的形式，以集热器吸热板的结构划分，可以分为：非渗透型和渗透型两类。

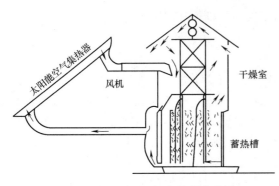

图 9-7　集热器型太阳能干燥集热器

渗透型空气集热器有：金属丝网式，金属刨花式、多孔翅片式、蜂窝结构式等。

非渗透型空气集热器有：平板式、V 形板式、波纹板式、整体拼装平板式、梯形交错波纹板式等。

风机的功能是将由空气集热器加热的热空气送入干燥室进行干燥作业。根据热空气是否重复使用，可将这种类型的太阳能干燥器分为直流式系统和循环式系统两种。

干燥室有不同的形式，根据其结构特征来划分有窑式、箱式、固定床式、流动床式等。目前，应用较多的是窑式和固定床式。

在干燥室的顶部设有排气烟囱，以便湿空气随时排放到周围环境中去。在排气烟囱的位置通常还设有调节风门，以便控制通风量。

为了弥补太阳辐射能的间歇性和不稳定性，大型太阳能干燥器通常设有结构简单的蓄热器，以便储存富余的太阳辐射能。另外有些大型的太阳能干燥器还设有辅助加热系统，以便在太阳辐射不足时提供热量，保证物料得以连续地进行干燥。辅助加热系统既可以采用燃烧炉（如燃煤炉、木柴炉、沼气炉等），也可以采用红外加热炉。

（2）工作原理

集热器型太阳能干燥器是一种使用间接转换方式的太阳能干燥器，即被干燥的物料分层堆放在干燥室内，不直接受到阳光曝晒。

这种干燥器工作时，太阳辐射能穿过空气集热器的玻璃盖板，透射到集热器的吸热板上，被吸热板吸收并转换成热能，用以加热集热器内的空气，使其温度逐渐上升。加热的空气通过风机被送入干燥室，将热量传递给被干燥物料，使物料中的水分不断汽化，然后通过对流把水汽及时带走，达到干燥物料的目的。含有大量水汽的湿空气从干燥器顶部的排气烟囱排放到周围环境中去。在干燥过程中，可以调节排气烟囱的风门，以便根据物料的干燥特性，控制干燥室的温度和湿度，使被干燥物料达到要求的含水率。

这种干燥器一般设计成主动式，即热空气是通过风机送入干燥室，以实现干燥介质的强制循环，强化对流换热，缩短干燥周期。

（3）适用范围

集热器型干燥器具有以下优点：

1）由空气集热器将空气加热到 60～70℃，因而可提高物料的干燥温度，而且可以根据物料的干燥特性调节热空气的温度。

2）风机的使用，强化了热空气与物料的对流换热，因而增进干燥效果，保证干燥质量。

3）物料在干燥室内分层放置，单位空间内可以容纳更多物料。

根据以上特点，可以得出此类太阳能干燥器适用的范围为：干燥温度要求较高的物料及不能接受阳光直接曝晒的物料。

据相关资料报道，应用集热器型太阳能干燥器进行干燥的物料主要有：玉米、小麦等谷物；鹿茸、切片黄芪等中药材；丝棉、烟叶、茶叶、挂面、腐竹、凉果、荔枝、龙眼、瓜子、啤酒花等多种农副产品；木材、橡胶、陶瓷泥胎等多种工业原料和产品。

3. 集热器-温室型太阳能干燥器

（1）基本结构

温室型太阳能干燥器结构简单，投资较低，效率较高，缺点是温升较小。在干燥含水率较高的物料（如蔬菜、水果等）时，温室型太阳能干燥器所获得的能量不足以在较短的时间内使物料干燥到安全含水率以下。为了增加能量以保证物料的干燥质量，在温室外再增加一部分空气集热器，这就组成了集热器-温室型太阳能干燥器。

集热器-温室型太阳能干燥器主要由空气集热器和温室两大部分组成，如图 9-8 所示。在这种干燥器中，空气集热器的安装倾角应该与当地的地理纬度基本一致，集热器通过管道与干燥室连接。干燥室的结构与温室型干燥器相同，顶部也设有向南倾向的玻璃盖板，内壁面都涂抹黑色，室内有放置物料的托盘或支架。

图 9-8　集热器-温室型太阳能干燥器

（2）工作原理

集热器-温室型太阳能干燥器的结构决定了其工作过程是温室型干燥器和集热器型干燥器两种工作过程的结合。

一方面，太阳辐射能穿过温室的玻璃盖板后，一部分直接投射到被干燥物料上被吸收并转换成热能，使物料中的水分不断汽化；另一部分则投射到黑色的干燥室内壁面上并转换为热能，用以加热干燥室内的空气，热空气进而将热量传递给物料，使物料中的水分不断汽化。

另一方面，太阳辐射能穿过空气集热器的玻璃盖板之后，投射到集热器的吸热板上，被吸热板吸收并转换成热能，从而加热集热器内的空气。热空气由风机送到干燥室，将热量传递给被干燥物料，使物料的温度进一步升高，达到干燥物料的目的。

（3）适用范围

在采用集热器-温室型太阳能干燥器干燥物料时，物料不仅直接吸收了透过玻璃盖板的太阳辐射，同时又受到来自空气集热器的热空气的冲刷，因而可以达到较高的工作温度，适用于干燥含水率较高、干燥温度要求较高且允许接受太阳光直接曝晒的物料。

据资料报道，应用这种复合型太阳能干燥器干燥的物料主要包括：桂圆、荔枝等果品；中药材、腊肠等农副产品；陶瓷泥胎等工业产品。

4. 整体式太阳能干燥器

（1）基本结构

将空气集热器和干燥室两者的功能合并为一体的干燥装置称为整体式太阳能干燥器。在这种太阳能干燥器中，干燥室本身也是空气集热器，或者说在空气集热器中放入物料而形成干燥室。

整体式太阳能干燥器的截面结构如图 9-9 所示。这种干燥器的特点是干燥室的高度低，空气容积小，每单位空气容积所占的采光面积是一般温室型干燥器的 3～5 倍，所以热惯性小，空气升温快。

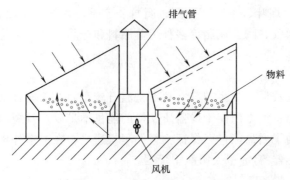

图 9-9 整体式太阳能干燥器结构示意图

（2）工作原理

当整体式太阳能干燥器工作时，太阳辐射能穿过玻璃盖板后进入干燥室，物料层直接吸收太阳辐射能；同时，在结构紧凑、热惯性小的干燥室内，空气由于温室效应而被加热。安装在干燥室内的风机将空气在两个干燥室内不断循环，并上下穿透物料层，使物料表面增加与热空气的接触。因此，在这种干燥器内，辐射换热和对流换热过程同时对物料发生作用，干燥过程被强化。吸收了水分的湿空气从排气管排向室外，通过控制阀门还可以使部分热空气随进气口补充的新鲜空气回流，再次进入干燥室，既提高了进口风速，同时又减少了排气热损失。

（3）适用范围

整体式太阳能干燥器的结构特点决定其具有以下优点：

1）结构简单，投资较低；

2）太阳能热利用效率高；

3）热惯性小，温升快，温升保证率高；

4）采用单元组合布置方式，因此其规模可大可小。

据有关资料报道，应用整体式太阳能干燥器进行干燥的物料主要有：红枣、莲子、干果、香菇、木耳、中药材等农副产品。

5. 其他形式的太阳能干燥器

统计资料显示，以上介绍的几种太阳能干燥器，在我国已经开发应用的太阳能干燥器中占了 95％以上。除此之外，还有其他一些种类的太阳能干燥器，如：聚光型太阳能干燥器、太阳能远红外干燥器、太阳能振动流化床干燥器等。

（1）聚光型太阳能干燥器

聚光型太阳能干燥器采用聚光型空气集热器，可以达到较高的温度，加快干燥速度，有明显的节能效果，多用于谷物干燥。但这种太阳能干燥器结构较复杂，造价较高，机械故障较多，操作管理不方便。据报道，这种太阳能干燥器在河北、山西等地已经开始应用。

（2）太阳能远红外干燥器

太阳能远红外干燥器是一种以远红外加热为辅助热源的太阳能干燥器，有明显的节能效果，可以全天候运行。据报道，这种太阳能干燥器在广西已有应用。

（3）太阳能振动流化床干燥器

太阳能振动流化床干燥器是利用振动流化床原理以强化传热的太阳能干燥器，具有明显的节能效果。目前，太阳能振动流化床干燥器在四川已有应用实例。

9.3 太阳能的热储存及热水系统

9.3.1 太阳能热储存技术

为了弥补太阳能的不稳定性和间断性，在太阳能热利用过程中进行热储存，即把晴朗白天收集到的太阳辐射能所转换成的热能储存起来，以供应夜间或阴雨天使用是十分必要的。因此，对于太阳能的热利用来说，热储存是必需的条件，它在太阳能热利用系统中所起的作用，不论从节能的角度还是从经济的角度来看，都比一般的热利用系统大得多。

9.3.1.1　太阳能热储存的原理

太阳能储热的一般原理如下：太阳能集热器把所收集到的太阳辐射能转换成热能，然后经过换热器把热量传递给储热器内的储热介质，同时，储热介质在良好的保温条件下将热量存储起来。在运行过程中，当热源（即太阳能集热器）的温度高于热负荷需求的温度时，储热器充热并储热；而当热源的温度低于热负荷需求的温度时，储热器放热，或者说经过热交换，把所存储的热量从储热器提取出来，输送给热负荷。图 9-10 所示为储热和取热过程的简单流程。

图 9-10　储热、取热过程的简单流程

9.3.1.2　太阳能热储存的分类

太阳能热储存一般可以根据以下几种情况进行分类：

1. 按存储温度分类

按热存储温度的高低，太阳能热储存可分为储冷、低温储热、中温储热、高温储热和超高温储热。

（1）储冷

储热温度在 0℃ 左右或低于 0℃，多用于空调制冷系统的冷量存储。如果用水作为储冷介质，最低温度可达 0℃；如果用其他材料作为储冷介质，最低温度可以低于 0℃。

（2）低温储热

储热温度低于 100℃，多用于建筑物的采暖、供应生活热水或低温工农业热加工（如干燥器）。在显热储热系统中，常用水和岩石作为储热介质；而在潜热储热系统中，大多数采用无机水合盐和石蜡等有机盐的储热都属于低温储热。

（3）中温储热

储热温度在 100~200℃ 之间，在吸收式制冷系统、蒸馏器、小功率太阳能水泵或发电站中使用较多。这种储热常用沸点温度在 100~200℃ 之间的有机流体作为储热介质，例如，辛烷和异丙醇在常压下的沸点分别是 126℃ 和 148℃。除此之外，还可以利用岩石作为储热介质。若用水作为储热介质，就需要加压至若干个大气压，这样对储热容器的耐压要求会大大提高，从而大幅度地增加成本。

（4）高温储热

储热温度在 200~1000℃ 之间，多用于聚光式太阳灶、蒸汽锅炉或使用高性能涡轮机的太阳能发电厂，通常多采用岩石或金属熔盐作为储热介质。

（5）超高温储热

储热温度在 1000℃ 以上，多在大功率发电站或高温太阳炉中使用。由于温度过高，常采用氧化铝制成的耐火珠（其工作温度可达 1000~1100℃）作为储热介质。

总体来说，不同的储热温度范围，使用的储热介质是不同的，图 9-11 所示为常用储热材料的工作温度范围。

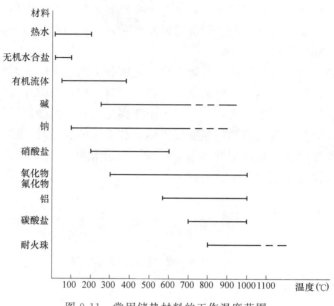

图 9-11　常用储热材料的工作温度范围

2. 按能量密度分类

按热存储能量密度的大小，太阳能热储存可分为低能量密度储热和高能量密度储热。

（1）低能量密度储热

从储热方式这方面来讲，显热储热属于这一类。从储热材料方面来说，由于砖和岩石的储能密度分别为 $1430kJ/(m^3 \cdot K)$ 和 $1680kJ/(m^3 \cdot K)$，因此是属于这一类的。如果采用这类储热介质，就必须采用大量材料，从而使整个储热装置的质量和体积都增大。然而，这些储能密度小的材料价格一般都比较低，而且来源丰富，容易得到。因此，如果不需要严格限制储热装置的质量和体积，从经济角度讲，使用这些材料是比较合算的。

（2）高能量密度储热

从储热方式这方面来讲，潜热储存属于这一类。从储热材料方面来说，无机水合盐、有机盐和金属熔盐等都属于这一类；除此之外，水和铸铁也都有较大的储能密度，分别为 $4200kJ/(m^3 \cdot K)$ 和 $3650kJ/(m^3 \cdot K)$。

9.3.1.3　太阳能热储存技术

现在国内外研究太阳能的储存方法主要有两大类：第一类是将太阳能直接储存，即太阳能热储存，主要分为三种类型：显热储存、潜热储存和化学反应储存；第二类是把太阳能先转换成其他能量形式，然后再储存，如先转变为电能和机械能等。

1. 显热储存技术

太阳能热储存技术中，显热储存是研究最早和利用最广泛的一种。显热储存包括液体显热储存和固体显热储存。在低温（特别是采暖和空调系统所适用的温度）范围内，在液体材料中，水的储热性能最好，而且水的黏度低，无腐蚀性，几乎不需要花费代价，因此使用最多。但是水在常压下沸点为 $100℃$，要在更高的温度范围内储热就必须选择其他物质。固体储热介质用得最多的是岩石或砂石，其性能一般，但因其价廉易得，所以得到广泛应用。

（1）水储热

在太阳能供暖系统中，水经常作为储热介质，最常用的储热器是水箱，它和太阳能集热器连接在一起，如图 9-12 所示。在日照期间热水箱把用剩余的太阳热储存起来，而在夜间或者阴雨天时室内采暖就靠热水箱内储存的热能来满足。

不同种类的储热水箱有不同的使用场合。例如，单槽式储热水箱常作为专用的储热水箱，而在建筑物顶棚上的基础梁的空间设计采暖和制冷用储热水箱时，却多采用多槽式。再如，住宅的供热水系统和屋顶储热水箱都是敞开式的，而对于集热温度在 100℃ 以上的储热水箱，通常都必须采用密闭式。为了实现太阳能的长期存储，需要利用大容量水箱。此时，容器表面积和容器的容量之

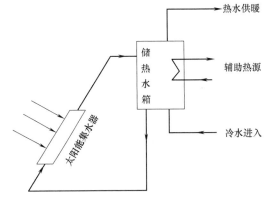

图 9-12　水箱热水储能

比较小，有利于隔热保温。当容器的储水量在 1000t 以上时，容器最好采用塑料等廉价的材料来制造。

（2）岩石储热

岩石价格低廉，易于取得，是除水以外应用最广泛的储热物质。储热器（岩石堆积床）是由岩石或卵石松散的堆积起来的，具有较高的换热效率。在储热时，热流体通常自上而下流动；在放热时，冷流体流动方向则是自下而上的。由于岩石床径向导热系数小，外表面隔热要求也较低。岩石大小应该尽量均匀，否则流道易堵塞，使流动阻力加大。

岩石储热中的传热流体可以采用水或者空气。如果集热器的传热工质是水，而采用空气为岩石床卸热，设计比较复杂，其工作原理如图 9-13 所示。如果集热器和储热器都以空气为传热流体，则整个结构可以设计的十分简单。图 9-14 所示为具有岩石床储热器的太阳能系统，在装置中设有 4 个三通阀，并装有辅助热源（如电加热器等）。

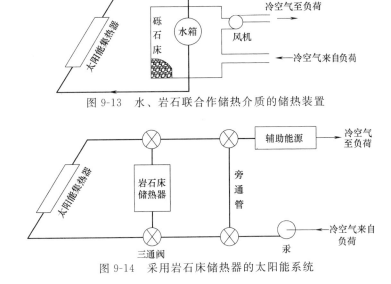

图 9-13　水、岩石联合作储热介质的储热装置

图 9-14　采用岩石床储热器的太阳能系统

目前太阳能显热储存有向地下发展的趋势。太阳能的地下显热储存比较适合于长期储存，而且成本低，占地少，是一种很有发展前途的储热方式。美国华盛顿地区利用地下土壤储存太阳能用于供暖和提供生活热水，在夏季结束时，土壤温度可以上升至 80℃，而在供暖季节结束时，温度降至 40℃。此外，地下岩石储存太阳能和地下含水层储存太阳能都得到了广泛的研究。然而，由于显热储存材料是依靠储热材料温度变化来进行热量的储存，放热过程不能恒温，储热密度小，使得储热装置体积庞大，而且与周围环境存在温度差，造成热量损失，热量不能长期储存，不适合长时间、大容量储存热量，限制了显热储存技术的进一步发展。

2. 潜热存储技术

太阳能的潜热储存是利用物质相变过程中吸收或放出大量熔化或凝固潜热的性质实现储热的。与显热存储相比，潜热存储有以下优点：

（1）容积储热密度大

一般物质在发生相变时所吸收或放出的潜热约为几百至几千 kJ/kg。因此，储存相同的能量，潜热存储设备所需的容积要比显热存储设备小得多，即设备投资费用降低。在需要限制储热设备空间尺寸及质量的应用场合，就可优先考虑采用相变存储设备。

（2）温度波动幅度小

物质的相变过程是在一定的温度下进行的，且变化范围极小，该特性可使相变储热器能够保持基本恒定的热力效率和供热能力。因此，当选取的相变材料的温度与热用户的要求基本一致时，可以不需要温度调节或控制系统。这样，既简化了设计，又降低了成本。

由于以上优点，潜热存储越来越受到重视。美、日、法、德等国家都在进行深入的研究和开发，有些潜热储热装置已投入运行。

当存储的太阳能用于建筑物供暖和空调系统时，由潜热存储的第二个特点可知：相变材料的熔点应接近所需的室温。因此，十水硫酸钠、六水氯化钙以及石蜡是合适的材料，并且在这些材料中加入适当的混合物后可以做成墙、地板、顶棚，可以应用于温室型、储热水箱式等太阳房。

将相变储热材料应用于温室来储存太阳能始于 19 世纪 80 年代，应用到的相变材料主要有十水硫酸钠、六水氯化钙和聚乙二醇。太阳能热发电储热系统中的相变储热材料主要为高温水蒸气和熔融盐，利用熔融盐作为储热介质具有温度使用范围宽、热容量大、黏度低、化学稳定性好等优点，但盐类相变材料在高温下对储热装置有较强的腐蚀性。现有研究表明可以应用于空间太阳能热动力系统的相变材料主要是金属及合金和氟盐及其共晶混合物等，目前研究较多的是氟盐及其共晶混合物，但其液固相变转化时体积收缩较大及导热系数小，容易导致"热松脱"和"热斑"现象，对储热装置的长期稳定非常不利。

有机物相变材料具有相变温度适应性好、相变潜热大、化学性能稳定等优点，因而在太阳能储热利用中受到普遍关注，常用的材料为一些醇、酸、高级烷烃等。

3. 化学反应储存技术

化学反应储存是利用化学反应的反应热来进行储热的，具有储能密度高，可长期储存等优点。用于储热的化学反应必须满足：反应可逆性好，无副反应；反应迅速；反应生成物易分离且能稳定储存；反应物和生成物无毒、无腐蚀、无可燃性；反应热大，反应物价格低等条件。

1988 年，美国太阳能研究中心指出，化学反应储热是一种非常有潜力的太阳能高温储热方式，而且成本又可能降低到相对较低的水平。

此外，有别于以反应热的形式储存太阳能，降冰片二烯类化合物作为储能材料得到了广泛的研究。紫外光照射下，降冰片二烯类化合物发生双烯环加成反应，转化为它的光异构体，太阳能以张力能的形式储存起来，在加热或催化剂或另一种波长的紫外光的照射下，又逆转为降冰片二烯类化合物，同时张力能以热的形式释放出来，这一转化方式有效地实现了太阳能的储存转化。

太阳能热储存技术是一项复杂的技术，无论从技术层面还是投资成本来看，太阳能热储存技术都是太阳能利用中的关键环节。从现有的研究来看，显热储存研究比较成熟，已经发展到商业开发水平，但由于显热储能密度低，储热装置体积庞大，有一定局限性。化学反应储热虽然具有很多优点，但化学反应过程复杂、有时需催化剂、有一定的安全性要求、一次性投资较大及整体效率仍较低等困难，目前只处于小规模实验阶段，在大规模应用之前仍有许多问题需要解决。

相变储热凭借其优越性吸引着人们对其进行大量的研究，发展势头强劲。然而常规相变材料在实际应用过程中存在的种种问题，诸如无机相变材料的过冷和相分离现象以及有机相变材料的导热系数低等问题，严重制约了相变储存技术在太阳能热储存中的应用。此外，降低相变储热的应用成本亦是必须解决的一个现实问题。值得高兴的是，近年来，随着纳米复合相变储热材料、定形相变材料和功能热流体等新型相变材料的出现，上述问题有望得到解决。新型相变材料的出现，必将在很大程度上推动相变储存技术在太阳能热储存中的应用。

4. 其他形式储存技术

除了上述热储存方法外，还可以将太阳能转换成其他形式的能量进行储存，例如：电能、生物能、机械能等。下面以电能和生物能存储为例，简单介绍其储存原理。

太阳能的电存储是将太阳能转换为电能，然后存储在蓄电池内。由太阳能到电能的转换，可以通过光电效应直接转换；也可以先将太阳能转换为热能，然后用涡轮机带动发电机而获得电能。电转存技术具有较高的效率，可以实现工业化生产，存储量也可以调节，并能立即供电。

太阳能的生物存储是利用植物的光合作用将太阳能转化为生物能。化石燃料的能量便是通过光合作用存储起来的太阳能。

9.3.2 太阳能热水系统

一般，太阳能热水系统可以根据以下几种方法进行分类：

(1) 循环运行方式。根据目前太阳能热水系统的应用实践，系统的循环运行方式有：自然循环热水系统、强迫循环热水系统和直流循环热水系统（又称定温放水系统）。

(2) 集热器内传热工质的换热方式。按照集热器内传热工质的换热方式不同，可以分为直接加热系统和间接加热系统。

(3) 集热与供应热水范围。根据集热与供应热水范围的不同，太阳能热水系统包括集中供热水系统、集中与分散结合的供热水系统以及分散供热水系统。

(4) 辅助热源的启动方式。按照辅助热源的不同启动方式，可以分为全日自动启动系统、定时自动启动系统及按需手动启动系统。

(5) 辅助热源的连接方式。依据辅助热源的连接方式不同，太阳能热水系统又可分为内置并联加热热水系统和外置串联加热热水系统。

事实上，这些分类方法有时是互相交错重叠的，比如直接加热系统可以是自然循环系统，也可以是内置并联加热热水系统。因此，以下内容针对不同的循环方式及辅助热源对太阳能热水系统进行介绍。

9.3.2.1 自然循环太阳能热水系统

如图 9-15 所示，自然循环太阳能热水系统结构简单，其显著特点是储水箱必须安装在集热器顶端水平面以上才能保证系统正常运行。

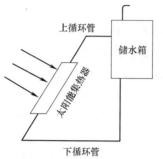

图 9-15 自然循环太阳能热水系统

该系统运行过程中，集热器中的水吸收太阳辐射热，水温上升，密度逐渐变小，与水箱内未吸收太阳辐射的水产生了密度差（又称重力差、温度差），形成了热虹吸压头在集热器中缓缓上升。温水经过上循环管进入储水箱。与此同时，储水箱内水温相对较低、密度较大的冷水慢慢下降，经过下循环管流入集热器下部补充。这种以水的密度差或热虹吸压头为作用力，而不需借助外力的太阳能热水系统即为自然循环太阳能热水系统。

由以上分析可知，自然循环系统的缺点是要保证储水箱和集热器之间的水平差，这对于建筑结合不太有利，尤其是坡屋顶，不仅安装施工有困难，而且也影响建筑物的外观。在该系统中，循环的密度差越大，其循环速度越快，反之循环就越慢，当太阳辐射停止时，循环也渐渐终止。因此，在自然循环热水系统中，热虹吸压头是关键因素。在这种系统中，储水箱与集热器的高差越大，热虹吸压头越大，但水的温差及储水箱与集热器间的高差往往不可能很大，所以该系统的循环动力往往是有限的。在设计该类系统时，要尽量减小每个组件的阻力。通常来说，自然循环系统的单体装置只适用于 $30m^2$ 以下的集热面积，通过多年的设计、施工经验证明，如果想要超越 $30m^2$ 的限制，其关键技术是将水箱的上下循环管由一路变多路。

为了克服自然循环太阳能热水系统的缺点，自然循环定温放水系统逐渐发展起来，其结构示意如图 9-16 所示。区别于自然循环系统，在该系统中，循环水箱被一个只有原来容积的 $1/4 \sim 1/3$ 的小水箱代替，大容积的储水箱可以放置在任意位置（当然要求高于浴室热水喷头的位置）。同时还需要增加一套电控线路，在循环水箱上部某位置装有电接点温度计，当水箱上部水温升到预定的温度时，电接点温度计通过控制器接通线路，使装在热水管上的电磁阀打开，将热水排至低位储水箱内，同时补水箱会自动向循环水箱补充冷水。此时，循环水箱内水温下降，当降到预定的温度时，电接点温度计下限接点接通线路电磁阀关闭。这样，系统周而复始地向低温储水箱输送热水。

该系统的优点主要有：减轻了储水箱

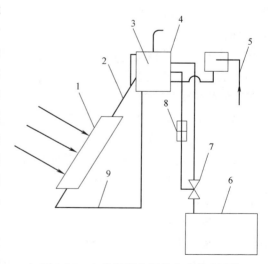

图 9-16 自然循环定温放水式热水系统

1—集热器；2—上循环管；3—循环水箱；4—电接点温度计；5—自来水；6—储水箱；7—电磁阀；8—继电器；9—下循环管

的容积，使体积较大的储水箱不必高架于集热器之上。缺点是：系统中增加了一个水箱，安装复杂一些，由于电磁阀需要自来水的一定压力才能关严，故要求有一定的安装条件，即循环水箱仍要高于集热器，这就大大影响了其适用范围。

9.3.2.2　强迫循环太阳能热水系统

相对于自然循环系统，强迫循环系统则是借助外力迫使集热器与储水箱内的水进行循环。因此，这种系统的显著特点是储水箱的位置不受集热器位置的制约，可任意布置，可高于集热器，也可低于集热器。该系统是通过水泵将集热器吸收太阳辐射后产生的热水与储水箱内的冷水进行混合，从而使储水箱的水温逐渐升高。

根据传热工质的不同换热方式，强迫循环系统分为直接强迫循环式和间接强迫循环式。

1. 直接强迫循环式系统

图 9-17 所示是一个直接强迫循环式系统，在该系统中，有时会增设一个排水箱，当水泵有故障或停止工作时，用于排空集热器及管道内的水。

2. 间接强迫循环式系统

图 9-18 和图 9-19 所示为间接强迫循环系统。两个系统中均采用防冻液作为传热介质，因此防冻性能比直接强迫循环系统好。不同之处在于，在图 9-18 所示系统中，间接热交换器在储水箱内部，即储水箱同时起到换热器的作用。而在图 9-19 所示系统中，采用了专门的热交换器。此外，前一个系统中只有一个水箱，而后一个系统则采用两个水箱，并把辅助热源设在第二个水箱内，这种做法对于提高集热器集热效率有很大帮助，但同时水箱散热量也有所增大。

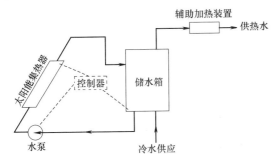

图 9-17　直接强迫循环系统

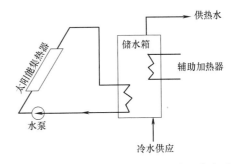

图 9-18　间接强迫循环内置辅助加热器热水系统

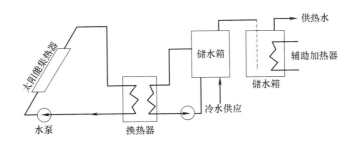

图 9-19　间接强迫循环外置辅助加热器热水系统

9.3.2.3　直流式太阳能热水系统

直流式太阳能热水系统是在自然循环和强制循环的基础上发展起来的，如图 9-20 所示。在运行过程中，集热器中的水被加热到预定的温度上限时，位于集热器出口的电接点

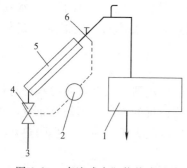

图 9-20   直流式太阳能热水系统

1—蓄水箱；2—控制器；3—自来水；4—电
动阀；5—集热器；6—电接点温度计

温度计立即给控制器发出信号，打开电磁阀，自来水将达到预定温度的热水顶出集热器，流进储水箱。当电接点温度计测量到预定的温度下限时，电磁阀关闭，系统就是以这种方式时开时关不断地获得热水。

这种系统的优点是：水箱不必高架于集热器之上。适用于自来水压头比较高的大型系统，布置比较灵活，便于与建筑结合。一天中，可用热水时间比自然循环式的系统要早，所以更适合于白天用热水的用户。缺点是：需要一套较复杂的控制装置，初投资有所增加。有些工程中采用手工操作阀门开度代替电磁阀控制，效果同样不错。当然这要求工作人员必须具有高度的责任心，每天及时根据太阳的辐射强度来调节阀门的开度。

9.3.2.4　太阳能热泵热水系统

太阳能热泵热水系统是将太阳能热利用系统与热泵技术综合起来的太阳能热利用系统。早在 20 世纪 50 年代初，太阳能热利用的先驱者 Jodan 和 Therkeld 就指出了太阳能热泵的优越性，即可同时提高太阳能集热器效率和热泵系统性能。随后，日本、美国、瑞典、澳大利亚等发达国家纷纷投入了大量的人力、物力对太阳能热泵进行深入的研究与开发，在各地实施了多项太阳能热泵示范工程，例如宾馆、住宅、学校、医院、图书馆以及游泳馆等，取得了一定的经济效益和良好的社会效益。我国对太阳能热泵的研究起步较晚，有关文献和报道均在十几年内。

根据太阳能集热器与热泵蒸发器的组合形式，可分为直膨式和非直膨式太阳能热泵系统。在直膨式系统中，太阳能集热器与热泵蒸发器合二为一，即制冷工质直接在太阳能集热器中吸收太阳辐射能而得到蒸发（如图 9-21 所示）。在非直膨式系统中，太阳能集热器与热泵蒸发器分离，通过集热介质（一般采用水或者防冻溶液）在集热器中吸收太阳能，并在蒸发器中将热量传递给制冷剂，或者直接通过换热器将热量传递给需要预热的水。根据太阳能集热环路与热泵循环的连接形式，非直膨式系统又可进一步分为串联式、并联式和双热源式。串联式是指集热环路与热泵循环通过蒸发器加以串联，蒸发器的热源全部来自于太阳能集热环路吸收的热量（如图 9-22 所示）；并联式是指太阳能集热环路与热泵循环彼此独立，前者一般用于预热后者的加热对象，或者后者作为前者的辅助热源（如图 9-23 所示）；双热源式与串联式基本相同，只是蒸发器可同时利用包括太阳能在内的两种低温热源。

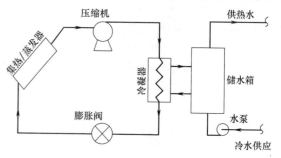

图 9-21   直膨式太阳能热泵热水系统

目前，我国太阳能热泵热水系统主要应用在公共建筑物上，例如，北京奥运村和奥运场馆的生活热水及其他加热用能都由太阳能热泵供热系统提供。而这种类型的热水系统之所以没有得到广泛应用，主要是由于以下原因造成的：

（1）投资经济性。能源结构和燃料价格直接影响着太阳能热泵的经济性，例如，我国

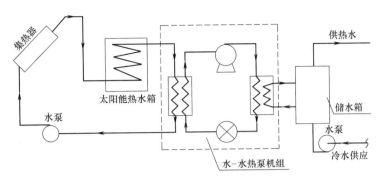

图 9-22　串联式太阳能热泵热水系统

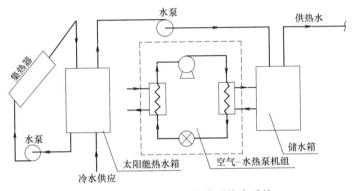

图 9-23　并联式太阳能热泵热水系统

西部地区以煤炭为主的能源结构以及较低的燃料价格必将影响太阳能热泵的市场竞争力。同时，太阳能热泵系统初投资偏高也是影响其经济性的重要因素之一。

（2）性能可靠性。各种类型的太阳能热泵性能有待提高，要使各部件之间的匹配关系达到投资运行最佳效益，要将系统设计与建筑设计结合起来，既要考虑系统性能又要考虑建筑美观，并且还要实现智能化控制，这需要各个专业、各个领域的专业人员共同努力、相互配合。

（3）初投资较高且公众对这一技术缺乏足够的了解和认识。目前，在我国制约太阳能热泵应用的主要障碍是系统初投资较高以及政府、建筑设计人员和公众对这一技术缺乏足够的了解和认识。通过政府部门、科研机构和工程技术人员的共同努力，借鉴国外的成功经验，我国太阳能热泵必将得到较快的推广和应用。

9.3.2.5　太阳能热水系统的控制

合理有效的控制措施可以保证太阳能热水系统的正常运行及高效运转，实现太阳能热利用的最大化。如上所述，太阳能热水系统形式多样，因此相应的控制策略也迥然相异。

在自然循环太阳能热水系统中，系统的布局设置应能保证合理的循环流量。经理论计算和实践证明，一天中，整箱水通过集热器一次的流量为最佳流量，也就是说需要将系统中水的循环流速控制在使其通过集热器一次所需时间刚好等于一天的日照时间，这时才能保证系统的日效率最高。

对于强制循环太阳能热水系统，可以采用温差控制、光电控制或者定时器控制以保证系统的高效运行。

1. 温差控制

图 9-24 所示的系统为采用温差控制的直接强迫循环系统。该系统靠集热器出口端水温和水箱下部水温的预定温差来控制循环泵进行循环。当两处的温差低于预定值时，循环泵停止运行，这时集热器中的水会靠重力作用流回水箱，集热器被排空。在集热器的另一侧管路中的冷水，则靠防冻阀予以排空，因此整个系统中管路就可防止被冻坏。

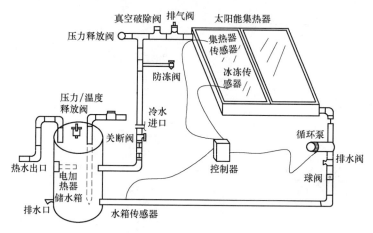

图 9-24　温差控制直接强迫循环系统

2. 光电控制

图 9-25 所示的系统采用的则是光电控制技术。在该系统中，通过太阳光电池板所产生的电能来控制系统的运行。在有太阳辐射时，光电池板就会产生直流电启动水泵，系统即进行循环。在没有太阳辐射时，光电池板没有电流产生，水泵就停止工作。因此，该系统每天所获得的热水完全取决于当天的日照情况，太阳辐射好，产生的热水就多，温度也高。而太阳辐射小，产生的热水也相应减少。在寒冷天气中，该系统靠泵和防冻阀可以将集热器中的水排空。

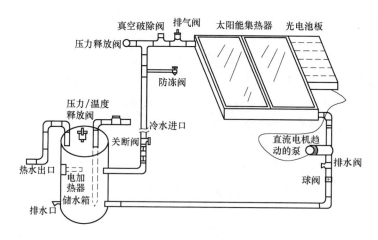

图 9-25　光电控制直接强迫循环系统

3. 定时器控制

图 9-26 所示为采用了定时器控制的直接强迫循环系统。该系统的控制是根据事先设定的时间来启动或关闭循环泵的运行，因此不够灵活，其运行的可靠性主要取决于人为因

素，往往比较麻烦。如在下雨天或多云的情况下启动定时器时，前一天水箱中未用完的热水再通过集热器循环时，造成热量损失。因此，若无专门的管理人员，最好不要轻易采用这种控制方法。

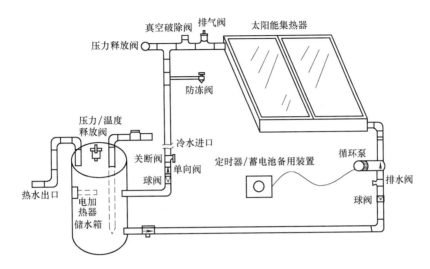

图 9-26　定时器控制直接强迫循环系统

目前，中国科学院广州能源研究所、广州科凌新技术有限公司组织了强大的技术力量，采用单片微机控制技术，短期内研制开发了一种具有特色的、适应强迫循环系统和辅助加热要求的综合型全自动太阳能热水系统智能控制器。该控制器功能强大，综合了目前太阳能热水系统控制部分所要求的所有功能，参数设定灵活，伸缩的空间大，可根据用户的要求来任意定义控制输出功能，现已在太阳能工程项目中实际应用。但是，太阳能热水系统控制技术还有待进一步研究提高，以保证太阳能系统的有效利用和广泛推广。

本章参考文献

[1]　罗运俊，陶桢. 太阳热水器及系统. 北京：化学工业出版社，2007

[2]　张璧光，刘志军，谢拥群. 太阳能干燥技术. 北京：化学工业出版社，2007

[3]　罗运俊，何梓年，王长贵. 太阳能利用技术. 北京：化学工业出版社，2008

[4]　郭茶秀，魏新利. 热能存储技术及应用. 北京：化学工业出版社，2005

[5]　董仁杰，彭高军. 太阳能热利用工程. 北京：中国农业科技出版社，1996

[6]　国家住宅与居住环境工程技术研究中心. 住宅建筑太阳能热水系统整合设计. 北京：中国建筑工业出版社，2006

[7]　王国栋，王学志. 太阳热水系统与建筑结合的相关问题初探. 中国建设动态（阳光能源），2005，2：24-27

[8]　高军林，朱吉顶，刘玉山，范国辉. 高校太阳能热水系统与建筑一体化的工程实践. 中国建设动态（阳光能源），2006，3：24-27

[9]　旷玉辉，王如竹，于立强. 太阳能热泵供热系统的实验研究. 太阳能学报，2002，23（4）：408-413

[10]　余延顺，马最良，廉乐明. 太阳热泵系统运行工况的模拟研究. 流体机械，2004，32（5）：65-69

[11]　周小波. 月坛体育中心综合训练馆——太阳能热泵中央热水系统. 建筑技术（3），2005：49-51

[12]　旷玉辉，王如竹. 太阳能热利用技术在我国建筑节能中的应用与展望. 制冷与空调，2001，1（4）：27-34

[13] 张生. 太阳能热泵与建筑节能. 山西建筑，2004，30 (13)：119-120

[14] Aye Lu，Charters WWS and Chaichana. Solar heat pump systems for domestic hot water. Solar Energy，2002，73 (3)：169-175

[15] Chandrashekar M，Le N，Sunllivan H，Hollands KGT. A comparative study of solar assisted heat-pump systems for Canadian locations. Solar Energy，1982，28：217-226

[16] Freeman TL，Mitchell JW，Audit TE. Performance of combined solar heat-pump systems. Solar Energy，1979，22

[17] Hawlader MNA，Chou SK，Ullah MZ. The performance of a solar-assisted heat pump water heating system. Appl Therm Eng，2001，21

[18] John AD，William AB. Solar engineering of thermal processes. Third edition. New Jersey，Hoboken：John Wiley & Sons，Inc.，2006

第 10 章　太阳能热系统与建筑物的结合

能源是经济发展的首要问题，是发展工农业、国防科技以及提高人民生活水平的重要物质基础。随着世界经济的发展和人民生活水平的提高，对能源的需求将会不断增加。我国北方地区建筑采暖能耗占当地区域总能耗的 20% 以上，夏季空调制冷能耗也在日益增加，建筑用能已经达到社会总能耗的 30%。如何降低建筑能耗，减少对化石燃料的依赖成为当前备受关注的话题。太阳能作为可再生的清洁能源，越来越多地被人们接受。近年来，建筑设计者一直在寻求太阳能与建筑有机结合的最佳方式，从而达到太阳能与建筑的一体化设计。太阳能热利用和通风降温、被动冷却技术有利于改善室内热环境，最大限度地降低建筑能耗，对于环境保护及社会经济的可持续发展具有重要意义。本章将从建筑热工性能角度对太阳能利用中需要解决的问题以及解决方案进行分析和阐述。

10.1　太　阳　房

根据是否利用机械的方式获取太阳能，太阳房分为被动式太阳房和主动式太阳房。被动式太阳房技术最早在法国发展起来，这种技术通过对建筑方位、建筑空间的合理布置以及对建筑材料和结构热工性能的优化，使建筑围护结构等在采暖季节最大限度吸收和储存热量。我国建筑能耗中采暖能耗占很大比例，而被动式太阳能技术投资少、见效快、可以节约大量的能源，因此在我国已经得到了广泛的应用。主动式太阳房一般由集热器、传热流体、蓄热器、控制系统及适当的辅助能源系统构成。另外还有一种被动式和主动式结合的方式，这种主、被动相结合的太阳能技术设计已成为当前建筑设计不可缺少的一部分。

10.1.1　被动式太阳房的结构和原理

太阳房是利用太阳能采暖和降温的房子。人们的日常生活能耗中，用于采暖和降温的能源占有相当大的比重。特别对于气候寒冷或炎热的地区，采暖和降温的能耗就更大。太阳房既可采暖，也能降温，最简便的一种太阳房叫被动式太阳房，建造容易，不需要安装特殊的机械设备。被动式采暖设计是通过建筑朝向和周围环境的合理布置、内部空间和外部形体的巧妙处理以及建筑材料和结构的恰当选择，使其在冬季能集热、储存热量，从而解决建筑物的采暖问题。被动式设计应用范围广、造价低，可以在增加少许或几乎不增加投资的情况下完成，在中小型建筑或者住宅中最为常见。美国能源部指出，被动式太阳能建筑的能耗比常规建筑的能耗低 47%，比相对较旧的常规建筑低 60%。被动式太阳能建筑设计的基本思路是控制阳光和空气在恰当的时间进入建筑并储存和分布热空气。设计原则是要有有效的绝热外壳和足够大的集热表面，室内布置尽可能多的蓄热体，以及主次房间的平面位置合理。太阳房有多种分类，按照集热方式的不同，可以分为如下几类。

10.1.1.1　直接受益式

冬季阳光在通过南向玻璃窗后，直接照射到蓄热能力较强的室内地面、墙面和家具上，这些材料日间吸收并存储大部分的热能，夜间释放到室内，使房间在晚上仍能维持一定的温度。由于南向窗户面积较大，这种形式的太阳房应配置保温窗帘，并具有良好的保温性能和密封性能以减少热量损失。窗户还应设置遮阳板，以遮挡夏季阳光进入室内，和

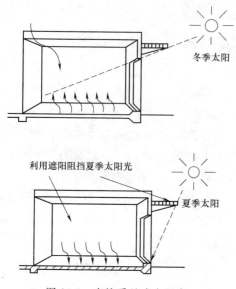

图 10-1　直接受益式太阳房

防止室内在夏季时的过热现象。这是较早采用的一种太阳房，南立面是单层或多层玻璃的直接受益窗，利用地板和侧墙蓄热。房间本身就是一个良好的蓄热体，白天，太阳光透过南向玻璃窗进入室内，地面和墙体吸收热量，表面温度升高，吸收的热量以对流的方式与室内空气进行热交换，另一部分与围护结构进行热交换，最后一部分热量由地板和墙体导热作用传入内部储存起来。这种结构的太阳房如图 10-1 所示。

10.1.1.2　集热蓄热墙式

这种形式的被动式太阳房是由透光玻璃罩和蓄热墙体构成，中间留有空气层，墙体上下部位设有通向室内的风口。日间利用南向集热蓄热墙体吸收穿过玻璃罩的阳光，墙体会吸收并传入一定的热量，同时夹层内空气受热后成为热空气通过风口进入室内；夜间集热蓄热墙体的热量会逐渐传入室内。集热蓄热墙体的外表面涂成黑色或某种深色，以便有效地吸收阳光。为防止夜间热量散失，玻璃外侧应设置保温窗帘和保温板。集热蓄热墙体可分为实体式集热蓄热墙、花格式集热蓄热墙、水墙式集热蓄热墙、相变材料集热蓄热墙和快速集热墙等形式。集热蓄热墙的结构如图 10-2 所示。

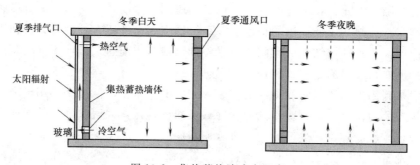

图 10-2　集热蓄热墙式太阳房

除了采用直接的蓄热墙体外，还可以在被动式太阳房中设置一定数量的蓄热体达到蓄热的目的。它的主要作用是在有日照时吸收并储存一部分太阳辐射热；而当白天无日照时或在夜间向室内放出热量，以提高室内温度，从而降低室内温度的波动。蓄热体的构造和布置将直接影响集热效率和室内温度的稳定性。对蓄热体的要求是：蓄热成本低（包括蓄热材料及储存容器），单位容积（或重量）的蓄热量大，对储存容器无腐蚀或腐蚀小，容易吸热和放热，使用寿命长。

10.1.2　太阳房设计要求

通过对建筑朝向的合理布置，以及对建筑保温等细节问题，诸如热桥的充分考虑，太阳房的设计就是要最大限度地降低建筑物对外部能源的依赖。一座太阳房的设计应该始终贯穿这一原则，同时特别留意如下一些设计要点：

（1）对将要修建太阳房的区域气候有足够的了解和认识，清楚制约和影响太阳房设计的自然条件，如地理因素和气象因素；

（2）对围护结构等各个建筑单元良好保温，以此降低建筑对能耗的需求；

（3）夏季外遮阳的设计与运用，降低太阳房夏季过热的影响；

（4）屋顶和墙体的传热系数不应超过 $0.5 W/(m^2 \cdot K)$；

（5）尽量降低窗户的热损失，至少采用两层，如双层窗，对于严寒地区可以考虑使用三层玻璃窗；

（6）在建筑南立面布置集热器，合理布局建筑的朝向，通常是坐北朝南的格局；同时应尽量降低或避免采暖房的集热南立面受到其他建筑物的遮挡等影响；

（7）将集热器和其他蓄热体，如砖、砾石等与建筑结合，达到和谐统一、外表美观的效果；

（8）通过各种技术手段对建筑中的废水，余热进行再利用；

（9）优化建筑体积与外表面积比，最大化建筑空间的同时尽量降低建筑外部裸露面积；

（10）利用土壤的蓄热能力，将地下室蓄热方案加入到太阳房的设计要素中。

如果这些原则在太阳房设计中加以考虑，太阳能转换中的有效收益就会极大的增加，能量损失也会相对减少。研究表明采用这些设计原则和其他相关措施，一个特定起居室的能量消耗将会比原来减少 50%。

10.1.3　太阳房热工计算

太阳房的热工设计计算可以通过简单概算，以及通过数学建模对太阳房的热性能等进行数值模拟，达到太阳房的优化设计目的。前者在获得一般气象设计参数后，对太阳房的热负荷等进行一般的估算，而后者则相对复杂，但是可以获得太阳房动态的热性能，如逐时得热量、瞬时热效率等。这些参数为太阳房的优化设计提供了依据。近年来，随着高性能计算技术的发展，许多建筑设计模拟软件如雨后春笋大量涌现。这些计算机模拟软件如 TRNSYS、DOE-2、EnergyPlus、CFD 等，它们有助于设计者利用动态数学模型分析影响太阳房热工性能的因素，预测其全年节能潜力。

10.1.3.1　太阳房热负荷计算

太阳房热负荷的计算过程如下：

（1）获得设计气象数据。

（2）确定施工图以及建筑空间体积，确保最大建筑空间的同时保证最小的外部裸露表面积。设定南向最大的开口，决定集热器的最优位置，以及选择最佳保温材料。

（3）计算太阳房的热损失。最重要的热损失包括建筑体表损失和通风热损失。

利用"度日数"（Degree-Day）和室外设计温度决定月平均热负荷，即：

$$度日数 \times 建筑外表面积 \times 传热系数 = 热负荷 \tag{10-1}$$

为了计算太阳房在外界环境不断变化的情况下维持设计温度需要的总耗热量，这里引入了"度日数"的概念。维持设计温度时需要的热量应该等于从太阳房围护结构散失到外界环境的热量。通过选择一个室外平均气温的基准值（OAT）来决定是否需要采暖，如 $12℃$。当外界平均气温低于 OAT 时采暖开始，当外界平均气温高于 OAT 时采暖结束。"采暖期"（Heating Day）HT 定义为外界环境温度低于设定基准值 OAT 的天数。

$$热损失 q = K \times 表面积 S \times 温度差 \Delta T \times 时间 t \tag{10-2}$$

式中　K——墙体的导热系数，$W/(m^2 \cdot K)$；

ΔT——采暖季节室内空气温度与室外空气温度之差，℃。

如果方程（10-2）中时间按采暖期 HT 计算，然后找到热损失，那么计算一个特定的采暖期的供热量为：

$$供热量 Q = K \times 表面积 S \times \sum_0^{HT} (t_i - t_a) \tag{10-3}$$

式中　t_i——室内空气温度，℃；

　　　t_a——室外平均气温 OAT，℃。

（4）计算热水供应所需要的月平均能量消耗（可以按照每天从 10℃ 加热 200 升水到 60℃ 需要 $1.18 \times 10^6 \sim 1.30 \times 10^6$ 千焦/月来估算）。

（5）能量清单的绘制。确定有效热收益的数量，比如，总共投射到集热器表面的辐照量；透过南向玻璃窗的得热；室内人员得热（大约 0.55×10^6 千焦/月）；厨房烹饪的热量（大约 0.50×10^6 千焦/月）；照明得热（大约 0.34×10^6 千焦/月）；其他诸如热泵、电器设备发热等。

（6）决定集热器的采光面积，以及热储存的容量，如水箱的大小等。

10.1.3.2　太阳房热性能评估

1. 热效率 η

太阳房的热效率定义为太阳房得到的总有用太阳能 Q_{eff} 占维持太阳房室内设计温度所需总供热量的百分比，即：

$$\eta = \frac{Q_{eff}}{Q} \times 100\% \tag{10-4}$$

2. 热舒适度

太阳房的热舒适性评价包括诸多因素，比如室内空气温度、湿度，太阳房内空气的流通也是重要的因素，人员的活动和衣着以及与室内墙体内壁的辐射换热也是需要考虑的方面。对于室内空气温度、湿度以及室内风速等与舒适度相关因素的进一步考虑，读者可以参考 ASHRAE 手册和 Fanger 的专著。

10.1.4　太阳能温室

太阳能农业温室在全世界范围内获得了广泛的应用。如何因地制宜地建造和管理农业温室，最大限度地利用太阳能；如何合理布置温室结构，使其内部温度场能够更好地满足植物生长需要；这些问题一直是国内外研究者所关注的重要课题。被动式太阳能温室系统是指不采用任何风机或泵等主动装置，完全靠空气自然对流来运行的温室系统。

10.1.4.1　太阳能温室设计的基本原则

太阳能温室有别于传统的温室，太阳能温室具有如下一些特点：

（1）太阳能温室具有冬季从太阳吸收热量的玻璃窗洞，这些玻璃窗洞安装密封良好从而可以确保最少的热量损失，并且这些玻璃窗洞具有最优化的朝向，因此可以接受更多的太阳辐照；

（2）使用蓄热材料储存从太阳吸收的热量；

（3）使用足够的保温材料；

（4）利用自然通风达到夏季降温的目的。

对这些基本原则的理解将有益于节能经济太阳能温室的设计、修建以及维修。从这些原则出发，设计者也可以从其他方面如因特网、期刊、书刊等找到相关信息，进行更深入的研究。

10.1.4.2　太阳能温室分类

1. 附联式太阳能温室

所谓附联式，是指太阳能温室与建筑物其他房间相互连接，尤其指采用非独立的方式与其他建筑物共用一墙的设计方式。这种温室通常在房间外延伸出一个倾斜的空间结构。这种倾斜结构为植物的移植、花草等提供适宜的空间。附联式太阳能温室的结构如图 10-3、图 10-4 所示。

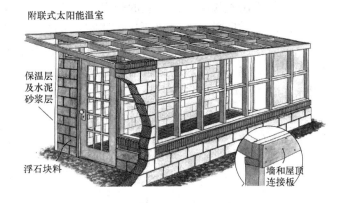

图 10-3　附联式温室的结构

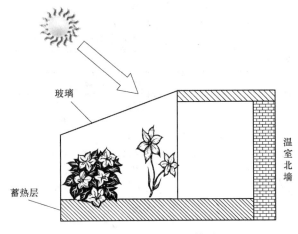

图 10-4　附联式温室简图

2. 独立太阳能温室

独立太阳能温室比附联式太阳能温室在空间上大很多，主要用于商业化生产花卉、芳草以及蔬菜等的栽种和培育。独立太阳能温室有两种设计方式：1）棚型结构。通常有一根纵贯东西的轴，南向墙上设有玻璃空洞，以获得最大限度的太阳辐照，而北向墙体具有良好的保温措施，确保较小的热损失。2）圆环箍圈型。独立箍圈型太阳能温室多为圆形，对称结构。不像棚型结构的太阳能温室，独立箍圈型太阳能温室没有北墙。太阳辐照能够均匀地分布在温室表面并且被吸收。

10.1.4.3　影响温室集热的设计参数

1. 玻璃盖板的倾角

除了南北方向布置的温室以外，温室的玻璃窗应该保持最优的倾角以吸收最大数量的太阳能。最优倾角的大小通常是在太阳能温室所处纬度上加上 $10\sim15°$ 而确定的。

2. 玻璃材质

太阳能温室所使用的玻璃材质应该具有良好的光学性能，如较大的透过率能够使最大数量的太阳光进入温室内，同时还要保证较小的热损系数。近年来，许多新的玻璃材质被运用到太阳能温室的设计中，然而，塑料仍然是太阳能温室玻璃窗所采用的主要材料。由于塑料具有抗紫外线，吸收红外辐射以及预防内表面结露等性能，因此具有较好的耐用性能。太阳能温室玻璃窗的密封方法直接影响到温室的热损量。例如，安装过程中产生的裂缝或者空洞将会导致热量的散失。同时，两层玻璃间空气层厚度的变化也将影响到太阳能温室热量的维持。安装玻璃时，需要考虑丙烯酸树脂随着外界气温变化产生的热膨胀和收缩。作为一般的原则，太阳能温室的窗面积与地板面积的比应该保持在 $0.75\sim1.5$ 左右为宜。各种材料的性能对比如表 10-1 所示。

透光材料的性能 表 10-1

单层玻璃	工厂封装的双层玻璃
透光率：$85\%\sim90\%$；	透光率：$70\%\sim75\%$；
优点： 耐用性好； 经过回火的玻璃具有较好的硬度，需要较少的支撑架保护	优点： 耐用性好； 能够在霜冻气候条件下使用
缺点： 可能不能承受积雪； 热损失大	缺点： 重； 难于安装，需要精确的确定框架尺寸
聚乙烯—单层	聚乙烯—双层
透光率＊：$80\%\sim90\%$-新材料；	透光率：$60\%\sim80\%$；
优点： 经过 IR 薄膜处理能够降低热损； 抗滴水薄膜能预防结露； 用 EVA 处理后能够抗裂； 容易安装，框架的精确度要求不高	优点： 双层空间间层有利于降低热损； 经过 IR 薄膜处理能够降低热损； 抗滴水薄膜能预防结露； 用 EVA 处理后能够抗裂； 容易安装，框架的精确度要求不高
缺点： 容易撕裂； 抗紫外线的聚乙烯的寿命大约 $1\sim2$ 年； 透光率逐年下降； 易受气温影响而变形	缺点： 容易撕裂； 抗紫外线的聚乙烯的寿命大约 $1\sim2$ 年； 透光率逐年下降； 易受气温影响而变形

选择透明材料的时候，需要了解四种不同的参数：太阳得热系数是描述穿过透明材料的太阳光的一个指标，0.6 或者以上为较满意的系数值；热损系数是透明材料对环境的平均传热系数，$1.987\ W/(m^2 \cdot K)$ 或者以下为较满意的系数值；可见透过率指透明材料的可见光的透过率，0.7 或者以上为适宜值；光合作用活性辐射指在有利于光合作用和植物健康成长的波长范围内的太阳辐射照度，其波长方位在 $400\sim700$ 纳米之间。前两个描述透明材料的热效率，其他两个对温室的植物生长非常重要。

10.1.5 太阳能热储存和集热方式

为了使太阳能温室或者太阳房在夜间或者多云的时候也能保持适宜的温度，温室在晴朗天气吸收的太阳辐射热必须有效地被储存在温室里。储存热量的方法通常是铺设岩石蓄热层，水泥或者直接用水墙来吸收和储存热量。

由砖块或者水泥煤渣墙体构建的太阳能温室或太阳房的北墙也能够起到蓄热的作用，但是必须确保墙体的外表面能够有效地吸收热量。黑色陶瓷的地板也能达到蓄热的目的。不用作吸热的墙体应该设计为浅色，温室内部的墙体除了保持浅色外，最好能够反射太阳光，使温室内的植物能够得到较多的阳光。

10.1.5.1 设计的考虑因素

建筑师设计太阳能建筑时，应根据实际情况，选择恰当的集热和蓄热方式。通常要考虑的因素包括：

1. 自然条件

太阳房的设计是建立在对地理环境和当地气象因素充分了解的基础上的。所有气象因素中，尤为重要的就是当地的太阳能资源，如太阳辐射照度和太阳高度角等。太阳房的建造还必须考虑地理因素的影响，地理因素主要是指当地的纬度情况。不同的气象条件对集热方式的效果具有直接的影响。考虑气象因素的影响能够更好地发挥不同集热方式的长处，达到扬长避短的目的。采用直接受益式集热方式比较简单，但是对室内热环境的影响较大，如引起较大的温度波动。在严寒地区，如果采用蓄热能力强的材料同时增加保温措施，如窗帘等，将提高太阳房的集热效果。

2. 房间使用特点

采用何种集热方式达到最优化的集热性能还必须考虑建筑的使用特点。不同的集热方式适用于不同类型的建筑。用于办公的建筑，由于大都在白天使用，因此应保证白天的室内热环境达到舒适和满意的效果，在采暖期，可以直接利用窗户得热和南墙集热，达到理想的效果。对于住宅类型的建筑，可以采用散热透明材料或反射百叶帘来提高室内四壁的蓄热量。

3. 经济条件

选用集热方式必须考虑投资经济方面的因素。利用太阳能会增加建筑的初投资，因此选用集热方式既要考虑眼前的经济能力，又要考虑将来的经济回报和能源发展趋势。

4. 其他因素

太阳房的设计除了考虑以上因素外，还受到其他一些因素的影响，如使用者对节能建筑和可再生能源的认识程度，政府采取的政策以及建筑物对抗震的要求等。直接受益式太阳房在南向墙体上由于开设了大面积的采光集热结构，这样的设计有利于充分获得日照，但是对于地震区的建筑却增大了结构上的风险。因此，在地震区修建太阳能建筑应该充分利用防震结构墙体来设置，满足集热和抗震的双重要求。

10.1.5.2 蓄热材料

特朗贝式集热墙（Trombe 墙）运用了新型热吸收和储存的方法。通常这种矮墙体位于温室内部，与南向窗毗邻。Trombe 墙的南立面吸收热量，然后通过墙体的背面（朝向北面）向温室辐射热量。Trombe 墙由 20～40cm 的石墙组成，墙面有黑色吸热材料涂层；距离墙面大约 20cm 处装有单层或者双层玻璃，玻璃和墙面之间形成空气间隙。黑色涂层吸收热量后，热量储存在墙体中，经过热传导的方式把吸收的热量向室内传递，如图10-5所示。

另一种蓄热方式是在玻璃后面设置一道"水墙"，如图 10-6 所示。"水墙"是 Trombe

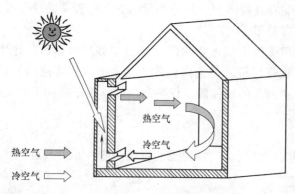

热空气

热空气

冷空气

图 10-5　通过 Trombe 墙体吸收和储存热量

墙的变体，不同之处在于，"水墙"不需要在墙上开进气口和出气口。"水墙"的表面吸收热量后再由热传导经过壁面，在容器内部发生自然对流。最后再通过内壁面的辐射和对流与温室的空气以及其他壁面之间进行换热。"水墙"可以用塑料容器或者金属制作，有些设计采用堆积的金属容器，与整个建筑融为一体。

除了采用水和岩石作为热储存的介质以外，还可以使用相变材料。当然相变材料通常比普通材料更昂贵，但是它们的蓄热能力通常是一般岩石和水的 5～14 倍。因此当空间有限的时候，采用相变材料更适宜和有效。相变材料一般包括磷酸盐、硫代硫酸盐、石蜡、脂肪酸。

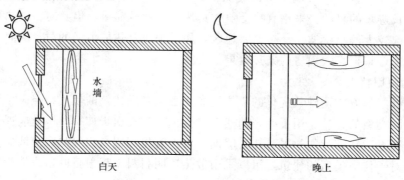

水墙

白天

晚上

图 10-6　采用"水墙"作为蓄热方式的结构简图

当相变材料从固态改变到液态时，吸收和储存热量；当从液态改变到固体时，则放出热量。钇硝酸氯化钙蓄热能力大约是水的 10 倍。这些材料通常装在密封的胶囊里，或者导管里。由于相变材料能够吸收大量的热量，因此能够调节温室的温度防止夏季过热的情况出现，使用少量的胶囊就能提供足够的蓄热能力。

10.1.5.3　保温

良好的保温有助于防止热容材料吸收太阳热能后在夜间的散失。为了使温室保持适度的温度，就需要对温室的各个部分进行保温处理，特别是在用于热吸收的透光部分。聚氨酯发泡和纤维玻璃棉都是理想的保温材料，但是这些材料需要保持干燥才能起到保温的作用。聚乙烯薄膜制成的抗潮纸芯铺在温室墙面与保温层之间可以降低水蒸气的扩散。图 10-7 所示的太阳能温室采用了一种新型的保温隔热措施。这种温室采用了双层塑料片作为类似于窗户的采光设施。两层塑料层之间为液体泡，与两个发生器相连。夏季，保护罩朝南能够抵挡阳光的照射。

对于温室地板，砖块或者石块都能起到蓄热的作用，但是，如果在地板和土壤之间没有保温绝热层的话，热量将会迅速向地表扩散。为了防止热量散失，使用 2.5～5cm 左右的硬质保温材料对地板和地基进行保温将会有效地降低热量散失。

为了降低温室外围护结构热量的散失，温室的墙脚通常深埋在地下，或者将墙建在

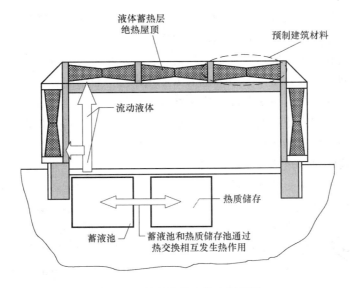

图 10-7　使用液体腔作为保温层

南向的山坡上，如图 10-8 所示。稻草及类似的保温材料也可以放在温室的外墙以降低热量的损失。与地下室或者护堤相结合的太阳能温室能够在夏季或冬季提供良好的绝热和保温功能，同时也提供了较好的防风保护。与地下室结合的太阳能温室存在的潜在问题是土壤渗透水带来的影响。为了消除渗透水的影响，通常在室外墙脚外围设有排水沟。

10.1.5.4　带卷帘温室

卷帘限制热量在夜晚通过采光玻璃窗向环境散失，安装 5cm 左右的聚氨酯保温层能够降低大约 90% 的热量损失。对于规模较小的温室，可以在晚上手动安装保温层，而在早上则撤出。有很多简易的安装方式和固定装置。而利用卷帘则是比较简易方便的办法防止热量散失，如图 10-9 所示。

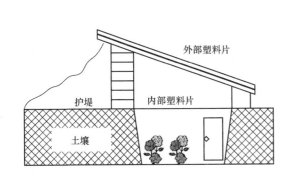

图 10-8　利用护堤防止热量散失的地下温室（剖面图）　　图 10-9　带卷帘和储热水箱的温室

10.2　太阳能建筑热水系统一体化

太阳能热水系统是最经济的太阳能热利用系统，可以达到全年节能的目的。太阳能热水系统能否成功运用以及最大限度地发挥作用，主要取决于系统组件恰当的设计和选取。太阳能热水系统包括集热器、连接集热器和水箱的循环管路、控制系统和辅助加热系统。虽然我国在太阳能利用方面起步较晚，但社会、经济的快速发展为太阳能产业创造了更大的机遇和发展空间。现在，中国是世界上太阳能热水器产量最多的国家，而太阳热水器发展需要克服的瓶颈就是如何解决与建筑物相结合的问题。这需要有相关的设计、安装、施工与验收标准来提供技术依据和技术保障，从而从技术标准和行业规范的层面解决太阳能热水器与建筑物一体化所存在的问题。

10.2.1   太阳能建筑热水一体化系统结构

所谓太阳能建筑热水一体化系统，概括起来说就是指太阳能热水器与建筑物充分结合并实现功能和外观的和谐统一。太阳能建筑热水一体化的设计能够较好地解决城市多层住宅家用太阳能热水器安装零乱从而影响城市市容的问题。理想的太阳能建筑一体化，即太阳能与建筑完全融为一体。现在技术最成熟也最易实现的是将太阳能热水器的安装与建筑设计相结合，为热水器的安装预留位置等。安装在建筑阳台护栏上的太阳能热水器，以及安装在建筑立面或者坡屋顶上的集热器面板（如图 10-10 所示）可以有效利用建筑空间，节省独立热水系统安装时需要的支架等其他额外构件。

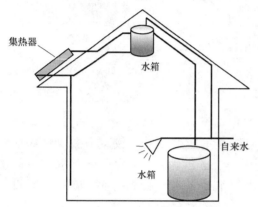

图 10-10   屋顶热虹吸热水系统结构简图

10.2.2   太阳能热水系统与建筑结合的特点

太阳能与建筑一体化的实质就是将太阳能产品（这里主要指热水器或集热器）与建筑结构完美结合，实现整体外观的和谐统一。它具有以下几个特点：

（1）太阳能产品及工程系统纳入建筑规划与建筑设计，做到统一规划、同步设计、同步施工，与建筑工程同时投入使用。这样做可节约建筑成本与住户二次安装成本。

（2）太阳能工程中的集热器做成模块，实现标准化、系列化和多样化。

（3）太阳能热水系统的设计、安装、调试和工程验收应执行行业制定的规程、规范和标准。

太阳能热水系统与建筑物的结合可以采取多种形式。如图 10-11 所示，工业化生产的建筑构件可以直接取代建筑的外围护结构，或者与建筑围护结构相结合提供热水或实现室内采暖等功能（见图 10-12）。同时作为建筑的围护结构，降低了透过建筑物墙体的热量，可以有效降低空调冷负荷和采暖热负荷。所有这些优点都极大地满足了现代节能建筑对建筑使用过程中降低能耗的要求。

10.2.3   设计需要考虑的一般原则

（1）考虑气候和建筑的使用是否适合太阳能热水系统。太阳能热水系统的节能潜力取决于当地可用的太阳辐照强度、系统使用目的和系统恰当的设计。

（2）进行太阳能热水系统的经济可行性分析。对系统运行成本、预期的节能潜力进行生命周期成本分析，并与一般的非太阳能热水系统比较。对系统应该进行不少于 10 年的

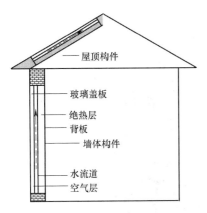

图 10-11　太阳能热水建筑一体化构件
直接作为建筑围护结构

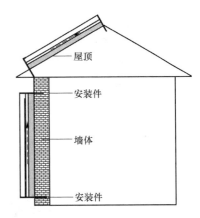

图 10-12　太阳能热水建筑一体化构件
安装在建筑围护结构外表面

经济性分析，针对这些概算，决策者对太阳能热水系统的投资才能够做出财政可行性的决策。

（3）确定集热器在建筑物上的合理安装位置，确保集热器能够最大限度地接收太阳辐射。许多太阳能工程的教材都介绍了集热器相应于纬度、当地气候以及使用特点的最优倾斜角、朝向的建议。一般来讲，用于冬季房间采暖的集热器的倾角大于用于满足全年热水供应要求的集热器的安装倾角。

（4）尽量避免集热器被附近的建筑物和树木遮挡。对于大的商业建筑来讲，最普遍且最容易得到太阳光照射的位置是在平屋顶的最高处。

（5）由于集热器的玻璃易碎，因此安装过程中应该谨慎，以防玻璃破裂，同时还要消除使用过程中对路人可能造成的安全隐患。

（6）集热器的选择还要考虑到抵御当地气象条件影响的需求。暴雪、冰雹能够使集热器玻璃盖板遭到破坏，因此淬火玻璃或者钢化玻璃都是不错的选择。集热器的支架也要经得住各个方向的风载负荷，同时还需要结构工程师配合，确保按照结构规范进行施工。

（7）集热器的安装要便于清洗。沉积在玻璃盖板表面的灰尘和其他杂物会对系统效率造成高达 50％ 的影响，因此对集热器进行定期的清扫是十分必要的。在集热器附近铺设专门的清洁水管，或者收集雨水都是不错的选择。对于大型的集热器，需要确保支架能够同时承受清扫或者维修人员的体重荷载。

（8）应该尽量减小从集热器到水箱的距离。从集热器到水箱的距离越远，热损失就越大，系统热效率降低得就越多。对于太阳能热水系统来讲，将水箱设置在热水系统的中央有利于降低系统的供热半径，减少系统的热损耗。

（9）优化集热器、管道和热水箱的保温层。

（10）最优化控制。随着计算机和传感技术的发展，控制技术已经取得了长足的进步，许多新的控制技术也取代了较落后的技术。新系统提供高效率的控制策略，对研究提供更多的反馈。建筑热水系统的日常管理也应该纳入物业管理，确保日常的安全和平稳的运行。

（11）确保系统的构件能够在将来的维修过程中易于更换。墙体暗装管道不利于固定，同时造价也比明装管道要贵，因此提倡管道的明装，以减少系统初投资和便于将来对管道的检修。

10.2.4　太阳能建筑热水系统一体化实例和年能耗模拟分析

图 10-13 为广东省东莞一制衣厂职工宿舍楼太阳能热水系统。4 栋宿舍楼高 7 层，位于厂区的东南角，周围无遮挡，是太阳能应用的理想场所。每个屋顶的可利用面积可达 500m²，足够安装所有的设备和管线。太阳能热水系统为制衣厂的 4 栋宿舍楼的工人提供洗浴用热水。

图 10-13　东莞一制衣厂太阳能热水系统

研究证明，平板式太阳能集热器适用于南方较热的地区，所以在本项目中选用平板式太阳能集热器。该太阳能热水系统为直接热水供应系统，主要回路为集热器回路和供水系统，水通过循环水泵在太阳能集热器和储热水箱间闭路循环，白天通过吸收太阳能而使得循环水加热升高温度。当太阳能集热器的入口水温度和出口水温度差很小时，循环水泵就会自动关闭，这样就可以减少晚上、阴雨期间的热损失，也可以减少水泵的电力消耗。同样，循环水泵也可通过一个计时器来控制供热水的启、停与调节。洗澡用水靠自流供给各层的水龙头。系统结构简图如 10-14 所示。

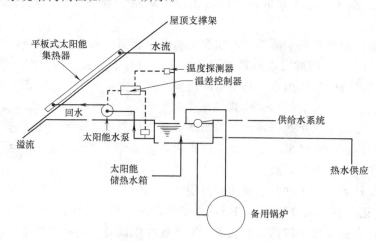

图 10-14　太阳能热水供应系统简图

通过对太阳能集热器吸收的太阳能热量与所需热水热量的逐时模拟分析，可以评估太阳能热水系统的运行性能。由于东莞无逐时气象数据，可以认为东莞的气候条件和香港的相似，因而采用香港的典型气象年的数据输入模拟软件来得到模拟运算结果。一旦热水需求量与气象条件确定，就可以获得最佳太阳能集热器面积。较大的太阳能集热器面积意味着可以获得较多的太阳能资源，但却需要较多的初投资。如果集热器面积减少，虽然初投资少，但节约的传统能源也少。所以，这里面有一最佳值，即最佳太阳能集热器面积。下面对六种太阳能集热器尺寸进行了模拟分析，分别为 $500m^2$，$700m^2$，$800m^2$，$1000m^2$，$1500m^2$ 和 $2000m^2$，模拟结果见表 10-2。

采用典型气象年的全年模拟计算结果　　　　表 10-2

方案	太阳能集热器面积（m^2）	储热水箱容积（m^2）	太阳能产热量（kWh）	循环水泵耗电量（kWh）	耗油量（L）	太阳能利用系数（%）
1	2000	65	497543	94481	14768	82
2	1500	65	470576	82811	17751	78
3	1000	65	417720	77604	23527	71
4	800	65	380514	69076	27509	67
5	700	65	356887	53973	32521	61
6	500	65	294821	44323	39842	52

由表 10-2 可以看出，集热器面积越大，全年太阳能热利用系数就越大，但初投资也就越大。以方案 4 为例子，当太阳能集热器面积为 $800m^2$ 时，四栋宿舍楼所需热水供应量如图 10-15 所示，图 10-16 为太阳投射到太阳能集热器上全年的太阳能辐射量，图 10-17 为备用锅炉耗油量全年分布图，图 10-18 为典型年的太阳能利用系数，即一年内太阳能提供的能量与全年所需能量的比值。模拟结果可以看出，在夏季约有两个多月不需要任何耗油，所需热水可由太阳能全部供应，而全年的太阳能利用系数则为 63%。

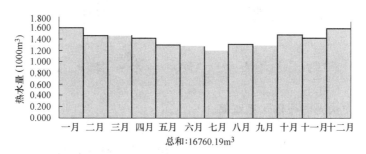

图 10-15　四栋宿舍楼的热水供应负荷分布

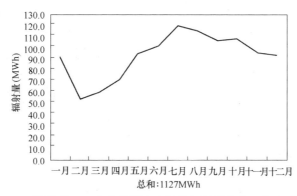

图 10-16　投射到 $800m^2$ 集热器的太阳能辐射量分布（每小时分布）

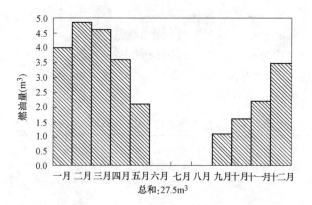

图 10-17　采用 800m² 集热器时锅炉的耗油量

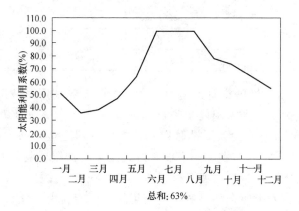

图 10-18　采用 800m² 集热器时全年太阳能利用系数

10.3　太阳能光伏、热水一体化系统

10.3.1　太阳能光伏光热一体化系统简介

10.3.1.1　太阳能光伏光热技术的发展

　　太阳能光伏发电系统中最重要的部件是光伏电池。研究表明，光伏电池在运行过程中，有近 80% 的入射太阳能被反射或被电池板直接吸收，这样仅有不足 20% 的入射太阳能被转化成电能。电池板由于吸收了热量温度升高，会增加太阳能电池逆向饱和电流，降低开路电压，从而降低光电转化效率和输出功率。文献研究表明，晶体硅电池组件温度每升高 1℃，其输出功率下降 0.4%～0.5%。此外，电池温度的升高还会缩短其使用寿命。因此，为了解决这些问题，需要在太阳能电池框体外加设散热装置，例如使用水冷、风冷等散热系统达到散热目的。但实际上如果能将这部分热量收集起来加以利用，不仅达到了充分利用能源的目的，还扩展了太阳能电池组件的使用功能。

　　太阳能光伏光热一体化系统的提出就旨在通过降低电池组件的温度以提高发电效率，同时将回收的热能有效地利用起来。这一系统的基本原理便是利用流动的冷却工质来冷却电池组件，并且高效回收工质中蕴含的热量。

　　太阳能光伏光热系统形式各样。根据太阳能电池种类划分，可分为单晶硅、多晶硅和非晶硅太阳能光伏光热系统。根据冷却介质划分，可分为气体冷却型和液体冷却型太阳能光伏光热系统。此外，根据太阳能光伏光热组件上是否有玻璃罩用于减少热损失，还可以分为有玻璃盖板和没有玻璃盖板的太阳能光伏光热系统。

太阳能光伏光热系统常见的冷却方式有两种：气体冷却方式和液体冷却方式。气体冷却型太阳能光伏光热系统结构设计简单、成本低廉，但其冷却效果差、热回收困难；而液体冷却型太阳能光伏光热系统，其工质传热系数高、热容量大，能更加有效地冷却太阳能电池组件，从而提高光电转换效率，且工质吸收的热能便于回收利用，应用较广泛。

太阳能光伏光热系统应用广泛，不仅适用于住宅建筑，也可用于商业建筑。对于住宅建筑，太阳能光伏光热系统一般采用水作为冷却介质为家庭生产生活热水。而对于商业建筑，既可以使用水作为冷却介质生产热水，又可以使用光伏光热一体化组件来预热空气。因此，其市场甚至可能大于普通太阳能集热器。

10.3.1.2　太阳能光伏光热自然循环热水系统

太阳能光伏光热自然循环热水系统是液体冷却型太阳能光伏光热系统的一种常见形式。

如图 10-19 所示，太阳能光伏热水系统主要由太阳能光伏光热组件和蓄热水箱构成。此系统采用自然循环，所以不需要水泵提供动力。自然循环系统的优势在于简单、经济，但仅适用于小型太阳能光伏光热系统。

图 10-20 是墙面太阳能光伏光热组件的安装示意图。组件安装在相邻楼层窗户之间的混凝土墙上，可以有效遮挡入射到其下部窗户和其后部墙体的太阳辐射，从而大大降低空调冷负荷。

图 10-21 给出了太阳能光伏光热组件的前视图和横截面示意图。该组件包括以下七层：玻璃盖板、太阳能光伏组件、硅胶，热吸收层，水管，保温层和金属框架。其中，玻璃盖板与光伏组件之间的气隙能有效降低组件前表面的热损失。硅胶的作用是强化电池组件和热吸收层之间的换热效果。保温材料可以减少热吸收层背部的热损失。通常，为使水管内水温分布均匀，水管被均匀的排布在热吸收层的背面。

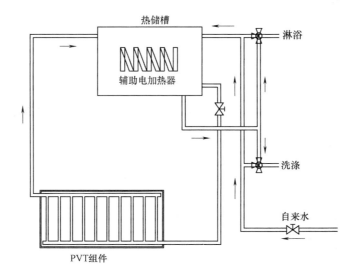

图 10-19　太阳能光伏热水系统流程图

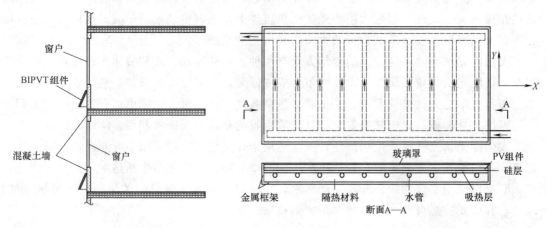

图 10-20　太阳能光伏光热组件的安装　　　图 10-21　太阳能光伏光热组件前视图和截面图

10.3.2　太阳能光伏光热自然循环系统的动态模拟

太阳能光伏光热一体化系统经济回收期比普通光伏系统短得多，因此具有很好的应用潜力，其性能值得进一步深入研究。笔者所在研究团队建立了太阳能光伏光热自然循环热水系统的理论模型。首先，基于动态传热方法，建立了太阳能光伏光热自然循环热水系统主要组成部件的热平衡方程，主要部件包括玻璃盖板、光伏组件、水管、热吸收层、连接管和蓄热水箱。其次，介绍了如何利用系统的浮升力和摩擦损失计算该系统在自然循环模式下的水流量和流速。最后，将水的得热量计算成等效电能以评估系统的总能源效益。

10.3.2.1　玻璃盖板

玻璃盖板动态热平衡方程为：

$$\rho_{cg} C_{cg} l_{cg} \frac{\partial T_{cg}}{\partial t} = G_{cg} + h_o (T_o - T_{cg}) + h_{cg-s} (T_s - T_{cg}) + (h_{r,p-cg} + h_{c,p-cg})(T_p - T_{cg})$$

(10-5)

式中　　　　　ρ_{cg}——玻璃盖板的密度，kg/m^3；

C_{cg}——玻璃盖板的比热容，$J/(kg \cdot K)$；

l_{cg}——玻璃盖板的厚度，m；

T_{cg}——玻璃盖板的温度，K；

G_{cg}——被玻璃盖板吸收的太阳辐射量，W/m^2；

h_{cg-s}——玻璃盖板与天空之间的长波辐射传热系数，$W/(m^2 \cdot K)$；

$h_{r,p-cg}$ 和 $h_{c,p-cg}$——分别是光伏组件与玻璃盖板之间的辐射和对流换热系数，$W/(m^2 \cdot K)$。

玻璃盖板吸收的太阳辐射量 G_{cg} 由下式得到：

$$G_{cg} = \alpha_{bcg} G_{bt} + \alpha_{dcg} G_{dt} + \alpha_{grcg} G_{grt}$$

(10-6)

式中　　α_{bcg}，α_{dcg} 和 α_{grcg}——分别是玻璃盖板对直射、散射和地面反射太阳辐射的吸收率。

玻璃盖板外表面和天空之间的长波辐射传热系数可由斯蒂芬—玻尔兹曼定律计算得到：

$$h_{cg-s} = \sigma \varepsilon_{cg} (T_s + T_{cg})(T_s^2 + T_{cg}^2)$$

(10-7)

式中　　ε_{cg}——玻璃盖板的红外发射率。

玻璃盖板内表面和光伏组件之间的长波辐射传热系数为：

$$h_{\mathrm{r,p-cg}} = \sigma \frac{(T_{\mathrm{p}} + T_{\mathrm{cg}})(T_{\mathrm{p}}^2 + T_{\mathrm{cg}}^2)}{\dfrac{1}{\varepsilon_{\mathrm{p}}} + \dfrac{1}{\varepsilon_{\mathrm{cg}}} - 1} \tag{10-8}$$

式中　ε_{p}——光伏组件的红外发射率。

玻璃盖板内表面和光伏组件之间的对流换热系数可由下式计算得到：

$$h_{\mathrm{c,p-cg}} = \frac{Nu\lambda_{\mathrm{a}}}{l_{\mathrm{a}}} \tag{10-9}$$

$$Nu = 1 + 1.44\left(1 - \frac{1708}{Ra \cdot \cos\beta}\right)^{+}\left(1 - \frac{1708(\sin1.8\beta)^{1.6}}{Ra \cdot \cos\beta}\right) + \left(\left(\frac{Ra \cdot \cos\beta}{5830}\right)^{1/3} - 1\right)^{+} \tag{10-10}$$

$$Ra = \frac{gBl_{\mathrm{a}}^3}{\gamma k_{\mathrm{a}}}(T_{\mathrm{p}} - T_{\mathrm{g}}) \tag{10-11}$$

式中　l_{a}——空气层厚度，m；

β 变化范围为 $0°\sim75°$；

"+"指数表示括号内的式子只能为正值，如果括号内式子的值为负值，则指数为 0；

g——重力加速度，$\mathrm{m/s^2}$；

B——体积膨胀系数；

λ_{a}，k_{a} 和 γ——分别是空气层中空气的导热系数，热扩散系数和动力黏度系数。

10.3.2.2　光伏组件

光伏组件截面的温度分布可通过求解以下二维动态传热方程得到：

$$\rho_{\mathrm{p}} C_{\mathrm{p}} l_{\mathrm{p}} \frac{\partial T_{\mathrm{p}}}{\partial t} = \lambda_{\mathrm{p}} \frac{\partial^2 T_{\mathrm{p}}}{\partial x^2}\mathrm{d}x + \lambda_{\mathrm{p}} \frac{\partial^2 T_{\mathrm{p}}}{\partial y^2}\mathrm{d}y + (1-\eta)G_{\mathrm{p}} + (h_{\mathrm{c,p-cg}} + h_{\mathrm{r,p-cg}})(T_{\mathrm{cg}} - T_{\mathrm{p}}) + \frac{T_{\mathrm{c}} - T_{\mathrm{p}}}{R_{\mathrm{si}}} \tag{10-12}$$

式中　R_{si}——硅胶的导热热阻，$(\mathrm{m^2 \cdot K})/\mathrm{W}$；

T_{c}——热吸收层温度，K。

光伏组件吸收的太阳辐射量为：

$$G_{\mathrm{p}} = \alpha_{\mathrm{p}}(\tau_{\mathrm{bg}}G_{\mathrm{bt}} + \tau_{\mathrm{dg}}G_{\mathrm{dt}} + \tau_{\mathrm{grg}}G_{\mathrm{grt}}) \tag{10-13}$$

式中　α_{p}——光伏组件前表面的吸收率。

10.3.2.3　热吸收层

热吸收层可分成两部分，一部分背面布置了水管并和热吸收层直接接触，另一部面没有布置水管。其中，背面没有布置水管的热吸收层的温度可以通过以下公式进行计算：

$$\rho_{\mathrm{c}} C_{\mathrm{c}} l_{\mathrm{c}} \frac{\partial T_{\mathrm{c}}}{\partial t} = \lambda_{\mathrm{c}} \frac{\partial^2 T_{\mathrm{c}}}{\partial x^2}\mathrm{d}x + \lambda_{\mathrm{c}} \frac{\partial^2 T_{\mathrm{c}}}{\partial y^2}\mathrm{d}y + \frac{T_{\mathrm{p}} - T_{\mathrm{c}}}{R_{si}} + \frac{T_{\mathrm{o}} - T_{\mathrm{c}}}{R_{\mathrm{in}}} \tag{10-14}$$

背面布置了水管的热吸收层的热平衡方程为：

$$\rho_{\mathrm{c}} C_{\mathrm{c}} l_{\mathrm{c}} \frac{\partial T_{\mathrm{c}}}{\partial t} = \lambda_{\mathrm{c}} \frac{\partial^2 T_{\mathrm{c}}}{\partial x^2}\mathrm{d}x + \lambda_{\mathrm{c}} \frac{\partial^2 T_{\mathrm{c}}}{\partial y^2}\mathrm{d}y + \frac{T_{\mathrm{p}} - T_{\mathrm{c}}}{R_{\mathrm{in}}} + \frac{T_{\mathrm{f}} - T_{\mathrm{c}}}{\left(\dfrac{1}{h_{\mathrm{f}}\pi d_i} + \dfrac{\mathrm{d}y}{2\pi\lambda_{\mathrm{wt}}}\log\left(\dfrac{d_o}{d_i}\right) + \dfrac{R_{\mathrm{B}}}{w_{\mathrm{B}}}\right)\mathrm{d}y} \tag{10-15}$$

式中　ρ_{c}——热吸收层密度，$\mathrm{kg/m^3}$；

C_{c}——热吸收层的比热容，$\mathrm{J/(kg \cdot K)}$；

l_{c}——热吸收层的厚度，m；

λ_c——热吸收层的导热系数，W/(m·K)；

T_f——水管中的水温，K；

d_o 和 d_i——分别是水管的外径和内径，m；

R_{in} 和 R_B——分别是隔热材料和连接材料的热阻，(m²·K)/W；

λ_{wt}——水冷壁管的热阻，W/(m·K)；

w_B——连接剂的厚度，m。

为保证热吸收层和水管之间良好的热接触，连接剂的厚度不得小于水管外径的 1/8。

水管和水之间的传热系数使用以下模型进行计算：

$$h_f = 4.364\frac{\lambda_f}{d_i}(Re \leqslant 2300) \tag{10-16}$$

$$h_f = 0.023Re^{0.8}Pr^{0.4}\frac{\lambda_f}{d_i}(Re > 2300) \tag{10-17}$$

式中　Re 和 Pr——分别是水管中热水的雷诺数和普朗特数；

h_f——管内对流换热系数，W/(m²·K)；

λ_f——水管内水的导热系数，W/(m·K)。

10.3.2.4　水管

假定水管平行放置，并且每个水管中水流量一致。描述水管的热量平衡方程为：

$$\frac{\pi d_i^2}{4}\rho_f C_f \frac{\partial T_f}{\partial t} = \frac{\pi d_i^2}{4}\lambda_f\frac{\partial^2 T_f}{\partial y^2} + \frac{T_c - T_f}{\dfrac{1}{h_f\pi d_i} + \dfrac{1}{2\pi\lambda_{wt}}\log\left(\dfrac{d_o}{d_i}\right) + \dfrac{R_B}{w_B}} - \frac{\pi d_i^2}{4}\rho_f C_f V_f \frac{\partial T_f}{\partial y}$$

$$\tag{10-18}$$

式中　ρ_f——水管中水的密度，kg/m³；

C_f——水的比热容，J/(kg·K)；

V_f——水流量，m³/s。

10.3.2.5　连接管

太阳能光伏光热热水系统有两根连接管道：一根是连接于蓄热水箱出水口和光伏光热组件进水口的供水管；另一根是连接于光伏光热组件出水口和蓄热水箱进水口的回水管。忽略两根连接管的热容以及其与周围环境的热损失，供回水管的热平衡方程可表达如下：

$$\frac{\pi d_{cp}^2}{4}\rho_{swp}C_{swp}\frac{\partial T_{swp}}{\partial t} = \frac{\pi d_{cp}^2}{4}\lambda_{swp}\frac{\partial^2 T_{swp}}{\partial L_{swp}^2} - \frac{\pi d_{cp}^2}{4}\rho_{swp}C_{swp}V_{cp}\frac{\partial T_{swp}}{\partial L_{swp}} \tag{10-19}$$

$$\frac{\pi d_{cp}^2}{4}\rho_{rwp}C_{rwp}\frac{\partial T_{rwp}}{\partial t} = \frac{\pi d_{cp}^2}{4}\lambda_{rwp}\frac{\partial^2 T_{rwp}}{\partial L_{rwp}^2} - \frac{\pi d_{cp}^2}{4}\rho_{rwp}C_{rwp}V_{cp}\frac{\partial T_{rwp}}{\partial L_{rwp}} \tag{10-20}$$

式中　ρ_{swp} 和 ρ_{rwp}——分别是供、回水的密度，kg/m³；

C_{swp} 和 C_{rwp}——分别是供、回水的比热容，J/(kg·K)；

λ_{swp} 和 λ_{rwp}——供、回水管道的导热系数，W/(m·K)；

L_{swp} 和 L_{rwp}——供、回水管道的长度，m；

d_{cp}——连接管内径，m；

V_{cp}——管道中水的流量，m³/s。

10.3.2.6　蓄热水箱

假定蓄热水箱中水温均匀，外表面具有良好的绝热性，因而可忽略其表面和环境之间的热损失。那么，蓄热水箱中水的热平衡方程为：

$$\rho_{w}V_{w}C_{w}\frac{\partial T_{wt}}{\partial t}=\frac{\pi d_{i}^{2}}{4}Nv_{cp}\left(\rho_{rwp}C_{rwp}T_{rwp}-\rho_{w}C_{w}T_{w}\right) \tag{10-21}$$

式中　T_{wt}——蓄热水箱中水的温度，K；

　　　V_{w}——蓄热水箱的储水体积，m^3；

　　　d_{i}——连接管的内径，m；

　　　v_{cp}——连接管中水的流量，m^3/s。

下面介绍如何计算系统在自然循环模式下的水流量。对自然循环系统，浮升力等于摩擦损失，这样就可以计算出水流量。浮升力和摩擦损失可由下面的公式表示：

$$H_{t}=(\rho_{w}-\rho_{f})\cdot\Delta H \tag{10-22}$$

$$H_{f}=\xi_{f}\frac{V_{1}^{2}}{2g}+f_{f}\frac{L_{f}}{d_{i}}\frac{V_{1}^{2}}{2g}+\xi_{swp}\frac{V_{cp}^{2}}{2g}+f_{swp}\frac{L_{swp}}{d_{cp}}\frac{V_{cp}^{2}}{2g}+\xi_{rwp}\frac{V_{cp}^{2}}{2g}+f_{rwp}\frac{L_{rwp}}{d_{cp}}\frac{V_{cp}^{2}}{2g} \tag{10-23}$$

式中　ΔH——光热组件和蓄热水箱重心的垂直高度差，m；

　　　L_{f}——水管的长度，m；

　　　ξ_{f}，f_{f}，ξ_{swp}，f_{swp}，ξ_{rwp} 和 f_{rwp}——分别是水管、供水管和回水管的损耗系数和摩擦因子。

最后，为便于评价系统的总能量效益，引入电加热器的能源效率，从而将水的得热量计算成等效电能。本书中蓄热水箱的设计水温为 45℃。当水温低于夜晚淋浴热水温度设置点时，使用备用电加热器加热。这样，等效电能可以表示如下：

$$E_{comb}=E_{p}+E_{hw}=E_{p}+\frac{q_{hw}}{\eta_{e}}=E_{p}+q_{hw} \tag{10-24}$$

式中　E_{p}——光伏光热组件的总发电量，J；

　　　E_{hw}——根据水的得热量换算得到的等效发电量，J；

　　　q_{hw}——蓄热水箱中水的得热量，J；

　　　η_{e}——电加热器的加热效率，本书中取 100%。

图 10-22　光伏光热一体化系
统室内实验平台

10.3.3　太阳能光伏光热自然循环热水系统的实验研究

为验证上述模型的准确性，笔者所在研究团队还进行了必要的实验研究。实验研究是在香港理工大学太阳能模拟实验室搭建的实验平台上进行的。本节将详细描述实验测试平台及其主要部件，并对实验结果进行深入分析。

10.3.3.1　实验平台介绍

图 10-22 和图 10-23 分别展示了实验平台的实物图和结构示意图。实验平台主要由光伏光热组件、蓄热水箱、流量计和太阳能模拟器组成。光伏光热组件倾斜角 20°，暴露在太阳能模拟器下，并通过对流和辐射进行热交换。光伏光热组件表面在吸收热量之后温度升高，并将大部分热量传导到内部热吸收层。与户外测试相比，室内测试可以根据需要改变太阳能模拟器的辐射强度，因此可以大大节约测试时间和

精力。

图 10-24 给出了本实验使用的光伏光热组件。表 10-3 列出了此组件的基本参数。

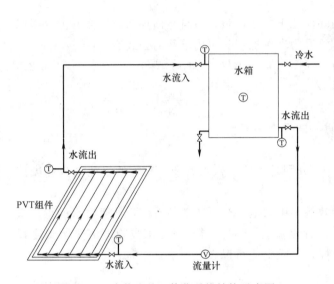

图 10-23   光伏光热一体化系统结构示意图   图 10-24   光伏光热一体化组件

光伏光电组件基本参数   表 10-3

玻璃盖板	
厚度	5 mm
玻璃类型	钢化玻璃
空气层	
厚度	16 mm
光伏组件	
尺寸（长×宽×高）	1.59m×0.54m×0.005m
太阳能电池类型	单晶硅
发电效率	16.0%
最大输出功率（W）	100
最大功率点电压（V）	17.5
最大功率点电流（A）	5.77
开路电压（V）	21.5
短路电流（A）	6.28
硅胶	
厚度（mm）	2
导热系数[W/(m·K)]	0.8

续表

热吸收层	
材料	铜
厚度（mm）	3
水管	
个数	6
材料	铜
内径（mm）	14
隔热层	
材料	玻璃纤维
厚度（mm）	25

如图 10-25 所示为实验所使用的太阳能模拟器，它可以模拟 $0 \sim 1300 \mathrm{W/m^2}$ 的稳态太阳辐射。该模拟光源（2m×2m）由 363 个功率为 75W 的稳态卤素灯构成。由于灯泡数量多而且光的扩散角大，照射在光伏组件上的太阳辐射通量十分均匀。

10.3.3.2　系统性能分析

1. 发电效率

图 10-26 和图 10-27 分别给出了光伏光热组件最大功率点的输出功率以及对应的发电效率。由于太阳能模拟器性能稳定，组件最大功率点的功率输出和效率都取决于组件温度。当组件温度从 28.5℃

图 10-25　稳态太阳能模拟器实物图

升高到 59.6℃时，组件输出功率降低了 15.2％，从 37.6W 降低到 31.9W。同时，发电效率也降低了大约 15.1％，这与输出功率的变化是一致的。

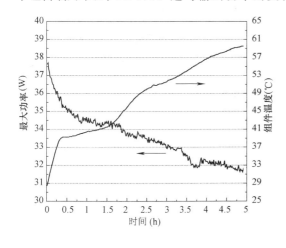

图 10-26　光伏光热组件最大功率

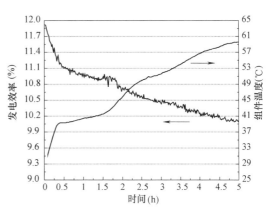

图 10-27　光伏光热组件发电效率

2. 热效率

水流量的测量数据如图 10-28 所示。实验开始 25min 后，水流量突然从 0 增加到 0.20L/min。整个实验期间，最大水流量约为 0.24L/min，最小流量约为 0.13L/min。图 10-29 给出了光伏光热组件和光伏热水系统的热效率。由于热损失的存在，尽管光伏热水系统的热效率低于光伏光热组件，但两组数据的变化趋势是一致的。光伏光热组件和光伏热水系统的最大热效率分别为 52.4% 和 51.3%。

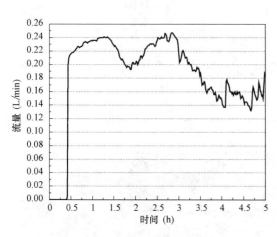

图 10-28   自然循环系统连接管水流量

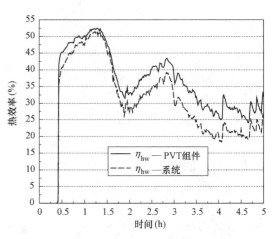

图 10-29   光伏光热组件和光伏热水系统的热效率

10.3.3.3   参数分析

1. 太阳辐射强度

实验测试了在太阳辐射强度为 508.41W/m² 和 364.81W/m² 下，光伏光热组件的发电效率、水流量、光伏光热组件热效率和系统热效率，结果如图 10-30～图 10-33 所示。

从图 10-30 可以看出，相对组件温度而言，太阳辐射强度对组件的发电效率影响更大。如图 10-31 所示，太阳辐射强度为 508.41W/m² 和 364.81W/m² 时，在实验开始之后的 25min 和 107min，水流开始循环。这表明太阳辐射强度对水的自然循环有明显的影响。

图 10-32 和 10-33 分别给出了光伏光热组件和整个系统的热效率。实验结果表明，太阳辐射强度的降低大大地降低了热效率。

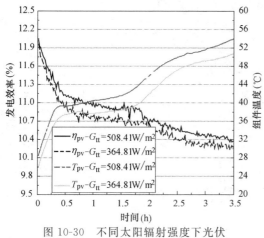

图 10-30   不同太阳辐射强度下光伏
光热组件的发电效率变化

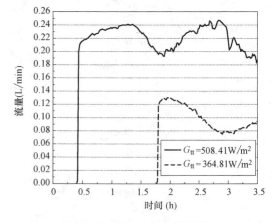

图 10-31   不同太阳辐射强度
下自然循环的水流量

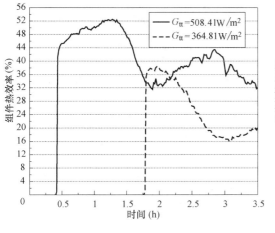

图 10-32　不同太阳辐射强度下
光伏光热组件的热效率

图 10-33　不同太阳辐射强度下
光伏热水系统的热效率

2. 光热组件和热贮槽质量中心的垂直高度差

图 10-34 给出了光伏光热组件在不同垂直高度差（光热组件和蓄热水箱重心之间的高度差）条件下的发电效率。结果表明在垂直高度差相同的情况下，太阳辐射强度对组件的发电效率影响比组件温度更大。

如图 10-35 所示，光热组件和蓄热水箱重心之间的垂直高度差为 1.7m 和 1.9m 时，在实验开始之后的 25min 和 37min，水流开始循环。这表明垂直高度差对水的自然循环产生了影响。

图 10-36 和 10-37 分别给出了光伏光热组件和系统的热效率。实验结果表明，热效率随着垂直高度的降低而降低，其降低的速度随时间会变得越来越大。

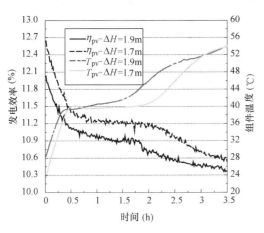

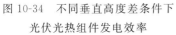

图 10-34　不同垂直高度差条件下
光伏光热组件发电效率

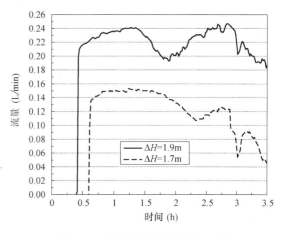

图 10-35　不同垂直高度差下水流量

10.3.3.4　模型验证

本节将使用实验平台测量获得的数据来验证上节中建立的光伏热水系统仿真模型的准确性。如图 10-38 和 10-39 所示，实验记录了每分钟光伏光热组件的功率输出和蓄热水箱

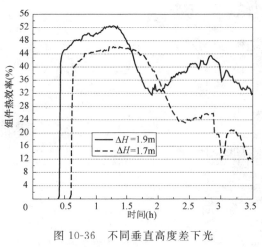

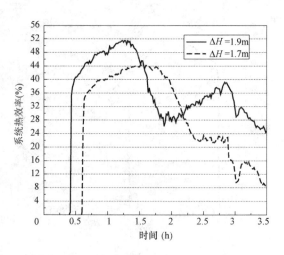

图 10-36　不同垂直高度差下光
伏光热组件的热效率

图 10-37　不同垂直高度差下光
伏热水系统的热效率

的水温。从图 10-38 可以看出，模拟的输出功率与实验数据吻合较好，整个过程相对偏差控制在 ±3.0% 以内。图 10-39 给出了蓄热水箱的水温随时间的变化值。虽然开始阶段模拟数据和实验数据有较大偏差，但当测量时间超过 2.5h，相对偏差就维持在 ±3.0% 以内。因此，通过以上模拟和实验结果的对比，可以证明目前模型的准确性。

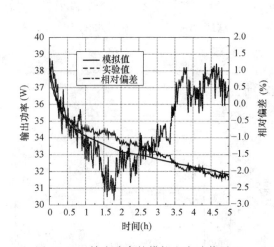

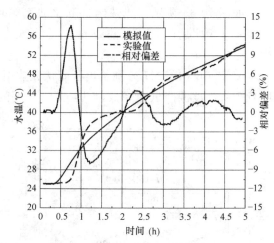

图 10-38　输出功率的模拟和实验值对比

图 10-39　蓄热水箱水温的模拟和实验值对比

10.3.4　遮阳型光伏光热一体化系统在我国香港地区的应用

本节将根据上述理论模型和我国香港地区的典型气象年天气数据，对遮阳型光伏光热一体化系统在我国香港地区住宅建筑中的应用进行可行性研究。

10.3.4.1　案例介绍

以我国香港地高层住宅建筑的一个两居室公寓为研究对象，探讨使用遮阳型光伏光热一体化系统的可行性。如图 10-40 所示，该系统主要由光伏光热组件和蓄热水箱构成。由于系统较小，水路可采用自然循环，无需水泵驱动。每个光伏光热组件的尺寸是 1.14m×0.52m，安装在住宅建筑的南外墙上（如图 10-41 所示）。蓄热水箱的体积为 0.06m³，放置在浴室里。此外，还备有电加热器在晚上或多云和下雨的时间使用。

如图 10-42 所示，每个光伏光热组件由玻璃盖板、太阳能光伏组件、硅胶、热吸收层、水管、保温层和金属框架构成。沿着热吸收层长度方向，均匀平行布置了 10 根水管。

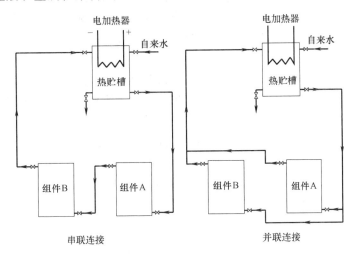

图 10-40　遮阳型光伏光热一体化系统示意图

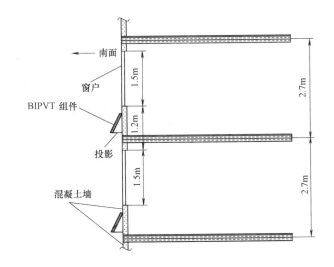

图 10-41　遮阳型光伏光热组件的安装

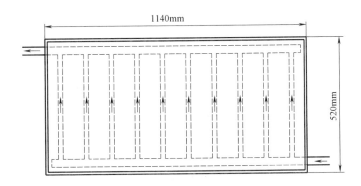

图 10-42　光伏光热组件前视图

10.3.4.2 模拟结果和分析

图 10-43～图 10-45 给出了光伏光热组件在不同倾斜角和不同连接方式下的输出功率、得热量和系统的等效产电量。可以看出，从能效最大化角度看，光伏光热组件的最佳安装倾角为 20°，此时带来的能源效益最大，这是因为光伏光热组件在倾斜角为 20°时可以接收最多的太阳能。

光伏光热组件在串联形式下的水温和组件温度都比并联时高，因此光伏光热组件串联形式下的输出功率要比并联时低，但水温比并联时高。从综合能源效率的角度看，串联连接性能更好。

当光伏光热组件以 20°倾角安装并且组件之间采用串联连接时，系统每年总等效发电量可达到 1981.5MJ。相比普通光伏组件仅靠光伏效应发电，其能量输出增加了 232.5%。因此，光伏光热一体化系统可以有效提高系统能源效益。比较图 10-43 和图 10-44 可知，组件的连接方式对水得热量的影响比对组件的功率输出的影响更显著。

以上模拟研究表明，相比光伏系统，光伏光热一体化系统能显著增加系统的综合能源效率，因此在住宅建筑这种需要热水的地方使用光伏光热一体化系统可以获得更好的经济效益。

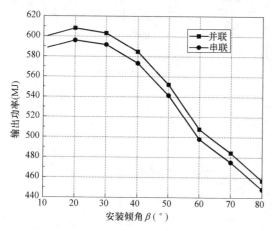

图 10-43 光伏组件年输出功率

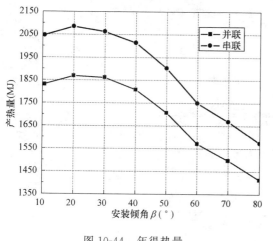

图 10-44 年得热量

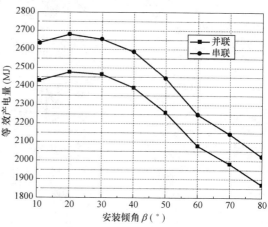

图 10-45 光伏、热水一体化系统年等效产电量

10.4 太阳能热利用建筑的经济分析

太阳能热利用建筑的修建且达到理想的节能效果与初投资、详细的经济性分析密切相关。太阳能热利用建筑能够充分利用无偿的太阳能资源，但是系统的初投资却需要建筑使用者纳入经济预算中，此外系统的日常运行管理和维修费用都是需要考虑的因素。虽然后

者的花费比初投资要少。任何一个太阳能热利用系统修建以前，投资者关心的问题包括：这个项目是否具有经济价值；这个项目较常规的系统在经济上有什么优势；什么时候是最佳的投资时机。要解决这些问题，投资者需要掌握一定的经济知识，因此经济性分析在太阳能热利用中具有十分重要的作用。本节将逐步介绍太阳能热利用建筑的技术经济分析的具体内容、实现的目标以及分析中常用的经济学模型。

10.4.1　经济分析的必要条件

太阳能热利用系统的经济技术分析不仅需要一套详尽的经济方法，还需要用到太阳能热系统的一些性能参数。图 10-46 描述了太阳能热利用系统的经济性能模型。模型的输入信息包括分析运用的必须条件（热量、时间、温度），太阳能系统性能参数（热损系数、玻璃光学系统等），和当地气象数据（日照和气温、风速）。知道这些输入参数，太阳能热利用系统各部件的尺寸，系统的规模就可以最终确定。利用设备成本、运行和维修率以及传统能源的价格等这些数据资料，再加上系统的优化模拟结果，就可以计算投资成本等经济参数。

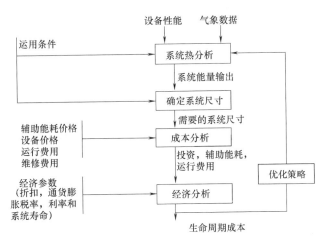

图 10-46　太阳能热系统的经济性能模型

10.4.2　经济方法概要

太阳能转换过程的价值最终需要用经济指标来衡量，在了解系统性能的同时，还需要了解太阳能热系统的经济评估方法。

太阳能相关的经济性评估需要用到许多种经济分析方法。主要有生命周期成本法、净收益法、收益利润与投资成本比法、偿还法等。下面将简单介绍这些方法，但是首先我们将定义如下参数。

N 为研究期，d 为折扣率；i 为利率；A_1 代表被评估的能源系统；A_2 代表作为替换 A_1 的能源系统。$C_{A1,j}$ 为被评估的能源系统 A_1 在第 j 年的价值；$C_{A1,0}$ 为研究期开始时系统的价值。与此类似，$C_{A2,j}$ 为被评估的能源系统 A_2 在第 j 年的价值；$C_{A2,0}$ 为研究期开始时系统的价值；$B_{A1,j}$ 是能源系统 A_1 在第 j 年的效益；$B_{A2,j}$ 是能源系统 A_2 在第 j 年的效益。

第一种方法是生命周期成本法。在这个方法中，经济分析要考虑系统寿命期内所有相关的成本，这包括但不仅局限于设备能耗成本、运行和维修费用。生命周期成本 LCC 的一般计算式为：

$$LCC_{A1} = \sum_{j=0}^{N} (C_{A1} - B_{A1})_j / (1+d)^j \tag{10-25}$$

为了确定一个太阳能热系统是否经济，设计者需要将这个系统的生命周期成本与一般非太阳能系统的生命周期成本进行比较，如果在达到相同性能要求（如采暖要求等）的情况下，预算中的太阳能建筑热利用系统的生命周期成本比其他系统低，那么这个预算中的太阳能建筑热利用系统就是经济的。

第二种评估太阳能热系统的经济指标是净收益法。系统净收益的一般计算式为：

$$NS_{A_1:A_2} = LCC_{A_2} - LCC_{A_1} \tag{10-26}$$

或

$$NB_{A_1:A_2} = \sum_{j=0}^{N} \frac{(B_{A_1} - B_{A_2})_j - (C_{A_1} - C_{A_2})}{(1+d)^j} \tag{10-27}$$

使用 NS 或者 NB 方法可以判断一个系统是否是经济的。如果一个项目的 NS 或者 NB 值为正，那么这个项目则是经济的。NS 或者 NB 方法还可以用于系统的优化，具有最大 NS 或者 NB 值的系统被认为是最优化的系统。

第三种用来评估太阳能热系统经济性能的方法是收益利润与投资成本比法。这种方法的一般计算式为：

$$BCR_{A_1:A_2} = \sum_{j=1}^{N} \frac{[(B_{A_1} - B_{A_2})_j - (C_{A_1} - C_{A_2})_j]/(1+d)^j}{(C_{A_{1,0}} - C_{A_{2,0}})} \tag{10-28}$$

$$SIR_{A1:A2} = \sum_{j=1}^{N} \frac{(C_{A2} - C_{A1})_j/(1+d)^j}{(C_{A1_0} - C_{A2_0})} \tag{10-29}$$

SIR 或者 BCR 方法同样可以确定一个项目是否经济，如果参数值（SIR 或者 BCR）大于 1，则认为这个系统的投资是合理的。

第四种评估太阳能热系统经济性能的方法是偿还期法 payback（PB）method，计算最小偿还期 PB 的一般表达式为：

$$\sum_{j=1}^{PB} \frac{(B_{A1} - B_{A2})_j - (C_{A1} - C_{A2})_j}{(1+d)^j} = C_{A1_0} - C_{A2_0} \tag{10-30}$$

对于简化的偿还估算，可以近似认为折扣率 $d=0$ 进行计算。

10.4.3　太阳能热系统的成本

太阳能热系统具有初投资较大，运行费用低的特点。大部分太阳能热系统需要增加一个与之配套的辅助热源作为补充，所以整个系统包括一个太阳能热系统和一个常规的辅助热源系统。

采购和安装太阳能热系统的设备投资是太阳能热系统经济分析的重要因素。这主要包括系统设备和构件，如集热器、水泵或者风机、控制器、管道、热交换器以及与系统安装相关设备的购置和安装。其他需要考虑的是支撑集热器的支架等费用。

太阳能设备的安装费用包括两项之和，一项正比于集热器面积 A_C，另一项为与集热器面积无关的项 C_E。

$$C_S = C_A A_C + C_E \tag{10-31}$$

式中　C_S——总的集热器安装费用，元；

　　　C_A——单位面积安装费用，元/m^2；

　　　A_C——集热器面积，m^2；

　　　C_E——与集热器面积无关部分的费用，元。

与集热器面积相关的费用包括集热器购买和安装、储存的费用。与集热器面积无关的费用包括控制和运输安装设备到现场的费用。

太阳能热转换系统的运行费用。这些持续的费用开支包括：辅助能源系统的费用、水泵或风机的运行费用、设备额外的保险费用、归还设备成本的利息等。

10.4.4　太阳能转换系统设计参数

经济分析的目的就是在考虑太阳能系统和非太阳能系统的同时，寻找满足能耗需求而成本最小的系统。对于太阳能转换系统的经济性分析而言，就是要满足最小成本开支（包括太阳能系统和补给能源系统两部分的总和）的情况下，确定太阳能转换系统的规模。

太阳能转换过程设计涉及的经济问题就是要找到投资最省的系统。本质上，这是一个多变量问题，系统的各部分参数对系统的热性能有着显著的影响。太阳能转换系统受益的建筑或者工业系统的设计也必须有所考虑，因为建筑的设计或者工业系统的设计与太阳能转换系统的运行达到最优化有着密切的关系。许多文献探讨过建筑设计与太阳能转换系统设计的关系，例如建筑围护结构的设计与太阳能供热系统之间的关系。实际上，这些问题通常归结到优化集热器面积这类较为简单的问题。太阳能热转换系统一年内能够向用户提够的热量是时间的函数，对于特定的建筑供热负荷，确定的集热器类型和结构，一个主要的设计变量就是确定集热器的面积。相对于其他变量来说，系统的整体性能与集热器的面积关系较为密切。

年热性能依赖于集热器面积，图 10-47 就体现了集热器面积对三个不同系统年性能的影响。图中 A、B、C 分别代表三个不同的系统结构。曲线 A 表示的系统是双层盖板，选择性涂层表面的集热器；曲线 B 代表的系统为单层盖板，无选择性涂层表面的集热器；曲线 C 代表两倍于系统 A 蓄热能力，但是与 A 为相同类型的集热器。相对于其他因素（如储热能力等）对系统年性能的影响，集热器面积的影响更为突出。

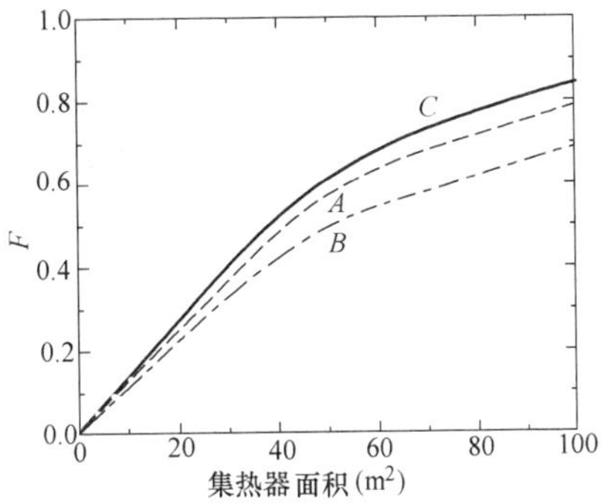

图 10-47　太阳能热转换系统年热性能系数与集热面积的关系

10.4.5　太阳房经济性分析

常使用的太阳房经济性评价指标包括两个参数，如寿命期内的资金节省 SAV 和回收年限 n，寿命期内的资金节省指在保证维持相同热舒适性和设计温度的条件下，太阳房比普通房节省的采暖运行费。回收年限则是根据初投资费用和每年太阳房的资金节省 SAV 所计算的收回成本所需要经历的时间，这个时间通常以年为时间单位。本节将介绍这两个参数的计算方法。寿命期内的资金节省 SAV 的计算方法为：

$$SAV = PI(LE \cdot CF - A \cdot DJ) - A \tag{10-32}$$

式中　PI——折现系数，常用取值为 4%；

　　　LE——太阳房相比与普通房的年节能量，kJ/年；

CF——常规燃料价格，此处为煤价，元/kJ；

A——太阳房比普通房增加的初投资；

DJ——维修费用系数，即每年用于系统维修的费用占总投资的百分率。

以上参数的计算如下：

折现系数为：

$$PI=\frac{1}{d-e}\Big[1-\Big(\frac{1+e}{1+d}\Big)^{Ne}\Big]$$ （10-33）

式中 d——年市场折现率，此处为银行贷款利率，常用取值为 5%；

e——年燃料价格上涨率；

Ne——经济分析年限，此处为寿命年限，常用取值为 20 年。

太阳房的年节能量为：

$$LE=Q_{UQ}-Q_U$$ （10-34）

式中 Q_{UQ}——当地典型普通房年耗能；

Q_U——被动式太阳房年辅助能耗，即使用太阳房时，为了维持房间气温不低于舒适温度所消耗的能量。当室温高于舒适度的上限时，利用自然通风降温，而不消耗任何能源。辅助能耗可由下式计算：

$$Q_U=L\cdot(1-SHF)$$ （10-35）

常规燃料价格为：

$$CF=CF'/q\cdot EFF$$ （10-36）

式中 CF'——煤价，元/kg；

q——标煤发热量，kJ/kg 标准煤，常用取值为 29260kJ/kg 标准煤；

EFF——锅炉效率，常用值为 70%～80%。

太阳房比普通房增加的初投资＝（太阳房的围护结构保温费用＋集热构件费用＋南向普通砖墙费用）－普通住房南向结构及门窗费用。

回收年限为：

$$n=\frac{\ln[1-PI(d-e)]}{\ln\Big(\frac{1+e}{1+d}\Big)}$$ （10-37）

回收年限 n，即为使资金节省计算公式中的 $SAV=0$ 时的 Ne 值，也即当 $PI=A/(CF\cdot LE-A\cdot DJ)$ 时，由折现系数计算公式求出的 Ne 值。

本章参考文献

[1] A. A. M. Sayigh. Solar Energy Application in Buildings. Academic Press，Inc.

[2] DOE-2 Reference Manual，Version 2.1，Lawrence Berkeley Laboratory，LBL-8706，Berkeley，CA，1980

[3] TRNSYS-A. Transient System Simulation Program. Solar Energy Laboratory，University of Wisconsin-Madison，WI，1983

[4] EnergyPlus. Building Technologies Program. U. S. Department of Energy，1999

[5] ASHRAE Handbook of Fundamentals. American Society of Heating，Refrigeration and Air Condition Engineers. New York，1997

[6]　Fanger，D. A. Thermal Comfort Analysis and Applications in Environmental Engineering. McGraw-Hill. New York，1972

[7]　T. Avedissian，D. Naylor. Free convective heat transfer in an enclosure with an internal louvered blind. International Journal of Heat and Mass Transfer，2008，51：283-293

[8]　B. Todorovic，T. Cvjetkovic，Double building envelopes：consequences on energy demand for heating and cooling，in：Proceedings of the IV International Building Installation Science and Technology Symposium. Istanbul，Turkey，2000，5：17-19

[9]　A. S. Krishnan，B. Premachandran，C. Balaji，S. P. Venkateshan. Combined experimental and numerical approaches to multi-mode heat transfer between vertical parallel plates. Experimental Thermal and Fluid Science，2004，29（1）：75-86

[10]　Zhu Z. and H. Yang. Numerical investigation of transient laminar natural convection of air in a tall cavity. Heat and Mass Transfer，2003，39：579-587

[11]　Yang，H.，Zhu，Z. Numerical study of three-dimensional turbulent natural convection in a differentially heated air-filled tall cavity. International Communications in Heat and Mass Transfer，2008，35（5）：606-612

[12]　Yang，H.，Zhu，Z. Exploring super-critical properties of secondary flows of natural convection in inclined channels. International Journal of Heat and Mass Transfer，2004，47（6-7）：1217-1226

[13]　Hongxing Yang，John Burnett，Jie Ji. Simple approach to cooling load component calculation through PV walls. Energy and Buildings，2000，31：285-290

[14]　Tady Y. Y. Fung，H. Yang. Study on thermal performance of semi-transparent building-integrated photovoltaic glazings. Energy and Buildings，2008，40（3）：341-350

[15]　Yang，H.，Zheng，G.，Lou，C.，An，D.，Burnett，J. Grid-connected building-integrated photovoltaics：A Hong Kong case study. Solar Energy，76（1-3）：55-59

[16]　Yang HX，Burnett J，Zhu Z，Lu L. A simulation study on the energy performances of photovoltaic roofs. ASHRAE Trans，2001，107（2）：129-135

[17]　M. Fossa，C. Ménézo，E. Leonardi Experimental natural convection on vertical surfaces for building integrated photovoltaic（BIPV）applications. Experimental Thermal and Fluid Science，2008，32（4）：980-990

[18]　Moshfegh，B.，and Sandberg，M. Investigating of Fluid Flow and Heat Transfer in a Vertical Channel Heated From One Side by PV Elements Part I—Numerical Study. World Renewable Energy Congress，1996，248-253

[19]　Rémi Charron，Andreas K. Athienitis. Optimization of the performance of double-facades with integrated photovoltaic panels and motorized blinds. Solar Energy，2006，80（5）：482-491

[20]　Charron，R.，and Athienitis，A. K.，A Two-Dimensional Model of a Double-Facade With Integrated Photovoltaic Panels. ASME J. Sol. Energy Eng.，2006，128：160-167

[21]　Window Materials & Assemblies：Emerging Technologies http：//www. commercialwindows. umn. edu

[22]　S. H. Yin，T. Y. Wung，K. Chen. Natural convection in an air layer enclosed within rectangular cavities. International Journal of Heat Mass Transfer，1978，21：307-315

[23]　S. M. ElSherbiny，G. D. Raithby，K. G. T. Hollands. Heat transfer by natural convection across vertical and inclined air layers. Journal of Heat Transfer　Transactions of the ASME，1982，104：96-102

[24]　S. V. Patankar. Numerical Heat Transfer and Fluid Flow. Hemisphere：Washington，1980

[25]　ASHRAE. 2001. Handbook of Fundamentals. Atlanta：American Society of Heating，Refrigerating and Air-Conditioning Engineers，Inc

[26]　王崇杰，薛一冰. 太阳能建筑设计. 北京：中国建筑工业出版社，2007

第3部分 其他太阳能技术在建筑中的应用

［27］ 罗云俊，何锌年，王长贵. 太阳能利用技术. 北京：化学工业出版社，2005

［28］ CHOW T T, LI J, HE W. Photovoltaic-thermal Collector System for Domestic Application. Journal of Solar Energy 2007；129：205-209

［29］ GREEN M A. Solar Cells：Operating Principles, Technology and System Applications. Englewood Cliffs, NJ, USA：Prentice-Hall Press, 1982

［30］ SUN L L. Simulation and Experimental Investigation on Optimum Applications of the Shading-type BIPV and BIPVT Systems on Vertical Building Facades. PhD Dissertation, The Hong Kong Polytechnic University, 2011

［31］ BEJAN A. A review of "Heat Transfer". European Journal of Engineering Education. 1993, 18 （2）：215-216

第 11 章　太阳能照明技术

20 世纪 70 年代的能源危机后，能源和环境问题成为了全球共同关注的焦点，节能、环保和健康的建筑理念越来越深入人心。随着社会的发展，照明用电已占据了总发电量的 10％～20％。2001 年我国总发电量为 28344 亿 kWh，年照明耗电达 2834.4 亿～3259.9 亿 kWh，是三峡水力发电工程年发电能力（840 亿 kWh）的 4 倍左右。目前我国照明耗电大体占全国总发电量的 15％左右，而白天照明又占照明总用电量的 50％以上，这主要是用于商业和工业用电。在照明用电中，真正用于发光的能量只不过 25％，其余则变为热量散发。照明用电的迅速增加，不仅要增加大量的电力投资，产生大量的环境污染，而且照明灯具设备的发热量同样会提高室内温度从而增大空调系统的冷负荷。

太阳光是大自然赐予人类的、取之不尽用之不竭的宝贵财富，相比其他能源具有清洁、安全的特点。在提供相同照度的条件下，太阳光带入室内的热量比绝大多数人工光源的发热量都少。充分利用太阳光在节省大量照明用电的同时，也可以降低室内的空调负荷，减少建筑物的总能耗，削减常规能源消耗量和二氧化碳排放量。另外，充分利用太阳光能够提供更健康、舒适的光环境，符合人类的生物特性，对人们的身心健康产生有利影响，提高学习和工作效率。然而，随着建设用地的紧张和建筑物功能的日趋复杂，城市建筑趋向高层化和密集化，仅有很少一部分太阳光能通过建筑物的采光天窗和侧窗进入室内，仅靠传统的采光方式已经不能满足建筑物内部的照明要求。因此，研究太阳光照明技术对于保护全球生态环境和提高人们的生活质量有着十分重大的意义。

1991 年 1 月美国环保局（EPA）首先提出实施"绿色照明"和推进"绿色照明工程"的概念。1993 年 11 月我国原国家经贸委开始启动中国绿色照明工程，1995 年 11 月 16 日召集八家单位研讨"中国绿色照明实施规划"。探求节能的太阳光照明技术已经成为了国内外许多照明工作者的研究重点，通过大量探索后提出了许多太阳光照明方法。根据太阳光的利用方式，这些太阳光照明方法大致可以分为三种，一种是利用太阳光的光电转换，将太阳光直接转变成电能用于照明；另一种是利用太阳光的光热转换，使用产生的热能发电提供照明；第三种是利用光纤或导光管，将太阳光直接引到室内实现照明。前两种方法使用的太阳能的光电转换和光热转换在本书前面章节中已有讨论，本章重点介绍通过第三种方法，即通过光纤和导光管的导光来实现照明目的的太阳能照明技术。

11.1　太阳能照明装置

远在古代，埃及人已经开始将金箔铺在金属管的内部，把屋顶上的太阳光重复反射进入石室内已达到不错的照明效果。但是由于这种照明金属管的制造价格相当昂贵，不久这项技术便失传了。几个世纪以来，因为难以安装和维护以及较高的制造成本等问题，太阳能照明技术一直未得到人们的充分重视。直到 20 世纪，基于环保因素和原油价格不断上

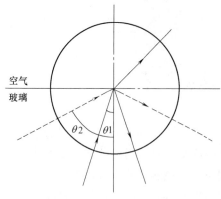

图 11-1　光从玻璃进入空气时的全内反射

升的经济因素，太阳光照明技术才再次得到研究和采用。

目前，太阳能照明技术多使用远程采光系统。远程采光系统运用全内反射的原理，使用一些能传送光的材料把光从一点输送到另外一点。全内反射的原理是指当光线从一种物质进入另一种反射率较低的物质时会被折射，且折射角大于入射角，当入射角增大到临界角时，折射角将等于 90°，入射角再增大，就不再有折射光线了，这时光线便会被全内反射，使之不能穿透第二种物质。例如，当光以大于临界角的入射角度（θ_2）从玻璃进入空气中时，由于玻璃的反射度比空气高，光会被全内反射，如图 11-1 所示。

远程采光系统中使用的光导管材料的反射率比空气高，可以利用全内反射原理把光从光导管的一端传送到另一端。当用于高层大厦中时，远程采光系统能把室外的太阳光传送到大厦中央太阳照射不到但是需要光源的地方，用作照明。现在常用的太阳光导光照明系统根据材料的不同可以分为两大类，即光纤系统和光导管系统。

11.1.1　太阳能光纤照明技术

光纤是指用塑料或玻璃纤维制作成的实心光导管，它是利用光的全内反射原理把光从一端连续反射传送至另一端，光纤的导光原理如图 11-2 所示。

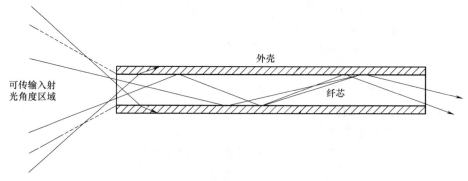

图 11-2　光纤内光的输送

与用镜子反射、光导管传送等形式相比，光纤照明在设计和安装施工上有较高的自由度，能方便地把阳光输送至室内的任何地方。理论上讲，光线是直线传播的，但在实际应用中，人们经常需要改变光线的传播方向。经过科学家们数百年的不懈努力，探索出了利用透镜和反光镜等光学元件来有限次的改变光的传播方向。而光纤的出现使无限次的改变光线传播方向成为现实，将光线沿着光纤的路径传送，实现了光的柔性传播。

11.1.1.1　光纤简介

光纤在 20 世纪 30 年代被人们所接受，当时采用的光纤主要是集束玻璃光纤，由于成本极高，根本无法达到实用阶段。20 世纪 60 年代，美国杜邦公司用聚甲基丙烯酸甲酯（PMMA）为芯材制造出塑料光纤，但传输过程中的光损耗较大，也没能将光纤照明推向实用化。20 世纪 70 年代后期，随着各国对塑料光纤的高度重视，日本三菱丽阳公司以高纯 MMA 单体聚合 PMMA，大大降低了塑料光纤的传输损耗，并成功地实现了产业化和商品化，从而将光纤装饰照明真正推向了实用阶段。此时玻璃光纤首先被经济合理地用于生产线上各个单元的控制，解决了大容量的数据传输而又无需大量增加电线的敷设，当时的传输距离约为 20m。20 世纪 80 年代出现了首批用于医疗技术的内窥镜。20 世纪 90 年代初不少光纤产品已经商品化，在数据技术方面主要使用混合光纤（CUPLWL），而光学技术方面则采用纯玻璃光纤以及塑料光纤（PMMA）。

如上所述，根据材料的不同可以将光纤分为玻璃光纤和塑料光纤两大类。

（1）玻璃光纤

玻璃光纤根据材料的不同可以分为石英玻璃系列和多成分玻璃系列，根据光的传输方式不同又可以分为端面发光的玻璃光纤和侧面发光的玻璃光纤。端面发光的玻璃光纤可以用于翻新现有的照明设备、建筑内部的轮廓照明、高空及人无法到达的区域的照明以及工作与展示照明；侧面发光的玻璃光纤不可以用于功能性的建筑照明，多用于提供装饰性照明。利用端发光光纤进行光传导时，虽然全反射时光不损失能量，但由于光学材料本身与材料中的杂质对光的吸收、材料的微观不均匀性引起的光散射等原因，使光在光纤中的传导过程会有一定的微弱损失。利用光纤进行照明设计时，应根据不同场合的需要，特别是导光长度的因素，选择不同光损耗（通常用 dB/km 来表示）的光纤。侧面发光系统是将光源发出的光从光纤束的侧面照射出来，并且整段光纤的亮度都非常均匀，类似于霓虹灯的效果。

玻璃光纤的性能非常适合功能性照明，如商业照明、住宅照明、公共机构照明、历史性建筑物照明和工业照明等。可以和传统照明方式一起使用，为这些场所提供定向照明和强光辅助照明。玻璃光纤具有以下优越性能：

1）成本低。玻璃光纤使用寿命长，高效节能，维护费用低，照明时不产生热量，可以减少空调负荷，因此玻璃光纤照明系统的初投资回收期较短，一般只需几年。

2）照明稳定精确。玻璃光纤照明系统发出的光颜色清爽，显色性好，不刺眼而且照明很均匀，可以增加环境的舒适感。

3）易安装。玻璃光纤柔软易弯曲，可灵活改变形状，能重复使用，不需要在安装地点切割、打磨或连接。

（2）塑料光纤

与玻璃光纤相同，塑料光纤同样可以分为端面发光的塑料光纤和侧面发光的塑料光纤。

1）端面发光的塑料光纤

端面发光的塑料光纤分为小型号塑料光纤和大型号实心光纤两种。

① 小型号塑料光纤是用于装饰的多光点照明，这种光导纤维是由数根到数百根直径在 0.0127～0.2032cm 之间的塑料纤维组成的，较易弯曲。

② 大型号实心光纤多用于展柜和展品等的照明，简称 PMMA，是由一根光纤构成，而不是由多股光纤组成，不宜灵活弯曲，但强度较高。

2）侧面发光的塑料光纤

侧面发光的塑料光纤没有不透光的外壳，光线将从光导纤维的整个侧面射出。实心侧面发光的塑料光纤有漫射型和低光通量型等不同型号，实物模型测试表明，漫射型光纤在远处的可见度更高。为了使塑料光纤达到最长的使用寿命，紫外线必须先被过滤掉，而且光纤与照明设备之间的连接装置要保持低温。

（3）玻璃光纤与塑料光纤的性能比较

1）使用寿命

塑料光纤容易被光源处（室外太阳光）的热量和紫外线损坏，会慢慢失去传送光的能力并变硬、褪色，甚至在极端情况下熔化。在耐热性方面，玻璃光纤为 200℃，远高于塑料光纤的 85℃。对紫外线的时间稳定性，玻璃光纤也高于塑料光纤。另外在耐火方面，玻璃是不可燃的材料，而塑料是不易燃烧的材料。因此，相比较而言，玻璃光纤在使用寿命方面比塑料光纤有着很强的优势。

2）灵活性

在墙、顶棚和地板上安装时，玻璃光纤比塑料光纤更灵活、柔软且更易安装。

3）显色性和照度水平

玻璃是良好的导光体，因此玻璃光纤的透明度、显色性和照度水平都优于塑料光纤。

4）效率

在光纤端部输出的光通量可以由光度球测出，用来比较光纤对光的传输效率。经比较，塑料光纤中光的衰减和吸收都高于玻璃光纤，一般为 $300 \sim 400 dB/km$，而玻璃光纤为 $130 \sim 150 dB/km$，这意味着，塑料光纤每米损失 6.7% 的光，而玻璃光纤每米只损失 2.9% 的光。因此，玻璃光纤的传输效率要高于塑料光纤。两种光纤材料不同的透射性质还可以在光导系统的长度上显示出来，玻璃光纤单位长度的光损耗小于塑料光纤。

11.1.1.2　光纤的制造与参数

在各种玻璃光纤和塑料光纤的制造过程中，都有着严格的质量指标。以玻璃光纤为例，其具有多级工序的制备过程的首道工序是熔制玻璃。由高纯度的原料按严格的熔制方法熔制，然后由高折射率的芯玻璃拉制成直径为 30mm，长为 1000mm 的芯棒，由低折射率的外层玻璃制成几何尺寸十分精确的玻璃管。在一个温度约为 1000℃ 的电炉中，有分别调节温度的同一轴向的加热环，由预制材料拉制出首级玻璃光纤束。此处按拉制的速度，可以生产直径为 $30 \sim 100 \mu m$ 的单根玻璃纤维，在拉制过程之后，立即按所需光缆的直径（$1 \sim 8mm$）将光纤整理成束并套上防止机械损伤的塑料保护层。光纤制造的最后工序和用途直接相关，光纤断面的加工，如切割、研磨以及抛光等都应按照用户的要求而定。在实际使用中，光纤的各项特性体现在以下几个方面。

（1）各种光纤的传输损失

当光纤作为光的传导渠道使用时，光纤的长度越长，所传输的光亮度衰减就越多，光纤长度与光亮度的减少量成正比关系。光纤对光的减少量根据材料的不同而不同，石英玻璃光纤减光率最小，其次为多成分玻璃光纤、塑料光纤。各种波长光的透过率也因光纤材料的不同而不同，因此通过长的光纤后，光的颜色会发生变化。对于塑料光纤而言，因为红色波长透过率低，经过长距离输送后的光会变成绿色。对于多成分玻璃光纤而言，因为它吸收紫色光，长距离输送后的光会变成黄色，而且由于在光纤核心和填充物界面反射时红色波长光被吸收，照射出的光的外边界可以看到一些蓝色。对于石英玻璃光纤而言，因为全部可见光范围内的光都可以通过，所以经传输后几乎完全没有颜色变化。

（2）耐热性能

光从光源（室外太阳光）射入光纤的时候，塑料入射面的耐热温度约为 70℃，多成分及石英玻璃光纤入射面的耐热温度约为 250℃。因此，较强的光通过光纤时，耐热温度高的玻璃光纤就较为适用。在光源侧使用反射性分光镜或使用吸收热光线的玻璃可以减弱光线的热量，降低光纤入射面的温度。

（3）抗冲击性

把玻璃光纤弯曲缠绕时，一旦受到来自外部的冲击力，光纤束内部就有被折断的可能，因此有必要使用有薄保护管的玻璃光纤。为了使塑料光纤具有较强的耐弯曲与耐冲击性能，可使用树脂包裹。

（4）配光

对塑料光纤而言，从发光端部出来的光的扩展角大约为 $60°$，玻璃系光纤中，石英玻璃光纤光的扩展角约为 $45°$，多成分玻璃光纤由于组成成分的不同，其扩展角在 $30\sim70°$ 之间变化。实际应用中，通常在发光端部连接透镜等辅助器具，这样就能很自由地控制配光。

（5）成本

仅从材料单价进行比较，塑料光纤最便宜，其次是多成分玻璃光纤、石英玻璃光纤。但是由于各种材料光纤的透过率和耐热性不同，为了得到同一照度，光纤的使用总量是不一样的，因此，成本比较时要综合考虑各方面的因素。

11.1.1.3　太阳能光纤照明系统的原理及构成

太阳能光纤照明系统是将太阳光利用技术与纤维光学技术结合起来，通过聚光组件收集和汇聚太阳光，然后利用导光光纤将太阳光直接引入有照明需求的地点。通过光纤将太阳光导向被照明物体，可以大大提高照明的精确度和对比度。太阳能光纤照明系统不需要光热、光电、光化学等中间转换过程，极大地提高了太阳光的利用效率。

太阳能光纤照明系统主要由自动跟踪采光器、传输光纤和室内照明装置三部分构成，系统结构如图 11-3 所示。

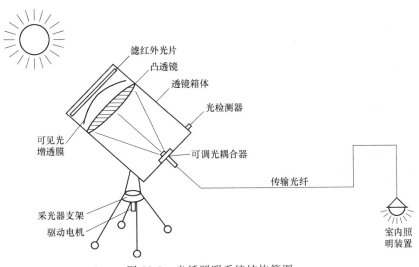

图 11-3　光纤照明系统结构简图

1）系统中的自动跟踪采光器由透镜箱体、双凸非球面玻璃透镜、驱动电机、采光器支架、可调光耦合器、光检测器及驱动电路组成。采用双凸非球面玻璃透镜来汇聚太阳光，可以保证汇聚足够的太阳光。为了保证所汇聚的太阳光全部进入光纤，透镜的尺寸要与光纤的数值孔径相匹配。由于双凸非球面玻璃透镜焦点处汇聚的太阳光能量很强，容易烧毁光纤,因此在凸透镜前应加装滤红外光片,用以滤除大部分红外光,保证光纤入射面温度不至于过高。在凸透镜上加镀可见光增透膜是为了提高可见光的透过率,使可见光可以正常进入光纤。凸透镜箱体为铝制镜筒结构,可以固定各个光学器件,并使得光纤位于凸透镜的焦点处。

2)传输光纤的作用是把太阳光采光器汇聚的太阳光传送到需要照明的地方。光纤通常由纤芯及内外保护层三部分构成。光线在芯中传送,利用纤芯与覆盖材料折射率的不同使得某入射角范围内的光在纤芯中以全反射的方式进行传输。因此光纤的纤芯材料必须在可见光的范围内,对光能量的损耗很小,以保证所要求的照明质量。目前可见光传输效果最好的是石英玻璃光纤,以15m长的高纯度石英玻璃光纤为例,实际由输出端照射出来的光大约是直射太阳光的50%。

3)室内照明装置的作用相当于传统照明系统中的灯具。一般导入的太阳光从光纤出射端以58°角向外铺张,出射的光线可以直接照射到被照物体上,但光线可以照射到的范围有限,且亮度过大。所以通常为光缆终端安装上多种类型的照明装置,以便起到固定和保护光纤终端,同时将光线均匀散开的作用。就安装形式而言,室内照明装置可以分为固定式、转动式、移动式和电子遥控式等多种形式。在更多的实际应用中,室内照明装置还可以使用专用的反射器、透镜、滤色片或散射体以获得不同的照明效果。

太阳能光纤照明系统的简要工作原理为:由光检测器对阳光照射情况进行检测及判断,并将信号送至驱动电路,由驱动电路提供正、反转驱动电流给驱动电机,再通过机械传动机构带动太阳光采光器转动,实现跟踪并使透镜对准太阳。在对准太阳的情况下,由光耦合器在透镜焦距附近获取高密度光通量,然后经光纤传输至约30~40m外供特制照明装置来满足照明要求。

11.1.1.4 太阳能光纤照明技术的特点

(1) 可实现太阳光的柔性传播

从理论上讲,光线是沿直线传播的,在光纤发明之前通常使用镜面反射、透镜折射、光导管传送等方式来改变光线的传播方向,但这些方法都存在着传送距离短、光能损耗多等缺点。利用光纤技术就可以使太阳光沿着光纤的路径在其内部以全反射的方式进行传送,通过无限次的改变光线的传播方向,实现了太阳光的柔性传播,这是光纤照明技术的最大特点。因此太阳能光纤照明可以方便地用于暗室、地下室、地下停车场、大型仓储和商场等无日照或日照不足的场所的照明。

(2) 光与电分离

在传统照明中,所需的光能都是由光源将电能直接转换得到的,光与电是分不开的。但电有一定的危险性,所以很多有特殊安全要求的场所如弹药库、煤矿、油库、煤气储罐等的照明都希望光与电可以分开。光纤技术就可以达到光电分开的要求,光纤以光纤终端照明时无电流流过,只传输光,本身不带电,不发热,可以排除很多隐患,确保照明的安全性。同时,光纤照明可以较方便地解决水与电之间的矛盾,适用于水下及比较潮湿的场合照明。

(3) 节约能源,运行费用低

太阳能光纤照明系统充分利用太阳光进行照明,节约了照明电力消耗,整套系统的运行,只有太阳光自动跟踪采光器在追踪太阳时需要少量电力,当使用太阳能电池驱动时,则完全不耗电,实现零能耗照明系统。整个系统配备简单,易加工,易设计,易安装,维修方便。

（4）舒适性强

太阳能光纤照明系统可以提供自然阳光，能够营造出保持人们日常生活习惯的舒适的日光环境，并为室内植物进行光合作用提供条件。近年来随着城市的不断发展，建筑物逐渐向地下延伸以及无窗化格局的增多与人们对人性化的工作及生活空间的要求形成了越来越突出的矛盾，采用先进的太阳能光纤照明系统就可以通过向建筑物内部空间传输太阳光来解决这个矛盾。太阳能光纤照明系统导入的太阳光，与外界自然的太阳光有同步变化，对人体健康及视力最为有益，不仅能够提升建筑物内部空间的光环境质量，而且使人能真实感受到早、中、傍晚的光色变化，有助于创造不改变人类本来生活节奏的环境，提高工作和学习效率。

（5）提供更为安全的太阳光照明

太阳能光纤照明系统能利用光学原理，滤除阳光中的有害成分，提供安全的太阳光照明系统。凸透镜聚焦太阳光时，聚焦折射作用使太阳光中不同波长的各类光线在光轴线上形成不同距离的聚焦焦点，波长较短的紫外线焦点靠近透镜，波长较长的红外线焦点远离透镜。光导纤维的入射端精确定位在紫、红外线之间的可见光焦点上，通过物理距离差异定位可以将太阳光中的 X、Y、Φ、β、γ、α 等具有放射性的射线全部排除，同时将紫外线大幅度地拦截下来，达到有效排除太阳光中对人体具有伤害作用的射线的目的。少量的紫外线、红外线和大量的可见光则可以进入传输光纤，使进入室内的太阳光中保持一定安全量的紫外线和一定的红外线用以杀菌和辐射增热，带给人们高品质的安全的太阳光。另外，由于材料的非金属性，玻璃光纤不会受到电磁波、室外气候和振动的影响，可以实现稳定的太阳光传输。

（6）需要设置辅助光源

由于太阳能光纤照明系统利用的是太阳光，而太阳光在不同时间段强度的变化较大，为了使整个照明系统在阴天、夜晚时都可以可靠地满足室内照明要求，系统需要设置辅助光源或与其他照明方式结合使用。

11.1.1.5　太阳能光纤照明应用中应注意的一些问题

发展初期，光纤照明的主要缺点是光输出量太小，这主要是由于入射光照到光纤管端面时的光耦合效率太低造成的，至今这仍是光纤照明系统特别是国产光纤照明系统为实现广泛应用时仍需进一步攻克的难关。

保证太阳光准确的聚焦，并利用透镜来进一步校正光线的入射方向，大大提高照射到光纤入射面的光斑的均匀度，是提高光耦合效率的有效途径。

另外光纤管端面处理也至关重要，光纤管端面处理采用无粘结剂的压制技术，可使光耦合效率达到最大，且不会因光线的高度聚集而引起光纤熔化或燃烧的危险。

再次还存在着材料上的差异，采用在全光谱范围内都有很好导光率的聚甲基丙烯酸（PMMA）制作光纤，能维持较高的光输出，并且能保证不会发生色度偏差。

11.1.1.6　太阳能光纤照明技术的国内外研发情况

（1）日本

日本是世界上研发采集太阳光用于室内照明技术的最为活跃的国家之一。1979 年 8 月，LaForet 工程公司推出了第一台采集太阳光的照明系统"1 眼 Himanwari"，Himan-wari 采光器的主要部件是菲涅尔透镜、太阳跟踪装置和传输光纤，另配光纤照明装置及供夜间和阴雨天使用的人工照明光源装置。太阳跟踪装置包括跟踪传感器、内置式微电脑控制器和双轴马达传动机构，控制程序中设有计时功能，可根据年、月、日、时及具体地理位置确定出太阳的位置，使透镜对准太阳。所采用的传输光纤是石英玻璃光纤，最长传输距离不超过 20m。

（2）美国

美国对采集太阳光用于照明的研究始于 20 世纪 90 年代中期。1995 年前后，美国能源部橡树岭国家实验室（Oak Ridge National Laboratory）发明了混合太阳光照明系统，即以太阳光光纤照明为主，不足部分用电照明加以补充。此项研究工作获得能源部和联邦资金（美国政府专用资金）的支持。《工业周刊》杂志将混合太阳光照明系统评选为 1998 年度 25 项尖端技术之一，目前有 8 家公司和 8 所大学及科研院所组成协作组进行联合研发。美国斯蒂温·温特联合公司的光纤日光照明技术被列为 1998 年美国 100 项重大科研成果中的第 54 项。美国对太阳能光纤照明技术的研发滞后于日本，但在美国政府能源部的大力支持和企业、院校、科研机构等的通力合作下发展非常迅速。

（3）中国

我国于 1996 年 5 月启动的"绿色照明工程"，至今仅限于在中西部等地区推广太阳能光伏发电照明。对太阳能的研究主要着眼于热利用，尚未将太阳光导入室内直接照明列入议事日程。20 世纪 90 年代初，沈阳建筑工程学院曾进行过光导采光系统的研制。该实验装置采用四块直径为 200mm 凸透镜聚焦太阳光，焦点处安装玻璃光纤传导光束，传输距离在 10m 以内，距离光纤端头 1m 时照度相当 40W 的白炽灯，效率较低，距实用还有很长的距离。中国科学院南京天文仪器研究中心也做过这方面探讨，但装置不实用，难以推广。面对国外的价格过高、效率偏低的研究现状，开发具有自主知识产权的、适合我国国情的采光装置是有重大现实意义的。

目前，太阳能光纤照明技术的开发动向集中在大口径塑料光纤的研究方面。纤芯粗的大口径光纤对入射光的传输效率是有利的。拿有效受光面积作比较，由于大口径光纤的纤芯是固体，纤芯直径全部成为有效受光面的直径，而小口径束状光纤的光纤之间有间隙，因此，大口径光纤的有效受光面积是小口径光纤制成的束状光纤的有效受光面积的 1.5～2 倍，这就造成了入射光量的差异。在短距离内传输时，大口径塑料光纤可以超过制成束状的玻璃光纤。由于这类光纤可在现场调整长度，可切割，在施工方面有其优越性，可广泛应用于建筑照明。

太阳能光纤照明作为新兴的照明技术，符合绿色照明工程节约能源、保护环境、提高照明品质的要求，已经成为了各国竞相研究的焦点。虽然在应用中还存在着某些局限性，但其与传统照明系统相比具有很多优点，对于我国政府倡导的建筑节能，发展可持续再生能源技术和推动绿色照明工程有着积极的意义。太阳能光纤照明系统在二十一世纪前二十年将是应用推广和市场培育阶段，商业建筑和工矿企业的应用需求会逐渐呈上升趋势，特殊及安全场所的应用将占据重要优势，在政府及科研机构的支持下，材料性能和制作工艺将会不断完善，研究出的太阳能光纤照明系统的规模化生产技术将会大大降低系统成本，使太阳能光纤照明技术的应用前景越来越广阔。

11. 1. 2　太阳能光导管照明系统

太阳能光导管照明技术是另外一种非常好的利用太阳能的绿色照明技术，它可以使室外的太阳光透过采光罩，经由光导管传输至室内散光装置，把白天的太阳光均匀高效地照射到室内任何需要光线的地方，如室内阴暗的房间或者易燃易爆不适宜采用电光源的房间。能够改变目前很多建筑"室外阳光灿烂，室内灯火辉煌"的局面，可以有效地减少电能消耗。另外，太阳能光导管照明系统还可以用于办公楼、住宅、商店、旅馆等建筑的地下室或走廊的自然采光或辅助照明。与采光天窗和侧窗相比，光导管技术的照明效果不会因光线入射角的变化而改变，且照射面积大，出射光线均匀、无眩光、不会产生局部聚光现象，能取得良好的采光照明效果，是太阳能光利用的一种有效方式。

11.1.2.1　太阳能光导管照明技术的研究现状

光导管技术自出现以来，人们就一直没有停止过对它的研究和改进，最初人们研究光导管主要是为了传输灯光，到了 20 世纪 80 年代以后才开始研究采集太阳光的光导管系统。国外光导管技术的研究相对比较成熟，俄罗斯和美国在这个领域里都取得了可喜的成绩。1880 年，俄国的 Chikoleve、Wheeler、Molera 和美国的 Cebrian 分别公开了他们有关光导管的发明。1881 年，Wheeler 在美国申请了第一个光导管专利。由于材料和工艺水平的限制，早期的光导管效果并不理想，因而导致其发展在一段时间内处于停顿状态。随着光学纤维技术的发展，很多研究者开始意识到光纤可以输送光能并在医学方面得到了应用，但它的缺点是尺寸太小，用于输送大的光通量用于建筑照明是不经济的。1963 年，苏联工程师 Gennady Bukhman 提出用空心圆柱形管道输送光，并沿着光导管连续输出光通量的新思想，并于 1965 年制成第一个大尺寸的光导管。1981 年，加拿大的 Whitehead 公司与美国 3M 公司合作，利用完全内反射原理开发出棱镜导光管。1999 年，英国诺丁汉大学的 Oakley 等考察了已经商业化的光导管的采光性能。美国、瑞典也开展了相应的研究工作。由于采集太阳光的光导管绿色照明系统结构简单、安装方便、成本较低、实际照明效果很好，在国外发展十分迅速，应用也比较广泛，许多跨国公司生产这种产品，目前英国 Monodraught 公司、日本共荣株式会社、美国 ODL 公司等多家公司都具有一定的光导管生产能力。

欧洲对传输太阳光的光导管的研究同样非常重视。欧盟将近 10 年太阳能供暖研究和发展预算的 85% 转向太阳能照明技术的研究。瑞士日光巴士（Heliobus）公司和俄罗斯 Aizenberg 教授合作开发了太阳光室内照明系统，该系统由定日镜（一种异形凹面镜）采集太阳光，通过棱镜导光管（美国 3M 公司提供）将太阳光传入室内。1997 年该系统获欧洲环保技术交易会颁发的欧洲环境奖。1998 年 1 月至 2001 年 2 月由德国、意大利、瑞典的建筑师和研究人员共同完成了太阳光和硫灯组合照明系统的研究，简称人造日光（Arthelio）。它是由定日镜、耦合系统、硫灯、电子控制部件、导光管等几部分构成。定日镜是透镜，由德国 Semperlux 公司研制，装在屋顶跟踪太阳。在得不到足够太阳光时，光源自动切换为 1000W 硫灯。

11.1.2.2　太阳能光导管照明系统的分类

光导管是太阳能光导管照明系统中的重要部件，为太阳光能的高效传输提供了可能的途径，太阳能光导管照明系统可以分为以下几种：

1）根据采光的方式不同，太阳能光导管照明系统可分为主动式和被动式两种。主动式系统通过一个能够跟踪太阳的聚光器来采集太阳光，这种类型的光导管采集太阳光的效果很好，但是聚光器的造价相当昂贵，目前很少在建筑中采用。目前用得最多的是被动式采光光导管，聚光罩和光导管本身连接在一起固定不动，聚光罩多由 PC 或有机玻璃注塑而成，表面有三角形全反射聚光棱。这种类型的光导管主要由聚光罩、防雨板、可调光导管、延伸光导管、密封环、支撑环和散光板等组成。

2）根据光导管传输光的方式不同，太阳能光导管照明系统主要分为金属镜面光导管照明系统和棱镜光导管照明系统。

金属镜面光导管照明系统采用金属镜面光导管传输太阳光。金属镜面光导管使用高反射率的材料制成，如铝金属等。这种光导管采用多重反射的原理把太阳光从户外的一端传送到另一端。光导管的形状及面积、内层材料的反射度和光源的角度都会影响到它的传送效率。一般金属镜面光导管的效率只有 50％。金属镜面光导管的价钱较便宜，适合用于较大规模的建设项目，如隧道内的照明系统等。这种光导管加工工艺复杂，光在传播过程中的损失较大，造成整个光导管装置效率不高，因此这种类型的光导管在采集太阳光的光导管系统中很少采用。

棱镜光导管照明系统采用棱镜光导管传输太阳光。棱镜光导管是一个空心的桶形胶

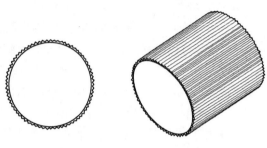

图 11-4　棱镜光导管示意图

管，胶管的内层粘了一层由 3M 公司专利注册了的光学薄膜。此薄膜是透明的，一面是平滑的，粘贴在胶管内层，另一面布满多条 0.18mm 高 90°的棱镜凸起，如图 11-4 所示。这种薄膜的特点是入射到其平滑面上的光线如果不被反射，就会射进材料内部，把薄膜卷成圆柱形管子，沿管长方向射来的一束光线就可以通过光导管端面进入，经过多次反射后到达管子的另一端。

当太阳光从室外进入光导管的平滑面时，根据斯涅耳定律，光线被折射到棱镜表层。如果光的入射角度大于临界角，便会被全内反射到另一棱镜表层。光在导管内会被棱镜光学薄膜不断地反射而输送到另一端，凡是入射角小于 27°进入棱镜光导管的光线都会被全内反射。理论上棱镜光导管并不会吸收光，其反射率是 100％，实际上由于极薄的棱镜光学薄膜会吸收极少量的光，因此实验中整个棱镜光导管的反射率为 99％。由于棱镜光导管是空心的，其重量很轻，而且它的价格比金属镜面光导管便宜，因此这种光导管适用于大型项目的应用。棱镜光导管的形状可以做成圆桶形或长方形，圆筒形主要用作垂直式的传送，而长方形则主要用作横向式的传送。如果在光导管户外的一段加上激光切割片（Laser Cut Panel）用作采集太阳光，光线的传送能更加集中并达到更高的效率。高角度的太阳光会被折射到光导管内和中心轴平衡，并直线传送到另一端，如图 11-5 所示。

棱镜光导管薄膜材料的选择和制作工艺是个关键的问题，不标准的光学表面和纯度较低的光学材料都会导致光在传播过程中的损失增加，甚至部分光线从光导管中散射出去，而且传播路径越长损失越大。

3）根据安装方式的不同，太阳能光导管照明系统又可分为顶部采光

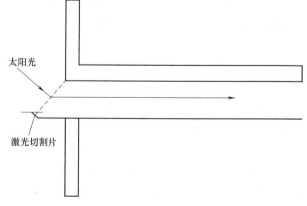

太阳光

激光切割片

图 11-5　激光切割片

和侧面采光两种。目前国外应用的采集太阳光的光导管系统几乎全部采用顶部采光，侧面采光还未见有文献报道。

11.1.2.3 太阳能光导管照明系统的结构及原理

目前使用的太阳能光导管照明系统多为被动采光光导管系统，主要由聚光罩、防雨板、可调光导管、延伸光导管、密封环、支撑环和散光板等构成，如图 11-6 所示。

如图 11-6 所示，建筑用太阳能光导管照明系统主要分三部分，一是采光部分，一般使用的采光器为聚光罩，聚光罩多由 PC 或有机玻璃注塑而成，表面有三角形全反射聚光棱，可以将太阳光汇聚并调整角度后投射到导光管的入射面上；二是导光部分，一般由三段导光管组合而成，光导管内壁为高反射材料，反射率一般在 95% 以上，光导管可以旋转弯曲重叠来改变导光角度和长度；三是散光部分，为了使室内光线分布均匀，系统底部装有散光部件，可避免眩光现象的发生。

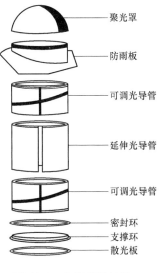

图 11-6 太阳能光导管照明系统结构简图

白天当太阳光照射到采光部分的聚光罩时，被汇聚后射入导光管的入射端，经导光管将光线从安装于室外的太阳光聚光罩传输到安装于室内的散光装置，将太阳光均匀高效地照射到室内任何需要光线的地方。

太阳能光导管照明技术是太阳光照明的一种方式，是利用可再生能源的绿色照明技术，为太阳光的高效传输提供了可能和有效的途径。太阳能光导管照明技术可以把室外的太阳光传输到室内而不产生过多的热，大大节省了建筑能耗，在现代建筑中得到了越来越多的应用，可以为办公室、商品陈列室、会议室、接待室、地下室、走廊等建筑提供良好的光环境。

目前国、内外对太阳能光导管照明技术的研究大多还集中于光导管本身的性能研究，未来的发展趋势将更偏重于光导管和建筑的有机结合，使这项技术为建筑节能和改善室内环境品质发挥更大的作用。随着人们对可再生能源的兴趣不断增加，自然采光技术越来越多的运用到现代建筑中，除了提供照明之外，开发与自然通风相结合的光导管系统将进一步拓宽光导管的应用范围，满足建筑物对自然采光和自然通风的要求，可以使光导管的功能更加完善，在采光的同时使室内保持良好的自然通风。另外，光导管技术与光催化技术相结合，可以在采光的同时有效改善室内空气品质。因此，光导管技术作为一项可持续能源技术，随着人们生活水平的提高和节约建筑能耗的紧迫性必将得到更大的发展。

11.2 太阳能照明系统设计与应用

通过采集太阳光，太阳能照明技术能够把白天的太阳光有效地传递到室内阴暗的房间或者易燃易爆不适宜采用电光源的房间，改变目前很多建筑"室外阳光灿烂，室内灯火辉煌"的局面，可以有效地减少建筑物电能消耗，是一种实用的绿色节能太阳能利用技术。同时，太阳能照明系统可以应用于办公楼、住宅、商店、旅馆等建筑的地下室或走廊的自然采光或辅助照明，并能取得良好的采光照明效果。由于太阳能照明技术本身所具有的许多特点，使其得到广泛应用，本节将根据不同的使用地点和使用效果针对几个典型系统的设计和应用进行分析说明。

11.2.1 太阳能光纤照明技术的设计

玻璃光纤（GOF），特别是近年逐渐兴起的聚合物光纤（PMMF）导光性能的提高及其价格的下降，使得太阳能光纤照明技术日益受到人们的重视。这种采光后以光纤传输至几十米远直接提供照明的方式，与用光伏阵列发电、逆变后再输送电照明的方式相比，具有设备简单、投资少、安全可靠等优点。

由第一节的介绍可知：太阳能光纤照明系统一般由三部分组成：采光器、传输光纤和室内照明部分。本节以一种用自动采光装置采光、用聚合物光纤导光的太阳能照明系统为例，介绍该种照明系统的设计要点及过程。

（1）采光器的设计

光耦合器和太阳能跟踪器对于采光器的性能有较大影响，因此，正确合理地设计这两个部件是采光器设计的要点。

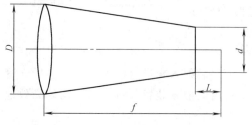

图 11-7　光耦合器的几何光路图

D—透镜直径；*d*—光纤直径；*f*—透镜焦距；
L—光纤端面从透镜焦点前突尺寸

1）光耦合器的设计

图 11-7 所示为采光装置—光耦合器的几何光路图。采光设计的要点在于使投射到光纤端面的入射光不得大于光纤的数值孔径。因此，可以依据式（11-1）进行设计。

$$\sin(D/2f) \leqslant NA \qquad (11\text{-}1)$$

且应满足：

$$D/f = d/L \qquad (11\text{-}2)$$

式中各符号的含义与图 11-7 所示相同，而 NA 则代表所选光纤的孔径。

在实际设计过程中，选定光纤数值孔径、透镜直径和焦距后，可以通过调节 L 的大小来形成各种尺寸的光斑，以满足不同情况的要求。

2）太阳能跟踪器的设计

太阳能跟踪器设计的关键在于对太阳直射光的检测以及驱动电机对采光器驱动控制的精度。太阳直射光的检测可以通过光伏电池感应不同方向的光强后再经逻辑电路判别而输出正、反转控制指令驱动电路来实现。合理的太阳能跟踪器的设计可以保证系统在阳光充足时自动跟踪并对准太阳，而阴雨天则视天空亮度大小而处于自动对光或停机状态。按照以上原理设计的太阳能跟踪系统的电路框图如图 11-8 所示。

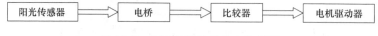

图 11-8　太阳能跟踪系统电路框图

在采光器的设计中，如果系统采用的是塑料光纤，当光纤入口处汇集的太阳光能量很强时，容易烧毁塑料光纤，为避免这种情况的发生，可以考虑在透镜前加装滤红外光片，从而滤除大部分红外光，这样可以保证光纤不受损坏，同时也不影响可见光进入光纤。如果要提高透镜的可见光透过率可以考虑在透镜上镀一层可见光增透膜。除此之外，可以在滤红外光片和透镜间加设隔热垫片，以防止热胀冷缩的影响。

（2）传输光纤的设计

和玻璃光纤的结构一样，聚合物光纤是由高折射率聚合物芯层和较低折射率聚合物包层制成的光纤，具有易弯曲、芯径大、易连接、价格低、连接快等优点。聚合物光纤的主要性能指标为传输衰减和带宽。传输衰减主要由吸收损耗、散射损耗和弯曲损耗三部分组成，目前可以做到的传输衰减为 0.2dB/m。聚合物光纤为多模光纤，其带宽主要由模间色散所决定，而减小模间色散的措施是让其芯层折射率沿半径方向呈平方律分布。

设计中，要选择合适的光纤，首先要分析各种光纤的传输特性及其可以实现的传输距离，然后结合工程的实际要求（即光的品质和允许的照度要求）确定光纤的种类和布局方式。

（3）室内照明部分的设计

室内照明部分的设计，主要依据系统所要实现的具体功能和应用场所来确定。例如，采用末端发光系统，配置水下型终端，可以实现室外喷泉水下照明；而利用末端发光系统，配置透镜型发光终端附件，可以实现室内的局部照明。同时，在有必要的情况下，需要配备人工光源照明装置作为辅助照明设备。

11.2.2　太阳能光导管照明技术在隧道中的应用

11.2.2.1　太阳能光导管照明系统的传送模式

太阳能光导管照明系统的传送模式主要有两种：垂直式光导管设计（见图 11-9）和横向式光导管设计（见图 11-10）。垂直式光导管设计在北美洲渐渐普及。它主要利用一个透明圆拱形的阳光收集器把阳光从顶层传送到室内。垂直式光导管可代替传统的天窗。阳光是经过光导管传送到室内而不像天窗直接照射室内，能大大减少令人感觉不适炫目的强光。光导管还可以过滤掉红外线部分，从而不会提升室温。横向式光导管的设计包括一个箱形光导管，管内贴上一层高度反射镜面的物料；管道的外端安装上激光切割片用来采集太阳光并传送到光导管内；在光导管内上层特定的位置贴有散光薄膜把阳光分散出管道外，作照明用。

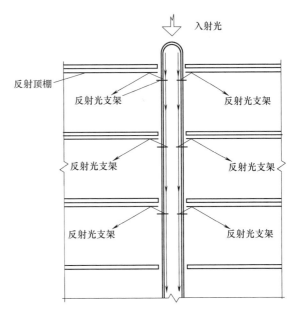

图 11-9　垂直式的光导管

太阳能光导管照明技术应用于隧道或地下室走廊在国外已有很多成功的案例。在这种系统中，光导管基本上都是垂直安装的，垂直方向的光导管可穿过结构复杂的地面，把太阳光引入地下。为了输送较大的光通量，这种光导管直径一般都大于 100mm。德国柏林波茨坦广场地下隧道使用的光导管，直径约为 500mm，顶部装有可随日光方向自动调整角度的反光镜，管体采用传输效率较高的棱镜薄膜制作，可将天然光高效地传输到地下空间，同时也成为广场景观的一部分。光导管照明系统用于城市下沉隧道时，可解决由于隧道顶部中央开天窗引起的行人失足跌

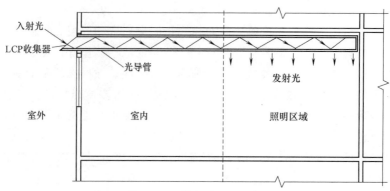

图 11-10   横向式的光导管

落（不遵章者）的安全问题，下雨天雨水突降、杂物乱抛等引起司机驾驶车辆安全等问题。并且隧道封闭后，顶部绿化景观可得到极大的改善，对于城市市政管理可带来极大的方便。

11.2.2.2   太阳能光导管照明系统在隧道中应用的设计

在白天，人们从明亮的环境进入隧道，将伴随种种视觉问题的产生，从照明观点来看，一条隧道可分为：入口区、过渡区、隧道区和出口区。因此，太阳能光导管照明系统就依据这四个分区的不同特点进行设计。

（1）入口区的设计

对于应用于隧道的太阳能光导管照明系统，入口区的设计是关键。由于隧道内外的光亮度差别很大，尤其在白天，从隧道外部进入到内部，对于比较长的隧道来说，隧道的入口会有一个黑洞，即使隧道长度较短，也会产生一个黑框，所以入口区的设计是消除这种黑洞现象的关键。隧道入口区的总长度等于汽车的安全制动距离加上 15m 左右的距离。附加的 15m 考虑了制动结束时，以免其前面有出故障的汽车或者其他障碍物所必须考虑的安全距离。由于黑洞现象的存在，太阳能光导管照明系统在这部分只要达到基本的照明要求即可。这个亮度应该由"等价适应亮度确定"，即由隧道入口到一个驾驶员的安全制动距离来确定。图 11-11 所示为进入隧道的注视时间 t 与入口部分的路面亮度 L_2 的关系曲线。依据该曲线关系图，只要知道从隧道外部到人眼能够看清楚隧道内部情况的注视时间后，即可从图上查出入口区需要的路面亮度，然后选择合适口径的光导管系统。光导管系统设置的数量应根据隧道的宽度和高度以及入口区的照明标准确定。

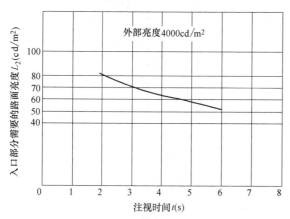

图 11-11   进入隧道的注视时间 t 与入口部分
路面亮度 L_2 的关系

（2）过渡区的设计

对于过渡区的设计，该区的光亮度水平应逐级降低，因此可以选取小口径的光导管系统，只要达到基本的照明标准即可。

（3）隧道区的设计

隧道区的能见度比一般路面要低，因此照明水平要高于一般的道路照明标准，亮度水平一般建议为 $5\sim20cd/m^2$。在这一亮度水平下，不可能使用一个连续的光带，所以在使用上必须防止干扰性频闪，而电光源不可避免地存在频闪，因此光导管系统在隧道区应该非常适宜，既避免了电光源的频闪现象，也可以达到均匀柔和的照明效果。表 11-1 给出了隧道照明的基本标准，可以作为设计的参考。

隧道基本照度标准 　　　　　　　　　　　　　　　　　　　　　表 11-1

设计车速(km/h)	路面平均亮度(cd/m²)	混凝土路面平均照度(lx)	沥青路面平均照度(lx)
100	9.0	120	200
80	4.5	60	100
60	2.3	30	50
40	1.5	20	35

（4）出口区的设计

在白天有太阳光时，这个区容易产生强的眩目效应，若采用电光源只会加强这种炫目效应，因此在这一区域采用光导管系统进行照明是非常合适的，可以有效地避免电光源的这种炫目效应。出口区的照明标准应取隧道出口外部亮度值的 1/10，所需长度为出口以内 80m。

为满足夜间照明的需要，隧道内还需设置电光源照明，白天把电光源关掉，夜间再打开。另外，考虑隧道内可能出现停电情况，为避免造成危险，还应设置应急照明系统。

以上是隧道中使用太阳能光导管照明系统的设计方法和步骤，设计中主要考虑了隧道照明入口区、过渡区、隧道区和出口区的不同特点，根据隧道照明的特殊性设计选用相应的光导管系统。

11.2.2.3　太阳能光导管照明系统在隧道中应用的技术要点

设计一个应用于隧道的太阳能光导管照明系统，除了依据上面介绍的方法和步骤进行设计，还要注意以下技术要点：

1）要充分考虑隧道照明的特殊性，选择合适的光导管照明系统；

2）要做好光导管与地面连接处的防水，以免下大雨时漏水。光导管照明系统的防水装置有必要根据实际情况单独设计；

3）地下隧道作为公共建筑的一部分，安全很重要。为避免发生火灾时火势蔓延，地下隧道用光导管照明系统的光导管漫射器与光导管本体连接处可加防火圈；

4）安装光导管系统前，应事先要求土建方面预留混凝土孔洞，尺寸大小视光导管直径确定；

5）光导管照明系统要得以充分密封；

6）在使用光导管照明系统时，要同时安装人工光源作为后备光源，以便在夜间使用。

11.2.3　高层大厦远程采光系统的设计

由于光导管的有效传送距离在 20m 以下，所以单独采用太阳能光导管照明系统来实现高层大厦的照明并不现实。并且高层建筑的每层房间及间隔的功能不同，平面设计比低层建筑复杂得多，导致传送的光程通常要作出多次方向的改变，设计垂直或横向的光导管都会遇到不少困难。因此，若将光纤和垂直光导管一并应用，并在光导管中每隔 20m 加入新的光源，传送距离可达到 20m 以上（见图 11-12）。另外，若同时采用太阳光追踪系统，可采集的阳光会更强，传送的长度会进一步增加。但目前这种应用方法还没有得到验证，需要作出进一步的研究和试验以验证其可行性，实现光导管和光纤导光的并用，取长补短，实现高层大厦的太阳光照明。

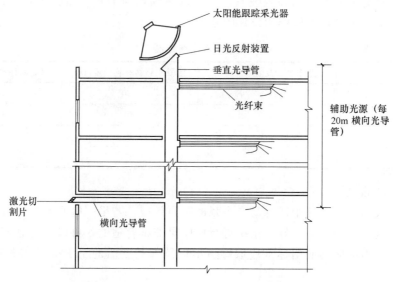

图 11-12　高层大厦远程采光系统

11.2.4　太阳能照明系统的应用实例

11.2.4.1　太阳能光导管照明系统的应用实例

在欧美及日本等发达国家，已经开发出一系列太阳能光导管照明系统，并在住宅、学校、博物馆、办公楼、体育场馆、公共厕所、隧道、地下室、易燃易爆车间等工业与民用建筑及公共设施中广泛应用，实现了白天完全或部分利用光导管太阳光照明，从而节省了电能，提高了室内环境品质。

在吉隆坡一所高层办公大楼内便采用了太阳能光导管照明系统来实现大厦中心的部分照明（见图 11-13）。为降低室温，该办公大楼的主要外墙朝向东南方，向西的外墙没有安装窗户。这种特殊的建筑设计，使得中午过后从东南面照射进室内的光线大大减弱，从而需要安装照明设施。该工程中，在每层西面的外墙都安装了四条光导管把室外阳光带进大厦内的办公室。所采用的光导管长为 20m，高 0.80m，宽 2m。室内每 2m 安装一块透光片把部分阳光反射出光导管作为室内照明，该系统的照明程度可达到 160～240lux。

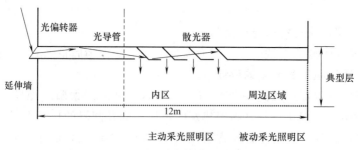

图 11-13　横向式的远程采光系统

Dr. Yeang 在马来西亚的一个多层办公楼内也采用了光导管照明技术来实现室内照明（见图 11-14）。这个系统采用一个安装在顶部的金字塔形状的激光切割片把中、低角度的太阳光折射到一根直径为 2m、长 18.4m 的菱形光导管内，而在每一层都设有一个荧光环。通过荧光环将太阳光传送到每一层，再利用反射性天花把阳光反射到室内作照明用途。该系统的有效照明面积可达 144m²。

太阳能光导管照明技术在我国的发展起步较晚，从二十世纪八、九十年代开始，国内的一些科研院所和企业才开始从事类似的研究。经过多年的努力，北京的一家公司在 2006 年研究出了自

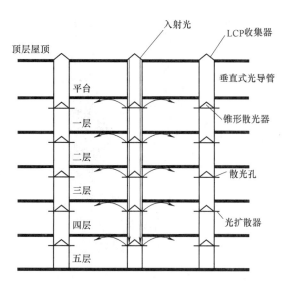

图 11-14　垂直式的远程采光系统

己的第一代产品，紧接着研发出了第二代产品，与第一代产品相比更加精细，但仍不具备大规模生产光导管的能力，主要问题在于光导管的传输效率有待于进一步提高，在基础理论研究和产品设计、实践操作等方面的工作还不够。我国的太阳能光导管照明技术还没有大规模进入市场，到目前为止，仍然是少数示范工程在运行。

北京 2008 年奥运会的很多比赛场馆内就设置了太阳能光导管照明系统。目前，北京科技大学的体育馆是所有奥运场馆中在比赛场馆中央安置光导管最多的一个。在阳光比较好的情况下，它采集的光线能满足体育训练和学生上课的要求，基本可以不开灯或者尽量少开灯。由于光导管是密闭的，可以有效地节省维护费用。光导管在白天采集太阳光照亮室内，晚上则可以将室内的灯光通过屋顶的采光罩传出，起到美化夜景的效果。这个体育馆的钢屋架是网架结构，杆件较多，如果用开天窗的方法采集自然光，会受到杆件遮挡，效果不甚理想。而使用光导管，就可以很好的解决这个问题。

图 11-15 为北京工业大学传热强化与过程节能教育部重点实验室旧址安装的侧面采光光导管，图 11-16 为新建的北京工业大学传热强化与过程节能教育部重点实验室（北京工业大学高科技能源楼）安装在楼顶的太阳能光导管照明系统。在晴天的情况下，侧面采光和顶部采光都能满足室内的照度要求。

11.2.4.2　太阳能光纤照明系统的应用实例

太阳能光纤照明技术从最初仅用于产生特殊的照明效果（模拟闪烁的星光），到如今不但广泛应用于装饰照明，而且可以应用于一般性照明，该技术已经进入真正的全方位的照明领域，特别是光纤还能应用于那些普通的照明设备无法实现的照明场所。光纤照明产品正在日趋成熟，国外已有各种定型产品，国内则处于起步阶段，与国外进口产品相比，有待进一步改进。

目前，采用人工光源的光纤导光照明系统被广泛应用于室内装饰照明、局部效果照明、广告牌照明、建筑物室外公共区域的引导性照明、室内外水下照明和建筑物轮廓及立面照明之中，并已经取得了良好的照明效果。相比之下，采用太阳光作为光源的光纤导光照明系统还处在研究示范阶段。

图 11-15　侧面采光光导管的室外部分

图 11-16　顶部采光光导管的室外部分

　　20 世纪 90 年代初，沈阳建筑工程学院和中国科学院南京天文仪器研究中心都曾进行过以太阳光为光源的光纤导光照明技术的研究和探讨，但因装置不实用，没能得到推广应用。南京玻璃纤维研究院在中国工程院院士张耀明的带领下，近年来瞄准利用太阳光造福人类这一课题，先后攻克了自动跟踪太阳、高效聚光采集、太阳光低损耗光纤传输等一系列关键技术，取得了 4 项实用新型专利，并申请了 9 项发明专利，一项为美国专利。他们研制的自动跟踪太阳的采光装置主要由聚光采光器、自动跟踪太阳系统和导光光纤三大部分组成。该装置将自然的太阳光在不经过任何能量转换的前提下，经聚光元件高效采集，通过柔软的光纤将太阳光传至 15m 外的场所。一套采光装置可解决 $25m^2$ 的房间的采光。同时，该装置还有转换光能为电能储存的功能，最长可达 72h。该项目于 2007 年底通过了江苏省科学技术厅主持的鉴定，与会专家给予了高度评价。这种照明系统无污染，十分适合医疗和文物的照明。而且该照明系统发出的光谱与太阳光完全一致，这意味着躺在家里就可以进行日光浴了。这种系统的主要技术参数如下：采光面积为 $0.12\sim0.3m^2$；平方米光通量为 $2200\sim5500lm$；有效照明面积为 $15\sim40m^2$；光纤长度为 $10\sim15m$；显色系数为 80；系统的使用寿命在 10 年左右。

图 11-17　自动跟踪太阳的采光装置

　　作为 2008 年北京奥运会的"前期示范工程"，清华大学 2005 年建成的超低能耗楼中就采用了太阳能光纤照明系统。图 11-17 所示为该系统中位于楼前的采光装置，该装置自动跟踪太阳收集太阳光，再通过光纤传导，把太阳光引进地下室，用于照明。

　　以上成功应用实例表明，太阳能光导管照明技术作为一项可持续能源技术，是一种很有效的绿色照明技术。目前国内外的研究还大多集中于光导管本身的性能研究，未来的发展趋势将更偏重于光导管和其他建筑环境技术的结合，从而为建筑节能和改善室内环境品质发挥更大的作用。随着人们对可再生能源兴趣的不断增加，自然通风和自然采光技术越来越多地运用到现代建筑中，然而直到今天太阳光照明和自然通风技术一直是各自发展，自成体系。开发与自然通风相结合的光导管系统将进一步拓宽光导管的应用范围，满足建筑物对自然采光和自然通风的要求，可以使光导管的功能更加完善，在采光的同时使室内保持良好的自然通风，对于建筑节能和改善室内空气品质具有积极意义，必将得到更大的发展。对于太阳能光纤照明系统，借鉴国外的先进技术和经验，形成我国自主知识产权的技术和产品是有可能的。随着人们生活水平的提高和节约建筑能耗的紧迫性，光纤导光照明技术必将在中国得到广泛应用。

11.3 太阳能照明系统在高层住宅建筑中的应用

我国香港地区人口稠密，土地资源有限，许多住宅建筑是以中央为核心的高层建筑，典型布局如图 11-18 所示。建筑物的公共区域和电梯大堂位于其"核心"区域，完全封闭，没有自然采光。建筑物的能源使用占香港地区总能源使用的 50%，其中建筑物公共区域的能耗一般占住宅总用电量的 15%。因此，采用远程源照明系统将自然光引入高层建筑的中央核心区域在香港地区有着巨大的应用潜力和节能效益。

由于我国香港的土地成本较高以及建筑法规对容积率有一定的限定，使得建筑物的总高度受到限制。为了获得更多的楼层数，大多数高层建筑的楼层高度限制在 2.8m 以下。目前常见远程源照明系统的光导装置有金属光导管（Metal Light Pipe，MLP）和棱镜光导管（Prismatic Light Pipe，PLP）。然而，这两种类型的光导管直径通常都要超过 400mm 以保证高效的光透射率，并且需要 3m 的净空高度进行安装。因此，这两种光导技术均不能直接应用于香港地区的高层建筑。

图 11-18 我国香港地区典型中央核心式高层住宅建筑平面布局图

针对香港地区住宅建筑的层高限制，笔者所在的研究团队提出了一种联合使用棱镜光导管和小直径光纤的混合远程源太阳能照明系统，如图 11-19 所示。该系统中，棱镜光导管安装在净空不受限的外部或服务区域或者净空高度可以低于 2.8m 的部分区域。光纤则安装在严格要求净空空间的公共区域和电梯大堂。该系统与光控调节的电力照明系统混合使用，当太阳辐射强度较低无法提供足够自然采光的情况下，电力照明系统可自动接通。

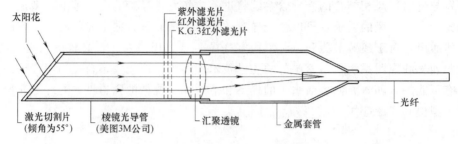

图 11-19　混合远程源太阳能照明系统（香港）

11.3.1　混合远程源太阳能照明系统设计

图 11-19 所示为适用于我国香港地区高层住宅建筑封闭电梯大堂的改进型混合远程源太阳能照明系统设计示意图，其由 3 个主要部分组成：1）激光切割板（Laser Cut Panel，LCP）；2）长度为 1.2m，直径为 450mm 的棱镜光导管（PLP）；3）长度为 6m，直径为 25mm 的侧面发光光纤（Fiber Optic，FO）。该系统与辅助的由日光灯组成的电力照明系统一起使用。当光照强度低于设定水平时，辅助电力照明系统通过控制系统自动开启。

激光切割板固定在棱镜光导管的户外开口处，用于收集太阳光，将其按照一定的倾斜角度放置，能够更加直接地将入射的自然光折射成与棱镜光导管轴线相平行的光线，从而易于传输。在我国香港，激光切割板的最佳倾斜角度为 55°。由于光纤的接收孔直径特别小，所以光线在进入光纤之前要通过汇聚透镜进行高度聚光。汇聚透镜之前装有紫外和红外滤光片，可以过滤掉太阳光谱中的大部分紫外线和红外线，从而防止这些光线导致光纤过热受损或劣化。光纤可以安装在电梯大堂和走廊，并在角落区域灵活弯曲，不会降低楼层的净空空间。为了尽量减少光线在传输中的损失，光纤的长度应尽可能短。

11.3.2　混合远程源太阳能照明系统的应用测试

2011 年 2～8 月，研究团队对混合远程源太阳能照明系统在我国香港的应用进行了实验研究。测试时间为每天上午 10 点至下午 4 点 30 分，详细记录了不同日期和时段的户外光照强度、太阳高度角和太阳方位角，以确定可能影响采光系统性能的主要因素。

11.3.2.1　实验系统设计

实验中所采用的混合远程源太阳能照明系统如图 11-20 所示。该系统由一个面积为 760mm×760mm 的平面镜，2 个直径为 225 mm 的汇聚透镜和一个直径为 10.4mm 的大芯 LEF 710 光纤（FO）组成。LEF 710 光纤是一种侧面发光的光纤，侧面有规则的等间距槽口。

安装在外墙的平面镜（见图 11-21）作为日光反射装置将收集的太阳光反射到汇聚透镜（见图 11-22）。反射镜可以随着太阳方位角（γ）和太阳高度角（β）的变化在水平和垂直平面内进行调节，从而始终保证反射的太阳光束总是平行于透镜轴线的方向，如图 11-21 所示。透镜将反射的光束汇聚后集中到光纤的接收截面。光纤沿长度方向均匀地以每米 2%～6% 的效率发射光线，所透射的光以 60° 的发散角向下发射（见图 11-23）。该系统在晴空、有直射阳光的条件下才可以运行。最后，在光纤的末端还安装了一个 40W 的 RGB LED 灯作为补充照明装置（图 11-24）。

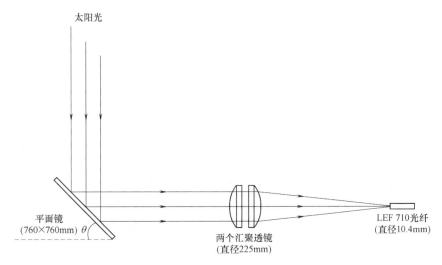

图 11-20　混合远程源太阳能照明系统

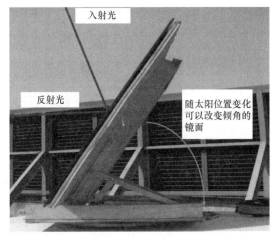

图 11-21　平面镜

图 11-22　汇聚透镜和光纤

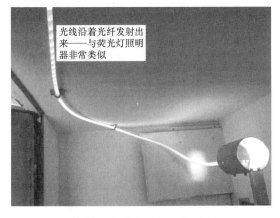

图 11-23　电梯大堂内的光纤布置

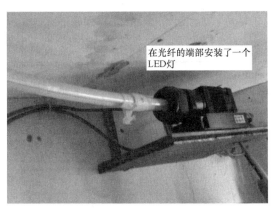

图 11-24　光纤端部的 LED 照明灯

11.3.2.2　太阳辐射强度计算

　　室外的光照强度会随着天气条件的变化出现波动，即使在几分钟内也会出现剧烈波动,尤其是在多云的天气条件下。实验中所收集的数据可用于推导室内和室外光照强度的关系式,如图 11-25 所示。结果显示,室内光照度会随着室外光照强度的增加而增加。为了达到 150lx 的室内照度设计值,室外最小的光照强度应为 42500lx,这主要发生在午后时段。

由于远程源太阳能照明系统只能在晴朗天气条件下运行,所以可以采用直接太阳发光效率(Direct Solar Luminous Efficacy)来估算远程源太阳能照明系统运行所需的太阳辐射强度。直接太阳发光效率(K_{bc})可以根据下式计算:

$$K_{bc} = 48.5 + 1.67\beta - 0.0098\beta^2 \tag{11-3}$$

K_{bc} 随着太阳高度角的增加而增加。在图 11-26 中,采用一天中最低的太阳高度角 36°计算 K_{bc} 为 96lm/W。根据直接太阳发光效率公式,42500lx 的室外光照强度相当于 443W/m^2 太阳辐射强度。因此,晴朗天气下保证室内光照强度为 150lx 的最小太阳辐射强度为 443W/m^2。

我国香港天文台发布的 2004~2007 年太阳辐射记录中,一年中不同月份 9:00~17:00 时间段内,平均太阳辐射在 443W/m^2 及以上的总小时数如表 11-2 所示。由此可以估计远程源太阳能照明系统的年工作小时数为 1235h,即该远程源太阳能照明系统平均可以每天提供 3h 的自然采光时间。

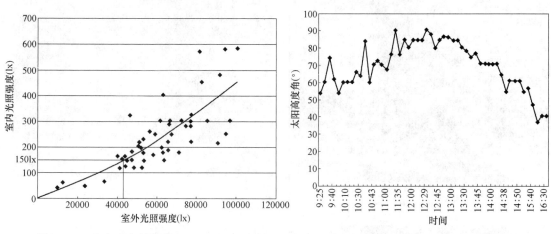

图 11-25　室内和室外光照强度的相互关系　　　　图 11-26　不同时间的太阳高度角

太阳辐射在 443W/m^2 及以上的总小时数　　　　　　　　　表 11-2

月份	每天的平均小时数(h)	当月总小时数(h)	12:00~17:00 的总小时数(h)	12:00~17:00 的当月总小时数(h)
1	1.75	54.25	1.75	54.25
2	2.25	63	2.25	63
3	0.75	23.25	0.75	23.25
4	2.75	82.5	2.75	82.5
5	3.5	108.5	2.75	85.25
6	3.5	105	3	90
7	5.75	178.25	4.75	147.25
8	4	124	3.5	105.5
9	4.75	142.5	3.75	112.5

续表

月份	每天的平均小时数(h)	当月总小时数(h)	12:00～17:00的总小时数(h)	12:00～17:00的当月总小时数(h)
10	5	155	4	124
11	3	90	2.75	82.5
12	3.5	108.5	3	93
总数	1234.75	1068.25	—	—

11.3.2.3　阴影效应

远程源太阳能照明系统反射镜的最佳安装朝向为南向，一天中可以接收最多的阳光。然而，南向的远程源太阳能照明系统需要反射镜在水平和垂直平面分别随着太阳方位角和太阳高度角的变化进行调节，其支撑和跟踪结构非常复杂。尽管安装在西立面的远程源太阳能照明系统只能在下午工作，然而其镜面只需在垂直平面内旋转，而且其支撑框架的构造简单、成本低。从表 11-2 可知，西向远程源太阳能照明系统每年仍然有 1068h 的工作时间，即每天 3h。此外，远程源太阳能照明系统运行时间的下跌主要集中在下午。因此，西向可以作为远程源太阳能照明系统设计时的首选朝向。

1. 建筑物的遮挡效应

在远程源太阳能照明系统中有两种主要类型的阴影遮挡：一种来自建筑物；另一种是来自远程源太阳能照明系统内部。香港是一个人口稠密的城市，建筑物一般均为超过 20 层的高层建筑，因此附近的建筑物会对安装远程源太阳能照明系统的建筑产生很大的遮挡效应。图 11-27 给出了室内光照强度和镜面倾角度随时间的变化关系，10:00～16:30 期间，该远程源太阳能照明系统提供的室内光照强度可以达到 150lx。如图 11-28 所示，从上午 10:00 时到下午 16:30，太阳高度角从 60°变为 36°，太阳高度角为反光镜倾角的两倍。即使没有外部障碍物，安装在西立面的远程源太阳能照明系统也只能接收到半个天空的阳光直射，因此，正午 12:00 被用作设计远程源太阳能照明系统的时间分界点。在 12:00～16:30 期间，室内的光照强度一般均超过 150lx。如图 11-28 所示，在此期间没有障碍物会在无阴影区产生阴影遮挡。

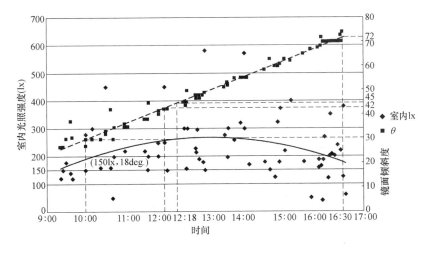

图 11-27　室内光照强度和反光镜倾角随时间变化的相互关系

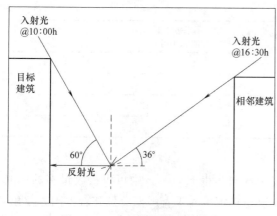

图 11-28 建筑物阴影遮挡效应

2. 远程源太阳能照明系统内部的阴影遮挡

由于光沿直线传播，所以上层镜面可能会对下层镜面形成阴影遮挡。理论上，远程源太阳能照明系统可以在无遮挡的情况下从 12：00 运行至 16：30，但是实际运行过程中考虑到上下层镜面的阴影遮挡影响，其运行时间要比理论值短。在远程源太阳能照明系统运行期间，反射镜的倾角（A）会随着太阳高度角的变化而相应改变，但是上部反射镜的设计应使其不会对下面的反射镜造成阴影。如图 11-29 所示，假定倾角 A 是西向远程源太阳能照明系统中上部反射镜不会对下部反射镜形成阴影的倾角，则倾角 A 可以由下面公式计算得到：

$$\tan 2 = 2\tan\left(\frac{A}{1}\right) - \tan A^2 \tag{11-4}$$

$$\tan A = \frac{a}{b} \tag{11-5}$$

式中 a，b——分别为反射镜形成的直角三角形的两条边。

$$\tan 2A = \frac{2a + H}{2b}; H = 2800\text{mm} \tag{11-6}$$

$$2ab^2 = 2800b^2 - 2a^3 - 2800a^2 \tag{11-7}$$

$$4a^2 + b^2 = 760^2 \tag{11-8}$$

$$b^2 = \frac{760^2 - 4a^2}{4} \tag{11-9}$$

$$5600a^2 + 760^2 \times \frac{a}{2} - 760^2 \times 700 = 0 \tag{11-10}$$

$$a = 269.4$$

$$\sin A = \frac{2a}{760}$$

计算所得的镜面倾角 A 为 45.16°，此时的太阳高度约为 90°，出现在中午 12：00 左右。该情况下，上部反射镜形成的阴影会对位于下面的反射镜产生部分遮挡，从而使得远程源太阳能照明系统的效率降低。所以上部镜面的倾角 A 应必须小于 45°，以避免产生阴影遮挡，并且建筑物的高度 H 应该调整到 2.8m 以上。为解决这个问题，在每个楼层上预留两个相邻的位置用于安装远程源太阳能照明系统，然后在相隔一个楼层的相应预留位置交替安装远程源太阳能照明系统，即每个系统跨两个楼层。如此，"建筑物高度 H"将增加到 5.6m，而计算所得的镜面倾角 A 为 44.96°，小于了 45°。

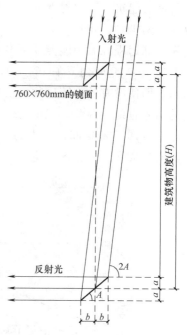

图 11-29 远程源太阳能照明系统内部的阴影效应

从 12：18 开始到下午 16：30 时，反射镜的倾角从 45°降低到 18°。建筑物高度 H 增加至 5.6m，使得远程源太阳能照明系统的工作时间延长。反射镜的金属支撑框架的最小网格尺寸为 0.8m 宽和 5.6m 高。

11.3.3　远程源太阳能照明系统的设计指导

在远程源太阳能照明系统设计时，太阳能资源的丰富程度是一个关键因素。一方面，每天太阳辐射强度超过 443W/m² 的平均时间应不少于 3h；另一方面，在无阴影区内没有邻近建筑遮挡。接下来，要在西向外墙（越靠近电梯大堂越好）预留 1.2m×1.2m 的空间安装聚焦透镜。如果建筑物的西立面被其他建筑或者障碍物遮挡，反射镜和金属框架也可以安装在西北或西南立面。金属框架的设计要根据实际情况修改以保证反射镜始终朝东。对于楼层高度为 2.8m 的建筑，金属框架的网格尺寸可以设计为 0.8m 宽和 5.6m 高。

应对电梯间的平面布局进行详细研究，以确定每个楼层安装远程源太阳能照明系统的数量。为了保证有效传输，光纤长度不应超过 20m。图 11-30 给出了远程源太阳能照明系统设计的流程图。

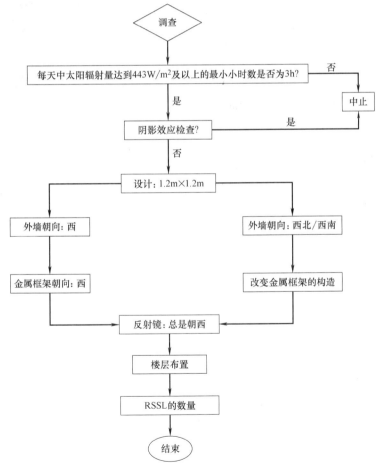

图 11-30　远程源太阳能照明系统设计流程图

11.3.4　远程源太阳能照明系统的设计细节

远程源太阳能照明系统的设计以功能用途为主，并考虑融入立面和电梯大堂的设计方案。

11.3.4.1 与外墙集成

反射镜由外部金属框架支撑，在垂直平面内可以旋转。将反射镜和支撑系统的联合概念设计（见图 11-31）集成到金属支撑框架的细化设计中，如图 11-32 所示。该框架可以通过阳极氧化处理成任何具有醒目颜色的建筑单元或者与建筑色调协调一致的建筑特征。金属框架的形状可以进行调整（见图 11-33），即使外墙不是朝西向，也能使反射镜一直朝东。设计中应采用无阴影区的原则。

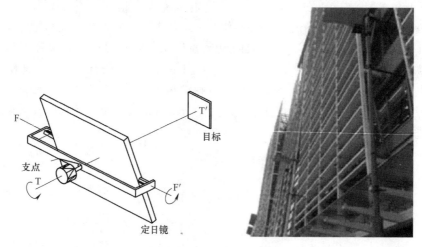

图 11-31　与外墙集成的远程源太阳能照明系统概念设计

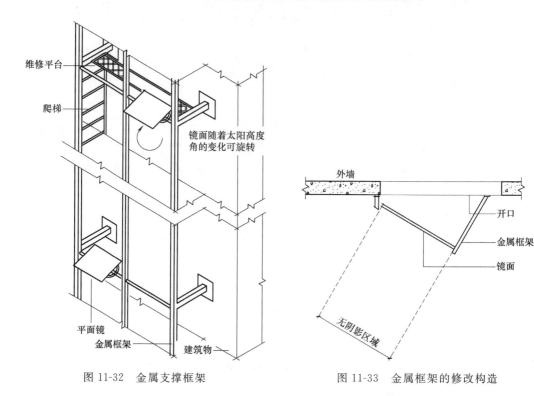

图 11-32　金属支撑框架　　　　图 11-33　金属框架的修改构造

11.3.4.2 融入电梯大堂的设计

传统封闭电梯大堂照明系统中，比较流行的设计是将一系列的日光灯连接在一起，沿着顶棚的两边安装，然后安装吊顶或顶棚将照明灯具隐藏（见图 11-34）。当使用远程源太阳能照明系统时，可以采用带切割槽口的光纤（Notched FO）替换日光灯。由于光纤本身是连续的，所以不存在日光灯的对齐问题，也不需要安装吊顶来隐藏光纤。因为带切割槽口的光纤以 60°圆锥体向下发射光线，所以也不需要安装反射顶棚。在 1.5m 的视线高度，发光区边缘 0.2m 处的光照强度下降到中心处光照强度的 50％。一条带切割槽口的光纤可以照亮的区域为 1m×Lm，其中 L 是光纤长度。所以在 2m 宽的走廊，布置 2 条光纤就可以满足照明需求。

图 11-34　典型封闭式电梯大堂内景图

图 11-35 给出了光纤在电梯大堂使用时的安装示意图。在光纤外部有金属套管包裹，同时也作为固定装置。金属套管沿着大堂和走廊布置，在金属外罩上有一道狭缝，光纤发出的光从狭缝处射出。

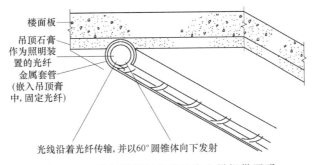

图 11-35　带切割槽口的光纤为电梯提供照明

11.3.5　远程源太阳能照明系统的成本分析

本节以我国香港某典型高层住宅建筑为例，对其封闭电梯大堂分别采用远程源太阳能照明系统和常用的日光灯电力照明系统的成本进行估算与对比。照明系统的设计信息为：建筑楼层数为 35 层；层高为 2.8m；电梯大堂宽度为 2m；公共走廊宽度为 1.5m；远程源太阳能照明系统的长度为 12m；普通灯光照明设计模式为沿电梯大堂和走廊的顶棚安装了 2 排照明系统。

11.3.5.1　与传统照明系统的比较

远程源太阳能照明系统和传统照明系统的材料和安装成本分析（所有价格以港币计价）。

1. 传统照明系统的成本

如图 11-36 所示，根据 DIALUX 照明设计软件的模拟结果，需要在 3 个方位分别安装 1 个 32 瓦的 T8 RE80 日光灯（T8），每个灯管的寿命为 20000h。为了美观，通常安装吊顶隐藏日光灯，并在对接处进行调整，从而使得沿着电梯大堂和走廊获得统一的照明效

图 11-36　模拟的电梯大堂照明布置

果。电梯大堂和走廊总长度约为 12m，因此需要安装 40 个 600mm 长的 T8 灯管。T8 灯管的单价为 30 港元，包含材料和安装费用在内的吊顶价格为 6500 港元，因此每个楼层传统照明系统的总成本约为 7700 港元。

2. 远程源太阳能照明系统的成本

根据电梯大堂的布局和长度，需要采用两个远程源太阳能照明系统来代替传统的 T8 日光灯。一个远程源太阳能照明系统的成本高达 41160 港元，相当昂贵。其中最昂贵的是光纤，因为所采用的侧面发光技术的光纤目前还处于小规模生产的发展阶段，因此需要对侧面发光光纤进行深入研究以降低生产成本。远程源太阳能照明系统的费用明细如表 11-3 所示，随着光纤技术的不断进步和成熟，预计光纤的商业化生产价格有望下降 50%，成本低至 18617 港元。

每层远程源太阳能照明系统的费用明细　　表 11-3

组件	尺寸	材料	费用(港元)	商业化生产费用(港元)
反射镜(×2)	760mm×760mm	平面镜	200(100/个)	100(50/个)
红外滤光片	50mm×50mm	KG.1 玻璃	3000(1500/个)	1500(750/个)
汇聚透镜(×2)	直径:225mm	BK 7	6000(3000/个)	3000(1500/个)
光纤(12×2m)	直径:10.4mm	PMMA	19464(811/m)	7200(300/m)
光传感器和控制盒	—	—	5000	2500
RGB LED 灯	—	—	1068	639
内部支撑框架	—	铝	1000	750
外部支撑框架	—	阳极氧化钢	5000	2500
小计	—	—	40732	18189
太阳追踪器	—	—	9000(257/层)	257/层
计算机控制系统	—	—	6000(171/层)	171/层
小计	—	—	428	428
总计	—	—	41160	18617

11.3.5.2　远程源太阳能照明系统的投资回收期

根据实验，远程源太阳能照明系统每年可以代替 40 个 32W 的 T8 灯管提供总共 1068h 的自然采光照明。根据电灯有限公司约 1.5 元/kWh 的电费标准计算，全年可以节省的电费约为 2051 港元，因此整个系统的投资回收期为 20 年。商业化批量生产之后的投资回收期将减少到 9 年。

一种新的算法是计算由远程源太阳能照明系统替代传统照明系统所需的额外成本回收期，即从远程源太阳能照明系统的成本中扣除传统照明系统的成本，然后计算其投资回收期。按照大规模量产的价格，额外安装成本为 10917 港元，投资回收期也随之降低到 5.3

年。此外，电价的持续上涨也将进一步减少投资回收期。

11.3.5.3　维护成本

无论是传统的照明系统还是远程源太阳能照明系统都需要进行维护。下面以 10 年为期比较传统的照明系统和远程源太阳能照明系统每年的维修成本。在传统的照明系统中，T8 灯管的平均寿命为 20000h，即 10 年内要更换 4.3 次。假设吊顶每两年需要重新粉刷涂漆一次，费用为 3000 港元，则传统照明系统的年度维护成本为：

$$年维护成本 = (30 \times 40 \times 4.3) + (3000 \times 5)/10 = 2016 港元$$

光纤可持续使用约 20 年，基本不需要维护。反射镜的寿命约为 5 年，10 年内需更换 2 次。LED 灯寿命是 50000h，可以连续工作 5.7 年。太阳跟踪器的寿命在适当保养情况下可以连续运行 10 年以上。如果对运动部件进行常规润滑保养，部件的更换频率可以降低。计算机系统几乎不需要维护，故可以假定其维护成本忽略不计。假设太阳跟踪器每年的维护成本是其总成本的 5% 以及外部支撑框架的结构检查费用为每年 3000 港元，则估算远程源太阳能照明系统的年维护成本为：

$$年维护成本(远程源太阳能照明系统) = (50 \times 2) +$$
$$(639 \times 5.7)/10 + (257 \times 5\%) + 3000 = 3387 港元$$

虽然远程源太阳能照明系统每年的运行成本比传统照明系统要贵 1371 港元，但应考虑到远程源太阳能照明系统所带来的环保效益。

11.3.6　环保效益

我国香港主要有三种类型的高层住宅建筑：1）公屋（Public Housings）；2）居屋（Home Ownership Scheme，HOS）；3）私人住房（Private Housing Sector，PH）。公屋建筑通常是由自然采光为其电梯大堂提供照明。因此分析对象仅包括类型 2）和类型 3）。从 2004 年到 2007 年，居屋和私人住房的年平均照明耗电量分别为 756TJ 和 2193TJ，相当于 210×10^6kWh 和 610×10^6kWh，分别达到这两种类型建筑平均年能耗的 8.5%。

假定年平均用电量与楼面面积成正比，且公共区域占总住宅用电量的 15%，也即意味着剩余的 85% 用电量是由居住单元消耗。基于这一假设，可以粗略估算居屋和私人住房两类建筑物中封闭电梯大堂全年的照明耗电量。研究中分析了约 60% 的既有居屋建筑和 100 栋私人建筑中的不同电梯布局，以评估电梯大堂在这两种类型建筑物中所占的平均面积百分比。

居屋中平均可用楼层面积（即居住单元总面积）占建筑总面积的百分比为 75%。因此，2004~2007 年间，居屋建筑中居住单元人工照明所消耗的年平均电力为 $210 \times 10^6 \times$ 75%kWh。由研究可知，电梯大堂的平均面积占居住单元面积的 18% 左右。由于假定年平均电力与楼层面积成比例，则每年由电梯大堂消耗的照明电力为 28.4×10^6kWh。在私人住宅建筑中，电梯大堂的平均面积占居住单元的 7.5% 左右，因此电梯大堂人工照明所消耗的年平均电力为 38.9×10^6kWh。

封闭电梯大堂需要依赖电力系统提供 24h 不间断照明，因此在居屋和私人住房建筑中每年的照明总能耗为 67.3×10^6kWh。远程源太阳能照明系统可以替代照明的时间为 1068h，约占全年 8760h 的 12%。在居屋和私人住房建筑的封闭电梯大堂中，远程源太阳能照明系统可以代替约 12% 的人工照明，为 8.08×10^6kWh。根据 2009 年中华电力（CLP）可持续发展报告，燃煤电站每生产 1kWh 电力将排放 0.83kg 二氧化碳，因此远程源太阳能照明系统每年可以减少 6.7×10^6kg 温室气体排放。

本章参考文献

［1］ 李玉权，崔敏．光波导理论与技术．北京：人民邮电出版社，2002

［2］ 胡先志．塑料光缆的性能试验方法．光通信研究，2004（4）：47-50

［3］ 葛文萍．塑料光纤损耗性能分析．飞通光电子技术，2002（3）：145-149

［4］ 江亿．超低能耗建筑技术及应用．北京：中国建筑工业出版社，2005

［5］ 吴延鹏，马重芳．采集太阳关的光导管绿色照明技术在建筑中的应用．http：//www.lightingchina.com/zhuanti/598.html

［6］ 吴延鹏，马重芳．光导管系统在隧道中应用的设计方法．阳光能源，2005：28-30

［7］ 杨光．光纤照明技术及应用前景．电气时空，2007：22-23

［8］ 王六玲，郑琴红，李明．基于光纤导光的自动采光照明装置设计与实现．云南师范大学学报，2005（3）：47-49

［9］ 姜文宁，李长治，李尧，陈建平．一种太阳光照明系统．应用能源技术，2007（12）：23-25

［10］ Gersil N. Kay 著，马鸿雁，吴梦娟译．建筑光纤照明方法、设计与应用．北京：机械工业出版社，2007

［11］ 张耀明．采集太阳光的照明系统研究．中国工程科学，2002（4）：63-68

［12］ 何宜生．光导纤维照明简介．灯与照明，2004（28）：41-43

［13］ 宁华．光纤照明——一种现代化的照明方式（上）．中国照明电器，1999（12）：4-7

［14］ 宁华．光纤照明——一种现代化的照明方式（下）．中国照明电器，2000（1）：1-5

［15］ 徐晓星．光纤照明的原理与应用．灯与照明，2002（5）：29-31

［16］ 郑振译．利用光纤的建筑照明．中国照明电器，2000（3）：30-33

［17］ Yeang，K.. Light Pipe Research in Daylighting Conference 98. Proceedings in Daylighting Conference，1998

［18］ Yeang，K.，Hansen，G.，Edwards，I. & Hyde，R.. Light Pipes：An Innovative Design Devices for Bringing Natural Daylight and Illumination into Buildings with Deep Floor Plan. Far East Economic Review Innovative Awards，2003

［19］ Whitehead，L. A.. Overview of Hollow Light Guide Technologies and Application. Proceedings in Daylighting Conference，1998

［20］ Opdal，K.. Prismatic Hollow Light Guides for General Interior Illumination of Professional Buildings，2001